LEÇONS

SUR L'HOMME

LEÇONS
SUR L'HOMME

SA PLACE DANS LA CRÉATION
ET DANS L'HISTOIRE DE LA TERRE

PAR

CARL VOGT

PROFESSEUR A L'ACADÉMIE DE GENÈVE, PRÉSIDENT
DE L'INSTITUT GÉNEVOIS

TRADUCTION FRANÇAISE

DE

J.-J. MOULINIÉ

Deuxième édition revue par M. Edmond BARBIER

PARIS

C. REINWALD ET Cie, LIBRAIRES-ÉDITEURS

RUE DES SAINTS-PÈRES, 15

1878

PRÉFACE DE L'AUTEUR

J'ai résumé dans ce volume les leçons publiques, que j'ai professées pendant l'hiver 1862-63, à Neuchâtel et à la Chaux-de-Fond, et en 1864, à Genève.

J'ai voulu réunir, en un tout, des études poursuivies depuis longtemps, abandonnées quelquefois momentanément, mais reprises toujours avec un nouvel intérêt.

Ces études se rapportent en partie à l'histoire naturelle proprement dite de l'homme, à sa place dans la création, à ses rapports avec les autres animaux, et à ses caractères anatomiques et physiologiques ; en partie à son histoire ancienne, à l'époque où il a paru sur la terre et aux traces qu'il a laissées dans des couches formées au commencement de notre époque géologique actuelle.

Je n'aurais pu me charger d'une tâche pareille, trop lourde peut-être pour les épaules d'un seul, si je n'avais été soutenu par les conseils, les communications et les encouragements bienveillants de nombreux savants. MM. Aeby, Claparède, 'Desor, His, F. Keller, Lang, Messikomer, Morlot, Rutimeyer, Schild, Schwab et Valentin en

Suisse ; MM. Broca, Éd. Collomb, Gervais, Garrigou, Martins, de Mortillet, de Quatrefages en France ; MM. Busk, Hunt et Huxley en Angleterre ; MM. Fuhlrott et Schaaffhausen en Allemagne ; MM. de Filippi et Gastaldi en Italie, et M. Spring en Belgique, ont bien voulu me prêter leur appui. — Qu'ils en reçoivent ici mes remercîments.

Beaucoup d'observations importantes ont été publiées depuis que cette édition française est sous presse. Qu'il me soit permis d'en citer quelques-unes.

M. Gratiolet a disséqué la main du gorille, si semblable dans l'arrangement de ses os à celle de l'homme. Il trouve que la musculature du pouce présente une différence profonde et réellement typique avec celle de l'homme. « Le pouce, dit M. Gratiolet, est fléchi chez le singe par une division du tendon commun du muscle fléchisseur commun des autres doigts. Il est donc entraîné dans les mouvements communs de flexion, et n'a aucune liberté. Le même type est réalisé dans le Gorille et dans le Chimpanzé, mais ce petit tendon qui meut le pouce, est réduit chez eux à un filet tendineux qui n'a plus aucune action, car son origine se perd dans les replis synoviaux des tendons fléchisseurs des autres doigts, et il n'aboutit à aucun faisceau musculaire ; le pouce s'affaiblit donc d'une manière notable dans ces grands singes. Chez aucun d'eux, il n'y a aucune trace de ce grand muscle indépendant qui meut le pouce dans l'homme. Et, loin de se perfectionner, ce doigt si caractéristique de la main humaine semble, chez les plus élevés de tous ces singes, les Orangs, tendre à un anéantissement complet.

« Une étude approfondie des muscles du bras et de l'épaule, dans ces prétendus anthropomorphes, confirme ces résultats. D'ailleurs, c'est surtout dans le singe en apparence le plus semblable à l'homme, dans l'Orang indien, que la main et le pied présentent les dégradations les plus frappantes. Ce paradoxe, ce défaut de parallélisme chez l'homme et chez les grands singes dans le développement d'organes corrélatifs, tels que le cerveau et la main, montre avec une absolue évidence qu'il s'agit ici d'harmonies différentes et d'autres destinées ; tout, dans la forme du singe, a pour raison spéciale quelque accommodation matérielle au monde ; tout, au contraire, dans la forme de l'homme, révèle une accommodation supérieure aux fins de l'intelligence. De ces harmonies et de ces fins nouvelles résulte dans ses formes l'expression d'une beauté sans analogue dans la nature, et l'on peut dire, sans exagération, que le type animal se transfigure en lui. »

Nous sommes loin de contester la nature des faits que vient de constater M. Gratiolet, et nous sommes même disposé à accepter en partie ses conclusions. Personne ne nie la distance considérable qui sépare l'homme du singe. — Mais si le type animal a dû se transfigurer pour devenir homme, il est évident que le type animal a dû être la souche du type humain ! Si l'homme n'est que la transfiguration du singe, comme le veut M. Gratiolet, la figure a dû être singe avant de devenir homme !

Certainement, l'harmonie de conformation est différente dans l'homme et dans le singe, mais conclure de là que cette différence consiste dans l'accommodation matérielle au monde chez le singe, et dans l'accommodation supérieure aux fins de l'intelligence chez l'homme, nous paraît sortir des bornes d'une saine logique. L'accommodation matérielle au monde existe, en effet, tout aussi bien dans l'homme que l'accommodation aux fins de l'intelligence existe dans le singe ; tout, dans chaque organisme animal, est accommodé à ces deux fins, qui, en réalité, n'en font qu'une, car ni l'intelligence ni les conditions matérielles de l'existence ne peuvent dépasser les limites qui leur sont tracées par l'organisation. L'intelligence de l'homme est certainement supérieure à celle du singe, et les organes sont en rapport avec cette intelligence, c'est-à-dire avec le développement correspondant du cerveau. — Mais le même rapport existe entre le cerveau moins développé du singe et le membre moins développé du singe.

Si le groupe des singes anthropomorphes diffère de l'homme, suivant M. Gratiolet, par la musculature du pouce, en revanche, il présente, en commun avec lui, un caractère remarquable dans la structure du bras, et notamment dans la disposition de l'axe de l'articulation de l'épaule, caractère qui ne se trouve ni chez les autres singes, ni dans toute la série des mammifères. M. Ch. Martins a démontré, en effet, que « dans ce groupe unique, formé par l'Homme, l'Orang, le Chimpanzé, le Gorille et les Gibbons, l'axe du col de l'humérus est dirigé du dehors en dedans et de haut en bas. De là le mouvement de circumduction du bras qui décrit ainsi un cône autour de l'axe dont nous parlons. Aussi, ce mouvement n'existe-t-il que dans le groupe anthropomorphe. Déjà, dans les Semnopithèques, l'axe du col de l'humérus est dirigé d'avant en arrière, le mouvement de circumduction du bras est impossible, il n'y a plus que le mouvement d'arrière en avant comme chez tous les quadrupèdes. Une autre conséquence géométrique de la disposition de l'axe du col de l'humérus dans le groupe anthropomorphe est que l'axe du col de l'humérus, celui du corps de l'os et l'axe de la trochlée humérale sont sensiblement dans un même plan vertical, perpendiculaire au plan de symétrie de l'animal qui passe, comme on sait, par la colonne vertébrale et le sternum. Chez les singes inférieurs, à partir des Semnopithèques, des Guenons et des Macaques, qui sont les plus élevés après le groupe anthropomorphe, l'axe du col de l'humérus est, au contraire, *perpendiculaire* au plan commun qui contient l'axe du corps de l'os et celui de la trochlée humérale. Ce même axe du col de l'humérus est donc *parallèle* au plan de symétrie, et, par conséquent, les mouvements exécutés par le bras sont également parallèles au plan de symétrie, comme on l'observe sur tous les quadrupèdes. »

La musculature du pouce semble éloigner les singes anthropomorphes de l'homme, la disposition entière de l'extrémité antérieure les en rapproche ; s'ils n'ont pas en commun avec l'homme quelques mouvements du pouce, ils ont, en revanche, en commun avec lui les mouvements du bras entier, refusés à tout le reste des mammifères. — Auquel de ces caractères faut-il attribuer plus d'importance ?

La réponse ne nous paraît pas difficile. Rien, du reste, ne doit moins nous étonner que de trouver des différences marquées entre les singes anthropomorphes et l'homme, — car, où pourrait-on trouver la ligne de démarcation, si ces différences n'existaient pas ? Mais il nous semble que ces différences, tant qu'on en a trouvé, n'excluent point un type commun, se rattachant à une souche commune, et les observations de M. Gratiolet, dépouillées des ornements de style qui les entourent, et réduites aux simples faits, ne nous paraissent pas de nature à infirmer nos conclusions.

Les recherches sur l'époque antéhistorique se sont multipliées d'une manière surprenante, et ont fourni des matériaux très-nombreux. Grâce surtout aux recherches de MM. Lartet, de Vibraye, Garrigou et L. Martin, l'âge du renne a été mieux défini en France, et séparé de l'époque plus ancienne représentée par les instruments en silex de la vallée de la Somme et de la vallée de la Claire, sur laquelle nous devons des renseignements à MM. Chevalier et de Mortillet. Les constructions sur pilotis ont vu étendre leur domaine par les recherches de M. Desor, en Bavière, et de M. Ieitteles, à Olmutz. Ces dernières découvertes sont surtout remarquables par la trouvaille d'un crâne entier, magnifiquement conservé, et appartenant à l'époque du bronze, qui se trouve en la possession de M. Ieitteles, et sur lequel M. Rutimeyer va probablement publier prochainement un mémoire. Ce crâne paraît être conforme, quant au type, à quelques crânes, du reste, assez rares, de l'époque du bronze, découverts en Danemark et en Mecklembourg, de sorte qu'il pourrait peut-être mettre sur la trace d'une souche d'hommes qui peuplaient, à l'époque du bronze, le nord et l'est de l'Allemagne actuelle. Je ne puis non plus oublier un crâne trouvé sur un squelette entier, mais décomposé, au milieu du sable diluvien, près d'Ingelheim, sur le Rhin. Il n'y avait point de tombeau, — trois squelettes, couchés côte à côte, tombèrent en poussière dès qu'on essaya de les relever. Près de deux de ces squelettes, on trouva des vases en argile noire, grossière, non cuite, mêlée de pyrites de fer et de petits morceaux de calcaire. L'un de ces vases, en forme de bassin, était placé sur la poitrine d'un squelette et couvert avec une pierre calcaire arrondie. On trouva encore un coin aiguisé et poli, fait d'un schiste siliceux, mais pas de trace de métaux. Ce crâne, aujourd'hui dans la possession de M. Schaaffhausen, à Bonn, fut présenté aux naturalistes allemands assemblés à Giessen en septembre 1864, par M. Grooss, instituteur à Ingelheim. Les vases et les instruments dénotent l'époque de la pierre; le crâne lui-même ressemble, d'une manière frappante, au crâne d'Engis, et paraît appartenir à la même race. Enfin, en Italie, MM. Strobel, Pigorini, Nicollucci, Stoppani, Gastaldi et autres, ont continué avec succès leurs recherches, tant sur les anciennes couches de civilisation, les terramares et les constructions sur pilotis, que sur les crânes découverts dans ces couches, tandis que la question sur l'origine de l'homme a trouvé dans les discussions éloquentes de MM. de Filippi et Bianconi, des vues nouvelles, appuyées sur des faits nouveaux.

Je ne puis terminer cet avant-propos sans mentionner d'une manière particulière les travaux des Sociétés d'anthropologie de Paris et de Londres. La dernière a bien voulu prendre sous sa protection la traduction anglaise de mon ouvrage qui vient de paraître, et qui est due à la plume de son excellent président, M. James Hunt; la Société de Paris m'a constamment soutenu dans mes travaux par la communication de moules en plâtre de divers crânes, et je dois en remercier tout particulièrement son secrétaire infatigable, M. Broca. Les bulletins et les mémoires de la Société de Paris et la Revue de celle de Londres sont des mines inépuisables pour la science, et leurs discussions si animées et en même temps si nourries de faits et d'aperçus philosophiques, peuvent être citées comme de véritables modèles de discussions scientifiques.

Ce livre ne contient pas de citations, — il m'a semblé que dans un ouvrage destiné au public en général, je ne devais pas hérisser le texte de cet appareil scientifique dont certains lecteurs pourraient s'effrayer. — Si les membres de ces sociétés savantes, les auteurs de livres et de mémoires dans lesquels j'ai puisé, ne s'y trouvent parfois pas mentionnés, qu'ils ne croient pas que j'aie voulu m'approprier leur propriété scientifique; je ne réclame, en définitive, pour moi, que la coordination des faits et des observations ainsi que des conclusions qui en résultent.

Les vues exposées ici trouveront, j'en suis sûr d'avance, beaucoup de contradicteurs, et peut-être peu d'adhérents. Je suis toujours prêt à accepter un fait, une observation avec toutes ses conséquences; je me défendrai toujours contre tout raisonnement *à priori*. La lumière jaillit de la discussion, de la contradiction, du combat même, — pourvu qu'il soit livré avec des armes loyales. Loin de croire qu'il y va *de l'honneur de soutenir une idée erronée, je suis per*suadé, au contraire, que l'on doit abandonner immédiatement sa manière de voir, dès que la fausseté en est démontrée; *mais aussi faut-il des preuves palpables, patentes.* La crainte des conséquences ne doit jamais avoir aucune influence sur les conclusions scientifiques. — La nature n'est pas faite pour être l'esclave théorique de l'homme.

C. VOGT.

Genève, ce 1er janvier 1865.

LEÇONS SUR L'HOMME

PREMIÈRE LEÇON

Introduction. — Difficultés inhérentes au sujet. — Choix des matériaux. — Collections de crânes. — Squelettes. — Anatomie des races. — L'homme à considérer comme un autre mammifère. — Opposition du clergé. — Morton et Bachman. — Étude comparée des animaux domestiques. — Age du genre humain. — Objections des naturalistes. — Recherches de Boucher de Perthes.

MESSIEURS,

Il n'est certainement aucun sujet de recherches, d'observations ou d'études qui offre plus d'intérêt que l'homme lui-même. Quelle que soit la nature de nos études, nous regardons la connaissance de l'homme, qu'exigeait déjà l'oracle de Delphes, comme la base dont nous devons partir, et comme la mesure à laquelle nous devons rapporter tous les phénomènes que nous observons dans la nature. Presque tous les hommes, lorsqu'il s'agit d'approfondir la nature humaine, de l'étudier et de chercher dans cette étude les matériaux nécessaires pour réaliser de nouveaux progrès, se conduisent absolument comme l'individu qui, né dans un pays curieux, ou dans une localité remarquable, y a été élevé et continue de l'habiter ; il néglige d'en

1

contempler les beautés, d'en étudier les caractères, qui, cependant, attirent une foule d'étrangers ; il remet de jour en jour ses explorations, convaincu qu'il aura toujours une bonne occasion pour les entreprendre.

Bien petit est le nombre de ceux qui cherchent réellement l'homme, non pas avec une lanterne, comme le philosophe de l'antiquité, mais partout où il se trouve ; encore plus petit est le nombre de ceux qui osent exposer le résultat de leurs recherches sans aucun déguisement. Chacun est porté à se regarder comme le résumé et le modèle du genre humain tout entier, et conserve l'agréable illusion qu'il doit, en définitive, se connaître mieux soi-même que personne ne pourrait le faire.

L'histoire nous prouve que le même fait s'est produit dans le domaine de la science. Dans l'antiquité, on s'est contenté d'étudier avec soin une seule fonction de l'homme, l'activité cérébrale, et cela même sur quelques points isolés seulement ; on s'occupait bien rarement du côté matériel, on le traitait tout aussi superficiellement que les contrées et les pays qu'habite l'homme. On a la plus grande peine à trouver çà et là, chez les anciens auteurs, quelques maigres détails jetant un peu de lumière sur des questions qui nous paraissent aujourd'hui de la plus haute importance. L'ouverture d'un seul tombeau, contenant un squelette bien conservé, et accompagné d'armes et d'objets de parure, nous en apprend beaucoup plus sur la constitution physique et l'état de civilisation du peuple auquel appartient le sujet exhumé, que dix auteurs de l'antiquité, dans ce qu'ils nous transmettent dans leurs écrits. Ce n'est que peu à peu, et, pour ainsi dire, par la force des choses, qu'on a été conduit à chercher, sinon à trouver dans l'étude sérieuse de l'homme lui-même, les bases qui avaient toujours fait défaut à tant de théories plus ou moins complètes.

Je me propose, dans les leçons qui vont suivre, de vous exposer les résultats acquis dans ces derniers temps relativement à l'histoire naturelle de l'homme, à sa situation vis-à-vis des autres animaux, à l'ancienneté de son existence à la surface de la terre, et à l'état primitif du genre humain.

J'ai déjà discuté brièvement, il y a quelques années, une partie des questions traitées dans ces leçons, dans plusieurs éditions d'un pamphlet, où certainement je n'ai pu les développer d'une manière suffisamment approfondie ; mais, à défaut d'autre mérite, ce pamphlet avait celui de soulever franchement des questions sur lesquelles la plupart gardaient un silence prémédité, et de marquer les deux camps dans lesquels les combattants devaient se ranger autour du drapeau du parti.

On sait qu'un législateur athénien avait fait décréter un châtiment pour tout citoyen qui, dans les luttes politiques, s'abstenait de prendre parti.

Il y a aussi, dans la science, des époques où l'opinion publique contraint l'observateur à prendre parti, et où le châtiment frappe bientôt quiconque ne veut pas remplir ce devoir. En effet, la recherche en elle-même, sans résultat pour la vie publique et pour l'accroissement des connaissances de tous, me paraît aussi peu méritoire que le travail à la bêche que s'impose l'hypocondre, pendant quelques heures de la journée, pour activer la circulation de son sang épaissi. Le travail de la terre ne devient méritoire qu'autant qu'on sème pour récolter.

Les questions que je compte traiter devant vous, ont leurs difficultés propres, sur lesquelles je dois attirer votre attention. Autrement, peut-être seriez-vous disposés, en présence de l'insuffisance de quelques résultats, à conclure, avec une précipitation regrettable, qu'on n'a pas pris la peine de faire les travaux nécessaires pour élucider tel ou tel point.

Les recherches relatives à l'histoire naturelle du genre humain s'étendent comme un géant aux mille bras, sur presque toutes les parties du savoir humain, et plus on poursuit ces recherches, plus les voies qui doivent conduire au but se multiplient et se compliquent. Il ne s'agit plus, en effet, de considérer l'homme comme un être abstrait, ou comme un type que l'on compose en choisissant et en rassemblant un certain nombre de détails plus ou moins apparents. Il s'agit de faire porter les recherches sur plusieurs millions d'hommes dispersés à la surface du globe, d'étudier leurs caractères physiques, leurs rapports réciproques actuels et passés, en remontant dans le passé jusqu'à une époque où il n'y a guère plus de traces de l'existence de l'homme que de celle des autres animaux sauvages qui ont habité les mêmes régions. Ces premiers résultats obtenus, il nous faut ensuite les coordonner pour tirer des conclusions fondées et réelles, sur les rapports des différentes espèces humaines entre elles, sur leurs mélanges, leur origine et leur propagation, sur leur situation vis-à-vis des autres êtres, surtout vis-à-vis des mammifères qui sont le plus voisins d'elles, enfin sur les modifications qu'ont pu produire l'atmosphère, le climat, le changement dans les conditions vitales, en un mot, l'ensemble de la lutte pour l'existence.

Il est évident que les recherches sur un pareil sujet comportent des difficultés considérables, et que, malgré l'active collaboration de quelques observateurs, nous n'en sommes encore, presque sur tous les points, qu'au commencement de nos études. L'homme est répandu sur toute la terre, et, partout, dans les endroits même les plus reculés, les mélanges les plus divers ont dû avoir lieu, et altérer d'une manière plus ou moins importante la pureté originelle des races, objet de notre étude. Or, une science qui veut tirer des conclusions indiscutables, doit reposer sur des bases mathématiquement sûres qui, dans le domaine de nos recherches, ne peuvent être obtenues qu'avec une extrême lenteur. Les observations ne peuvent porter que sur quelques hommes isolés. Lorsqu'il s'agit d'établir les caractères physiques principaux d'une souche, d'un peuple, d'une race, d'une espèce, on ne peut y arriver que par des observations nombreuses faites sur des individus isolés. Chacun comprend, en effet, qu'on ne saurait déduire le caractère particulier d'un peuple, de l'Allemand ou du Français par exemple, de la connaissance superficielle ou de la rencontre fortuite d'un seul individu, mais qu'il faut, au contraire, se mettre, pendant des années, en rapport avec les différentes couches de la société, pour arriver à connaître l'ensemble des caractères de la population d'un pays. En outre, il s'agit de saisir des particularités individuelles pour la mesure desquelles on ne possède pas encore d'étalon pratique, et dont l'appréciation dépend le plus souvent du sentiment ou de l'humeur momentanée de l'observateur. Lorsqu'il s'agit de caractères physiques, l'usage des mesures reprend toute sa valeur et peut seul donner des résultats utiles et comparables. On doit donc, en première ligne, étudier la constitution corporelle de l'homme, surtout dans ses parties caractéristiques, comme la tête, le crâne, le cerveau, les mains et les pieds, et cela sur une grande quantité d'individus, écarter avec soin les caractères purement individuels, et, par contre, remarquer et faire ressortir ceux qui paraissent communs à tous les individus, ou tout au moins au plus grand nombre.

Or, Messieurs, si les recherches de cette nature rencontrent déjà de si grandes difficultés dans nos pays civilisés, où, du moins, nous avons les matériaux sous la main, il est facile de comprendre quels sont les obstacles que l'observateur doit surmonter lorsqu'il lui faut poursuivre ces recherches dans des pays étrangers, au milieu de po-

pulations sauvages. M. Quételet, directeur de l'obser-
vatoire de Bruxelles, a consacré plusieurs années, le
mètre et la balance à la main, pour rechercher uniquement
la loi de la croissance de l'homme en Belgique, et pour
déterminer de cette manière ce qu'on appelle l'homme
moyen, en tirant d'une énorme quantité d'observations
individuelles la moyenne autour de laquelle oscillent les
différentes données. Et pourtant, ces mensurations et ces
pesées n'ont porté que sur un nombre d'individus relativement restreint, appartenant à une petite race, habitant
un petit coin du globe, et encore n'ont-elles été appliquées
qu'à l'examen des rapports réciproques de quelques-unes
des parties les plus importantes du corps. Plus récemment,
le professeur Welcker, de Halle, a aussi entrepris de déterminer par la mensuration exacte de quelques crânes, le
crâne normal de la race allemande, ou en d'autres termes
de rechercher les caractères que présentent la plupart des
crânes de cette race. Ses recherches n'ont porté que sur
une trentaine de crânes masculins, et autant de crânes féminins ; mais, bien que méritant toute confiance, le nombre
d'observations n'est pas assez considérable pour assurer aux
moyennes trouvées une certitude absolue. Maintenant,
figurez-vous que de telles observations, qui ont été entreprises ici sur un espace restreint, et qui ont cependant
exigé des années, doivent être étendues à tous les pays de
la terre habitée, qu'il faut arriver à avoir pour chaque
race, ce qu'on possède déjà pour les recrues belges et pour
le crâne allemand, et voyez quels sont les moyens aujour-
d'hui à notre disposition pour nous procurer des matériaux
aussi étendus. Le naturaliste voyageur, qui n'est, en définitive, qu'un flâneur en voyage, doit s'estimer heureux, lorsqu'il peut avoir à sa disposition, çà et là, dans quelque port,
des soldats, des portefaix, des matelots ou des femmes publiques, ou trouver un chef de tribu qui consente à se laisser

photographier. Dans les régions méridionales, où les gens
vont habituellement presque nus, il est plus facile de rassembler des observations ; mais, dans le nord, où la rigueur
du climat force l'homme à s'envelopper jour et nuit de four-
rures, où, pour ainsi dire, l'homme ne s'est jamais contem-
plé nu, chez les Lapons, les Esquimaux, les Samoyèdes,
etc., comment faire comprendre à l'individu choisi pour les
observations une exigence de cette nature ?

Enfin, où sont les observateurs qui pourraient rester
pendant des années dans des localités où des races diverses
se rencontrent en abondance, et procurent ainsi l'occasion
de faire des études comparatives ?

Nous verrons, dans le cours de ces leçons, que le crâne,
la partie la plus essentielle de la charpente osseuse et celle
qui contient l'organe de l'intelligence, exige avant tout
une étude minutieuse. Plusieurs naturalistes : Blumenbach, à Goettingue, Morton, en Amérique, et d'autres,
ont consacré leur vie à rassembler des crânes et à former
des collections où fussent représentées les différentes espèces et les diverses races humaines.

Mais, ici encore, quelles ne sont pas les difficultés qui
s'opposent à cette réunion de matériaux ! On ne peut plus,
de nos jours, couper la tête aux vivants ; fouiller les cimetières, constitue, dans la plupart des pays civilisés ou non,
un crime sévèrement puni. En outre, aujourd'hui même,
en Europe, les pieux préjugés de bon nombre de croyants
leur font pousser les hauts cris contre ceux qui osent porter le scalpel anatomique sur le cadavre humain, à tel point
que, il n'y a pas bien longtemps encore, les médecins et
les anatomistes anglais devaient faire voler les cadavres
nécessaires à leurs études, et devinrent ainsi les promoteurs
d'une horrible et meurtrière industrie.

Il n'y a donc pas à s'étonner que, dans des pays peu civilisés, on ait à courir quelque danger pour se procurer un

crâne ; mais en admettant que l'on arrive exceptionnellement à s'en procurer un ou deux, il est bien difficile, pour
ne pas dire impossible, de réunir une quantité suffisante
de crânes appartenant à une même race, pour obtenir,
d'après la manière indiquée et par la comparaison, des résultats valables.

Je parle de crânes. Grâce au zèle et à la persistance des
uns, aux efforts des autres, qui ont voyagé pour des établissements publics, on est parvenu à former quelques
grandes collections, où, il est vrai, il règne souvent des
doutes sur la provenance de certains objets. Il est, en effet,
très-rarement possible de déterminer exactement si les
crânes de la race qu'on examine ont appartenu à un homme
ou à une femme ; le plus souvent cela dépend de l'impression que le crâne produit sur le collectionneur. Toutefois,
les différences entre les crânes masculins et féminins ne
sont point insignifiantes ; elles sont même, chez les races
civilisées du moins, assez importantes pour être plus
grandes que celles qui existent entre les crânes de même
sexe de deux races distinctes ; mais, comme chez le nègre
et chez quelques autres races inférieures, autant du moins
que nous pouvons le savoir, la différence entre les
crânes des deux sexes tend à disparaître, il en résulte que
la détermination du sexe d'un crâne est d'autant plus incertaine qu'il s'agit de crânes appartenant aux races inférieures de l'humanité.

La quantité des matériaux disponibles diminue encore
s'il s'agit des autres parties de la charpente osseuse. On
peut encore facilement transporter une tête ou un crâne,
mais un cadavre ou un squelette entier exige bien plus
de précautions. Les neuf dixièmes des matelots croient que
la présence d'un cadavre, d'un squelette, ou d'un cercueil
à bord, doit nécessairement causer leur perte, et ils sont,
en tout cas, disposés à se mutiner dès qu'un orage éclate.

Pourtant, il y a dans le squelette un grand nombre de points importants à étudier, tels que la structure des mains et des pieds, la conformation du bassin, sur lesquels on ne peut arriver à avoir des données certaines qu'à condition de faire une série d'observations aussi nombreuses et aussi étendues que pour l'étude du crâne.

Ce qui donne au crâne une importance si prépondérante, c'est qu'il forme l'enveloppe résistante qui enferme le cerveau et l'entoure si exactement qu'on retrouve sur sa surface interne l'empreinte exacte des grands caractères de la conformation cérébrale. De toutes les parties du corps, c'est évidemment le cerveau qui mérite d'être examiné avec le plus de soin, lorsqu'il s'agit de l'étude de l'organisation des êtres pensants. L'immense importance de la conformation cérébrale, chez les mammifères, est si complétement reconnue qu'on a proposé une nouvelle classification basée uniquement sur cette conformation.

L'anatomie comparée des races, que M. Wagner de Gœttingue promettait, pendant vingt ans, dans les préfaces de chaque ouvrage qu'il publiait, comprendrait, sans doute, la description exacte d'un grand nombre de cerveaux appartenant à chaque race, description basée sur de nombreuses dissections. Mais nous sommes encore bien loin d'un tel résultat. Il arrive parfois à un anatomiste européen de rencontrer sous son scalpel un domestique ou un cuisinier nègre, encore ignore-t-il le plus souvent à quelle race nègre il appartient, ou combien d'aïeux s'interposent entre lui et l'esclave originairement importé d'Afrique ; de sorte que le sujet ne peut donner que des résultats suspects, car l'existence dans un autre climat, une autre éducation, d'autres conditions vitales, peuvent avoir exercé une influence modificatrice sur la structure du corps, et surtout sur celle du cerveau, comme siége de l'activité intellectuelle.

Vous pouvez donc facilement comprendre, par ces quelques indications que j'aurais pu multiplier beaucoup, avec quelles difficultés extraordinaires l'étude réellement scientifique de l'homme se trouve aux prises, dès que, ne se bornant pas aux seuls phénomènes extérieurs, elle veut pénétrer plus profondément.

Les matériaux sont parcimonieusement mesurés à l'observateur et ils donnent lieu à tant de sujets de recherches, qu'il est rarement possible de tirer parti des travaux de ses prédécesseurs et de se les approprier comme si on les avait faits soi-même.

Lorsqu'on est enfin parvenu à surmonter toutes ces difficultés et à se procurer quelques matériaux, et qu'on veut ensuite énoncer les résultats de ses recherches et les appliquer, il surgit alors du sein de la société d'autres préjugés avec lesquels il faut recommencer la lutte. Tout l'orgueil de la nature humaine se révolte à la pensée que le roi de la création puisse être traité comme un autre objet de la nature.

Aussitôt que le naturaliste découvre une analogie entre l'homme et les mammifères les plus rapprochés de lui, les singes, tout ce qui croit avoir la moindre notion de la dignité humaine pousse les hauts cris contre l'audacieux qui a osé toucher au sanctuaire.

La gent philosophe tout entière qui n'a jamais vu de singes que dans les cages des ménageries ou dans les jardins zoologiques, monte sur ses grands chevaux, et, selon qu'elle parle au nom de tel ou tel système philosophique, en appelle à l'esprit, à l'âme, à la raison, à la conscience, à toutes les propriétés dites immanentes à l'homme. Ce raisonnement me rappelle celui de mon ancien professeur de Giessen, le vieux Wilbrand, qui protesta jusqu'à sa mort, arrivée il y a vingt ans environ, contre la circulation du sang. « Lequel est supérieur, » demandait-il aux candidats à l'examen,

« de l'œil spirituel ou de l'œil corporel? » Malheur au candidat qui répondait : « L'œil corporel, » — il était repoussé d'emblée. On était donc forcé de répondre : « L'œil spirituel, monsieur le professeur. » — « Très-bien, » continuait ce dernier; « ainsi, la vision spirituelle doit l'emporter sur la vision corporelle; et quand vous dites que vous avez vu, sous le microscope, la circulation avec vos yeux corporels, je vous objecte que moi, j'ai vu l'impossibilité de la circulation avec mon œil spirituel. C'est donc moi qui ai raison, et vous qui avez tort. » De même, nos philosophes voient avec l'œil spirituel, et lorsqu'ils appellent l'imagination à leur aide, laquelle, d'après M. Carrière, est « une inspiration directe d'en haut, qui voit la forma-« tion des pensées divines dans la nature d'une manière « immédiate, et représente une transgression de la pensée « générale et éternelle sur la pensée individuelle, » ils se présentent comme prophètes inspirés directement par Dieu; il ne nous reste plus alors, à nous autres, pauvres enfants des hommes, qu'à nous incliner et à admettre que nos résultats ne sont que le fruit d'un travail humain, et nullement inspirés par la grâce émanant d'un être, entièrement inconnu d'ailleurs.

C'en est assez sur ce point, Messieurs. Mais il n'en est pas moins vrai que ces vaines déclamations ont jeté tant de trouble et de perplexité chez maint naturaliste autrefois sans préjugés, que nous rencontrerons à cet égard les contradictions les plus frappantes et que nous devrons faire appel à toutes nos forces pour ne pas nous laisser entraîner dans le tourbillon. La tenue des livres en partie double, tant vantée il y a quelques années par certaines gens, et dont le succès a été si négatif, apparaît réellement de nouveau sous une forme différente, lorsqu'on voit le même naturaliste expliquer que les différences corporelles entre l'homme et les singes sont à peine assez grandes pour que le genre humain constitue une famille devant être placée à la tête de l'ordre des singes, puis ajouter que ses facultés intellectuelles sont si énormément différentes, qu'il doit former un règne à part, un règne complet, aussi absolument distinct des autres que l'est le règne animal du règne végétal.

Et, pour vous montrer les contradictions qui surgissent sur ce terrain dès qu'on s'écarte des principes de la science pure, je peux vous citer ici l'opinion d'un autre naturaliste, non moins illustre que le premier ; il affirme que les qualités intellectuelles dont fait preuve le Chimpanzé, ne dénotent, comparativement à celles du Bosjeman, qu'une différence de degré, mais, par contre, que la structure du cerveau humain diffère tellement de celle du cerveau des singes qu'il faut créer pour l'homme une sous-classe particulière dans les mammifères. Deux affirmations si contradictoires sont uniquement le résultat des efforts faits pour assurer à l'homme une position très-élevée au-dessus des autres animaux. Un de ces observateurs n'a oublié qu'une chose, c'est de nous dire comment il serait possible que l'homme, avec un cerveau simien, enfantât des pensées humaines, et l'autre comment un cerveau humain pourrait enfanter des pensées de singe. Si le cerveau est en définitive le siége de la pensée, qu'on le regarde comme l'instrument d'un esprit qui y est implanté ou comme un organe indépendant et agissant par lui-même, encore faut-il pourtant que la fonction soit proportionnelle à l'organisation et mesurée par elle.

Ceci n'est encore qu'un côté de la question qui nous occupe. Si on considère le genre humain tel qu'il est réparti à la surface de la terre comme un tout, on remarque immédiatement les différences qu'offrent les diverses souches ou races. L'étude de ces différences rentre certainement dans le domaine du naturaliste ; et, si fortement que puisse protester un orgueil vaniteux, la complète élucidation de cette question exige qu'on n'emploie aucune voie d'investigation autre que celle que nous employons pour tous les animaux. L'appréciation du degré de ces différences est d'autant plus importante qu'elle fournit aussi un moyen d'estimation du degré de parenté qui relie entre elles les diverses races.

Prenons un exemple. Les chats, tout comme l'homme, sont dispersés sur toute la terre ; les contrées déboisées de l'extrême nord exceptées, nous trouvons partout, de l'équateur au cap Nord, des carnassiers appartenant à ce genre. D'emblée on peut remarquer les différences qui frappent les plus inexercés. Personne ne saurait confondre entre eux le lion, le tigre, la panthère, le chat et le lynx, comme personne ne confondra du reste le nègre avec le malais, le mongol et le caucasien. Mais, en examinant de plus près, on découvre dans le genre chat des formes intermédiaires qui, comme chez l'homme, peuvent donner prise au doute. Les chats tachetés, qu'on a compris d'abord dans le type des panthères, se résolvent en une quantité de formes diverses, qui se distinguent tantôt plus, tantôt moins, par le nombre, la disposition, la délimitation des taches, la longueur de la queue et de ses poils, par de légères différences dans la dentition, dans le crâne, bref, par une foule de caractères que l'observation la plus attentive peut seule dévoiler, mais dont la présence sert à l'observateur pour déterminer, avec plus ou moins de certitude, s'il a affaire à une forme permanente ou à une variation plus ou moins fortuite de cette forme. Il faut avouer qu'en ce qui concerne les animaux sauvages, l'appréciation de ces différences et du rang qu'elles doivent occuper dans la classification, dépend en grande partie de la tendance personnelle de l'observateur, et que l'un considère comme une espèce ce que l'autre ne regarde peut-être que comme une variété accidentelle. Les faits s'accumulant, les traités d'histoire naturelle résument les débats et leurs résultats, en admettant comme centres les formes bien distinctes dont personne ne conteste la détermination spécifique et en groupant autour d'elles les formes moins nettement accentuées.

Souvent, sans doute, on a vivement discuté sur les droits spécifiques de telle ou telle espèce, souvent aussi, comme nous le verrons plus tard, on a été obligé de donner bien des définitions différentes du terme espèce, sans arriver à se mettre d'accord, mais ces discussions ont exercé tout au moins une puissante influence sur la science, en provoquant constamment des recherches plus précises et plus exactes.

Dans les études sur l'homme, il en est autrement, car elles embrassent un sujet de recherches dans lequel on veut prescrire et imposer à la science le résultat auquel elle doit nécessairement arriver. Un Adam, père de la race humaine, un Noé avec trois fils échappés au déluge, comme seconds ancêtres de la souche, à une époque historique déterminée, — sont autant de propositions imposées comme conditions préalables et obligées de toute étude scientifique, et sans l'admission desquelles, d'après l'avis des croyants, le monde était en danger, et l'est encore..... de s'enfoncer dans les abîmes de l'enfer. Autrefois, on avait seulement affaire aux philosophes, qui, pour la plupart, s'enveloppent fièrement dans leur toge et ne s'adressent ordinairement qu'à un petit nombre d'élus, on a maintenant sur le dos le clergé entier, soutenu par son troupeau de croyantes brebis ; — or, ceux-là seuls qui y ont passé savent ce que cela veut dire. Ne croyez pas, Messieurs, que je vous parle seulement de mon expérience propre ; je puis vous citer un exemple emprunté à une autre partie du monde. Le docteur Morton, un des noms les plus célèbres parmi ceux des naturalistes qui se sont occupés de l'histoire naturelle de l'homme, vivait à Philadelphie, où il s'occupait surtout de l'étude des crânes américains ; c'était un médecin respecté et assez pieux probablement pour aller à l'église au moins une fois le dimanche, comme tout autre habitant de l'Union. Ses observations, suivies pendant de longues années, l'amenèrent à la conviction que le genre humain renferme plusieurs espèces primitives distinctes, et qu'il est impossible qu'il puisse descendre d'un seul Adam. Il formula cette conviction. Un pasteur, le révérend docteur Bachman de Charlestown, y vit un grand sujet de scandale.

Faisant, selon l'usage, la patte de velours pour commencer, il écrit d'abord amicalement à Morton qu'étant d'un avis contraire au sien, il doit le combattre, mais qu'il espère que leur amitié passée n'en sera pas troublée, car il considère son ami Morton comme un bienfaiteur du pays et une gloire de la science.

Puis Bachman publie quelques mémoires dans lesquels il fait naturellement preuve de la plus grande ignorance du sujet. Mais qu'importe ? pourvu qu'on ait la foi. Malgré son ignorance, le révérend monte sur ses grands chevaux, et attaque Morton de la manière la plus arrogante et la plus injurieuse, ce qui, ajoute le biographe de Morton, « tient « peut-être à la profession de sa révérence, qui exige un « style ampoulé et déclamatoire. »

Morton répond tranquillement, dignement et même amicalement ; il répète et maintient strictement ses conclusions scientifiques. Le révérend, hors de lui, accuse Morton de faire partie d'une conspiration dont les ramifications s'étendent dans quatre villes de l'Union, et qui a pour but de renverser les lois étroitement liées avec la foi et l'espérance du chrétien dans ce monde comme dans l'éternité ; que l'incrédulité devant nécessairement résulter des opinions de Morton et en être la conséquence obligée, il faut,

au nom de la société menacée, les combattre énergiquement. « Or, ajoute le biographe, nous savons tous ce que
« signifie ce combat contre l'incrédulité dans la bouche
« des gens qui portent la même robe que le docteur Bach-
« man, c'est une guerre à mort. »

Ceci se passait en 1850. Au printemps suivant, la lutte
se termina par la mort de Morton. Mais ne semble-t-il pas
que les divers tintements sonores, qui, quelques années
plus tard, ont résonné de Gœttingne à Munich, n'étaient
que l'écho du tocsin pastoral sonné dans les États à esclaves
de l'autre côté de l'Atlantique ?

Les questions relatives aux différences internes qui se
manifestent dans le genre humain n'entament pas seulement les principes de la théologie, dont nous pouvons ici
entièrement nous passer, mais elles touchent aussi aux
problèmes les plus élevés, les plus arides et les plus intéressants de la science. Lorsqu'il s'agit, en effet, de déterminer si ces différences sont originelles ou si elles ont été acquises dans le cours des temps, il faut non-seulement
étudier à fond l'homme et son développement historique à
la surface du globe, mais aussi la nature qui l'environne et
les influences qu'elle a pu exercer sur lui. Il s'agit d'approfondir l'action que les changements du climat et des
conditions vitales ont pu avoir sur l'homme pendant les
migrations auxquelles il a été peut-être exposé ; il faut rechercher jusqu'à quel point le défaut ou l'abondance de
nourriture, la continuité de certaines habitudes, l'élévation
graduelle vers un état de civilisation supérieure ont pu modifier les caractères primitifs, les effacer peut-être entièrement ou les rendre méconnaissables ; jusqu'à quel point
les croisements et les mélanges entre diverses races, la production calculée ou non des métis ou des hybrides ont pu
donner lieu à la naissance de formes nouvelles. Ce n'est
pas seulement l'homme qu'il faut considérer ici ; il faut

encore tenir compte des animaux qui ont été en contact avec lui, surtout des animaux domestiques, sur lesquels il exerce une influence directe et dont il cherche, suivant ses besoins, tantôt à conserver, tantôt à modifier les formes primitives.

Nous ne devons pas nous dissimuler que ce côté de la question, s'il n'est pas le plus intéressant, est du moins celui qui a été le plus contesté et celui qui a été l'occasion des plus nombreuses et des plus vives controverses. Dans ces derniers temps, la question a de nouveau été soulevée par l'apparition de l'ouvrage de Darwin, cet observateur si éminent, et nous nous verrons obligés d'entrer dans quelques détails sur l'origine des espèces par la sélection naturelle, telle que Darwin l'a comprise et exposée. Mais je puis, Messieurs, vous avouer à l'avance qu'il me semble que les vues de Darwin approchent beaucoup plus près de la vérité que toutes les autres, et que, si je ne puis accepter sa théorie jusque dans ses dernières conséquences, je ne suis du moins pas éloigné de m'en déclarer partisan à l'égard des types de parenté rapprochée.

Je vous ai déjà fait remarquer, au commencement de cette leçon, que notre étude comporte en outre, pour ainsi dire, un côté historique ou, si vous voulez, un côté géologique qu'il est impossible de négliger, dût-on courir à nouveau le risque de voir « le lait de la pensée pieuse » se changer « en venin corrosif, » et « l'amour chrétien » se transformer à la Bachman en « haine féroce. » Si nous voulons rechercher l'influence que les circonstances naturelles ont exercées sur l'homme, il nous faut remonter aussi loin que possible dans l'histoire du genre humain, car la longueur du temps est aussi un facteur qu'il ne faut jamais perdre de vue. Nous devons nécessairement entrer en relations, non-seulement avec les historiens et les antiquaires, mais encore avec les géologues, nous approprier les résultats de leurs travaux, et les appliquer à la solution des questions qui nous occupent. Les difficultés sont grandes, il est vrai. Les erreurs et les mystifications si nombreuses auxquelles les antiquaires ont de tout temps été exposés, ont fourni matière à plus d'un roman. Toutefois, on a pu, dans ce labyrinthe presque inextricable, trouver parfois une voie correcte qui a conduit à des résultats certains. Depuis longtemps l'étude des antiquités égyptiennes permet d'affirmer que le genre humain avait déjà réalisé certains progrès intellectuels à une époque bien plus reculée que celle où le législateur hébreu place son Adam primitif ; or, nous sommes maintenant autorisés à déclarer que l'ancienneté de l'homme est encore infiniment plus grande, et que son origine doit être reportée jusqu'à une époque où des genres d'animaux éteints peuplaient notre continent, et où, autant que nous pouvons le savoir aujourd'hui, le genre humain n'offrait qu'un état de civilisation à peine comparable à celui des indigènes australiens actuels.

On pourrait croire que cette question de l'ancienneté de l'homme sur la terre n'ayant aucun contact avec d'autres intérêts que ceux de la science, on aurait dû accueillir avec joie cet accroissement du trésor des connaissances humaines. Mais il n'en a pas été ainsi. La théologie chrétienne a déclaré immédiatement que vouloir assigner à l'Adam mosaïque une place relativement nouvelle dans l'histoire, était une pensée audacieuse qui ne pouvait germer que dans l'esprit des infidèles ; les zélés croyants ont objecté à l'assertion qu'il a existé une antique civilisation pendant laquelle l'homme ne connaissait encore aucun métal et confectionnait des armes avec des os d'animaux, du bois et des silex, que le Vulcain biblique, soit Tubalcaïn, se trouve ainsi gravement lésé, car il faudrait faire remonter presque jusqu'à Adam ses prétendues découvertes industrielles. Nous verrons, dans une prochaine leçon, à quels incroyables écarts d'imagination, produits de la fantaisie inspirée d'en haut, la fatale connaissance du Vulcain biblique a pu conduire un observateur.

N'accusons cependant pas la théologie seule. Les représentants de la science ont eu aussi, parfois, bien des reproches à se faire sous ce rapport. Dans les premières années de notre siècle, époque à laquelle on n'avait encore recueilli que peu de faits, et cela très-incomplétement, quelques maîtres de la science ont affirmé que l'homme n'appartient qu'à la dernière époque géologique, et n'a pu coexister qu'avec la création actuelle ; on avait généralement accepté ces décisions. On avait bien trouvé, çà et là, des débris humains au milieu de restes d'animaux éteints ; seulement, on affectait de négliger ces observations, ou on cherchait même à les expliquer d'une manière qui ne prouve pas toujours beaucoup en faveur de la perspicacité des observateurs. On avait même, dans le principe, poussé tellement loin la conviction de l'apparition tardive sur la terre des formes supérieures, qu'on contestait la découverte de singes fossiles dans les terrains tertiaires. Mais bientôt les faits démontrant leur existence s'accumulèrent à tel point qu'on finit par les accepter, d'autant qu'il ne s'agissait encore que des singes. Mais, il faut lire les plaintes lamentables d'un archéologue enthousiaste, M. Boucher de Perthes, pour comprendre la peine qu'il a eue à décider quelques naturalistes sans préjugés à examiner les couches anciennes où il avait trouvé une quantité de haches en silex. « Au seul mot de haches et de di-
« luvium, dit-il, je les voyais sourire ; les hommes pra-
« tiques ne voulaient pas les voir, disons-le, ils en avaient
« peur ; ils craignaient de se rendre complices de ce qu'ils
« appelaient une hérésie... Quand cette théorie devint
« un fait que chacun put vérifier, on n'y voulut plus
« croire, et l'on m'opposa un obstacle plus grand que l'ob-

« jection, que la critique, que la satire, que la persécution
« même : *le dédain*. On ne discuta plus le fait, on ne prit
« même plus la peine de le nier : on l'oublia... Ici, l'on
« explique une chose surprenante par des raisons plus
« surprenantes encore. Les uns veulent que ces haches
« soient le produit du feu ; qu'élaborées dans les four-
« naises d'un volcan, elles aient été lancées liquides dans
« l'espace, et que c'est en retombant dans l'eau qu'elles
« ont pris cette forme de larmes ; comme les larmes bata-
« viques.

« D'autres, au contraires, ont fait intervenir le froid :
« ils ont voulu que, frappés par la gelée, les silex se fussent
« fendus de manière à former des couteaux et à dessiner
« des haches. Quant à l'introduction dans les bancs, on a
« dit d'abord qu'elle était le fait des ouvriers... Ensuite on
« a voulu que ces haches se fussent introduites toutes
« seules... Si toutes les objections eussent été comme
« celle-ci, il n'y aurait pas eu à s'en préoccuper : ce qui
« me semblait dix fois pis que les critiques, c'était ce re-
« fus obstiné d'aller au fait, et ces mots, *c'est impossible,*
« prononcés avant de voir si cela était. »

La méfiance souvent méritée avec laquelle les naturalistes accueillent les recherches archéologiques, pourrait
bien être pour quelque chose dans la réception qu'a rencontrée la découverte dont nous venons de parler. Mais la
science n'a pas de code écrit, et tout fait poursuivi avec
zèle et persévérance finit par se frayer un chemin. M.
Boucher de Perthes réussit enfin à amener quelques géologues dans la vallée de la Somme, et put leur montrer
in situ les haches en silex. Ces observateurs donnèrent
l'éveil dans les sociétés savantes de Londres et de Paris ;
les curieux accoururent en foule ; on discuta de part et
d'autre jusqu'à ce qu'enfin les faits devinssent si certains et
si bien établis, qu'il ne put rester aucun doute. Mais, en

théologie, Tubalcaïn reste ferme sur son piédestal de ce bronze dont il est l'inventeur ; et qui n'y croit point n'est pas seulement damné dès maintenant et pour l'éternité, mais il est mis au pilori comme contempteur des choses les plus sacrées.

Les recherches sur la haute antiquité des animaux domestiques paraissent avoir une importance toute particulière, à cause des rapports intimes existant entre eux et l'homme ; or, on sait maintenant que ces animaux ont été réduits en domesticité dès l'antiquité la plus reculée. Ainsi que je l'ai fait remarquer plus haut, les animaux domestiques sont, plus encore que l'homme, un exemple de l'action que la nature peut, par ses influences, exercer sur l'homme et les animaux. L'homme, en dominant ces animaux dès l'instant de leur naissance, en dirigeant à sa volonté leur éducation, leur nourriture et leur vie entière, se trouve en position de modifier et pour ainsi dire de pétrir leurs formes primitives, et cela d'une manière qui paraît à peine pouvoir être produite par les moyens naturels. Mais si l'étude des animaux domestiques nous permet d'apprécier les modifications survenues chez eux depuis les temps les plus reculés ; si l'on peut démontrer que les races si différentes auxquelles appartiennent nos animaux domestiques actuels, descendent d'une ancienne souche unique, ou sont les produits du mélange de plusieurs souches primitives, nous aurons du moins entre les mains un argument qui aura par analogie autant de valeur que nombre d'autres conclusions tirées directement de l'homme même.

Vous voyez, Messieurs, que le champ que nous aurons à parcourir dans le petit nombre de ces leçons est plus considérable qu'on ne pouvait s'y attendre à première vue. Je n'aurai pas seulement à rassembler tous les faits, mais surtout à faire ressortir ceux qui ont une importance réelle au point de vue des conclusions qu'on est autorisé à en tirer. Nous nous adonnerons à cette tâche sans nous préoccuper de la poussière que nous remuerons sur notre route, des préjugés religieux ou politiques que nous serons peut-être obligés de saisir par les cornes et de jeter de côté. Peu nous importe qu'Adam, Tubalcaïn et Noé, ainsi que « toute la gent pécheresse en fait d'hommes et de bêtes, » trouvent ici leur confirmation ou leur négation, ou que les descendants des chevaliers croisés se reconnaissent, au cours de nos études sur l'âge des différentes races, dans les crânes épais ou longs des races vaincues ou victorieuses. Il nous est fort indifférent que le démocrate des États du Sud trouve, dans les résultats de nos recherches, la confirmation ou la condamnation de son assertion que l'esclavage est ordonné par Dieu, et est « la pierre fondamentale réprouvée par les hommes, mais agréable à Dieu » ; ou que le Yankee, dans son orgueil de race, qui lui permet bien de manger ce qu'un nègre a préparé pour sa table, mais qui lui défend de s'asseoir à côté d'un nègre dans la même chambre ou dans le même wagon, cherche un appui dans nos allégations. Nous marcherons droit devant nous, l'observation à la main, et nous dirons avec Gœthe, à propos des aboiements qui s'élèveront derrière nous, qu'ils ne prouvent autre chose « que notre marche en avant. »

DEUXIÈME LEÇON

Exposé de la méthode. — Mélange des types. — Détermination de l'homme moyen et du crâne moyen. — Emploi des mesures. — Tableau de mesures de Scherzer et de Schwarz. — Mensuration du crâne. — Recherche des points fixes. — Choix des points les plus minces du crâne. — Système de mesures de Busk. — Système d'Achy. — Détermination de la verticale et de l'horizontale sur le crâne. — Rapport du crâne à la face. — Angle facial de Camper. — Mesure de la base et de la voûte du crâne. — Système de mensuration de Welcker. — Détermination des angles principaux. — Réseau crânien. — Termes introduits par von Baer pour les formes crâniennes. — Vue d'enhaut : têtes longues, têtes moyennes, têtes courtes. — Vue de profil : prognathes et orthognathes. — Vue antérieure et postérieure : têtes turriformes, têtes pyramidales, têtes en toit. — Tableaux de Scherzer et de Schwarz. — Tableaux de mesures d'après Virchow, Welcker, von Baer et Busk.

MESSIEURS,

Une bonne méthode a souvent plus de valeur que les recherches elles-mêmes, et nulle part ce principe n'a plus d'importance que dans l'histoire naturelle. Nulle part on ne sent plus que dans ce genre d'études si étendues et si complexes, le besoin d'une règle précise et bien déterminée, qui conduise l'observateur, l'empêche de dévier de la ligne, et permette à ses successeurs de suivre la voie qu'il a tracée. Si je vous parle ici de la méthode indispensable pour obtenir quelques résultats dans les recherches sur l'histoire naturelle de l'homme, c'est parce que j'ai la profonde conviction qu'il suffit d'un coup d'œil sur la méthode suivie, pour porter un jugement sur le mérite d'un travail, dont il faut avoir apprécié la valeur avant d'entreprendre soi-même des recherches de même nature. Malgré bien des conseils à cet égard, c'est dans ces derniers temps seulement qu'on a fait quelques travaux approfondis sur les méthodes d'observation, et quelques tentatives, encore bien incomplètes, pour mettre les naturalistes d'accord afin qu'ils adoptent une méthode commune.

Nos observations portent sur des individus soumis, sans aucun doute, aux variations les plus considérables, car ces variations dépendent autant des dispositions individuelles que de la marche du développement dans le cours de la vie, et enfin d'influences extérieures accidentelles. Il en résulte donc que chaque observation doit être nécessairement et fatalement entachée d'un certain nombre d'erreurs provenant de causes diverses.

Le caractère primitif que les parents transmettent à leurs enfants est déjà infiniment varié chez les rejetons de ces derniers, et d'autant plus varié, que les générations des descendants s'éloignent dans le temps des premiers ancêtres. Le développement, depuis la naissance jusqu'à la mort, comporte — sans parler des circonstances particulières dans lesquelles chaque individu peut se trouver — une infinité de conditions, qui, tout en obéissant à certaines lois, n'en sont pas moins sujettes aux fluctuations les plus diverses. Non-seulement le corps entier, mais aussi chacune de ses parties, chaque os et chaque viscère suit une loi propre de croissance, de durée et de dépérissement. Le sexe exerce, en outre, une action propre, qui s'étend sur le corps entier, sur son développement comme sur sa décroissance. Il faut, enfin, tenir compte du climat, de l'habitat, de la nourriture, des soins, des occupations. Si l'on pousse les recherches plus loin, on se trouve en présence d'autres problèmes qui augmentent les sources d'erreur et rendent les observations toujours plus difficiles.

Supposons un instant que, nous occupant de recherches sur les races humaines, nous ayons borné notre étude à celle du crâne, et que nous ayons choisi pour point de départ de nos mesures et de nos comparaisons le crâne allemand, parce que nous pouvons nous le procurer plus facilement et en plus grande abondance. Mais où trouverons-nous ce crâne allemand? Quelle garantie aurons-nous que celui que nous allons prendre pour type normal, et que peut-être tous les anatomistes s'accorderont à regarder comme un crâne allemand parfait, provient bien réellement d'un Allemand pur et sans mélange? Où trouvera-t-on un coin de terre allemande où il n'y ait eu, ou pu y avoir, un mélange des races et des souches les plus diverses? Quels peuples d'origine européenne ou asiatique pourrait-on citer qui, dans l'antiquité ou dans les temps modernes, ne se soient donné rendez-vous sur les champs de bataille germaniques pour y vider leurs querelles, et qui, en même temps, car Vénus accompagne toujours Mars, n'aient laissé des traces dans le sang de la nouvelle génération?

Abstraction faite de ces cas de guerre et de ces invasions, n'avons-nous pas assez de localités où différentes races, ayant vécu côte à côte pendant des siècles, se sont intimement mélangées, et ont fini toutes deux, ou au moins la plus faible des deux, par disparaître dans le mélange? N'avons-nous pas maintenant en main les preuves incontestables que les Germains, dont nos chansons patriotiques rappellent la vie rude au milieu des inhospitalières forêts de chênes, n'étaient que les troisièmes envahisseurs, et qu'ils ont dû soumettre et s'assimiler deux autres peuples occupant déjà le même sol? Les historiens et les linguistes slaves ne réclament-ils pas les deux tiers à peu près de l'Allemagne comme leur héritage, dont ils auraient été dépossédés par la ruse ou par la force?

Où donc trouver dans ce mélange historique et même

antédiluvien, qu'on nomme aujourd'hui l'Allemagne, la *tête carrée* vraie, pure et inaltérée? Personne, certainement, n'est assez hardi pour oser répondre de prime abord à cette question, car on ne peut nier, chez quelque individu que ce soit, qu'il descende des croisés ou de tout autre, la possibilité d'un mélange de sang dans les générations antérieures. Il en est de même, si l'on veut examiner de près la question, pour tous les peuples qui ont existé sur la terre. Partout nous trouvons, soit dans des traditions ou des faits historiques bien établis, soit dans des particularités physiques, soit enfin dans des découvertes remontant à une époque préhistorique, des indices de mélanges plus ou moins étendus, qui ont porté atteinte à la pureté de la race primitive, ou déterminé la formation d'une souche nouvelle. Comment sortir de ce labyrinthe? Est-il possible de trouver une méthode qui puisse écarter les causes d'erreur, et rendre, pour ainsi dire, aux individus leur pureté originelle?

La physique et les sciences analogues ont depuis longtemps trouvé la solution du problème, et il ne reste plus qu'à appliquer ici les principes qu'elles ont adoptés. Lorsqu'il s'agit de recherches qui sont nécessairement exposées à de nombreuses erreurs, on ne peut éviter celles-ci, ou les réduire du moins à un minimum, qu'en multipliant considérablement les observations, les mesures et les pesées, de manière à tirer du grand nombre des résultats obtenus une moyenne, autour de laquelle oscillent les résultats particuliers. Plus ces derniers sont considérables, mieux on les a circonscrits en choisissant des individus appartenant au même sexe, au même âge, à la même localité, à la même condition et à la même profession, plus le résultat d'ensemble qui sort de ces déterminations est exact.

Prenons un exemple. Dans les pays où la conscription

est en vigueur, on mesure tous les jeunes gens âgés de vingt et un ans, les infirmes exceptés, et on écarte tous ceux qui n'atteignent pas la limite de taille fixée pour l'admission dans l'armée. De pareils registres de recrutement peuvent servir à établir la taille moyenne de l'homme âgé de vingt et un ans dans un pays donné. Si nous ne mesurons ainsi que 100 conscrits, nous commettrons probablement une erreur importante, car ces 100 conscrits proviennent peut-être d'une seule région, par exemple en France, de l'Alsace, de la Bretagne, ou de la Provence, trois régions habitées par des populations très-différentes au point de vue de la taille. Si nous mesurons 100 conscrits provenant des différentes parties du pays, l'erreur de notre moyenne sera déjà certainement moindre, et si nous mesurons l'ensemble des recrues de l'année, notre résultat moyen se rapprochera beaucoup de la vérité. Cependant, il pourra encore renfermer une cause d'erreur, car nous pouvons être tombé sur une année présentant quelques particularités spéciales. Ainsi, il est reconnu que, dans une année de disette, il naît moins d'enfants, et que ceux nés dans ces temps de misère sont plus faibles et plus chétifs que d'autres. Si, enfin, nous embrassons dans nos recherches un espace de plusieurs années, nous écarterons cette nouvelle cause d'erreur, et notre résultat moyen approchera le plus possible de la vérité. J'ai choisi avec intention cet exemple pour montrer comment des observations insignifiantes en apparence peuvent conduire à des résultats importants lorsqu'on sait grouper et manier convenablement l'ensemble des données. C'est ainsi que M. Paul Broca, un des plus habiles anthropologistes français, a pu, en compulsant les registres du recrutement en France, signaler d'après le chiffre proportionnel des recrues réformées pour défaut de taille, la distribution, sur le sol français, de deux races distinctes, les grands Kymris ou Gaëls, et les Celtes, de taille plus petite, et distinguer les régions où elles se sont conservées plus pures, de celles où elles se sont mélangées.

Vous voyez, Messieurs, par cet exemple, que, pour étudier les caractères particuliers des différentes races, on peut employer les principes que la physique, la météorologie et les sciences analogues se sont dès longtemps appropriés. Les mesures et les pesées répétées, rassemblées en quantité, et traduisibles en chiffres, peuvent seules fournir des bases certaines et réelles pour les recherches scientifiques. Tout ce qui repose sur les sentiments, sur les appréciations individuelles, ou sur des estimations fortuites ne peut servir qu'à revêtir à titre de chair et de peau, le squelette rigoureusement établi sur des mesures et des pesées. Pour les recherches ordinaires, les moyens généralement connus peuvent suffire ; pour d'autres détails, il faut trouver et établir des moyens de mesure. On a insisté avec raison, à cet égard, sur la nécessité de créer une palette de teintes pour apprécier la coloration de la peau et des cheveux (analogue au cyanomètre qui sert à mesurer les teintes bleues du ciel) afin de prévenir la confusion qui règne entre les divers auteurs à l'égard des nuances, confusion assez grande pour que l'un appelle olivâtre ce qu'un autre qualifie de brun−cuivré foncé. Mais il est bien difficile d'établir une série de teintes qui permette de déterminer la coloration avec précision.

Examinons d'abord les objets qui sont susceptibles d'être pesés et mesurés, et voyons le premier qui s'offre à nous comme propre à nos recherches, l'homme vivant. Après les recherches de Quetelet, pour déterminer l'homme moyen en Europe, il s'agissait surtout d'étendre à d'autres races le même système de mesures. Jusqu'à présent il n'y a que trois voyages dans des parties éloignées du globe, pendant lesquels des séries d'observations de cette nature aient été entreprises. Burmeister, dans un voyage de peu d'étendue au Brésil, où il a observé seulement les nègres ; dans un cercle beaucoup plus vaste, les docteurs Scherzer et Schwarz, pendant le voyage autour du monde de la frégate autrichienne la *Novara* ; enfin les frères Schlagintweit, dans leur voyage dans l'Inde. Burmeister a publié, sinon les détails, du moins les résultats de ses mesures, tandis que, autant que je le sache, les autres voyageurs n'ont pas encore publié les leurs. La réputation scientifique des frères Schlagintweit, depuis l'histoire des idoles colossales du Thibet, n'est toutefois pas de nature à autoriser une confiance illimitée dans les résultats qu'ils peuvent avoir obtenus, de sorte qu'il faut se borner à considérer l'expédition de la *Novara* comme le point de départ d'une méthode réellement scientifique, pour l'étude des races humaines dans les autres parties du monde.

Avant tout, il importe de fixer une unité de mesure qui permette de comparer immédiatement entre eux, et sans qu'il soit nécessaire de faire intervenir aucun calcul de réduction, les résultats obtenus par les différents observateurs. Presque tous les savants, les Anglais exceptés, ont maintenant, et avec raison, adopté les poids et les mesures français, mètre et kilogramme ; il est réellement incompréhensible qu'un observateur distingué, Karl Ernst von Baer, ait pu un seul instant concevoir la pensée de se servir des mesures anglaises, qui ne sont pas même fixées ni absolument ni dans leurs subdivisions, puisque les uns partagent le pied en dix pouces, les autres en douze. Sous ce rapport, et à en juger par beaucoup de détails de la vie ordinaire, les Anglais ne méritent guère la grande réputation qu'ils ont d'être un peuple pratique. Pendant la campagne de Crimée, on a vu les Anglais périr de faim et de froid, quoique de vastes provisions fussent accumulées à peu de distance, tandis que les Français savaient s'arranger parfaitement de ressources bien moindres. Quant aux systèmes des poids et mesures, ainsi que des monnaies, il n'en est aucun de plus absurde que ceux des Anglais. On ne peut déduire sans calcul la ligne du pouce, ni celui-ci du pied ; le pied n'est nullement en rapport exact avec le mille, ni celui-ci avec le degré géographique. La valeur de la livre, de l'once et du scrupule, varie suivant les objets, comme on avait autrefois en Allemagne les poids de pharmacie et les poids ordinaires. En outre, ils ne sont pas réductibles entre eux sans calcul, et n'ont aucun rapport direct avec les mesures des solides ou des liquides. Que dire du thermomètre Fahrenheit usité seulement en Angleterre, dont l'échelle n'a pas de zéro fixe, mais doit être déterminée et déduite par le calcul du 0 d'une autre échelle. Combien le système français de poids et mesures est plus simple ! Comme il se prête facilement à tous les calculs, à l'établissement des moyennes et à d'autres opérations simples, dont la complication n'entraîne qu'une perte de temps inutile.

Revenons à notre sujet. Ce n'est pas une petite tâche que de mesurer un homme vivant. Si l'on examine le système que MM. Scherzer et Schwarz ont adopté dans leur voyage sur la Novara, système qui devra désormais l'être par les observateurs à venir, on voit qu'il faut plusieurs heures pour relever et inscrire, sur un registre préparé à l'avance, les soixante-dix-huit données différentes que réclame le tableau.

Dans une partie générale, on doit noter l'âge, le nom, le sexe de l'individu observé, la couleur et la structure des cheveux, le développement de la barbe, la couleur des yeux et autres particularités ; déterminer le nombre des pulsations au moyen d'une montre à seconde ; la force que le sujet peut développer, soit en pesant, soit en soulevant, mesurée au dynanomètre de Regnier et exprimé en kilogrammes ; le poids du corps, puis la taille, estimée au moyen de l'appareil usité pour les recrues. Ensuite, viennent les mesures de la tête, du tronc et des extrémités, qui

exigent : pour la tête, 21 ; pour le tronc, 17 ; pour les ex—
trémités, 20 mesurés, que je ne détaillerai pas ici, car pour
les critiquer ou les compléter il faudrait d'abord se fami-
liariser par la pratique avec les différentes opérations
qu'elles exigent. Mais on peut dire que ce plan de mensuration, convenablement employé et suivi, doit donner une
représentation complète du corps mesuré, et, par conséquent, répond le mieux possible au but qu'on cherche à
atteindre.

La première condition pour toute mesure est de chercher des points fixes, qu'on puisse retrouver sur tous les
individus qui devront servir à des recherches analogues,
et d'après lesquels on puisse déterminer les lignes et les
plans nécessaires pour la fixation des autres points. Cette
condition, en apparence facile à remplir, présente cependant en pratique de si grandes difficultés qu'il n'y a pas
lieu de s'étonner s'il règne sur ce point tant d'avis différents. Il faut autant que possible prendre pour points de
départ des mesures sur le corps vivant, ceux où les os
viennent affleurer la peau, et ceux qui présentent quelque
ouverture conduisant aux organes internes et ayant une
position déterminée.

Cherchons à appliquer ces premiers principes à cette
partie du corps qui a pour nous une si grande importance,
la tête. Sur la plupart des points de sa surface, le crâne
et la mâchoire sont si voisins de la peau, qu'on peut, sans
peine, sentir sous celle-ci les arêtes et les saillies des os.
Seule, la base du crâne est inaccessible sur le vivant, et
on ne peut étudier ses caractères, d'ailleurs très-essentiels,
que sur le crâne préparé et desséché. Parmi les différentes
ouvertures qui se trouvent sur le crâne, il en est une, l'orifice externe de l'oreille, qui réunit toutes les conditions
voulues pour constituer un excellent point de départ. Ses
dimensions sont assez restreintes pour qu'il soit facile d'en

déterminer le centre, et, pour qu'en tous cas, une erreur dans cette détermination ne puisse exercer qu'une influence insignifiante sur le résultat. Elle correspond assez exactement au conduit osseux de l'oreille moyenne, qui seul subsiste dans le crâne desséché ; de sorte que toutes les mesures qui partent de ce point peuvent être reportées facilement du vivant au crâne conservé, et *vice versa*. On peut donc dire sans crainte que tout système de mesure de la tête et du crâne qui ne comprendrait pas, au nombre de ses centres essentiels, le trou auditif, serait un système défectueux et incomplet.

Le bord externe des orbites, au point qui correspond à l'angle extérieur de l'œil ; le milieu de la ligne osseuse, à laquelle s'attachent les muscles de la nuque ; la racine du nez, soit le point où il se rencontre avec le front ; le point de rencontre de la cloison nasale avec la lèvre supérieure, correspondant à une petite saillie osseuse, qu'on a désignée sous le nom d'*épine nasale antérieure* ; l'extrémité de la mâchoire supérieure, entre les deux incisives médianes ; le milieu de la saillie du menton, qui, pour le dire en passant, constitue un caractère particulier à l'homme ; tous ces points sont facilemeut déterminables sur le crâne osseux, et, en les reliant entre eux avec le trou auditif par des lignes droites, on obtient un réseau de triangles au moyen desquels on peut effectuer avec certitude les mesures qui restent à prendre. Je vous donne ici les principes sans entrer dans plus de détails ; mais vous conviendrez avec moi qu'il est regrettable que, lorsqu'un grand nombre de mesures crâniennes ont été prises de cette manière, elles ne soient en définitive comparables ni entre elles, ni avec les mesures prises sur le vivant. Tandis que, par exemple, von Baer, ainsi que beaucoup d'autres, mesure la longueur du crâne depuis le point le plus bas du front jusqu'au point le plus saillant de l'occiput, Welcker,

rreur
1ence
:acte-
sub-
me-
faci-
peut
de la
le ses
léfec-

ond à
1se, à
ne du
point
ieure,
dési-
ité de
anes;
1 pas-
; tous
1e os-
if par
es au
s me-
1cipes
ndrez
ombre
nière,
elles,
que,
s, me-
1as du
lcker,

au contraire, prend comme point de départ les protubérances frontales situées plus haut, et dont la position, sur
beaucoup de têtes vivantes ou mortes, ne peut être déterminée avec précision ; il y a donc d'excellentes raisons pour
contester l'utilité et l'exactitude de pareilles mesures, qui,
du reste, fussent-elles également précises, resteraient en
tous cas irréductibles entre elles.

Dans tout système de mensuration du crâne, ainsi que
von Baer le fait remarquer avec raison, il faut tenir compte
du fait que le crâne n'offre point partout la même épaisseur, et que, par conséquent, si on veut acquérir une idée
approximative de l'étendue de la cavité crânienne qu'occupe le cerveau, il faut, autant que possible, choisir pour
points de départ des mesures ceux où le crâne est le plus
mince, et éviter par contre avec soin ceux qui offrent des
attaches musculaires, arêtes qui peuvent être plus ou moins
développées, selon l'importance des muscles avec lesquels
elles sont en rapport. L'anatomie comparée offre une foule
d'exemples qui démontrent avec la plus grande évidence
ces rapports entre les muscles et leurs points d'attache.
Sur les côtés du crâne humain se trouve une ligne saillante
courbe, nommée ligne temporale, limitant les points d'attache d'un des principaux muscles masticateurs, le muscle
temporal, qui se rend à la mâchoire inférieure, en passant
sous l'arcade zygomatique. Plus le muscle temporal est
développé, plus la ligne temporale remonte vers le milieu
du crâne, et plus, en même temps, les arcades zygomatiques
s'écartent de celui-ci. Le développement de ce muscle
masticateur est si considérable chez quelques animaux,
que, la boîte crânienne extérieure ne lui offrant pas des
points d'attache suffisants, il se développe sur la ligne médiane du crâne une forte crête, analogue à celle du sternum des oiseaux, sur les côtés de laquelle s'attache le
muscle.

L'importance de la ligne temporale et l'écartement des arcades zygomatiques sont donc deux faits qui se trouvent en relation directe, car tous deux dépendent d'une même cause, le développement du muscle temporal. Ce muscle est celui qui commande le mouvement vertical de la mâchoire ; les mouvements latéraux, que nécessite la trituration des aliments, dépendent d'autres muscles qui sont très-développés chez les animaux herbivores, et particulièrement chez les ruminants, où la mâchoire inférieure se meut latéralement sur la mâchoire supérieure, comme la meule sur sa dormante. Le mouvement vertical est, par contre, plus spécial aux carnassiers.

Ceci nous permet de conclure que les peuples carnivores doivent avoir les arêtes temporales développées et les arcades zygomatiques écartées, tandis que les peuples herbivores ou frugivores ont les arcades zygomatiques plus aplaties, et, par conséquent, la face plus étroite et peut-être le crâne plus long. Il en résulte que le conseil d'éviter le plus possible les arêtes et les saillies osseuses, et de choisir comme points fixes les parties les plus minces du crâne, lorsqu'il s'agit de déterminer approximativement la capacité interne de la cavité crânienne par des mesures extérieures, mérite d'être pris en sérieuse considération ; d'autre part, on peut trouver précisément dans le développement des arêtes ou des crêtes osseuses des caractères très-importants pour la distinction des races. On pourrait donc poser la question suivante : telle race humaine a-t-elle les arêtes temporales fortement développées parce qu'elle se nourrit surtout de chair, ou a-t-elle une tendance prédominante à préférer cette nourriture parce que, par suite d'une disposition originelle, ses arêtes osseuses et ses muscles masticateurs sont fortement développés ?

Quoi qu'il en soit, il n'est pas toujours facile de suivre dans la pratique le conseil donné par Von Baer. La partie la plus mince du crâne est précisément le milieu des tempes (on sait combien les coups qui atteignent cet endroit sont dangereux); mais comme elle est recouverte par le muscle temporal, il est difficile de déterminer sa place avec toute la précision qu'exige une mesure de cette nature, tandis que les points osseux qui affleurent la peau, et qui sont faciles à déterminer, sont pour la plupart précisément ceux qui correspondent aux arêtes et aux attaches musculaires.

On peut reprocher à certaines méthodes de ne pouvoir à la fois s'appliquer aux individus tant morts que vivants; cette remarque s'applique à une méthode d'ailleurs très-rationnelle, récemment proposée par M. Busk de Londres. Cette méthode de mensuration est basée principalement sur l'établissement d'une verticale fixe passant par le centre du trou auriculaire, et tirée du point du vertex, où la suture longitudinale du crâne, dite *suture sagittale*, se joint à la suture transversale antérieure ou *coronale*. Le choix du trou auditif, comme point de départ des arcs et des rayons, est excellent en ce qu'il convient également bien pour les vivants et les morts; mais il est difficile de déterminer la verticale avec certitude. Dans beaucoup de crânes, le point de rencontre des sutures est peu précis, car les sutures sont parfois tellement dentelées et irrégulièrement enchevêtrées que le point réel où elles se rencontrent peut se trouver soit en dehors de la ligne médiane, soit plus ou moins en avant ou en arrière du point où les sutures eussent dû se rencontrer dans leur développement direct et régulier.

De plus, il est absolument impossible de trouver ce point sur une tête vivante, et comme c'est de sa détermination exacte que dépend celle de la verticale qui, à son tour, donne toutes les autres lignes, on ne peut, par conséquent, appliquer en aucune façon le système Busk au corps vivant. L'emploi de cette méthode est, d'ailleurs, d'autant plus difficile que les explications qui l'accompagnent sont si brèves et si incomplètes qu'on ne peut, malgré les figures données, déterminer avec certitude les points isolés sur lesquels les mesures des arcs et des rayons doivent être prises. Je n'en reproduis pas moins volontiers, à la fin de cette leçon, le tableau et les figures concernant ce système, parce qu'il renferme le germe d'une méthode de mensuration très-rationnelle.

M. le Dr Aeby, professeur à Berne, vient de proposer une nouvelle méthode de mensuration du crâne, qui repose sur l'emploi d'une ligne fondamentale dont une des extrémités part du milieu du bord antérieur du trou occipital. L'autre extrémité aboutit au bord antérieur de la lame cribleuse de l'ethmoïde, point qui peut être déterminé avec assez de certitude sur un crâne scié suivant sa longueur, mais qui, dans le crâne entier, est d'une détermination beaucoup plus difficile par suite de la position de l'ethmoïde.

« Extérieurement, » dit le Dr Aeby, « ce point corres-
« pond en général au bord inférieur de l'os frontal, au
« point où il se réunit à l'apophyse frontale du maxillaire
« supérieur ; cependant, il faut prendre garde que la su-
« ture peut, suivant les individus, se trouver plus haut ou
« plus bas. On obtient le point plus sûrement, en reliant
« les trous ethmoïdaux par une ligne droite qu'on prolonge
« en avant jusqu'à ce qu'elle rencontre la suture entre
« l'apophyse précitée et l'os lacrymal, ou du moins le pro-
« longement vers le haut de cette suture. Il faut naturelle-
« ment faire attention à une forme anormale de cette su-
« ture. C'est donc là l'extrémité antérieure de la ligne fon-
« damentale, qui embrasse ainsi tout l'espace où le crâne
« et la face se rencontrent. »

La ligne ainsi obtenue est prolongée en avant et en arrière, et forme la base de tout le système de mensuration.

urs,
)m-
eut,
) les
'ons
ers,
1ant
ode

)ser
1ose
ré-
tal.
une
vec
ur,
ion
de.
es-
au
irc
1u-
ou
1nt
1ge
tre
ro-
le-
u-
m-
ne

ir-
n.

Un plan vertical, dressé sur cette ligne de façon à partager le crâne au milieu de sa longueur, est désigné sous le nom de *plan médian*, sur lequel on trace différentes ordonnées allant soit en haut, vers la surface extérieure de la boîte crânienne, soit en bas, vers divers points de la face. Sur les deux extrémités de la ligne fondamentale, dont la longueur absolue est toujours prise pour unité dans toutes les comparaisons, on élève deux ordonnées perpendiculaires, et on partage par deux nouvelles ordonnées également espacées l'intervalle compris entre les deux extrémités. D'autres ordonnées perpendiculaires sont encore élevées pour couper les points saillants extérieurs du frontal et de l'occipital et le bord postérieur du trou occipital ; on a ainsi sept perpendiculaires posées à différentes distances sur la ligne fondamentale, au moyen desquelles le contour de la courbe que décrit le plan médian sur la face supérieure du crâne est assez nettement déterminé pour servir au besoin à une figuration graphique. M. Aeby néglige davantage la face ; il la détermine par trois lignes inférieures menées, l'une à la pointe de l'os nasal, l'autre à la racine des incisives de la mâchoire supérieure, la troisième au bord postérieur du palais osseux.

Le développement en largeur et en hauteur du crâne est figuré par trois coupes transversales, perpendiculaires à la ligne fondamentale, dont la postérieure est menée par le milieu de l'espace entre les condyles de la mâchoire et les trous auditifs ; la médiane, au point du plus grand rétrécissement derrière les orbites ; l'antérieure, au point de jonction des apophyses de l'os frontal avec l'os zygomatique. On mesure tous ces plans par des ordonnées verticales également espacées comme pour le plan médian. L'ensemble de toutes les mesures étant ramené à la ligne fondamentale prise pour unité, le Dr Aeby obtient ainsi des chiffres immédiatement comparables entre eux, et, en écar-

tant par la multiplicité des observations les déviations individuelles, il arrive, pour chaque race, pour chaque
espèce, à des chiffres moyens dont il déduit pour chacune
le crâne normal, et constitue ainsi autant de types faciles
à comparer.

M. Aeby a résumé comme suit, dans les *Mémoires* de la
Société d'histoire naturelle de Bâle, son système et les
résultats obtenus : « J'avais attendu du plan médian des
« propriétés, des points d'appui fixes pour la distinction des
« races humaines. Je n'ai pas été peu surpris de trouver
« précisément le contraire. Si l'étude exacte de plus de cinq
« cents crânes provenant de toutes les parties du monde peut
« permettre de tirer une conclusion certaine, je peux dire
« avec assurance que les crânes normaux de l'ensemble
« des races humaines concordent entièrement dans tous
« les points essentiels par le plan médian, et que, sous ce
« rapport, les types extrêmes, têtes longues et courtes,
« n'offrent pas la moindre différence. Les fluctuations
« qu'on peut observer, surtout vers l'occiput, sont si irré-
« gulières et si nettement comprises dans les limites
« des variations individuelles, qu'on ne saurait leur
« reconnaître aucune influence sur la loi générale. Par
« contre, vis-à-vis de cette constance du plan médian, les
« variations qu'offre le plan antérieur sont remarquables.
« Sous ce point de vue, les crânes se distinguent très-
« nettement en étroits et en larges ; tous deux paraissent
« occuper à la surface du globe un centre spécial ; les pre-
« miers occupent l'hémisphère sud, les seconds l'hémis-
« phère nord. L'Afrique, la Polynésie et la Nouvelle-
« Hollande offrent les têtes les plus étroites ; l'Europe et
« l'Asie septentrionale les plus larges. Entre ces deux divi-
« sions se trouve l'Asie méridionale, qui tient le milieu, et
« cela non-seulement parce que ses habitants (Chinois et
« Javanais) offrent effectivement une largeur moyenne géné-

« rale du crâne, mais encore parce qu'on y rencontre dans
« quelques régions isolées (Hindous) le type décidément
« le plus étroit, et dans d'autres (quelques îles dans le voi-
« sinage de Java, un type de crânes larges. Il est à remar-
« quer que les Groënlandais, bien qu'habitant les extrêmes
« régions du nord, appartiennentce pendant au type de
« crâne le plus étroit qu'il y ait. Je ne puis dire avec cer-
« titude ce qu'il en est de l'Amérique sous ce rapport,
« n'ayant pas eu à ma disposition les matériaux néces-
« saires. Il paraît cependant que les deux types s'y ren—
« contrent. Quelques peuples du Brésil, du moins, appar—
« tiennent positivement au type de crâne étroit, tandis que
« les Botocudos et les Indiens du Nord ont plus ou moins
« le type des têtes larges. Toutes les données se rapportent.
« comme nous l'avons déjà remarqué, au crâne normal, et
« sont par conséquent indépendantes de la grandeur abso-
« lue. Je n'ai pas réussi à trouver pour cette dernière une
« loi définie de développement.

« Toutes les différences des formes crâniennes humaines,
« chez les divers peuples, reposent essentiellement sur les
« différences de largeur. La brachycéphalie et son extrême
« contraire la dolichocéphalie sont cependant reliées entre
« elles par des types gradués. Le développement uniforme
« du plan médian dans tout le genre humain me paraît un
« fait des plus intéressants. Je regarde comme non moins
« importantes les observations que j'ai faites relativement
« à la disparition, pendant l'enfance, des différences de
« races ; du moins, j'ai trouvé la plus grande ressemblance
« entre tous les crânes d'enfants, européens et nègres, que
« j'ai observés. Les plans médian et frontal se recouvrent
« entièrement, fait important pour l'appréciation des crânes
« étroits et larges. Tous deux ont le même point de départ ;
« mais tandis que le dernier continue régulièrement son
« développement dans toutes les directions, celui du pre-

« mier est limité au sens transversal. Ceci rappelle le type
« du développement des êtres inférieurs. J'ai déjà fait re-
« marquer ailleurs l'analogie qui règne entre toutes les
« formes crâniennes des fœtus. Je puis donc énoncer comme
« une loi générale qu'une forme crânienne est d'autant
« plus élevée qu'elle se développe à partir de l'état fœtal
« par une croissance régulière dans tous les sens, et qu'elle
« est d'autant plus inférieure que son développement a
« été limité davantage à certains points et certaines direc-
« tions. A ce point de vue, les crânes étroits peuvent être
« notés comme les plus inférieurs. Il va de soi qu'il n'y a
« encore aucune conclusion à tirer de là relativement à la
« position intellectuelle de l'individu, et qu'il est très-pos-
« sible que des crânes remarquablement larges occupent
« une position analogue. Il en est quelques-uns qui, comme
« chez les Tongouses, indiquent une tendance vers l'apla-
« tissement vertical; mais si cela doit être interprété
« comme un effet de la croissance en largeur, nous avons
« le type de développement inverse de celui du crâne étroit.
« Les formes les plus complètes occupent le milieu entre
« les deux, et il n'est peut-être pas insignifiant de remar-
« quer que cette forme est précisément tombée en partage
« aux peuples qui ont atteint le plus haut degré de perfec-
« tion dans le monde intellectuel. »

Je dois avouer qu'il y a dans ces déductions un point que
je ne comprends pas entièrement. Si ce « développement
uniforme du plan médian dans tout le genre humain » doit
signifier que la surface de ce plan longitudinal, calculée
d'après les différentes mesures, est dans tous les crânes
normaux dans un même rapport avec la ligne fondamentale,
ce résultat est important et peut s'exprimer en ces termes,
qu'une diminution dans la partie frontale, par exemple,
est compensée par l'augmentation d'une autre, comme la
partie occipitale, et *vice versa*. Cependant, l'estimation du

plan médian par la mesure d'un aussi petit nombre d'ordonnées, me paraît offrir quelque difficulté. Mais si l'expression précitée doit signifier que les différentes ordonnées, calculées d'après la ligne fondamentale, sont égales
entre elles, je dois avouer mon incrédulité, car il me semble
que le système entier de mensuration doit être entaché d'un
vice fondamental; en ce qu'il ne pourrait représenter les
différences si grandes que nous constatons dans le développement du front et de l'occiput.

L'établissement d'un plan horizontal normal pour les
mesures crâniennes est tout aussi difficile que celui d'un
plan vertical. A l'état de repos, la tête se trouve en équilibre
sur la dernière vertèbre cervicale ou l'*atlas*. Si on prend
cette position comme normale, et qu'on choisisse pour
point de départ le trou auditif, la ligne horizontale passant
par le centre de ce trou partage à peu près sur le crâne les
ouvertures nasales, et, sur l'homme vivant, coupe le nez un
peu au-dessus de la pointe, par conséquent, ne détermine
en avant aucun point précis. Nous verrons plus tard, lorsqu'il sera question de la représentation du crâne, de quelle
importance est la détermination rigoureuse du plan horizontal. Il nous faut donc en chercher un qui puisse être
précisé par deux points fixes, dût-on pour cela écarter un
peu la tête de sa position naturelle.

Quelques anthropologistes, réunis à Gœttingue en 1861,
ont vivement discuté la question de savoir quel plan horizontal il convient d'adopter. L'un proposait l'arcade zygomatique, un autre un plan passant par le trou occipital,
un troisième voulait une ligne passant par le trou auditif
et la base des ouvertures nasales. L'arcade zygomatique
n'est jamais droite; ses bords, tant supérieur qu'inférieur,
sont accidentés ; par conséquent, la direction de l'horizontale qu'on voudrait y faire passer, serait bien plus déterminée par le sentiment de l'observateur que par des données

réelles. Si l'on pouvait arriver à faire passer exactement un plan par le trou occipital, ce qui, vu la conformation de ce dernier, est tout particulièrement difficile, il n'en serait pas moins inaccessible sur l'homme vivant ; d'autre part, la faible étendue sur la surface déterminante du plan entraînerait trop facilement des déplacements de celui-ci, ce qui, dans son prolongement, multiplierait extraordinairement les erreurs. Le seul vrai plan horizontal du crâne qu'on puisse considérer comme rationnel, est donc celui dont la position est déterminée par les deux conduits auditifs et le fond des ouvertures nasales, position qui peut être également précisée sur le mort et le vivant. Si ce plan horizontal ne correspond pas à la position normale de la tête, comme le plan vrai mais indéterminable, il relève seulement un peu le visage.

L'horizontale, ainsi menée par deux points bien déterminés, faciles à trouver aussi bien sur la tête du vivant que sur le crâne du mort, offre encore l'avantage important de former une des lignes de l'angle facial de Camper, en usage depuis fort longtemps, et qui, bien insuffisant dans beaucoup de cas, ne mérite pourtant pas l'abandon dont il a été l'objet dans quelques ouvrages nouveaux. Pour bien apprécier cet angle, ainsi que quelques autres mensurations appliquées au crâne desséché, je suis obligé de vous exposer quelques considérations préliminaires.

La boîte osseuse de la tête est formée de deux parties intimement unies entre elles, qui sont : le crâne proprement dit, lequel entoure le cerveau, et se présente comme une capsule solide n'offrant que quelques ouvertures qui donnent passage à la moelle épinière, aux nerfs et aux vaisseaux qui se rendent au cerveau ; la seconde est la face, pourvue de plusieurs cavités, dans lesquelles sont logés les organes des sens les plus importants, ainsi que les ouvertures des voies digestives et respiratoires. Au premier regard que nous jetons sur la tête d'un homme ou d'un animal, nous voyons que, chez le premier, la boîte crânienne, et, par conséquent, le cerveau qu'elle renferme, ont une prépondérance considérable sur la face, qui ne semble être en quelque sorte qu'une annexe inférieure du crâne.

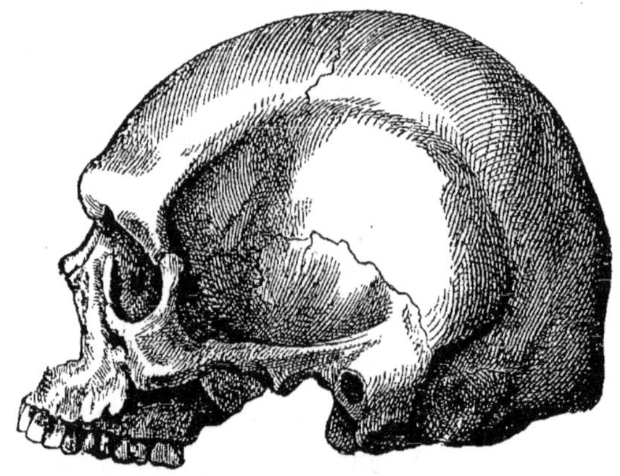

Fig. 1. — Crâne d'un nègre australien, vu de profil, d'après Lucae.

Un plan mené par le bord supérieur des arcades sourcilières et le trou auditif, prolongé en arrière, doit rencontrer le bord postérieur du trou occipital, et circonscrire presque entièrement la cavité interne du crâne. La tête se trouve ainsi divisée en deux portions, dont la partie supérieure ne renferme que la masse cérébrale, et dont la partie inférieure, par contre, constitue la face, laquelle est donc circonscrite par deux plans : le premier, celui dont nous venons de parler, passant par le bord des arcades sourcilières et le trou auditif; et un second partant du même point, et allant à la saillie du menton. Si l'on considère le crâne sans la mâchoire inférieure, la disproportion est encore plus frappante, car alors le plan inférieur qui circonscrit la face, mené par le trou auditif et les incisives antérieures, est à peu près parallèle à la voûte du palais.

Le front qui, au point de vue artistique, constitue une partie si importante du visage, appartient, au point de vue anatomique, seulement et uniquement au crâne, et nullement à la face. Il constitue même une des parties les plus essentielles de la boîte cérébrale, et doit être pris tout spécialement en considération, lorsqu'il s'agit d'étudier les détails et les particularités de la conformation humaine.

Ces notions préliminaires bien posées, comparons la tête humaine à celle d'un mammifère quelconque. Deux différences importantes, relatives aux rapports mutuels des deux parties constituantes de la tête, nous frappent tout d'abord. La partie crânienne est chez l'homme absolument plus grande que chez l'animal, où la face occupe souvent plus de place que la boîte crânienne; de plus, chez l'homme, la face est, en quelque sorte, attachée comme un appendice sous le crâne, tandis que, chez l'animal, la boîte crânienne est placée complétement derrière la face. Chez l'homme, la paroi supérieure des orbites, sur laquelle reposent les lobes antérieurs du cerveau, forme une surface à peu près horizontale ; elle peut devenir presque complétement verticale chez les animaux. La verticale, menée par la racine du nez, tombe ordinairement chez l'homme sur la dent canine ; chez l'animal elle rencontre les molaires postérieures. Chez l'homme, le front s'élève et se voûte, pendant que la face semble se glisser sous le crâne ; chez les animaux, au contraire, la face se projette en avant en forme de museau, tandis que le front, et avec lui le crâne, fuient en arrière.

C'est ce rapport que Camper a cherché à exprimer par son angle facial. Plus le museau se projette en avant, tandis que le front se recule, plus l'angle que forment les deux lignes, l'une allant du trou auditif au bord de la mâchoire supérieure, l'autre de ce point à la partie la plus saillante du front, est petit. L'angle facial ainsi placé n'atteint pas complètement le but, car Camper lui-même ne l'ayant pas bien nettement déterminé, les uns placent le sommet de l'angle au bord dentaire, les autres à l'épine du nez, les autres points, le trou auditif et la saillie du front restant les mêmes. Il y a des crânes chez lesquels la saillie du museau dépend de la conformation des mâchoires, et ne commence qu'au point où le sommet de l'angle de Camper doit être placé ; d'où résulte, dans ce cas, un angle plus grand qu'il n'est réellement. Dans beaucoup de cas

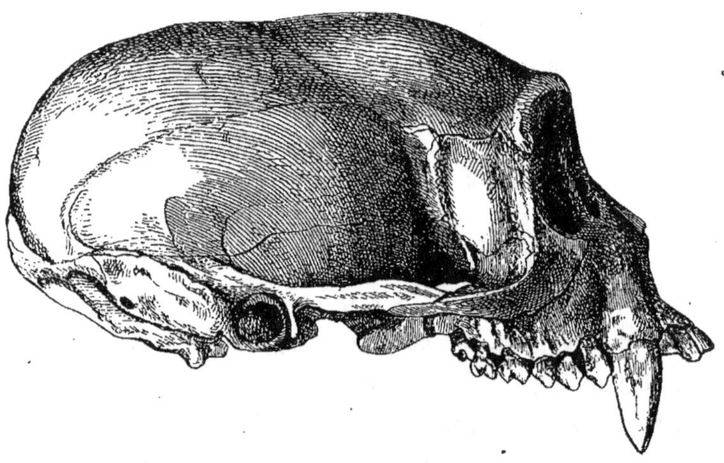

Fig. 2. — Crâne du sajou (*Cebus apella*) vu de profil.

encore, les arcades sourcilières sont tellement saillantes qu'il est impossible de relier le front avec la base du nez par une ligne droite ; dans ces cas encore, l'angle donné est trop grand, car la saillie des arcades sus-orbitaires ne dépend en aucune façon du développement cérébral, mais seulement de celui des sinus frontaux, qui sont en rapport avec les fosses nasales. Si toutes ces objections qu'on peut faire à l'angle facial de Camper sont fondées, il faut avouer qu'on en doit faire d'analogues à la plupart des systèmes de mensuration du crâne, et qu'on ne saurait exiger d'aucun système unique la solution de tous les rapports divers qu'on peut constater. L'angle facial de Camper ne peut, par lui-même, fournir aucune mesure généralement applicable du développement réciproque du crâne et de la face ; mais il constitue certainement une des mesures essentielles pour rendre ce rapport sensible, et ne doit pour cette raison être négligé dans aucun cas. D'ailleurs, il est permis à chaque observateur de compléter ces données, puisqu'on détermine comme angles de même espèce des angles dont le sommet est placé à la racine du nez, ou au bord de la mâchoire supérieure entre les incisives, ou au bord du menton, pendant que les deux autres points, le trou auditif et la saillie frontale, demeurent fixes.

Toutes ces opérations ont essentiellement pour but d'établir et d'exprimer non-seulement la forme extérieure de la tête, mais aussi les rapports de ses différentes parties et leur situation réciproque ; toutefois il ne faut pas oublier qu'il est une foule de rapports qui, par la nature des choses, ne peuvent être étudiés que sur le crâne mort et isolé, et non sur l'homme vivant. On peut même affirmer que les rapports les plus essentiels ne peuvent être clairement compris que sur un crâne non-seulement isolé, mais encore scié par le milieu, de façon à ce qu'on puisse examiner et mesurer l'intérieur et l'extérieur de chaque moitié. Je vais ici me permettre quelques observations préliminaires sur certains détails anatomiques, que je chercherai à abréger le plus possible.

La base du crâne, sur laquelle repose le cerveau, et qui forme en dessous la paroi postérieure des fosses nasales et du pharynx, se compose essentiellement de quatre os, qu'on distingue d'arrière en avant, sous les noms de *occipital, sphénoïde, ethmoïde* et *frontal*. La moelle épinière passe au travers d'un trou pratiqué dans l'os occipital : les ouvertures du sphénoïde laissent passer les nerfs optiques

dans leur trajet vers l'œil. Le nerf olfactif envoie ses ramifications aux fosses nasales au travers de l'ethmoïde;
quant à l'os frontal, il appartient plutôt aux parties latérales et voûtées du crâne qu'à sa base, à laquelle il ne con-
tribue que par un feuillet osseux recourbé en dedans et en
dessous, servant à supporter les lobes antérieurs du cerveau.

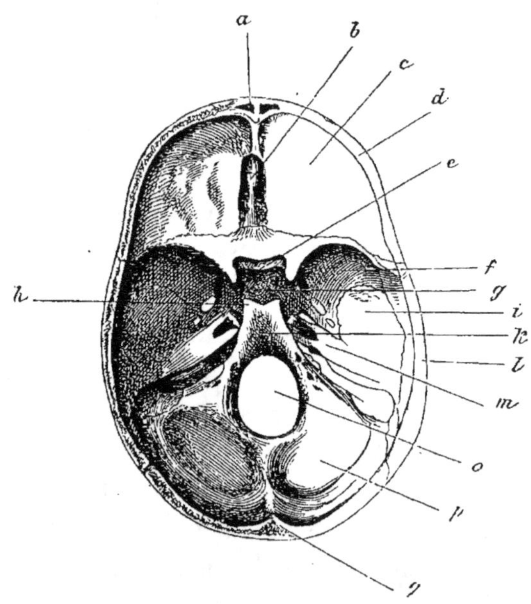

Fig. 3. — Base du crâne vue intérieurement. La calotte crânienne a été enlevée. — *a.* Sinus frontaux. — *b.* L'ethmoïde, avec l'apophyse crista galli et la lame cribleuse latérale, pour le passage des nerfs olfactifs. — *c.* Fosse antérieure, toit des orbites. — *d.* Os frontal. — *e.* Apophyses clinoïdes antérieures. — *f.* Grande aile du sphénoïde. — *g.* Corps du sphénoïde, fond de la selle turcique. — *h.* Apophyses clinoïdes postérieures. — *i.* Portion écailleuse du temporal. — *k.* Corps de l'os occipital. — *l.* Os pariétal. — *m.* Os du rocher. — *o.* Trou occipital. — *p.* Fosse occipitale postérieure. — *q.* Écaille occipitale.

D'après l'opinion générale, les parties médianes ou les
corps des trois os de la base du crâne, l'occipital, le sphénoïde et l'ethmoïde, correspondraient à trois vertèbres,
considérablement modifiées dans leur forme et leur struc-

ture, pour la réception du cerveau. L'ethmoïde offre l'apparence d'un corps de vertèbre sans parties latérales ; l'os occipital, au contraire, représente une vertèbre complète, car il ne porte pas seulement les facettes articulaires pour la vertèbre suivante, soit l'atlas, mais il circonscrit par ses parties latérales un orifice arrondi, le trou occipital, au travers duquel le prolongement de la moelle épinière, la moelle allongée, pénètre dans le crâne. Le sphénoïde offre enfin une conformation intermédiaire, car, d'un côté, son corps forme la continuation de celui de l'occipital, et d'autre part, ses parties latérales en forme d'ailes, qui contribuent à l'achèvement de la fosse temporale et des orbites, tendent du moins vers la formation d'un arc vertébral incomplet. La voûte du crâne se trouve complétée par quelques os aplatis, recourbés et arqués, désignés sous les noms d'os *temporaux, pariétaux* et *frontaux*, qui sont réunis entre eux par un mode tout spécial d'adhérence, connu sous le nom de sutures. Il est important d'apprendre à connaître le trajet de ces sutures, qui fournissent dans maintes circonstances d'utiles points de repère. Vu d'en haut, on remarque sur le crâne, dans la région pariétale, une suture transversale qui sépare en avant l'os frontal des deux pariétaux ; c'est la *suture coronale.* Les deux pariétaux sont séparés par une suture longitudinale médiane, nommée *suture sagittale.* A une époque antérieure, cette suture se prolonge en avant jusqu'à la racine du nez, partageant ainsi l'os frontal en deux moitiés symétriques, qui, dans le crâne normal, se soudent entre elles longtemps avant la naissance. Cette *suture frontale* persiste quelquefois dans les crânes larges. En arrière, la suture sagittale se termine à l'occiput, au sommet d'une suture triangulaire qui sépare l'occipital des deux pariétaux, et qui a reçu, vu sa forme, le nom de *suture lambdoïde.* Cette suture, dont on n'aperçoit que la partie supérieure dans le

crâne vu d'en haut, se distingue nettement lorsqu'on l'observe par derrière ou de profil.

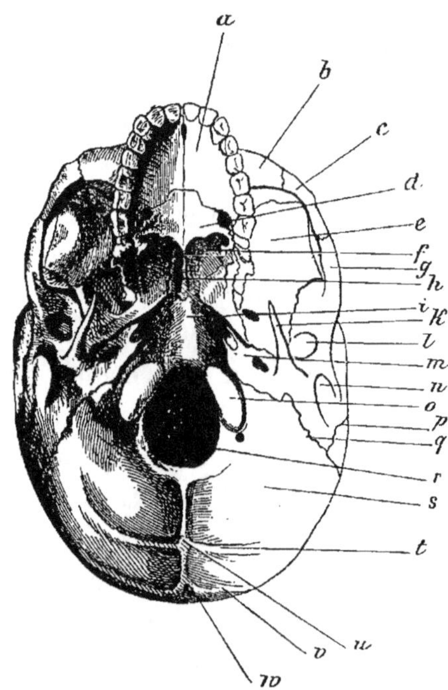

Fig. 4. — Base du crâne. — *a*. Voûte du palais, formant avec *d* le palais osseux. — *b*. Apophyse zygomatique du maxillaire supérieur, formant avec *c* l'os malaire, et avec *g* l'apophyse zygomatique du temporal, ensemble l'arcade zygomatique. — *e*. Fosse temporale, formée principalement par la grande aile du sphénoïde. — *f*. Épine nasale postérieure. — *h*. Vomer. — *i*. Os basilaire, formé par le corps du sphénoïde (en avant) soudé à l'occipital. — *k*. Apophyse styloïde du temporal. — *l*. Cavité articulaire du maxillaire inférieur. — *m*. Pyramide du rocher. — *n*. Apophyse mastoïde du temporal. — *o*. Facette articulaire de l'os occipital. — *p*. Pointe inféro-postérieure du pariétal. — *q*. Suture lambdoïde. — *r*. Trou occipital. — *s*. Écaille de l'occipital. — *t*. Ligne inférieure de la nuque, *u*. — Épine occipitale. — *v*. Ligne supérieure de la nuque. — *w*. Protubérance occipitale.

Les os du crâne se développent aux dépens d'une base cartilagineuse ou membraneuse primitive, par quelques points isolés dits points d'ossification, dont les uns doubles, sont placés symétriquement de chaque côté de la ligne médiane ; les autres simples, sur cette ligne même. Par un développement constant, dont Welcker a récemment démontré la loi par une série de mesures précises, les os isolés finissent par se rencontrer sur les sutures, dont

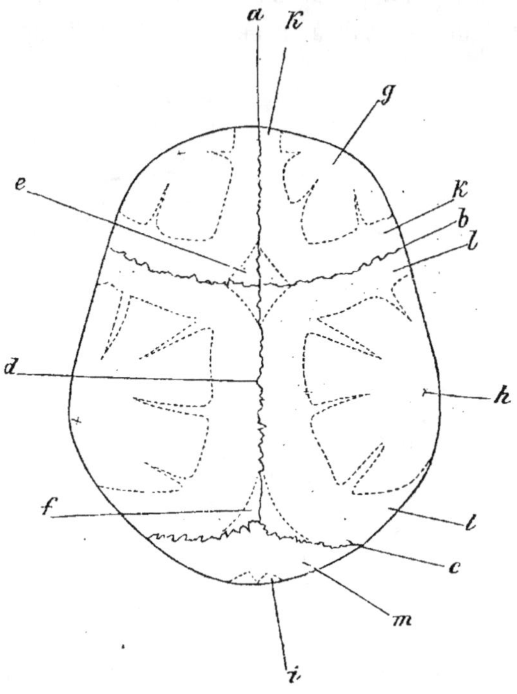

Fig. 5. — Contour du crâne adulte avec suture frontale persistante, vu d'en haut, d'après Welcker. La place des deux fontanelles est indiquée par des lignes ponctuées, ainsi que les contours des os tels qu'ils sont formés chez le nouveau-né.

a. Suture frontale. — b. Suture coronale. — c. Suture lambdoïde. — d. Suture sagittale. — e. Grande fontanelle. — f. Petite fontanelle. — g. Protubérances frontales. — h. Protubérances pariétales. — i. Position de la protubérance occipitale, qui n'est pas visible. — k. Os frontal. — l. Os pariétal. — m. Os occipital.

quelques-unes, se soudant intimement, disparaissent entièrement. Chez les nouveau-nés, les sutures de la partie supérieure de la tête ne se réunissent pas immédiatement, mais laissent subsister deux grandes lacunes qu'on a nommées fontanelles ; l'antérieure ou *grande fontanelle*, en forme de losange, se trouve sur le front au point de réunion des sutures frontale, sagittale et coronale ; la postérieure, ou *petite fontanelle*, de forme triangulaire, au point de réunion des sutures sagittale et lambdoïde. Ces fontanelles se ferment la plupart du temps dans la première année. La suture frontale est déjà effacée depuis longtemps ; à la base

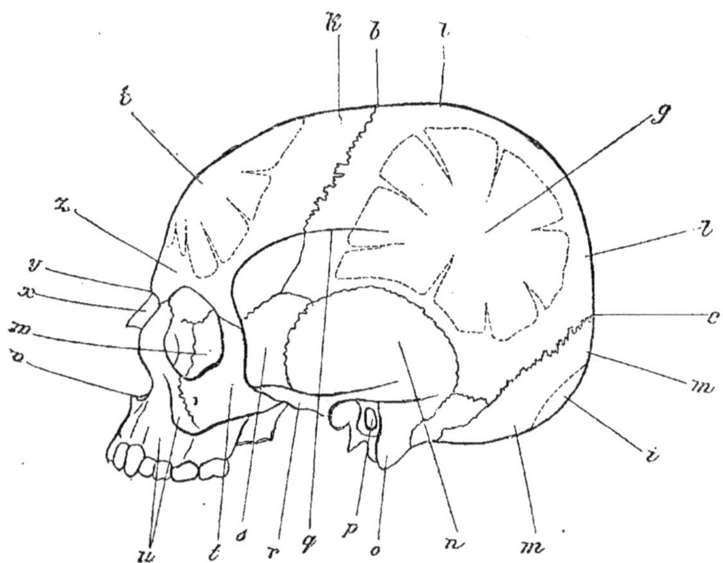

Fig. 6. — Profil du crâne de la figure précédente. Les lettres *a* à *m* ont la même signification.

n. Portion écailleuse du temporal. — *o*. Apophyse mastoïde. — *p*. Orifice auditifs *q*. Arète temporale. — *r*. Arcade zygomatique. — *s*. Aile du sphénoïde. — *t*. O malaire. — *u*. Maxillaire supérieur. — *v*. Épine nasale. — *w*. Orbite. — *x*. Os nasal. — *y* Suture nasale. — *z*. Glabelle.

du crâne, la suture des os occipital et sphénoïde s'efface complétement vers l'âge mûr, de sorte que beaucoup d'anatomistes ont décrit ces deux os comme un seul, sous le nom d'*os basilaire*. Dans la vieillesse, toutes les sutures s'effacent ; leur disparition prématurée est contre la règle, et paraît être reliée à des dérangements importants du cerveau, tandis que leur persistance, ou l'ordre de leur soudure, paraît, ainsi que nous le verrons plus. tard, être en rapport intime avec le développement des capacités intellectuelles des individus et des races.

Quelques-unes des parties osseuses, qui constituent le point de départ du développement des os de la voûte crânienne, sont encore appréciables sur le crâne adulte, où ils forment des protubérances. Il n'en est pas toujours ainsi ; dans beaucoup de cas, ces protubérances sont effacées, dans d'autres, elles sont tout à fait distinctes. Les principales protubérances sont les protubérances *frontales*, qui se trouvent à peu près au milieu du front, un peu au-dessus des arcades sourcilières ; les protubérances *pariétales*, qui correspondent le plus souvent à la plus grande largeur du crâne ; et la protubérance *occipitale*, située à peu près au milieu de l'écaille occipitale. Ces protubérances sont très-distinctes chez les nouveau-nés, et si l'on trace sur un crâne adulte, comme Welcker l'a fait dans les figures ci-jointes, les contours des os de l'embryon de manière que les tubérosités correspondent, on a ainsi une image claire de la croissance des différents os, depuis la naissance jusqu'à l'âge adulte.

La base de la tête entière, regardée comme composée de trois corps de vertèbres crâniennes, a une importance très-considérable, parce que, sous plusieurs rapports, elle constitue l'élément déterminant, autant du développément du crâne que de celui de la face : pour le crâne, parce que la voûte entière est formée par le rayonnement des parties latérales de cette base ; pour la face, parce qu'elle est attachée à ces os et en partie formée par eux. Toute modification, quelque faible qu'elle soit, dans la conformation et l'assemblage de ces trois os fondamentaux, doit nécessairement avoir une influence d'autant plus grande sur les deux parties de la tête, que celles-ci forment pour ainsi dire les deux bras de levier dont ces os constituent le point d'appui. Si l'on examine un crâne scié suivant sa longueur, et dont la ligne de coupe partage le milieu des os de la base du crâne, on remarque de suite que ceux-ci, dans les crânes normaux du moins, n'offrent pas une ligne droite, mais une surface anguleuse et coudée, dont le milieu est marqué par un enfoncement situé au centre de la face supérieure du corps du sphénoïde, et nommé *selle turcique*. C'est dans cette selle turcique qu'est logé un appendice particulier du cerveau nommé glande pituitaire, qui se trouve presque au milieu de la face inférieure de la masse cérébrale. C'est précisément au point où les os de la base du crâne forment le coude, que se termine, dans les premiers temps de la vie embryonnaire, ce cordon gélatineux particulier, nommé *corde dorsale*, qui sert de centre de formation à la colonne épinière. On remarque que, chez tous les embryons des vertébrés supérieurs, c'est précisément en ce point que la tête présente une forte courbure à une époque où la face en est encore à ses premiers vestiges ; la partie antérieure de la tête est recourbée sous la partie postérieure comme les phalanges antérieures des doigts se replient en dessous, lorsqu'on ferme la main. Si cette courbure primitive de la tête, lors des premiers temps embryonnaires, tend plus tard à disparaître, soit d'une part par le développement plus rapide de la face, soit d'autre part par le refoulement du cerveau, il n'en reste pas moins, jusque dans l'âge le plus avancé, la trace de cette formation caractéristique des vertébrés supérieurs. La région qui avoisine la selle turcique et les os qui en font partie, sont donc, sous plusieurs rapports, le point central, le pivot sur lequel tourne le développement du crâne et de la face, et réclament, par conséquent, une attention toute spéciale. Le professeur Virchow a eu le premier le mérite de faire remarquer l'importance des rapports de ces os avec la conformation du cerveau et du

crâne, et d'avoir montré que l'*angle sphénoïdal* est, quant
à sa grandeur et à sa position, un point essentiel dans l'é-
tude du crâne et de la face, vérité que vient de confirmer
récemment le professeur Welcker par des mesures exactes.
En fait, Welcker démontre que plus le sphénoïde est for-

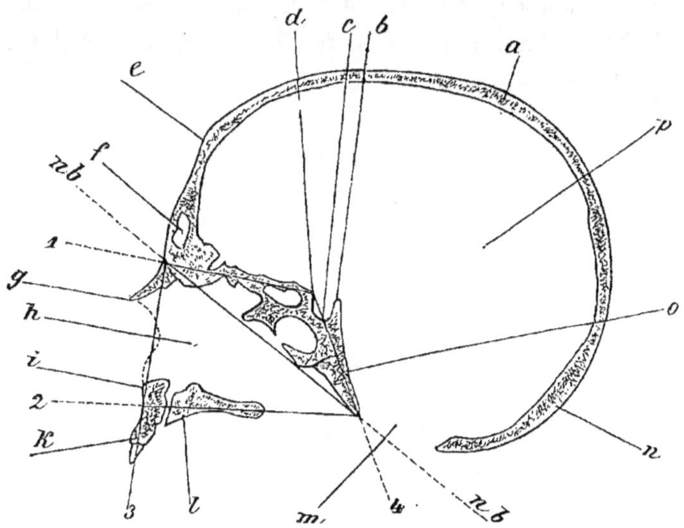

Fig. 7. — Coupe longitudinale d'un crâne très-orthognathe, d'après Welcker.

a. Pariétal. — *b*. Apophyses clinoïdes postérieures. — *c*. Selle turcique. — *d*. Apophyses clinoïdes antérieures. — *e*. Protubérance frontale. — *f*. Sinus frontal. —
g. Os nasal. — *h*. Fosses nasales. — *i*. Épine antérieure du nez. — *k*. Bord dentaire de la mâchoire supérieure. — *l*. Palais osseux. — *m*. Trou occipital. —
n. Écaille de l'occipital. — *o*. Corps de l'os occipital. — *p*. Cavité du crâne.
Les lignes pointées extérieurement sont les prolongements des lignes de mesures
expliquées dans le tableau, et montrent les angles du quadrilatère facial compris
entre ces lignes. (Voir tableau n° 6.) 1. Angle fronto-nasal et ligne *ne*. 2 Angle
dentaire et ligne *bx*. 3. Ligne *nx*. 4. Ligne *be* et angle occipital. Ligne *nb* —
longueur des corps des vertèbres crâniennes, d'après Virchow.

tement coudé, plus l'angle sphénoïdal est petit, plus les
dents sont verticales ; qu'au contraire, l'angle est d'autant
plus grand que, par suite du développement ultérieur de
la face, les incisives tendent à se porter obliquement en
avant. Welcker a en même temps démontré que la me-

sure de cet angle qu'on détermine par trois points, à savoir,
la racine du nez (à la suture des os frontal et nasal), le
bord antérieur du trou occipital, et celui de la selle turcique ; que cet angle, dis-je, et son développement chez
l'homme, constituent un excellent correctif de l'angle facial de Camper, et aussi un nouveau moyen de distinction entre l'homme et les singes. Expliquons-nous davantage sur ce point.

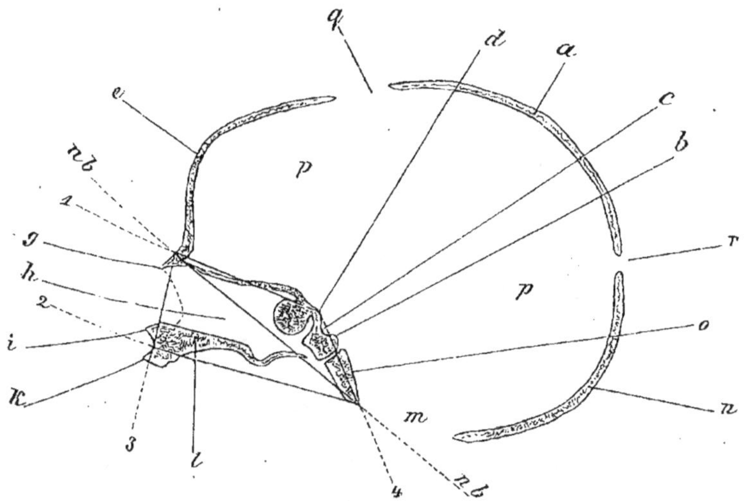

Fig. 8. — Crâne de nouveau-né scié dans le sens de sa longueur, d'après Velcker.
Les désignations sont les mêmes que pour la figure précédente. De plus, q. Grande
fontanelle. — r. Petite fontanelle.

Chez le nouveau-né, la tête et le crâne sont disproportionnellement grands, le front est bombé, on pourrait dire
que le cerveau est plus développé que toute autre partie du
corps ; les mâchoires le sont en particulier très-peu, les
dents manquant entièrement. Pendant les premières années de la vie, la croissance de la face est plus vigoureuse
que celle du crâne. Il résulte de ces proportions, que chez
l'enfant, l'angle facial de Camper est plus grand que chez
l'adulte, et, par conséquent, que, si cet angle doit donner

la mesure de la masse cérébrale et par suite de l'intelligence, l'enfant serait supérieur à l'adulte. Il en est autrement de l'angle sphénoïdal, lequel, plus aplati et plus ouvert chez l'enfant que chez l'adulte, rétablit entièrement les rapports réels. Les recherches de Welcker montrent qu'il existe de grandes différences entre l'homme et les singes les plus voisins de lui, sous le rapport de la conformation de cet angle. On sait, et nous aurons d'ailleurs à

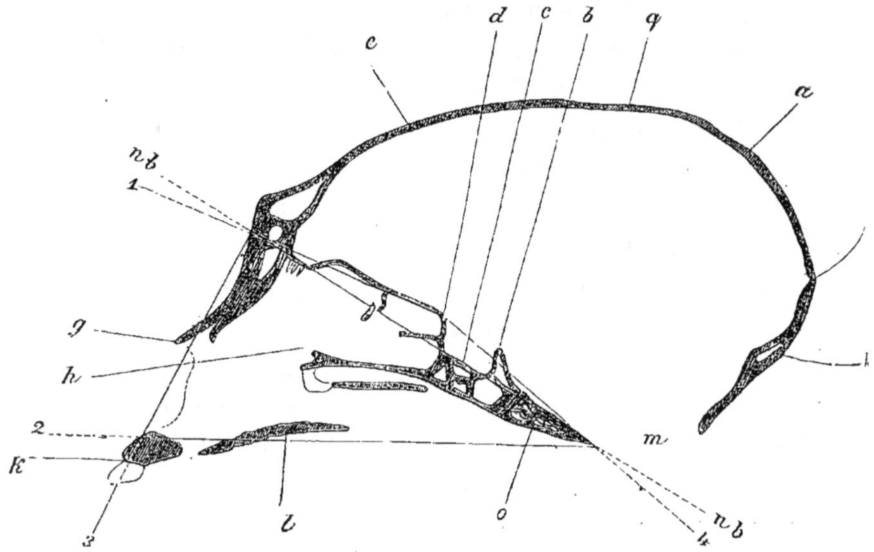

Fig. 9. — Coupe longitudinale d'un crâne de singe (*Cebus apella*) grandeur naturelle. Les désignations sont les mêmes que pour les figures précédentes.

revenir plus tard sur ce point, que, chez les singes anthropomorphes, le chimpanzé, le gorille et l'orang, le jeune animal est, sous tous les rapports, beaucoup plus semblable à l'homme que l'animal adulte, et que cette rétrogradation vers l'animalité provient essentiellement de ce que, le crâne restant au degré de développement qu'il a atteint pendant la jeunesse, n'offre au cerveau qu'un espace invariable, tandis que, par contre, les mâchoires, et avec elles la face, se développent considérablement et se prolongent en museau.

On remarque en effet que, chez l'orang, l'angle sphénoïdal est d'autant plus ouvert que l'animal est plus âgé, tandis que, chez l'homme, au contraire, l'angle sphénoïdal de l'adulte est plus petit que celui de l'enfant. D'après Welcker, « si l'on classe les crânes d'après l'angle facial de Camper, le crâne du nouveau-né occupe dans la série un rang plus élevé que celui de l'adulte ; mais si on les classe d'après l'accroissement de l'angle sphénoïdal, on obtient l'ordre suivant : « homme, femme, enfant, animal. »

Si, aux trois points que nous avons indiqués comme déterminant l'angle sphénoïdal, nous en ajoutons un quatrième, l'épine nasale antérieure, nous obtenons, en reliant ces divers points par des lignes, un quadrilatère irrégulier, circonscrivant assez exactement la totalité de la face, à l'exception de la mâchoire inférieure, et dont la forme dépend essentiellement du développement des différents os et de leurs courbures. On peut désigner les quatre angles du quadrilatère sous les noms d'angles *sphénoïdal, nasal, dentaire* et *occipital*, dont la comparaison mutuelle permet de reconnaître chez les différentes races et chez les individus des rapports constants et essentiels dépendant directement du développement de la face et de la base du crâne. La diagonale de ce quadrilatère facial, menée du bord antérieur du trou occipital à la racine du nez, diagonale dont on peut aisément prendre la longueur aussi bien sur un crâne scié que sur un crâne entier, est une ligne d'autant plus importante à considérer qu'elle représente l'axe direct de la base du crâne, extérieurement si accidentée, et peut déjà par sa longueur ou sa brièveté relative permettre d'estimer le degré de courbure de la base crânienne sans la mesure de l'angle sphénoïdal.

Si, au moyen d'un quadrilatère facial et de quelques mesures de largeur faciles à prendre sur la face, on peut arriver à représenter celle-ci dans ses traits principaux

avec assez de précision et de certitude, il est plus difficile
d'en faire autant pour le crâne. La partie creuse de ce dernier présente un si grand nombre d'irrégularités dans ses
déviations de la forme ovoïde, dont, du reste, elle se rapproche le plus ; en outre, les différents points sur lesquels
on peut baser les mesures se déplacent si facilement ou deviennent si méconnaissables, qu'il est très-difficile de trouver un système général de mensurations, linéaires et an-
gulaires, applicable également à tous les crânes. Dans un
gros livre, qui renferme beaucoup de bonnes choses parmi
un nombre plus grand encore de choses étranges, Huschke
a proposé une véritable triangulation du crâne ; il a même
cherché à calculer le contour des différents os qui le composent pour en déduire le développement relatif, afin de
déterminer l'étendue des trois vertèbres crâniennes, qui,
d'après une opinion philosophique défendue par Carus,
doit être en rapport intime avec les différentes facultés
intellectuelles. Cette voie n'a pas été suivie jusqu'à présent,
et nous doutons qu'on y entre à l'avenir, car les os crâniens
sont si irréguliers que leur mensuration est impossible
sans des erreurs inévitables, et que, quand bien même il
n'en serait pas ainsi, il n'existe entre le développement des
vertèbres crâniennes isolées et les os qui les composent,
aucune relation invariable avec celui du cerveau et de ses
divers lobes.

Welcker, pour réunir les différentes mesures à prendre
sur le crâne, dont je donne plus bas le tableau, a choisi
une construction géométrique qu'il nomme *réseau crânien*,
et qui rappelle assez les tracés au moyen desquels on
construit les modèles des formes cristallines. Bien qu'une
figure formée de 24 lignes, et composée de triangles et de
quadrilatères rectilignes, ne suffise jamais pour donner une
image complète du crâne et de la face, les réseaux ainsi
composés offrent des formes particulières assez caractéris-

tiques pour venir puissamment en aide à une bonne représentation des différentes mesures crâniennes.

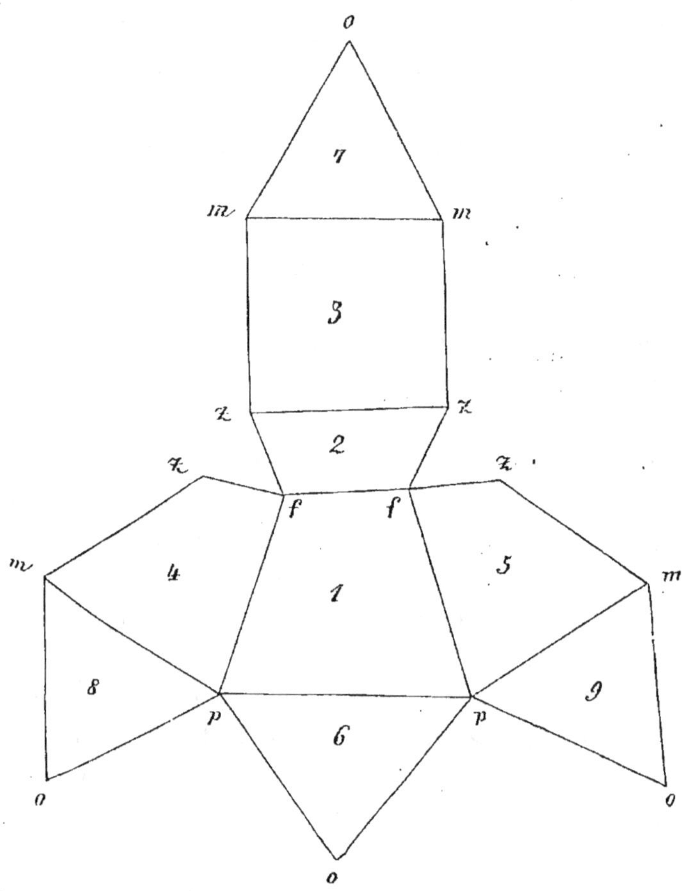

Fig. 10. — Réseau crânien de Welcker. Les mesures sont prises sur un crâne asymétrique. Les notations des différentes lignes correspondent à celles du tableau qui termine cette leçon.

f. Protubérances frontales. — p. Protubérances pariétales. — z. Apophyses zigomatiques du frontal. — m. Apophyses mastoïdes. — o. Protubérance occipitale. — 1. Quadrilatère crânien supérieur. — 2. Quadrilatère frontal. — 3. Quadrilatère de la base. — 4 et 5. Trapèzes latéraux. — Triangles occipitaux : 6, supérieur ; 7, inférieur ; 8 et 9, latéraux.

A la réunion de Gœttingue, Von Baer fit remarquer avec beaucoup de raison que les mesures présentées sous forme de tableau ne peuvent jamais produire l'impression d'ensemble qui résulte de l'inspection d'un crâne examiné de tous les côtés, et qu'il serait à désirer que l'on parvînt à s'entendre sur quelques désignations pour les formes caractéristiques, comme on l'a fait en botanique à propos des formes des feuilles et des fleurs. Aussi Welcker, qui a entrepris une foule de mesures crâniennes très-détaillées, avoue qu'il y a encore beaucoup de particularités de forme qui ne sont pas insignifiantes, mais qui, se trouvant placées en dehors des points de mensuration, échappent à celle-ci, et ne pourraient être appréciées que par une extension et une complication gênantes du procédé. Ainsi le profil du front, le degré de courbure indiqué par les protubérances, le contour du crâne considéré dans sa partie antérieure ou postérieure, sont autant de points sur lesquels il faut, par des dessins accompagnés d'une bonne description sommaire, compléter les données de la mensuration. Voici, d'après Von Baer, les formes caractéristiques qu'on peut signaler dans les crânes, suivant les différents aspects sous lesquels on peut les envisager.

La vue d'en haut (*norma verticalis*) avait déjà été signalée par Blumenbach comme très-importante et très-caractéristique, bien qu'il soit assez curieux que les décades célèbres de dessins de crânes de cet auteur n'en renferment pas un seul observé de cette manière. «La forme du crâne,» dit Von Baer, « est très-fréquemment ovale lorsqu'il est vu d'en haut, et qu'on ne tient pas compte du passage de l'os frontal à l'os malaire. » Tantôt très-semblable à un œuf de poule ordinaire, le crâne est quelquefois simplement ovale, plus ou moins étroit. Il manque toutefois à la véritable forme ovoïde l'arrondissement de la partie antérieure, car le front n'est pas arqué transversalement, mais large et aplati ; chez d'autres, notamment dans les têtes courtes, le même fait se produit dans la partie occipitale. D'autres encore ont l'ovale tronqué en avant et en arrière, et lorsque le front et l'occiput sont régulièrement aplatis, et que les côtés sont un peu comprimés, il en résulte la forme dite carrée. Enfin, il arrive, surtout dans les têtes allongées, que la région occipitale offre une courbe moins élargie, comme celle du front, de sorte qu'il n'existe en fait aucune extrémité large, forme que Von Baer a improprement nommée ovale-allongée. Enfin, il y a des formes très-voisines de l'ellipse, si ce n'est que le plus grand diamètre transversal se trouve un peu en arrière du milieu.

La vue d'en haut a cependant une grande importance, en ce qu'elle donne du premier coup d'œil un des rapports

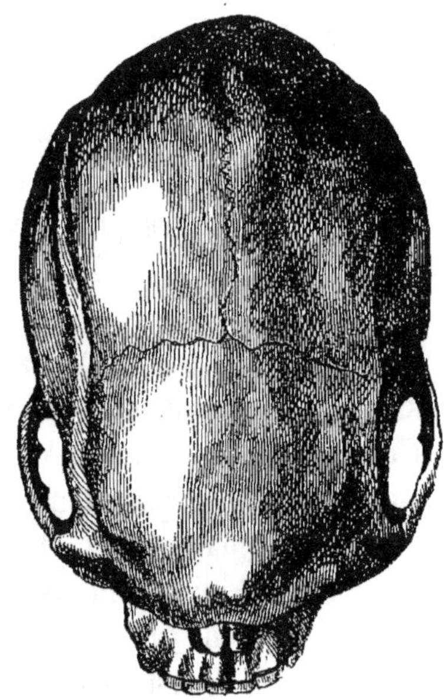

Fig. 11. — Crâne d'un nègre australien vu d'en haut, d'après Lucae.
Dolichocéphale, forme ovale allongée.

les plus essentiels pour l'appréciation des formes crâniennes, à savoir le rapport de la longueur à la largeur. C'est ce rapport que les nouveaux observateurs français ont pris l'habitude de désigner par un sèul chiffre, sous le nom d'*indice céphalique*, qu'on obtient en prenant la longueur = 100, et en réduisant proportionnellement à ce chiffre la largeur trouvée. Ainsi, indice céphalique = 80, signifie que la longueur de la tête étant supposée 100, sa largeur est de 80. Ainsi que Welcker l'a fait remarquer, Blumenbach avait déjà signalé le crâne du nègre d'un côté, et celui du Kalmouck de l'autre, comme les deux termes extrêmes quant à la conformation crânienne, et avait ajouté que le modèle en cire ou mieux encore en gutta-percha d'un crâne caucasique prendrait par compression latérale la forme de la tête du nègre, par compression antéro-postérieure celle du crâne kalmouck.

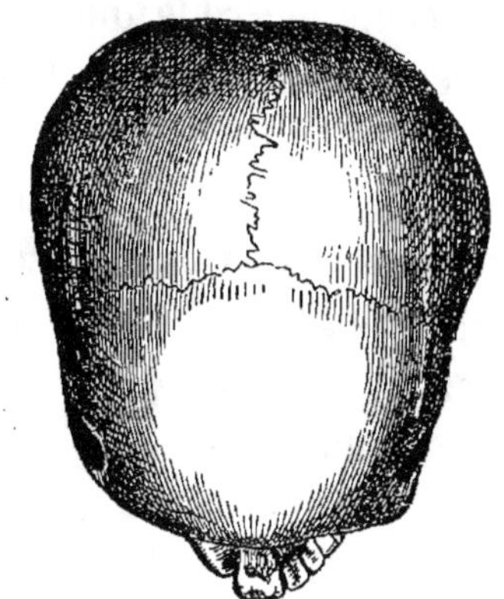

Fig. 12. — Crâne de petit russe, vu d'en haut, d'après Baer.
Brachycéphale prononcé, forme quadrangulaire.

Retzius de Stockholm s'est emparé de ce caractère pour en faire la base d'une division générale des peuples, qu'il partage en tête-longues (*Dolichocéphales*) et en têtes-courtes (*Brachycéphales*). Cette distinction est fondée sur l'examen de crânes suédois et slaves. Retzius indiqua comme suit les rapports des deux dimensions de ces crânes : chez les Suédois, rapport de la longueur à la largeur, comme 1000 : 773, donc presque comme 9 : 7 ; chez les Slaves, par contre, comme 1000 : 888, ou environ comme 8 : 7.

Il faut avouer cependant que les mesures de Retzius n'ont été prises que sur un petit nombre de crânes, qu'il avait choisis comme types dans les collections, et que, du reste, il avait déterminé la conformation crânienne des peuples bien plus d'après l'impression générale qui résulte de leur vue d'en haut que d'après des mesures exactes. Il faut aussi se rappeler que Retzius appliquait ces deux formes crâniennes différentes à la distinction de souches diverses, comme les Suédois et les Slaves, les Finnois et les Lapons, et il reconnaissait expressément que ces deux formes crâniennes existaient dans chacune des races jusqu'à présent admises comme races principales.

Welcker s'est occupé de cette question et a démontré par des mesures nombreuses que les têtes longues et les têtes courtes constituent bien les formes extrêmes, mais qu'entre les deux il y a une grande série de crânes, qui offrent des phases intermédiaires, et nécessiteraient l'intercalation d'un troisième groupe qu'on pourrait désigner sous le nom de *têtes-droites* [1] (*Orthocéphales*).

Welcker a mesuré une série considérable de crânes, et a obtenu un résultat intéressant. Il a trouvé que les diverses souches oscillent toujours dans des limites assez étendues autour d'une moyenne, mais que les déviations autour de cette moyenne s'écartent à peu près également en tous sens, et sont d'autant plus fortes que la souche paraît avoir été plus mélangée. Ainsi, les déviations du type moyen sont très-faibles chez les Lapons, les habitants de Sumatra, les Cosaques, les Grecs et les Romains de l'antiquité, les Hindous, les Esquimaux et les Nègres australiens; ces déviations sont beaucoup plus considérables chez les Italiens, les Allemands, les Russes, les Finnois, et encore plus chez

1. Broca avait fait cette remarque avant Welcker et avait employé l'expression bien préférable de têtes moyennes ou *mésaticéphales*, que nous adopterons à l'avenir.

les Français. Il faut noter toutefois que les crânes désignés ici comme français proviennent des soldats des armées napoléoniennes, parmi lesquels se trouvaient par conséquent des Alsaciens, des Lorrains et des sujets de la Confédération rhénane ; il en résulte que ces mesures ne se rapportent nullement au crâne français proprement dit, mais à des races fort diverses.

Les recherches entreprises par Broca, sur une série de crânes provenant d'anciens et de nouveaux cimetières de Paris, et dont il s'est borné à mesurer les principales dimensions, l'ont conduit à des résultats analogues. Le mélange incontestable des habitants de Paris, qui remonte jusqu'à l'origine de cette ville, apparaît de façon évidente dans la série des crânes où se trouvent des têtes longues, moyennes et courtes, dont les plus anciennes datent du temps des carlovingiens. On devra donc prendre à l'avenir le plus ou moins d'étendue des déviations autour de la moyenne comme indice du degré de mélange, et, au contraire, la concentration des différentes mesures autour d'une moyenne plus étroite comme une preuve de la pureté de la race sur laquelle portent les recherches. En prenant pour base les tables de Welcker, les différentes races donneraient les résultats suivants, la longueur du crâne étant partout = 100. On désignerait sous le nom de *têtes longues* toutes les races chez lesquelles le diamètre transversal reste au-dessous de 72 ; sous celui de *têtes courtes* toutes celles chez lesquelles le même diamètre dépasse 81 ; enfin, sous celui de *têtes moyennes* celles dont la largeur oscille entre 72 et 81.

A l'exception des anciens Péruviens, chez lesquels, par suite d'un traitement irrationnel des enfants (dont on trouve encore des traces, même chez des nations très-civilisées), la tête était aplatie au point que son diamètre transversal dépassait parfois le diamètre longitudinal ; à l'exception, disons-nous, de ces déformations artificielles, on peut classer au nombre des peuples ayant la tête courte ou *brachycéphales* : les Lapons, les Malgaches, les Madurais, les Baschkirs, les Turcs et les Italiens actuels ; parmi les peuples ayant la tête longue bien caractérisée ou *dolichocéphales* : les Noukahiviens, les Hindous, les Esquimaux, les Nègres, les Cafres, les Nègres australiens, les Boschimans et les Hottentots, qui atteignent la plus grande longueur de tête, car, parmi les crânes, mesurés il s'en est trouvé un qui a donné, comme rapport de la largeur à la longueur, le chiffre véritablement simien de 63. En attribuant les autres peuples au groupe des têtes moyennes, on peut les classer comme suit, en allant des têtes les plus courtes aux plus longues : Allemands, Russes, Buggais, habitants de Sumatra, Kalmouks, Javanais, Français, Cosaques, Juifs, Bohémiens, Moluccais, Indiens, Chinois, Finnois, anciens Grecs, anciens Romains, Brésiliens, Hollandais.

Ce tableau semble indiquer que les conditions préférables pour la civilisation coïncident avec un juste milieu entre les deux extrêmes, c'est-à-dire avec un degré moyen de la longueur de la tête, conclusion extrêmement flatteuse pour les Français, qui occupent à peu près le milieu de l'échelle des têtes moyennes, de même qu'ils se considèrent comme le peuple le plus civilisé.

La vue de profil permet de remarquer un rapport que la vue d'en haut rend déjà apparent, mais qui, dans ce dernier cas, dépend trop de la détermination du plan horizontal, je veux parler du rapport du crâne avec la face, et particulièrement le plus ou moins de saillie des mâchoires. Nous avons vu plus haut que la proéminence de la partie faciale imprime nécessairement à toute la physionomie un certain caractère d'animalité, fait sur lequel, l'attention s'est portée dès l'origine.

Si on examine de profil un crâne d'Hottentot ou de
nègre bien caractérisé, on remarque que la face fait saillie
en forme de museau, que les dents antérieures sont implantées obliquement, et forment avec leurs opposantes un
angle saillant. Examine-t-on, au contraire, dans les mêmes
conditions un crâne allemand, on trouve que les dents antérieures sont plantées perpendiculairement les unes sur
les autres, et que, dans l'occlusion régulière de la bouche,
les incisives inférieures se placent derrière les incisives
supérieures, tandis que chez les nègres elles tendent à se
placer par devant.

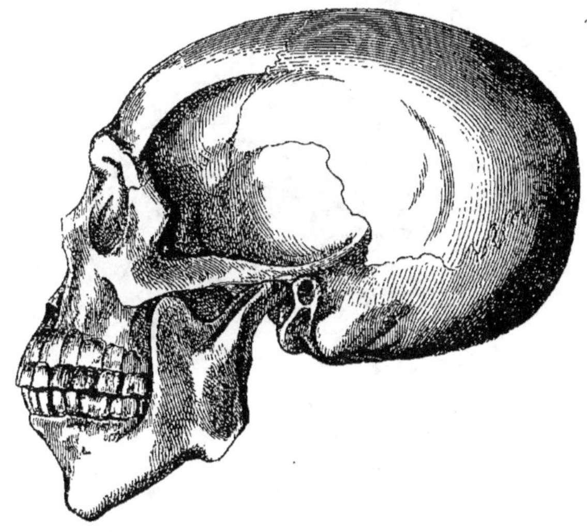

Fig. 13. Crâne d'un nègre comme type de prognathisme. Vu de profil.

Par suite de cette conformation du visage, on a distingué
les dents droites (*orthognathes*), des dents obliques (*prognathes*), et, en même temps, on a remarqué que la conformation des mâchoires est en rapport direct avec l'état
de la civilisation et des capacités intellectuelles des
peuples, le prognathisme caractérisant exclusivement les
races inférieures du genre humain.

Welcker a également soumis ces différences, très-ap‐
préciables à la vue, à des mesures précises, et a adopté
pour les évaluer l'angle que forme l'axe de la base du crâne,
soit la ligne désignée plus haut comme la diagonale du
quadrilatère facial, avec la ligne qui joint la racine du nez
avec son épine antérieure. Voici, d'après lui, les nations
prognathes, toutes les autres sont orthognathes : Cafres,
Nègres australiens, Nègres, Hindous, habitants de la Nou‐
velle-Hollande, Hollandais, Brésiliens, Cosaques, habitants
de Sumatra, Baschkirs. Welcker distingue la position ex‐
trême parmi les orthognathes sous le nom de *opistho‐
gnathes* (dents en arrière) distinction qui ne me paraît pas
être bien justifiée en fait.

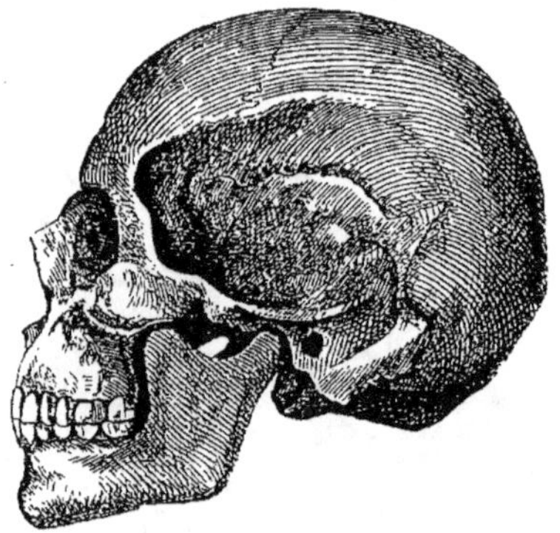

Fig. 14. — Crâne d'un Tartare, d'après von Baer, vu de profil.
Orthognathe. Tête moyenne, de forme arrondie.

Outre la position des mâchoires, qui est surtout en rap‐
port avec la courbure de la base du crâne, car plus celle-ci
est allongée et son angle ouvert, plus les mâchoires sont
proéminentes, la vue de profil nous donne l'idée de la
courbure générale du crâne, de l'inclinaison du front, du
développement de l'occiput, de la situation du point cul‐
minant du vertex, enfin du rapport entre la hauteur du
crâne et sa longueur, points par lesquels le crâne humain se
distingue le plus de celui des animaux.

La vue de profil nous permet encore d'apprécier un autre point très-important, c'est-à-dire de nous assurer dans quelles proportions le cerveau et les lobes antérieurs surplombent la face, ce qui dépend toujours de la position plus ou moins verticale de la surface frontale.

La vue d'arrière du crâne (*norma occipitalis*) et la vue d'avant (*norma frontalis*), se complètent mutuellement ; voici ce que von Baer dit à ce sujet : « Si l'on place le « crâne de manière que l'horizontale se trouve dans la

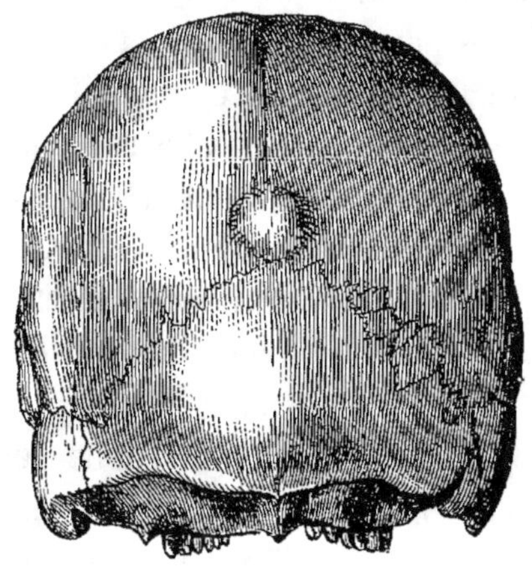

Fig. 15. — Crâne helvétique trouvé à Genève dans un tombeau gallo-romain.
Vu d'arrière.

« ligne visuelle de l'observateur, et qu'on l'examine par « derrière à une certaine distance, on voit que, par suite « du fort développement des protubérances pariétales et « de l'inclinaison du vertex en forme de toit, le contour « du crâne prend parfois une forme pentagonale bien « déterminée. Bien que les angles de ce pentagone ne « puissent jamais être aigus, il n'en est pas moins distinct ; « il est ordinairement plus large que haut, et on peut le « caractériser en quelques mots selon que les angles sont

« plus ou moins arrondis ou plus ou moins aigus, que les
« faces sont plus ou moins droites ou courbes, courtes ou
« longues. Les angles sont parfois assez arrondis pour que
« le crâne n'affecte plus la forme d'un pentagone, mais
« celle d'une ellipse en négligeant toutefois les apophyses
« mastoïdes, qui d'ailleurs s'effacent souvent et se retirent
« en arrière de manière à ce qu'on les aperçoive à peine.
« L'ellipse est ordinairement plus haute que large, rare-
« ment l'inverse; il est plus rare encore de trouver entre
« les deux axes une différence assez faible pour que le
« contour paraisse circulaire. Ce contour est variable,
« même chez les peuples non mélangés. Les rapports gé-
« néraux subsistent, et c'est précisément en étudiant leurs
« fluctuations qu'on peut mieux les reconnaître. »

La vue d'arrière est, en un mot, celle qui indique le rapport entre la largeur et la hauteur du crâne, rapport de la
plus haute importance pour l'appréciation de la capacité
intérieure de la cavité crânienne. La vue d'arrière permet
aussi de se rendre facilement compte de la forme du
vertex, qui peut être aplati ou bombé comme un toit,
pourvu d'une quille médiane, ou terminé en pointe émoussée. Il y a des crânes qui s'élèvent en hauteur en forme de
tour et se terminent par une surface plate, ou par un toit
quelque peu aigu. On rencontre parfois des enfants chez
lesquels des conformations de cette nature sont évidemment
la conséquence d'un état morbide qui a amené une déformation, laquelle ne nuit, d'ailleurs, ni à l'intelligence ni à
la santé. Mais, chez quelques races, ces têtes *turriformes*
(*pyrgocéphales*) sont très-caractéristiques, et paraissent
être le résultat d'un développement normal. Il y a encore
des têtes pyramidales chez lesquelles les faces pariétales
tendent à converger vers une pointe plus ou moins marquée, et qu'on aperçoit dès qu'on examine les têtes par devant, par derrière, et même de profil. Prichard a remarqué

que ces têtes pyramidales existent chez les peuples nomades
de l'Asie et de l'Amérique, seulement il a compris sous la
même dénomination, et von Baer le critique avec raison,
des peuples dont les faces pariétales ne convergent pas
vers un sommet, mais tendent l'une vers l'autre de façon à
former une longue arête sur la ligne médiane, crânes auxquels on pourrait donner le nom de *têtes en toit* (*tectocé-
phales*). Ces dernières têtes, comme celles par exemple
des Esquimaux, vues d'arrière, paraissent toutes semblables

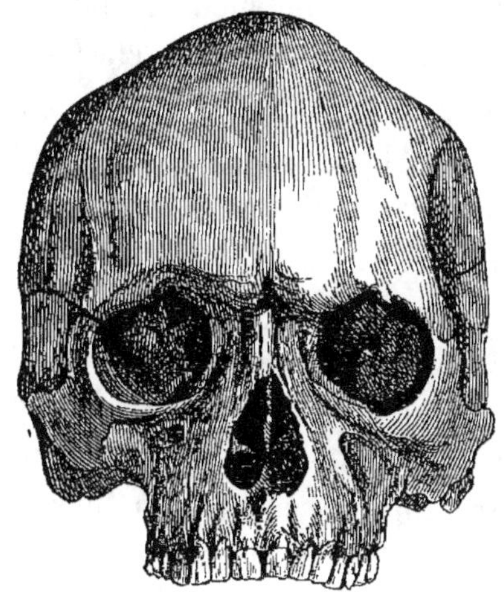

Fig. 16. — Crâne d'un nègre australien. Vu d'avant, d'après Lucae.

aux têtes pyramidales, parce que, dans cette position, la
crête saillante médiane se trouve dans la ligne de vision ;
mais un coup d'œil donné au profil fait immédiatement reconnaître la différence. Von Baer a choisi pour désigner
cette forme de crâne en toit, qui se présente aussi, mais
rarement, comme forme anormale, les expressions de cru-
ciforme ou rhomboïdale, qui ne me paraissent convenir
sous aucun rapport.

La vue d'avant du crâne est la plus commode pour mon-

trer les rapports de la face avec les lobes cérébraux antérieurs, ainsi que les différentes dimensions de la face. Le
développement des protubérances frontales, les bourrelets
des arcades sus-orbitaires, la forme et la situation des orbites, la forme de l'ouverture nasale, la saillie des pommettes, tous ces points, faciles à mesurer, ont une grande
importance pour l'appréciation des caractères des races.

L'examen du crâne, vu en dessous, est tout particulièrement important par suite de l'influence qu'exercent sur
le crâne le degré de courbure de la base et la position du
trou occipital, au point de vue de sa plus ou moins grande
ressemblance avec cette position chez l'animal. La position du trou occipital, plus en arrière, ou plus en avant,
l'éloignement du bord antérieur du bord postérieur du
palais osseux, la largeur et la courbure des arcades zygomatiques, la distance des cavités articulaires destinées à
recevoir les condyles du maxillaire inférieur, l'éloignement et la courbure des apophyses mastoïdes, la direction
du conduit auditif, les anfractuosités du rocher, la hauteur
et la largeur des fosses nasales postérieures, sont autant
de points essentiels qui méritent la plus grande attention.
Du reste, l'excessive complication de la base du crâne ne
permet pas de la caractériser ou de la décrire par quelques
expressions courtes et précises, comme on peut le faire
pour le crâne examiné aux autres points de vue. Dans
notre prochaine leçon, nous aurons à revenir sur plusieurs
points que nous n'avons fait qu'effleurer ici.

TABLEAU PRATIQUE

POUR LA MENSURATION DES CORPS

PAR SCHERZER ET SCHWARZ.

*I. — Données générales, nom, sexe, lieu d'origine,
occupation, genre et disposition de la barbe.*

Numéro
de la série
systématique.

1.	Age de l'individu mesuré	1
2.	Couleur des cheveux	2
3.	Couleur des yeux	3
4.	Nombre de pulsations par minute	4
5.	Poids	5
6.	Force manuelle avec le dynamomètre de Régnier	6
7.	Force rénale id. id.	7
8.	Hauteur	8

II. — Mesure à prendre au fil-à-plomb et au mètre.

9.	Distance du point frontal de croissance des cheveux à la verticale	9
10.	Distance de la racine du nez à la verticale	10
11.	Distance de l'épine antérieure du nez à la verticale	11
12.	Distance de l'apophyse du menton à la verticale	12
13.	Distance de la racine du nez à la pointe du nez	13
14.	Distance de la pointe du nez à l'épine nasale antérieure	14

III. — Mesures à prendre au compas d'épaisseur.

15.	Distance de l'apophyse du menton à la naissance des cheveux	17
16.	Distance de l'apophyse du menton à la racine du nez	15
17.	Distance de l'apophyse mentonnière à l'épine nasale antérieure	16
18.	Distance de l'apophyse mentonnière au sommet du vertex	19
19.	Distance de l'apophyse mentonnière au centre de rayonnement des cheveux	21
20.	Distance de l'apophyse mentonnière à la protubérance occipitale	23

1. On mesure, depuis le point choisi sur l'arcade zygomatique, avec le compas d'épaisseur, d'un côté à la hauteur de la croissance des cheveux sur le milieu du front, et de l'autre côté à l'apophyse mentonnière. Ces mesures donnent la détermination du point le plus saillant de l'arcade zygomatique dans le plan de la face.

2. On mesure aussi la largeur du front sur deux points, savoir :

a. D'un point de la ligne semi-circulaire qu'on peut sentir dans chaque tête sous la peau du front comme une crête, on choisira le point où la convexité en avant est le plus prononcée et le front le plus étroit.

b. On mesure, dans le même horizon, la plus grande largeur du front depuis le point d'insertion des cheveux d'une tempe à l'autre.

Numéro
de la série
systématique.

IV. — *Mesure à prendre avec le ruban métrique.*

Quelques éclaircissements maintenant pour faciliter l'intelligence des tableaux suivants, relatifs aux systèmes de mensuration de Virchow, de Welcker, de C-E. von Baer et de Busk, et des figures qui les accompagnent.

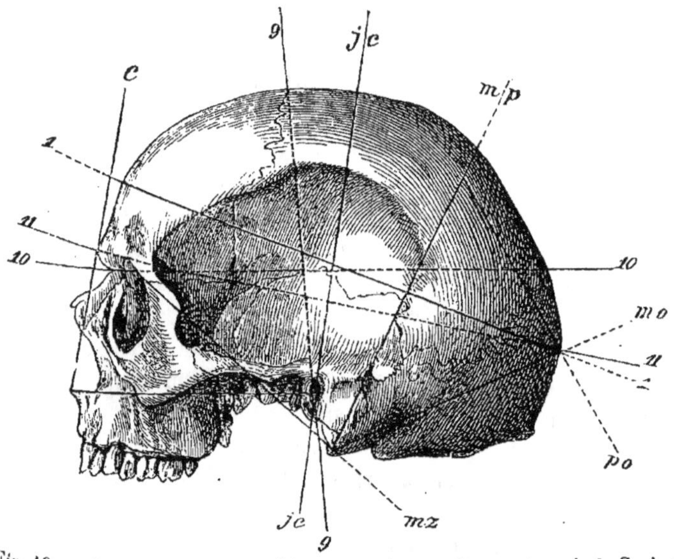

Fig. 18. — Crâne helvétique trouvé dans un tombeau gallo-romain, près de Genève, vu de profil ; pour les mesures de Welcker et de Virchow. CC. Angle facial de Camper, d'après la méthode : oreille, épine nasale, front.

Je m'occupe seulement des systèmes qui impliquent l'emploi des instruments les plus simples, soit une mesure métrique de 25 centimètres de longueur au plus, un ruban gradué de 60 centimètres de longueur, un compas ordinaire, un compas d'épaisseur, et un compas à verge disposé comme celui qu'emploient les cordonniers, c'est-à-dire composé d'une tige de 25 centimètres de longueur, portant deux bras perpendiculaires : l'un fixé à l'extrémité de la tige, l'autre mobile sur elle. Les machines compliquées qu'on a désignées sous les noms de céphalographes ou de céphalomètres me paraissent presque inutiles.

Le système de Welcker n'est qu'un développement de

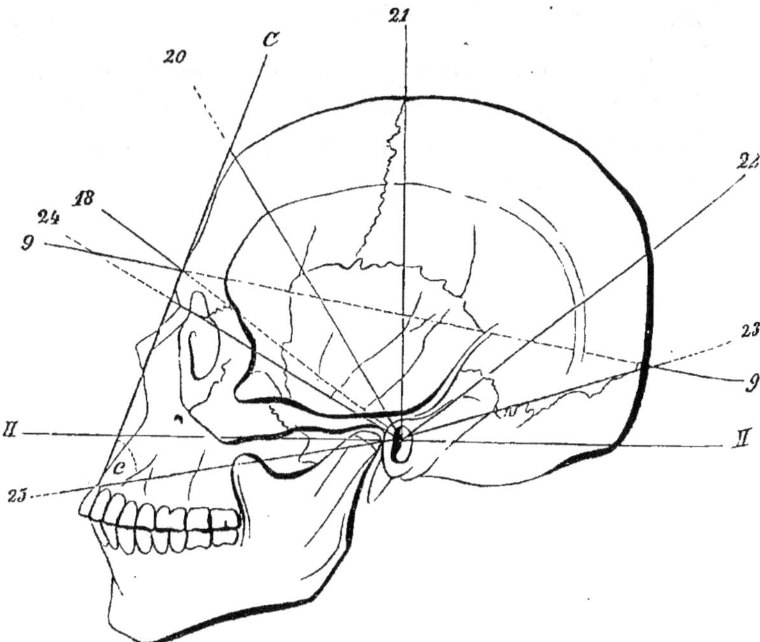

Fig. 19. — Crâne de nègre ; profil, pour les mesures de Baer et de Busk. — CC. Angle facial de Camper, d'après l'autre méthode; oreille, bord dentaire du maxillaire supérieur, front.

celui de Virchow ; aussi la colonne du milieu, qui donne les points précis des mensurations, se rapporte aux deux systèmes, de même que les mesures des figures.

J'ai cherché à indiquer sur celles-ci, par des lignes, toutes les mesures qui peuvent être prises. La plupart des contours ne peuvent se démontrer que sur les crânes ou des modèles. Les lettres et les chiffres se rapportant aux mesures, et indiquées dans les tableaux, sont placés sur la continuation des mesures en dehors des contours crâniens.

Les figures 18, 20, 22, 24, 26 indiquent les mesures de Welcker et de Virchow ; celles de Welcker, pleines dans la figure, ont leurs prolongements pointillés ; celles de Virchow, en tant qu'elles diffèrent de celles de Welcker, sont pointillées dans la figure, et ont leurs prolongements pleins.

Les figures 19, 21, 23, 25, 27 représentent les mesures de von Baer et de Busk, celles de Busk sont pleines dans la figure et pointillées en dehors, et celles de von Baer pointillées dans la figure et pleines en dehors.

	VIRCHOW.			WELCKER.	
NOM.	Désignation sur les figures.	DIRECTION DES MESURES ET POINTS QUI LES DÉTERMINENT.	Désignation sur les figures.	NOM.	
		Circonférences.			
		Autour des protubérances frontale et occipitale......	1	Contour horizont!	Cont(Cord(
		La portion de ce contour comprise entre les sutures coronales.................	1 *a*	Contour frontal.	Long cra
Contour longitudinal....	2	Ligne médiane du crâne entier...........	2	Cont. longitudin!	Cont(
Suture frontale....... .	3	De la suture nasale à la coronale.......	*n c*		
Suture sagittale	4	Longueur de la suture sagittale..	*c l*		
Écaille occipitale......	5	Jusqu'au bord postérieur du trou occipital par Virchow; au bord antérieur par Welcker..................	*l b*	Parties du cont! longitudinal.	Cont(
Longueur du corps des vertèbres	6	Bord antérieur du trou occipital en droite ligne à la suture nasale...............	*n b*		
Suture coronale. {droite / gauche	7	Circonférence transversale antérieure....	»	»	
Sut. lambdoïde. {droite / gauche	8	Circonférence transversale postérieure. ..	»	»	
Manque........	»	{En droite ligne de l'angle de l'apophyse zygomatique sur l'orifice auditif au meme point de l'autre côté par-dessus la base du crâne....	*j b*	Basilaire.	Cont! trans vers!
		Entre les mêmes points par-dessus le crâne.	*j c*	Supérieur	
Contour diagonal..... .	9	Du trou auditif à la fontanelle antérieure.	»	Manque.	

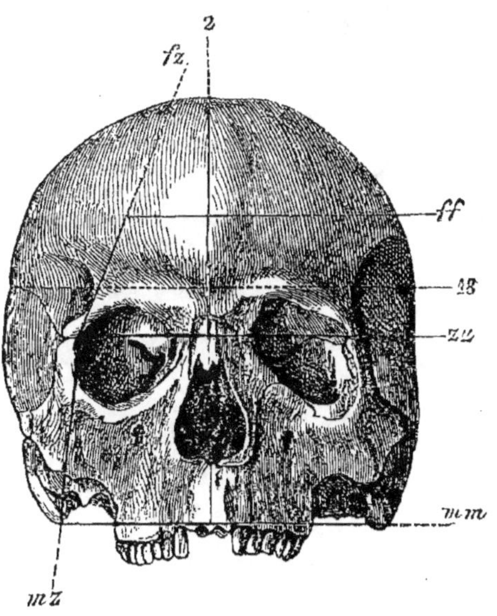

Fig. 20. — Crâne helvétique, vu de face. Welcker-Virchow.

CARL ERNST VON BAER.

OM.	NOM.	Figures.	DIRECTION DES MESURES ET POINTS QUI LES DÉTERMINENT.	RAPPORT AVEC LE SYSTÈME BUSK et autres remarques
			Contours.	
horizont.	Contour longitudinal.... }	1	Passant par la glabelle et la plus forte courbure de l'occiput....................	Contour horizontal.
fronial.	Corde du contour longit. }	2—5	Comme dans Virchow et Welcker.	
ngitudi.	Longueur des vertèbres crâniennes...........	6		
	Contour occipital......	6 a	Du bord antérieur du trou occipital au trou aveugle (à prendre sur le crâne scié).	
du cont.		7	Du bord postérieur de l'apophyse mamillaire à la hauteur de l'orifice auditif au même point de l'autre côté par-dessus le vertex.	
udinal.	Contour intérieur.......	8	Depuis le trou aveugle au trou occipital en suivant le contour intérieur du crâne scié en long.	Manque chez tous.

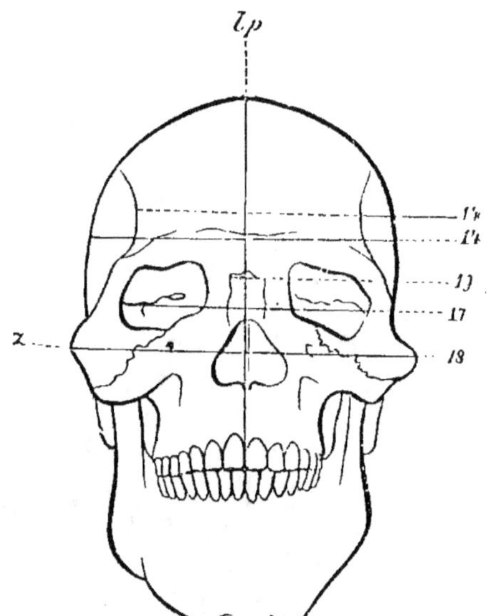

Fig. 21. — Crâne cafre. Vu de face.

VIRCHOW		DIRECTION DES MESURES ET POINTS QUI LES DÉTERMINENT.	WELCKER		
NOM.	Désignation sur les figures.		Désignation sur les figures.	NOM.	
		Diamètres.			Diam
Diamètre longitudinal A.	10	De la suture nasale à la pointe de la suture lambdoïde.........	»	Manque.	Haut
Diamètre longitudinal B.	11	De la glabelle à la plus forte courbure de l'occiput....	»	»	Haut
Manque...	»	Du milieu de l'espace compris entre la protubérance frontale à la protubérauce occipitale.........	4	Diamètre longitudinal. Diamètre cont. horizont	Larg / Larg.
Diamètre en hauteur A..	12	Du bord postérieur du trou occipital à la pointe antérieure de la suture sagittale.	»		Larg.
Diamètre en hauteur B..	13	Du bord antérieur du trou occipital au point le plus élevé du vertex......	b	Diamètre en hauteur.	Large / Large
Diamètre transversal frontal inférieur........	14	Entre les angles de l'apophyse zygomatique de l'os frontal........	z z	»	
Frontal supérieur..	15	Entre les protubérances frontales.....	f f	»	
Temporal...	16	Entre les pointes des grandes ailes du sphénoïde........	»	Manque.	
Pariétal supérieur......	17	Entre les protubérances pariétales.....	p p	»	
Pariétal inférieur	18	Au-dessus du milieu de la suture écailleuse.	s	Diam. transvers	
Occipital..	19	Entre les angles extérieurs et postérieurs des os pariétaux....	»	Manque.	
Mastoïdien....	20	Entre les pointes des apophyses mastoïdes.	m m		

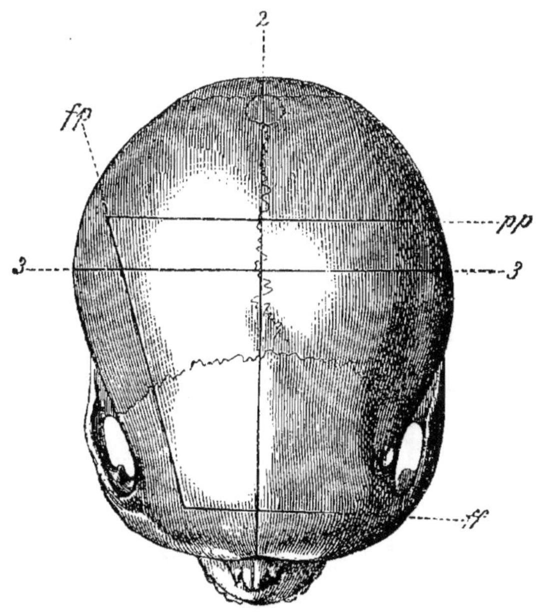

Fig. 22. — Crâne helvétique, vu d'en haut. Welcker-Virchow.

CARL ERNST VON BAER.

)M.	NOM.	Figures.	DIRECTION DES MESURES ET POINTS QUI LES DÉTERMINENT.	RAPPORT AVEC LE SYSTÈME BUSK et autres remarques.
			Diamètres.	
iqne.	Diamètre longitudinal...	9	Comme le diamètre longitudinal de Virchow. B. 11....................	Longueur ?
	Hauteur verticale.	10	De l'horizontale à la plus grande courbure	L'horizont. est le plan de l'arcade zygomatique.
» longit. iamètre horizons	Hauteur. . . . . Largeur.... . . ... Larg. maximum du front.	11 12 13	Comme Virchow et Welcker...........	Hauteur ?
			Plus grande largeur, n'importe où.......	Largeur ?
			Sur la suture coronale au point le plus large.....................	Largeur frontale maximum.
» en h. eur.	Larg. minimum du front. Largeur pariétale....... Largeur occipitale.... .	14 15 16	N'importe où au point le plus étroit....	Larg. frontale minimum.
			Comme Welcker et Virchow...........	Largeur pariétale ?
»			Entre les deux points de l'apophyse mamillaire par lesquels passe le contour occipital 7......................	Largeur occipitale.
nqne. » rausver. ıque.				

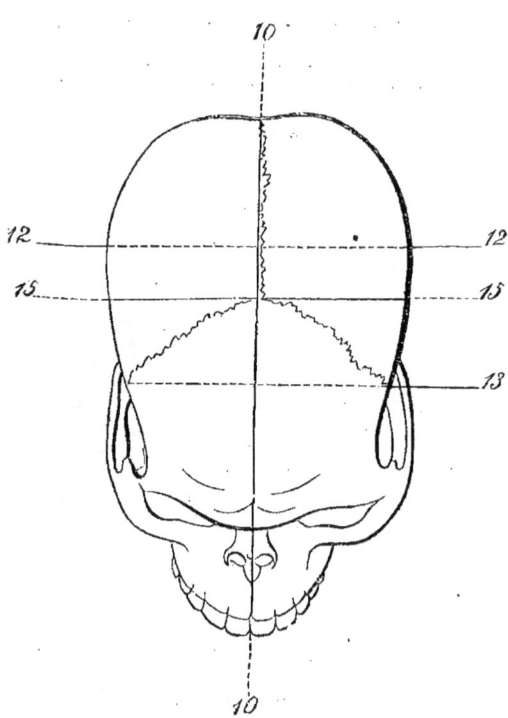

Fig. 23. — Crâne nègre, vu d'en haut.

		VIRCHOW.		WELCKER.
NOM.	Désignation sur les figures.	DIRECTION DES MESURES ET POINTS QUI LES DÉTERMINENT.	Désignation sur les figures.	NOM.
		Mesures obliques.		
		A prendre toujours des deux côtés, à droite et à gauche....................		Ra? Ra?
		De la protubérance frontale à la pariétale.	$f\,p$	
		De la protubérance frontale à l'apophyse zygomatique.....................	$f\,z$	
Manquent.........		De l'apophyse mastoïde à la protubérance pariétale.....................	$m\,p$	
		De l'apophyse mastoïde à l'apophyse zygomatique.....................	$m\,z$	
		De la protubérance pariétale à l'occipitale.	$p\,o$	
		De l'apophyse mastoïde à la protubérance occipitale....................	$m\,o$	
		Les lignes $f\,f$, $p\,p$ et $f\,p$ des deux côtés forment le...................		*Quadrilatère supérieur*
		Les lignes $f\,f$, $z\,z$ et $f\,z$ des deux côtés forment le.................		*Quadrilatère frontal*
		Les lignes $z\,z$, $m\,m$ et $m\,z$ des deux côtés forment le.................		*Quadrilatère basilaire*

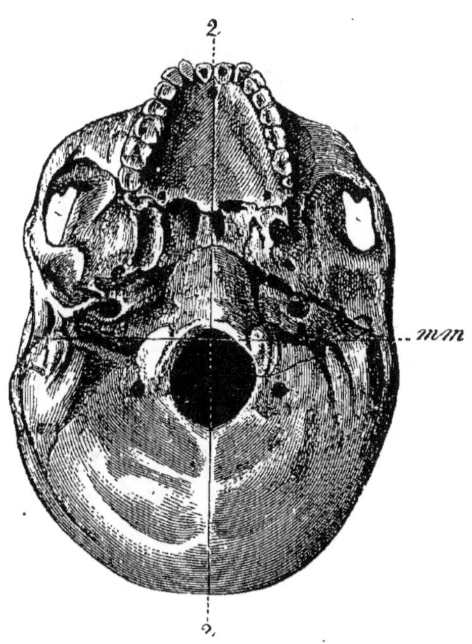

Fig. 24. — Base du crâne helvétique.

CARL ERNST VON BAER.

NOM.	Figures.	DIRECTION DES MESURES ET POINTS QUI LES DÉTERMINENT.	RAPPORT AVEC LE SYSTÈME BUSK et autres remarques.
		Rayons.	
	17	Du bord antérieur du trou occipital au point de plus grande courbure de l'occiput.	
Rayon frontal	18	De l'orifice auditif à la glabelle.	Rayon frontal . . . .
Rayon occipital.	19	De l'orifice auditif au point de plus grande courbure de l'occiput	Rayon occipital . . . .

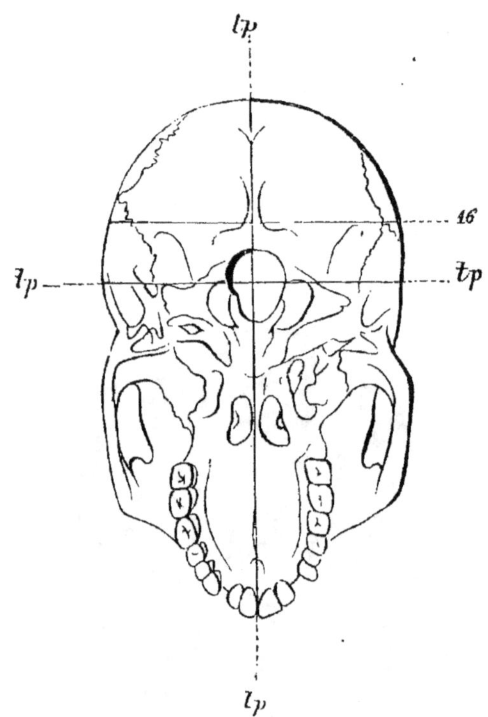

Fig. 25. — Base du crâne cafre.

VIRCHOW.			WELCKER.	
NOM.	Désignation sur les figures.	DIRECTION DES MESURES ET POINTS QUI LES DÉTERMINENT.	Désignation sur les figures.	NOM.
		Angles.		
		Entre deux lignes menées, l'une du bord antérieur du trou occipital (*b*) à la racine du nez (*n*)......................	*n*	Angle nasal.
		L'autre de l'épine nasale (*x*) à la racine du nez (*n*). Les trois points *b n x* donnent le......................		Triangle facial.
		Entre deux lignes menées des points *b* et *n* à la selle turcique (*c*)...............	*c*	Angle sphénoïdal.
		Les trois points *b n c* donnent le.......		Triangle basilaire.

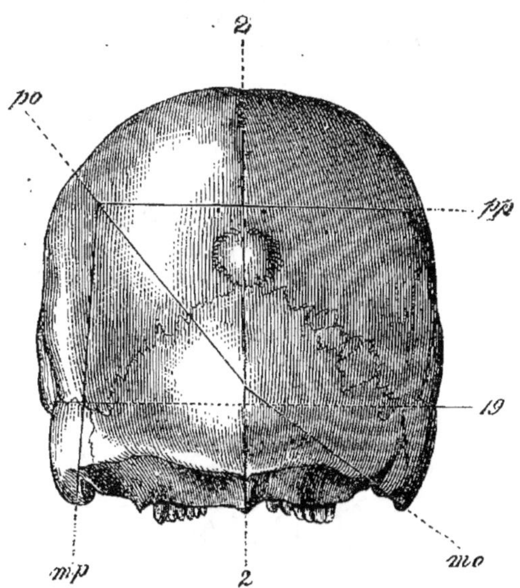

Fig. 26. — Crâne helvétique, vu d'arrière.

SYSTÈME DE MENSURATION DE BUSK
(Voir les figures 19, 21, 23, 25, 27, pages 76, 79, 81, 83 et 85).

NOMS ANGLAIS.	NOMS FRANÇAIS.	DIRECTION ET POINTS par lesquels doivent passer les mesures.	Figures.
	Contours.		
Circumference........ ...	Circonférence horizontale.		1
Longitudinal arc......	Arc longitudinal	De la suture nasale au bord postérieur du	2
Frontal transverse arc..	Arc transversal du front.	trou occipital....................	3
Vertical transverse arc..	Arc vertical transversal..	Les deux trous auditifs.............	4
Parietal transverse arc..	Arc transversal pariétal..		5
Occipital transverse arc..	Arc transversal occipital.		6
Longitudinal frontal arc.	Arc longitudinal frontal.	Tous ces arcs sont situés dans la direc-	7
Longitudinal parietal arc.	Arc longitudinal pariétal.	tion des rayons de mêmes noms.	8
Longitudinal occipital arc.	Arc longitudinal occipital.		9

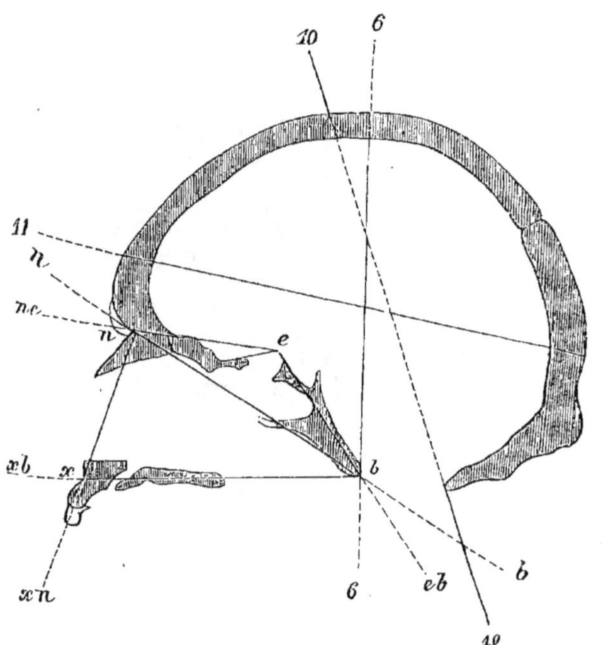

Fig. 27. — Coupe longitudinale d'un crâne de nègre australien, d'après Lucae.

SYSTÈME DE MENSURATION DE BUSK

NOMS ANGLAIS.	NOMS FRANÇAIS.	DIRECTION ET POINTS par lesquels doivent passer les mesures.	Figures.
	Diamètres.		
Length.	Longueur		10
Breadth	Largeur		11
Height.	Hauteur		12
Least frontal breadth	Largeur minimum du front		13
Greatest frontal breadth.	Larg. maximum du front.		14
Parietal breadth.	Largeur pariétale	Diamètre pariétal. V. *pp*. W. ?	15
Occipital breadth.	Largeur occipitale	Diamètre occipital. Virchow ?	16
Orbital breadth.	Écartement des orbites	Diamètre frontal inférieur. V. *z. z.* W. ?	17
Zygomatic breadth.	Largeur des joues		18
Ethmoidal breatdh.	Largeur du nez		19
	Rayons.	*Tous les rayons partent du trou auditif.*	
Frontal radius.	Rayon frontal	Glabelle	20
Vertical radius.	Rayon vertical.	A la pointe antérieure de la suture sagittale.	21
Parietal radius.	Rayon pariétal.		22
Occipital radius.	Rayon occipital		23
Fronto-nasal radius.	Rayon frontal-nasal	A la suture nasale.	24
Maxillary radius.	Rayon maxillaire.	Au bord dentaire du maxillaire supérieur.	25
Horizontal plane	Plan horizontal	Mené par le fond des fosses nasales	II.

TROISIÈME LEÇON

Représentations graphiques. — Les portraits sont pour la plupart des caricatures. — Images photographiques. — Images en perspective. — Dessins géométriques d'après Lucae. — Instruments à cet usage. — Moulages. — Moules de la surface interne du crâne. — Rapports de grandeur. — Différences dans la conformation du crâne suivant les sexes. — Examen du cerveau. — Pesées. — Poids du cerveau par rapport au corps. — Détermination de la capacité crânienne. — Méthodes et résultats. — Recherches de Broca sur les crânes parisiens. — Accroissement de la capacité crânienne en rapport avec le développement de la civilisation.

MESSIEURS,

Avant d'aborder les recherches relatives à la cavité du crâne, ainsi qu'à l'organe central du système nerveux qui y est enfermé, permettez-moi quelques mots sur les représentations graphiques, qui constituent, à côté de la description et de la mensuration, un élément essentiel d'investigation. On a beaucoup discuté récemment sur le meilleur système à adopter pour obtenir une image fidèle du crâne ; or, comme les mêmes principes s'appliquent également à tous les autres objets d'histoire naturelle, quelques remarques à cet égard doivent trouver ici leur place.

On ne peut se dissimuler que la plupart des figures ethnographiques publiées jusqu'à ces derniers temps, que ce soient des portraits exécutés d'après le vivant ou qu'il s'agisse de la représentation de crânes, n'ont que peu ou point de valeur. Un grand nombre de portraits faits d'après le vivant constituent, à l'insu de leurs auteurs, de véritables caricatures, parce que le peintre, si exercé et si habitué qu'il soit par les exigences de sa profession à saisir la ressemblance individuelle, exagère les traits qui appartiennent en propre au sujet qu'il veut représenter. Or, il arrive parfois que ces traits ne sont point ceux qui appartiennent à la race, et la font considérer comme telle ; souvent aussi, les traits qui appartiennent à la race, frappent précisément le peintre, et il les exagère trop ; souvent enfin, le dessinateur adoucit un peu les caractères de la race pour faire ressortir plus complétement la ressemblance de l'individu, ce qu'il est habitué à rechercher avant tout.

Abstraction faite de ces inconvénients, la position qu'il convient de donner à la tête ou au crâne à représenter, a une grande importance. Il ne faut pas oublier, et c'est là une condition essentielle que doivent remplir tous les dessins destinés à servir aux recherches d'histoire naturelle, que l'on peut seulement comparer entre eux des points strictement géométriques, qui permettent toujours de placer l'individu ou l'objet qu'on veut comparer au dessin, dans la position exacte où a été placé l'individu ou l'objet qui a servi de modèle. S'il s'agit d'une tête vivante, il ne peut être question que de deux positions : la vue de profil stricte, ou la vue de face complète ; or, ce sont précisément celles que, pour des raisons faciles à comprendre, l'artiste choisit le plus rarement, et exécute le moins volontiers. On peut donc affirmer hardiment que, au point de vue de l'étude des caractères des races, la plupart des dessins faits d'après le modèle ne répondent, en aucune façon, au but que se propose une étude sérieuse ; ils ne servent, au contraire, qu'à égarer l'esprit et à le détourner des points les plus importants. Pour le modèle vivant, c'est la photographie qui fournit, sans contredit, le moyen le plus précieux, à condition, toutefois, qu'elle soit employée avec intelligence. Mais il importe que le photographe choisisse avec le plus grand soin la position la plus convenable à donner au sujet, ainsi que son mode d'éclairage, lequel constitue en photographie l'élément le plus essentiel, car, selon qu'on éclaire le sujet de telle ou telle façon, on peut dissimuler les parties saillantes, et faire ressortir, au contraire, des parties insignifiantes. En conséquence, le naturaliste voyageur qui veut introduire ce genre de recherches dans son programme, doit s'habituer de longue main au maniement des appareils et connaître suffisamment la pratique de la photographie pour surmonter toutes les difficultés. Ces conditions remplies, il n'y a aucun doute que la photographie n'offre le moyen le plus simple et le plus sûr de se procurer en grand nombre les types exacts des diverses races, et de satisfaire ainsi aux exigences de la science, qui ne demande pas une figure, si caractérisée qu'elle soit, mais beaucoup de figures, dont elle puisse déduire le type moyen.

En un mot, la photographie, où un rayon lumineux, obéissant aux lois physiques inflexibles et non pas une main incertaine, se charge d'exécuter l'image, offre l'unique moyen de surmonter une des grandes difficultés qui rendent si ardues les recherches sur l'histoire naturelle de l'homme ; elle permet, en effet, de comparer immédiatement entre eux des objets autrement séparés dans le temps et dans l'espace. Les parties molles de la tête et du corps, leur constitution et leur forme, ont, dans une foule de cas, une très-grande importance. Je n'ai qu'à citer la forme du nez, la conformation des lèvres, la fente des yeux, la position et la forme des oreilles et de leurs lobules, la disposition de la barbe et des cheveux, pour vous faire comprendre toute l'importance de ces caractères. Toutes ces parties se détruisent facilement, et la plupart ne peuvent se conserver avec leur forme primitive. Sans la photographie, nous n'avons d'autres termes de comparaison que quelques dessins ou des souvenirs ; nous ne pouvons mettre les races les unes à côté des autres. On voyage par terre et par mer, on voit aujourd'hui des individus appartenant à une race, puis des semaines ou des mois plus tard, on en rencontre d'autres, et il faut d'après des souvenirs, quelques notes et quelques dessins, établir des comparaisons, trouver les analogies, distinguer les différences. En vérité, messieurs, si l'on demandait à un zoologiste de comparer deux espèces de mammifères semblables, l'une provenant d'Amérique et l'autre d'Afrique ou d'Asie, et de déterminer, d'après des souvenirs, des notes et des dessins, si ces mammifères appartiennent ou non à une même espèce, il lèverait les épaules, et répondrait : Placez ces animaux l'un à côté de l'autre, dans une ménagerie, ou apportez-moi au moins leur peau et leur squelette, mais ne demandez pas l'impossible! C'est cependant là ce qu'on veut exiger journellement de l'observateur qui s'occupe de l'histoire naturelle de l'homme. La photographie, il est vrai, ne peut amener les différentes races sur place, mais elle peut au moins suppléer à ce défaut, par la vérité et la fidélité de ses reproductions.

Quant à la représentation du crâne, on se trouve en présence de deux systèmes, au sujet desquels les naturalistes diffèrent d'opinion. S'il s'agit simplement d'obtenir des images qui représentent fidèlement le caractère du crâne et ses particularités de manière à nous frapper au premier coup d'œil, l'image photographique est préférable à toutes les autres, car elle rend admirablement les effets de perspective. Il est certain, en effet, que cette image, représentant un objet dans les conditions où nous sommes habitués à le voir, est la plus convenable pour en reproduire précisément la physionomie propre. Mais nous ne comprendrions guère qu'un observateur ait l'idée de représenter le crâne comme s'il s'agissait de faire un portrait, ou qu'il recom-

mande de le dessiner de quart ou de trois quarts, sous pré-
texte que ces positions mettent mieux en évidence les points
caractéristiques; ce serait, il me semble, méconnaître entièrement le but auquel ces dessins doivent servir, c'est-à-dire
de terme de comparaison. Welcker, par exemple, a dessiné
un crâne dont on voit les 4/5 ; la face est inclinée à gauche.
Ce crâne, dont la suture frontale est restée visible, est remarquable, en outre, par l'étendue de l'espace inter-orbi-
taire, et par conséquent par l'écartement des orbites. Mais
nous ne voyons pas comment cette pose bizarre, qu'on re-
trouverait difficilement dans un autre dessin, peut faire ressortir les particularités de sa conformation qui consistent
dans la persistance de la suture frontale, la largeur extraordinaire de la région nasale, et la situation latérale des yeux,
mieux qu'elles ne ressortiraient dans une vue de face, où ces
différents caractères apparaîtraient avec toute leur énergie.
Si l'on compare ce dessin, ou tout autre dessin analogue, aux
excellents dessins que von Baer a donnés d'après des photographies, on comprendra aisément que les points de vue strictement géométriques permettent de saisir bien plus complétement et bien plus sûrement les détails caractéristiques de
la conformation du crâne.

S'il s'agit d'obtenir des dessins, qui, non-seulement
soient comparables, mais aussi mesurables, il n'y a guère
que la méthode géométrique, proposée par le docteur
Lucae de Francfort, qui puisse conduire au but. Quand on
se place à un point fixe pour dessiner un objet, les rayons
lumineux émanant de toutes les parties de cet objet,
viennent converger vers l'œil, et s'y réunir pour y former
le sommet d'un cône ; dans la méthode de Lucae, au contraire, l'œil change constamment de position, et saisit l'i-
mage de l'objet par les rayons parallèles, horizontaux ou
verticaux qui en émanent. Dans la projection en perspective, qui est aussi celle que donne l'appareil photogra-

phique, les différentes parties du corps qu'on veut reproduire se déplacent considérablement, suivant qu'elles sont saillantes ou déprimées ; dans le procédé géométrique, par contre, chaque point se montre à la place qu'il occupe réellement sur le plan choisi pour en projeter l'image. Les différentes dimensions du crâne, projetées sur un plan, peuvent ensuite se mesurer sur le dessin géométrique lui-même, au moyen d'une règle et d'un compas. Mais c'est là tout ce qu'on obtient au moyen de ce système ; et lorsque le docteur Lucae affirme que ces reproductions peuvent remplacer entièrement le crâne pour les besoins de la mensuration, il ne faut voir, dans cette prétention, qu'un engouement exagéré pour un procédé qui d'ailleurs a ses avantages.

Le dessin géométrique présente quelques difficultés au dessinateur ordinaire ; il faut, en effet, faire abstraction de toutes les règles qu'on a coutume de suivre, s'abaisser au rôle de pure machine, et se borner à marquer, avec un crayon ou une plume, le point indiqué par le rayon visuel vertical. Lucae a employé deux instruments ; l'un est de lui, l'autre, un peu perfectionné, a été construit par M. Wirsing. Tous deux reposent sur le principe qu'une plaque métallique percée d'un trou, fixée à un bras vertical, se meut au dessus d'une plaque de verre horizontale, sous laquelle on place l'objet à dessiner. Dans l'instrument de Lucae, la verticale est donnée par des fils, à travers l'entrecroisement desquels on doit viser la pointe de la plume et le point de l'objet qu'on veut indiquer. Dans l'instrument de Wirsing, la pointe de la plume reste constamment dans la verticale, sous un petit trou percé dans la plaque métallique. On place la glace de verre dans la position horizontale, puis on pose le crâne à dessiner de façon que le plan sur lequel on veut le projeter soit parallèle à la glace ; on marque successivement sur la glace les lignes et les points indiqués, en visant toujours dans l'instrument qu'on promène dans toutes les directions sans le quitter de l'œil.

Je possède l'instrument de Lucae, et je dois dire qu'avec un peu d'exercice on arrive à obtenir assez rapidement un contour exact, quoique un peu grossier: en effet, le liquide dont on se sert, que ce soit de l'encre ordinaire ou de l'encre lithographique, ne prend pas également partout sur le verre. Il est avant tout nécessaire, pour l'emploi pratique de cet instrument, de veiller avec soin à la distribution de la lumière. Pour le dessin artistique, on cherche à recevoir la lumière d'un seul côté, et on dispose les ateliers de façon à n'être éclairés que par une seule grande fenêtre latérale, afin que les masses d'ombre et de lumière soient convenablement distribuées et parfaitement distinctes ; pour faire les dessins géométriques, il faut, au contraire, un pavillon vitré éclairé de tous les côtés, où il y ait partout de la lumière et pas d'ombre. Le petit trou de la plaque métallique par lequel il faut viser absorbe tant de lumière, que, lorsque l'objet n'est éclairé que d'un côté, on ne peut apercevoir, du côté de l'ombre, ni l'entrecroisement des fils, ni le point de l'objet à marquer, et on est forcé de laisser son dessin incomplet, ou de l'achever à la main. J'ai souvent paré à cette difficulté en éclairant artificiellement, avec une bougie ou une lampe, le côté plongé dans l'ombre ; mais ce moyen n'est que d'un faible secours, et présente l'inconvénient d'exposer la plaque de verre à la chaleur de la lumière.

Si ces dessins géométriques, faits de grandeur naturelle, peuvent permettre quelques mesures, aussi bien que l'objet lui-même, il ne faut pas, d'autre part, méconnaître qu'ils n'offrent à l'examen ordinaire qu'une image en apparence incorrecte, car nous sommes habitués à mieux concevoir un objet quand nous le voyons en perspective que sur un plan géométrique. A vrai dire, aucun de ces deux modes de vision n'est complément satisfaisant ; il n'y a que les images stéréoscopiques qui pourraient représenter le crâne, tel que nous le saisissons avec les deux yeux. Il s'écoulera, sans doute, encore bien des années avant que l'emploi de ce genre d'images s'introduise dans la science, et, jusque-là, il faudrait que les naturalistes s'entendissent pour employer la photographie pour les figures ordinaires, et la méthode géométrique lorsqu'ils veulent faire des dessins comparables et mesurables.

Un masque bien exécuté, un crâne moulé avec soin, peuvent souvent donner une idée exacte des traits de la personne vivante ou de la conformation du crâne. On peut même, chez les peuples qui se rasent entièrement la tête, ou qui ne conservent qu'une touffe de cheveux, mouler la tête de l'individu vivant ; d'ailleurs, les photographies prises dans de telles conditions sont tout particulièrement caractéristiques. En général, les masques sont moins fidèles que les moulages de crânes, car, par suite de la gêne qu'éprouve forcément le sujet dont on veut mouler la face, par suite de la contraction des yeux et des lèvres, ainsi que l'effet produit par le retrait du plâtre, les traits du visage sont défigurés et on n'obtient guère qu'une caricature.

Il ne peut, messieurs, vous avoir échappé, que les différentes mesures du crâne qu'on obtient au moyen du compas, du mètre, etc., ne peuvent donner qu'une image très-incomplète, et même seulement quelques dimensions principales de la tête. Si on voulait représenter la boîte osseuse qui constitue le crâne, extérieurement et intérieurement, d'une manière complète, par des mesures de cette nature, il faudrait en prendre une quantité considérable et, encore, on ne pourrait pas compter sur l'exactitude absolue de ces mesures, car on ne possède aucun point de repère fixe. On a donc dû chercher pour la cavité cérébrale un autre moyen de mensuration qui permît de comparer les résultats obtenus, et de tirer des conclusions sur le développement du cerveau et de ses différentes parties. Il y a deux catégories distinctes de substances semployées à cet effet : les unes servent à déterminer la capacité totale du crâne, sans avoir égard à la grosseur et à la forme de ses parties isolées ; les autres ont pour but de conserver la forme du cerveau, de façon à en déterminer les parties constituantes, et les rapports mutuels. Après avoir bouché avec de la cire les diverses ouvertures du crâne, Tiedemann remplissait la cavité crânienne avec des grains de millet, en agitant sans cesse pour tasser les grains jusqu'à ce que le contenu effleurât le trou occipital. Tiedemann pesait ensuite le millet, et, comme il employait le même millet pour toutes les autres déterminations de ce genre, il obtenait ainsi des poids comparables entre eux, il est vrai, mais que ne pouvait utiliser aucun autre observateur, dans l'impossibilité où celui-ci était de savoir si les grains de millet dont il pouvait disposer avaient bien la même grosseur et étaient aussi secs que ceux employés par Tiedemann.

Morton a employé, de la même manière, des grains de poivre et de la grenaille : seulement, au lieu de les peser, il mesurait dans un verre gradué la quantité de grenaille employée, procédé qui a l'avantage sur celui de Tiedemann, de faire correspondre une mesure à une autre et non une mesure à un poids. Huschke se servit de l'eau et mesura la quantité nécessaire pour remplir le crâne, en prenant, relativement à la température, toutes les précautions auxquelles il faut toujours avoir recours dans les opérations volumétriques où on emploie les liquides.

Il n'y a aucun doute que le crâne et le cerveau n'agissent mutuellement l'un sur l'autre dans leur développement, qu'ils ne croissent ensemble, que, comme le dit

Welcker, la croissance, portant sur les os, ne fournisse, suivant la répartition des sutures, autant de matière pour les parois du crâne que le cas spécial l'exige, tandis que le moulage de détail de la surface intérieure du crâne dépend de la pression mécanique exercée par le cerveau. La face interne du crâne donne donc, dans tous les cas, une empreinte de la surface du cerveau, mais, et c'est là un point qu'il importe de remarquer, du cerveau recouvert de ses différentes enveloppes. Or, la membrane extérieure, la *dure-mère* des anatomistes, n'est pour ainsi dire qu'un large sac qui s'étale sur les inégalités, et notamment sur les circonvolutions de la surface cérébrale, sans pénétrer dans les cavités, ni dans les sillons qui séparent les circonvolutions. Un moule coulé dans la cavité du crâne ne peut donc représenter que les grands traits de la conformation du cerveau, presque sans aucun détail, bien que, comme nous le verrons plus tard, on en remarque quelquefois d'importants. On a beaucoup hésité sur le choix de la meilleure substance à employer, afin que, tout en reproduisant fidèlement la forme du cerveau, les moules puissent être utilisés à l'étude approfondie de ses différentes parties constitutives. « Ne pouvant me procurer, dit Huschke, les cerveaux de différents peuples, j'ai cherché à obtenir des moules en cire des crânes de Caraïbes, de Cosaques, etc., qui me permettraient au moins de distinguer et d'étudier plusieurs circonvolutions. » Wagner a employé le plâtre, Lucae la colle, et ce dernier affirme qu'on trouverait difficilement une substance plus propre que la colle durcie à reproduire exactement et rigoureusement les formes et les contours du cerveau. Après avoir dessiné ce moule, on peut le couper, et déterminer exactement le poids et l'étendue des différentes parties du cerveau, par les parties correspondantes du moule; on peut ensuite le refondre pour le faire servir à de nouvelles recherches. Le plâtre s'emploie de la même façon et il a l'avantage de conserver sa forme d'une manière durable, tandis que le moule en colle ne peut servir que pendant quelques jours. Mais ces deux substances ont l'inconvénient d'absorber et de retenir des quantités variables d'eau, d'où une incertitude absolue dans le résultat des pesées. Les différentes parties d'un même moule, en plâtre ou en colle, peuvent bien se comparer immédiatement les unes aux autres, mais on ne peut pas comparer entre eux deux moules en plâtre ou en colle faits à des époques et avec des matériaux différents. Il n'y a guère que les alliages métalliques, fusibles à la température de l'eau bouillante, qui nous paraissent être d'un emploi irréprochable. Ces moules conserveraient admirablement leur forme, et leurs poids seraient très-comparables à la condition de déterminer toujours avec soin la densité de l'alliage employé. Je suis bien loin, messieurs, de vouloir revendiquer un brevet pour la découverte de ce mode de moulage. Car, en examinant la question de près, on s'aperçoit que ce n'est pas à un anatomiste que revient le mérite d'avoir imaginé le moulage du crâne avec une substance quelconque, mais bien à un physicien. Lichtenberg cite, dans un célèbre catalogue d'une collection de curiosités, un pot à beurre, représentant un crâne, dont le couvercle était intérieurement façonné de manière à donner au beurre qui y était contenu et comprimé, la forme et l'aspect du cerveau humain !

Il semble résulter des mesures de Welcker que la cavité interne du crâne, occupée par le cerveau, tend en général à rester assez constante, malgré les différences indiquées par les mesures. Il existe une certaine proportion entre le volume du crâne et celui du corps, bien que cette proportion ne soit pas toujours la même pour toutes les différences de taille. En effet, si les géants ont, en somme, un crâne plus grand que les nains, il est pourtant plus petit, relativement à la grandeur du corps, chez les premiers que chez les derniers. De plus, les grands crânes s'étendent davantage en longueur, tout en se rétrécissant en largeur, tandis qu'au contraire les crânes plus petits tendent à s'arrondir et à se rapprocher de la sphère ; il semble donc que ces derniers cherchent à prendre la forme qui, à surface égale, offre le plus d'espace intérieur. En règle générale, on peut conclure que les crânes allongés indiquent, lorsqu'ils prennent un développement considérable, un homme fort, musculeux et de grande taille ; on sait, d'ailleurs, que les têtes les plus allongées se trouvent chez les nègres, et qu'on rencontre souvent aussi chez eux les formes les plus athlétiques.

C'est ici le lieu de parler des différences qui existent entre les sexes d'une même espèce ou d'une même race, différences auxquelles, dans un grand nombre d'observations, on n'a pas attaché l'importance qu'elles méritent. Vous savez que, dans le règne animal tout entier, il y a beaucoup de cas où cette différence des sexes est si grande, que, si l'on ne connaissait les rapports qui existent entre certains animaux à titre de mâle et femelle, on les placerait certainement dans des genres différents, bien loin de les rapporter à la même espèce. Aucun naturaliste n'aurait jamais associé à l'élégant faisan ou au paon, des femelles ternes et sans éclat, si leurs rapports, à titre de sexes différents, n'avaient été connus ; je pourrais citer de nombreux exemples, pris parmi les mammifères et même parmi les singes les plus voisins de l'homme, de différences sexuelles qui ont donné lieu à l'établissement d'espèces différentes. Ainsi, chez l'orang, au sujet duquel la question n'est même pas encore complétement résolue, chez différents cynocéphales, chez les singes hurleurs et chez d'autres genres plus ou moins rapprochés de l'homme. Lorsque Welcker fait remarquer avec raison que le crâne de l'homme et celui de la femme sont entre eux comme ceux de deux espèces différentes, et que, par leurs proportions et leurs mesures, ils s'écartent davantage l'un de l'autre que beaucoup de formes crâniennes typiques caractérisant des races distinctes, il n'y a donc là aucune particularité spéciale au genre humain, mais, au contraire, une concordance avec les mammifères, qui peut s'appliquer aussi à la plupart des espèces de singes. Le crâne de la femme est, d'après Welcker, plus petit, tant au point de vue de la circonférence horizontale, que de la capacité interne, ce que confirme d'ailleurs le poids du cerveau qui est moindre.

Voici les rapports que Welcker a tirés de ses mesures faites sur le crâne de l'homme et sur celui de la femme. Si l'on admet que les dimensions du crâne de l'homme = 100 ; la circonférence du crâne de la femme = 96,6 ; le contenu = 89,7 ; le poids du cerveau = 89,9. La tête de la femme a des formes moins accusées, plus arrondies ; la partie faciale du crâne, et notamment les mâchoires et la base du crâne sont plus petites, et cette dernière est beaucoup moindre dans sa partie postérieure. En même temps, la base est plus étendue, l'angle sphénoïdal plus grand, d'où une tendance remarquable chez la femme vers le prognathisme et l'allongement de la tête. On peut donc dire qu'en règle générale, le type du crâne de la femme se rapproche, sous plusieurs rapports, du crâne de l'enfant, et encore plus de celui des races inférieures, fait auquel semble se rattacher cet autre fait remarquable, que la différence qui existe entre les deux sexes, relativement à la capacité crânienne, augmente avec la perfection de la race, de sorte que l'européen s'élève plus au-dessus de l'européenne que le nègre au-dessus de la négresse. Welcker a trouvé la confirmation de cette proposition, émise par Huschke, dans les mesures qu'il a relevées sur les crânes allemands et nègres, mais de nombreuses recherches sont

encore nécessaires pour en démontrer la valeur générale.
Si cette hypothèse est exacte, elle constituerait du reste
une indication intéressante relativement à l'influence de la
civilisation sur le développement des races. On a depuis
longtemps cru remarquer que, chez les peuples progressant
en civilisation, l'homme devance la femme, tandis que
chez ceux qui sont descendus d'un degré de civilisation
supérieur, c'est au contraire la femme qui l'emporte sur
l'homme. La femme est un être conservateur par excellence; dans le domaine moral, elle s'efforce de perpétuer
les anciens usages, les antiques coutumes, les traditions
populaires de la famille et de la religion; elle semble conserver les formes primitives qui ne cèdent que lentement
aux influences qu'exèrcent de nouvelles conditions d'existence et les progrès de la civilisation. On est parfaitement
fondé à dire qu'il est plus facile de révolutionner un état
pour changer la forme du gouvernement, que d'apporter
une modification quelconque au pot-au-feu traditionnel,
la manière de le faire fût-elle, par le fait seul qu'elle remonte à une antiquité reculée, aussi mauvaise et aussi
absurde que possible; or, la femme conserve dans sa conformation cérébrale les traces d'un état antérieur, soit que
la race ait progressé, soit qu'elle ait rétrogradé. Ceci explique en partie le fait que la dissemblance entre les sexes
est d'autant plus grande que la civilisation est plus avancée, et que les deux sexes se ressemblent d'autant plus par
leurs occupations et leur manière d'être, qu'ils appartiennent à un peuple qui se rapproche davantage de l'état sauvage. Chez les nègres Australiens, les Boschimans et autres
peuples semblables qui occupent le dernier degré de l'é-
chelle humaine, qui, dépourvus d'habitations fixes, errent
à travers les déserts, la femme supporte toutes les fatigues
et tous les soucis qui incombent à l'homme civilisé; outre
les soins domestiques qui la concernent spécialement, elle

doit encore accompagner l'homme à la chasse et à la pêche. Le cercle des idées et des occupations dans lequel se meuvent les deux sexes est le même ; tandis qu'au contraire, plus la civilisation se développe, plus la division du travail, dans le domaine intellectuel, aussi bien que dans le domaine matériel, devient complète. Mais s'il est vrai que chaque organe du corps se fortifie par l'exercice et acquiert ainsi un volume et un poids plus considérables, cette loi s'applique certainement au cerveau, qui doit se développer d'autant plus que les occupations de l'homme nécessitent davantage l'emploi des hautes facultés intellectuelles.

Il est, d'ailleurs, bien rare que l'on ait la possibilité de comparer les différentes races en se servant du cerveau même. Cet organe est si mou, sa forme dépend si complétement des enveloppes extérieures, qu'il est bien difficile de déterminer des dimensions générales sur le cerveau frais, ou sur le cerveau à l'état durci ; on est donc forcé de s'en tenir à des mesures prises sur un moule de la cavité cérébrale. Si on laisse le cerveau dans le crâne et qu'on se contente d'enlever la calotte qui le recouvre, on ne peut mesurer que le diamètre longitudinal et le diamètre transversal, mesures qu'on peut aussi bien prendre sur le crâne même ; mais dès qu'on sort le cerveau de la cavité crânienne, il s'affaisse par son propre poids, s'aplatit, bref, change de forme, malgré toutes les précautions et bien qu'on le soutienne de tous côtés. La matière cérébrale se décompose si rapidement que, pour pouvoir en étudier les différentes parties, il faut nécessairement la durcir dans un liquide comme l'alcool ; or, il s'exerce dans ce cas certaines contractions qui modifient les formes et l'ensemble des proportions de l'organe. En un mot, il y a une foule de circonstances qui rendent très-difficiles les recherches comparatives sur cet organe, et on ne peut y procéder

qu'avec la plus grande prudence et la plus extrême attention.

On s'est occupé avant tout de déterminer le poids du
cerveau. Les Anglais ont recueilli sur ce point de nombreux
matériaux, tandis que les recherches des Français et de
quelques Allemands n'ont porté que sur un petit nombre
de cas. Ainsi, le docteur Boyd a étudié le corps de 2,086
hommes et de 1,061 femmes de tout âge ; il a non-seulement pesé le cerveau, mais aussi les autres organes, et il a
déduit de ses observations que le poids du cerveau adulte
de l'homme varie de 1,285 à 1,366 grammes, et celui de la
femme de 1,127 à 1,238 grammes, résultat qui prouve
que le poids le plus considérable du cerveau féminin est inférieur à celui du poids minimum du cerveau de l'homme.
Chez les aliénés, — il a étudié 528 cadavres d'individus atteints d'aliénation mentale, — les fluctuations du poids du
cerveau sont beaucoup plus considérables que chez les individus morts d'autres maladies ; ce fait prouve combien il
est important de multiplier le nombre de semblables recherches et d'étudier le cerveau dans ses moindres détails.
Il y a certaines affections cérébrales, comme, par exemple,
la folie furieuse, qui proviennent d'une augmentation
extraordinaire de l'activité cérébrale, tandis qu'il en est
d'autres qu'il faut évidemment attribuer à une diminution
de cette activité. Il serait possible que ces grandes fluctuations autour du poids moyen provinssent précisément
de circonstances de cette nature, ce qui, du reste, ne
pourra être éclairci que par la réunion d'abondants matériaux. Wagner, dans ses tableaux sur les poids cérébraux,
a indiqué, à côté du poids du cerveau d'hommes qui ont
eu une intelligence supérieure comme Cuvier, le poids du
cerveau d'aliénés ou d'hydrocéphales, chez lesquels la
substance cérébrale était attaquée.

Le rapport du volume et du poids du cerveau avec le

développement de l'intelligence et la puissance créatrice de l'individu ont une très-grande importance, relativement à la question du développement possible du cerveau. On a remarqué, en règle générale, que les hommes ayant une intelligence supérieure possèdent un crâne relativement développé, et il est remarquable combien, en France surtout, le sentiment général a consacré cette observation. Les expressions de « bonne tête, forte tête, » qu'on emploie constamment, ne se rapportent aucunement aux actes des individus, mais seulement à la conformation extérieure de leur crâne ; on conclut généralement de la capacité intérieure du crâne et de son aspect extérieur, du front surtout, à la puissance intellectuelle de l'individu. Les mesures prouvent, d'ailleurs, que les hommes doués de hautes facultés intellectuelles, je puis citer Cuvier, Schiller et Napoléon Ier, avaient un grand crâne, relativement à leur taille, et qu'ils avaient aussi le cerveau très-développé.

Des pesées directes ont également confirmé ces faits. Wagner a constaté le poids d'un grand nombre de cerveaux, parmi lesquels ceux de beaucoup d'hommes doués d'une haute intelligence. Les tableaux qu'il a dressés semblent, au premier abord, indiquer qu'il y a peu de rapports entre le poids du cerveau et le développement des facultés intellectuelles, car des hommes comme Hausmann et Tiedemann, qui ont cependant occupé une place honorable dans la science, se trouvaient dans une position très-inférieure si l'on juge par le poids de leur cerveau. Mais les exceptions confirment la règle. Les deux savants dont il s'agit sont morts à un âge très-avancé, dans un état d'épuisement complet des forces vitales et d'atrophie générale de tous les organes, atrophie à laquelle le cerveau n'avait pas dû échapper. Les recherches sur la dégénérescence des organes dans l'extrême vieillesse n'ont pas encore été poussées assez loin pour qu'on puisse affirmer qu'il y ait à cette époque de la vie un rétrécissement du crâne et une diminution du volume du cerveau qu'il contient. Seulement, rien n'autorise à admettre l'impossibilité d'un tel rétrécissement, qui peut aussi bien se produire chez l'homme que chez les singes. J'ai devant moi deux crânes de mandrills dont l'un provient d'un mâle mort pendant la seconde dentition, tandis que l'autre est celui d'un vieux mâle. La cavité crânienne du plus jeune est plus grande, non-seulement au point de vue relatif mais encore au point de vue absolu, que celle du plus âgé ; d'où il résulte que si cette différence ne provient pas d'une différence individuelle, il faut que le crâne du plus âgé ait subi un rétrécissement. Il faudrait, sans doute, pour avoir des certitudes à cet égard, faire un ensemble de recherches et de mesures sur un grand nombre de mandrills, ce à quoi j'ai dû renoncer faute de matériaux. Le même phénomène semble se produire aussi chez d'autres singes. Ainsi, Welcker a dessiné trois crânes d'orangs, et il résulte de leur comparaison que le crâne du plus jeune est le plus spacieux.

Puisqu'il en est ainsi, on ne voit pas pourquoi ce rétrécissement du crâne, qui, chez les singes, commence d'assez bonne heure, ne se produirait pas aussi chez l'homme dans sa vieillesse. Parchappe, qui a relevé, d'après un système à lui, un grand nombre de mesures sur des crânes, affirme que le crâne s'accroît jusqu'à 50 ans, mais qu'il commence à diminuer sensiblement après 60 ans ; il ajoute que ce rétrécissement porte surtout sur la région frontale, correspondant aux lobes antérieurs du cerveau, et est d'autant plus sensible relativement à la cavité crânienne, que les sinus frontaux, qui concourent à la voussure de la partie frontale inférieure, s'accroissent après la soixantaine, leurs cavités s'agrandissant. Enfin, il me semble qu'une place de professeur à Gœttingue ou de sécrétaire perpétuel de l'Académie des sciences de cette ville ne sont pas précisément une preuve de développement intellectuel extraordinaire.

Theile a posé en principe, c'est Welcker qui le rappelle, que les classes chez lesquelles on a coutume de chercher l'intelligence se divisent en deux groupes distincts : les hommes doués d'une vive intelligence originelle et ceux dont l'intelligence est en quelque sorte la résultante de l'éducation ; ces derniers, placés dans les conditions inférieures, ne se seraient certes pas élevés au-dessus du niveau général, tandis qu'ils ont pu se faire jour parce qu'ils appartenaient à une classe supérieure de la société. Il faut, en effet, faire une grande différence entre les esprits créateurs, comme Gauss, qui tracent des voies nouvelles à la science, et les hommes qui, comme Hausmann, se sont avancés paisiblement sur les routes frayées et qui ont atteint pendant leur vie la plus haute position que puisse atteindre le simple savant, mais dont le nom disparaît bientôt de l'histoire de la science, ou n'est cité que pour d'insignifiants détails. L'appréciation de cette question, comme le fait remarquer Welcker, offre un côté délicat, car la conformation personnelle des observateurs entre ordinairement en jeu ; en effet, les anthropologistes à grosse tête sont certainement disposés à défendre l'une des thèses, tandis que les autres, à tête étroite et pointue, défendent non moins énergiquement la thèse contraire.

Le sexe, comme nous l'avons déjà fait remarquer, influe sur les rapports du volume et du poids du cerveau relativement au corps ; de même aussi chez chaque race humaine, ainsi que chez chaque espèce d'animaux, ces rapports obéissent à une loi déterminée que de nombreuses observations nous permettent seules de préciser. C'est à tort, d'ailleurs, qu'on voudrait chercher des rapports fixes et précis entre le poids du cerveau et celui du corps ; le poids du corps, en effet, varie extraordinairement suivant la quantité et la qualité des aliments que consomme l'animal. Si l'augmentation de poids qui provient d'une abondante nourriture, ou la diminution de poids conséquence de la faim, atteignait également tous les organes du corps, il y aurait toujours un rapport fixe entre le poids du cerveau et celui du corps entier. Mais nous savons qu'il n'en est rien, et les expériences de Chossat nous ont appris que le cerveau est précisément l'organe qui présente le moins de traces d'altération même dans le cas de la mort par inanition. Si l'on admettait un semblable rapport, il en résulterait que plus un animal serait mal nourri, plus son cerveau augmenterait relativement de poids et plus ses facultés intellectuelles se développeraient. Il est vrai que la faim aiguise non-seulement les dents, mais aussi l'esprit, et que l'engraissement, selon Horace, est le signe de l'abrutissement qui commence ; mais on irait certes trop loin si on voulait exprimer par des rapports mathématiques ces résultats de l'observation populaire.

On affirmait autrefois que le cerveau de l'homme est plus pesant que celui d'aucun autre animal. Cette hypothèse est fondée relativement à la plupart des animaux ; mais, dès qu'on étudie les intelligents colosses du règne animal, l'éléphant et les cétacés, on acquiert bientôt la preuve du peu de valeur de cette proposition. Il ne faut donc plus penser à considérer l'homme comme celui de tous les animaux qui possède le cerveau le plus pesant ; les défenseurs de cette hypothèse, vaincus sur ce point, ont voulu lui attribuer au moins le cerveau le plus pesant relativement au poids du corps. Le poids du corps humain est, en moyenne, au poids du cerveau comme 36 : 1, tandis que, chez les animaux les plus intelligents, la proportion est ordinairement comme 100 : 1. Mais si les géants de la création contredisent la première hypothèse, les nains de la création infirment la seconde. On observe, en effet, chez la plupart des petits oiseaux chanteurs, comme rapport des poids du cerveau au poids du corps, des chiffres beaucoup plus favorables que le chiffre normal humain, et les petits singes américains offrent, sous ce rapport, un poids cérébral proportionnellement beaucoup plus considérable qu'il n'est chez le roi de la création.

Si on veut comparer le poids du cerveau à quelque autre facteur numérique à prendre dans le corps, ce facteur ne saurait être qu'une longueur qui, tout en étant sujette à des fluctuations, doit cependant l'être dans des limites très-étroites. Le terme de comparaison le plus convenable serait peut-être la longueur de la colonne vertébrale à laquelle on rapporterait le poids du cerveau. La mesure du corps entier de l'homme comprend nécessairement la longueur totale des jambes; or, c'est précisément à cette longueur des membres inférieurs qu'on doit attribuer les différences si frappantes que l'on remarque entre la taille des différents hommes. Le tronc humain présentant, quant à sa longueur, beaucoup moins de variations que les membres, serait par conséquent un étalon beaucoup plus fixe. D'ailleurs, les mesures qui prendraient la longueur totale du corps humain pour unité ne seraient point comparables avec celles prises sur les mammifères, car, aucun d'eux ne se tenant debout, leurs membres postérieurs forment avec l'axe de la colonne vertébrale un angle plus ou moins considérable.

Nous ne possédons, jusqu'à présent, que le poids de cerveaux appartenant à des peuples de l'Europe centrale, allemands, anglais et français; ces quelques observations ont même été recueillies d'une façon qui exige qu'elles soient minutieusement passées au crible de la critique. Le grand tableau donné par Wagner est un amas indigeste et grossier, et tous ceux qui ont voulu s'en servir pour en tirer des conclusions ont dû nécessairement procéder à un triage, car les sexes, les âges et les cas pathologiques se trouvent réunis pêle-mêle. Cependant, on en peut déduire, sinon un rapport absolument mathématique, du moins quelque chose d'approchant, entre le poids du cerveau et le développement de l'intelligence ; et Broca a démontré, au moyen des tables de Wagner, que tous les cerveaux d'hommes connus ou célèbres, à l'exception de celui de Hausmann, dépassaient le poids moyen des cerveaux de même âge provenant d'individus inconnus, et que de plus, toujours à l'exception du cerveau du minéralogiste de Gœttingue, les cerveaux que Wagner a pesés lui-même, ceux de ses collègues de Gœttingue, se trouvent occuper la première moitié de la série, dès qu'on les classe d'après leur poids. Ceci, messieurs, est un point fort important, car, en fin de compte, il n'y a que les cerveaux qui ont été pesés par le même observateur et avec la même méthode qui soient comparables entre eux. Une différence de 50 grammes ou plus peut facilement résulter de la manière dont on prépare le cerveau pour la pesée, et, dans la plupart des recherches de cette nature, les observateurs ne donnent que peu de renseignements à cet égard. Il se peut, il est vrai, que les cerveaux d'hommes ayant un même degré d'intelligence aient des poids différents, ou que parfois le cerveau d'hommes distingués ait un poids plus faible que celui d'individus qui ne sortent en aucune façon de la foule, mais il n'en reste pas moins établi qu'en règle générale il existe un rapport approximatif entre le poids du cerveau et le degré d'intelligence, et que la détermination de ce rapport est un facteur qu'il ne faut pas négliger.

Comme conséquence de ces recherches, nous pouvons affirmer qu'un certain poids cérébral est indispensable pour le développement d'une certaine activité intellectuelle; qu'au-dessous de ce poids commence l'idiotisme, la diminution des facultés, l'imbécillité. Ce poids est pour la race blanche, chez les peuples de l'Europe centrale, d'environ 1 kilogramme (deux livres) pour l'homme, de 900 grammes pour la femme. Nous aurons à revenir plus tard sur ce point, lorsqu'il s'agira de déterminer les rapports, avec le type simien, du crâne et du cerveau arrêtés dans leur développement (idiotisme).

Le poids normal minimum du cerveau que j'ai indiqué plus haut ne s'applique qu'aux peuples de l'Europe centrale; en effet, les observations faites jusqu'à présent sont encore trop incomplètes pour qu'on puisse les appliquer à toute la race blanche. Il importe, d'ailleurs, de spécialiser avec soin dans ces questions; or, comme on ne sait pas encore exactement si la race blanche forme réellement un tout unique, ou provient du mélange de diverses espèces, il vaut mieux circonscrire le plus possible le champ des recherches. Des observations directes sur les autres races qui, selon toute probabilité, doivent avoir chacune leurs mesures et leur normale particulières, nous manquent encore, vu la difficulté de se procurer les matériaux nécessaires pour ce genre d'études. Il faut donc forcément se borner à la mensuration des cavités crâniennes. Tiedemann s'appuyant sur un petit nombre d'observations, d'ailleurs faussement interprétées, avait affirmé que la cavité crânienne du nègre n'était pas moindre que celle de l'Européen, et ce résultat, évidemment erroné, a souvent été exploité par les partisans de l'unité de l'espèce humaine. Depuis lors, on a fait de nombreuses observations; je réunis dans le tableau suivant, les résultats qui me sont connus. Les mesures ont été prises d'après le système de Morton, c'est-à-dire en remplissant la cavité cérébrale avec de la grenaille fine, évaluée ensuite en centimètres cubes.

TABLEAU DE LA CAPACITÉ CRANIENNE

CHEZ DIFFÉRENTES RACES.

NUMÉROS.	PEUPLES.	NOMBRE des crânes mesurés.	VOLUME en centimètres cubes.	OBSERVATEURS.	REMARQUES.
1	Australiens............	8	1228.27	Aitken Meigs.	
2	Polynésiens.		1230	Morton.	
3	Hottentots.		1230	Morton.	
4	Hottentots.	3	1233.78	Aitken Meigs.	
5	Péruviens...	152	1233.78	Aitken Meigs.	
6	Péruviens............		1246	Morton.	
7	Nègres océaniens........	2	1253.45	Aitken Meigs.	
8	Mexicains.............		1296	Morton.	
9	Américains en général....	341	1315.71	Aitken Meigs.	
10	Nègres nés en Amérique...	12	1323.90	Aitken Meigs.	
11	Malais........		1328	Morton.	
12	Mexicains........... ..	25	1338.65	Aitken Meigs.	
13	Groënlandais	1	1340	Welcker.	
14	Chinois............. ..		1345	Morton.	
15	Nègres en général........	76	1347.66	Aitken Meigs.	
16	Nègres en général........		1361	Morton.	
17	Anciens Péruviens.......		1364	Morton.	
18	Nègres nés en Afrique....	64	1371.42	Aitken Meigs.	
19	Indiens sauvages........	164	1376.71	Aitken Meigs.	
20	Parisiens de la fosse commune...............	35	1403.14	Broca.	Crânes du XIXe siècle.
21	Parisiens du cimetière des Innocents	117	1409.31	Broca.	Du XIIe au XVIIIe siècle.
22	Esquimaux...........		1410	Morton.	
23	Parisiens du XIIe siècle...	115	1425.98	Broca.	Provenant d'un caveau.
24	Caucasiens en général.. .		1427	Aitken Meigs.	
25	Malais..............	1	1430	Welcker.	
26	Allemands	30	1448	Welcker.	
27	Parisiens contemporains. .	125	1461.53	Broca.	
28	Anglo-Américains.......	7	1474.65	Aitken Meigs.	
29	Parisiens de tombeaux particuliers.............	90	1484.23	Broca.	Crânes du XIXe s.
30	Parisiens de la Morgue....	17	1517	Broca.	Crânes du XIXe s.
31	Germains en général......	38	1534.27	Aitken Meigs.	
32	Brachycéphale de Meudon.	1	1540	Broca.	Provenant d'un dolmen.
33	Anglais..............	5	1572.95	Aitken Meigs.	

Cette liste demande quelques éclaircissements. Les résultats de Morton et de Aitken Meigs ont été tirés en grande partie des documents contenus dans la collection de Morton, achetée par l'Académie des sciences de Philadelphie, et qui s'est très-peu augmentée depuis. On remarque des différences entre les résultats obtenus par les deux observateurs ; ces différences proviennent sans doute de ce que les mesures, primitivement données en pouces cubes anglais, ont été réduites en centimètres cubes d'une manière un peu différente. Les résultats, ainsi que ceux de Welcker, ont été obtenus de la même manière : on remplit le crâne de grenaille et on l'agite, jusqu'à ce qu'il n'en puisse plus contenir.

Broca a remarqué qu'on n'obtient pas ainsi des mesures rigoureusement exactes, car le même crâne, mesuré plusieurs fois de suite de cette manière, donne des résultats qui varient de 30 à 35 centimètres cubes, ce qui provient de ce que, dans certains crânes tout au moins, quelques portions de la cavité interne se trouvent plus élevées que le niveau du trou occipital, par lequel on introduit la grenaille. Pour obvier à cet inconvénient, Broca, après avoir introduit le plomb, le comprime en tous sens, au moyen d'un long instrument conique, jusqu'à ce que le crâne soit rempli de grenaille ; et qu'aucune compression ultérieure ne soit possible. Les résultats de Broca, tout à fait comparables entre eux, donnent donc des chiffres un peu plus élevés que ceux des autres observateurs, fait qu'il ne faut point oublier. D'autre part, les observateurs américains ont choisi avec soin les crânes qu'ils voulaient mesurer, tandis que Broca a mesuré des crânes pris au hasard, et provenant de fouilles d'anciens cimetières.

Broca a saisi une des rares occasions qui permettent à l'observateur d'étudier un nombre considérable de crânes antiques. Lorsqu'on a creusé les fondations du nouveau tribunal de commerce, à Paris, on a trouvé un amas de crânes dans un caveau fermé, situé à trois mètres de profondeur, sur une place qui était déjà couverte de maisons au temps de Philippe-Auguste.

Ces crânes remontent au plus tard au xiie siècle. Il est même probable qu'un grand nombre d'entre eux remontent même jusqu'à l'époque carlovingienne. En tous cas, ils ont dû appartenir à des personnes occupant une position élevée, car ils ont été trouvés dans un caveau fermé. Ils présentent les deux types bien distincts des têtes longues et courtes ; il y a aussi un grand nombre de têtes moyennes qui offrent la moindre capacité crânienne, tandis que les têtes longues se placent, sous ce rapport, entre les moyennes et les courtes, celles-ci ayant la capacité la plus considérable. Tous ces crânes sont indiqués dans le tableau comme appartenant à des Parisiens du xiie siècle.

Broca a pu encore étudier une deuxième série de crânes provenant du remaniement d'un ancien cimetière, le cimetière des Innocents, qui fut ouvert sous Philippe-Auguste, au xiie siècle, et utilisé jusqu'au xviiie. Enfin le cimetière de l'Ouest, beaucoup plus récent, et qui a servi de 1788 à 1824, a fourni à Broca une troisième série de crânes, qui sont mentionnés au tableau comme crânes parisiens du xixe siècle.

Ces deux cimetières étaient réservés à la classe pauvre ; cependant Broca a pu distinguer, dans les crânes du cimetière de l'Ouest, trois séries différentes, à savoir : les crânes de la partie du cimetière réservée aux suicidés et aux criminels, où l'on enterrait les cadavres exposés à la Morgue, ces crânes provenaient donc en grande partie de suicidés et de malheureux inconnus ; les crânes de la fosse commune, où l'on enterrait les corps des pauvres gens ; et enfin les crânes provenant de tombes particulières, pour la conservation desquelles il fallait payer une certaine redevance, et qui ont, en conséquence, appartenu à des gens aisés, chez lesquels on peut supposer un degré de développement plus élevé.

Si on compare les résultats obtenus par Broca, on remarque, avant tout, que les crânes des suicidés sont ceux qui offrent la moyenne la plus forte, ce qui prouve que, chez ces malheureux, les maladies cérébrales ont déterminé le suicide. Mais ce qui frappe tout d'abord, c'est la différence qui existe entre les crânes de la fosse commune et ceux des tombes particulières; cette différence de capacité va jusqu'à 80 centimètres cubes, chiffre considérable, si on réfléchit que la capacité totale n'atteint pas 1,500 centimètres cubes.

On doit donc conclure de là que les individus qui, par leur position sociale, sont appelés à s'occuper d'arts et de sciences, possèdent une plus grande capacité cérébrale que les simples ouvriers, résultat confirmé d'ailleurs par d'autres recherches, sur lesquelles nous aurons à revenir plus tard.

L'ensemble des observations de Broca présente encore un résultat remarquable, c'est que le crâne de la population parisienne a évidemment augmenté dans le cours des siècles. Si on compare les crânes du XIIᵉ siècle à ceux du XIXᵉ siècle, on voit que la capacité crânienne s'est accrue, même malgré la circonstance défavorable de l'inégalité des positions sociales; cette augmentation est assez prononcée, comparativement aux crânes tirés du cimetière des Innocents, pour ne laisser aucun doute sur son importance. Ce fait unique n'est sans doute pas suffisant pour qu'on en puisse tirer une conclusion générale, mais il fournit toutefois une indication qui, dans le cas où d'autres faits viendraient le confirmer, nous autoriserait à conclure que, dans le cours des siècles, sous l'influence des progrès de la civilisation, la capacité crânienne d'une race augmente graduellement. On peut affirmer, en outre, que les différentes capacités crâniennes dont ces recherches démontrent l'existence, ont pour cause le mélange des races diverses qui se sont établies à Paris. Il est certain, en effet, qu'il ne peut y avoir

aucune population plus mélangée que celle d'une ville aussi
populeuse ; d'ailleurs, un simple coup d'œil jeté sur les
habitants suffit pour démontrer que le mélange a pénétré
assez également dans toutes les couches de la population.
La classe ouvrière, à Paris, est aussi mélangée que les
classes supérieures ; tous les peuples européens lui fournissent leur contingent, dont les pertes sont annuellement
réparées par de nouvelles immigrations ; or, ce qui se
passe aujourd'hui se passait déjà il y a six cents ans ou
mille ans ; Celtes et Germains, Slaves et Romains affluaient
déjà sur les bords de la Seine, et les différentes formes crâniennes trouvées dans le caveau du xiie siècle, nous prouvent aussi que le mélange était le même.

Si l'on considère le tableau au point de vue des races,
on remarque que toutes les nations européennes, sans
exception, possèdent une capacité crânienne supérieure à
1,400 centimètres cubes, tandis qu'en dehors des nations
européennes, il n'y a que les Malais et les Esquimaux qui
dépassent ce chiffre. Les Esquimaux sont près de la limite.
Le crâne malais, mesuré par Welcker, se trouve au milieu
des nations européennes, près des Allemands. Mais il y a
peut-être quelque doute à élever sur cette mesure, qui diffère de plus de 100 centimètres cubes des résultats obtenus par Morton ; or, cette différence est trop considérable
pour s'expliquer par une particularité individuelle. Le
crâne que Welcker a eu à sa disposition ne provenait
peut-être pas d'un individu de race pure, mais d'un métis,
ayant dans ses veines, directement ou par ses ancêtres, du
sang européen. Dans le voisinage des colonies hollandaises
des îles de la Sonde, il y a peu de Malais dont le sang ne
soit mélangé à celui des Européens.

Abstraction faite de ces quelques exceptions, on remarque une série presque régulière dans la capacité crânienne des nations ou des races qui, depuis les temps his-

toriques, n'ont pris que peu ou point de part à la civilisation. Les Australiens, les Polynésiens et les Hottentots,
peuples encore plongés dans la barbarie, commencent la
série, et personne ne peut dire que la position qu'ils occupent par leur capacité crânienne et le poids de leur cerveau, qui en dépend, ne correspond pas au rang que leur
assignent leurs facultés intellectuelles et leur civilisation.
Notre tableau est encore très-incomplet, car il ne tient
compte ni du sexe, ni de l'âge, ni de la taille moyenne des
peuples dont il indique les mesures crâniennes. En tous
cas, il offre une indication importante, car le premier coup
d'œil qu'on y jette suffit pour prouver que ce genre de
recherches fournit des données qui ne sont pas à dédaigner
pour l'histoire naturelle scientifique de l'homme.

Je dois encore vous faire remarquer un point digne de
la plus grande attention. La capacité crânienne du nègre
né en Afrique est, d'après Aitken Meigs, plus considérable
que celle du nègre esclave, né en Amérique. Serait-ce donc
là l'effet de cette exécrable institution qui réduit l'homme
à l'état de bétail et de marchandise en le privant de sa
liberté, qui seule peut le conduire vers un état de développement supérieur? Comme l'esclavage n'exerce pas une
influence moins pernicieuse sur le maître que sur l'esclave,
il ne serait pas impossible qu'une comparaison entre les
capacités crâniennes des habitants des États libres et des
États à esclaves ne donnât des résultats analogues. Les
gigantesques massacres qui ont eu lieu dans ces derniers
temps en Amérique, fourniront aux observateurs à venir
assez de matériaux pour une recherche de cette nature.
Puissent ces matériaux être utilisés avant qu'ils aient pris
le chemin des moulins à pulvérisation et des fabriques
d'engrais artificiels.

QUATRIÈME LEÇON

MESSIEURS,

Quelque opinion qu'on puisse avoir au sujet des fonctions de l'esprit, qu'on les considère comme des manifestations d'une âme indépendante, que le système nerveux peut seul transmettre, ou comme des fonctions propres à ce dernier et à ses différentes parties constituantes, toujours est-il qu'il faut en revenir à regarder le cerveau comme l'organe et le siége des facultés intellectuelles. Tout dérangement dans le cerveau, quelle qu'en soit l'origine, se reflète immédiatement dans les fonctions spirituelles; toute lésion entraine des suites déterminées, qui peuvent être en partie prévues d'avance, et tout changement d'état, dans le cours de la circulation, par exemple, occasionne immédiatement des modifications dans les manifestations de l'activité cérébrale. Si cela est exact, — et cela n'est pas douteux, car on peut à chaque instant en faire l'expérience sur des ani-

maux, et les faire tomber en état d'épilepsie ou d'abrutissement, etc., — il faut bien admettre que la structure du
cerveau, et de ses différentes parties, est en rapport intime
avec les fonctions intellectuelles, et que, d'une manière ou
d'une autre, ce rapport peut être déterminé, au moins
approximativement. La structure du cerveau est extrêmement complexe ; il n'y a dans le corps humain aucun organe, dont la substance composée d'un nombre d'éléments
anatomiques proportionnellement aussi restreint, possède
une si grande quantité de parties différemment conformées,
et dont la forme extérieure, la structure interne , la position , les rapports mutuels, prouvent évidemment qu'elles
président à des fonctions spéciales qu'on n'a pas encore
pu déterminer exactement.

Quant aux parties élémentaires qui composent la substance cérébrale de l'homme et des animaux, elles forment
deux groupes principaux : une substance grise , plus
ou moins noirâtre ou jaunâtre, qui offre à l'œil nu une
apparence assez homogène ; une substance blanche, dans
laquelle on peut distinguer à l'œil nu des faisceaux plus ou
moins apparents, disposés selon des directions déterminées.

La substance grise est composée de cellules, pourvues
d'un noyau central et d'un contenu granuleux, d'où rayonnent une foule de fils se divisant en filaments excessivement déliés, qui finissent par former un réseau très-fin et
très-compliqué ou qui pénètrent immédiatement dans les
faisceaux de la substance blanche. Ces cellules nerveuses
(fig. 28) varient assez considérablement au point de vue
de la forme, de l'apparence et de la grosseur, probablement selon les fonctions qu'elles ont à accomplir, ce qui est
d'autant plus vraisemblable, que la substance grise forme
certainement le foyer principal de l'activité nerveuse ;
la substance blanche, par contre, paraît être la partie conductrice.

Tous les faisceaux de la substance blanche, tous les nerfs qui se rendent au cerveau, se terminent par des nœuds ou des renflements de substance grise, qui sont répartis dans la masse interne du cerveau, ou étalés à sa surface externe. S'il s'agit d'étudier les rapports de la structure cérébrale avec le développement intellectuel, c'est surtout sur la substance grise et sur les points qui sont en grande partie formés par elle, qu'il faut porter de préférence son attention.

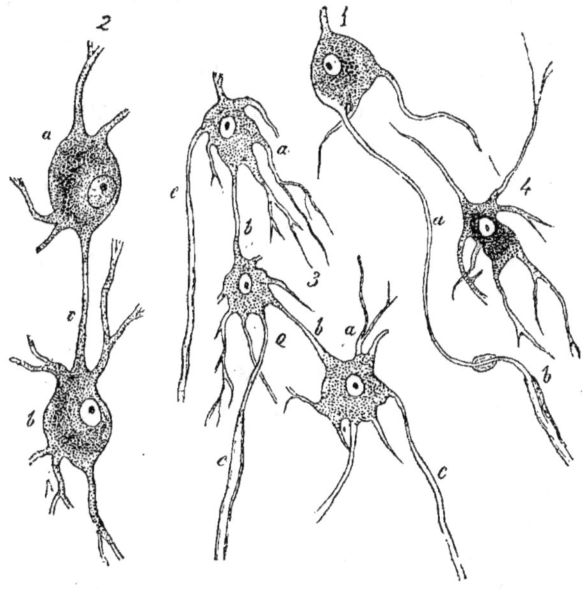

Fig. 28.

Cellules multipolaires du cerveau humain avec leurs prolongements. — 1. Cellule dont le prolongement *a* va former le cylindraxe d'un tube nerveux *b*, pourvu de son étui. — 2. Deux cellules *a* et *b*, réunies par un prolongement. — 3. Trois cellules *aa*, réunies par les commissures *b* et donnant naissance aux tubes nerveux *c*. — 4. Cellule multipolaire contenant du pigment.

Il est démontré qu'un grand nombre des noyaux gris qui se trouvent dans l'intérieur du cerveau, ne sont pas en rapport, dans le sens strict du mot, avec les fonctions intellectuelles, mais le sont avec celles des organes nerveux et des sens. De même que les masses grises, qui se trouvent dans la moelle épinière, sont nettement séparées par leurs fonctions, les unes présidant à la sensibilité, les autres au mouvement, de même, on trouve dans le cerveau de gros noyaux gris isolés, dont on peut, avec une grande précision, déterminer les rapports avec des fonctions distinctes. Les noyaux gris plongés dans la moelle qui est au niveau du trou occipital, et qu'on nomme moelle allongée, président aux mouvements de la respiration et du cœur; plus avant, il existe d'autres noyaux dont les rapports avec les mouvements du corps, les organes des sens et les autres parties de la tête ont pu être établis par des expériences directes et positives. Tous ces points de détail n'offrent d'intérêt au point de vue des recherches qui nous occupent, qu'autant qu'une de ces fonctions, l'ouïe ou la vue, par exemple, serait plus développée chez une race humaine que chez les autres. Sans doute, la finesse des sens, dont plusieurs races sauvages donnent des preuves si extraordinaires, sont parfois de nature à nous étonner beaucoup, mais cette finesse semble être plutôt le résultat de l'exercice que d'une aptitude primitive, car des hommes appartenant à d'autres races, que leur profession oblige à tenir compte des moindres changements de la nature comme les chasseurs et les marins, font également preuve de cette même finesse de la vue et de l'ouïe.

Si l'on examine la face inférieure d'un cerveau humain, on voit à sa partie médiane, une portion plus blanche, en forme de tige, qui passe par le trou occipital, et qu'il faut couper pour pouvoir sortir le cerveau de la cavité crânienne. Cette tige est la *moelle allongée*, renfermant plusieurs noyaux gris, et des bords de laquelle partent plusieurs nerfs crâniens, et notamment le *nerf vague* ou *tris-*

planchnique, qui envoie ses ramifications au cœur, aux poumons et à l'estomac. Plus en avant, cette tige se continue par une autre partie, nommée le *pont de Varole,* dont les fibres sont transversales, et qui fournit la plus grande partie des nerfs crâniens; de là rayonnent plusieurs faisceaux blancs qui se rendent dans d'autres points du cerveau et qu'on nomme *pédoncules.* On peut désigner l'ensemble de ces parties blanches avec leurs prolongements antérieurs et supérieurs, cachés dans la masse cérébrale, sous le nom de *tronc du cerveau,* d'autant plus qu'elles en constituent la portion primitive, et sont les premières à se montrer lors du développement du cerveau dans l'embryon. L'histoire du développement, ainsi que l'anatomie comparée, démontrent que la masse principale du cerveau se compose de parties voûtées qui surgissent peu à peu du tronc du cerveau, et finissent par se réunir sur la ligne médiane, formant ainsi un tout unique, qui conserve toujours dans son intérieur un système de cavités, dont l'étendue se réduit d'autant plus que la masse cérébrale se développe davantage.

Les recherches physiologiques ont établi d'une manière certaine que le tronc du cerveau est sensible dans la plus grande partie de son étendue, et que l'ensemble des portions qui constituent la voûte cérébrale sont insensibles; on en peut conclure, et les recherches anatomiques confirment cette hypothèse, que les nerfs cérébraux partent des noyaux gris contenus dans le tronc du cerveau, et s'y terminent, et qu'en conséquence cette partie fondamentale est chargée des fonctions, relativement en sous–ordre, du mouvement et du sentiment.

Si on continue l'examen de la face inférieure du cerveau, on aperçoit en arrière, et immédiatement sur le tronc du cerveau, des deux côtés de la moelle allongée, une masse assez grosse, divisée en lobes, et partagée en feuillets distincts par une série de sillons profonds, transversalement obliques. C'est le *cervelet* qui, chez l'homme et la plupart des singes, est assez peu développé pour être entièrement recouvert par le cerveau, et, par conséquent, invisible,

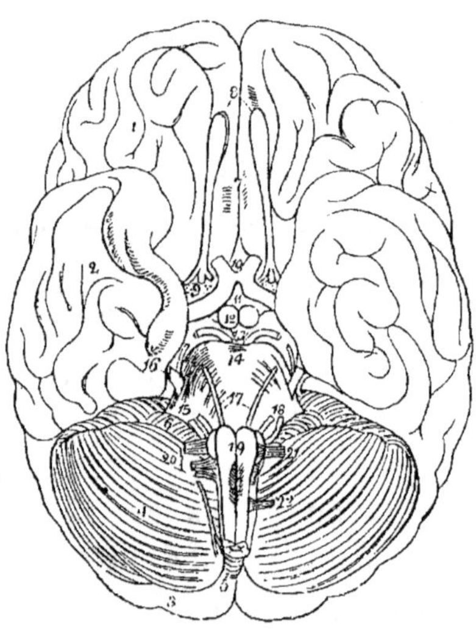

Fig. 29. — Cerveau humain ; face inférieure.

1. Lobes antérieurs. — 2. Lobes moyens. — 3. Lobes postérieurs de l'hémisphère du cerveau. — 4. Cervelet. — 5. Partie moyenne du cervelet. — 6. Lobule antérieur distinct du cervelet. — 7. Fissure longitudinale inférieure du cerveau. — 8. Nerfs olfactifs (première paire). — 9. Racine interne du nerf olfactif. — 10. Chiasma des nerfs optiques (deuxième paire). — 11. Tubercule cendré. — 12. Tubercules mamillaires, deux renflements de la face inférieure du tronc du cerveau derrière le chiasma. — 13. Nerfs communs oculo-moteurs (troisième paire). — 14. Pont de Varole. — 15. Pédoncule cérébelleux. — 16. Nerf trijumeau (cinquième paire). — 17. Nerfs oculo-moteurs externes (sixième paire). — 18. Nerf facial et nerf acoustique (septième et huitième paire). — 19. Bulbe rachidien. A côté en dehors, les corps olivaires. — 20. Nerf glossopharyngiens vagues et accessoires (neuvième, dixième et onzième paire). — 21. Nerfs hypoglosses (douzième paire). — 22. Premier nerf cervical.

lorsqu'on examine le cerveau par sa face supérieure, après avoir enlevé la calotte du crâne. Si on pratique dans le cervelet une coupe perpendiculaire à la direction des feuillets, on voit que la partie centrale de ceux-ci est blanche et enveloppée par la substance grise, d'où résulte pour la coupe une apparence arborescente, que les anciens anatomistes ont désignée sous le nom *d'arbre de vie*. Les cordons de matière blanche ou *pédoncules* du cervelet, qui, prenant naissance dans le tronc du cerveau, viennent s'épanouir dans le cervelet, sont encore sensibles, mais les parties feuilletées de cet organe ne le sont pas. Toutes les recherches qui ont été entreprises jusqu'à présent semblent indiquer que le cervelet n'est en rapport qu'avec le mouvement. Si l'on pratique une lésion d'un côté, il se produit des phénomènes de paralysie à la suite desquels le corps est poussé du côté opposé ; si l'on détruit entièrement le cervelet, la colonne vertébrale et le corps tout entier sont incapables de se soutenir, et l'animal oscille même debout ; sa marche ressemble à celle d'un homme ivre, les mouvements se précipitent, s'exécutent irrégulièrement, et manquent tout à fait de la simultanéité et de l'accord nécessaires. Les observations pathologiques qu'on a pu faire sur des malades, dont le cervelet avait été lésé par une cause quelconque, confirment ces faits. Les rapports avec les fonctions génératrices, que les phrénologistes ont autrefois voulu attribuer au cervelet, et que Gall présente comme un article de foi, ne sont pas confirmés.

Il résulte de tous ces faits qu'au point de vue qui nous occupe ici, le cervelet ne peut contribuer à l'éclaircissement des questions que nous avons à examiner, puisqu'il n'a aucun rapport avec les fonctions intellectuelles.

Il ne nous reste donc plus que le *cerveau* proprement dit, qui forme à lui seul la plus grosse masse de l'organe total, celle qui, vue d'en haut, recouvre toutes les autres parties, et s'en distingue, au premier coup d'œil, par les singuliers bourrelets intestiniformes dont sa face supérieure est pourvue.

Le cerveau est partagé en deux *hémisphères* latéraux

par un sillon profond qui suit sa ligne médiane et dans lequel pénètre un repli de la dure-mère nommé la *faux du cerveau*. Un second repli de la même membrane, nommé *tente du cervelet*, est tendu horizontalement dans la région postérieure de la tête, et sépare le cervelet des

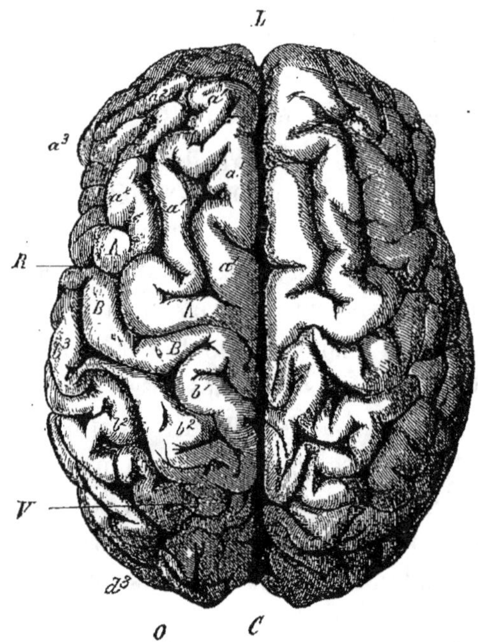

Fig. 30. — Cerveau de la Vénus hottentote, morte à Paris, d'après Gratiolet, vu d'en haut.

L. Scissure longitudinale. — *R*. Scissure de Rolando. — *V*. Scissure postérieure transversale. — *F*. Lobes frontaux. — *P*. Lobes pariétaux. — *O*. Lobes postérieurs. — *T*. Lobes temporaux. — *Po*. Pont de Varole. — *C*. Cervelet.

lobes postérieurs du cerveau qu'elle supporte. Le cerveau proprement dit forme donc un tout complet qui, ainsi que le démontrent le développement embryogénique et l'anatomie comparée, s'étend et finit par dominer et par comprimer sous lui toutes les autres parties. Cette extension augmente dans la série des animaux à mesure que ceux-ci s'élèvent dans l'échelle, avec une tendance marquée vers le type du cerveau humain. Chez les vertébrés inférieurs, les poissons, le cerveau n'est qu'un noyau gris, placé en avant des autres noyaux du tronc cérébral, et de même importance qu'eux. Semblable à une vessie de caoutchouc insufflée, le cerveau s'étend de plus en plus chez les vertébrés plus élevés, recouvre successivement les noyaux gris du tronc cérébral, puis la formation incomplétement voûtée du cerveau moyen, primitivement distinct, et qu'on a désigné sous les noms de *tubercules quadrijumeaux* ou *couches optiques*, envahit le cervelet qu'il dépasse enfin et qu'il refoule toujours de plus en plus vers sa face inférieure. Une coupe menée suivant l'arcade zygomatique, qui séparerait le crâne des autres parties de la tête, correspondrait assez exactement à la face inférieure du cerveau. Une pareille coupe n'intéresserait pas le cervelet, parce qu'il se trouve dans la partie postérieure du crâne, qui correspond aux attaches des muscles de la nuque.

Le cerveau est entièrement insensible ; les pédoncules cérébraux et les couches optiques paraissent seuls être sensibles. Dans des blessures profondes de la tête n'intéressant que le cerveau, on peut toucher la surface de ce dernier, en enlever même des morceaux, sans que le sujet éprouve aucune douleur. Par contre, les recherches que l'on a faites à ce sujet sur les oiseaux, ont prouvé que le cerveau est évidemment le siége unique de l'intelligence. On peut conserver des pigeons vivants pendant des semaines après l'ablation du cerveau. Je ne m'étendrai pas ici sur les phénomènes qu'offrent les pigeons ainsi privés de leur cerveau ; vous pourrez trouver le résumé de ces recherches dans les ouvrages sur la physiologie. Je me bornerai donc à dire qu'un animal ainsi privé de cerveau, est plongé dans un état de sommeil continu et profond.

L'animal conserve la faculté du mouvement et la combinaison de ces mouvements a encore lieu jusqu'à un certain point ; il ressent encore la douleur et fait quelques efforts pour l'éviter. Mais, en somme, l'animal est stupide et indifférent, et semble plongé dans un état de rêve qui exclut la conscience. La combinaison des sensations ressenties et leur manifestation extérieure devient impossible, et l'animal pourrait, pour se servir des expressions d'un observateur récent, mourir de faim devant son auge pleine de nourriture, parce qu'il ne peut pas combiner l'image de la nourriture et le besoin qu'il éprouve de manger, avec les mouvements nécessaires à accomplir.

Le cerveau est donc, sans aucun doute, le siége de l'intelligence, de la conscience, de la volonté, c'est-à-dire de toute l'activité intellectuelle. Les faisceaux blancs qui s'y trouvent servent probablement à relier entre elles les différentes parties de la substance grise, car ils sont insensibles comme celle-ci. Mais on peut se demander si les diverses fonctions intellectuelles se rapportent à différentes régions du cerveau, et quels sont ces rapports. Les recherches faites sur les animaux n'ont fourni que peu de renseignements à cet égard ; si on enlève les lobes cérébraux peu à peu et couche par couche, les différents phénomènes d'une stupidité croissante deviennent toujours plus évidents, sans qu'on puisse déterminer, dans aucune direction, quelque action particulière. L'ablation d'une moitié du cerveau ne paraît pas avoir d'influence appréciable, ce qui indique que, pour quelque temps au moins, l'autre moitié, restant entière, peut remplacer la moitié enlevée. On remarque, cependant, que l'activité intellectuelle s'épuise plus promptement que lorsque le cerveau est entier, ce qui prouve que l'opération influe sur la quantité et non sur la qualité des manifestations de l'organe. Quelques physiologistes ont affirmé, et peut-être cette hypothèse

est-elle fondée, qu'un pareil jeu alternatif des deux hémisphères, peut exister aussi chez l'homme vivant, l'une des
deux moitiés dormant, pour ainsi dire, et se reposant,
pendant que l'autre veille et agit. Mais les faits sur
lesquels s'appuie cette opinion sont en trop petit nombre pour qu'on puisse la regarder comme établie.

Les observations faites sur l'homme dans les cas de
blessures, de maladies internes, comme l'apoplexie, n'ont
encore fourni aucun éclaircissement satisfaisant sur la
localisation des différentes fonctions intellectuelles dans
les diverses parties du cerveau. On a beaucoup discuté la
question de savoir, si, par exemple, le langage, ou pour
mieux dire, la faculté d'articuler des sons pour les manifestations de la pensée, de la volonté et des sentiments,
n'est pas localisée dans les lobes antérieurs du cerveau ; on
a invoqué à l'appui quelques observations sur des modifications pathologiques de ces organes, qui se trouvaient accompagnées de la perte de la parole. Mais on oublie trop
facilement ce que nous venons de faire remarquer, d'après
les expériences entreprises sur les animaux, à savoir
qu'une des moitiés du cerveau peut suppléer à l'autre ; or,
il est excessivement rare qu'une blessure ou même une
maladie intéresse également les deux hémisphères ou les
mêmes points dans les deux. C'est cependant là une condition essentielle pour l'appréciation d'un pareil cas, car la
fonction qui peut être troublée d'un côté par la lésion accidentelle ou pathologique, peut être conservée de l'autre,
et quoique plus promptement épuisable, peut momentanément agir sans affaiblissement apparent. En effet, on a
recueilli plusieurs observations relatives à des hommes
qui, à la suite de profondes blessures latérales de la tête
entraînant la perte d'une certaine quantité de substance
cérébrale, ont conservé toutes leurs facultés intactes, mais
celles-ci s'épuisaient rapidement et ils étaient forcés, après

un court travail intellectuel, de s'arrêter et de se livrer à un repos complet, ou même au sommeil.

Si les observations directes ne peuvent jeter que peu de lumière sur la question, on peut cependant avoir recours à certains faits qui permettent de l'élucider d'une manière indirecte. Mais il importe de remarquer que les résultats toujours incertains et plus ou moins incomplets de pareilles comparaisons ne peuvent remplacer les observations directes. Ces comparaisons ont néanmoins quelque valeur, et ne doivent pas, par conséquent, être laissées complètement de côté.

Il arrive que, chez certains individus, quelques parties du cerveau sont moins développées que d'autres ; évidemment ces cas offrent un champ fertile de recherches pour l'analyse des facultés intellectuelles. Il se peut que, chez des hommes dont les facultés sont très-développées, tel ou tel lobe du cerveau soit aussi plus développé qu'un autre ; que les circonvolutions de la surface cérébrale soient autrement disposées chez les hommes très-intelligents, que chez d'autres condamnés par leurs occupations à rester dans les limites étroites d'une position inférieure. On peut étendre ces recherches successivement aux autres races humaines et même aux animaux, mais il faut remarquer que les conclusions sont d'autant plus incertaines, les analogies d'autant plus trompeuses, qu'on s'éloigne davantage du type humain. Nous pourrons encore tirer parti de ces malheureux, chez lesquels des causes pathologiques inconnues jusqu'à présent ont déterminé un arrêt dans le développement normal du cerveau, lequel reste alors à l'état de cerveau embryonnaire incomplet, et qui, au point de vue de l'activité intellectuelle, se rapprochent beaucoup plus de l'animal que de l'homme. L'analyse exacte de la structure du cerveau de ces malheureux idiots indique quelles sont les parties qui ont été frappées d'arrêt dans leur développement ; or, si l'on compare avec les résultats de cette recherche les diverses manifestations d'activité intellectuelle dont ils sont capables, on peut de cette manière arriver à quelques conclusions assez sûres, relativement à l'importance et aux fonctions des diverses parties du cerveau.

La science phrénologique s'appuie, comme on le sait, sur des conclusions de cette nature, mais elle a le grand tort de vouloir, d'une part, indiquer du doigt les facultés sur le crâne même, et, d'autre part, prétendre, pour ces dernières, à une localisation qui ne s'accorde en aucune façon, ni avec les propriétés de l'activité intellectuelle, ni avec les détails de la structure du cerveau. Si juste que puisse être le principe fondamental sur lequel repose la phrénologie, à savoir que les diverses fonctions doivent aussi correspondre à différentes portions de l'organe, l'application qu'elle en a faite n'en est pas moins éminemment défectueuse. Chaque hémisphère de la partie supérieure du cerveau semble former une masse distincte, présentant à sa surface une quantité de sillons contournés, séparant des bourrelets intestiniformes ou circonvolutions, mais cette surface supérieure n'offre pas d'autres divisions.

Il en est autrement lorsqu'on examine la face inférieure ou latérale du cerveau.

La surface inférieure du cerveau présente, dans sa moitié antérieure, un profond sillon sur la ligne médiane, allant du bord antérieur du cervelet au bord antérieur du cerveau même ; ce sillon partage ainsi le cerveau en deux lobes, qui, si on le considère de côté, descendent beaucoup plus bas que les lobes antérieurs. La base des lobes antérieurs, ou lobes frontaux, comme on les nomme également, repose sur le toit des orbites, tandis que les lobes inférieurs ou temporaux occupent une fosse profonde du crâne, qui se trouve placée de chaque côté de la selle turcique, et est formée par le sphénoïde et le temporal. On remarque, en outre, dans le cerveau humain, vu par dessous, le bord postérieur des hémisphères cérébraux qui déborde en arrière du cervelet, et forme ainsi un lobe, qu'on nomme le lobe occipital. Enfin, on peut encore, entre ces deux lobes occipitaux, distinguer un lobe médian, assez nettement délimité qui, chez les singes, est séparé par un sillon transversal profond ; on le nomme le lobe pariétal.

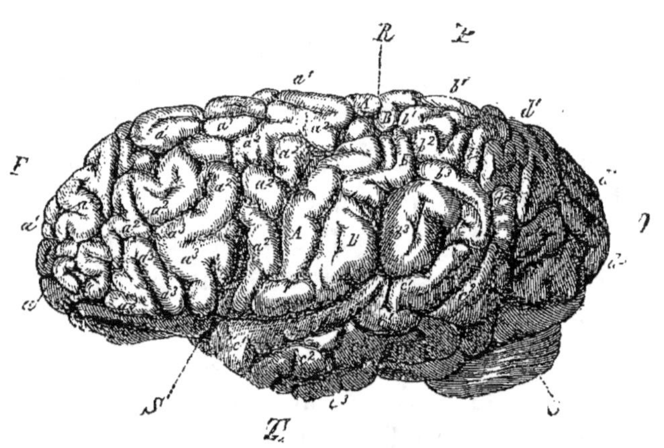

Fig. 31. — Cerveau du célèbre mathématicien Gauss, vu de côté, d'après Wagner. S. Scissure de Sylvius. — R. Scissure de Rolando. — C. Cervelet. — F. Lobe frontal. — P. Lobe pariétal. — O. Lobe occipital. — T. Lobe temporal.

Dans le cerveau, vu de côté, le sillon profond qui sépare en dessous le lobe temporal du lobe frontal, se divise, dans son prolongement vers le haut, en deux branches : l'une monte presque verticalement, et se confond peu à peu avec la masse des lobes frontaux ; l'autre, au contraire, se dirige en arrière, presque horizontalement d'abord, et après avoir émis plusieurs ramifications, va se perdre dans les circonvolutions du lobe pariétal. Ce sillon, ou scissure, porte le nom de l'anatomiste Sylvius, qui l'a le premier signalé comme un point important pour l'étude du cerveau, en ce qu'il donne dans sa partie inférieure un point précis, et détermine exactement la limite entre le lobe frontal et le lobe temporal. Vu d'en haut, le cerveau se divise donc en trois segments successifs et qui sont, d'avant en arrière : le lobe frontal, le lobe pariétal et le lobe occipital. Vu de côté, il y aurait à ajouter à ces lobes, le lobe inférieur ou temporo-sphénoïdal, et, en outre, un petit lobe caché qu'on a nommé l'île, ou lobe central. Ce lobe n'est pas visible du dehors, sans préparation ; on l'aperçoit en écartant les bords de la scissure de Sylvius, et en enlevant un lobule latéral du lobe pariétal qui le recouvre.

Quoique ce lobe intermédiaire ou central n'appartienne qu'au plan de conformation cérébral de l'homme et des singes, et n'ait pas encore été trouvé chez les autres animaux, nous pouvons, pour le moment, le laisser de côté, car l'anatomie comparée du cerveau, en tant qu'il s'agit des races humaines, n'a pas encore pénétré au delà de la surface.

On a souvent cherché à établir des rapports entre le développement des divers lobes cérébraux et les particularités intellectuelles des peuples, des races, et même des individus, sans qu'il soit résulté rien de satisfaisant de ces tentatives. Les trois vertèbres crâniennes, soit les vertèbres frontale, temporale et occipitale, ont été comparées aux trois lobes principaux du cerveau, et quelques auteurs ont voulu distinguer des races frontales, pariétales, occipitales, suivant la prédominance des lobes frontaux, pariétaux ou occipitaux, prédominance qui se traduit extérieurement par la conformation du crâne.

On est allé encore plus loin, et, s'appuyant sur le développement des vertèbres crâniennes et des lobes cérébraux correspondants, on a proposé l'homme de jour, du crépuscule, de la nuit, affirmant ingénieusement que le front de l'homme correspond au côté jour, l'occiput, par contre, au côté nuit de la nature. Le pôle nord, le pôle sud, le pôle magnétique, jouent un rôle important dans ces théories embrouillées, que nous négligerons, ayant mieux à faire qu'à employer notre temps à des spéculations de cette nature. Les seuls faits qui résultent jusqu'à présent de ces différentes recherches, peuvent se résumer en quelques mots : les lobes frontaux ont les rapports les plus étroits avec l'intelligence ; en outre, la forme et les dimensions de ces lobes méritent une attention toute particulière quand il s'agit de porter un jugement sur l'activité intellectuelle de l'individu.

Le développement des circonvolutions à la surface du cerveau paraît avoir une grande importance. J'ai déjà fait remarquer que la surface entière du cerveau est recouverte d'une couche épaisse de substance grise, sous laquelle seulement on aperçoit la substance blanche. Lorsqu'on enlève graduellement les hémisphères, on arrive à un noyau blanc interne, découpé en tous sens par les sillons qui pénètrent entre les circonvolutions, et dont toutes les fentes et toutes les saillies sont régulièrement entourées de substance grise. Lorsque les circonvolutions qui s'étendent à l'extérieur sont considérables, on trouve dans leur partie centrale un noyau de substance blanche ; mais si elles sont petites ou incomplètes, elles sont uniquement formées de substance grise.

La membrane vasculaire mince qui enveloppe extérieurement le cerveau, pénètre jusqu'au fond des sillons, de façon que chaque sillon est revêtu d'un double feuillet de cette membrane. La dure-mère, par contre, s'étend sur la face cérébrale sans pénétrer dans les sillons, de sorte que la surface interne du crâne n'offre qu'une empreinte indécise des plus grandes circonvolutions. Plus celles-ci sont importantes, plus les sillons qui les séparent sont

larges et profonds, et plus leur empreinte sur la face interne du crâne est distincte. Cependant, le moule pris sur
le crâne pour se procurer cette empreinte, remplace bien
incomplétement la vue du cerveau lui-même et de ses circonvolutions.

Les circonvolutions contribuent à augmenter la quantité
de substance grise répartie à la surface du cerveau. De
même que, dans les glandes où se produisent des sécré-
tions, la division du sac primitif simple en branches et en
ramifications tubulaires augmente la surface sécrétante, de
même la surface du cerveau, en se repliant et en se contour-
nant sur elle-même, prend un développement superficiel
très-considérable, qui dépasse de beaucoup la capacité de
la boîte crânienne.

Si donc il est vrai que la substance grise seule soit le
véritable siége de l'activité nerveuse, s'il est vrai que la
substance grise superficielle ait des rapports intimes avec
l'activité intellectuelle, les noyaux gris internes du cerveau
étant en rapport plus direct avec les organes des sens et
les nerfs qui partent du cerveau, il est vrai aussi que
la multiplicité des circonvolutions est en rapport avec
le développement et l'étendue des facultés, qui trouvent
leur substratum dans la substance grise ainsi augmentée.
On a comparé, avec raison, les circonvolutions à la figure
que donnerait l'introduction forcée dans le crâne d'une
vessie à parois épaisses et d'une surface beaucoup plus
grande. On peut pousser la comparaison plus loin et dire
que, plus il y a de substance grise dans le cerveau, plus
sont grandes les manifestations intellectuelles ; on pourrait en conclure qu'un animal est d'autant plus intelligent,
que les circonvolutions de son cerveau sont plus nombreuses et plus compliquées, et que les sillons sont plus
profonds.

Si l'on formule ainsi cette proposition dans sa grossièreté primitive, un seul coup d'œil jeté sur les circonvolutions du cerveau, dans la série des mammifères, suffit pour la renverser immédiatement. Il est vrai que, chez les mammifères de rang inférieur, les édentés et les marsupiaux, par exemple, il n'existe presque pas de circonvolutions, tandis que chez les carnivores et chez les singes, il y en a toujours, à peu d'exceptions près. Si l'on examine la question de plus près, on remarque que chez les animaux qui possèdent des circonvolutions, le développement de celles-ci est en rapport avec la grandeur du corps. On ne peut pas, il est vrai, affirmer que les grands animaux sont plus intelligents que les petits. Si l'on réfléchit, en outre, que l'âne, le mouton et le bœuf, animaux que l'on classe généralement au nombre des plus stupides qu'il y ait, ont le cerveau plus riche en circonvolutions que le castor, le chien ou le chat, il semble que la théorie en vertu de laquelle il existe un rapport constant entre l'intelligence et les circonvolutions cérébrales soit fortement compromise.

Heureusement qu'ici les mathématiques viennent à notre aide. Si l'on compare entre eux deux corps semblables de forme, mais différents de grosseur, on remarque que leurs volumes respectifs sont entre eux comme les cubes des diamètres, tandis que leurs surfaces ne sont entre elles que comme les carrés de ces diamètres, ou, en d'autres termes : le volume d'un corps qui s'agrandit, par exemple celui d'une sphère, croît plus rapidement que la surface, et celle-ci plus rapidement que le diamètre. Ainsi un boulet de 12, bien que trois fois plus pesant qu'un boulet de 4, n'a cependant pas un diamètre triple.

Appliquons cette loi à la tête et au crâne des animaux. On remarque que, dans chaque groupe naturel ou ordre de mammifères, il existe entre la tête, et notamment la cavité crânienne et le corps un certain rapport qui est sensiblement le même, chez les différentes espèces. La tête chez le tigre et chez le lion a à peu près avec le corps de ces animaux le même rapport que la tête chez le chat avec le corps de celui-ci, bien que les tailles soient fort différentes. Il en résulte nécessairement que le volume de la masse cérébrale chez le tigre est à peu près, relativement au corps, dans le même rapport que chez le chat ; il en résulte aussi que la surface de la cavité crânienne se trouve proportionnellement plus petite chez le gros animal, et que, par conséquent, pour que la surface de la substance grise atteigne un développement égal chez le gros animal, il faut que cette surface se replie et s'enroule, tandis qu'elle peut rester lisse et unie chez le petit. Comme conséquence de cette proposition purement géométrique, nous pouvons conclure que, lorsque chez deux espèces d'animaux de même grosseur, les circonvolutions sont différemment conformées, cette disposition est liée au développement de leur intelligence ; mais que, par contre, on peut d'autant moins comparer deux animaux de tailles différentes sous le rapport des circonvolutions, que la différence de grandeur entre eux est plus considérable. Le crâne de l'homme est, proportionnellement au reste du corps, beaucoup plus spacieux que celui des plus grands animaux ; or, comme malgré cet avantage, le cerveau de l'homme l'emporte encore sur tous les autres par la richesse et la complication des circonvolutions, il faut nécessairement attribuer ce fait au développement de son intelligence, également de beaucoup supérieure à celle des autres animaux. Si on veut faire des comparaisons de ce genre, il ne faut donc pas sortir des groupes les plus voisins entre eux : on ne peut comparer que l'homme à l'homme, le singe au singe, tandis qu'étendre ces comparaisons d'un groupe à un autre est tout à fait inadmissible. Mais si l'on examine, par exemple, la série des singes, on trouve la preuve absolue de l'influence de la grandeur du corps; ainsi, les petites espèces d'ouistitis possèdent un cerveau entièrement lisse, les guenons et les sajous, qui sont à peine un peu plus gros, l'ont très-peu plissé, tandis que les singes anthropomorphes, l'orang, le chimpanzé et le gorille, ont le cerveau pourvu de circonvolutions considérables.

Les anciens anatomistes s'occupaient peu du mode d'arrangement des circonvolutions ; ils y faisaient d'autant moins attention qu'ils n'avaient pas tardé à reconnaître que les deux hémisphères ne sont pas entièrement symétriques. On considérait donc la distribution des circonvolutions comme chose toute fortuite ; on la regardait, selon la remarque d'un observateur, comme un tas d'intestins jetés au hasard, de sorte que les dessinateurs avaient l'habitude de les représenter sur les planches anatomiques, d'après un système purement conventionnel.

Les observations plus approfondies de ces derniers temps ont cependant prouvé que, au milieu de ce désordre apparent, il existe un plan défini, une certaine loi, qui jusqu'alors n'avait pas été remarquée, parce que les recherches avaient trop exclusivement porté sur l'homme seul. Or, comme c'est précisément chez l'homme que les circonvolutions atteignent leur plus haut degré de complication, de diversité et d'irrégularité, il est tout naturel qu'on n'ait pas pu découvrir la loi qui préside à leur disposition. Il arriva aux naturalistes ce qui arrive aux gens peu versés dans l'architecture : au milieu de la profusion d'ornements qui surchargent un style, ils ne peuvent en déterminer le plan fondamental.

Dès que les recherches se portèrent sur les animaux, on se trouva en présence de conformations plus simples qui permirent d'analyser et de systématiser les faits. On arriva ainsi à prouver que, dans chaque famille naturelle ou ordre de mammifères, les circonvolutions affectent un arrangement régulier qui caractérise l'ordre, aussi bien chez les formes inférieures que chez les formes les plus élevées. Dans le cerveau tout à fait lisse d'un petit ouistiti, par exemple, le plan fondamental de l'arrangement des circonvolutions est le même que dans le cerveau déjà considérablement plissé de l'orang, et dans celui encore bien plus compliqué de l'homme.

Permettez-moi de m'arrêter un instant sur ces découvertes dues à de nouvelles recherches. On ne peut douter, en effet, que l'homme, considéré au point de vue du plan fondamental qui a présidé à la conformation de son cerveau, n'appartienne au même groupe que le singe.

« On pourra aisément remarquer, » dit Gratiolet, « en
« examinant la série comparative des cerveaux d'hommes
« et de singes, l'analogie singulière que présentent dans
« tous ces êtres les formes cérébrales. Le cerveau plissé
« de l'homme et le cerveau lisse de l'ouistiti se ressem-
« blent par le quadruple caractère d'un lobe olfactif ru-
« dimentaire, d'un lobe postérieur recouvrant complète-
« ment le cervelet, d'une scissure de Sylvius parfaitement
« dessinée et enfin d'une corne postérieure au ventricule
« latéral. » (Gratiolet aurait pu encore ajouter un cinquième caractère, c'est l'existence du lobe central, qui se rencontre aussi chez tous les singes !)

« Ces caractères, » continue Gratiolet, « ne se rencon-
« trent simultanément que dans l'homme et dans les singes.
« Chez tous les autres animaux le cervelet demeure à dé-
« couvert, il y a en outre le plus souvent un lobe olfactif
« énorme, même chez l'*éléphant*, et, à l'exception des *makis*,
« nul ne présente de scissure comparable à une scissure
« de Sylvius enfermant un lobe central. »

« Ainsi, il y a une forme du cerveau propre aux singes
« et à l'homme, et il y a en même temps, dans les plis du
« cerveau, quand ils apparaissent, un ordre général, une

« disposition dont le type est commun à tous ces êtres.
« Cette uniformité dans la disposition des plis cérébraux,
« chez l'homme et chez les singes, est digne au plus haut
« point de l'attention des philosophes. De même, il y a
« un type particulier de plissement cérébral chez les *makis*,
« chez les *ours*, les *felis*, les *chiens*, etc., et, enfin, dans toutes

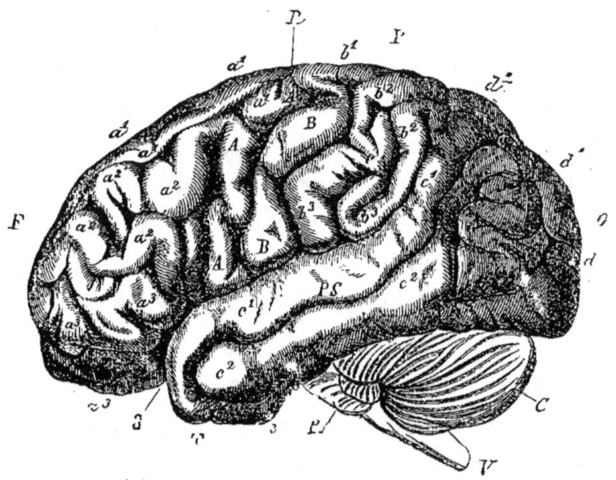

Fig. 32. — Cerveau de la Vénus hottente, vu de côté.

Les désignations qui suivent s'appliqueront à toutes les figures de cerveau comprises dans cette leçon. — *F*. Lobes frontaux. — *P*. Lobes pariétaux. — *O*. Lobes occipitaux. — *T*. Lobes temporaux. — *Po*. Pont de Varole. — *C*. Cervelet. — *V. M*. Moelle allongée. — *S*. Scissure de Sylvius. — *R*. Scissure de Rolando. — *V*. Scissure transversale. — *L*. Scissure longitudinale. — *PS*. Scissure parallèle.

A. Circonvolution centrale antérieure.
B.   »   »   postérieure.
a^1 Étage supérieur des circonvolutions du lobe frontal.
a^2 »   moyen   »   »
a^3 »   inférieur   »   »
b^1 »   supérieur   »   du lobe pariétal.
b^2 »   moyen   »   »
b^3 »   inférieur   »   »
c^1 »   supérieur   »   du lobe temporal.
c^2 »   moyen   »   »
c^3 »   inférieur   »   »
d^1 »   supérieur   »   du lobe occipital.
d^2 »   moyen   »   »
d^3 »   inférieur   »   »

« les familles d'animaux. Chacune d'elles a son caractère,
« sa norme, et dans chacun de ces groupes, les espèces
« peuvent être aisément réunies d'après la seule considé-
« ration des plis cérébraux. »

Telles sont les paroles de Gratiolet. On en peut tirer, ce
me semble, une première conséquence : la nécessité d'é-
tudier de plus près les circonvolutions, d'autant que,
comme nous le verrons plus tard, la complication et le
développement des circonvolutions ont un rapport étroit
avec le développement du type humain et son intelligence.

Pour s'orienter dans ce dédale, il faut examiner le cerveau de côté, à partir de la scissure de Sylvius, qui
est très-visible dans tous les cerveaux d'hommes et de
singes sans exception (S. fig. 32 et 33). La scissure de
Sylvius se continue latéralement et se divise en deux
branches : l'une antérieure plus verticale, l'autre postérieure plus horizontale, mais qui cependant se relève
ordinairement dans son trajet ultérieur, de sorte que, dans
son ensemble, la scissure de Sylvius a à peu près la forme
d'un V. Entre les deux branches de la fourchette du V se
trouve circonscrite une partie descendante, formant un
angle aigu, qu'on pourrait nommer lobe moyen latéral,
attenant d'un côté au lobe frontal, et de l'autre au lobe
pariétal. Sur ce lobe moyen latéral, on remarque toujours
deux grosses circonvolutions sinueuses, qui montent
presque verticalement, depuis la pointe V, et qu'on peut
observer distinctement sur la surface du cerveau ; elles
s'étendent jusqu'à la scissure longitudinale des hémisphères, où elles se terminent à peu près dans la région
moyenne de la suture sagittale. Ces deux circonvolutions
constituent principalement, par leur partie inférieure, le
lobule dont nous avons parlé comme recouvrant et cachant
le lobe central, et on les a, pour cette raison, nommées

circonvolutions centrales. Elles sont séparées par un sillon profond et sinueux, qu'on peut facilement trouver dans la plupart des cerveaux, même vus d'en haut, et à laquelle on a donné le nom de *scissure de Rolando*, du nom d'un anatomiste italien, qui a, le premier, attiré l'attention sur l'importance et la constance de ce sillon. En partant de la scissure de Sylvius ou de celle de Rolando, on pourra toujours trouver facilement la circonvolution antérieure A et la postérieure B, qui se font remarquer par leur direction et leur trajet, autant que par leur longueur, qui dépasse celle de toutes les autres circonvolutions. Dans les cerveaux très-riches en plis cérébraux, ces circonvolutions centrales deviennent presque méconnaissables, par l'augmentation des plissements secondaires, tandis qu'elles paraissent d'autant plus distinctes que le cerveau est plus

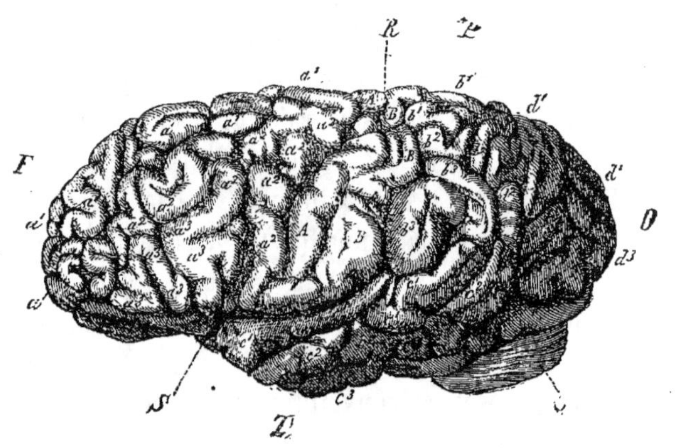

Fig. 33. — Cerveau de Gauss, vu de côté.

S. Scissure de Sylvius. — R. Scissure de Rolando. — C. Cervelet. — F. Lobe frontal. — P. Lobe pariétal. — O. Lobe occipital. — T. Lobe temporal.

pauvre en sillons, car elles occupent tout l'espace compris entre les deux branches de la scissure de Sylvius.

En avant de la circonvolution centrale antérieure, on

trouve ordinairement le lobe frontal couvert d'une quantité de sillons, qui, en général, sont placés perpendiculairement à la circonvolution centrale, de manière à figurer, pour ainsi dire, un lobe dépendant de cette dernière. On peut admettre, dans ces circonvolutions frontales bouclées et ondulées, trois étages ; l'étage inférieur a^3 repose immédiatement sur le toit des orbites, l'étage supérieur a^1 est par contre en contact avec le toit du front. Dans les cerveaux pauvres en circonvolutions, on peut reconnaître que, vus de côté, ces plis cérébraux forment trois bourrelets superposés presque horizontalement, mais dans les cerveaux plus compliqués, ils forment des boucles si enchevêtrées, qu'il est difficile de reconnaître la division en étages.

Ces circonvolutions, surtout à l'étage supérieur et à l'étage moyen a^2, sont le siége des principales différences qui distinguent l'un de l'autre le cerveau des divers individus. La longueur du lobe frontal varie aussi beaucoup, de sorte que la scissure de Rolando change notablement de place, et se trouve reportée tantôt en avant, tantôt en arrière. La complication de forme et d'arrangement de ces plis cérébraux ne varie pas seulement chez les différents individus, mais aussi dans les deux moitiés du même cerveau. Wagner, le fils, a cherché à déterminer ces rapports, en mesurant, d'une part, la surface des circonvolutions ; d'autre part, le développement des sillons qui les séparent. Il mesura la surface. aussi exactement que possible, au moyen de petits morceaux de papier végétal de 4 millimètres de côté, soit 16 millimètres carrés de surface, méthode qui renferme évidemment bien des sources d'erreur. Il vaut mieux employer des petites bandes de papier végétal, les introduire à quelques millimètres de profondeur dans les sillons qui séparent les circonvolutions, en suivant toutes leurs sinuosités, ce qui permet d'obtenir la mesure de celles-ci.

On peut poser en loi générale que le sillonnement du lobe frontal donne la mesure de la richesse totale des circonvolutions du cerveau entier; il suffirait donc de mesurer seulement les sillons des lobes frontaux, ce qui a été fait sur un petit nombre de cerveaux, et a donné des résultats assez remarquables.

Si l'on considère que la longueur de l'ensemble des sillons du lobe frontal du cerveau du mathématicien Gauss égale 100, on obtient pour celui du clinicien Fuchs le chiffre 96 ; pour celui d'une femme de 29 ans, sur l'intelligence de laquelle on n'a pas de renseignements, 85; pour celui d'un journalier ordinaire, 73 ; pour celui d'un idiot, mort dans sa 26e année, seulement 15; gradation qui, il faut en convenir, permet de conclure à un rapport direct entre le développement de l'intelligence et celui des circonvolutions du lobe frontal, et généralement du cerveau entier.

Je dois ajouter que Wagner a cherché sur douze cerveaux, le rapport qui existe entre la mesure de la surface convexe, dont l'étendue dépend aussi du développement des sillons, et le poids du cerveau. Comme résultat général, il a trouvé que le développement de la surface est d'autant plus grand que le cerveau est plus pesant, et que, chez le sexe féminin, l'infériorité de poids qu'offre le cerveau est compensée par un plus grand développement de la surface cérébrale. En mettant de côté les trois cerveaux de femmes, et en ne considérant que les huit cerveaux d'hommes (le 12e appartenait à un idiot), on trouve de même une compensation analogue chez un homme qui, occupant la cinquième place par le poids du cerveau, se trouve à la troisième par le développement de la surface cérébrale. Ce fait est encore plus frappant chez les femmes, car celle qui a le cerveau le plus pesant n'occupe que le huitième rang dans le tableau des poids, tandis qu'elle se trouve au deuxième rang dans celui où la série est ordonnée d'après la mesure des surfaces. De même, les femmes qui, dans le premier tableau, occupent les dixième et onzième rangs, remontent dans le second au neuvième et au huitième. Je donne ici les deux séries des tableaux de Wagner, la première rangée par ordre de poids, la seconde rangée par surfaces. On pourra ainsi se rendre un compte exact des rapports dont nous venons de parler.

NUMÉROS.	POIDS EN GRAMMES.	SURFACES CONVEXES.
1. (Dirichlet).....	1,520.	2,533.
2. (Fuchs)....'..	1,499.	2,489.
3. (Gauss)........	1,492.	2,419.
4. (Hermann).....	1,358.	2,406.
5. Homme........	1,340.	2,451.
6. Homme........	1,330.	2,309.
7. »	1,273.	2,117.
8. Femme...... .	1,254.	2,498.
9. (Hausmann)....	1,226.	2,065.
10. Femme........	1,223.	2,272.
11. »	1,185.	2,300.
12. Microcéphale...	300.	896.

NUMÉROS.	SURFACES CONVEXES.	POIDS EN GRAMMES.
1. (Dirichlet).....	2,533.	1,520.
2. Femme........	2,498.	1.254.
3. (Fuchs)........	2,489.	1,499.
4. Homme........	2,451.	1,340.
5. (Gauss)........	2,419.	1,492.
6. (Hermann).....	2.406.	1,358.
7. Homme........	2,309.	1,330.
8. Femme........	2,300.	1,185.
9. »	2,272.	1,223.
10. Homme.......	2,117.	1,273.
11. (Hausmann)...	2,065.	1,226.
12. Microcéphale..	896.	300.

Wagner remarque avec raison que cette série d'observations est trop incomplète, le nombre des mesures trop minime, et les sources d'erreur trop considérables, pour qu'on puisse en tirer des conclusions complétement satisfaisantes. Cependant, ces observations semblent prouver qu'il y a certaines compensations qui se produisent probablement chez la femme, et que peut-être aussi ces compensations existent chez quelques races humaines qui, comme les Hindous, se font remarquer au milieu des autres races par un crâne très-petit et peu spacieux, se rapprochant pour ainsi dire du type féminin.

Si l'on examine les circonvolutions qui occupent la surface du cerveau, en arrière des circouvolutions centrales, et qui forment le lobe pariétal, on remarque qu'elles par—

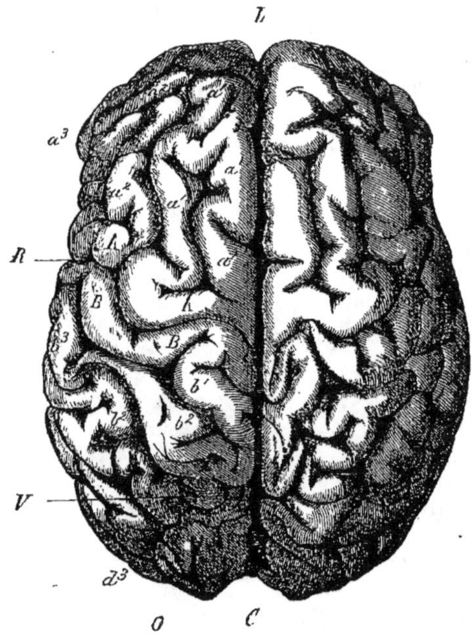

Fig. 34. — Cerveau de la Vénus hottentote, vu d'en haut.

tent de la circonvolution centrale postérieure. Ces circonvolutions plus pelotonnées, très-sillonnées dans l'intérieur, crénelées extérieurement, présentent aussi une division en trois étages, dont l'étage supérieur, b^1, paraît n'être qu'un lobe de la circonvolution centrale postérieure. En examinant le cerveau d'en haut, cet étage supérieur s'étend en

arrière, jusqu'à un petit sillon transversal, la scissure postérieure V, qui est peu étendue chez l'homme, mais qui
pénètre très-profondément. Cette scissure a une très-
grande importance, car elle apparaît de très-bonne heure
chez l'embryon, immédiatement après les scissures de
Sylvius et de Rolando, à une époque où il existe à peine
des traces des autres sillons sur les lobes frontaux ;
d'autre part, chez les singes, elle est très-apparente et
très-profonde, et sépare si fortement le lobe occipital du
lobe pariétal, que le premier forme une espèce d'opercule

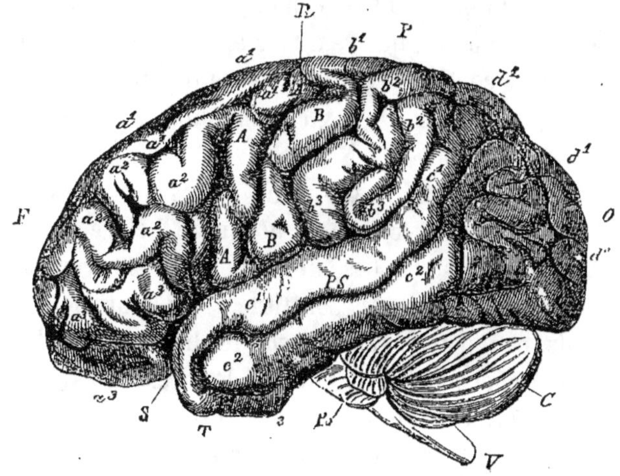

Fig. 35. — Cerveau de la Vénus hottentote, vu de côté.

caractéristique, qui vient empiéter d'arrière en avant, sur
le bord postérieur du pariétal, et recouvre en ce point
quelques circonvolutions qui sont à découvert chez
l'homme.

La seconde circonvolution moyenne b^2 du lobe
pariétal, principalement apparente dans le cerveau, vu de
côté, se recourbe ordinairement en crochet autour de l'extrémité de la scissure parallèle, dont nous parlerons à
propos des tempes, raison pour laquelle Gratiolet l'a nommée *pli courbe*.

La troisième circonvolution du lobe pariétal, ou circonvolution inférieure b^3, ressemble à un tubercule triangulaire enclavé dans les branches de la scissure de Sylvius ; elle correspond, assez exactement, par sa situation, aux protubérances pariétales du crâne.

Les circonvolutions du lobe temporal sont assez simples ; elles sont très-évidentes quand on examine le cerveau de côté. Le bord supérieur de ce lobe est, comme nous l'avons déjà vu, borné par la branche horizontale de la scissure de Sylvius. Parallèlement à celle-ci, on trouve sur ce lobe un profond sillon, nommé sillon parallèle (P. S. dans les figures), qui se dirige en arrière vers le lobe occipital, se continue vers la scissure transversale, et sépare l'étage supérieur c^1 des circonvolutions temporales de l'étage moyen c^2.

Un second sillon, beaucoup moins accusé et souvent interrompu, sépare l'étage moyen de l'étage inférieur c^3, lequel repose sur la base du crâne. Dans les cerveaux peu compliqués, ces étages constituent des bourrelets presque droits, et à peine crénelés sur les bords ; dans les cerveaux riches en circonvolutions, les crénelures de celles-ci se transforment presque, au contraire, en des sillons secondaires, qui, cependant, ne sont jamais ni assez profonds ni assez considérables pour effacer la division primitive en trois étages.

Le lobe occipital paraît, sous tous les rapports, celui où la systématisation des circonvolutions est la moins accentuée.

Comme la limite de ce lobe n'est indiquée dans le cerveau humain que par une très-petite scissure verticale, il se confond avec le lobe pariétal d'une part, avec le lobe temporal de l'autre, sans séparation visible. Ce lobe est très-petit et les circonvolutions en sont irrégulières et asymétriques, tandis que, chez les singes, il est nettement circonscrit par une scissure verticale bien prononcée, et paraît régulièrement sillonné.

A la limite des lobes, Gratiolet distingue jusqu'à quatre circonvolutions ou *plis de passage*. Le premier pli de passage, ou pli supérieur (que Wagner nomme la première circonvolution du lobe postérieur d^1), se trouve sur la ligne médiane, derrière la première circonvolution du lobe pariétal, et envoie vers la pointe postérieure du lobe occipital quelques plis secondaires, que Gratiolet signale comme l'étage supérieur des circonvolutions du lobe postérieur. Les trois autres plis de passage de Gratiolet sont considérés comme étage moyen d^2 par Wagner, qui en trouve encore un troisième d^3 au-dessous ; ce dernier, peu apparent, termine toute la série, et repose immédiatement sur la tente du cervelet.

Lorsque Gratiolet a étendu ses recherches aux singes, il a attribué aux plis de passage une importance toute particulière. Chez les singes, la scissure verticale est très-accentuée et le bord antérieur du lobe postérieur se développe peu à peu jusqu'à se transformer en un opercule qui s'avance sur le lobe pariétal, et recouvre ainsi plus ou moins les plis de passage. Il faut écarter cette espèce de couvercle qui offre du reste, sur sa face interne, une structure toute particulière, pour pouvoir distinguer les plis de passage dans la profondeur de la scissure où ils sont enfoncés. Gratiolet a même voulu élever cette conformation à la hauteur d'un caractère particulier, propre à séparer rigoureusement le cerveau des singes de celui de l'homme ; mais il semble avoir oublié que la formation de cet opercule n'apparaît que graduellement chez les singes, que les plis de passage sont très-variables et diffèrent souvent dans les deux hémisphères, au point que, selon l'opinion d'un autre observateur, on devrait attribuer une moitié du cerveau à une espèce, l'autre à une autre, si on voulait n'avoir égard qu'à l'arrangement de ces plis, et, enfin, qu'il y a des singes chez lesquels les plis de passage sont tout aussi découverts que chez l'homme. Il faudrait donc regarder ces derniers comme des hommes si réellement on devait attribuer un caractère humain à ces circonvolutions... Mais ces singes, d'après les propres observations de Gratiolet, sont les Atèles, très-voisins des singes Hurleurs. Il est vrai qu'à entendre certains enfants, un tel rapprochement ne manque pas d'une véritable exactitude.

Pour l'intelligence des débats engagés récemment sur les différences qui existent entre l'homme et les singes, il importe d'examiner encore un point de l'organisation du cerveau, auquel on a attribué, dans ces derniers temps, une importance considérable.

Nous avons déjà vu que les hémisphères, partant du tronc cérébral, se développent et s'étendent au-dessus de lui en formant une voûte qui, dans l'origine, suit les parois du crâne, et se garnit ensuite intérieurement de substance, jusqu'à ce qu'enfin les deux parties, tronc et voûte, finissent par se joindre de façon à ce qu'il ne reste entre elles qu'un système de fissures étroites, nommées ventricules. Dans l'hydrocéphalie des enfants, ce sont ces cavités qui se remplissent d'eau et sont ainsi fortement distendues. Dans l'état normal et sain, ces cavités ne sont que des fentes dont les parois se touchent presque, à peine séparées qu'elles sont par l'épaisseur de la membrane vasculaire.

Si on enlève les hémisphères par couches horizontales ou latéralement par des coupes verticales et parallèles à la ligne médiane, on atteint bientôt le plus grand système des cavités des hémisphères, les *ventricules latéraux*, qui sont séparés sur la ligne médiane par une double paroi mince et fine, mais qui sont du reste tout à fait symétriques. On distingue, dans ces cavités bizarrement contournées, trois parties désignées sous le nom de cornes ; une antérieure, la corne frontale, qui s'étend dans le lobe frontal et recouvre les corps striés ; une corne latérale qui pénètre dans le lobe temporal, et dans l'intérieur de laquelle on aperçoit un renflement recourbé, dit *corne d'Ammon* ; et, enfin, une corne postérieure qui pénètre dans le lobe postérieur, où

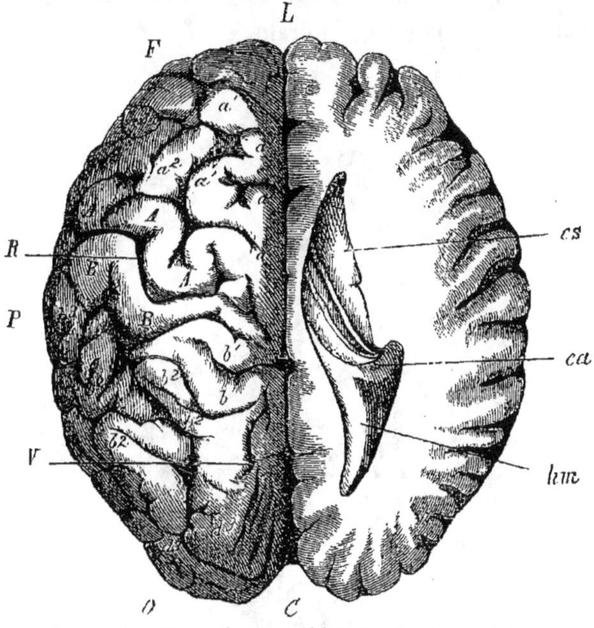

Fig. 36. — Cerveau humain vu d'en haut. L'hémisphère droit a été ouvert par une coupe horizontale pour montrer le ventricule latéral. Les désignations de gauche sont les mêmes que dans les figures précédentes. A droite : *cs.* Corps strié, formant le fond de la corne antérieure du ventricule. — *ca.* Corne d'Ammon, qui se recourbe en dessous pour suivre la corne latérale du ventricule. — *hm.* La petite corne d'Ammon ou ergot de Morand, qui forme le fond de la corne postérieure.

elle enveloppe un renflement recourbé analogue, mais plus petit, auquel on a donné plusieurs noms dont ceux de *petite corne d'Ammon*, *petit Hippocampe, ergot de Morand*, sont les plus usités.

Dans la préparation représentée ci-dessus, où la partie

supérieure de l'hémisphère droit a été enlevée, on voit très-distinctement la corne antérieure et la corne postérieure avec l'ergot de Morand, ainsi que la naissance de la corne latérale qui s'enfonce en dessous et dans laquelle pénètre la tige de la corne d'Ammon ainsi que la membrane vasculaire. En pratiquant la coupe verticalement, on peut suivre les rapports des trois cornes, et se faire une idée nette de l'étendue de la corne latérale.

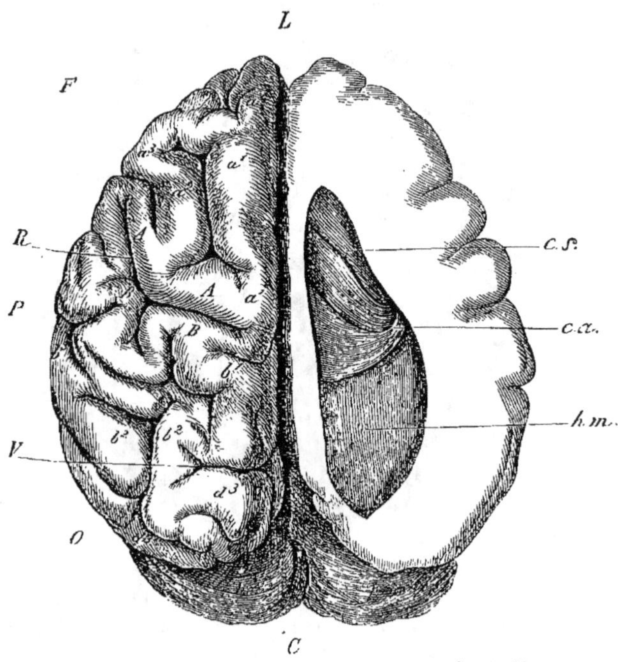

Fig. 37. — Figure d'un cerveau de Chimpanzé, d'après Marshal.
Dessin et préparation comme dans la figure précédente.

J'ai dû vous signaler ces faits anatomiques, car un des plus grands anatomistes de notre époque, Richard Owen, a cru trouver dans l'existence d'un lobe postérieur, d'une corne postérieure et d'un ergot de Morand, des caractères uniques particuliers au cerveau humain, et a nié avec une obstination remarquable, malgré de nombreuses preuves du contraire, l'existence de ces parties dans le cerveau simien.

Une école plus récente d'anatomistes anglais, qui se souciait peut-être moins qu'Owen de garder des ménagements avec l'Église et ses dogmes, a combattu ce dernier, et, depuis quelques années, chaque réunion de naturalistes anglais provoque un véritable duel entre Owen et Huxley, duel dont le *Times* et les autres journaux rapportent aussi consciencieusement les phases que celles des luttes de boxeurs, l'antique honneur de l'Angleterre. Il n'est jusqu'à présent rien résulté de ces débats, mais, pour montrer quel est le parti qui peut s'appuyer sur les faits, je reproduis ici (fig. 37), comme terme de comparaison, un dessin, d'après Marshal, copié sur une photographie, représentant le cerveau d'un chimpanzé, réduit aux mêmes dimensions que la figure précédente, et avec les mêmes désignations. Comparez…. et jugez.

CINQUIÈME LEÇON

Recherches sur les autres parties du corps. — Le bassin, les extrémités. — La peau, sa coloration, sa structure, son odeur, poils. — Parties molles. — Le visage. — Yeux, nez, bouche, lèvres, joues, menton et oreilles. — Organes internes.

MESSIEURS,

Lorsque dans un corps animal il existe une différence saisissante et constante, affectant une partie essentielle, on peut être sûr qu'on en trouvera des traces dans les autres organes. Les particularités de l'espèce portent surtout, il est vrai, sur quelques points spéciaux, mais comme il doit toujours régner une certaine harmonie dans le corps entier, le changement principal survenu dans un seul organe est toujours acccompagné de quelques modifications correspondantes souvent peu apparentes. Il est souvent possible de démontrer les rapports qu'ont entre elles ces modifications secondaires; mais, dans la plupart des cas, et dans l'état actuel de nos connaissances, il faut nous contenter de constater ces différences d'organisation, sans pouvoir en indiquer les causes. On s'explique facilement, par exemple, qu'il doive y avoir un rapport déterminé entre telle forme du crâne et telle conformation du bassin, parce que la tête de l'enfant doit, lors de sa naissance, se frayer un chemin au travers de cette partie du corps, tandis que, d'autre part, nous ne pouvons nous expliquer pourquoi telle ou telle espèce a le pied plus plat, le bras plus long ou le nez plus large. Ces modifications distinctes semblent souvent soumises à une pensée directrice, à un plan général de formation qu'on a cherché, avec peu de succès, à justifier par l'hypothèse d'un créateur pensant; mais souvent aussi elles se jouent de toutes les tentatives qu'on pourrait faire pour les subordonner, soit à une idée directrice, soit à une finalité. En tous cas, les différences qui les produisent dans un organe déterminé se représentent pour ainsi dire dans le corps entier et leur étendue donne la mesure de l'importance des modifications que l'organe isolé a subies.

Si l'on se propose de fixer les caractères essentiels indispensables à l'étude de l'histoire naturelle de l'homme, il faut, après le crâne et le cerveau, considérer attentivement les autres parties du squelette, parce que les proportions des différentes régions du corps ont des rapports étroits les uns avec les autres.

Certains peuples de l'Amérique du Sud, par exemple, les Quichuas notamment, qui habitent les plaines élevées des Andes, se distinguent par un développement extraordinaire de la cavité thoracique, ce qui leur donne un aspect étrange et bizarre. Or, n'est-ce pas là un motif pour porter notre attention sur la conformation de la colonne vertébrale, des côtes et du sternum, car il est très-possible, pour ne pas dire probable, que ces parties chez les différentes races humaines offrent des caractères particuliers. Cet exemple prouve précisément combien il faut se garder d'attribuer à des finalités distinctes des conformations particulières. Les Quichuas, a-t-on dit, vivant sur les hauts plateaux des Cordillères, dans un air relativement raréfié, sont vifs et agiles comme tous les habitants des montagnes; ils grimpent sans efforts et n'éprouvent pas la moindre difficulté de respiration, à des hauteurs qui dépassent celle du Mont-Blanc.

Il n'y a donc rien d'étonnant, ajoute-t-on, à ce que la poitrine de ces montagnards se soit graduellement distendue et ait acquis un plus grand volume, car, vivant dans une atmosphère raréfiée, il leur faut aspirer un volume plus considérable d'air que les habitants des plaines pour trouver le même poids d'oxygène. Il n'y a sans doute aucune objection à faire à cette conclusion ; toutefois, la nature s'est chargée d'en démontrer la fausseté, car, des peuplades habitant les bords de la mer Glaciale et les plaines basses de la Sibérie, ont la cavité thoracique aussi développée et aussi longue que les Quichuas. Il en est de même, pour le dire en passant, d'un grand nombre de caractères qu'on attribue trop légèrement, d'après quelques observations isolées, à l'action du climat, à celle du genre de vie et à d'autres influences, et que des recherches plus exactes font ensuite découvrir chez des hommes vivant, d'ailleurs, sous les influences les plus diverses.

Le *bassin*, comme je viens de le faire remarquer, est la partie du corps qui a le plus de rapports avec le crâne, celle chez laquelle on peut donc espérer trouver quelques renseignements sur diverses particularités des races. Le bassin se compose de plusieurs os qui, chez l'adulte, sont soudés en un seul, mais qui, dans le jeune âge, jusqu'à sept ans environ, sont encore distincts et séparés par des sutures. Ces différents os sont : l'os iliaque, l'ischion et le pubis, qui constituent, par leur soudure réciproque, une sorte d'anneau fermé en avant par un ligament, en arrière par les dernières vertèbres de la colonne vertébrale, élargies et soudées, formant ce qu'on a nommé le *sacrum*. Le bassin représente ainsi une espèce d'entonnoir élargi par en haut, échancré en avant, sur lequel, dans la position verticale, les intestins reposent en partie, et sur les côtés duquel deux profondes cavités, servant à l'articulation des cuisses, se trouvent supporter le poids du corps entier.

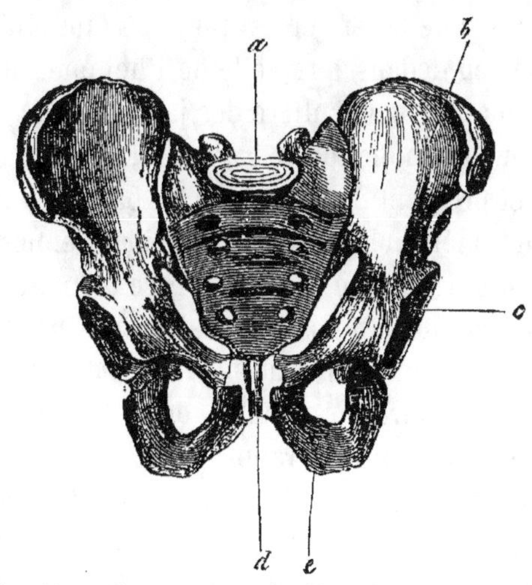

Fig. 38. — Bassin normal d'un Européen, vu par devant.

a. Os du sacrum. — b. Os iliaque. — c. Cavité cotyloïde, dans laquelle se loge la tête du fémur. — d. Symphyse du pubis. — e. Tubérosités ischiatiques.

Les différences sexuelles, très-nettement prononcées dans le crâne, le sont aussi dans le bassin, et cela d'autant plus que cette partie du squelette est en rapports étroits avec la parturition. Le bassin de la femme est toujours plus léger et plus mince que celui de l'homme ; les portions épanouies et évasées des os iliaques notamment sont plus grandes et paraissent plus minces. Dans le bassin de la femme, ce sont les dimensions transversales qui dominent ; chez le mâle, les dimensions longitudinales. Les os iliaques s'élèvent, chez l'homme, plus en hauteur, tandis que chez la femme ils s'étalent davantage ; l'ouverture supérieure du bassin paraît, chez l'homme, presque cordiforme, chez la femme, transversalement ovale ; l'ouverture inférieure est, sous tous les rapports, absolument et relativement plus grande chez la femme que chez l'homme. Les ischions, ainsi que les cavités dans lesquelles se loge la tête du fémur sont beaucoup plus écartés chez la femme. Il en résulte que la cuisse de la femme est toujours plus oblique et plus recourbée en dedans que celle de l'homme, de sorte que la conformation particulière des jambes, que l'on désigne ordinairement par le terme cagneuse, est normale chez la femme, et provient de la largeur du bassin. Il n'y a pas de doute que, même chez les nations européennes ayant une conformation normale, on ne puisse distinguer plusieurs formes différentes du bassin qui doivent certainement être en rapport plus ou moins intime avec la forme de la tête. L'étude des mesures crâniennes nous a prouvé qu'il y a des formes extrêmes se rapprochant de mesures qui deviennent normales chez des races caractérisées ; or, de même que, par exemple, il peut se trouver chez les Allemands des têtes longues, atteignant presque les dimensions de la tête du nègre, de même on trouve chez le bassin des Européens des formes voisines de celles d'autres races. L'application exacte et suivie d'une bonne méthode de mensuration, pratiquée comme on l'a fait pour le crâne, donnerait, sans aucun doute, un résultat analogue qu'on peut déjà pressentir, par la seule inspection des formes ; c'est-à-dire qu'il existe pour chaque race et dans les deux sexes une forme normale caractéristique du bassin, autour de laquelle se groupent les formes divergentes les plus éloignées. Le professeur Weber de Bonn distingue quatre formes principales du bassin : ovale, ronde, carrée et cunéiforme. D'après lui, la forme ovale serait plus fréquente chez les Européens ; la forme ronde, chez les Américains ; la forme carrée, chez les Mongols ; et la forme cunéiforme chez les races noires. La distinction de ces différentes formes, ainsi que leur application aux diverses races, ont besoin d'être encore discutées, parce que les observations n'ont encore porté que sur un nombre trop restreint de bassins. Si on considère la série animale, il ne peut y avoir de doute qu'on doive prendre comme mesure de la conformation du bassin, non-seulement la forme des ouvertures qui intéressent essentiellement l'accoucheur, et que Weber a prises pour base de ses divisions, mais toute la conformation, et principalement celle des parties qui se rapportent à la posture de l'individu. Dans ce cas, ce sont surtout les os iliaques, leur étendue en longueur et en largeur qui méritent une considération spéciale, de façon à n'avoir à distinguer que deux formes principales du bassin, la forme aplatie et la forme allongée ou conique. Si on examine à ce point de vue les différences qu'offre le bassin suivant les sexes, on voit aisément que l'homme possède une forme de bassin normale qui se rapproche davantage de la forme animale, tandis que le bassin de la femme est celui dans lequel le type humain se trouve le mieux empreint. J'aurai plus tard occasion de démontrer que le voisinage avec les formes animales se trouve aussi fortement prononcé dans le bassin, toujours conique et allongé, du nègre et de la négresse, que dans tous les autres caractères.

Les conformations et les rapports des *extrémités* n'ont pas une moindre importance. Le caractère particulier de l'homme réside beaucoup moins, comme nous l'expliquerons dans une autre leçon, dans l'existence des mains que que dans le fait qu'il n'a que deux mains, et deux pieds uniquement chargés de porter le poids du corps. Il en résulte que les rapports réciproques des extrémités entre elles deviennent tout autres qu'elles ne le sont chez les singes anthropomorphes. Les bras, n'étant plus destinés à être des organes d'appui ou de suspension, deviennent plus courts et plus grêles relativement aux jambes, dont les os acquièrent plus de poids, les muscles plus d'ampleur. Dans la vie ordinaire, on se borne à observer la conformation des mains et des pieds ; une petite main bien faite et un pied correspondant passent pour un des plus beaux ornements. Toutefois, la longueur du bras et de la jambe, les rapports du bras avec l'avant-bras, ceux de la cuisse avec la jambe, n'en ont pas moins une grande importance, si l'on veut se faire une idée juste du type humain et le distinguer de celui des singes anthropomorphes, aussi bien que pour déterminer les différentes races humaines et leurs caractères spéciaux. Lorsque Walter Scott, dans quelques-uns de ses poëmes, chante les brigands sauvages des Highlands, tout particulièrement destinés, par la longueur disproportionnée de leur bras qui dépassait le genou, à porter l'épée, il glorifie dans l'homme le type simien ; de même, la pieuse école de peinture de l'époque byzantine donnait à ses sauveurs, à ses madones et à tout leur cortége de saints, des mains et des pieds de singes et de vrais bassins d'orang-outangs, garantie certaine d'une virginité immaculée, vu l'impossibilité d'y faire passer aucune tête d'enfant.

Nous aurons, dans une prochaine leçon, occasion d'expliquer de quelle manière s'établit l'analogie des mains et des pieds avec les organes chez les singes, analogie qu'on ne doit pas seulement chercher dans la conformation du squelette, dans la longueur des doigts, dans l'aplatissement du pied, dans la liberté et la mobilité des longs doigts ou dans l'opposabilité du gros orteil, mais encore, et surtout, dans la disposition des extrémités et leur position par égard au sol. Lorsque le singe prend la position verticale, ce qui est rare, il marche autrement que l'homme, notamment sur le bord extérieur du pied, et non sur la plante, torsion qui se reproduit aussi chez l'enfant, et cela d'une façon d'autant plus apparente qu'il est plus jeune. Il en résulte donc pour l'enfant une certaine ressemblance avec l'animal, ou, chez celui-ci, un arrêt à un degré inférieur de développement ; or, toute tendance vers une semblable conformation, tout rapprochement vers l'égalisation de la main et du pied qu'on peut observer chez des races humaines, doit être étudié avec la plus grande attention. Nous ne devons pas oublier en effet, que, pendant la période de formation de l'embryon humain, comme du reste chez tous les embryons, les extrémités se ressemblent complétement ; elles affectent la forme de palettes élargies qui ne se développent que plus tard, chacune dans sa direction particulière.

La *peau*, sa couleur et les poils qui la recouvrent ont été de tous temps considérés comme des caractères essentiels des différentes espèces d'hommes, et cela parce qu'ils frappent au premier coup d'œil. On ne peut nier que les diverses nuances de coloration se trouvent sur toute la terre, depuis la peau incolore au travers de laquelle le sang paraît rose, jusqu'au noir le plus intense en passant par tous les tons du jaune, du brun et du cuivré, sans qu'on puisse constater aucun rapport immédiat avec les conditions climatériques. En général, cependant, on trouve les peuples bruns ou noirs plutôt dans les régions chaudes, les blonds ou jaunes plutôt dans les régions tempérées, sans qu'on puisse invoquer une loi précise ; de nombreuses exceptions prouvent, en outre, que les circonstances climatériques, et notamment l'action de la lumière, n'exercent qu'une faible influence.

La structure de la peau de l'homme n'est pas essentiellement différente de celle des mammifères ; les diverses races humaines ne diffèrent, au point de vue de la peau, que par le groupement des éléments de celle-ci, et nullement par l'introduction d'éléments spéciaux. Dans l'ignorance complète où l'on était des choses, on a été jusqu'à prétendre que les différentes couches de la peau, chez les races humaines, sont constituées d'éléments entièrement différents ; on oubliait qu'il aurait été difficile de trouver des différences aussi considérables entre des genres, ou même entre des ordres différents de mammifères. Doit-on conclure de ce que l'on ne trouve pas des éléments différents dans la peau d'un chien et dans celle d'un singe, que ces deux animaux appartiennent à la même espèce? Nous irons même plus loin, et nous affirmons que la peau de deux espèces quelconques de mammifères, appartenant au même genre, présente moins de différences dans l'arrangement des éléments de leur tissu que nous n'en remarquons entre la peau du blanc et celle du nègre.

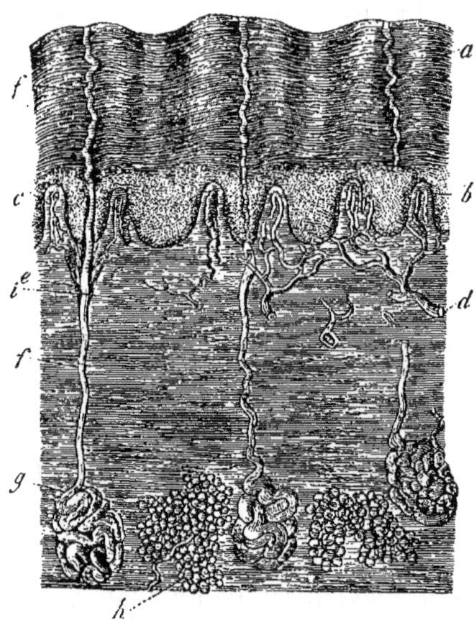

Fig. 39. — Coupe de la peau d'un blanc.

a. Couche épidermique extérieure. — b. Couche intérieure ou muqueuse. — c. Papilles du derme : celle du milieu renferme un corpuscule du tact ; les autres, des lacis vasculaires. — d. Vaisseaux. — e, f. Conduits excréteurs des glandes sudoripares. — g, h. Graisse. — i. Nerfs.

La peau humaine se compose essentiellement de deux couches : le derme et l'épiderme ; ce dernier se compose aussi de deux couches, la couche muqueuse et la couche cornée ou épiderme extérieur, couches qui ne sont pas nettement délimitées. Les cellules de la couche muquéuse consistent en vésicules arrondies, à parois minces, fortement distendues, pourvues d'un noyau, de forme lenticulaire ou ronde, et qui, par leur accumulation, s'aplatissent réciproquement et forment une couche plus ou moins épaisse reposant sur le derme, et se moulant exactement sur toutes ses aspérités ou tous ses creux. La couche cornée, qui s'étend sur la couche muqueuse, paraît se composer de cellules de cette dernière qui, complétement aplaties tant par la dessiccation que par la compression, forment des couches feuilletées qu'on peut gonfler en employant certains réactifs, et sur les lesquels on distingue alors les noyaux.

La matière colorante de la peau réside essentiellement dans les cellules inférieures de la couche muqueuse, dont les noyaux paraissent bruns par suite des granulations foncées qu'ils renferment. Ces granulations augmentent peu à peu et finissent par envahir complétement les cellules dans les points qui affectent une coloration foncée. Chez les races blanches, ce phénomène ne se produit que sur quelques points déterminés, comme les mamelons, le scrotum, qui offrent parfois une coloration d'un brun intense, ne dépendant évidemment pas de l'influence de la lumière. La même coloration, due à la même cause, se présente dans les taches de rousseur ; dans certaines conditions pathologiques, elle se développe au point que le corps entier peut devenir entièrement noir. Il y a quelques années, on a pu observer en Suisse, pendant un hiver très-rigoureux, une maladie toute particulière qui s'est manifestée chez les vagabonds ; on remarquait une profonde coloration de la peau comme chez les nègres, portant, non sur les points découverts du corps, comme le visage et les mains, mais, au contraire, sur l'abdomen et la poitrine, où la maladie se déclarait d'abord dans toute sa force.

Je vous citerai, au sujet de la peau chez les différentes races humaines, les paroles de Kœlliker, un des savants les plus compétents sur cette matière : « Chez le nègre », dit-il, « et les autres races de couleur, il n'y a que l'épi-
« derme qui soit coloré, tandis que le derme se comporte
« comme celui des Européens ; la matière colorante est
« seulement plus foncée et plus répandue. Chez le nègre,
« où, sous le rapport de la disposition et de la grandeur,
« les cellules de l'épiderme ressemblent à celles de l'épi-

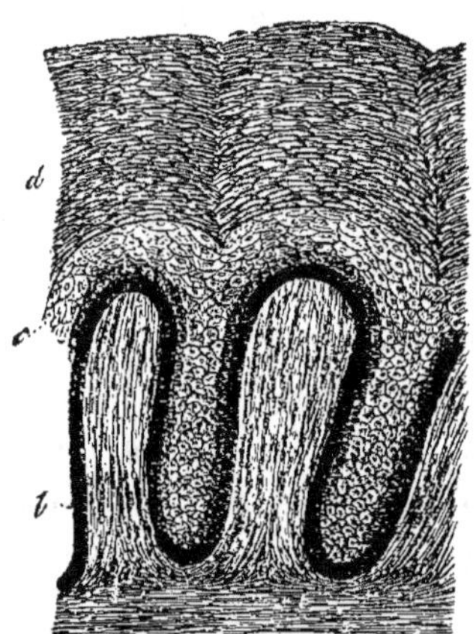

Fig. 40. — Coupe de la peau de la cuisse d'un nègre, d'après Kœlliker.

a. Papilles du derme. — *b.* Couche profonde de la couche muqueuse, formée de cellules colorées en noir. — *c.* Cellules plus transparentes de la même couche. — *d.* Couche superficielle de l'épiderme.

« derme du blanc, les cellules perpendiculaires de la
« partie profonde de la couche muqueuse affectent une
« teinte brun noirâtre foncé, formant une bordure obscure
« qui suit les sinuosités du derme, et offrent un con-
« traste tranché avec la transparence de celui-ci. »
« Au-dessus de la couche noire, on remarque des cel-
« lules plus claires, quoique toujours brunâtres, qui sont
« surtout abondamment accumulées dans les enfoncements

11

« situés entre les papilles, quoiqu'elles forment encore
« quelques couches au-dessus et autour de celles-ci ;
« enfin, l'espace compris entre ces cellules et l'épiderme
« proprement dit est occupé par des cellules jaunâtres,
« souvent très-pâles, et formant une couche plus transpa-
« rente. Toutes ces cellules sont, à l'exception de la mem-
« brane, colorées partout, mais surtout autour du noyau,
« qui, dans les couches profondes, constitue toujours
« le point le plus foncé. L'épiderme du nègre tire aussi sur
« le jaune ou le brun ; j'ai trouvé, en examinant la peau co-
« lorée d'une tête de Malais, dans la collection anatomique
« de Würzbourg, la même apparence que celle qu'offre le
« scrotum d'un Européen. Il en résulte que la peau des
« races colorées ne se distingue, sous aucun rapport es-
« sentiel, de celle des parties colorées de la peau du blanc,
« avec laquelle elle concorde complétement. »

Les modifications de couleur qui se remarquent chez les
différentes races peuvent être amenées de diverses manières par des éléments semblables ; non-seulement l'accumulation des cellules muqueuses pleines de pigments,
mais encore l'épaisseur de l'épiderme, la coloration des
feuillets qui le forment, sont autant de faits qui peuvent
contribuer à modifier le ton du pigment sous-jacent.

Chez le nègre en particulier, les feuillets épidermiques
paraissent enfumés, couverts de suie ; on retrouve aussi
cette coloration dans d'autres organes, dans la substance
même et dans les enveloppes du cerveau, par exemple.

Les exhalaisons de la peau ont aussi un caractère particulier qui, chez certaines races, ne disparaît dans aucun
cas, même avec la propreté la plus scrupuleuse. Ces odeurs
caractéristiques de race ne doivent point être confondues
avec les exhalaisons causées par le genre de nourriture,
exhalaisons qu'on peut constater chez certaines races. Les
Italiens ou les Provençaux, qui mangent beaucoup d'oignon,

d'ail et de céleri, ont certainement une tout autre odeur que les Islandais ou les Norvégiens, qui se nourrissent de poisson, d'huile de baleine et de beurre rance, et s'ils ont l'inconvénient de sentir tous très-mauvais, les odeurs qu'ils exhalent sont du moins essentiellement différentes, et peuvent se modifier sous l'influence d'un changement de régime. Il n'en est point ainsi de l'odeur spécifique du nègre; elle demeure la même, quelques soins de propret ou quelque nourriture qu'il prenne. Elle fait, pour ainsi dire, partie intégrante de la race, elle accompagne le nègre comme l'odeur du musc accompagne le chevrotain qui le produit ; elle est causée par une sécrétion spéciale des glandes sudoripares, qui du reste, à part leur grandeur et leur nombre, sont disposées comme elles le sont chez les autres races humaines.

Il y a plusieurs particularités de conformation de l peau, sur lesquelles l'anatomie comparée des races n'a encore fourni aucun éclaircissement. On peut mentionner, entre autres, le caractère particulier de la peau qui, chez le nègre, a un moelleux analogue à celui du velours, comme si les inégalités de la peau étaient plus fines et plus rapprochées que chez les autres races. Cela provient peut-être, soit de la plus grande quantité des glandes sudoripares et des follicules sébacés, soit du développement spécial des papilles du derme et de leur plus grande longueur.

Lorsque, pour expliquer diverses nuances que présente la peau des races humaines, on invoque l'existence de cas anormaux, connus sous le nom d'*albinos* ou *kakerlaques*, on méconnaît complétement un fait essentiel de l'histoire naturelle. Il arrive souvent, rarement toutefois dans le monde animal, que, par une influence pathologique dont on ne peut préciser la cause, la matière colorante propre à l'espèce vient à faire défaut à quelques individus. Cette anomalie se propage quelquefois par hérédité, mais alors même, on trouve souvent au nombre des descendants, des jeunes qui rentrent dans les données générales de l'espèce et qui reprennent la coloration de la souche primitive.

On peut donc fonder par une sélection attentive une race durable privée du pigment coloré, en faisant reproduire entre eux des individus blancs, par exemple des lapins ou des souris, et en écartant soigneusement tous les individus qui rappelleraient la coloration de la souche primitive ; mais, d'autre part, il ne faut pas oublier qu'on trouve des albinos chez toutes les races humaines, sans exception. Mais, le nègre albinos ne ressemble en aucune façon, au Caucasien ; il ressemble purement et simplement à l'albinos de race blanche ; cette ressemblance, d'ailleurs, ne porte que sur la couleur, sans modifier aucun des autres caractères. Cette affection, commune à toutes les espèces, connue depuis longtemps chez les Européens avant qu'on l'ait remarquée chez d'autres races, n'amène donc, en aucune façon, la confusion d'une race avec une autre, ou la formation d'une nouvelle race composée, elle provoque seulement, chez toutes les races, des modifications analogues.

La disposition du poil est aussi un point qui mérite d'appeler toute notre attention, d'autant que plusieurs observateurs ont voulu fonder sur ce seul caractère la division du genre humain en groupes principaux. En effet, Isidore Geoffroy Saint-Hilaire a proposé de classer les différentes races humaines en deux groupes principaux : le premier, le groupe des cheveux lisses (*Leiotriques*), auquel appartiennent la plupart des races blanches, brunes, jaunes et rouges ; et le second, le groupe des cheveux crépus (*Ulotriques*) comprenant les nègres, les négroïdes (races nègres de la mer du Sud), les Hottentots et les Boschimans. La distinction est peut-être un peu trop tranchée, car on trouve des conformations intermédiaires, et notamment cette conformation toute particulière de cheveux en balai qu'on rencontre chez quelques peuples de la mer du Sud, et que les Français ont qualifiée de *têtes en vadrouille*.

Quoi qu'il en soit, il n'est pas moins certain que l'arrangement des poils peut fournir des caractères essentiels. La distribution des poils est chose très-variable. Chez le Nègre et le Mongol, on remarque à peine, la tête exceptée, quelques poils aux aisselles et à la région pubienne, et le duvet même fait absolument défaut; chez l'Européen, les poils couvrent le corps en se répartissant régulièrement sur des points déterminés ; il existe, au contraire, une petite peuplades des îles Kouriles, qui est sur le point de s'éteindre, les Aïnos, dont le corps est entièrement couvert de touffes de poils. Ce caractère singulier a donné naissance, au Japon, à une tradition qui a servi de thème à de nombreuses peintures ; d'après cette tradition, les femmes Aïnos allaitent de jeunes oursons, et, à force de soins, parviennent à les transformer en hommes.

La distribution des poils peut même être invoquée comme un des caractères du type humain, caractère ayant une importance considérable. Isidore Geoffroy Saint-Hilaire a fait remarquer avec raison que, chez aucun animal, le poil n'est aussi inégalement réparti que chez l'homme, qui a la plus grande partie du corps presque nue ou seulement couverte d'un léger duvet, tandis que les cheveux atteignent, surtout chez les femmes, une longueur proportionnellement beaucoup plus grande que chez aucun animal ; il est une autre différence remarquable, c'est que l'homme est plus velu sur la poitrine que sur le dos, tandis que tous les mammifères, en conséquence de leur attitude, portent des poils plus longs sur le dos que sur le ventre. La distribution des poils, ainsi que la longueur qu'ils peuvent atteindre, ne sont donc pas à négliger.

On remarque des différences, non-seulement dans la

distribution, mais encore dans la structure même des poils.
Les races humaines à cheveux lisses, ont les cheveux cylindriques ; la coupe de ces cheveux examinée au microscope
est entièrement ronde et pourvue d'un canal médullaire
central. Le cheveu du nègre est, au contraire, aplati sur
les côtés, de sorte que la coupe forme une ellipse assez
allongée, sans canal médullaire central. C'est cet aplatissement latéral qui donne à ces cheveux leur apparence laineuse et crépue ; l'aplatissement, en effet, ne suit pas
directement l'axe du cheveu, mais monte en décrivant une
courbe spirale ; le cheveu ressemble donc à un ressort
spiral aplati, qui reprend toutours sa courbure et son état
primitif après qu'on l'en a écarté en l'étendant. Pruner-
Bey, dans un mémoire récent, a donné des détails très-cir-
constanciés sur la structure des poils chez les différentes
races ; il cherche à démontrer les différences fondamentales de ces poils.

La disposition des parties molles n'est pas moins nécessaire pour déterminer le caractère des différentes races. La
distribution des muscles sur le tronc et les membres paraît
avoir la plus haute importance dès qu'on veut les comparer aux parties correspondantes chez les singes. La des-
cente du ventre chez quelques races inférieures, où un
homme ressemble, sous ce rapport, à une femme de
race caucasique épuisée par de nombreux accouchements,
indique une tendance vers la conformation simienne ; il en
est de même de l'absence du mollet, de l'aplatissement de
la cuisse, dé la forme aiguë des fesses, de la maigreur du
bras qu'on peut observer chez d'autres races. Il faut, cependant, que l'observateur se garde bien de prendre pour des
différences primitives de races, dès modifications que la
faim et la misère ont pu imprimer à une race à la suite de
quelques générations. Les Australiens, les Boschimans et
quelques races américaines moins connues, ne soutiennent

la lutte pour l'existence qu'avec les plus grands efforts ; l'augmentation de la population, vu le manque de moyens de subsistance, est impossible ; à peine si les naissances viennent combler les vides que la faim et la misère renouvellent sans cesse ; dès que ces influences contraires augmentent un peu, toute la race périt. Il y a donc, dans ce cas, des conformations, entre autres la maigreur du système musculaire, qui sont la conséquence des conditions dans lesquelles la race s'est trouvée pendant une longue série d'années, et il faut beaucoup de prudence pour en déduire un caractère primitif. Mais là où, comme chez beaucoup de peuples nègres, la nourriture est suffisante et les besoins satisfaits, on peut sans inconvénient faire entrer le système musculaire dans le cercle des caractères distinctifs.

La *conformation du visage* dépend moins des circonstances extérieures. La forme générale du visage et les rapports qui existent entre ses différentes parties sont déjà extrêmement caractéristiques. Certains visages affectent exactement la forme de l'œuf, le menton figurant la pointe, le front l'extrémité large de l'œuf. Certains autres ressemblent à une ellipse allongée ; chez d'autres, on distingue un pentagone lorsque le front est large ; chez d'autres, enfin, lorsque le front a une forme pyramidale, on remarque un quadrilatère à angles arrondis dont les pommettes forment les angles latéraux, le sommet du front et le menton les angles opposés. Les rapports entre les différentes parties du visage ont aussi de l'importance. Chez l'Européen bien conformé, les trois divisions du visage, le front, le nez et la partie inférieure de la face, sont à peu près égales en largeur, le front est prédominant. D'autres races présentent d'autres rapports : tantôt c'est le nez, tantôt le bas du visage qui prédominent et donnent au visage un caractère particulier.

La forme, la grandeur, la position des yeux, sont importantes à étudier pour déterminer le caractère du visage. On sait qu'il est certaines races, comme les Chinois et les Japonais, qui se distinguent par la position particulière de la fente des yeux, dont l'angle externe se dirige obliquement vers le haut. Il paraît que ce caractère est même exagéré par les artistes du pays, surtout lorsqu'il s'agit de faire ressortir aux yeux des barbares à cheveux rouges la beauté et la splendeur de leur race. Il y a encore à tenir compte de la conformation de la troisième paupière, qui, chez la race blanche, n'est représentée que par un petit repli dans l'angle interne de l'œil. Chez la plupart des mammifères, cette troisième paupière est notablement plus développée que chez l'homme, et prend parfois des proportions telles, qu'elle constitue une membrane clignotante complète chez les oiseaux. Chez quelques peuples, nègres et Australiens surtout, la membrane clignotante est tout aussi développée que chez les singes, ce qui indique une tendance vers le type de l'animalité. Chez les races non mélangées, la grandeur de la cornée, par rapport au globe de l'œil, ainsi que la couleur de l'iris, constituent des caractères aussi déterminés que ceux qui existent chez les différentes espèces animales, tandis que, par contre, chez les races croisées, ces caractères, comme la couleur des cheveux d'ailleurs, s'affaiblissent et constituent des différences peu importantes.

La grandeur et la forme du nez offrent, chez les races pures, des particularités également caractéristiques. Chez les unes, le nez est haut, mince, tantôt droit, tantôt aquilin ; chez d'autres, il est épais, noueux ; chez d'autres encore, il est large, aplati, analogue à celui des singes. La position des narines varie suivant ces particularités de forme. Si l'on examine d'en bas un visage caucasique, les narines forment presque deux triangles rectangles, dont les hypoténuses sont en dehors, la cloison médiane des narines formant le côté commun aux deux triangles. Vues de la même façon dans la face du nègre, les narines ont l'apparence d'une fente transversale ou d'un huit couché (∞) séparées au milieu par une petite cloison. Ces formes nasales primitives sont précisément celles qui se montrent les plus tenaces dans les différents croisements, et qui reparaissent constamment. Ainsi, dans tous les croisements américains, le nez mince, proéminent et aquilin des Peaux-Rouges est un des caractères qui se conservent le plus longtemps et qui permettent de remonter sûrement à la source des croisements.

La forme et la grandeur de la bouche, la conformation des lèvres, l'inclinaison des joues, présentent des caractères tout aussi importants. Certaines races ont une bouche si large, que les joues paraissent fendues jusqu'aux oreilles; chez d'autres, les lèvres sont grosses au point que leur partie rouge remonte d'une part jusqu'au nez, et descend de l'autre jusqu'au menton. On m'objectera peut-être que cette forme de lèvres se trouve quelquefois passablement développée chez la race blanche, et que, certainement, on n'eût pas trouvé dans toute l'Amérique, même chez les Botocudos, une bouche aussi fendue et des lèvres aussi retroussées que celles de Dahlmann [1]. Or, je dois faire remarquer ici que des déviations semblables se rencontrent chez toutes les races mélangées, tandis que, chez celles qui ont conservé leur pureté primitive, les parties molles conservent chez tous les individus la forme propre à la race; en conséquence, comme on le sait du reste, les individus se ressemblent beaucoup plus entre eux chez ces dernières que chez les races mélangées et civilisées. La saillie ou la fuite du menton, dont la présence constitue un des principaux caractères de la race humaine, ainsi que sa forme, ne pa-

____

1. Le célèbre Dahlmann, jadis professeur à Bonn.

raissent pas moins dignes d'attention. Le menton large et
carré de plusieurs peuples nomades de l'intérieur de l'A-
sie forme un contraste frappant avec les mentons pointus
des races sémitiques, ou avec le menton simien du nègre ;
on sait que, chez ces derniers, le menton ne présente presque aucune saillie.

Enfin, nous ne devons pas oublier de mentionner les
oreilles. L'oreille, remarquablement petite, détachée et
épaisse, du nègre, forme un contraste frappant avec l'o-
reille mince, mais grande et large des Tartares et des Kalmouks ; chez ces derniers, elle a une grande analogie avec
l'énorme oreille du chimpanzé.

En ce qui concerne la structure des *organes internes*,
nous n'avons que peu de chose à dire, car, jusqu'à présent, on a moins étudié leurs caractères que ceux des
formes extérieures. Cependant, quelques observations
faites sur le nègre, observations que nous examinerons
dans une leçon prochaine, prouvent qu'il existe, là aussi,
des différences d'une valeur au moins égale à celles qu'on
peut constater entre deux espèces d'un même genre de
mammifères.

Je n'abandonnerai pas ce sujet sans vous faire remarquer
combien on rencontre d'écueils lorsqu'il s'agit de représenter les caractères extérieurs de l'homme vivant. Par suite
de l'habillement, de l'entourage, de certains us et coutumes, nous nous en faisons une idée souvent très-diffé-
rente de la réalité. On a fait remarquer, avec raison, que
nous ne nous représentons un Turc qu'avec la tête rasée,
un Chinois avec une queue et des vêtements à plis, et qu'on
distinguerait à peine ces diverses races si on les voyait
parmi des individus d'autres races vêtus de la même
façon. Il y a beaucoup de vrai dans cette remarque, et c'est
un argument de plus pour démontrer combien il importe
que l'étude comparée des races humaines repose sur des

comparaisons immédiates et sur l'opposition directe dés objets, et non sur des souvenirs et des notes, à de grands intervalles de temps.

Je vous répète encore, et je dois insister sur ce point, que nos recherches doivent être d'autant plus étendues, d'autant plus nombreuses, pénétrer d'autant plus dans les détails, que les races qui en font l'objet paraissent plus mélangées. Il faut cent fois plus d'efforts, plus de multiplicité de mesures, de dessins et de photographies pour retrouver le type primitif au milieu de cet immense fouillis de peuples qui habitent l'Europe, où depuis des sièces les mélanges les plus variés n'ont pas cessé de se produire, qu'il n'en faut pour discerner les caractères primitifs des individus chez les races que l'horreur du mélange a conservées pures. Tandis que, chez l'Européen, c'est le caractère individuel qui nous frappe tout d'abord, c'est, au contraire, chez les Baschkirs, par exemple, le type général de la race; et, pendant que chez ceux-ci, il est difficile à un œil peu exercé de distinguer l'individu, chez les premiers, un observateur, si exercé qu'il soit, hésitera dès qu'il sera appelé à rattacher à une race déterminée une personnalité quelquefois fortement caractérisée. Je me rappelle encore l'attrait que j'éprouvais dans mon enfance pour les récits que nous faisait ma grand'mère au sujet de la guerre de l'indépendance, comme on la nommait; elle nous dépeignait alors les visages de ces messagers de la liberté qui, accourus de l'est sous la bannière russe, devenue le centre de la politique princière allemande, pillaient les maisons pour emporter dans leurs steppes les produits de notre industrie. Ils se précipitaient dans la cuisine de la petite et courageuse femme, l'un semblable à l'autre, ouvrant une large bouche garnie de dents blanches, en clignant leurs yeux obliquement fendus! Autant de loups affamés, sans la moindre distinction de personnalité, tous sortis d'un seul et même moule ; Kalmouks, Baschkirs et autres races naturelles, pures et sans mélange, races de la plus antique noblesse, sorties en droite ligne du berceau asiatique de l'humanité.

SIXIÈME LEÇON

MESSIEURS,

Dans les leçons précédentes, j'ai attiré votre attention sur la méthode qu'il convient d'employer dans les recherches sur l'histoire naturelle, et sur les divers points qu'il importe surtout de prendre en considération lorsqu'il s'agit d'étudier les différentes races humaines ; je ne me suis donc occupé, à peu d'exceptions près, que du genre humain seul, en me contentant de jeter çà et là quelques regards sur les animaux qui s'en rapprochent le plus. Si opportun qu'il puisse paraître de se borner à l'étude immédiate de l'homme, il est impossible, d'autre part, de négliger les relations qui le rattachent au reste du monde animal. D'ailleurs, le but que nous nous proposons est de prouver que ces relations existent, qu'elles sont assez fortes pour enchaîner d'une manière indissoluble l'homme au règne animal, dont il n'est que la dernière expression et la forme la plus hautement développée, et non point un produit particulier d'une puissance créatrice spéciale. Lorsque nous recherchons les rapports de l'homme avec les animaux qui se rapprochent le plus de lui, les singes; lorsque nous approfondissons les analogies qui indiquent sa parenté étroite avec le type le plus élevé des mammifères; lorsque nous constatons les différences qui nous obligent, d'après les principes admis dans la science, à séparer le type humain du type simien, non-seulement comme genre, mais comme famille, comme ordre, ou tout au moins comme sous-ordre, nous avons la conviction que nos recherches contribueront à amener une connaissance plus approfondie de notre propre nature, et que nous préparons ainsi une base solide qui nous permettra de nous élancer vers de nouveaux progrès.

Nous nous arrêterons principalement dans cette recherche sur les différences que, à tort ou à raison, on a voulu établir; nous supposerons que l'on connaît ou que l'on comprend les traits de ressemblance qui sont prépondérants. Les caractères anatomiques pèseront dans la balance avant tous les autres; quant aux accessoires, soit philosophiques, soit religieux, dont quelques naturalistes ont cherché à décorer leur fragile édifice, nous ne pourrons que, çà et là, leur accorder en passant quelques regards. Il nous est passablement indifférent que Schopenhauer fasse reposer la distinction entre l'homme et le singe dans la volonté, ou que M. Bischoff, de Munich (un autre philosophe), la fasse reposer sur la conscience de soi-même.

Examinons d'abord la conformation humaine en général. Chaque animal, nous dit-on, possède en propre des armes pour se défendre; seul l'homme nu n'en a pas; il est sans défense et sans armes : « l'individu intelligent, » s'écrie-t-on d'un air triomphant, « ne peut méconnaître que le Créateur, en donnant à l'homme le germe de toutes les facultés, lui a fait comprendre, et lui a imposé la nécessité de les développer. » Voilà de bien grands mots, pourrait-on objecter. Il est vrai que l'homme ne porte pas de cornes, il n'a pas non plus de canines qui lui permettent de déchirer sa proie, ses ongles ne se développent pas en griffes acérées, quoiqu'ils ne soient pas à dédaigner comme armes défensives, et peuvent faire de profondes blessures. Mais il convient de se demander si le contraire est vrai, et si tous les animaux sont suffisamment bien armés ? Quelles armes le chimpanzé peut-il opposer au lion ? ses canines sont à peine plus longues que celles de l'homme, et, en tout cas, impropres à servir comme armes défensives ; ses ongles sont aussi plats ; son front également dépourvu de cornes ; il ne se défend pas contre ses assaillants autrement que l'homme ; il égratigne, il mord, il frappe, donne des coups de pied, il jette des pierres ou des branches, et enfin cherche à échapper à ses ennemis en grimpant sur un arbre s'il ne peut se sauver autrement. Des centaines d'espèces de singes font exactement de même que le chimpanzé. Cette absence de moyens de défenses n'a cependant point conduit le chimpanzé à devenir le roi de la création. Est-ce que la biche et la brebis sans cornes sont plus développées ; leurs facultés sont-elles plus grandes, plus étendues, parce que les armes de défense font absolument défaut à ces animaux ? Dira-t-on que la brebis sans cornes a une arme, puisqu'elle frappe avec son front ? Et, quand cela serait, le nègre n'en fait-il pas autant avec son crâne dur comme l'ivoire ? Dans les luttes entre nègres, ceux-ci se courent dessus la tête baissée et s'entre choquent mutuellement comme deux béliers combattants. Nous ne pouvons donc admettre que la situation exceptionnelle de l'homme repose sur l'absence d'armes défensives ; nous pouvons encore moins admettre les conséquences que quelques observateurs de l'antiquité ont prétendu tirer de ce défaut d'armes. Plus vieille est l'opinion, plus vieille est l'erreur.

La stature droite justifie mieux cette situation exceptionnelle, et la marche dans la position verticale est un attribut essentiel de l'homme, qui distingue les bimanes de tous les autres mammifères. Les caractères principaux de la conformation humaine sont en rapport avec la stature droite, et, si les uns sont rendus possibles par elle, les autres lui paraissent liés par une relation de cause à effet. Lorsqu'on envisage l'ensemble du règne animal, on en arrive toutefois à la conclusion que cette position n'est cependant pas absolument spéciale à l'homme, car chez les oiseaux (qui ne pensera ici au coq déplumé de Platon et de Diogène!) il y en a plusieurs, entre autres le pingouin et le plongeon, qui se tiennent droits et marchent comme l'homme. Un groupe de plongeons, perchés sur une falaise dans les régions du nord, offre quelque chose d'humain, et, avec leur poitrine blanche et leurs ailes noires taillées à peu près comme les pans d'un habit, on dirait une réunion de pasteurs évangéliques. Mais ici les relations de conformation, dont dépend la station verticale, sont tout autres, et l'homme se distingue d'une manière absolue des singes, ses parents les plus proches, par cette attitude que le singe ne prend qu'en passant ou lorsqu'il y est forcé, mais jamais comme une position qui lui soit naturelle.

Le *crâne*, proportionnellement très-grand, avec le cerveau qu'il renferme, se tient en équilibre sur les points d'appui que lui fournit la colonne vertébrale. La disposition que présentent les facettes articulaires des deux vertèbres cervicales supérieures, l'atlas et l'axis, semble avoir fourni le modèle de la disposition mécanique au moyen de laquelle on assure à la boussole une position horizontale et aux lampes suspendues au plafond une position verticale constantes, quelles que soient les oscillations du navire. Deux facettes articulaires placées en croix sur le bord inférieur du même anneau, une épine placée comme axe moyen, mais excentrique, autour de laquelle tourne l'anneau : tel est le mécanisme sur lequel la tête repose en équilibre, avec liberté de mouvement dans tous les sens. Les muscles et les tendons d'attache, à peine tendus, laissent assez de jeu pour que le plus petit effort suffise pour ramener l'équilibre rompu. Dans le monde animal, là où se trouve une tête pesante à l'extrémité de la colonne vertébrale, les apophyses épineuses des vertèbres cervicales s'élargissent, se dirigent en arrière et forment ainsi de puissants appuis, auxquels est fixé un large ligament élastique qui s'attache à l'occiput. Le crâne humain, par sa courbure régulière, repose en équilibre sur les deux facettes articulaires qui se trouvent à la base du crâne, à côté du trou occipital ; si les mâchoires se projettent en avant, comme chez le nègre, l'occiput s'allonge en même temps, pour rétablir l'équilibre. Il n'en est point ainsi chez les mammifères. Dans la position normale de la plupart d'entre eux, l'axe de la colonne vertébrale est parallèle au plan horizontal du bassin, chez l'homme il lui est perpendiculaire. L'axe de la tête forme aussi, chez les mammifères, un angle droit ou obtus avec l'axe de la colonne vertébrale ; elle pend donc presque verticalement, et les longues mâchoires forment un bras de levier qui tire encore plus la tête en avant. Dans ce cas, le ligament cervical se développe pour servir de contre-poids, et même chez les singes anthropomorphes, l'orang, le chimpanzé, et surtout le terrible gorille, nous voyons les apophyses épineuses de la nuque s'élever et se garnir de fortes masses musculaires. La position du trou occipital, à côté duquel

les facettes articulaires se trouvent toujours, dépend essentiellement de ces caractères comme nous pourrons nous
en convaincre, lorsque nous aborderons l'étude comparée
des crânes. La stature droite explique complétement aussi
les rapports qui existent entre la cavité thoracique et le
bassin. Le diamètre transversal du thorax est plus grand
chez l'homme que le diamètre antéro-postérieur; c'est le
contraire chez les mammifères. Le thorax humain est
aplati en avant et en arrière, bombé latéralement et
aminci en forme de cône vers le sternum et la colonne vertébrale. Les bras et les mains de l'homme pendent librement sur les côtés; ils ne sont point gênés dans leurs mouvements et sont propres aux usages multiples auxquels
ils peuvent être appelés, affranchis qu'ils sont de l'obli-
gation de servir de soutien au corps. Chez tous les mammifères, où la main n'est pas modifiée pour servir d'organe du vol ou de la natation, le membre antérieur du
corps sert toujours comme point d'appui dans la locomotion, soit exclusivement, comme chez les animaux à sabots,
soit accessoirement à côté d'autres usages. C'est le cas
même chez les singes anthropomorphes. Chez eux, la main
antérieure aussi bien que la main postérieure constitue un
organe qui leur sert pour grimper; si le singe est forcé de
se mouvoir sur un plan horizontal, il ne tarde pas à s'appuyer sur ses mains fermées et prend ainsi, suivant la longueur de ses bras, une position inclinée plus ou moins
verticale. Partout dans le monde animal, comme Milne
Edwards l'a si bien démontré, la division du travail est un
caractère essentiel de perfection. L'animal qui possède
quatre membres semblablement conformés, ayant la même
destination, comme le cheval ou le mouton, est, sous ce
rapport, inférieur aux animaux chez lesquels le membre
antérieur sert aussi d'organe de préhension, comme cela a
lieu chez l'écureuil et le castor; le singe, chez lequel les

quatre membres portent des mains, est d'un degré au-dessous de l'homme, dont les pieds servent de moyen de locomotion, et les mains non moins exclusivement à la préhension. Plus la destination d'un organe se spécialise, plus cet
organe se perfectionne au point de vûe de l'accomplissement
de la fonction ; plus un organe, au contraire, a de services différents à rendre à l'économie animale, plus il laisse
à désirer. Si donc la main est, sous tous les rapports, un
organe plus complet que le pied, lequel ne sert qu'à la lo-

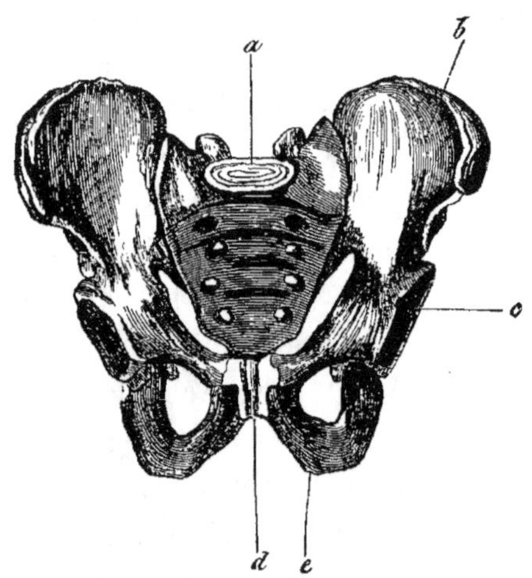

Fig. 41. — Bassin normal d'un européen, vu de face.

a. Sacrum. — b. Os iliaque. — c. Cavités articulaires du fémur. — d. Symphyse
pubienne. — e. Tubérosité ischiatique.

comotion, l'augmentation du nombre des mains doit être
regardée comme le signe d'une organisation imparfaite,
chacune de ces mains étant à la fois organe de locomotion
et de préhension ; par contre, la séparation stricte des
deux fonctions et leur attribution à deux organes différents
constituent un pas vers un perfectionnement d'un ordre
plus élevé.

La largeur du bassin, qui forme le squelette osseux des

hanches, est encore bien plus que la largeur de la poitrine,
en rapport avec la stature droite. Les viscères et les intestins, suspendus dans la cavité pectorale et la cavité abdo-
minale, reposent sur les parties inférieures. La pression
des viscères pectoraux est en partie neutralisée par le dia-
phragme, paroi musculaire transversale qui sépare la cavité de la poitrine de celle de l'abdomen, mais la charge
totale des intestins, avec le foie, la rate et les autres viscères abdominaux, pèse sur le bassin. Celui-ci s'étale en

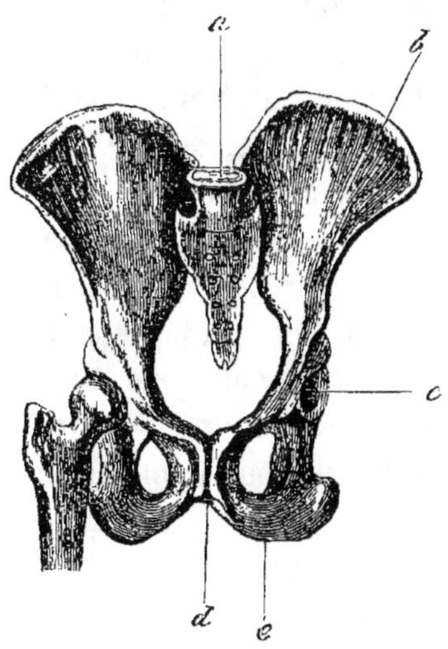

Fig. 42. — Bassin d'un chimpanzé mâle, réduit aux mêmes dimensions que celui
de la fig. 41. Les désignations sont les mêmes.

forme de plat, les os iliaques s'élargissent et s'évasent vers
le haut, se recourbent en dessous et en dehors, d'où le nom
de bassin qui est peut-être un des mieux choisis de toute
l'anatomie. Chez les animaux, au contraire, le bassin ne
supporte qu'une petite partie du poids des intestins, car chez
eux le point de soutien est surtout la symphyse pubienne
et son voisinage, points qui sont le moins chargés chez
l'homme. Le poids principal, chez les animaux, porte sur
la ligne médiane de la poitrine et de l'abdomen ; le bassin

sert à peine au support des intestins, il constitue surtout le point d'appui supérieur des membres postérieurs. C'est pourquoi il offre peu de surface; il est long et étroit, ses parties latérales ressemblent aux omoplates, qui ont du reste une destination analogue, celle de servir de points d'appui aux membres antérieurs. Plus la masse que le bassin a à porter est grande, plus il s'élargit et s'évase. Aussi, chez la femme, où il est en rapport intime avec la parturition et doit livrer passage à l'enfant par son ouverture inférieure, nous le voyons s'élargir et s'aplatir davantage que chez l'homme, parce que, chez la femme, périodiquement du moins, la grossesse vient ajouter un fardeau considérable au poids des viscères.

Les muscles puissants qui relient le bassin aux cuisses s'ajoutent à la largeur du bassin et contribuent à l'amplitude des hanches et des fesses. Chez aucun animal, la région fessière n'offre une pareille ampleur et une semblable rondeur, aucun singe n'est pourvu d'une cuisse développée dans sa partie supérieure, puis s'amincissant graduellement en cône vers le genou; on est donc autorisé à dire que l'homme seul a une cuisse, le singe n'a qu'un gigot. De même, les masses musculaires de la jambe se rassemblent chez l'homme pour former le mollet, tandis que, chez les singes, ces mêmes muscles sont plus régulièrement répartis relativement à leur volume. On retrouve encore ici la transition graduelle représentée par le nègre, chez lequel l'absence du mollet est un des traits caractéristiques.

Les proportions des diverses parties du corps, et surtout des membres, paraissent avoir une importance tout aussi grande. Le bras de l'homme, comparé à celui des singes, est proportionnellement plus court, mais la jambe est plus longue et plus forte. Si on place l'homme dans la position des quadrupèdes, il doit étendre complétement les bras et plier fortement les jambes pour que la colonne vertébrale devienne horizontale et parallèle au sol. Chez les singes, au contraire, les deux membres sont égaux, ou la jambe est plus courte que le bras, qui atteint, chez quelques espèces, une longueur extraordinaire. Ainsi, l'orang, proche parent du gibbon (*Hylobates*), qui habite les mêmes pays que lui, a comme lui des bras extrêmement longs. Cette longueur est telle que, dans la position verticale, l'orang peut toucher sa cheville avec l'extrémité de ses doigts, tandis que le chimpanzé ne peut atteindre que le milieu de la jambe, le gorille le genou, et l'homme le milieu de la cuisse. Par contre, les articulations du bras humain, surtout du poignet, sont disposées de façon à permettre la plus grande mobilité, et surtout la rotation la plus étendue des bras. Le long bras du singe, qui ne présente pas, il est vrai, les élégantes masses musculaires du bras et de l'avant-bras, n'en possède pas moins une force beaucoup plus grande que celui de l'homme; car, si c'est pour ce dernier un tour de force que de rester suspendu pendant un certain temps ou de soulever le poids de son corps par la force d'un seul bras, c'est pour le singe une position très-ordinaire et nullement fatigante.

Chez les mammifères, dans la position normale sur quatre pattes, chaque membre porte également sa part du poids du corps. Il n'y a que les animaux sauteurs, les gerboises, les pédètes, les kangourous, qui ressemblent jusqu'à un certain point à l'homme par la longueur et la puissance de la jambe, et le dépassent même de beaucoup sous ce rapport; car leurs membres antérieurs, presque atrophiés, ne sont pas à comparer aux membres postérieurs, dont les dimensions sont colossales. Le développement considérable de la queue des animaux sauteurs, la conformation des pieds, construits sur le modèle du balancier, les os simples et allongés du métatarse et des doigts indiquent un type d'organisation fondamentalement différent, qui ne peut être mis à côté de celui de l'homme, ni lui être comparé. Il reste donc à celui-ci, comme caractères qui le distinguent du singe, l'ampleur, la longueur et la puissance des jambes, et surtout de la cuisse, laquelle, chez la plupart des animaux, est considérablement amoindrie relativement à la jambe.

Si nous passons maintenant à l'étude attentive des différentes parties, nous remarquons avant tout la conformation de la tête et des deux portions qui la constituent, le crâne et la face. Nous avons déjà vu, dans une précédente

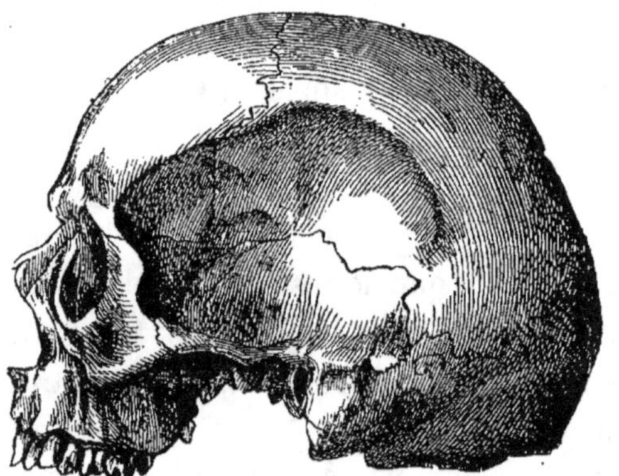

Fig. 43. — Crâne helvétique, vu de profil.

leçon, que ces parties, superposées chez l'homme, sont, chez le singe, juxtaposées l'une derrière l'autre ; que la face (anatomique) comprise entre les arcades sourcilières, le menton et l'orifice auditif, ne forme chez l'homme qu'une faible annexe du crâne, lequel la recouvre et la déborde de tous côtés. Le crâne de l'homme, en effet, se développe au-dessus des arcades sourcilières pour former le front ; sur les côtés pour former les tempes ; au-dessus du trou occipital pour former la nuque ; il en résulte pour le cerveau un espace relativement énorme ; tandis que, chez les

singes, la cavité cérébrale se recule davantage, le front
s'aplatit ou s'efface derrière les bourrelets des arcades
susorbitaires, et le trou occipital se retire en arrière au
point de se trouver, chez les singes inférieurs, à la limite
de la face inférieure du crâne, et, chez les autres animaux,
tout à fait à la face postérieure du crâne. L'angle facial de
Camper varie, chez l'homme, de 70° à 85°, et on ne connaît aucun exemple de crâne normal humain où il soit
tombé au-dessous de 64°; chez le nègre, l'angle facial est
de 67°, et, d'après Isidore Geoffroy Saint-Hilaire, les crânes

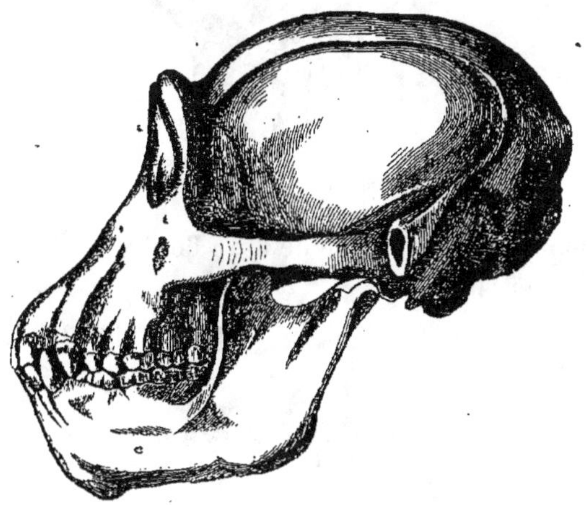

Fig. 44. — Crâne d'un vieux chimpanzé, vu de profil.

de Makoias ou Namaquois, tribu de l'Afrique méridionale,
rapportés à Paris par Delalande, marquent encore 64°,
tandis que, chez le chimpanzé adulte, l'angle facial tombe
à 35°, chez l'orang, à 30°, bien que, chez les individus jeunes
de ces espèces, lorsque les mâchoires n'ont pas encore
pris tout leur développement, il puisse atteindre 60°. Par
contre, on trouve chez un petit singe américain, le saïmiri
(*Callithrix sciurea*), bien plus éloigné de l'homme par son
organisation, mais qui, sous certains rapports, offre
quelques analogies avec l'humanité (il pleure, par exemple,

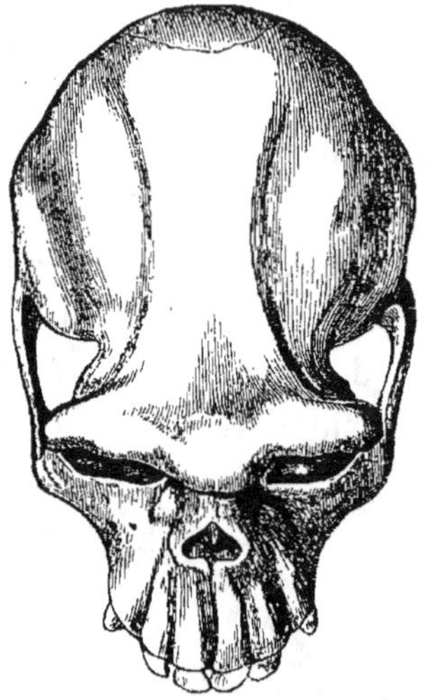

Fig. 45. — Crâne d'un vieux chimpanzé ; sommet.

très-facilement), un angle de 65 à 66°, ce qui comble tout
à fait l'intervalle.

Les différences qui résultent du développement variable

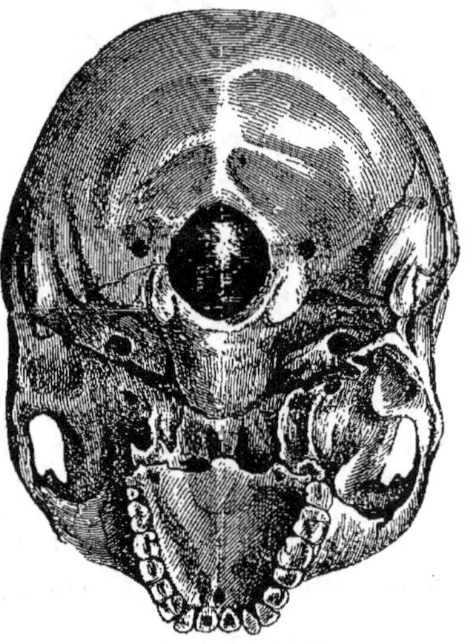

Fig. 46. — Crâne helvétique ; base.

des mâchoires sont aussi très-tranchées. Les muscles temporaux, élévateurs des mâchoires, sont plus forts chez les singes, parce qu'ils ont à mouvoir un bras de levier plus long, abstraction faite du plus grand développement des mâchoires mêmes. Les fosses temporales sont aussi profondément creusées dans le crâne des singes, comme si l'on avait fortement comprimé celui-ci en arrière des ar-

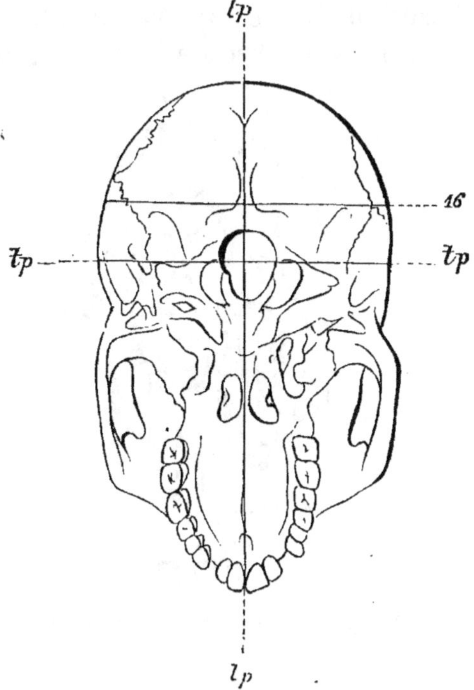

Fig. 47. — Crâne cafre ; base.

cades susorbitaires ; pour la même raison, les arcades zygomatiques sont assez écartées, et la ligne temporale qui sert de point d'attache aux faisceaux externes du muscle temporal se prolonge en arrière jusqu'au delà de l'orifice auditif. Chez quelques singes anthropomorphes, le gorille et l'orang, il se développe même à l'âge adulte, sur la ligne médiane du crâne et au fur et à mesure de l'accroissement des mâchoires, une crête verticale, qui fournit aux faisceaux du muscle temporal une surface d'attache étendue ; il en résulte que, chez ces singes adultes, le crâne entier est enveloppé de masses musculaires qui le font paraître plus grand qu'il n'est réellement, tandis que, chez l'homme, le crâne se trouve placé immédiatement sous la peau.

La situation des arcades zygomatiques et du trou occipital est en rapport intime avec le développement des mâ-

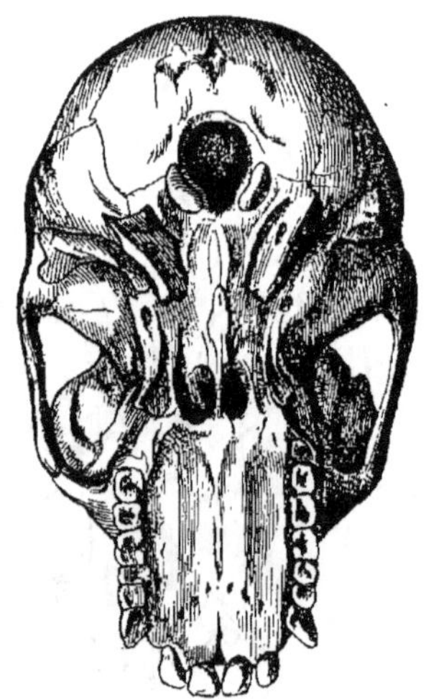

Fig. 48. — Crâne d'un vieux chimpanzé ; base.

choires, comme on le voit en examinant le base du crâne. Dans les crânes humains, les arcades zygomatiques se trouvent toujours comprises entièrement dans la moitié antérieure du diamètre longitudinal ; les orifices auditifs extérieurs au-devant desquels elles se terminent, se trouvent, même chez les nègres à mâchoires développées, presque au milieu dudit diamètre, et un peu plus en avant chez les races supérieures ; chez les singes anthropomorphes, l'orifice auditif recule plus en arrière, la distance de cet orifice à l'extrémité de la mâchoire est plus grande que la distance du même point à la partie la plus saillante de l'occiput, et les arcades zygomatiques pénètrent dans la moitié postérieure du diamètre longitudinal et s'étendent souvent jusqu'au tiers postérieur de celui-ci. Le trou occipital recule et se trouve toujours, chez les singes, placé vers le tiers postérieur; chez l'homme, il est placé presque exactement au milieu, quelquefois un peu en avant, différence sur laquelle Daubenton avait déjà depuis longtemps attiré l'attention, et que toutes les observations ultérieures n'ont fait que confirmer.

Nous devons insister de façon toute particulière sur les rapports des différents angles qu'on peut mesurer sur les crânes sciés par le milieu, rapports qui, comme nous l'avons vu dans une précédente leçon, ont la plus grande importance quand il s'agit d'apprécier les rapports du crâne avec la face et les machoires. L'angle sphénoïdal, ainsi que l'a démontré Welcker, est, dans tous les cas, plus petit chez l'homme, ce qui implique que la base du crâne est plus coudé que chez les singes, quoique la différence ne soit pas si considérable qu'on ne puisse trouver quelques transitions. L'angle nasal croît aussi avec l'angle sphénoïdal, comme cela résulte du tableau suivant dressé d'après Welcker :

CRANES.	ANGLE NASAL.	ANGLE SPHÉNOÏDAL.
Moyenne de trente crânes allemands.	66.2	134
Idiot de quarante-quatre ans	67.9	138
Trois nègres	67.6	138
Idiot de trente et un ans (Gottingue).	80	145
Chimpanzé.		149
Trois autres nègres	74.9	150
Orang jeune.	98	155
Maimon (*Innus nemestrinus*)	102	170
Orang vieux	104	174
Sajou brun (*Cebus apella*).	103	180

L'extension plus considérable de la base du crâne, ce qui existe aussi chez le gorille, car, d'après Owen, la selle turcique est chez lui encore moins profonde que chez le chimpanzé, est, sans aucun doute, en relation avec la contenance de la cavité crânienne, siége du cerveau. Le trou occipital, que traverse la moelle, ainsi que les différents trous qui livrent passages aux nefs, sont plus grands relativement à la cavité crânienne que chez l'homme, conséquence naturelle du volume plus considérable de la moelle et des nerfs relativement aux hémisphères cérébraux.

La capacité de la cavité crânienne, ainsi que ses mesures principales, sont indiquées par Owen comme suit :

	ANGLAIS.	MALAIS.	NÈGRE.	NÈGRE AUSTRALIEN	GORILLE.	ORANG.	CHIMPANZÉ.
Longueur du crâne. ⎫	7.4			8.	11.10	9.	
Longueur de la cavité cérébrale .. ⎬ en pouces et lignes.	6.6			6.3	5.4	4.3	
Hauteur de la cavité cérébrale .. ⎭	5.6			5	3.3	3.5	
Contenu de la cavité cérébrale en pouces cubes..........	96	86	82	75	30	28	28

Malgré l'égalité qui existe entre le gorille et le nègre australien au point de vue de la grandeur du corps, la capacité crânienne du nègre est une fois et demie plus grande; proportion d'autant plus favorable pour lui que, les membres du gorille étant relativement plus courts, son tronc est d'autant plus grand et plus fort. Ces limites peuvent encore être rapprochées, car le plus petit crâne humain, mesuré par Morton, et ce n'était pas celui d'un idiot, avait une capacité de 63 pouces cubes, tandis que, chez le plus grand crâne de gorille mesuré dans ces derniers temps, elle n'était que de 34 pouces cubes et demi. Jetons en même temps un coup d'œil sur les rapports réciproques du crâne et de la face. Si l'on suppose que, dans tous les cas, la longueur totale du crâne = 100, et qu'on cherche les rapports de la longueur de la cavité crânienne, c'est-à-dire du cerveau lui-même, on obtient les chiffres suivants: Européen, = 89,1; nègre australien, = 78,7; orang, = 47,7; gorille, = 45,9; d'où résultent les nombres suivants pour la proportion de la face : Européen, = 10,9; nègre australien, = 21,3; orang, = 52,3; gorille, = 54,1. De quelque façon qu'on tourne la question et de quelque côté qu'on l'envisage, on trouve toujours cet écart considérable entre la conformation du crâne de l'homme et celle du crâne du singe, qu'indiquent les rapports entre le crâne et la face. On voit que, chez aucun singe anthropomorphe, la longueur du cerveau ne dépasse de beaucoup la moitié de la longueur totale du crâne, tandis que, chez l'homme, même le plus inférieur, la longueur de la partie faciale n'en forme qu'une fraction insignifiante, qui n'atteint même pas le quart chez le nègre australien. On pourra peut-être rencontrer de vraies têtes de nègres qui atteindraient ou même dépasseraient un peu ce quart, car le vrai nègre a un crâne proportionnellement plus long et plus étroit que le nègre australien. La lacune ne peut donc être comblée que par ces êtres infortunés, connus sous le nom de microcéphales, qui sont nés idiots, et dont la conformation défectueuse du crâne et du cerveau ne provient pas, comme chez les crétins, d'une maladie consécutive à la naissance, mais bien d'un arrêt primitif dans le développement du cerveau. Chez ces êtres qui naissent parfois de parents parfaitement normaux, et dont les prétendus Aztèques, qu'on a promenés, il y a quelques années, en Europe, étaient des exemples, on trouve tous les degrés intermédiaires qu'on peut supposer à l'égard des rapports entre la partie cérébrale et la partie faciale du crâne. En mentionnant ces idiots, je me heurte contre une autorité puissante, peut-être comme le pot de terre contre le pot de fer de la fable.

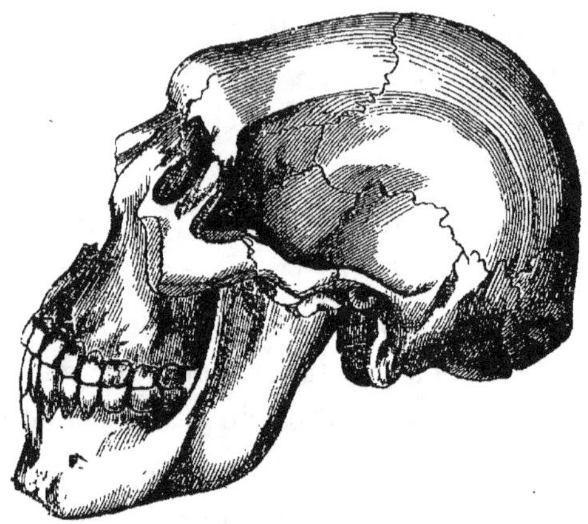

Fig. 49. —Crâne d'un idiot, d'après Owen, vu de profil.

« On a, dit M. Bischoff aux Munichois, voulu chercher des
« points de comparaison chez des malades, des hommes
« dégénérés, comme les microcéphales, les idiots et les

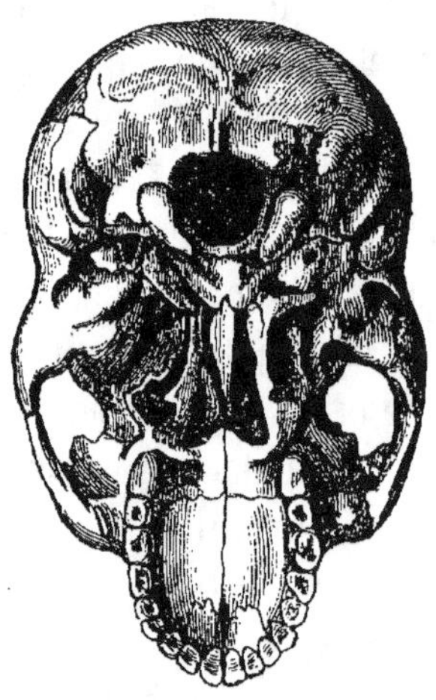

Fig. 50. — Crâne d'un idiot, d'après Owen ; base.

« crétins. C'est une erreur évidente; car ces malheureux
« ne sont point des hommes, mais des monstres, et

« ce qu'il y a de plus triste dans leur apparition, c'est
« qu'ils ont une forme humaine sans être des hommes. »

Or, nous pouvons nous demander : Où cesse donc
l'homme, et où commence la monstruosité? L'homme qui,
par suite d'un arrêt de développement, a l'iris fendue, n'est-
il plus un homme, mais un monstre? Le Hambourgeois
qui, il y a quelques années, s'est promené partout pour
faire voir une fente qu'il avait au sternum, suite d'un arrêt
de développement, et à travers laquelle on pouvait voir et
sentir son cœur, était-il un homme ou un monstre? Le
malheureux qui, né sans mains et sans bras, peint avec les
pieds, vous parle votre langue, et est, d'ailleurs, gai, intelligent, spirituel, n'est-il pas un homme parce qu'à la place
de bras, il n'a que des moignons et pas de mains? (Nous
avons vu de pareils exemples, et chacun connaît le peintre
Ducornet, qui n'avait pas de mains.) Or, si ces individus
sont de véritables hommes, ce dont aucun homme intelligent ne saurait douter, ne doit-on pas aussi donner le nom
d'homme à ceux dont la monstruosité a son siége dans le
cerveau, qui est aussi un organe du corps, et rien qu'un
organe, au même titre que l'œil, le sternum ou les extrémités.

Il est vrai, Messieurs, que nous ne devons pas comparer,
sans faire certaines réserves, les états anormaux avec les
états normaux, mais nous pouvons souvent les utiliser à
titre d'enseignement; c'est à ce titre seulement que je les
envisage ici; ils peuvent, en effet, nous servir à expliquer
comment le crâne humain s'est élevé du type simien au
sien propre.

M. Bischoff va, il est vrai, encore plus loin. « On s'est
« fondé, dit-il, sur l'homme tel qu'il se présente chez les
« Esquimaux, les Botocudos et les Australiens, qui, en
« effet, ne dépassent presque en aucun point les animaux
« et, sous quelques rapports, sont même en arrière; ou bien,

« on a cité des exemples d'hommes sauvages qui, délaissés
« dans leur jeunesse, égarés dans des forêts et des soli-
« tudes, ont vécu parmi les animaux et ne semblaient
« plus avoir conscience ·d'eux-mêmes. » Qu'est-ce donc,
en fin de compte, qu'un homme d'après M. Bischoff? Le
professeur ne range peut-être dans le type humain que
ceux qui ont suivi le cours de l'Université de Munich et
adopté ses hypothèses sur l'origine de l'urée. — Mais revenons à notre sujet.

Si nous examinons la face dans ses détails, nous remarquons surtout une grande différence entre l'homme et les
singes dans la forme des os du nez et dans leurs con-
nexions. Les singes ont les os nasaux larges, écrasés, pour
la plupart soudés au milieu, les ouvertures transversales
des narines en forme de ∞ et, vues en dessous, parallèles
à la ligne des orbites. Chez le gorille, le milieu de la suture
nasale s'élève de façon à former une petite crête, et, chez le
nègre, le nez est si écrasé qu'entre les deux conformations
il n'y a presque pas de différence. Il existe surtout une analogie très-remarquable entre le gorille et le nègre australien
sous le rapport des narines. Les sinus frontaux, qui se
rencontrent chez toutes les races humaines et occasionnent,
pour la plupart, les saillies susorbitaires, situées entre les
sourcils, et dans lesquelles la phrénologie a, si je ne me
trompe, placé le siége de la perspicacité, ces sinus frontaux, excessivement développés chez quelques animaux
et donnant (comme chez l'éléphant) à l'ensemble de leur
région frontale une forme particulièrement bombée,
manquent entièrement chez le nègre australien et chez le
gorille, tandis qu'ils existent chez les deux autres espèces
de singes anthropomorphes.

Chez tous les mammifères qui possèdent des incisives,
ces dents sont implantées dans un os spécial, l'*intermaxillaire*, qui est le plus souvent visible pendant toute la vie et

reste séparé par des sutures de l'os maxillaire supérieur,
qui porte les dents canines et les molaires. Chez l'homme,
les noyaux d'ossification spéciaux, dont le développement
constitue cet os intermaxillaire, existent toujours, et l'os
lui-même est très-distinct dans l'embryon. Mais il ne tarde
pas à se souder avec les os voisins, et déjà, chez le nou-

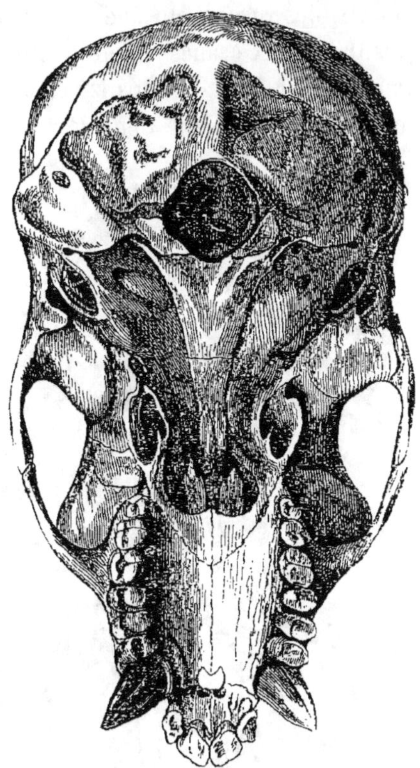

Fig. 51. — Base du crâne du *C. apella*, montrant les sutures de l'inter-maxillaire.

veau-né, les sutures sont effacées, et la fusion avec le
maxillaire est complète. Au commencement de ce siècle,
alors que l'histoire du développement n'était encore que
peu connue, on avait voulu regarder le manque d'un os intermaxillaire distinct comme un caractère spécifique humain, erreur que Goethe et Loder, l'anatomiste de Iéna, se

sont donné la peine de combattre. On peut encore invoquer la précocité de la soudure des os, mais celle-ci a ses degrés. On trouve souvent dans les crânes de jeunes nègres, ainsi que dans les crânes d'idiots (voir fig. 50, p. 189), des traces des sutures intermaxillaires ; ces sutures, chez les singes, disparaissent à des âges variables. Ainsi, chez le gorille, elles restent visibles jusqu'à un âge assez avancé ; ce n'est que dans les très-vieux crânes qu'elles sont complétement effacées, tandis que chez le chimpanzé elles commencent à disparaître après la deuxième dentition. J'ai devant moi

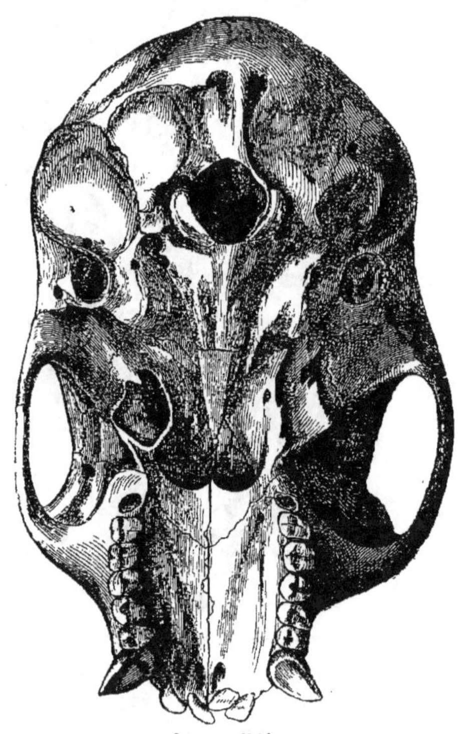

Fig. 52. — Base du crâne du *Cebus albifrons*, sutures maxillaires effacées.

deux crânes de Cebus, de même âge, qui viennent de renouveler leurs dents : chez l'un, qui appartient à l'espèce

C. apella, l'os intermaxillaire est parfaitement distinct ; tandis que chez l'autre, le *C. albifrons,* il est si complétement soudé qu'on n'aperçoit aucune trace des sutures.

La conformation de la série dentaire et des dents elles-mêmes est en rapport intime avec la saillie de la face en forme de museau, soit avec la prognathie, qui atteint chez

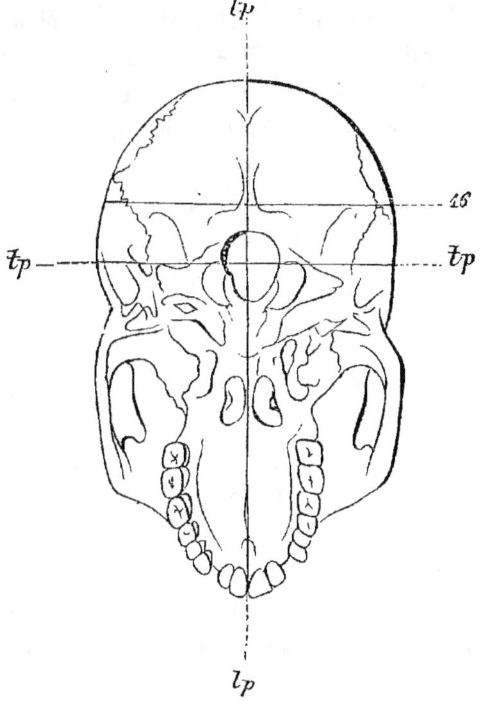

Fig. 53. — Base d'un crâne cafre présentant des lacunes dentaires simiennes.

les singes un degré beaucoup plus considérable que chez les espèces humaines les plus inférieures. La voûte du palais est longue et étroite, la série dentaire dans son ensemble est parabolique au lieu d'être elliptique ; les dents elles-mêmes se distinguent par leur grandeur, leur dureté, leur blancheur et leur arrangement. La conformation de la couronne, les tubercules des molaires, la coupe des incisives, sont si semblables, qu'il faut des recherches minutieuses pour découvrir la moindre différence ; de sorte que, lorsqu'il s'agit de quelques dents trouvées isolément, il est difficile de savoir si elles proviennent d'un homme ou d'un singe ; mais le doute n'est plus possible dès qu'on peut voir la série dentaire complète. Ce sont les canines qui, chez les singes, troublent l'harmonie de la conformation dentaire. Ces canines ont une couronne pointue, souvent tranchante et pourvue de cannelures longitudinales, de manière à ressembler chez quelques singes, les mandrills par exemple, à une lame de poignard recourbée ; elles dépassent le niveau des autres dents, et rendraient impossible l'occlusion complète de la bouche, s'il ne se trouvait à la mâchoire opposée des vides correspondants, pouvant recevoir la partie saillante de la canine. Tous les crânes des singes offrent donc à la mâchoire supérieure une lacune entre les canines et les incisives, et à la mâchoire inférieure une lacune entre les canines et la première molaire, et, même chez les singes qui, comme le chimpanzé, ont les canines moins développées, on voit distinctement ces vides qui, chez d'autres, le gorille ou les mandrills, sont très-grands. En même temps, on voit sur le museau une forte saillie se dirigeant vers le nez, et qui correspond à la racine considérable de la canine.

L'ensemble de ces conformations présente chez les singes une grande diversité ; de même aussi on remarque chez l'homme bien des états de transition. La canine dépasse souvent un peu le niveau des autres dents, et, lors de l'occlusion de la bouche, se loge dans un vide ménagé entre les pointes des dents opposées ; la saillie correspondant aux racines des canines est quelquefois aussi apparente que chez les singes à petites canines. On rencontre même, rarement il est vrai, quelques crânes, d'ailleurs normaux par le reste de leur conformation, offrant de véritables vides dentaires; ainsi, par exemple, le crâne cafre figuré par Wagner dans son Atlas d'anatomie comparée, crâne tiré de la collection d'Erlangen, et que nous reproduisons ici (fig. 53). On pourrait établir toute une série de crânes présentant des particularités analogues à celles qui se montrent parfois dans diverses autres parties du corps, et qui semblent être pour ainsi dire des indications, des réminiscences de la souche primitive, d'où descend l'individu qui en est affecté. De même que Darwin a fait remarquer que les raies transversales qui apparaissent parfois sur les membres de certains chevaux rappellent qu'ils ont une origine commune avec le zèbre, le quagga et certaines autres espèces sauvages rayées, de même on pourrait tirer parti de la réapparition des lacunes dentaires chez certaines races inférieures dé l'humanité, et y voir l'indice d'une descendance commune. Mais nous ne devons pas perdre de vue que la continuité de la série dentaire n'est pas exclusivement un caractère humain, car nous connaissons un pachyderme fossile des gypses de Montmartre, l'*Anoplotherium*, dont la série dentaire est absolument continue, sans lacunes, bien que composée de trois espèces de dents, incisives, canines et molaires. Il est vrai qu'aucune confusion n'est ici possible, car cet animal de l'époque tertiaire ressemble plus au tapir qu'au singe; mais cet exemple prouve seulement que la continuité de la série dentaire ne peut constituer un caractère humain absolu.

La mâchoire inférieure est, chez les singes anthropomorphes, lourde et massive; la branche horizontale en est plus longue, plus large et plus forte que chez l'homme; par contre, la saillie qui constitue le menton fait toujours défaut. La ligne oblique, formée par les incisives, se prolonge en dessous et en arrière, de manière à rencontrer sous un angle obtus la ligne de la mâchoire inférieure. Le menton doit donc être considéré comme un caractère humain, quoiqu'il tende à s'effacer de plus en plus chez les

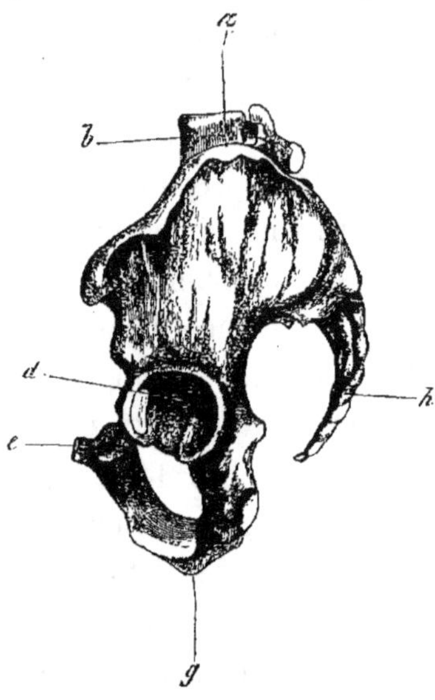

Fig. 54. — Bassin de l'homme, vu de côté.

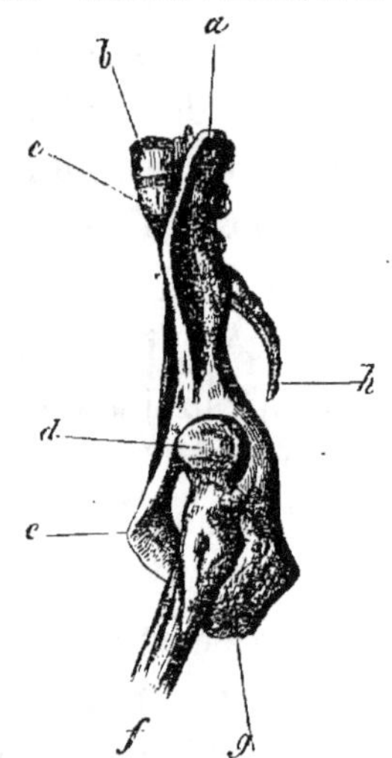

Fig. 55. — Bassin du chimpanzé mâle, vu de côté.

Les notations sont les mêmes pour les fig. 54 et 55. — *a*. Os iliaque. — *b*. Troisième vertèbre lombaire. — *c*. Quatrième lombaire. — *d*. Tête articulaire de la cuisse. — *e*. Pubis. — *f*. Fémur. — *g*. Tubérosités ischiatiques. — *h*. Coccyx.

races humaines prognathes, et que le bas de la face chez ces races se rapproche de la conformation simienne.

La double courbure de la colonne vertébrale, qui est si marquée chez l'homme, s'efface entièrement chez le singe, les apophyses épineuses des vertèbres cervicales sont longues, fortes et simples à leur extrémité, tandis que chez l'homme elles sont bifides et comme fendues par un sillon longitudinal.

Enfin, le bassin offre d'importantes différences. Si rétréci et si allongé que puisse être le bassin humain, il n'arrive jamais sous ce rapport au point de celui des singes, dont les os iliaques se dressent presque droits le long du sacrum, tandis que, chez l'homme, ils s'étalent et s'aplatissent. Si la partie supérieure du bassin, comme je vous l'ai fait remarquer au commencement de cette leçon, paraît surtout conformée pour supporter le poids des viscères abdominaux dans la stature droite, par contre la partie inférieure du bassin ou petit bassin est particulièrement en rapport avec la parturition et subordonnée à la forme de la tête de l'enfant qui doit se frayer par son ouverture un passage pour elle et le corps. La tête d'un jeune singe, relativement longue et étroite, se tourne facilement dans un bassin allongé et mince, tandis que la tête humaine, plus ronde, exige un diamètre plus grand dans tous les sens.

Il nous reste à examiner les membres qui offrent de notables différences, soit dans leurs proportions relatives, soit dans leurs rapports mutuels. Tandis que la jambe de l'homme, qui doit supporter le poids du corps entier, est plus longue et comporte des os plus massifs, la jambe du singe tend à ressembler davantage au membre antérieur. Le fémur est, chez l'homme, l'os le plus long et le plus pesant de tout le squelette ; chez le chimpanzé, l'humérus l'égale en longueur, le dépasse un peu chez le gorille, et de beaucoup chez l'orang. Lorsque le chimpanzé est forcé de prendre la posture complétement droite que, comme les autres singes, il ne prend pas habituellement, il peut atteindre son genou avec l'extrémité de son doigt médian, et l'orang peut toucher sa cheville sans se baisser. Si on examine les proportions des diverses parties des membres, la différence devient encore plus frappante. Supposons que la longueur de l'humérus = 100, la longueur du radius chez l'homme blanc = 75,5, et chez le chimpanzé =

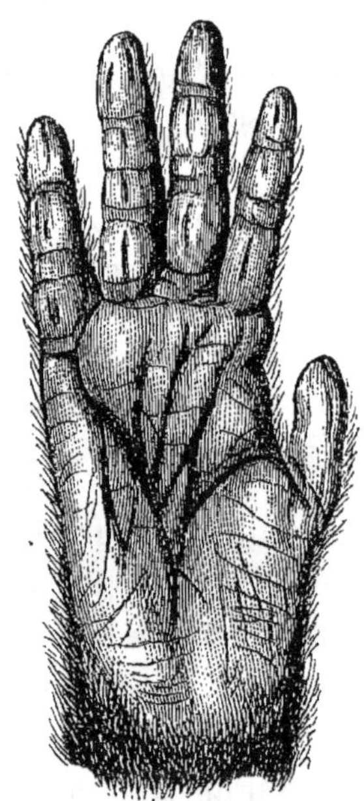

Fig. 56. — Main du chimpanzé ; face interne.

90,8 : la longueur de la main chez le blanc = 52,9, chez le chimpanzé = 73,4, et chez deux autres singes, mais surtout chez l'orang, ces proportions sont encore plus frappantes. L'humérus est donc proportionnellement plus court chez les singes que chez l'homme, l'avant-bras et la main sont par contre plus longs. La main du chimpanzé comporte des doigts longs et étroits (fig. 56), un pouce mince et peu apparent, une paume longue, aplatie et étroite, dans laquelle l'éminence thénar est à peine saillante ; la main de l'homme, au contraire, est large, le pouce est bien développé au dessus d'une base proéminente, les pelotes tactiles font saillie à la face interne de la dernière articulation des doigts ; or, si l'on compare ces deux mains, on peut se rendre compte immédiatement, sans autres recherches sur la charpente osseuse, de l'immense différence qui existe dans la conformation des mains des deux genres. Si l'on examine au lieu de la main du chimpanzé, celle du gorille, celle-ci se rapproche tant de la main humaine au point de vue de la largeur et par la force du pouce que, comme Huxley le fait remarquer avec raison, il y a plus de dissemblance entre la main de l'orang, qui a pourtant un os de plus dans son métacarpe et celle du gorille, qu'entre la main de celui-ci et celle de l'homme.

D'après les observations d'Aeby, il serait difficile d'établir une distinction entre les différentes races d'hommes en se basant sur les proportions du bras entier ou de ses parties isolées. La différence de longueur entre l'avant-bras de l'Européen et celui du négre n'atteint pas un pour cent, différence bien insignifiante et qui se réduira encore peut-être, quand on aura procédé à des mesures plus multipliées.

Aeby fait remarquer en outre que, par les proportions du bras, le gorille ressemble tout à fait à l'homme, tandis que l'on trouve sous ce rapport des différences notables chez les autres singes.

Il serait inutile d'entrer dans de plus amples détails pour démontrer que le gorille, par ses membres et surtout par son bras, forme une véritable transition entre les singes et l'homme. Si on venait à trouver à l'état fossile un bras de gorille isolé, on l'attribuerait sans hésiter à l'homme, aussi bien que, dans les mêmes circonstances, on prendrait le crâne d'un microcéphale pour celui d'une nouvelle espèce de singes.

La différence est encore plus marquée dans la jambe, non-seulement sous le rapport de la longueur de ses différentes parties, mais aussi sous celui de leur conformation intérieure. Si on suppose que la longueur du fémur $= 100$, on trouve chez l'Européen les rapports suivants : tibia $= 82,5$, pied $= 52,9$; tandis que le chimpanzé donne pour le

Fig. 58. — Squelette du pied humain ; face supérieure.

tibia le chiffre de 80, et pour le pied celui de 72,8. Ici c'est donc la dernière articulation du pied qui atteint la plus grande longueur. Mais quel organe terminal en comparaison du pied de l'homme ! Une véritable main ! Les doigts sont, à la vérité, un peu plus courts et un peu plus larges, le pouce plus grand et plus épais que dans la main antérieure ; mais c'est cependant une vraie main à la face inférieure plate, avec des doigts bien séparés, mobiles et indépendants, avec un pouce puissant, opposable, et une paume étroite,

allongée et profondément sillonnée. Si l'on compare cette
main au pied de l'homme, on comprend facilement que
Burmeister dans son excellent ouvrage : *Geologische Bilder*,
ait considéré le pied comme un caractère propre à l'homme.
La force et la longueur du gros orteil qui, chez l'homme,
dépasse tous les autres doigts du pied, la petitesse et l'im-
perfection de ceux-ci, qui ne peuvent se mouvoir qu'ensemble et non séparément, les pelotes antérieures formées

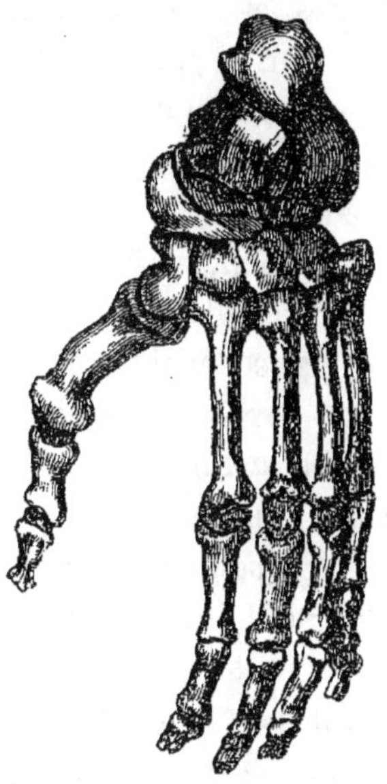

Fig. 59. — Squelette du pied du gorille, d'après Huxley.

surtout par les têtes des os métatarsiens, l'assemblage particulier des os du tarse et du métatarse, disposition qui fait
porter le poids du corps sur toute l'étendue d'une voûte,
favorise le détachement de la plante du pied du sol pendant
la marche, et augmente l'élasticité du pied entier ; les talons
étroits, mais élevés, peu saillants en arrière, toutes ces particularités du pied humain lui assignent un rang particulier
et important au nombre des caractères par lesquels la con-

formation humaine s'éloigne de celle des singes. Mais n'oublions pas cependant qu'ici encore il existe des transitions. Le pied du gorille ressemble beaucoup plus à celui de l'homme que le pied des autres singes, et le pied du nègre est beaucoup plus simien que celui du blanc. Les os du tarse sont, chez le gorille, entièrement semblables à ceux du nègre ; ce singe a les mêmes talons larges, aplatis et bas ; le gros orteil est plus long et plus épais que chez les autres singes, mais les doigts sont, dans leur ensemble, plus longs, plus mobiles, et le pouce leur est opposable. « Le « membre postérieur du gorille », dit Huxley, « se termine « par un vrai pied pourvu de gros doigts mobiles. C'est un « pied préhensile, si l'on veut, mais non pas une main, un « pied qui ne se distingue de celui de l'homme par aucun « caractère fondamental, mais seulement par d'autres pro-« portions, — par son degré de mobilité, — et la dispo-« sition des parties secondaires. »

Nous ne devons pas oublier que les termes de main et de pied ont été différemment compris, et ne peuvent pas se délimiter rigoureusement. La plupart des anatomistes placent la notion de main dans l'opposabilité du pouce ; or, Isidore Geoffroy Saint-Hilaire fait remarquer avec raison que beaucoup de singes, comme les colobes et les atèles, appartenant à l'Ancien et au Nouveau Monde, ne possèdent pas de pouce à la main antérieure ou n'en possèdent qu'un rudiment ; et que, surtout chez les singes, l'opposabilité du pouce est toujours plus complète aux mains postérieures qu'aux mains antérieures, ce qui est l'inverse chez l'homme. Tandis que Huxley veut restreindre la notion de main dans des limites telles, qu'il nommera pied préhensile l'extrémité postérieure du gorille, avec son pouce opposable, Geoffroy, au contraire, nomme main, même une extrémité sans pouce qui offre des doigts longs, profondément divisés, flexibles, mobiles et propres à la préhension. Si l'on admet

cette définition, la plupart des oiseaux, et surtout les perroquets, possèdent une main.

Examinons maintenant les organes intérieurs, et particulièrement le cerveau. Ainsi que je vous l'ai fait remarquer dans une précédente leçon, l'organe central du système nerveux est devenu, dans ces dernières années, l'objet
d'une discussion animée entre deux partis. On a vivement
débattu la question de savoir si le cerveau des singes, soit
par son plan fondamental, soit par la conformation des
diverses parties qui le composent, diffère ou non du cerveau
humain. Cette discussion a excité dans le monde scientifique les émotions les plus diverses ; or, bien qu'une des
deux opinions ait succombé sous le poids écrasant des
faits, nous voyons cependant avec un certain intérêt, ce
qui arrive souvent dans l'histoire de la science, le porte-
drapeau d'un des partis combattre encore avec obstination
à un poste désespéré. Je vous rappellerai à ce sujet l'anec-
dote de Thénard qui, dans une leçon sur le chlore, avait
parmi ses auditeurs le fameux chimiste Berzélius, le seul
parmi tous qui défendit encore l'opinion que le chlore était
un corps composé. D'une part, disait Thénard, nous voyons
tout le monde ; d'autre part, un seul homme, que l'armée
pour cette fois refuse de suivre, mais qui, à lui seul, tient
en échec tous les autres, quels qu'ils puissent être. De
même nous pouvons le dire ici : tous contre un, — mais
cet un est Richard Owen.

L'homme n'a, ni absolument, ni relativement, le cerveau
le plus grand et le plus lourd parmi les mammifères. Les
grands mammifères aquatiques ou cétacés surtout, comme
les baleines, les cachalots, les grandes espèces de dauphins,
ainsi que l'éléphant parmi les mammifères terrestres, ont
des cerveaux qui pèsent jusqu'à deux et trois livres ; les
petits singes américains, les sajous, les saïs, les saimiris,
ont, proportionnellement à leur corps, un plus grand cer-

veau que l'homme, car le poids du cerveau humain étant, relativement à son corps, dans le rapport moyen de 1 : 36 ; ce rapport chez les petits singes dont nous parlons est comme 1 : 13 ; comme 24 : 25. Quand même on pourrait attribuer à l'excessive maigreur des singes dans les ménageries une certaine influence sur ces résultats, il ne ressort pas moins de cet ordre de pesées que l'homme n'est pas l'animal le plus avantagé au point de vue de la masse cérébrale. Par contre, le cerveau est chez l'homme beaucoup plus grand par rapport à la moelle épinière et aux nerfs auxquels il donne naissance, ainsi qu'au cervelet. Seulement, sous ce point de vue, les races humaines inférieures manifestent une tendance prononcée vers la conformation animale, car le nègre se distingue autant du blanc par l'épaisseur proportionnelle de la moelle épinière et des troncs nerveux, que de leur côté les singes se distinguent du nègre.

Je tiens ici, messieurs, à vous mettre au courant de l'état actuel du débat et des diverses opinions qui règnent sur la conformation cérébrale des singes et de l'homme, et cela en vous citant, autant que possible, les paroles mêmes des auteurs. Il est curieux de voir combien dans ces questions on joue, pour ainsi dire, à cache-cache, grâce à quelques recoins derrière lesquels chacun cherche à s'abriter ; puis, lorsqu'il faut abandonner un coin pour se réfugier dans un autre, on y trouve toujours un joueur qui vous crie : Vous ne pouvez vous cacher ici, cherchez ailleurs. Lorsque l'un dit : Ce n'est pas dans le cerveau développé de l'adulte, mais dans son état embryonnaire que gît le caractère humain, l'autre répond : Oui, mais seulement eu égard à quelques points déterminés qui sont particuliers à l'homme! — Erreur, objecte un troisième, le singe les possède de aussi, c'est le type général de conformation qui constitue la différence! — Un quatrième intervient, et dit : La conformation est la même chez les deux, identiquement la même, mais le cerveau importe peu, c'est seulement avec l'esprit qu'il faut compter ! — Esprit, âme, s'écrie le cinquième d'un air sceptique, il n'y a là aucune différence de qualité, il n'y a qu'une différence de quantité, mais elle gît dans la structure, la division !

Owen a divisé les mammifères en plusieurs sous-classes d'après leur structure cérébrale et s'exprime comme suit :

« Le cerveau, chez l'homme, atteint un degré de déve-
« loppement beaucoup plus élevé, beaucoup plus distinct,
« que celui qui sépare les sous-classes supérieures des
« sous-classes inférieures. Les hémisphères cérébraux
« recouvrent non-seulement les lobes olfactifs et le cer-
« velet, mais encore ils les débordent, les premiers en
« avant et les seconds en arrière. Le développement posté-
« rieur est même si prononcé, que les anatomistes ont
« attribué à cette partie le caractère d'un troisième lobe
« qui serait propre au genre humain, aussi bien que la
« corne postérieure du ventricule latéral et l'ergot de
« Morand, qui caractérisent le lobe postérieur de chaque
« hémisphère. Des propriétés intellectuelles spéciales se
« rattachent à cette forme supérieure de conformation
« cérébrale. Les conséquences admirables qui découlent
« de ces caractères cérébraux me conduisent à consi-
« dérer le genre homme, non-seulement comme le re-
« présentant d'un ordre particulier, mais même d'une
« sous-classe de mammifères, pour laquelle je propose le
« nom d'*archencéphales*. »

A cela Huxley répond : « Je prouverai : 1° que le troi-
« sième lobe ne constitue pas un caractère spécial ou par-
« ticulier à l'homme, car il existe chez tous les singes
« supérieurs : 2° que la corne postérieure du ventricule
« latéral ne constitue pas un caractère spécial ou particu-
« lier à l'homme, car elle existe chez tous les singes

« supérieurs ; enfin, 3° que l'ergot de Morand ne constitue
« pas un caractère spécial ou particulier à l'homme, car il
« se rencontre chez la plupart des singes supérieurs. »

Les Anglais se livrent alors avec ardeur à l'étude du
cerveau des singes. Marshal dissèque un chimpanzé,
Rolleston un orang, Huxley un atèle; on fait des prépara-
tions, des dessins, des photographies, et les trois propositions de Huxley demeurent inébranlables ! Owen résiste, il

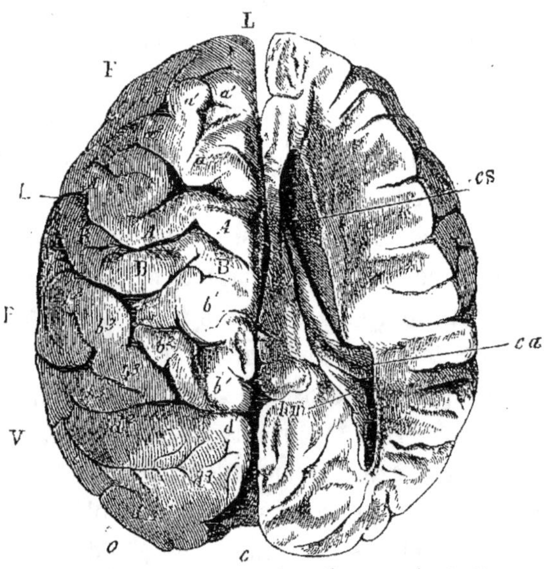

Fig. 60. — Cerveau du chimpanzé, vu d'en haut, d'après Marshal.

On a ouvert le ventricule droit avec la corne postérieure.

invoque à l'appui de son opinion négative d'anciens dessins de Tiedemann, de Schröder van der Kolk et de Vrölik,
pendant que ses adversaires invoquent ces mêmes travaux
et y trouvent la démonstration positive de leur manière de
voir. Les flegmatiques Hollandais interviennent alors et
écrivent :

« M. Owen, entraîné par le désir de combattre la théo-

« rie de Darwin (dont **MM.** Schröder van der Kolk et Vrö-
« lik ne sont du reste pas partisans), s'est, si nous ne
« nous trompons, complétement fourvoyé. Pour démontrer
« que le cerveau du nègre passe brusquement et sans tran-
« sition à un niveau beaucoup plus élevé que celui des
« singes anthropomorphes, M. Owen affirme que le lobe
« postérieur des hémisphères, la corne postérieure du ven-
« tricule latéral, et l'ergot de Morand, qui tous existent
« chez le nègre, font absolument défaut chez les singes. »
Les observateurs hollandais racontent ensuite que, dans
leurs travaux antérieurs, ils ont signalé et figuré toutes ces
parties, et qu'il est bizarre que M. Owen, au moment même
où il fait l'éloge de l'exactitude de leurs dessins, puisse
nier l'existence de ces mêmes parties qui, de son propre
aveu, sont si bien décrites et si bien figurées ; ils men-
tionnent les travaux d'Huxley, de Marshal, de Rolleston,
et poursuivent : « La concordance qui règne entre nous
« et ces trois observateurs nous honore et nous flatte ;
« nous nous réjouissons de la facilité avec laquelle on
« peut aujourd'hui se procurer des matériaux, grâce à
« l'établissement de nombreux jardins zoologiques et à
« l'excellent esprit qui anime les directeurs. Une erreur
« qui se fût éternisée autrefois est aujourd'hui prompte-
« ment reconnue et corrigée. Mais nous ne pouvons dissi-
« muler que nous sommes confus et profondément affligés,
« lorsque nous comparons les affirmations de M. Owen
« avec l'appui unanime que nos travaux ont rencontré chez
« les trois observateurs distingués que nous avons men-
« tionnés. »

Il ne saurait donc plus être question des signes caractéristiques qu'Owen prétendait reconnaître dans le cerveau humain, et Wagner de Gœttingue écrit avec beaucoup de
raison : « Je n'ai jamais pu comprendre qu'on ait tant
« insisté sur certaines parties très-insignifiantes du cer-

« veau, parties variables selon les individus, telles que les
« cornes postérieures plus ou moins longues du ventricule
« latéral, la présence du petit hippocampe, etc., et qu'on
« ait cru y trouver des caractères essentiels au cerveau
« humain et qui le distinguent du cerveau des singes
« anthropoïdes. »

On s'est attaché ensuite aux circonvolutions, qui sont,
chez l'homme, plus arrondies, plus nombreuses, plus compliquées et moins symétriques. Tout cela est très-vrai;
mais il n'y a là, de même que pour les rapports proportionnels des racines nerveuses, de la moelle épinière et du
cervelet avec le cerveau, que des différences relatives ou
quantitatives, mais point qualitatives.

Quant à la disposition générale des circonvolutions,
Gratiolet est aussi précis que sur le plan d'ensemble de la
conformation cérébrale. « Si on examine comparativement,
« dit-il, la série des cerveaux humains et simiens, on peut
« aisément observer les analogies remarquables que pré-
« sentent les formes cérébrales de tous ces êtres. Le cer-
« veau plissé de l'homme et le cerveau lisse du ouistiti se
« ressemblent par un quadruple caractère : un lobe olfac-
« tif rudimentaire, un lobe postérieur, couvrant tout le
« cervelet, une scissure de Sylvius tout à fait distincte, et
« une corne postérieure du ventricule. On ne trouve ces
« caractères réunis que chez l'homme et les singes; chez
« tous les autres animaux, le cervelet est en partie décou-
« vert, il y a presque toujours, même chez l'éléphant, un
« énorme lobe olfactif, et, à l'exception des makis, aucun
« autre animal n'a la scissure de Sylvius. Il y a donc une
« forme cérébrale spéciale à l'homme et aux singes, et chez
« tous ces êtres il y a un arrangement général, une dispo-
« sition dont le type est commun à tous.

« Cette similitude dans l'arrangement des circonvolu-
« tions chez l'homme et les singes est digne au plus haut

« point de l'attention des philosophes. Il y a de même un
« type particulier de plissement cérébral chez les ours,
« les chats, les chiens, les makis, bref dans toutes les
« familles naturelles. Chacune de ces familles a son carac-
« tère, sa norme, et dans chacun de ces groupes les
« espèces peuvent facilement être réunies d'après la seule
« inspection des plis cérébraux. »

Wagner est complétement d'accord avec Gratiolet. « Le
« plan fondamental de la conformation des lobes, la divi-
« sion en cerveau et en cervelet, dit Wagner, la forme, les
« délimitations réciproques des lobes cérébraux en lobes
« centraux, frontaux, pariétaux, temporaux et OCCIPITAUX
« sont disposés d'après un seul plan chez les quadrumanes
« et chez l'homme ; de même les sillons principaux, ou

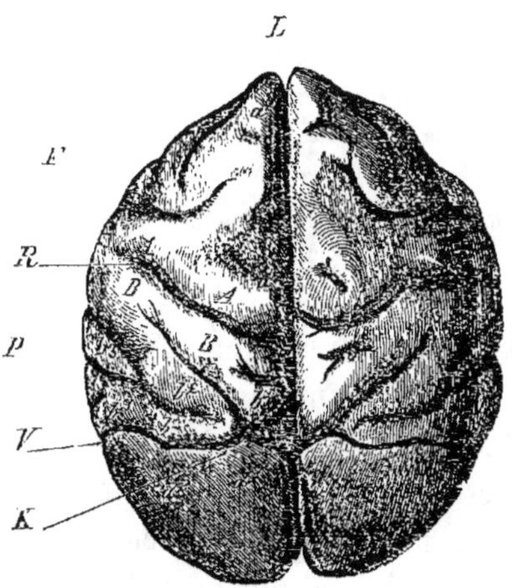

Fig. 61. — Cerveau du Ouanderou (*Macacus silenus*) vu d'en haut,
d'après Gratiolet.

« scissures, qui séparent nettement les lobes essentiels, les
« scissures de Sylvius, de Rolando, la scissure OCCIPITALE,
« le recouvrement du cervelet par le lobe cérébral POSTÉ-
« RIEUR, TOUJOURS FORTEMENT DÉVELOPPÉ, tout ceci donne,

« du plus au moins, au cerveau du singe le plus inférieur
« une analogie frappante avec le cerveau humain. »

Il y a donc un plan général qui est et reste le même ;
je ne puis mieux le prouver qu'en mettant en regard
quelques figures de cerveaux humains et de cerveaux simiens.

Mais il y a des gens qui ne se rebutent pas. Il faut pour-

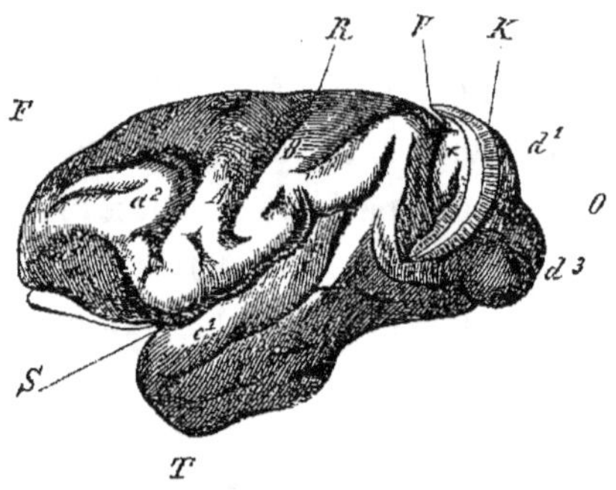

Fig. 62. — Le même vu de côté ; l'opercule a été renversé pour montrer les plis
de passage qui sont cachés au-dessous.

Les désignations sont les mêmes dans ces deux figures que pour la figure 60.
En outre : *k*. Opercule. — *x*. Plis de passage recouverts par l'opercule.

tant trouver des caractères distinctifs ; car, autrement, comment attribuer à l'homme une position exceptionnelle et
le séparer du reste du règne animal ? Si l'homme a et doit
avoir dans ses propriétés intellectuelles, dans les facultés
de son cerveau, non–seulement quelque chose *de plus*, ce
que personne ne nie, mais quelque chose de *tout nouveau*,
qui n'existe pas dans le reste du règne animal, si d'ailleurs
il est croyant et religieux, et, par conséquent, immortel
et susceptible de salut dans une vie éternelle, on doit trouver quelque chose dans le cerveau, ne fût-ce qu'un organe
de la foi !

Wagner a trouvé ce quelque chose de concert avec

M. Gratiolet. « Les singes supérieurs se rapprochent de
« plus en plus de l'homme, par la richesse des circon-
« volutions, par la profondeur des sillons, par la présence
« même des petites circonvolutions dans le lobe central de
« l'île, par une grande asymétrie, etc. Mais ils restent fort
« en arrière de l'homme au point de vue de la prépondé-
« rance soit des hémisphères, soit du cervelet, et laissent
« voir des différences importantes dans l'arrangement, la
« grandeur et la séparation des LOBES POSTÉRIEURS, qui
« sont toujours plus fortement développés chez les singes,
« et forment une sorte d'opercule qui recouvre une partie
« des circonvolutions nommées par Gratiolet, *plis de pas-
« sage.* » Et dans une note : « LES CIRCONVOLUTIONS DES
« LOBES POSTÉRIEURS DES SINGES NE PEUVENT SE RAPPORTER
« EXACTEMENT A CELLES DE L'HOMME. Si, malgré cela, j'ai
« essayé ce rapprochement dans mes planches des études
« préliminaires, et si je n'ai pas attribué aux plis de pas-
« sage de Gratiolet une importance particulière, *c'est que*
« *je sentais le besoin d'établir pour le cerveau humain une*
« *terminologie aussi simple que possible, dont on puisse se*
« *servir aussi dans les dissections.* »

J'ai reproduit les paroles ci-dessus en gros caractères,
parce que la phrase renferme une contradiction énorme.
D'abord les lobes postérieurs offraient une frappante analogie, puis ici une frappante différence ! Et comment ! ce
caractère humain unique du cerveau, que Wagner a
réussi à trouver, cet opercule qui recouvre les plis de
passage, il en fait assez peu de cas pour l'abandonner
complétement, uniquement afin qu'on puisse utiliser la
terminologie pour les dissections.

Mais revenons à la base, à Gratiolet, à qui seul les faits
sont empruntés.

« On connaît la forme du cerveau de l'homme, » dit cet
auteur. « La hauteur singulière, la largeur du lobe frontal,

« dont l'extrémité antérieure, au lieu de s'atténuer en
« pointe aigüe, est terminée par une surface dont l'étendue
« correspond à celle du frontal ; la grandeur de l'angle que
« forment entre eux les plans des fosses orbitaires, l'abais-
« sement de la scissure de Sylvius, la richesse et la com-
« plication générale des plis secondaires, distinguent au
« premier abord ce cerveau de celui de tous les primates.

« Mais ces différences, si grandes, si caractéristiques
« qu'elles puissent être quand on compare les proportions
« des parties, laissent cependant subsister de telles analo-
« gies entre le cerveau de l'homme et celui de tous les
« singes, que la même description générale leur convient
« également. » Plus loin : « Enfin, et c'est là un caractère
« essentiel, DANS L'HOMME TOUS LES PLIS DE PASSAGE SONT
« SUPERFICIELS. Ce fait, au point de vue de la comparaison
« des plis cérébraux de l'homme et de ceux des singes,
« est au plus haut point significatif. En effet : 1° chez le
« chimpanzé, le lobe occipital est grand et son opercule
« bien dessiné ; le pli de passage supérieur manque, et le
« deuxième est caché ; 2° chez l'orang-outang, le lobe occi-
« pital est médiocre, et son opercule incomplet ; le pli de
« passage supérieur est grand et superficiel, et le deuxième
« est caché. Chez l'homme, le lobe occipital est extrême-
« ment réduit, son opercule nul. Les deux plis supérieurs
« de passage sont grands, flexueux, et tous les deux super-
« ficiels.

« Cet ordre de succession si régulier, ce développement
« graduel, ne parlent-ils pas assez haut ? »

Il s'agit, comme on le voit, non plus des deux plis de
passage inférieurs, qui sont, chez tous les singes comme
chez l'homme, superficiels et découverts, mais seulement
des deux plis supérieurs, et encore pas des deux, mais du
second seulement, car le pli supérieur est découvert, superficiel et libre chez l'orang comme chez l'homme. Il s'a-

git aussi de l'opercule, mais d'un opercule complet, car il est incomplet chez l'orang, mais il existe pourtant. Je me soumets et j'inscris dans mon livre de notes : L'homme se distingue du singe par un opercule incomplet et par l'état superficiel et découvert du second pli de passage.

Avant tout, il nous semble que nous pourrions de nouveau appliquer ici les paroles de Wagner et répéter après lui qu'il est inopportun de citer comme caractères spécifiques humains des détails aussi insignifiants que le second pli de passage, qui, d'après Dareste, autre observateur des circonvolutions, peut varier selon les individus, et quelquefois même dans les deux moitiés cérébrales d'un même individu. Mais je me rassure, je continue d'étudier Gratiolet, et je lis au sujet de l'*Ateles Beelzebuth* : « Nous « reconnaissons aisément le lobe postérieur ; ce lobe est « d'une grandeur médiocre... En avant, ses limites sont « mal déterminées. En effet, la scissure perpendiculaire « externe est oblitérée par le développement des plis de « passage, *qui sont très-grands et tous superficiels.*

« CETTE CIRCONSTANCE EST REMARQUABLE, EN CE QUE « JUSQU'A PRÉSENT NOUS NE L'AVONS SIGNALÉE QUE DANS « L'ESPÈCE HUMAINE. »

Voilà maintenant, à proprement parler, notre caractère humain à tous les diables ! Point d'opercule ! Point de plis de passage recouverts ! Maudit Béelzébuth ! La nature nous montre ici combien le diable se rapproche de l'homme, et le capucin du diable. Chez le capucin, « le pli de passage « supérieur manque ; le second est superficiel, l'opercule « presque nul. »

Les tableaux sont souvent utiles pour permettre de juger d'un coup d'œil certains rapports. C'est pourquoi je tiens à vous présenter sous cette forme l'excellent caractère de l'opercule et des plis de passage.

PARTIES DU CERVEAU.	HOMME.	Beelzebuth.	CAPUCIN	ORANG	Chimpanzé
Lobe occipital........	petit	moyen	très court	moyen	grand
Opercule	manque	manque	manque presque	incomplet	complet
Pli de passage supérieur	superficiel	superficiel	manque	superficiel	manque
Pli de passage inférieur.	superficiel	superficiel	superficiel.	couvert	couvert

Or, n'est-il pas remarquable, que, dans la seconde moitié de son travail qui traite des singes américains, M. Gratiolet démontre précisément par des faits la nullité des affirmations qu'il établit dans la première partie?

N'est-il pas plus remarquable encore que M. Wagner, qui a étudié ce travail, qui le cite, et écrit en long et en large à son sujet, répète la première moitié, sans lire la seconde, quoique les phrases soulignées soient aussi soulignées dans l'ouvrage original ?

N'est-il pas enfin beaucoup plus remarquable encore que M. Gratiolet en 1860, c'est-à-dire dix ans après avoir lu son travail complet à l'Académie des sciences, en ait si complétement oublié les résultats, que, dans cette année 1860, il affirme sans hésitation que la superficialité du deuxième pli de passage constitue « un caractère absolument parti-« culier à l'homme ? »

Mais M. Gratiolet nous dit encore : « A l'âge adulte, « le mode d'arrangement des plis cérébraux est le même « dans l'un et l'autre groupe, et, si on s'arrêtait là, il n'y « aurait point de motifs suffisants pour séparer l'homme « des animaux en général, mais l'étude du développement « oblige de l'en distinguer absolument. En effet, les cir-« convolutions temporo-sphénoïdales apparaissent les pre-« mières dans le cerveau des singes et s'achèvent par le « lobe frontal ; or, c'est précisement l'inverse qui a lieu « chez l'homme, les circonvolutions frontales apparaissent « les premières, les temporo-sphénoïdales se dessinent en

« dernier lieu, ainsi la même série est répétée ici d'alpha
« en oméga, là d'oméga en alpha. De ce fait constaté résulte
« une conséquence nécessaire : aucun arrêt de développe-
« ment ne saurait rendre le cerveau humain plus sem-
« blable à celui des singes qu'il ne l'est à l'âge adulte ;
« loin de là, il en différera d'autant plus qu'il sera moins
« développé. Cette conséquence est complétement justifiée
« par le cerveau des microcéphales. »

Approfondissons un peu ces faits. Le premier a trait à
l'histoire du développement de l'homme et des singes.
Cette différence est-elle si considérable ? Elle dépend certainement de la circonstance que le lobe frontal se développe et devient prépondérant chez l'homme, et que l'activité formatrice, par conséquent, se porte de ce côté en
plus grande quantité. M. Wagner remarque avec raison à
ce sujet : « Quelques conséquences qu'on veuille ultérieu-
« rement tirer des différences indiquées par Gratiolet dans
« le développement, il existe cependant une étroite ana-
« logie (analogie et homologie), entre la série successive
« des phases du développement du cerveau humain et les
« degrés de développement des singes les plus inférieurs
« jusqu'aux singes supérieurs anthropoïdes. D'ailleurs, les
« lobes frontaux offrent déjà de bonne heure chez l'homme
« quelque chose de particulier, notamment dans la préco-
« cité de la formation des plis. Mais il y a pourtant une
« ressemblance très-décidée entre les hémisphères presque
« lisses du cerveau humain à vingt mois, et les hémis-
« phères privés de plis des petits ouistitis. De même, il y a
« aussi une analogie très-évidente dans la plus grande
« symétrie et la rareté des plis des deux hémisphères dans
« le fœtus de six à sept mois d'une part, et un grand
« nombre de singes d'une organisation un peu supérieure
« d'autre part, jusqu'aux groupes qui approchent des
« singes anthropomorphes. »

Enfin on pourrait demander si on a démontré cette loi
du développement chez d'autres espèces humaines? Autant
que je le sache, aucun observateur n'a encore étudié d'embryon nègre ou hottentot, du cinquième au septième mois.
Or, nous savons que le cerveau et le crâne sont intimement liés dans leur développement et correspondent

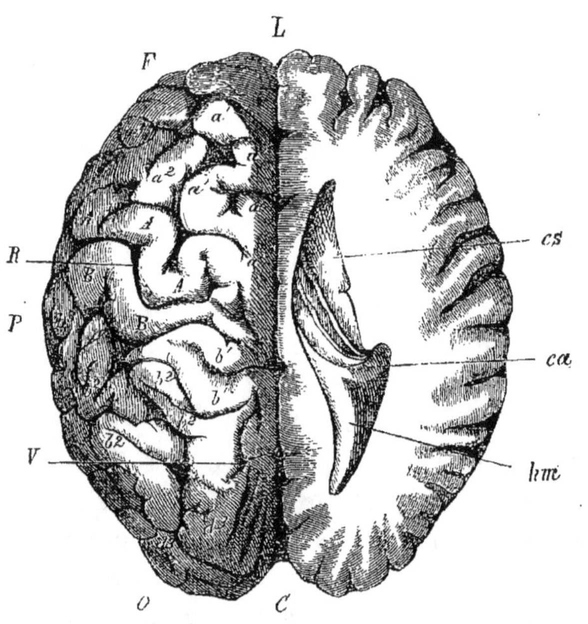

Fig. 63. — Cerveau d'un idiot de vingt-six ans, décrit par Theile. Les hémisphères
sont réduits à la longueur du cerveau du chimpanzé de la fig. 60, et le ventricule
du côté droit est également mis à découvert.

réciproquement ; nous savons de plus, et Gratiolet lui-
même l'a fait remarquer, que le crâne du nègre suit, relativement à la disparition des sutures, une autre loi que
le crâne du blanc ; que les sutures antérieures, soit la frontale et la coronale, du crâne du nègre s'effacent, comme
chez les singes, bien plus tôt que les sutures postérieures,

tandis que le contraire a lieu chez le blanc. Est-il donc si téméraire d'admettre que cette loi simienne de développement qui s'applique pour le crâne du nègre, puisse aussi s'appliquer pour le cerveau ?

Le second point a trait aux microcéphales. Ces êtres infortunés, qui, d'après M. Bischoff, ne sont point des hommes, doivent précisément permettre de prouver que le cerveau humain conserve son type particulier dans toutes les circonstances. Lorsqu'on a besoin d'eux, on les considère comme des hommes ; lorsqu'on ne peut les utiliser, on les repousse comme n'étant pas des hommes.

La conformation cérébrale des microcéphales dépend d'un arrêt de développement qui n'a pas atteint également le cerveau entier. L'arrêt frappe de préférence les lobes antérieurs ou frontaux ; les cerveaux de tous les microcéphales observés jusqu'à présent avaient tous, dans leur partie antérieure, le type des singes anthropomorphes ; ils s'étaient arrêtés à ce point encore précoce du développement embryonnaire « où le cerveau du fœtus offre moins « de plis cérébraux et de sillons que n'en offrent jamais « les cerveaux simiens. »

Le cerveau du microcéphale reste encore en arrière du type simien, même dans sa partie postérieure. Le cervelet n'est pas entièrement recouvert par les lobes postérieurs du cerveau, comme cela est le cas chez tous les singes, et cette circonstance rappelle le cerveau des carnassiers et la conformation du fœtus entre le troisième et le quatrième mois.

On nous dit maintenant que cette saillie du cervelet provient de l'insuffisance des lobes postérieurs, dont le développement complet constitue précisément le caractère humain.

« Dans le cerveau de notre microcéphale, » dit Wagner, « on peut voir, sur le moule en plâtre de l'intérieur du

« crâne, que les lobes pariétaux et postérieurs sont très-
« réduits, ces derniers faisant presque absolument dé-
« faut. » Et, dans un autre endroit : « La ressemblance
« extraordinaire que présentent sept ou huit cerveaux de
« microcéphales consiste en ce que l'atrophie de la masse
« nerveuse et des circonvolutions porte partout sur les
« lobes postérieurs, et sur la partie postérieure des lobes
« pariétaux. Le cerveau des microcéphales n'a pas, dans
« sa partie postérieure, la moindre analogie avec les cer-
« veaux simiens, dont les lobes postérieurs sont si dévelop-
« pés ; c'est entièrement le type humain, mais rabougri. »

J'ai voulu, Messieurs, soumettre ces différentes assertions à l'épreuve de la mensuration, et, faute d'autres matériaux, je me suis servi des dessins mêmes publiées par
Wagner. Sur les figures représentant la face supérieure des
cerveaux du microcéphale et du chimpanzé, j'ai mesuré,
sur le côté gauche, deux distances : la première, depuis l'extrémité antérieure du cerveau jusqu'à la scissure perpendiculaire qui sépare les lobes postérieurs; la deuxième,
depuis cette même scissure jusqu'à l'extrémité des lobes
postérieurs. Ces deux mesures m'ont donné, chez le chimpanzé : longueur des lobes antérieurs = 76 millimètres;
longueur des lobes postérieurs = 21 millimètres; chez le
microcéphale, lobes antérieurs = 75 millimètres; lobes
postérieurs = 20 millimètres. Je trouve de plus que, d'a-
près des mesures que Wagner a prises lui-même sur la
superficie du cerveau, cette superficie est à la surface des
lobes postérieurs (d'après une moyenne fournie par huit
hommes), dans le rapport de 100 : 16,2; et que, chez
les microcéphales, ce rapport est de 100 : 68,5, ce qui
donne pour le microcéphale une surface des lobes postérieurs quatre fois plus grande que chez l'homme adulte,
d'où il résulte que l'idiot a les lobes postérieurs au moins
aussi développés que les singes.

Conclusion : les lobes postérieurs sont aussi grands chez le microcéphale que chez le singe ; les lobes postérieurs de l'idiot sont aussi développés par rapport au cerveau que chez le chimpanzé.

La scissure transversale, ainsi que l'opercule du chimpanzé, ne se trouvent pas chez l'idiot, mais le Béelzébuth ne les possède pas non plus, et on ne peut réellement pas demander à un embryon humain de revenir au chimpanzé, alors que ses lobes postérieurs ressemblent tout à fait à ceux du Béelzebuth. Ainsi donc, la grandeur et la conformation des lobes postérieurs est identique à ce qu'elle est chez les singes, — le cerveau entier, les lobes antérieurs et postérieurs affectent le type simien.

Il est vrai que le cervelet n'a pas autant le type simien, parce qu'il fait saillie en arrière. Mais ceci provient seulement de ce qu'il est disproportionnément gros, et que, n'étant pas frappé d'arrêt de développement, il se rapproche beaucoup du cervelet humain normal, et, par conséquent, se trouve beaucoup plus grand par rapport au cerveau frappé d'arrêt de développement, et se comporte à peu près comme le cervelet des singes. C'est ce qui résulte des chiffres présentés par Wagner lui-même, d'après des mesures prises sur quatre microcéphales et un vieux orang-outang. Voici ces chiffres :

	MOYENNE DES quatre microcéphales.	ORANG.
Longueur du cerveau. ...	110.25	101
Largeur du cerveau.......	.79.25	108
Largeur du cervelet.......	78.75	86

Bref, le cerveau des microcéphales, par suite de l'arrêt de développement, qui va croissant d'arrière en avant, devient, tant par sa disposition générale que par ses diverses parties, étonnamment semblable à celui du singe, et aucune

des assertions qui tendraient à lui attribuer un type particulier ne saurait être conforme à la vérité.

La différence entre le cerveau du microcéphale, qui
pourtant n'est qu'un homme anormalement conformé, et
celui des races humaines les plus inférieures que nous connaissions, le cerveau de la femme bojesmane qui, au dire
de Gratiolet, correspond au cerveau des idiots de race
blanche, est donc plus grande que la différence entre le
cerveau de l'idiot et celui du singe.

L'idiot d'origine humaine, mais arrêté dans son développement à un certain degré primitif d'organisation, se
trouve plus voisin du singe que de son propre père: Le
chemin qu'aurait encore à parcourir son cerveau, pour arriver à la conformation normale humaine, est plus grand
que la distance qu'il a déjà parcourue depuis le point de
départ, le singe.

De quelque côté donc que nous tournions les yeux, nous
remarquons partout des différences graduelles, des phases
intermédiaires qui, à la vérité, ne tendent pas vers un
même point, mais signalent différentes issues et conduisent
vers elles.

SEPTIÈME LEÇON

Comparaison entre le nègre et l'allemand. — Proportions du corps du nègre. — Crâne. — Bassin. — Proportions des extrémités. — Bras, main, jambe, pied. — Parties internes. — Cerveau. — Race. — Déviations du type normal. — Variations dans la coloration de la peau. — Insensibilité du nègre. — Négrillons et leur développement. — Transformation frappante à l'âge de puberté. — Infériorité intellectuelle du nègre. — Constance des différences. — Analogie avec les animaux. — Formes intermédiaires entre l'homme et les singes. — Microcéphales, particulièrement les Aztèques.

MESSIEURS,

Nos recherches scientifiques, strictement basées sur les faits connus jusqu'à présent, nous ont amené à la conviction qu'il existe des différences essentielles entre les singes anthropoïdes et l'homme. Ces différences sont assez importantes pour que nous assignions au corps humain une place spéciale dans le système du règne animal, mais elles ne sont cependant pas assez considérables pour effacer la parenté étroite qui rattache l'homme aux animaux qui sont le plus voisins de lui. Nous avons, dans ces recherches, un peu idéalisé l'homme ainsi que les singes ; nous avons, en effet, négligé les différences qui se présentent dans chacun de ces groupes, pour les remplacer par une notion abstraite, collective et générale, malgré les formes diverses que chacun d'eux renferme. Nous avons de préférence choisi les individus les plus parfaits de ces groupes, et dirigé plus particulièrement nos regards sur les trois singes anthropoïdes des tropiques, pour le groupe des singes, et sur la race blanche, pour le groupe humain. Mais nous ne devons pas nous dissimuler qu'en approfonfondissant davantage le sujet, nous trouvons, dans les groupes eux-mêmes, des formes très-distinctes qui peuvent se comparer entre elles. De même, en effet, que les singes anthropoïdes, l'orang, le gorille et le chimpanzé forment trois types bien séparés, se rapprochant tous les trois, par certains points, de l'organisation humaine, et s'en éloignant par d'autres, de même, on rencontre dans le genre humain divers types qui se rapprochent du singe, tantôt par un point, tantôt par un autre, ce qui indique une tendance vers l'animalité, tandis que d'autres, au contraire, tendent vers le type le plus élevé de l'humanité. Pour continuer cette étude, nous avons l'intention de procéder de la même manière que nous venons de le faire dans les leçons précédentes.

Nous n'opposerons plus le genre humain tout entier au genre singe, nous allons, au contraire, examiner une forme définie de l'homme, et la comparer avec une autre forme, non moins définie, mais autrement conformée, pour arriver ainsi à déterminer les points qui distinguent ces divers types d'organisation. Nous choisissons, pour établir cette comparaison, deux types qui se trouvent presque aux deux extrémités de la série des formes humaines : c'est d'une part, le Nègre, et, d'autre part, l'Allemand. En les opposant toujours l'un à l'autre dans tous leurs détails, nous obtiendrons un résultat qui nous permettra d'exprimer, par une diagnose courte et précise, le degré des différences qui existent entre eux. Ce résultat sera l'expression même des faits, et, dans la prochaine leçon, nous le comparerons à des données semblables, que nous obtiendrons, en suivant la même méthode, par la comparaison de deux espèces de singes reconnues comme telles.

On verra par là si la somme des différences observées entre deux races humaines est plus grande ou plus petite que la somme des différences existant entre deux espèces de singes, dont la distinction comme espèces est reconnue par tous les observateurs. On verra alors si ce n'est pas avoir deux poids et deux mesures que de soutenir la diversité des espèces chez les singes, et l'unité de l'espèce chez l'homme.

Je sais bien qu'on peut faire un reproche à cette manière de procéder.

Vous choisissez, me dira-t-on, le Nègre et l'Allemand, en reconnaissant vous-même que ces deux types se trouvent presque aux limites extrêmes de la série humaine, puis vous choisirez probablement deux espèces voisines de singes, espèces appartenant au même genre, et ne se distinguant l'une de l'autre que par des différences insignifiantes. Il n'y aura donc rien d'étonnant à ce que vous trouviez, entre le Nègre et l'Allemand, des différences plus grandes que celles que vous trouverez entre les deux espèces de singes. Je répondrai à cela : l'espèce est l'espèce, et la science zoologique est une. Vos principes doivent avoir la même valeur, qu'on les applique à l'homme ou au singe, et ce qu'on nomme espèce pour l'un de ces types, on ne peut pas le nommer race ou variété pour l'autre. Donc, si les différences qui séparent le Nègre de l'Allemand sont plus considérables que celles qui distinguent le singe-capucin du sajou, il faut, ou que les deux types humains soient deux espèces comme les deux singes, ou que ces deux espèces de singes, jusqu'à présent regardées comme distinctes par tous les naturalistes, soient réunies en une seule.

Maintenant procédons aux recherches, sans nous préoccuper davantage du résultat.

Le Nègre est, en règle générale, beaucoup plus petit que l'Allemand ; la longueur totale de son corps est en moyenne de 64 à 66 pouces. Six squelettes de nègres ont donné une taille moyenne de 160 centimètres, tandis qu'un nombre égal de squelettes européens ont donné une moyenne d'un peu plus de 172 centimètres. On rencontre, il est vrai, chez les nègres, des individus athlétiques; on rencontre chez eux quelques races qui, comme chez les blancs, se distinguent par leur taille considérable; seulement, ces nègres exceptionnellement grands restent encore fort au-dessous de la taille qu'atteignent les hommes grands de la race germanique ou de la race anglo-saxonne, et on ne pourrait jamais trouver, même parmi les races noires les plus favorisées au point de vue de la taille, des géants comme on en voit quelquefois chez les races blanches.

Les proportions des diverses parties du corps paraissent très-différentes.

Chez le nègre, le tronc est plus court relativement aux extrémités, relativement surtout au bras, qui dépasse toujours le milieu de la cuisse. La plupart des nègres, peuvent sans se baisser ou se pencher, se gratter le dessus du genou. Le nègre a le cou court, les muscles de la nuque puissants, les épaules, par contre, plus étroites et moins fortes que le blanc. La conformation et la voussure de la nuque lui donnent une certaine analogie avec le gorille, et le développement extraordinaire des muscles de la nuque, outre la brièveté et la courbure de cette partie, ajoutent une expression de force et de férocité. C'est certainement pour cette raison que le nègre porte toujours les fardeaux sur la tête, jamais sur le dos ni sur les épaules, et que, dans le combat, il se sert de son crâne solide pour frapper son adversaire, comme le taureau combattant. La poitrine est petite, son diamètre antéro-postérieur est presque égal au diamètre transversal, qui l'emporte chez l'Allemand. L'abdomen est flasque, tombant, et en forme de sac; le nombril plus rapproché de la symphyse pubienne que chez le blanc. Même avec un système musculaire complet, les bras paraissent moins arrondis, les hanches sont étroites, les cuisses comprimées latéralement, les mollets maigres et peu charnus. Il est rare que le nègre se tienne complétement droit ; la plupart du temps ses genoux sont quelque peu ployés et sa jambe recourbée et cambrée. Les mains et les pieds sont longs, étroits, plats, et constituent toujours la partie la plus laide du corps du nègre.

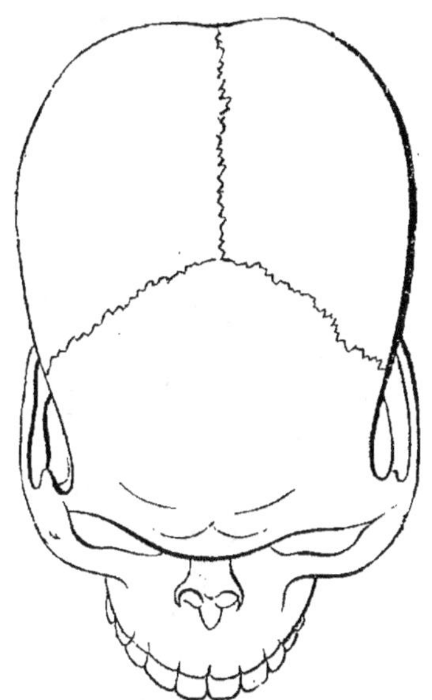

Fig. 64. — Crâne de nègre, vu d'en haut.

La plupart des caractères qu'on peut reconnaître déjà dans la conformation extérieure, ainsi que dans les proportions des diverses parties du corps, rappellent irrésistiblement les singes. Le cou court, les membres longs et maigres, le ventre ballonné et pendant : tout cela laisse entrevoir une parenté simienne à travers l'enveloppe humaine. De pareilles analogies se font remarquer aussi dans les détails de la conformation. Occupons-nous d'abord du squelette. Les os sont toujours d'un beau blanc d'ivoire, et extrêmement durs. Les angles et les crêtes sont fortement développés, et les contours des divers os sont surtout plus anguleux et plus saillants que chez l'Européen.

Le crâne est en général allongé, le front étroit, la ligne médiane comprimée et rarement relevée en quille mousse; les faces latérales sont aplaties, et la partie la plus large se

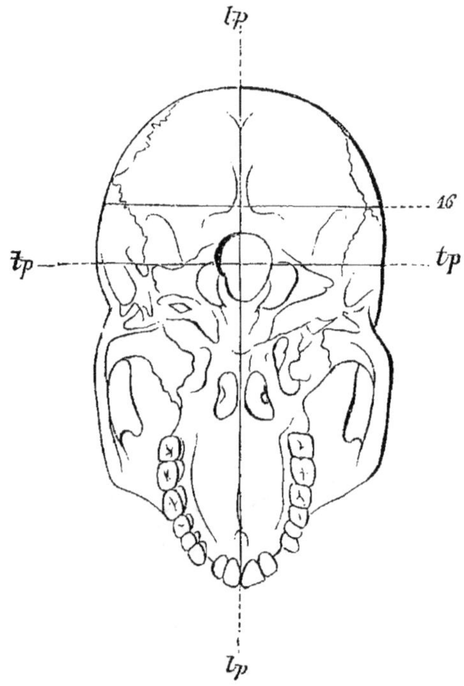

Fig. 65. — Crâne cafre, vu d'en bas.

trouve au tiers postérieur. Le crâne nègre est le type le plus pur que nous connaissions du crâne allongé à front fuyant. On trouve sur l'os frontal étroit, dont la face extérieure fuit en arrière, des arcades sourcillières moyennes, des protubérances frontales peu accusées, une large apophyse nasale, en rapport avec un nez large et aplati. Les fosses temporales sont profondément excavées en avant,

plates et allongées en arrière. Vu d'en haut, le crâne a l'air
d'avoir été comprimé fortement derrière les orbites. Les
pariétaux sont proportionnellement beaucoup plus grands
que le frontal et l'écaille occipitale, qui tous deux sont
très–petits et très-courts. Les sutures du crâne sont ordinairement fines, et les os wormiens qui se rencontrent fréquemment dans la suture lambdoïde des Européens constituent de rares exceptions chez les nègres. La base du crâne

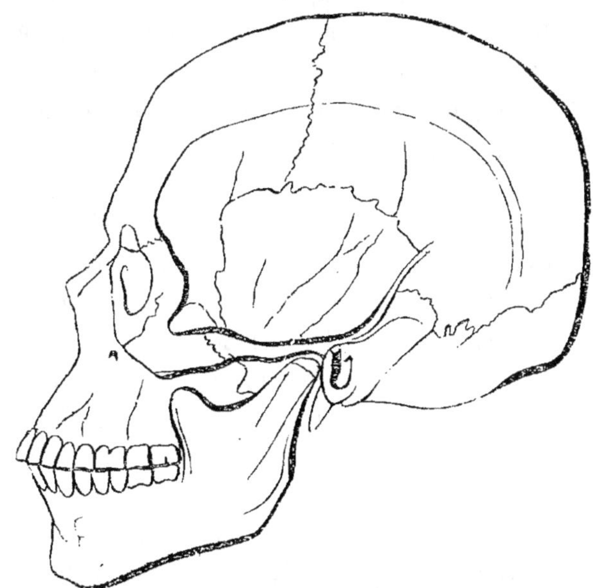

Fig. 66. — Crâne nègre, vu de profil.

est allongée, le trou occipital plus long que large, et situé
en arrière du milieu de la ligne qu'on peut mener du bord
dentaire antérieur au point proéminent de l'occiput. L'os
basilaire est long et étroit, les apophyses mastoïdes par
contre, ainsi que l'os du rocher, sont forts et épais; les
bords du trou occipital font fortement saillie au-dessus de
la base aplatie. Le crâne facial est extraordinairement
grand par rapport au crâne cérébral; les orbites sont

larges, en forme d'entonnoir, leur bord inférieur est très-épais, arrondi et saillant ; l'os nasal est court et étroit, presque carré, l'ouverture nasale plus large que haute, à angles arrondis, l'épine nasale peu prononcée, la mâchoire supérieure proéminente, présentant ordinairement des protubérances correspondant aux canines, les pommettes ordinairement saillantes, et coupées par une fosse profonde, de manière à former un angle. D'après Pruner-Bey, on peut observer trois degrés de prognathisme. Dans le degré de prognathisme le plus faible, le bord dentaire est elliptique, au lieu d'être parabolique, convexe en dehors dans tout son pourtour, et proéminent en avant ; mais les incisives sont implantées verticalement dans la mâchoire, de sorte que le prognathisme provient uniquement de la disposition même de celle-ci. Dans le second degré, les incisives sont plantées obliquement, mais dans le plan de l'inclinaison de la face extérieure de la mâchoire ; enfin, dans le troisième degré, elles forment à leur point d'attache un angle ouvert avec la mâchoire, et sont encore beaucoup plus saillantes. Dans aucun cas, le prognathisme du nègre ne tient uniquement à la position des dents et de leurs alvéoles ; la mâchoire elle-même joue toujours un rôle important pour amener la proéminence de la face. Il n'est pas rare de trouver chez les nègres une lacune, de peu d'étendue, entre les incisives et la canine de la mâchoire supérieure. Sömmering a aussi rencontré sur quelques crânes nègres une molaire supplémentaire à la mâchoire supérieure, deux anomalies, qui n'ont jamais, à notre connaissance, été trouvées dans les crânes germaniques. Les lacunes dentaires rappellent surtout les singes ; la molaire supplémentaire de la mâchoire supérieure, d'où résultait pour ces individus 34 dents au lieu de 32, rappelle les singes américains, qui ont 36 dents, l'augmentation chez ces derniers portant aussi sur la mâchoire inférieure. Le palais osseux n'est pas seulement absolument plus long, mais absolument plus large que chez le blanc, deux circonstances qui dénotent déjà le fort développement des mâchoires. Les arcades zygomatiques sont larges et recourbées, de sorte que le muscle temporal, qui sert à mouvoir la massive mâchoire inférieure, et qui remplit toute la fosse temporale, est beaucoup plus développé et beaucoup plus puissant chez le nègre que chez le blanc. La mâchoire inférieure est, en effet, bien plus développée chez le nègre, le menton est fuyant, large et arrondi ; la branche horizontale de la mâchoire est longue ; la branche ascendante, par contre, est courte et large, formant avec la première un angle obtus, de façon à pouvoir développer une grande puissance. Les dents sont grandes, larges, longues et d'un blanc éclatant ; leur substance paraît être beaucoup plus dure que chez les Européens, car les dents des nègres ne s'usent que peu et lentement. Certains dentistes ont dû en grande partie leur réputation à l'emploi des dents de nègre, qui trouvaient d'autant mieux leur place dans la bouche des dames européennes, que le crâne des femmes blanches se rapproche plus de celui du nègre que de celui de l'homme blanc.

Lorsqu'on considère les rapports du crâne cérébral avec le crâne facial, on est frappé par le caractère simien qui résulte du développement considérable de la partie postérieure du crâne chez le nègre. Par suite de cet allongement du crâne, de son étroitesse dans sa partie antérieure et de la fuite du front, le cerveau paraît, pour ainsi dire, glisser en arrière en s'éloignant de la face, et les toits des orbites qui s'inclinent beaucoup plus obliquement que chez l'Européen, tendent vers la position presque verticale qu'ils affectent chez la plupart des mammifères, ce qui donne aux orbites une forme en entonnoir. Malgré l'allongement de la boîte crânienne, sa capacité est notablement

plus petite que celle du crâne germanique, et la différence
peut aller jusqu'à **100** centimètres cubes, et même au delà
d'après les différentes mesures consignées dans le tableau
que je vous ai déjà communiqué.

L'angle facial de Camper mesure chez le nègre de 60°
à 70°, et descend même jusqu'à 55°, tandis qu'il s'abaisse
rarement au-dessous de 80° et est fréquemment plus élevé
de quelques degrés dans le crâne germanique. Dans ce
dernier, l'angle sphénoïdal est de 134°; chez le nègre, il
varie de 138° à 150°; l'angle à la racine du nez est de 66°
dans le crâne germanique, il atteint ordinairement plus de
70° chez le nègre, et va même jusqu'à 77°.

Quant au reste du squelette, on remarque au premier
coup d'œil que la double courbure en S de la colonne vertébrale est beaucoup moins prononcée chez le nègre que
chez le blanc, et se rapproche par sa conformation de la
courbure simple et uniforme des singes. Le bassin se distingue aussi tout particulièrement par sa longueur et son
étroitesse. Les diamètres du petit bassin, par lequel doit
passer à sa naissance la tête de l'enfant, sont très-petits
chez le nègre. Le grand diamètre est aussi moindre, et on
peut dire, en somme, que le bassin de la négresse (bien
que chez le sexe féminin cette partie du bassin soit plus
spacieuse que chez le sexe masculin), correspond par son
étroitesse et la faiblesse de ses diamètres à celui de l'homme
blanc, tandis que, chez la femme blanche, les dimensions
normales sont beaucoup plus considérables. Il n'y a là rien
d'étonnant, car la tête de l'enfant nègre affecte déjà à sa
naissance les caractères de sa race, par sa forme étroite et
allongée, à laquelle convient parfaitement le petit bassin
avec sa conformation conique ou cylindrique. Le bassin du
nègre, comparé avec celui de l'Européen, est surtout plus
grêle ; les os iliaques sont plus allongés en hauteur, et
non pas évasés et élargis ; ils sont dressés le long de la co-

lonne vertébrale, de sorte que leurs parties supérieures se trouvent placées, relativement au sacrum, à peu près comme les omoplates le sont relativement à la colonne vertébrale.

La longueur des extrémités, et tout spécialement les rapports existants entre leurs différentes parties, paraissent avoir une importance toute particulière[1]. Le bras est peut-

1. Je donne ici quelques chiffres proportionnels des parties des membres. Si on représente par 100 la longueur totale du corps, et qu'on rapporte à ce chiffre les longueurs des différents membres, on obtient les chiffres proportionnels qui suivent, calculés d'après les mesures de Burmeister.

	HOMMES.		FEMMES.	
	EUROPÉEN.	NÈGRE.	EUROPÉEN.	NÈGRE.
Membre supérieur....	45.5	44.6	46	48.8
Bras	18.9	18.15	19	20
Avant-Bras.........	15.9	14.77	14.3	16.7
Main	10.6	11.5	9.5	11.7
Membre inférieur	51.5	51.9	49.2	51.7
Cuisse...	26.75	27.8	27	28.3
Jambe	24.7	25.8	23.8	26.1
Pied..............	15.15	15	14.3	15.7

Si on calcule de la même manière les mesures prises par Pruner-Bey sur le squelette, on obtient les chiffres correspondant suivants, qui cependant n'ont pas la prétention d'être d'une exactitude complète, parce que, comme le dit l'auteur lui-même, la longueur totale dépend entièrement de la manière dont le squelette a été monté.

	EUROPÉEN.	NÈGRE.	EUROPÉEN.[1]	NÈGRE.	EUROPÉEN.[2]	NÈGRE.[3]	EUROPÉEN.
Humérus....	19.58	19.54	107.83	Le membre	100.2	100	100
Radius	14.78	15.32	103 37	correspondant	96.5	78.7	75.5
Main........	10.94	11.58	101.62	du nègre	94.47	59.3	52.9
Fémur......	27.29	27.94	105.10	est partout	97.68	100	100
Tibia.......	22.45	23.80	100.17	pris = 100.	96.43	85.2	82.5
Pied	14.51	15.40	102.04		94 3	54.8	52.9

1. Cette série est calculée d'après les chiffres absolus des mesures.
2. Cette série est calculée d'après les chiffres relatifs des deux premières colonnes.
3. Cette série indique les rapports des parties moyenne et terminale des membres à celle de la base, laquelle est prise = 100.

être quelque peu plus long que celui de l'Européen ; cependant, il y a différentes races de nègres chez lesquelles le rapport de la longueur du bras à celle de l'ensemble du corps est le même. Mais le rapport entre les différentes parties du bras est tout autre. Le bras du nègre est proportionnellement plus court, l'avant-bras proportionnellement plus long, que les mêmes parties chez l'Allemand. Ces rapports sont visibles au premier coup d'œil jeté sur le tableau ci-joint, et ce sont précisément, comme on l'a depuis longtemps remarqué avec raison, ceux qui indiquent le plus une tendance vers le type animal. L'os du bras dépasse incontestablement en longueur celui de l'avant-bras chez toutes les races humaines, et même chez tous les singes anthropoïdes ; seulement, tandis que cet excès est plus grand dans la race blanche, il diminue déjà chez le nègre, atteint le minimum chez les singes anthropomorphes, et le rapport se renverse enfin chez les singes américains, de sorte qu'à partir du genre *cercopithèque*, dans tout le règne animal, le bras est plus court que l'avant-bras. A propos des membres antérieurs, il faut remarquer leur maigreur, la distribution régulière et égale des faisceaux musculaires sur tout le membre, de sorte que la rondeur du bras, le renflement latéral interne que produit le ventre du biceps, le releveur de l'avant-bras, ainsi que l'apparence fusiforme que donnent aussi à ce dernier d'autres faisceaux musculaires , n'existent pas chez le nègre, dont le bras et l'avant-bras affectent, pour cette raison, dans toute leur longueur, une épaisseur monotone et disgracieuse.

A l'extrémité de cet avant-bras long et maigre, que, selon une remarque très-juste de Burmeister, le nègre à l'état de repos, par un certain sentiment naturel d'esthétique, porte toujours croisé, et non pendant, s'attache une main qui affecte décidément les caractères du type simien.

Bien que la taille du nègre et de la négresse soit en moyenne de quelques pouces inférieure à celle du blanc, la main chez les deux sexes est toujours absolument plus longue, d'au moins un pouce et plus, qu'elle ne l'est dans la race blanche. En outre, la main est étroite, les doigts sont longs et minces, les coussinets tactiles de la dernière articulation des doigts à peine perceptibles, les ongles rétrécis, couleur chair, arrondis à l'extrémité, fortement convexes, et se rapprochant un peu de la forme d'une griffe. Le creux de la main est aplati, dépourvu de chair ; l'éminence de la base du pouce notamment est à peine saillante, et, en même temps, elle est moins colorée que la face extérieure de la main, et parfois presque couleur chair. Le pouce est long et étroit, faible ; il atteint chez les noirs le milieu de l'index et même au delà. Tous ces caractères se rapprochent beaucoup de ceux de la main simienne, qui se distingue par l'étroitesse de la partie médiane, par de longs doigts à ongles recourbés, et par de faibles différences entre le pouce et les autres doigts. La disproportion entre les diverses parties du membre antérieur est encore plus marquée chez la négresse ; chez elle, l'avant-bras est absolument plus long que chez le nègre, tandis qu'elle a, par contre, le bras relativement plus court. Sans vouloir discuter plus longuement ce sujet, et pour m'en tenir au sexe mâle seul, je me contenterai de rappeler cette proposition si vraie, qu'il peut exister et qu'il existe entre les deux sexes d'une même espèce des différences plus grandes qu'entre les individus de même sexe de deux espèces différentes. Nous pouvons être certains que partout où nous apercevons un rapprochement vers le type animal, cette tendance est toujours plus prononcée dans le sexe féminin ; en conséquence, nous aurions découvert bien plus d'analogies avec les singes chez la négresse que chez le nègre, si nous avions choisi le sexe féminin pour notre point de départ.

Des rapports analogues se remarquent aussi dans la conformation des membres inférieurs. La jambe du nègre est proportionnellement plus longue que celle de l'Européen ; cette augmentation de longueur ne porte pas sur la cuisse, mais essentiellement sur la jambe, qui paraît être ainsi que le pied, plus longue et plus grande. De là vient aussi que lorsque l'individu a les bras pendants, les extrémités des doigts paraissent tomber plus bas et se rapprocher réellement davantage du genou que chez le blanc, car le raccourcissement de la cuisse rapproche en effet le genou du tronc. Les os de la cuisse et de la jambe sont quelque peu arqués en dehors, de sorte que les genoux s'éloignent l'un de l'autre et que les pieds du nègre sont plus en dehors que ceux du blanc. Ceci provient en grande partie de l'étroitesse du bassin, par suite de laquelle les cavités articulaires de la tête du fémur se trouvent plus rapprochées de l'axe du corps. Parfois, cette apparence est augmentée par une disposition particulière des masses musculaires. La cuisse ressemble, comme je l'ai déjà dit, à un gigot ; elle porte, comme le remarque Burmeister, une ligne saillante mousse, courant sur son côté antérieur, et devient tranchante sur sa face postérieure, tandis qu'elle est incontestablement comprimée sur les côtés. La jambe semble, en conséquence, maigre, sans mollet, comprimée latéralement, le gras de la jambe faiblement indiqué ; le membre entier paraît en bois, dépourvu de chair, grossièrement équarri, n'offrant point de renflement sous la peau, laquelle est roide et tendue sur une surface à peu près uniformément cylindrique.

Le pied du nègre, dit Burmeister, fait une impression désagréable. Tout en lui est laid, à cause de son aplatissement absolu, de son talon large, déprimé, et saillant en arrière, de son bord extérieur aplati, du coussinet de graisse, qui occupe la cavité du bord interne, et des doigts écartés. Examinons ces caractères d'un peu plus près. Nous avons vu que le caractère essentiel du pied humain consiste surtout dans sa conformation voûtée, dans la prépondérance de la partie moyenne ou métatarse, dans le recul de l'astragale, et dans la direction égale et le raccourcissement des doigts, parmi lesquels le pouce seul est long et large, mais non opposable comme dans la main. Si on examine les traces que laissent sur le sol les pieds mouillés, on remarque qu'elles consistent en une empreinte ronde postérieure, correspondant au talon, et une empreinte transversale et pyriforme en avant, dont la partie renflée se trouve du côté intérieur du pied, et dont l'extrémité amincie est du côté extérieur ; cette empreinte est formée par les bourrelets du tarse. Parfois, on remarque une petite ligne indiquant le bord extérieur du pied, qui part de l'empreinte antérieure et se dirige vers celle du talon, qu'elle n'atteint que rarement; l'empreinte antérieure correspond aux articulations des doigts sur le métatarse ; les orteils ne se marquent ordinairement que pendant la marche. La partie métatarsienne du pied s'élève au-dessus du sol, et ne vient jamais le toucher ; les gens qui ont les pieds plats, c'est-à-dire dont le milieu de la semelle touche le sol, sont mauvais marcheurs, et refusés au recrutement comme impropres au service.

D'après une chanson américaine, citée par Burmeister, le nègre creuse un trou dans le sol avec le milieu de son pied. Celui-ci est, en effet, un pied complétement plat ; ce caractère déjà très-appréciable sur le squelette, est encore plus frappant sur le vivant, car les coussinets de graisse remplissent non-seulement le creux de la semelle, mais débordent fréquemment en dessous, et constituent un matelas qui dépasse même le plan que forment le talon et les pelotes métatarsiennes. Les orteils sont plus longs, plus étroits, plus séparés et plus mobiles, que chez les Européens ; le gros orteil est presque toujours plus court que le second, mais étroit et séparé des autres par un vide, rapprochement frappant avec la conformation de la main. Or, nous avons déjà vu que l'existence d'un pied au lieu d'une main cons-titue un des caractères essentiels de l'homme, et c'est surtout le pied du gorille, ou sa main postérieure, comme on voudra l'appeler, qui offre dans les détails de son orga-nisation, les analogies les plus prononcées avec le pied du nègre.

Quant aux organes internes, je vous communiquerai les observations de Pruner-Bey, qui, en qualité de médecin du vice-roi d'Egypte, a pu, pendant plusieurs années, faire de nombreuses recherches sur ce sujet. Voici ce que dit cet auteur :

« Déjà Sœmmering avait remarqué que les nerfs péri-« phériques sont plus gros relativement au volume du « cerveau chez le nègre que chez le blanc. Ce fait est con-« staté dans tous ses détails par la belle pièce sortie des « mains habiles de M. Jacquart, et exposée dans les gale-« ries du Muséum d'histoire naturelle.

« Le cerveau étroit et allongé présente toujours à sa « surface une teinte brunâtre à cause d'une injection con-« sidérable de sang veineux. » (D'autres observateurs attribuent cette coloration noirâtre, avec plus de probabi-lité à notre avis, à un dépôt plus abondant de pigment dans la substance grise, ainsi que dans l'arachnoïde.) « Les « veines superficielles y sont très-larges, la substance « grise présente à l'intérieur une couleur tirant sur le « brun clair, la blanche est jaunâtre. La couche corticale « de substance grise des hémisphères cérébraux est « moins épaisse que chez l'Européen. Vu de face, le cer-« veau présente une pointe arrondie; vu d'en haut, les « détails apparaissent plus grossiers et moins variés que « chez l'Européen. Les plis, surtout les antérieurs et les

« latéraux, sont peu profonds et aplatis, à l'exception du
« troisième pli primitif, dont la courbure produit la saillie
« du front. En suivant les ondulations d'avant en arrière,
« on remarque moins de ces déviations latérales dans les
« plis qui font du cerveau aryen un véritable labyrinthe.
« Sur le lobe moyen, les plis paraissent considérablement
« relevés, mais grossiers. Le lobe postérieur m'a toujours
« paru aplati en haut comme l'inférieur à sa base. Dans la
« vue de profil, c'est surtout la direction de la scissure de
« Sylvius qui a préoccupé les anatomistes. Pour ce qui
« regarde la première, je n'y ai jamais pu observer une
« différence appréciable entre le cerveau du nègre et celui
« de l'Égyptien, que je plaçais souvent à côté pour étudier
« au moins les rapports des parties à la surface externe.
« La partie supérieure au-dessus du corps calleux est
« relativement peu élevée, le cervelet a une forme moins
« anguleuse que chez l'Européen; le vermis et la glande
« pinéale sont très-grands. Enfin, la consistance de la
« masse cérébrale est incontestablement plus forte chez le
« nègre que chez le blanc.

« L'inspection du cerveau du nègre montre que les plis
« du centre se dessinent nettement, comme dans le fœtus
« aryen de sept mois, et que les détails secondaires y sont
« moins soignés. Par sa pointe arrondie, par son lobe pos-
« térieur moins développé, il ressemble au cerveau de nos
« enfants; par la saillie du lobe pariétal, au cerveau de
« nos femmes. La forme du cervelet, le volume du vermis
« et de la glande pinéale placent de même le nègre à côté
« de l'enfant aryen. »

Huschke mentionne encore quelques autres différences
dans la conformation du cerveau. D'après lui, la scissure
de Sylvius, ainsi que celle de Rolando, sont plus verticales
chez le nègre que chez l'Européen; les lobes antérieurs
courts, les circonvolutions surtout plus grossières, le pli

antérieur, large mais sans île; le lobe postérieur par contre est pourvu de grossiers plis secondaires; Huschke finit par conclure que le cerveau du nègre, ainsi que le cervelet et la moelle épinière, offrent le type de la femme et de l'enfant européens et, en outre, se rapprochent de ceux des singes. L'analogie du cerveau du nègre avec celui de la femme européenne, serait encore plus grande, s'il n'y avait entre les deux cette différence, que le premier se distingue par sa longueur, le second par sa largeur.

Je n'ai pas à ma disposition de cerveau de nègre; je dois ajouter que les anciens dessins ne peuvent m'inspirer aucune confiance, parce que, ainsi que nous l'avons précédemment expliqué, les circonvolutions, qui sont ici le point important, n'ont pas été reproduites dans les dessins des auteurs anciens avec la fidélité nécessaire pour une appréciation exacte. Lorsque je considère le cerveau de la Vénus hottentote, dont Gratiolet nous a donné une excellente figure, cerveau qui s'éloigne du type nègre par son peu de longueur et sa largeur, tout en ayant en commun avec lui beaucoup de particularités typiques, et que je le compare avec le cerveau germanique d'une part, et le cerveau d'un singe anthropomorphe d'autre part (voy. les fig. 67-69), je trouve une ressemblance frappante entre le singe et les hommes de race inférieure, notamment dans la conformation du lobe temporal. La simplicité du sillon parallèle, la disposition des circonvolutions, concorde si étonnamment avec celle de l'orang, qu'on attribuerait certainement le cerveau d'un boschiman plutôt au singe qu'à l'homme, sans la différence considérable que cause dans la conformation du lobe postérieur la présence de l'opercule. Les lobes frontaux, pariétaux et temporaux offrent, par contre, des caractères décidément simiens, par la simplicité et la grossièreté de leurs circonvolutions, qui laissent facilement reconnaître les traits

16

primitifs, sans que leur arrangement soit troublé par des plissements latéraux.

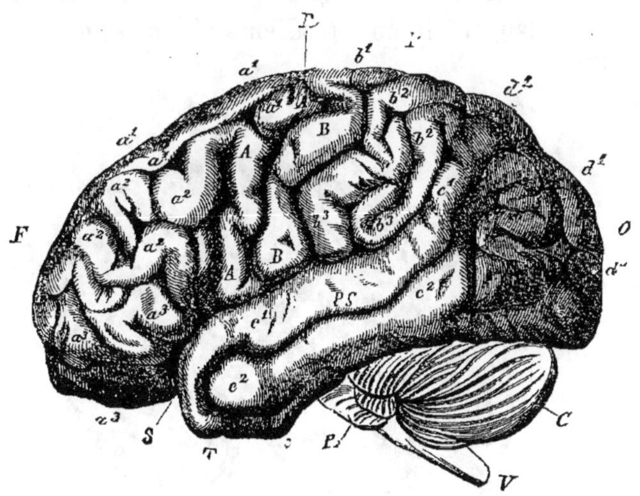

Fig. 67. — Cerveau de la Vénus hottentote ; vu de profil.

Bref, on peut dire que le cerveau de la Vénus hottentote, peu développé dans son ensemble, se rapproche

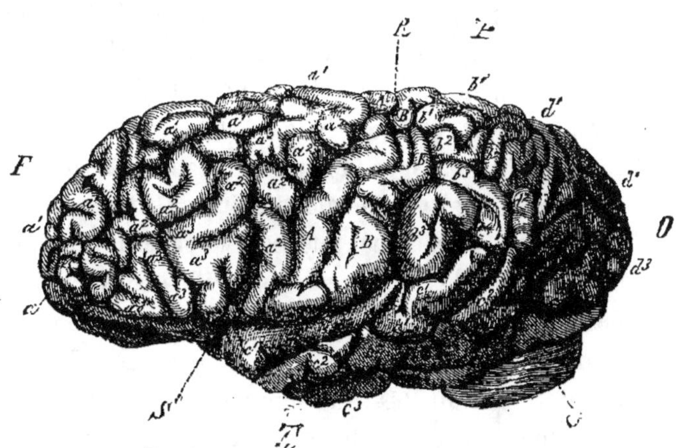

Fig. 68. — Cerveau de Gauss ; vu de profil.

plus du cerveau du singe que de celui du blanc, par sa forme et la disposition de ses circonvolutions ; mais que, par la plus grande masse du cerveau, et le caractère distinctif des lobes postérieurs, dont nous avons établi la valeur dans la leçon précédente, il appartient au type humain.

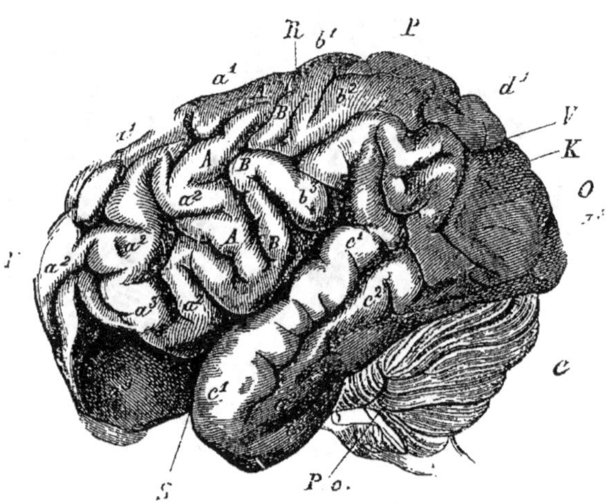

Fig. 69. — Cerveau de l'orang-outang ; vu de profil.

Voici les remarques que fait Pruner-Bey relativement aux autres organes internes : « Le globe de l'œil est au « moins aussi grand, sinon plus que chez l'Européen ; la « cornée cependant est relativement petite et aplatie, la « pigmentation interne très-forte, l'iris d'un brun foncé « mêlé de jaune, la rétine très-résistante. De même que « sur la peau, le système glandulaire se trouve fort déve- « loppé sur l'enveloppe interne ; le canal intestinal pré- « sente toujours un aspect très-accidenté, surtout dans « l'estomac et le colon. La muqueuse intestinale est très- « épaisse, viscide et grasse en apparence. Toutes les « glandes abdominales sont d'un volume démesuré, prin- « cipalement le foie et les capsules surrénales ; un état « d'hypérémie veineuse paraît être habituel à ces organes. « La position de la vessie est plus élevée que chez l'Euro- « péen. Les vésicules séminales, fort grandes, regor-

« gent toujours d'un liquide trouble, d'une couleur lé-
« gèrement grisâtre, même dans les cas où l'autopsie se
« pratiquait peu de temps après la mort. La verge est tou-
« jours d'une grandeur démesurée. Le sang du nègre est
« toujours épais, noir, viscide et poisseux ; il sort rare-
« ment en jet par la saignée, adhère fortement au vase, et
« présente toujours une sérosité d'un jaune plus ou moins
« foncé. Les poumons, relativement beaucoup moins vo-
« lumineux que les viscères du bas-ventre, sont commu-
« nément très-mélanosés, et refoulés par l'estomac, la
« rate et le foie ; on dirait que c'est surtout ce dernier
« organe qui se met à leur place. On trouve du pigment
« sous la forme de taches noires, plus ou moins étendues,
« non-seulement sur la langue, sur le voile du palais et
« sur la conjonctive aux angles externes des yeux, mais
« aussi sur la muqueuse du canal intestinal. La graisse est
« toujours d'un jaune de cire ; une coloration analogue
« s'observe dans toutes les membranes cellulaires et
« fibreuses jusqu'au périoste. Les membranes muqueuses
« apparentes de la bouche, des narines, etc., présentent
« une couleur cerise, à l'exception des lèvres qui sont
« bleuâtres. Le développement des muscles, à l'exception
« des masséters, des muscles externes de l'oreille, du larynx,
« et quelquefois des temporaux, n'est pas en rapport avec
« la pesanteur des os ; leur couleur n'est jamais le rouge
« éclatant de l'Européen, c'est plutôt une teinte jaunâtre,
« ou quelquefois tirant sur le brun. La face du nègre est
« plate, mais étroite, assez pointue en dessous, tandis que
« les os malaires et la partie postérieure des joues, qui
« sont rembourrées par les masséters, font une forte
« saillie. La fente palpébrale est étroite et horizontale,
« les yeux assez éloignés l'un de l'autre. L'ouverture des
« narines présente, au lieu d'un triangle élevé, une ellipse
« transversale ; la pointe du nez est émoussée, arrondie,

« épaissie, et enfin l'oreille est petite, détachée de la tête,
« épaisse, arrondie avec un lobule peu séparé. La partie
« supérieure de la face avec son front oblique et étroit, ses
« bords orbitraires fortement saillants, ressemble encore
« plus à la face du singe que la partie inférieure avec sa
« mâchoire avancée et ses dents dont la blancheur paraît
« d'autant plus vive, qu'elle contraste avec le ton noir du
« visage, et la teinte brune ou violette des lèvres. »

Je sais que la description du type nègre, telle que je
viens de vous la donner, est prise précisément d'après les
nègres qui offrent le type le plus pur, et qu'on rencontre
beaucoup de races chez lesquelles quelques-uns de ces
caractères peuvent être ou plus effacés ou plus accentués.
Voici comment Pruner-Bey résume ces variations : « On est
« forcé d'avouer, dit-il, que le bord inférieur de l'orbite
« s'amincit et se retire souvent ; que le nez se relève et
« s'allonge ; que les lèvres, de renversées qu'elles sont dans
« beaucoup de tribus, sont simplement épaissies dans
« d'autres ; que le prognathisme diminue, mais très-
« rarement au point de s'effacer presque entièrement ; que
« la fente palpébrale s'élargit : que la chevelure, de courte,
« crépue et touffue qu'elle est dans la plupart des peu-
« plades nègres, s'allonge, et prend même, quoique rare-
« ment, un aspect simplement frisé ; que le thorax s'élar-
« git dans le sens latéral chez d'autres ; que le bassin
« même, ce qui est fort rare, prend des contours un peu
« plus arrondis, qu'ailleurs les extrémités présentent des
« proportions plus harmoniques ; que les hanches, les
« cuisses et même les jambes sont plus musclées et le pied
« plus voûté, mais, pour ce qui regarde le couronnement de
« l'œuvre, c'est-à-dire le crâne est surtout sa partie céré-
« brale, les variations de la race nègre sont restreintes
« dans des limites qui méritent toute notre attention. Le
« crâne cérébral, dans la race aryenne, présente trois

« types bien distincts : le type allongé (y compris même un
« léger prognathisme dans quelques cas exceptionnels), qui
« touche pour sa partie cérébrale, à la limite de celui du
« nègre ; le type court et arrondi qui se rapproche du type
« touranien ; et enfin le type du beau, la forme ovale har-
« monique, qu'on dirait être le résultat de l'union des
« deux précédents. Rien de pareil dans le nègre. Son
« crâne cérébral est toujours allongé, il reste elliptique ou
« cunéiforme. Son crâne facial peut s'approcher de la
« forme pyramidale par la distance des pommettes ; il peut,
« sous ce dernier rapport, toucher à la limite du type
« Betschouana-cafre dont il est le plus proche parent ;
« rien de plus ! Cependant la collection de Gall renferme
« un crâne d'Autrichien dont les proportions corres-
« pondent assez au type du crâne nègre [1], et M. Meigs fait
« mention d'un crâne nigritique contenu dans la galerie
« de Morton qui, à part un léger prognathisme, pourrait
« être pris pour un crâne d'Européen, de l'aveu du cé-
« lèbre crâniologiste. Mais, en supposant même que ces
« crânes exceptionnels dérivent d'une source pure, il res-
« terait toujours assez de signes caractéristisques, sur le
« vivant comme sur le squelette, pour distinguer de pa-
« reils individus du nègre, du blanc et de toute autre race
« humaine.

« La même appréciation est valable pour ce qui regarde
« les traits réguliers et caucasiques, que les voyageurs
« prêtent à beaucoup de peuples nègres. Je n'ai jamais ren-
« contré un seul individu nègre, parmi bien des milliers
« que j'ai examinés attentivement, qui ait pu m'autoriser
« à confirmer cette assertion. »

1. Dans la collection anatomique de Berne se trouve le crâne d'un
assassin exécuté, qui, au premier coup d'œil, sans examen plus minutieux et sans mesures, ressemble plus au type nègre qu'aucun autre
crâne de blanc que j'aie vu jusqu'à présent. C. V.

On remarque des variations semblables à l'égard de la coloration de la peau. La couleur noir velours est excessivement rare ; ordinairement ce sont différentes nuances de brun, qui produisent entre elles de forts beaux tons, ou de gris qui affectent toujours alors un affreux aspect cadavérique. Mais si le pigment, qui est disposé dans la peau, et souvent même dans les organes internes du nègre, paraît être de la même nature que la matière colorante des taches de rousseur et des points bruns de la peau des Européens, cela ne veut pourtant pas dire qu'un Européen hâlé par le soleil, jauni par une maladie de foie, ou noirci par le mal des vagabonds ou par la faim, en arrive jamais à ressembler aux variétés claires de la race nègre. La distribution égale de la couleur sur le corps entier, son état de saturation, pour ainsi dire, sur les points couverts aussi bien que découverts du corps, rendent toujours facile la distinction sous ce rapport, même à l'exclusion des autres caractères.

En ce qui concerne la finesse des sens, le nègre paraît être en général très-inférieur au blanc ; ce fait ne confirme en aucune façon l'opinion qui attribue aux nations sauvages, et aux hommes à l'état de nature, des sens beaucoup plus fins et plus subtils. Les yeux du nègre sont même ordinairement assez obtus, et leur cornée aplatie paraît devoir favoriser plutôt la presbytie que la myopie. L'odorat, le goût et l'ouïe ne se distinguent ni par leur délicatesse, ni par leur subtilité. Les noirs montrent cependant beaucoup de talent pour l'art de la cuisine et pour la musique ordinaire ; en Amérique, c'est, en effet, parmi les hommes de couleur qu'on prend presque tous les musiciens et les cuisiniers. Le toucher n'offre rien de particulièrement délicat, et les coussinets tactiles des extrémités des doigts sont bien moins développés que chez le blanc ; mais, d'après Pruner-Bey, « le phénomène le plus frap-

« pant par rapport à la sensibilité générale, c'est l'apathie
« au moins apparente du nègre en face de la douleur;
« nous n'en avons jamais observé la moindre manifes-
« tation spontanée. Dans les maladies les plus graves des
« organes internes, le nègre, arrivé à un certain point,
« reste blotti sur sa couche, dans les hôpitaux du moins,
« sans répondre par le moindre signe à la sollicitude du
« médecin. Cependant, à l'état d'esclavage civil, quand une
« longue connaissance antérieure l'a rapproché un peu
« plus de nous, il devient plus communicatif, sans accuser
« pour cela un degré de sensibilité quelconque par la ma-
« nifestation de la douleur. Les contrariétés et les mau-
« vais traitements font verser des larmes à la négresse, à
« son enfant, au nègre lui-même, jamais la douleur phy-
« sique ne provoque rien de pareil. Le nègre fait assez
« souvent résistance aux opérations chirurgicales ; mais
« une fois décidé, il fixe son regard immobile sur l'instru-
« ment et la main du chirurgien, sans donner le moindre
« signe d'inquiétude ou d'impatience; ses lèvres cependant
« changeront de couleur, et la sueur ruissellera de son
« corps pendant l'opération. Comme on le voit, les nègres
« sont nés stoïciens, mais plus par disposition originelle
« que par éducation ou par habitude. »

Je ne puis mieux faire, en ce qui concerne le développement de l'enfant nègre, que de vous transcrire encore
les paroles mêmes du docteur égyptien que nous venons
de citer : « L'enfant nègre, dit-il, naît sans prognathisme,
« avec un ensemble de traits qui est déjà plus ou moins
« caractéristique pour les parties molles, mais qui se des-
« sine à peine sur le crâne. Sous ce rapport, le nègre, le
« Hottentot, l'Australien, le Nouveau-Calédonien, n'accu-
« sent pas encore, au moins sur le système osseux, les
« différences qui se feront jour plus tard [1]. Le nègre nou-

1. Cette assertion de Pruner-Bey me paraît un peu hasardée et non

« veau-né ne présente pas la couleur de ses parents : il est
« d'un rouge mêlé de bistre, et moins vif que celui du
« nouveau-né d'Europe. Cette couleur primitive est ce-
« pendant plus ou moins foncée, selon les régions du
« corps. Du rougeâtre elle passe bientôt au gris d'ardoise,
« et elle correspond enfin à la couleur des parents, plus
« ou moins promptement, selon le milieu dans lequel le
« négrillon grandit. Dans le Soudan, la métamorphose,
« c'est-à-dire le développement du pigment, est ordinaire-
« ment achevée au bout d'une année, en Égypte au bout
« de trois ans seulement; la chevelure du négrillon nou-
« veau-né est ordinairement couleur châtain plutôt que
« noire; elle est droite et légèrement courbée au bout.
« Il m'a été impossible de constater avec exactitude l'éten-
« due des fontanelles. Mais, à en juger d'après les crânes,
« la différence avec l'enfant aryen à cet égard n'est pas
« appréciable. » (Burmeister dit ce qui suit au sujet de
la différence du négrillon : « Les cheveux ne sont ni cré-
« pus, ni noirs; ils sont brun-châtain et fins comme de
« la soie. Mais, peu à peu, en s'allongeant, ils prennent une
« teinte plus foncée, deviennent plus durs et plus crépus,
« et sont tout à fait laineux à l'époque où l'enfant apprend
« à marcher. Ceci me fait involontairement penser au du-
« vet des poussins, car cette chevelure du négrillon se
« comporte, vis-à-vis de la toison laineuse de la mère, à
« peu près comme le duvet des poussins vis-à-vis des
« plumes de la poule. »)

basée sur des recherches suffisantes. Je n'ai pas pu encore observer
d'enfant nègre nouveau-né : seulement dans les *Decades craniorum* de
Blumenbach, on trouve une figure qui laisse apercevoir du premier
coup d'œil la longueur considérable et l'étroitesse du crâne, ainsi
qu'une proéminence, un prognathisme prononcé des mâchoires. Si on
réfléchit du reste à l'étroitesse du bassin de la négresse, on comprend
facilement que le crâne du nouveau-né doit nécessairement offrir
d'autres dimensions que celui de l'enfant aryen.

« La première dentition », continue Pruney-Bey, « com-
« mence à peu près à la même époque que chez nous ;
« cependant, j'ai observé en Égypte des cas de dentition
« précoce sur le négrillon, de même que des cas de retard.
« L'allaitement ne dure jamais moins de deux ans. La pre-
« mière dentition achevée, on reconnaît déjà sur le crâne
« des caractères distinctifs, savoir, la ligne médiane du
« front relevée, le menton rétracté, la mâchoire supérieure
« légèrement inclinée, l'élargissement du nez, la blan-
« cheur éclatante des dents et la saillie de l'occiput. Ce-
« pendant le jeune nègre présente toujours un ex-
« térieur avenant jusqu'à l'époque de la puberté. Elle
« survient chez les filles entre 10-13 ans, et chez les garçons
« entre 13-15 ans. C'est alors que la grande révolution
« dans les formes et les proportions du squelette com-
« mence à marcher rapidement. Ce travail, avec ses con-
« séquences, suit une marche inverse pour ce qui regarde
« le crâne cérébral et celui de la face. Les mâchoires sur-
« tout prennent le dessus sans une compensation suffisante
« du côté du cerveau ; cela ne veut pas dire qu'il y ait
« arrêt de développement. Non, la différence de race se
« dessine seulement par un ordre différent dans l'accrois-
« sement des parties respectives. Tandis que chez l'homme
« aryen l'accroissement modéré des mâchoires et des os
« de la face est abondamment compensé et surpassé même
« par un développement ou plutôt par un agrandissement
« du cerveau, particulièrement dans son lobe antérieur, le
« contraire a lieu chez le nègre. Grande compression, sur-
« tout latérale, exercée du dehors en dedans par les muscles
« destinés à la vie animale ; peu de réaction intérieure de
« la part du cerveau, et voilà son crâne moulé et son cer-
« veau conformé tel que nous l'avons décrit précédem-
« ment. Tout étant du reste en harmonie dans l'organisme,
« il va sans dire que cette manière d'envisager la confor-

« mation du crâne nigritique ne peut être sujette à la dis-
« cussion. La marche que suit l'oblitération des sutures
« du crâne fournit un commentaire assez significatif de ces
« phénomènes. La suture médio-frontale[1] se trouve infail-
« liblement soudée chez le nègre, ainsi que la partie laté-
« rale de la suture coronale, déjà même dans la jeunesse.
« Sur le nègre adulte, le travail de soudure se fait ensuite
« sur la partie moyenne de la suture coronale, et sur la
« sature sagittale, ou, comme je l'ai observé sur des crânes
« de l'Afrique orientale, sur toutes les soudures latérales
« à la fois, pour ainsi dire. La suture lambdoïde est celle
« qui reste le plus longtemps ouverte, surtout à son som-
« met. A la base du crâne, en revanche, on trouve sou-
« vent la suture basilo-sphénoïdade ouverte ; quant à la
« suture incisive, elle ne persiste pas seulement chez l'en-
« fant nègre, elle se distingue fort bien encore sur beau-
« coup de crânes nègres à un âge avancé. L'oblitération
« des sutures paraît s'effectuer dans la race nigritique plus
« promptement sur le crâne de la femme que sur celui
« de l'homme.

« Le prognathisme a été et peut être considéré, en partie
« au moins, comme le résultat de l'action de la mâchoire
« inférieure sur l'arc concentrique de la mâchoire supé-
« rieure. En tout cas, le mode d'articulation de cet os avec
« le temporal paraît y contribuer puissamment, car j'ai
« rencontré cette conformation de préférence sur les races
« dans lesquelles la cavité glénoïde est peu profonde, mais
« large, et les condyles du maxillaire plus au moins aplatis
« ou au moins elliptiques ; elle coïncide avec une har-
« monie plus ou moins prononcée des rangées dentaires.

---

1. Je n'ai trouvé qu'une seule exception à cette règle dans bon
nombre de crânes que j'ai pu examiner. En général, la marche des
soudures me paraît différer aussi selon la forme du crâne dolichocéphale ou brachycéphale.

« Ces conditions facilitent le mouvement de la mâchoire
« d'arrière en avant, tandis que dans les crânes dont les
« cavités glénoïdes sont profondes et resserrées, et les
« condyles plus ou moins arrondis ou pointus, le mouve-
« ment de la mâchoire s'exécute de préférence dans le
« sens vertical. Je sens du reste trop bien l'insuffisance de
« cette étiologie, et je me demande si le prognathisme ne
« serait pas tout simplement l'expression d'un mouvement
« de retour vers l'animalité. »

Quant à nous, nous sommes convaincus que cette dernière explication est la vraie. Tout est en harmonie dans
l'organisation, et on peut aussi bien dire que les cavités
glénoïdes doivent être peu profondes et les condyles du
maxillaire inférieure aplatis parce que la mâchoire supérieure est projetée en avant et la mâchoire inférieure allongée, tout comme on pourrait faire valoir les raisons contraires. Du reste, chez les carnivores, dont les mâchoires
n'ont presque que le mouvement vertical, les condyles du
maxillaire inférieur sont elliptiques ou plutôt cylindriques.

Il est incontestable que la transformation subite qui se
produit chez le nègre, à l'époque de la puberté, est non-
seulement en rapport avec son développement psychique,
mais concorde aussi avec les phénomènes que l'on observe,
chez les singes anthropomorphes notamment. Chez ces
derniers, le crâne offre une analogie remarquable avec
le crâne humain jusqu'à l'époque de la seconde dentition,
car la portion cérébrale du crâne est plus développée, et la
portion faciale moins saillante. Mais alors le développement
du crâne cérébral s'arrête ; la cavité crânienne n'augmente
plus en volume, seulement les arêtes et les crêtes osseuses
se développent, la partie faciale s'étend et se projette de
plus en plus en avant, jusqu'à ce qu'elle finisse par déterminer cet aspect hideux qu'offrent les vieux singes. Avec
ce développement facial, le développement intellectuel s'ar-

rête. Les jeunes orangs et les jeunes chimpanzés sont des animaux intelligents et aimables, qui apprennent facilement, comprennent vite et sont civilisables à un haut degré. Après leur transformation, ils deviennent affreux, rétifs, sauvages et inaccessibles à tout apprivoisement et à tout perfectionnement.

Il en est de même chez le nègre ; le nègre enfant n'est nullement inférieur au blanc sous le rapport des facultés intellectuelles ; tous les observateurs s'accordent à reconnaître que le jeune nègre joue avec autant d'animation, comprend aussi facilement et aussi vivement, que les enfants blancs et qu'il est doué d'une aussi grande docilité qu'eux. Là où on s'occupe de leur éducation, — et non là où on les élève à dessein comme du bétail, dans les États à esclaves de l'Amérique par exemple, pour pouvoir ensuite dire qu'ils ne sont pas capables d'autre chose, — on reconnaît bientôt dans les écoles que les enfants nègres ne sont point inférieurs aux enfants blancs, mais qu'ils les dépassent même par la rapidité de leur conception et leur docilité, de sorte qu'on les emploie souvent comme moniteurs. Mais dès que les jeunes nègres atteignent la fatale période de la puberté, on voit se produire, avec l'effacement des sutures crâniennes et la projection de la face, le même phénomène que chez les singes. Les facultés intellectuelles restent dès lors stationnaires, et l'individu, aussi bien que la race entière, devient incapable de tout progrès.

Au point de vue de ses facultés intellectuelles le nègre adulte ressemble à la fois, à l'enfant, à la femme et au vieillard des races blanches. L'ardeur du nègre pour les plaisirs et notamment pour la danse et pour le chant, son penchant pour les jouissances matérielles, son habileté d'imitation, son inconstance dans les impressions et les sentiments, rappellent tout à fait le caractère de l'enfant. Comme ce dernier, le nègre n'a pas de pensées élevées;

mais il peuple le monde ambiant, il attribue à tous les objets inanimés des propriétés surnaturelles ou humaines. Il transforme en un fétiche le premier morceau de bois qu'il rencontre sur son chemin et trouve tout naturel que l'animal puisse parler et que le singe reste muet par malice, et pour n'être pas obligé de travailler. En règle générale, les propriétaires d'esclaves pensent qu'il faut traiter les nègres comme des enfants, doués originellement d'un bon naturel, mais négligés et mal élevés. Le nègre ressemble en quelque sorte à la femme, par le grand amour qu'il porte à ses enfants et à sa famille, par les soins qu'il prend de sa demeure, par sa minutie pour les petites nécessités de la vie ; comme le vieillard, enfin, il aime le repos, il est apathique, il s'opiniâtre moins à la poursuite de ses desseins que pour refuser ce qu'on lui offre. Modéré dans les choses ordinaires, le nègre cesse de l'être si on ne lui oppose aucune barrière. Il ne comprend pas le travail continu, il comprend encore moins la prévoyance pour l'avenir, mais son grand talent d'imitation lui permet de devenir facilement bon ouvrier, et même artiste imitateur. Dans son pays, il est berger et agriculteur, quelques tribus connaissent un certain travail grossier des métaux ; d'autres pratiquent le commerce avec ruse et finesse. Quelques peuples nègres ont fondé des États possédant une certaine organisation ; mais, en résumé, on peut affirmer hardiment que la race entière n'a, ni dans le passé, ni dans le présent, rien accompli d'utile aux progrès de l'humanité, ou qui ait été digne d'être conservé.

On cite un exemple, un seul, d'un nègre ayant contribué aux progrès des arts et des sciences ; c'est un auteur français, Lille Geoffroy, de la Martinique, qui fut ingénieur et mathématicien, et qui est arrivé à la dignité de membre correspondant de l'Académie des sciences. Les travaux mathématiques de Lille Geoffroy étaient de nature, s'il était né en France ou en Allemagne et de parents blancs, à lui valoir une place de professeur dans une école, ou d'ingénieur dans un chemin de fer ; mais, né à la Martinique, de parents de couleur, il devait briller dans son pays comme un borgne au milieu d'aveugles. Du reste Lille Geoffroy n'était pas un nègre pur, mais un mulâtre.

Ces quelques remarques sur la différence qui existe entre les nègres et les blancs sont suffisantes pour nous indiquer des caractères constants et certains qui nous permettent, en toute circonstance, de distinguer facilement les deux races ; elles nous permettent aussi de conclure que les caractères observés chez le nègre le rapprochent de l'animal et particulièrement des singes. Mais alors se posent deux questions importantes que nous devons examiner brièvement. La première a trait à la constance des différences. Est-il possible que, par le concours d'influences naturelles quelconques, ces différences puissent disparaître ; est-il possible, en un mot, que, sans mélange des races, le nègre, soumis à des influences favorables, puisse se transformer en blanc, ou inversement que le blanc, soumis à des influences défavorables, puisse se transformer en nègre ? La seconde question se rapporte à la ressemblance avec l'animal. Pouvons-nous trouver des degrés intermédiaires comblant l'abîme qui existe toujours entre le singe et le nègre, et qui conduisent par degrés insensibles du singe anthropomorphe au nègre et de celui-ci au blanc ?

J'aurai plus tard l'occasion de traiter la première question dans ses rapports avec beaucoup d'autres phénomènes. Nous serons alors en mesure de prouver que ces différences de races ont un caractère de grande stabilité, et que les changements des influences extérieures ne peuvent les modifier que dans certaines limites assez étroites. Aussi loin que s'étendent nos observations, qu'elles portent sur l'influence des climats, ou sur la longueur du temps, nous ne pouvons affirmer que ces changements aient été suffisants pour déterminer une modification essentielle des caractères. Les monuments égyptiens nous représentent le nègre, tel qu'il était constitué il y a des milliers d'années, vrai contemporain de l'Adam biblique, or, ces figures peuvent encore aujourd'hui passer pour des portraits fort ressemblants du nègre actuel ; pourtant, depuis cette époque, la race noire habite sans interruption un pays où existait à côté d'elle un autre type, le vrai égyptien, qui lui non plus n'a éprouvé aucune modification depuis lors ; le nègre est même devenu indigène dans ce pays. Il en est de même des modifications que les blancs ont éprouvées ou ont dû éprouver en Afrique, et qui n'ont cependant, en aucune manière, déterminé chez eux un rapprochement vers le type nègre, à l'exception de la coloration brune de la peau.

Voyons d'un autre côté. En Amérique, où la race noire est devenue presque indigène depuis relativement peu de temps, une décoloration de la peau est le seul effet qu'ait encore produit, dans l'espace d'un peu plus d'un siècle, le climat plus septentrional de ce pays. Donc, aussi loin que nous pouvons suivre ces races et d'autres, dans le temps et dans l'espace, elles n'ont pas éprouvé de plus grandes modifications que les espèces d'animaux soumis à de semblables changements d'habitat ; nous devons donc, d'après les principes reconnus, les considérer comme espèces différentes avec type indépendant.

Il est vrai que, considérés à un point de vue plus élevé, ces faits, comme nous le verrons plus tard, comportent d'autres enseignements.

Quant à la deuxième question, aucune réponse reposant sur des observations concluantes n'est encore possible. La découverte du gorille dans les forêts de l'Afrique occidentale, singe dont jusqu'alors on ne soupçonnait pas l'existence, ne date que de peu d'années ; or, des trois grandes espèces de singes sans queue, ce singe est celui qui se rapproche le plus de l'homme par la conformation de ses mains et de ses pieds ; mais il reste fort en arrière de ses deux congénères, l'orang et le chimpanzé, sous le rapport du crâne et du cerveau. On ne peut donc contester la possibilité de rencontrer, dans d'autres endroits, des singes se rapprochant autant de l'homme par leur conformation crânienne et cérébrale, que le fait le gorille par celle de ses membres ; il serait, en conséquence, insensé de vouloir baser une conclusion sur une pure possibilité, aussi longtemps que le fait n'est pas établi. Il est moins problable qu'on trouve des races humaines, plus rapprochées des singes, que ne le sont les types inférieurs actuellement connus, le monde ayant été trop exploré sous ce rapport pour laisser aucune espérance de cette nature. Les besoins de la sociabilité et de l'échange poussent l'homme sauvage hors de ses repaires cachés, dans lesquels, au contraire, le singe se retire ; le singe évite la découverte, l'homme va au-devant.

Il peut cependant y avoir eu des formes intermédiaires qui, ainsi que d'autres espèces, ont disparu dans la suite des temps. Nous devons renvoyer à plus tard l'examen de cette question, dont nous parlerons alors que nous aurons à nous occuper des restes humains, de l'homme fossile, de l'antiquité du genre humain et de son origine, qui remonte bien au-delà de l'histoire, des mythes ou des traditions ; — disons seulement que, d'une part, on a trouvé des restes de singes qu'on a pris d'abord pour des mâchoires humaines ; et que, d'autre part, on connaît un crâne trouvé dans la vallée de Neander, près de Düsseldorf, qui se rapproche beaucoup plus du type simien que celui d'aucune race connue jusqu'à ce jour. S'il n'y a là, pour le moment, qu'un indice vers l'inconnu, on peut cependant espérer qu'on découvrira d'autres témoignages de même nature dans des régions encore peu explorées, d'autant plus que, dans ces dernières années, l'Europe, pourtant si anciennement fouillée en tous sens, a fourni une abondance étonnante de précieuses découvertes de ce genre.

Mais, à défaut des formes régulières et normales, nous pouvons parfois recourir à des faits pathologiques qui s'offrent à nous dans certaines circonstances particulières, et nous fournissent d'utiles indications. Je ne crains pas, malgré Bischoff et Wagner, malgré J. Müller même, de

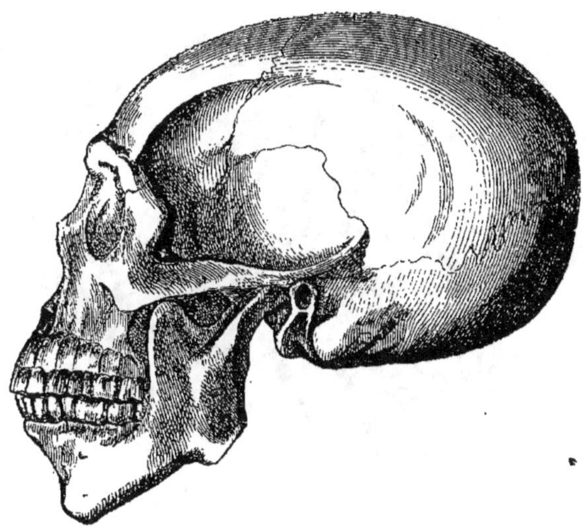

Fig. 70. — Crâne nègre ; vu de profil.

dire que les *microcéphales*, les idiots de naissance, constituent une série d'états de transition entre l'homme et les singes, série aussi complète qu'on peut le désirer. Je me crois obligé de compléter les remarques que nous avons faites, dans une leçon précédente, sur la conformation cérébrale de ces êtres infortunés. Je m'appuierai de préférence, en ce qui concerne le crâne, sur la description qu'a donnée Theile, d'un idiot de 26 ans; tandis que j'emprunterai, pour les phénomènes psychologiques, les précieux matériaux que renferme, sur les prétendus Aztèques, le mémoire classique de Leubuscher.

La figure du crâne d'idiot, que je reproduis ci-après, d'après Owen, parce qu'elle est représentée par sa face inférieure, s'accorde, à quelques détails près, avec la figure de l'*homme-singe* de Theile. J'ai réuni une vingtaine d'exemples d'un pareil idiotisme de naissance, qu'il ne faut pas confondre avec le crétinisme, et qui m'ont fourni les résultats suivants.

L'idiotisme de naissance est évidemment un arrêt de

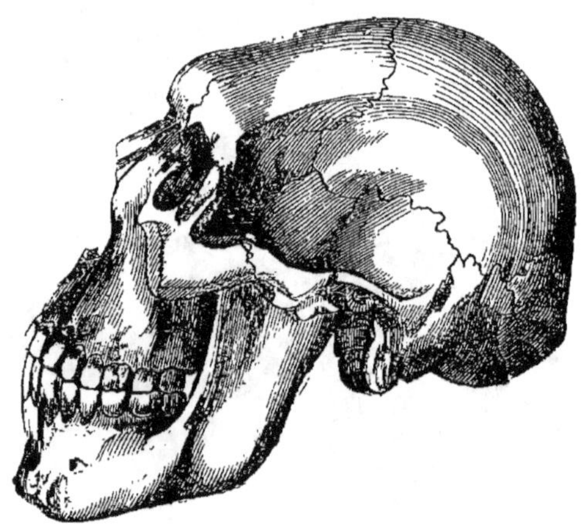

Fig. 71. — Crâne d'idiot; vu de profil.

développement du cerveau, portant essentiellement sur la partie antérieure de celui-ci. Le crâne se façonne sur la forme du cerveau incomplet. Les idiots ne se développent que très-lentement, et n'apprennent à marcher qu'à la cinquième ou sixième année; ils ont souvent des frères et des sœurs parfaitement sains, et sont toujours nés de parents normaux, sinon même doués d'une intelligence bien développée. Dans plusieurs cas, les mêmes parents ont produit, parmi des enfants sains, plusieurs enfants idiots; de sorte qu'il faut chercher, dans la source productive

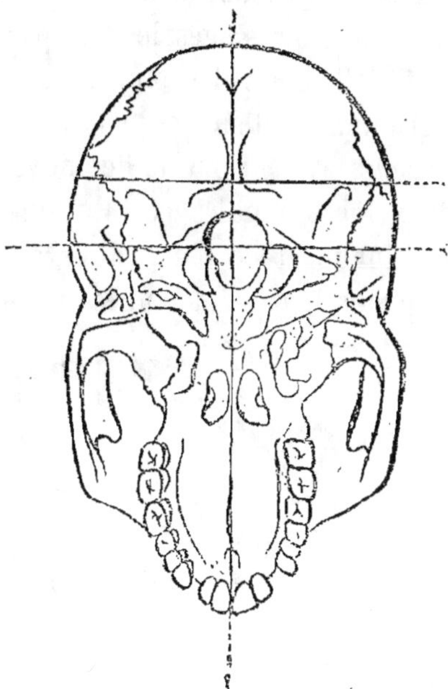

Fig. 73. — Crâne de cafre, face inférieure.

même, la cause encore inconnue de la déformation. Ces idiots sont souvent nains, comme les Aztèques, mais pas

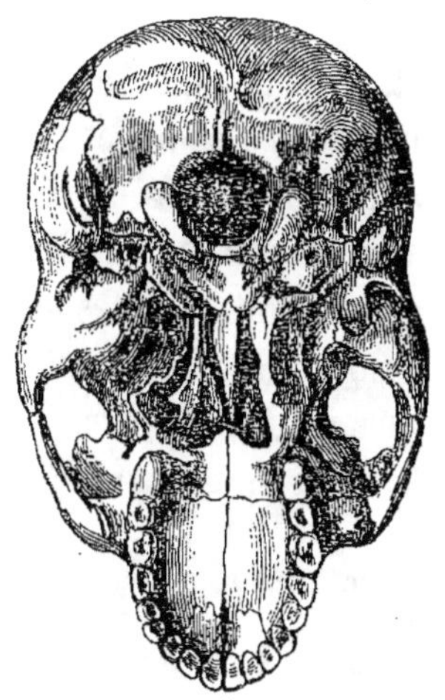

Fig. 74. — Crâne d'idiot, face inférieure.

toujours; l'inclinaison en avant du corps pendant la marche, la flexion des, genoux, analogies frappantes avec la marche particulière des singes, les font paraître plus petits qu'ils ne sont réellement. La plupart des idiots qui ont atteint un certain âge, et sur lesquels on a eu des renseignements exacts, avaient une taille moyenne; ainsi, par exemple, deux *Johns* étudiés par J. Müller, et les deux idiots de Göttingue et de Iéna, observés par Wagner et Theile. En général, ces infortunés meurent de bonne

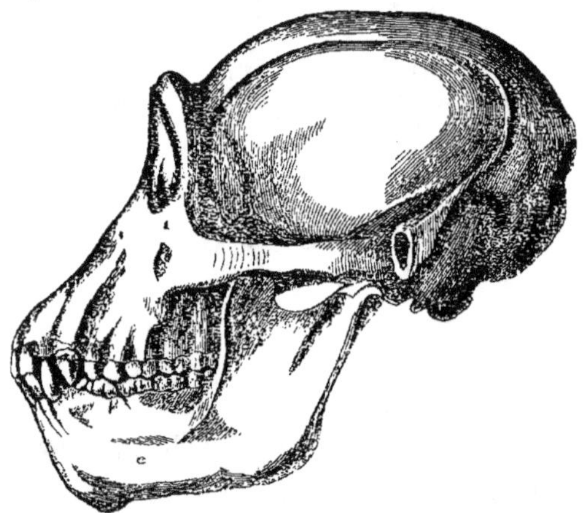

Fig. 72. — Crâne de chimpanzé, vu de profil.

heure; cependant, sur dix-huit cas que j'ai pu étudier, huit ont atteint la vingtième année, rapport qui n'est pas très-éloigné de la moyenne de la mortalité ordinaire.

L'impression que produisent ces individus, est décidément simienne, à tel point, que les autorités [1] mêmes ont employé l'expression. Les bras paraissent disproportionnellement longs, les jambes courtes et faibles. La tête est entièrement celle d'un singe, le crâne est recouvert de

1. Le préfet du district dans lequel demeurait l'idiot de Gœttingue avait enjoint aux parents de ce malheureux, « de tenir cet individu *singiforme* dans la maison, et de ne pas le laisser sortir dans la rue, à cause des femmes enceintes. »

cheveux touffus et laineux ; le front manque, les yeux
écarquillés reluisent sous des anneaux osseux saillants ; le
nez est largement ouvert ; la partie inférieure de la face est
projetée en avant, en manière de museau ; les dents implantées obliquement sont souvent plus obliques qu'elles
ne devraient l'être, vu la grosseur disproportionnée de la
langue.

La tête est d'une petitesse hors de tout proportion avec la

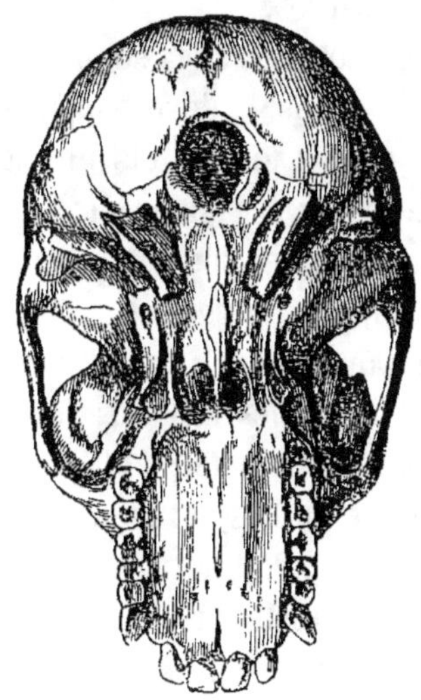

Fig. 75. — Crâne de Chimpanzé, face inférieure.

grandeur du corps, et ce rapetissement porte surtout sur
la cavité crânienne proprement dite. Vue de profil, la face
occupe autant de place que la boîte crânienne ; l'énorme
bourrelet osseux qui surmonte la racine nasale, la petitesse
de celle-ci, la saillie des bords orbitraires supérieurs, celle
des mâchoires, l'angle facial de 53°–56°, tous ces détails
donnent au profil du crâne des idiots un caractère très
accentué. Si on examine la face inférieure du crâne, la
position reculée du trou occipital, la forme longue et parabolique du palais, la persistance de la suture de l'os
basilaire, ainsi que (dans le crâne d'Owen) celle de la

suture de l'os intermaxillaire, sont autant de caractères qui frappent au premier abord et ne rappellent pas moins l'animal. Il suffit de comparer les crânes du chimpanzé, du nègre et de l'idiot, comme nous le faisons ici, pour voir que le crâne de l'idiot occupe, sous tous les rapports, une place intermédiaire entre les deux autres. La série dentaire continue, sans lacunes, et le menton quelque peu proéminent sont les seuls caractères humains que le crâne de l'idiot ait conservés.

On ne saurait considérer la soudure des sutures comme cause de l'arrêt dans le développement du cerveau ; en effet, chez la plupart des idiots un peu avancés en âge, les sutures de la surface supérieure sont encore mobiles, celles des faces latérales souvent effacées, celles de la base par contre, toujours ouvertes, comme chez les singes. L'occiput est tantôt carré, tantôt arrondi, et très-grand relativement à la partie frontale ; les saillies internes du crâne présentent un caractère enfantin, en ce sens qu'elles sont arrondies et molles, et jamais à arêtes vives et anguleuses.

Nous pouvons résumer comme suit l'ensemble des formes observées jusqu'à présent dans les cas d'idiotisme. Les idiots, ainsi que nous l'avons démontré dans une précédente leçon, par la conformation de leur cerveau, de leur tête et de leur crâne, et notamment par l'arrêt de développement qui frappe les lobes antérieurs, s'éloignent notablement des caractères communs à l'humanité, et ne conservent que ceux d'importance secondaire, comme la continuité de la série dentaire, et la saillie du menton. Un naturaliste qui trouverait à l'état fossile un crâne de microcéphale, un peu endommagé et privé de la mâchoire inférieure, ainsi que de la série dentaire de la mâchoire supérieure, déclarerait, sans hésitation, que ce crâne appartient à un singe, car il ne pourrait pas observer le moindre caractère qui lui permettrait d'en arriver à une conclusion contraire. Nous possédons toutes les mesures prises sur le corps des deux prétendus Aztèques, ces nains mulâtres, dont le garçon pouvait avoir de 16 à 17 ans, la fille de 13 à 14 ans. J'ai calculé ces mesures en partant du principe qui m'a servi pour calculer les mesures de l'Européen et du Nègre citées plus haut. J'y ai joint, pour rendre la comparaison plus facile, les mesures de deux singes anthropomorphes, le chimpanzé et l'orang. Il en résulte les valeurs suivantes :

	CHIMPANZÉ.		ORANG-OUTANG		AZTÈQUES.	
	ADULTE.	JEUNE.	ADULTE.	JEUNE.	GARÇON.	FILLE.
Les longueurs prises pour unités sont :						
La longueur de la colonne vertébrale comparée à celle du bras = 100.	136.5	163.5	158.3	167.7	119.7	115.1
La longueur de la colonne vertébrale comparée à celle de la jambe = 100.	98.8	115.2	90.4	96.7	122.8	115.3
Longueur du bras comparée à celle de l'avant-bras = 100	93	85.7	102	99	66.7	67.7
Longueur du bras comparée à celle de la main = 100	77.5	87	78.1	82	52.8	62.5
La longueur de la cuisse comparée à celle de la jambe = 100	76.5	78.9	81.8	81.4	102.5	108.1
La longueur de la cuisse comparée à celle du pied = 100	74 2	76.3	97.5	109 3	50	48 7
Longueur du bras comparée à celle de la jambe = 100	72.4	70.6	57	57.6	102.5	104.4

Le caractère humain des Aztèques réside évidemment dans les rapports de longueur entre la colonne vertébrale et les membres en général, ainsi que dans les rapports de ceux-ci entre eux ; le bras est relativement plus court, la jambe plus longue. Le bras lui-même, dans les rapports de ses différentes parties entre elles, présente le caractère humain, mais pas la jambe. La cuisse est remarquablement petite comparativement à l'énorme jambe, dont la longueur dépasse celle des singes anthropomorphes, et rappelle celle des singes inférieurs. Encore un fait qui, joint à la saillie du cervelet, place l'idiot presque au-dessous des singes.

On observe donc chez l'idiot un mélange des caractères humains et animaux, analogue à celui qui pourrait résulter d'un croisement.

Jetons un coup d'œil sur les manifestations vitales de ces malheureuses créatures. On a à peine observé chez elles aucune manifestation génésique ; les organes demeurent pour la plupart à l'état où ils se trouvent pendant l'enfance, cependant chez quelques idiots plus âgés, rien dans la conformation des organes de la génération, ne paraissait devoir s'opposer à la reproduction. Les mouvements sont vifs, mais instables ; la marche rapide, mais piétinante. Beaucoup apprennent à se servir de leurs mains; il y a chez eux une activité inconstante et inquiète, leur attention est aussi promptement excitée que détournée; leur mémoire est faible, ils jouent volontiers, mais ne peuvent pas prendre part aux jeux des autres enfants parce qu'ils ne les comprennent pas; on les tolère à peu près comme des animaux domestiques. La plupart font connaître leurs besoins par des sons criards, dont leurs gardiens ou les personnes qui les connaissent comprennent la signification, de même que le chasseur sait interpréter les cris des animaux, et les mouvements muets de son chien.

La plupart n'ont pu être amenés jusqu'au langage articulé; les Aztèques répétaient quelques mots qu'ils avaient appris, à peu près comme les perroquets. Il n'y a que les microcéphales de Müller, chez lesquels, selon toute apparence, l'arrêt du développement cérébral était moins prononcé que chez tous les autres, qui aient pu articuler quelques mots, et même quelque phrases simples.

Leubuscher dit des Aztèques: « Ils ont de la mémoire « pour les choses qui excitent vivement leur attention, et « pour les personnes qui s'occupent longtemps d'eux. Lors- « que j'entrepris mes mesures, le garçon se souvint des « opérations antérieures; pendant huit jours, il se rappela « encore mes expériences, et lorsqu'on le questionnait sur « ce que je lui avais fait, il le donnait à comprendre, en « décrivant les différentes lignes autour de sa tête. Mais « lorsque j'eus interrompu mes visites pendant plusieurs « jours, je fus oublié comme tous les autres. Il en était de « même de la fille. L'étendue de leurs facultés intellec- « tuelles pouvait être du degré de celles d'un enfant d'un « an et demi, peut-être encore moins; ce que nous ap- « pelons idées, doit leur manquer entièrement, car même « ce léger degré de développement intellectuel ne peut « se produire qu'à une condition : la détermination de la « personnalité et de la conscience individuelle. »

R. Wagner croit qu'une analyse très-exacte des phénomènes physiques chez différents idiots pourrait donner lieu à d'importantes remarques sur leur activité intellectuelle. Il est probable que chez plusieurs, on pourrait peut-être par des soins et un exercice incessant, parvenir à élever le degré d'intelligence. Cependant, il paraît résulter des faits connus, que leurs facultés intellectuelles sont en rapport intime avec la conformation du crâne et du cerveau, et qu'elles ne vont jamais assez loin pour permettre un langage bien articulé. La plupart des idiots ne peuvent pas même articuler les mots, et les plus intelligents n'arrivent pas à prononcer des phrases simples. Or les perroquets et les corbeaux articulent aussi des mots, et l'animal sait même attacher à ceux-ci une certaine signification, suivant le ton et l'expression. On peut aussi bien dresser l'animal domestique que l'idiot à la politesse, la propreté, etc.; sous ce rapport, il ressemble à l'animal. Quant à tous les caractères décidément humains, les idées, l'intelligence supérieure, l'abstraction, on ne saurait les trouver chez l'idiot ; il n'y a pas même trace chez lui de ces notions primitives du bien et du mal, de ces qualités morales originelles, que quelques auteurs français considèrent comme la marque distinctive du règne humain. Sous beaucoup de rapports, les idiots sont même au-dessous de la bête ; en effet, ils ne peuvent pas se procurer eux-mêmes leur nourriture, ni prolonger leur existence sans le secours d'autrui. Ils ressemblent d'une manière frappante aux singes, par le front fuyant, les yeux saillants, brillants et mobiles ; le museau proéminent, la posture infléchie, le bras long (l'idiot de Göttingue) et la jambe courte, la petitesse de la cuisse, les innombrables analogies dans la conformation du crâne et du cerveau, qui sont faciles à démontrer, la mobilité inquiète, les mouvements convulsifs et cholériques la propension à jouer et à grimper, les sons criards, indiquant la joie comme la colère. Qui ne retrouve le singe complet dans tous ces caractères ?

Sans doute, l'idiot conserve quelques caractères humains outre ceux que nous avons déjà remarqués dans le crâne, tels que la distribution des cheveux, la conformation des mains et des pieds; mais avons-nous donc affirmé que le microcéphale fût un singe? Si les quelques caractères qui annoncent le type humain venaient à faire défaut, l'idiot serait purement et simplement un singe, puisqu'il n'y aurait plus rien chez lui qui le distinguât du singe ! Mais si on veut, comme Wagner, affirmer, d'après ces quelques caractères, « que, dans toute la conformation corporelle des mi- « crocéphales on retrouve le type humain, » c'est méconnaître complétement les faits les mieux établis scientifiquement.

On trouve évidemment chez l'idiot un mélange de caractères humains et de caractères simiens. Ces derniers proviennent de l'arrêt de développement qui, ayant frappé l'enfant pendant sa vie intra-utérine, l'a maintenu à un degré intermédiaire entre l'homme et le singe, degré constituant d'ailleurs une des évolutions par lesquelles l'embryon humain passe dans le cours normal de son développement. Mais s'il est possible que, par suite d'un arrêt de développement dans sa conformation, l'homme se trouve rapproché des singes, il en résulte que la loi de développement est nécessairement la même pour les deux ; il en résulte aussi que puisque l'homme peut, par arrêt de développement, rétrograder et descendre au niveau du singe, de même le singe doit pouvoir par le perfectionnement de sa conformation se rapprocher de l'homme.

HUITIÈME LEÇON

MESSIEURS,

Je me propose aujourd'hui d'appliquer aux singes la même méthode d'observation que nous avons employée dans nos recherches sur l'homme. J'ai choisi, pour cette étude, deux espèces de singes, reconnues comme telles par tous, et dont personne ne conteste les droits spécifiques, et je me propose d'examiner leurs caractères distinctifs. Ainsi que je l'ai déjà fait observer au commencement de la précédente leçon, le choix des espèces est, en effet, tout à fait indifférent; il y a une si grande analogie entre la conformation corporelle de l'homme et celle des singes, que nous devrons comparer les mêmes parties, et faire ressortir les mêmes caractères chez les uns et chez les autres. Si nous avions eu à remonter dans d'autres ordres de mammifères, dans d'autres classes du règne animal, on aurait pu nous objecter avec raison, que les modifications de conformation peuvent alors devenir assez importantes pour élever au premier rang tel ou tel caractère distinctif peut-être insignifiant chez l'homme, ce qui impliquerait la nécessité de faire reposer notre étude sur d'autres races ou d'autres principes. Mais tel n'est pas le cas pour les singes ; en effet, s'il est possible de démontrer que tel ou tel caractère est nécessaire pour constituer une espèce de singe, ce même caractère doit suffire pour établir la distinction d'une espèce humaine.

Le hasard, et non le choix, a mis à ma disposition deux espèces de singes américains du genre sajou (*Cebus*). On sait que ce genre est extraordinairement riche en espèces, réparties sur tout le continent sud-américain habité par les singes. Ces espèces ont des formes si variables qu'il est difficile de les distinguer avec certitude les unes des autres ; en effet, l'apparence extérieure se modifie dans une grande mesure suivant l'âge, le sexe, l'habitat, et même suivant les individus. La classification du genre sajou présente des difficultés très-analogues à celles qu'on rencontre à cet égard chez l'homme, chaque espèce engendrant autour d'elle un rayonnement de formes, que les uns considèrent comme des espèces, les autres seulement comme des variétés ou des races. Il ne s'agit pas, d'ailleurs, de rechercher si le sajou à front blanc (*C. albifrons*) n'est qu'une variété du capucin ordinaire ou une espèce indépendante, mais bien plus, de savoir par quels caractères on peut distinguer cette espèce du sajou brun ordinaire (*C. apella*). On peut affirmer tout d'abord que la distinction spécifique ne saurait être mise en question. Le sajou brun et le sajou à front blanc appartiennent à deux sections différentes du genre sajou, à savoir : la première espèce, d'après Giebel, au groupe des espèces à cinq vertèbres lombaires dépourvues de côtes, à conformation trapue, à tête sphérique épaisse, à mâchoires fortes, grandes canines, queue et membres courts, tandis que le sajou à front blanc appartient au groupe des espèces à six vertèbres lombaires, sans côtes, à canines toujours petites, et à conformation fine et élancée. Il y a donc ici plus que des simples différences spécifiques ; aussi quelques naturalistes se sont-ils crus autorisés à fonder sur ces différences au moins deux sous-genres. J'ai choisi ces deux espèces, parce que j'ai trouvé, au milieu des richesses du musée de Genève, deux crânes de sajous mâles de même âge et de même grosseur, dont la détermination ne peut donner prise au moindre doute, car les crânes sont accompagnés des peaux empaillées.

Les sajous ont une queue longue et prenante, couverte de poils jusqu'à l'extrémité, même sur la face inférieure. Le corps est long et maigre, les membres forts, les yeux petits, le museau court, la tête arrondie, de sorte que, de tous les singes américains, ils offrent, par leur aspect extérieur, la plus grande analogie avec l'homme ; cette ressemblance est encore augmentée par une touffe de longs poils qui entoure le visage, et fait l'effet d'une barbe et d'une chevelure bien soignées. Il est vrai que leur nez large et aplati dérange un peu cette physionomie humaine, car il semble partagé en deux tubes latéraux, comme le nez du bouledogue. Les quatre mains sont très-également conformées : la main elle-même est longue et étroite, mais le pouce de la main postérieure est beaucoup plus fort et beaucoup plus grand que celui de la main antérieure. Le système dentaire se compose de quatre incisives en forme de ciseau ; deux fortes canines, saillantes, aiguisées au bord postérieur, recourbées en arrière, et pourvues de deux sillons profonds sur la face interne ; de douze molaires à chaque mâchoire, ce qui fait un total de 36 dents. Les vraies molaires diminuent en largeur d'avant en arrière, la dernière molaire est même remarquablement petite et rudimentaire relativement aux autres.

Examinons d'abord l'extérieur. Le sajou brun atteint

environ la taille du chat ; à son âge moyen il affecte une couleur brun jaunâtre bien tranchée, un peu plus claire sur la région du ventre, tandis que la tête, les joues, l'avant-bras, les mains et les jambes sont d'un brun foncé, tirant parfois sur le noir. La face tire sur le violet, de longs sourcils surmontent les yeux ; immédiatement au-dessus, sur le front bas, et jusqu'aux côtés des joues, se trouvent de longs cheveux bruns, qui se continuent comme des favoris ; ces poils sont si roides que, vu de côté, le singe paraît porter des petites cornes sur les sourcils. La conque de l'oreille est brunâtre, pourvue de longs poils bruns, mous et rares ; la barbe repose souvent sur un fond blanchâtre.

Le sajou à front blanc a été découvert par Humboldt, dans le voisinage des rapides de l'Orénoque et n'est actuellement, pour la plupart des zoologistes, qu'une variété du capucin. Le visage est gris bleu, le front et les bords orbitaires sont blanc pur, le corps est gris foncé sur le dos, plus clair sur la poitrine et le ventre, les membres sont blanc jaunâtre, le vertex gris brun foncé, de sorte que le singe paraît porter un bonnet de couleur foncée, entouré d'un ruban gris cendré, coloration qui se prolonge jusqu'à la racine du nez. Les oreilles sont très-velues. Le capucin ordinaire, auquel on rapporte cette variété, ressemble, par contre, beaucoup plus au sajou brun par sa couleur, car chez lui c'est aussi le jaune brun qui forme le fond de la coloration du pelage.

Le crâne a la même forme chez les deux espèces, et présente, vu d'en haut, la forme d'un ovale allongé, dont la plus grande largeur se trouve dans la région pariétale postérieure, correspondant à peu près à la position du trou occipital. Il faut, il est vrai, faire abstraction de la saillie que forment les apophyses mastoïdes aplaties, dont le bord supérieur continue sous forme de crête le bord de l'arcade zygomatique. Je donnerai plus tard les mesures exactes du crâne; je me borne ici à en indiquer les traits caractéristiques. Si l'on considère le sommet du crâne, on remarque tout d'abord que, chez le sajou brun, les fosses temporales s'étendent au-dessus du bord de la ligne temporale, passent derrière le bord orbitaire supérieur, et viennent former ainsi une dépression au milieu du front,

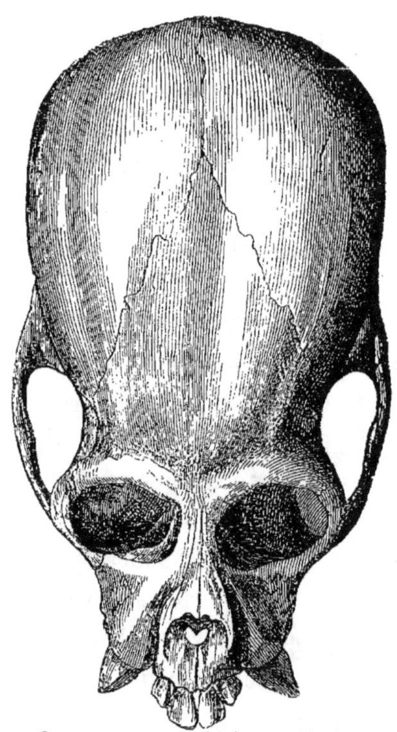

Fig. 76. — Crâne du sajou brun (*Cebus apellus*) vu d'en haut.

ce qui fait saillir fortement, et en façon de bourrelet, les arcades sus-orbitaires. La ligne temporale est en conséquence peu prononcée, et se trouve parallèle à la ligne médiane, en ce qu'elle n'est que peu infléchie; elle se recourbe en arrière assez brusquement pour atteindre la région où la suture lambdoïde rencontre la suture temporo-occipitale. Chez le

18

sajou à front blanc, au contraire, la ligne temporale part à
peu près du milieu du bord orbitaire supérieur, s'élève en
se recourbant vers la ligne médiane, de sorte qu'à leur
point de plus grand rapprochement, les deux lignes temporales sont à peine distantes de un centimètre ; puis, elles
s'écartent de nouveau et se recourbent en arrière pour

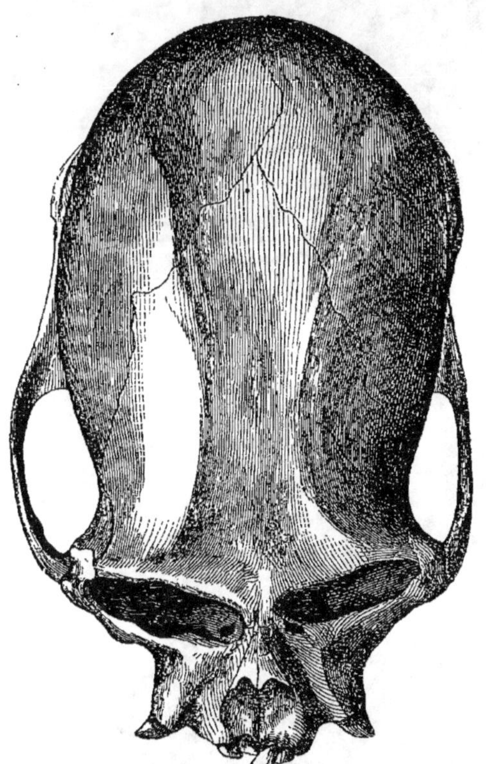

Fig. 77. — Crâne du sajou à front blanc (*C. albifrons*), vu d'en haut.

atteindre le même point que dans l'espèce précédente. Elles
déterminent ainsi, à la surface du front, un espace triangulaire, lisse et quelque peu voûté, qui présente une différence assez grande avec le front arqué du sajou brun.
Du reste, vue d'en haut, la forme générale du crâne, celle
des os, et le cours des différentes sutures sont aussi semblables que s'il s'agissait d'individus de la même espèce.

En examinant le crâne de profil, on trouve à peine
quelques différences, abstraction faite de la conformation

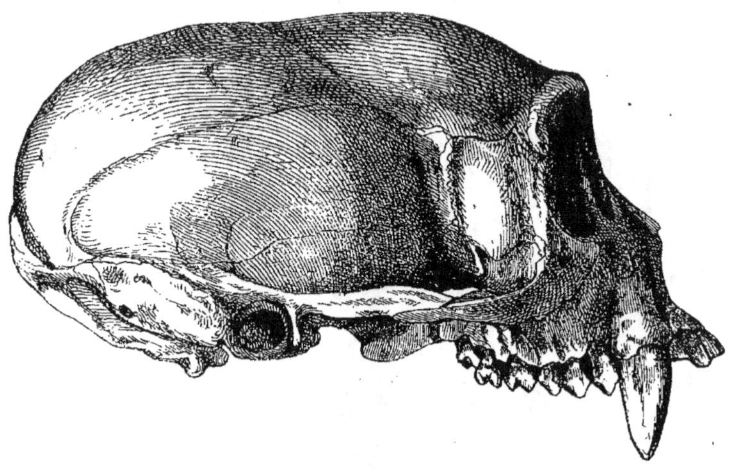

Fig. 78. — Crâne du sajou brun, vu de profil.

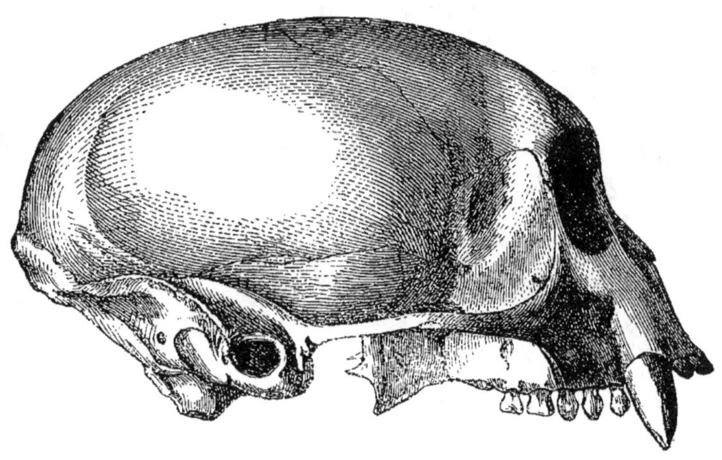

Fig. 79. — Crâne du sajou à front blanc, vu de profil.

du front et des bords sus-orbitaires, ainsi que du trajet de
la ligne temporale déjà mentionnée.

La saillie postérieure de l'os temporal, qui continue pour

ainsi dire l'arcade zygomatique, est un peu moins proéminente chez le sajou brun, mais elle forme une crête plus
accentuée, grâce à une excavation postérieure, que chez le
sajou à front blanc, où la surface postérieure est plus égale.
Chez le sajou brun, les arcades zygomatiques sont plus
hautes, mais plus minces ; chez le sajou à front blanc, elles

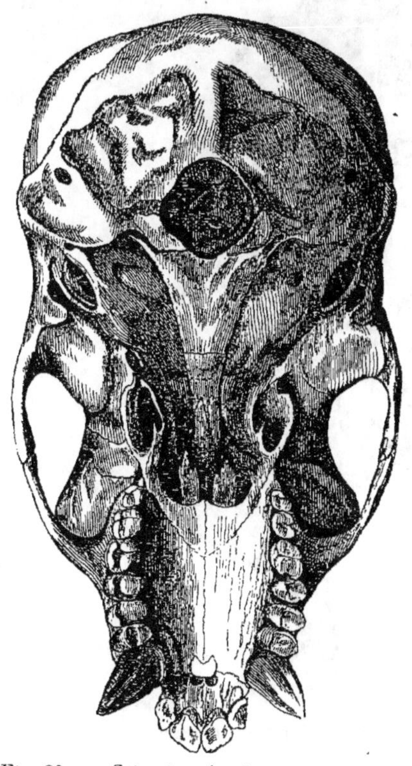

Fig. 80. — Crâne du sajou brun, vu en dessous.

sont plus arrondies et plus épaisses. La voussure du crâne
est plus régulière chez ce dernier, elle est quelque peu
déprimée vers le centre chez le sajou brun, chez lequel
l'écaille occipitale est presque horizontale, tandis qu'au
contraire, elle s'incline en dedans chez le sajou à front
blanc.

Si l'on considère les crânes de face, les orbites du sajou brun paraissent plus grandes et plus larges ; celles du sajou à front blanc, sont plus rondes et plus petites ; les bords orbitaires sont, en somme, plus épais et plus massifs chez ce dernier. Par contre, la région des mâchoires, notamment autour du nez, est plus étroite chez

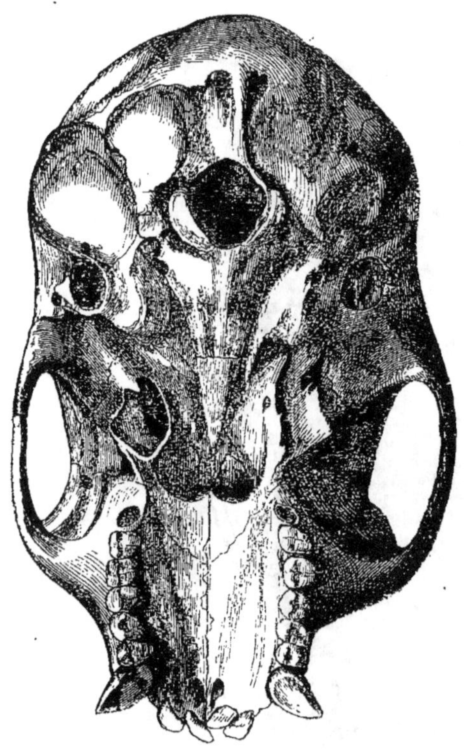

Fig. 81. — Crâne du sajou à front blanc, vu en dessous.

le sajou brun, plus déprimée derrière la saillie des racines des canines, qui paraît précisément dirigée en-dessous, tandis que chez le sajou à front blanc elle se dirige en dehors obliquement, et est un peu plus épaisse, mais moins longue et moins tranchante sur les bords. Les deux sillons caractéristiques de la face interne des canines sont plus profonds chez le sajou brun, et le sillon antérieur est notamment beaucoup plus marqué que chez l'autre espèce.

Si on examine les crânes par leur face inférieure (fig. 80 et 81), on remarque que cette face est, dans son ensemble, plus large et plus massive chez le sajou à front blanc, et que toutes les parties en sont plus prononcées que chez le sajou brun ; chez ce dernier la région du palais est notamment plus longue et plus étroite, les dents antérieures paraissent plus proéminentes, et les arcades zygomatiques plus arquées. On ne découvre pas de différence dans l'arrangement des molaires et la forme de leur couronne ; mais, chez le sajou à front blanc, les os du rocher sont plus saillants en dessous, et les profondes impressions musculaires sous la ligne de la nuque sur l'occiput paraissent plus fortement accentuées.

N°	TABLEAU DES MESURES CRANIENNES DES SAJOUS EN MILLIMÈTRES.	ALBIFRONS.	APELLA.
1.	Circonférence longitudinale par le bord postérieur du trou occipital et le bord dentaire	150	148
2.	Du bord antérieur du trou occipital à la suture nasale	54	52
3.	Du bord postérieur du trou occipital au bord dentaire	72.5	73
4.	Du bord antérieur du trou occipital au bord dentaire	60.5	60
5.	Du bord antérieur du trou occipital à la suture de l'os basilaire.	15	13
6.	Du bord antérieur du trou occipital au bord postérieur de la voûte du palais	31	32
7.	Longueur de la voûte du palais	29	28
8.	Plus grande longueur du crâne du bord dentaire à l'occiput.	90	91.5
9.	Longueur de la suture nasale à l'occiput	77	74
10.	Plus grande largeur dans un plan vertical mené par le milieu du trou occipital	54	51
11.	Diamètre transversal à l'extrémité postérieure des arcades zygomatiques	51	50
12.	Diamètre transversal au point le plus profond des fosses temporales	40	41
13.	Distance des arcades zygomatiques	62	57
14.	Distance des bords intérieurs des trous auditifs extérieurs	31	32
15.	Largeur de la voûte du palais	19	18
16.	Distance entre les bords internes des yeux	42	44
17.	Largeur de l'intervalle entre les orbites	5	5
18.	Hauteur des ouvertures nasales	17	11

Il résulte de ces mesures que les crânes de ces deux espèces dont on a voulu faire deux sous-genres différents, sont plus semblables entre eux que les crânes de la plupart des races humaines, et même que des crânes appartenant à une même race. En effet, on trouverait des différences bien plus grandes et bien plus importantes entre le crâne dolicocéphale d'un Suédois et le crâne brachycéphale d'un Russe, entre celui d'un Nègre et d'un Hottentot ou d'un Nègre australien, entre celui d'un Iroquois ou d'un Botocudo, bien que ces peuples divers appartiennent tous à une seule et même race principale. On peut observer des différences encore plus grandes dans une même souche, et il me serait facile de vous prouver, par la comparaison du crâne d'un Grison avec celui d'un Zuricois ou d'un Bernois, que les crânes de ces deux souches suisses sont plus différents l'un de l'autre que ceux des deux singes dont il s'agit. Il serait même plus facile à un élève inexpérimenté de distinguer dans une collection les crânes des diverses races humaines dont nous venons de parler, que d'attribuer nettement ces deux crânes de singes à deux espèces différentes.

Je n'ai pas eu à ma disposition les squelettes des deux singes, de sorte que je regrette de ne pouvoir vous communiquer aucune mesure comparative précise des membres et des autres parties du corps. D'après Giebel, le squelette du sajou brun se distingue en général parce qu'il est plus fort et plus massif, tandis que celui du capucin, quoique un peu plus grand, est plus gracieux et plus élancé. Ceci se remarque dans les côtes, les vertèbres lombaires, et notamment dans leurs apophyses transverses, dans le bassin, le sternum, bref, dans toute les parties du squelette. En outre, le sajou brun n'a que cinq vertèbres lombaires et vingt-quatre vertèbres caudales; le capucin, au contraire, possède six vertèbres

lombaires et vingt-cinq vertèbres caudales, ce qui concorde avec la longueur plus grande de sa queue.

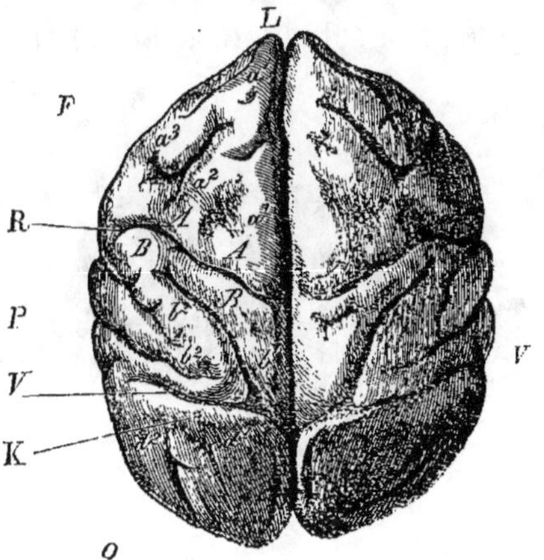

Fig. 82. — Cerveau du ouanderou, vu d'en haut.

Comme je n'ai eu à ma disposition aucune partie intérieure, je crois devoir vous décrire, d'après Gratiolet,

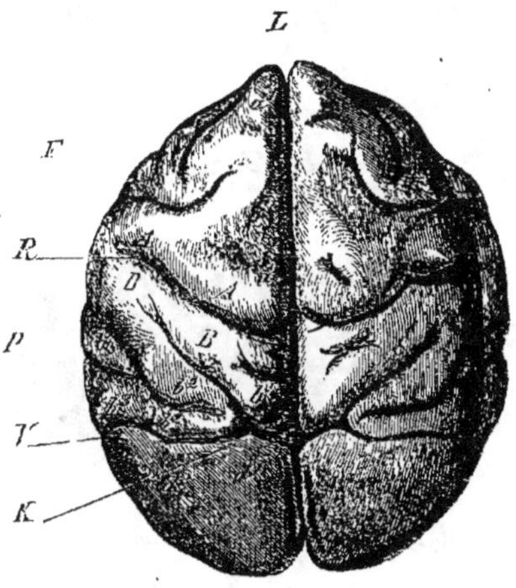

Fig. 83. — Cerveau du cercopithèque à collier (C. œthiops), vu d'en haut.

deux cerveaux appartenant à un groupe de singes de l'ancien continent, qui ont été répartis par les zoologistes dans

des sous-genres très-différents. En effet, le ouanderou (*M. silenus*) qui habite Ceylan, a la queue courte, tandis que le cercopithèque à collier (*C. œthiops*), probablement

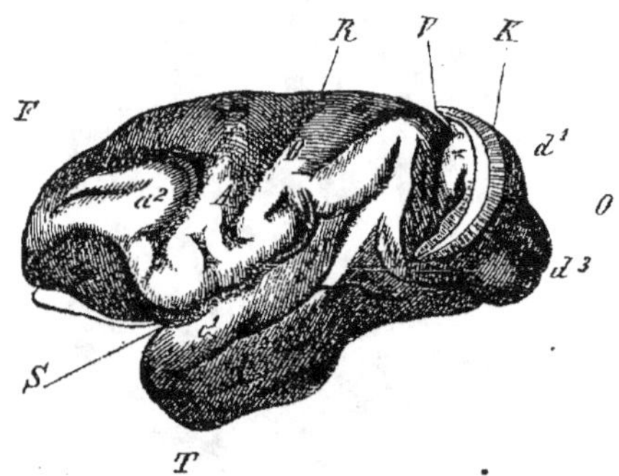

Fig. 84. — Cerveau du ouanderou, vu de profil.

originaire de la Sénégambie, possède une queue très-longue. J'ai fait dessiner ces cerveaux vus d'en haut et de profil, et, dans la figure qui représente le cerveau du

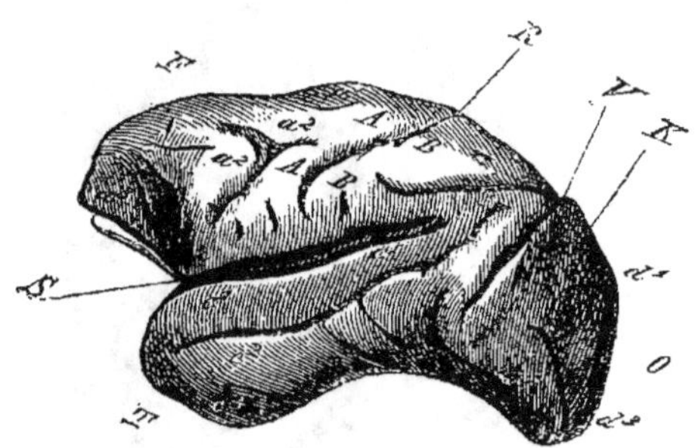

Fig. 85. — Cerveau du *C. œthiops*, vu de profil.

Les désignations sont les mêmes pour les figures 82-85, et correspondent avec celles de toutes les figures antérieures relatives au cerveau.

ouanderou vu de profil (fig. 84), j'ai découvert l'opercule du lobe occipital, pour rendre visibles les plis de passage qu'il cache en les recouvrant. Je ne pousserai pas plus loin cette description, car chacun peut se convaincre, au premier coup d'œil, que la forme du cerveau et de ses diverses parties, l'arrangement des lobes, des circonvolutions et des sillons qui les séparent, sont si remarquablement semblables qu'on pourrait presque croire à des différences individuelles. Chez le cercopithèque, les bords des circonvolutions sont un peu plus sinueux et un peu plus crénelés, indice d'une tendance vers une plus grande complication des plis cérébraux, qui se développent d'ailleurs davantage chez d'autres singes. Toutefois, ces différences sont si insignifiantes, qu'on pourrait, je le répète, les attribuer presque au maniement d'un organe si mou ou à des insuffisances d'observations. Mais qu'on leur compare les cerveaux de la Vénus hottentote et du Germain, donnés plus haut ! On peut laisser au bon sens de chacun le soin de conclure.

Il est inutile de pousser ces recherches plus loin, car chacun peut les répéter à volonté. Chacun peut comparer entre elles deux races humaines bien caractérisées, résumer ces comparaisons en un tableau, et entreprendre ensuite, d'après ce tableau, un travail analogue sur deux espèces de singes, et, de cette manière, selon l'expression française, travailler l'espèce.

Quiconque entreprendra ce travail sérieusement et avec un esprit dégagé de tout préjugé, trouvera toujours, comme nous l'avons trouvé, que la somme des différences entre deux espèces bien caractérisées de singes, n'est pas, en tout cas, plus grande, et est souvent même plus petite que celle des différences qu'on peut constater entre deux races humaines. Ces comparaisons conduisent forcément à la conclusion que j'ai déjà indiquée, c'est-à-dire qu'il faut considérer les races humaines comme des espèces distinctes, ou bien que ce que nous appelons les espèces de singes ne sont que de simples variétés.

Mais que deviendra la zoologie systématique, si on considère comme de simples variétés des espèces de singes à queue courte ou longue, et à aspect extérieur assez différent pour qu'on les ait classées dans des genres différents? N'est-ce pas la ruine de toute l'histoire naturelle systématique? N'est-ce pas la confusion de tout l'ordre des singes, depuis le dernier ouistiti jusqu'au gorille le plus élevé, dans un unique tourbillon entraînant également l'homme avec ses espèces et ses races?

Arrêtons-nous un peu, messieurs, et regardons en arrière avant de poursuivre ces déductions et d'en tirer les conséquences. Vous pourriez me dire avec raison que je ne vous ai encore donné nulle part une définition de l'espèce, du genre, de la race ou variété, et qu'en somme il vous est fort indifférent que les classificateurs regardent le loup et le chien, l'âne et le cheval, le nègre et le blanc, comme appartenant à des genres, à des espèces, à des races ou variétés différentes, du moment que les analogies ou les différences qui existent entre eux sont établies, et que nous sommes en mesure de distinguer les uns des autres les êtres dont il s'agit.

En effet, il importe peu qu'on place l'étiquette *nègre* dans le même casier que l'étiquette *mongole*, et qu'on les mette ensemble dans un casier plus grand, portant l'étiquette *homme*, ou bien qu'on prenne des casiers plus petits, communiquant par une ouverture dans la paroi, pour réunir deux races d'une espèce. La classification du règne animal, considérée dans son application immédiate, n'est autre chose qu'un arrangement de fiches dans une série de boîtes, de tiroirs et de compartiments de plus en plus grands ; on rapproche le plus possible les objets analogues, et on éloigne le plus possible les uns des autres les objets dissemblables.

La question présente, il est vrai, un côté plus important.

La notion d'espèce implique, en effet, un type fixe, lequel, complétement circonscrit par lui-même, n'a, avec les autres espèces, que des relations idéales et non matérielles. Il importe donc beaucoup de déterminer si une forme quelconque, qui se trouve sur notre chemin, constitue une espèce indépendante, ou doit être rattachée à une autre espèce.

L'observation immédiate ne porte, dans le règne animal, que sur des individus dont l'étude est l'objet direct des recherches ; toutes les généralisations auxquelles nous pouvons arriver ne reposent que sur l'observation et l'examen d'individus isolés, observation qui est d'autant plus nécessaire qu'aucun individu ne ressemble complétement à un autre; chacun a ses particularités, plus ou moins apparentes, qui constituent des différences tantôt plus, tantôt moins importantes. Nous serons donc par ce fait conduits à rechercher, d'une part, la somme des ressemblances, et, d'autre part, celle des différences, et à déduire du résultat le degré de parenté qui existe entre les différents individus.

La nature nous apprend à reconnaître l'existence de parentés réelles. La famille existe aussi bien dans le règne animal que dans le genre humain, et les liens qui enchaînent mutuellement les membres isolés de cette famille, sont même souvent plus intimes et plus durables qu'ils n'ont coutume de l'être chez l'homme. Il est vrai que souvent ils se restreignent à une seule génération; dès que l'éducation des jeunes est suffisante pour qu'ils puissent prétendre à leur indépendance et se suffire à eux-mêmes, ils se séparent de leurs parents et ne conservent avec eux aucune relation ultérieure. La famille se renouvelle chaque année, souvent même dans un intervalle moindre, et chaque portée se sépare à son tour, dès que les jeunes animaux peuvent devenir chefs de famille. C'est ainsi que les choses se passent chez la plupart des animaux solitaires.

Il arrive parfois que des enfants d'âge différent restent dans la même famille, comme cela est le cas, par exemple, chez l'ours, où l'ourson le plus âgé, devenant positivement le gardien des plus jeunes (*Pästun* des paysans russes), doit les conduire, les soigner, et est très-sévèrement corrigé par la mère lorsqu'il néglige en quoi que ce soit ses devoirs.

Dès qu'une pareille réunion de la famille se produit et se maintient, elle amène des associations plus considérables qui sont toujours cependant le résultat de la reproduction et de la propagation des familles, et, chez lesquelles, la division du travail est poussée assez loin pour qu'on ne puisse concevoir l'existence de l'individu que par celle de la société. On peut citer, par exemple, les hordes de cerfs, les troupeaux souvent énormes d'antilopes et de bœufs sauvages, qui appartiennent certainement à une souche unique, ou même à une seule famille dont, pendant plusieurs générations, les membres se sont maintenus ensemble, et dont l'origine remonte à un ancêtre unique, qui est ordinairement le plus ancien membre de la troupe, et qui est toujours chargé de sa direction supérieure. Il est vrai que, dans ces sociétés, les liens qui attachent les divers membres les uns aux autres sont parfois peu solides et se rompent au moindre hasard. Il en est autrement dans les sociétés forcées comme celles des abeilles, des fourmis ou des bourdons où les individus, selon leurs occupations ou leur destination sociale, ont une organisation et une forme distinctes.

Quelle que puisse être la nature de ces rapports, toujours est-il que nous constatons entre les individus des différences comprises entre certaines limites, abstraction faite des formes pathologiques. Il se présente chez les jeunes une foule d'états différents de ceux de l'âge adulte, et il faut souvent les observations les plus minutieuses et des recherches prolongées pour se convaincre que telle larve se transforme bien en telle forme adulte. On peut apprécier combien ces déviations sont grandes, par le fait que, à l'époque même de Cuvier, on classait les formes adultes de certaines espèces animales parmi les mollusques ou les vers intestinaux, tandis que l'on classait les jeunes parmi les crustacés. Ce ne sont pas seulement les différences d'âge qui ont donné lieu à des erreurs de cette nature ; il y a aussi les différences de sexe. Nous avons déjà vu, dans nos précédentes leçons, que les différences corporelles entre l'homme et la femme sont plus grandes, pour toutes les parties du corps, qu'elles ne le sont pour les individus de même sexe appartenant à des races différentes, et nous savons que, chez beaucoup d'animaux, ces différences sexuelles peuvent devenir si considérables, qu'il a fallu les observations les plus exactes et les plus soutenues pour rapporter les deux sexes à la même espèce.

Mais ceci n'épuise pas encore le cercle des différences qu'implique parfois le développement chez les individus appartenant à une même famille. Nous connaissons, dans le monde animal inférieur, une foule de séries de développements remarquables, dans lesquelles le cycle que parcourt la famille n'est complet qu'au bout de plusieurs générations. Il en résulte que l'enfant ne ressemble pas à ses parents et que le petit-fils seul ressemble dans toutes ses parties à ses grands parents ; nous pouvons même affirmer qu'il y a des rapports de famille plus compliqués encore, en vertu desquels les individus ne reviennent à la forme type dont ils descendent, qu'après les détours les plus étranges et les plus compliqués.

Vous voyez, d'après ces quelques indications, que, dans les groupes les plus étroits formés par la nature, les élé=

ments nécessaires du développement peuvent déjà introduire une somme considérables de différences, et cela chez des individus d'ailleurs en rapport intime les uns avec les autres. Or, cela ne suffit pas à épuiser les sources de la variation ; chacun sait, en effet que les enfants de mêmes parents ont une certaine ressemblance de famille, sans jamais cependant être complétement semblables, que les jumeaux et les enfants d'une même portée conservent toujours certaines particularités individuelles qui permettent de les distinguer entre eux. Il peut parfois y avoir encore une latitude considérable avant que soient franchies les limites qui séparent la conformation normale de la conformation anormale, surtout lorsque les parents se trouvent être eux-mêmes sur les limites de la conformation normale. Tout en réservant pour une leçon future la discussion complète de ce sujet, je dois vous faire remarquer qu'il existe réellement de semblables variations dans la série régulière des générations d'une famille, et que certaines particularités se propagent souvent avec une obstination étonnante. Il y a, par exemple, des familles chez lesquelles des doigts surnuméraires aux mains et aux pieds, ou la soudure des doigts ont pu, pendant des siècles, témoigner de la pureté de l'origine, jusqu'à ce qu'enfin de nombreux croisements avec des individus de conformation normale aient fait disparaître l'anomalie.

De toutes ces différences si multiples et si évidentes, le naturaliste doit tirer une expression dont les divers traits puissent caractériser la famille, et il est facile de comprendre qu'on puisse aisément commettre une erreur lorsque l'observation directe des séries de générations fait défaut. L'histoire de la science fourmille d'exemples de cas où l'on a séparé les parents et leurs descendants, les jeunes et les adultes, les mâles et les femelles, en raison de leurs différences corporelles, jusqu'à ce que l'observation directe ait faire reconnaître leurs rapports de parenté réciproques.

Lorsqu'on a franchi ce premier obstacle, et reconnu un certain type, commun à l'ensemble des individus dérivant d'une série directe de générations, il faut aller plus loin, et reconnaître que ce type peut convenir à une foule d'individus qui n'appartiennent pas à la même souche, autant du moins que nous pouvons remonter vers l'origine de celle-ci. Il nous est impossible de comprendre, avec la forme actuelle de la surface terrestre, comment par exemple, la truite du versant septentrional des Alpes et celle du versant méridional, peuvent appartenir à une seule et même souche, car des cimes infranchissables les séparent, et ont dû les séparer depuis qu'il y a des truites sur la terre. Il nous est tout aussi impossible d'établir la parenté directe du chamois des Pyrénées avec celui des Alpes, car d'immenses plaines infranchissables pour des animaux de montagne, séparent ces deux grandes chaînes. Mais la somme des analogies est assez grande entre ces animaux pour qu'on puisse les relier à une même souche, et nous les y rapporterions sans hésiter, si nous connaissions moins exactement leur provenance. Ceci élargit notre définition de l'espèce. Nous reconnaissons donc un type à caractères déterminés, que nous nommons espèce ; nous pourrions, en conséquence, compléter notre définition en disant que nous rapportons à une même espèce tous les individus que leurs caractères communs signalent comme descendants réels ou possibles d'une souche commune.

Laissons de côté pour le moment cette définition, et contentons-nous de l'observation qui, dans la plupart des cas, ne peut fournir aucune indication sur l'origine et doit s'en tenir aux seuls caractères donnés par les individus. Nous avons, dans une certaine région, un type animal, une bonne espèce, comme disent les naturalistes, qui se laisse facilement reconnaître. Nous pouvons rassembler une foule d'individus semblables, nous pouvons, soit par l'observation directe de leur développement et de leurs rapports mutuels, soit par la dissection et la comparaison des formes, distinguer les jeunes des vieux, les mâles et les femelles, et faire passer ainsi sous les yeux une image complète de l'espèce. Le type que nous avons ainsi reconnu est-il bien réellement un type authentique et invariable?

L'observation nous apprend que nous devons répondre à cette question par la négative. Tous les observateurs sont d'accord sur ce point, que l'espèce jouit d'une certaine latitude qui permet la variation des caractères des individus; tous les traités sur l'histoire naturelle contiennent l'énumération de variétés ou races qui sont subordonnées à l'espèce. Mais, quant à la notion de variété, quant à ses limites et à ses rapports avec l'espèce, il règne les opinions les plus diverses, et nous rencontrons partout, lorsque nous entrons dans les détails, les vues les plus divergentes chez les observateurs : les uns considérant comme variétés ce que les autres déclarent être des espèces indépendantes. Linné définit la variété comme une modification occasionnée par une cause fortuite, et Isidore Geoffroy-Saint-Hilaire comprend sous ce nom une simple anomalie légère, qui n'empêche l'exercice d'aucune fonction. Comme on peut toujours demander où se trouvent les limites du simple et du léger, et qu'il est impossible de donner à ce sujet une règle générale, c'est toujours, dans chaque cas, au tact et au sentiment de l'observateur qu'il appartient de fixer les limites de la variété. L'observation directe nous enseigne, en effet, que chaque type, chaque espèce a, sous ce rapport, ses lois propres, et que telle modification qui, chez une espèce est fort insignifiante, peut avoir une très-grande importance chez une autre. Il est, par conséquent, très-difficile d'établir une définition générale de la

19

variété, d'autant plus qu'une exception fortuite peut devenir la règle, si, par suite de la durée des influences qui l'ont provoquée, elle prend un caractère de constance. Examinons le fait de plus près. Une influence fortuite quelconque fait naître dans un troupeau de moutons ordinaires un agneau mâle à jambes courtes. Voilà une anomalie produite par hasard qui se restreint d'abord à un seul individu ; le cas sera considéré comme une exception, intéressante peut-être au point de vue des lois du développement de l'espèce, mais ne constituant point encore, aux yeux du naturaliste, une variété, parce qu'elle est limitée à un seul individu. Mais ce bélier a une descendance ; admettons que les circonstances locales favorisent la production d'individus à jambes courtes (dans le cas dont nous parlons, cette circonstance favorable sera l'intervention de l'homme). La descendance à jambes courtes deviendra toujours plus nombreuse et formera bientôt une partie importante de la race ovine de la contrée. Nous nous trouvons maintenant en présence d'une variété qui sera regardée avec raison par les naturalistes comme le produit des influences locales. On la décrit et on la place dans les musées à côté du mouton ordinaire comme variété, qualification qui sera d'autant mieux méritée, que, parmi les agneaux qui proviendront de ce bélier à jambes courtes, il s'en rencontrera qui auront les jambes ordinaires, soit plus longues, et reviendront ainsi au type primitif.

La chose va plus loin. Dans le cas donné, l'homme, trouvant avantageux de posséder des moutons à jambes courtes, parce qu'ils ne peuvent pas franchir aussi facilement les clôtures, devra chercher à rendre cette anomalie héréditaire, ce qui permettra de diminuer de moitié la hauteur des clôtures destinées à protéger son troupeau, et d'épargner ainsi du temps, de la peine et de l'argent. En conséquence, l'homme se met à l'œuvre ; il accouple son bélier à jambes courtes avec ceux de ses descendants offrant la même anomalie, il écarte avec soin tous les agneaux à jambes longues qui pourraient reparaître dans la descendance, et obtient ainsi, au bout d'un certain temps, une race à jambes courtes. C'est ce qui est arrivé dans l'Amérique du Nord. Avec le temps, les apparitions d'agneaux ordinaires dans la nouvelle race deviennent de plus en plus rares, et la race se perpétue désormais constamment par elle-même ; l'homme a donc tiré d'un individu anormal, d'abord une variété, puis enfin une race constante ; car on nomme races les variétés constantes, qui se perpétuent nécessairement et indéfiniment avec leurs caractères distinctifs.

Ce que l'homme a fait ici, la nature le fait presque partout. Nous pouvons considérer chaque espèce avec ses caractères distinctifs comme le produit, pour ainsi dire, de l'ensemble des influences qui agissent sur elle. Chaque jour de la vie d'un individu est pour lui un jour de lutte pour son existence. Les individus se développent mieux là où ils peuvent plus facilement remporter la victoire dans cette lutte. Les conditions particulières de l'existence sont différentes pour chaque espèce ; en conséquence, chaque espèce réussit mieux dans un ou plusieurs centres, dans d'autres endroits elle végète avec peine, dans d'autres enfin, elle ne peut pas vivre du tout. Nous regardons ordinairement comme type de l'espèce la forme qui s'est le plus abondamment développée dans toutes les directions, sous l'influence d'un milieu favorable ; et, comme variétés ou races, les formes qui, sous l'influence de circonstances moins favorables, ont un peu souffert ou se sont développées dans des directions divergentes. Les mollusques qui appartiennent spécialement à notre zone tempérée, deviennent graduellement plus petits et présentent d'autres caractères vers les limites de leur aire de dispersion ;

tant au nord qu'au midi : ils ne trouvent plus, en effet, les conditions d'existence qui leur permettent d'atteindre leur développement complet ; un pas de plus et ils disparaissent entièrement. Ainsi, parmi les mollusques qui habitent les côtes de la France et de l'Allemagne, nous en trouvons qui augmentent de plus en plus de grandeur, à mesure qu'on monte vers le nord ; ce sont les mollusques dont les conditions essentielles d'existence se trouvent dans les mers glaciales, et qui n'arrivent à leur développement complet qu'au Groenland ou au Spitzberg. Parmi les mollusques de la mer Glaciale, qui habitent les côtes de la France, il s'est formé un type particulier qui, se perpétuant toujours de la même manière, a fini par former une race distincte ; cette race ne pourrait, dans aucun cas, produire dans sa situation actuelle des descendants possédant la taille et les caractères du type de la mer Glaciale. Plus une espèce est circonscrite dans une petite région, plus son type est en général déterminé. Plus la distribution géographique d'une espèce est étendue, plus elle offre de de races et de variétés.

Ce qui nous intéresse tout particulièrement, c'est la conclusion suivante que l'on peut tirer de ces faits : la conformation anormale d'un individu, ou toute déviation d'un type donné, quelles qu'en soient la nature et la cause, ou généralement toute variation, peut, par reproduction et par hérédité, fonder une variété, et toute variété peut, par la durée de l'influence héréditaire, acquérir des caractères distinctifs et devenir ainsi une race, capable comme telle de se propager et de se perpétuer.

Nous verrons, en effet, que les races se comportent assez différemment, au point de vue de la propagation ; les unes disparaissent facilement à la suite de mélanges avec d'autres races, tandis que les autres transmettent leurs caractères à leur descendance pendant de longues générations. Tout éleveur de chiens sait que le sang du terre-neuve est presque indestructible, que, dès qu'il y a eu un croisement avec ce chien, les traits caractéristiques de sa race reparaissent toujours et rappellent la race originelle d'un des ancêtres. Chacun sait aussi que le terre-neuve est une race originaire du pays et le produit de circonstances particulières, une race, enfin qu'on a raison de considérer comme une espèce particulière et distincte du genre chien. Certains naturalistes, il est vrai, regardent tous les chiens sans exception, depuis le dingo des Australiens jusqu'au chien polaire, comme formant une seule espèce, et ses diverses formes comme des races ou variétés; si l'on se place à ce point de vue, le terre-neuve est évidemment aussi une race, qui se distingue avantageusement des autres par la constance et la ténacité de ses caractères.

On a, jusqu'à présent, regardé comme un caractère spécial des variétés ou races le fait qu'elles peuvent se reproduire entre elles, et que les métis résultant de ces mélanges restent indéfiniment féconds entre eux. Nous pouvons considérer cette proposition comme avérée, du moins jusqu'à ce que nous ayons examiné de plus près la question des hybrides et des métis; nous devons cependant faire remarquer que la preuve de cette affirmation n'est pas encore complète, et que plusieurs résultats obtenus dans l'élevage des animaux domestiques paraissent lui être contraires. Il semble du moins résulter de certaines observations que la difficulté d'appareiller les races entre elles augmente à mesure qu'elles deviennent plus constantes, et qu'à l'état libre les races éprouvent les unes vis-à-vis des autres la même aversion que des espèces bien établies, de sorte qu'il faut des circonstances très-extraordinaires, ou l'intervention de l'homme, pour vaincre cette répulsion et déterminer l'accouplement.

L'espèce est, d'après Linné, la pierre angulaire sur

laquelle repose tout l'échafaudage de notre histoire naturelle systématique. Linné considérait l'espèce comme une forme primitivement créée ; Buffon, indécis, croyait qu'à l'espèce devaient appartenir tous les individus pouvant s'accoupler, et donner les produits également féconds entre eux. En un mot, selon que les auteurs ont attaché plus de poids à la reproduction ou à la classification, c'est tantôt sur la concordance des caractères, tantôt sur la fécondité de l'accouplement et la production de produits féconds, qu'ils ont surtout fait porter la définition. Ainsi, il n'y a pas longtemps encore, Andreas Wagner voulait rapporter à une même espèce tous les individus produisant des descendants féconds entre eux ; il faisait à tel point abstraction des caractères extérieurs, que lui, qui a établi des centaines d'espèces sur des différences insignifiantes de pelage, se déclarait prêt à considérer le loup, le chacal et le chien comme des variétés d'une même espèce souche, dès qu'on lui aurait prouvé que ces animaux pouvaient produire des descendants [féconds entre eux. Agassiz, d'autre part, repousse entièrement l'accouplement fécond et la propagation comme caractères spécifiques et distinctifs, et veut les exclure entièrement de la définition de l'espèce, pour baser uniquement celle-ci sur les caractères extérieurs et sur les rapports avec le monde ambiant.

Le motif de ce profond désaccord gît autant dans le maniement pratique de la science que dans les tendances qu'on veut lui substituer. Si les uns inclinent tantôt plus, tantôt moins, d'un côté ou de l'autre, c'est que les résultats aboutissent à des contradictions dès qu'on s'en tient d'une manière absolue à l'un ou à l'autre principe. Permettez-moi de vous donner sur ce point quelques détails.

On peut affirmer hardiment que, parmi les milliers d'espèces que la science reconnaît actuellement, nombre qui, dans le cours de quelques années, atteindra aisément un million, il ne s'en trouve pas cent dont on ait pu suivre assez loin la série des générations, pour pouvoir affirmer que leur descendance est indéfiniment capable de se reproduire ; on ne pourrait même pas l'affirmer avec une certitude juridique pour les animaux domestiques, et encore moins pour ceux qui vivent en liberté. Pour l'immense majorité des espèces, comme Giebel l'a démontré très-nettement, la propagation est donc une pure hypothèse, ne reposant sur aucune observation solide. Il en résulte que, dans les discussions auxquelles donne lieu la découverte d'une espèce nouvelle, on n'invoque jamais à l'appui la faculté de propagation. On discute sur la valeur plus ou moins grande des caractères distinctifs trouvés, sur leurs rapports avec ceux qui passent pour importants dans la distinction d'espèces analogues, on juge ainsi de la valeur et de la *bonté* de l'espèce. Du reste, il n'est jamais venu à l'idée de personne d'entreprendre des recherches et des observations exigeant des années, sur l'accouplement et la reproduction des espèces en litige. La conception théorique n'a donc en pratique aucune valeur ; et, la preuve, c'est que deux naturalistes, tout en étant d'accord sur la définition qu'il convient de donner au terme espèce, peuvent assez différer d'opinion quand il s'agit d'appliquer la théorie, pour que l'un voie dix espèces vraies, là où l'autre ne voit que dix races ou variétés d'une seule et même espèce. On pourrait encore, à la rigueur, se procurer des preuves de l'importance qu'il convient d'attribuer à la reproduction en tant que spécifique quand il s'agit des animaux vivants ; mais comment nous procurer ces preuves pour les milliers d'espèces qui ont depuis longtemps disparu de la surface de la terre, et dont nous retrouvons les restes dans des couches de pierre ? Dans ce cas, la preuve de la reproduction nous fait entièrement défaut ; nous n'aurions donc aucune base pour apprécier les documents fossiles, si, pour déterminer l'espèce, il fallait faire abstraction des caractères distinctifs, pour ne plus s'occuper que de la façon dont se comporte l'animal au point de vue de la reproduction.

Si, dans la pratique de la science, les caractères distinctifs sont les seuls réellement importants, il n'en faut pas moins tenir grand compte des conditions de la reproduction quand il s'agit de l'homme, des animaux domestiques et de quelques animaux sauvages voisins de l'homme. Mais si on cherche à combiner ces conditions de la reproduction avec les caractères distinctifs, on se heurte aux contradictions les plus extraordinaires, car on se trouve en présence d'animaux qui produisent entre eux des descendants féconds, et qui sont beaucoup plus éloignés les uns des autres par leurs caractères distinctifs que d'autres qui habituellement ne produisent que des métis stériles. Giebel a démontré, par des recherches strictement scientifiques, que les races de chiens qui se reproduisent entre elles offrent de bien plus grandes différences, au point de vue de la grandeur, de la robe, de la couleur, de la forme, de la conformation du squelette, du nombre des doigts, de la structure du crâne et des dents, que beaucoup d'espèces sauvages d'autres genres bien distincts, dont la différence n'est mise en doute par personne ; il a démontré, en outre, que ces différences entre les races de chiens sont bien plus considérables que celles qui existent entre le cheval et l'âne, qui cependant ne produisent entre eux que des mulets stériles. Celui donc qui ne voit dans les chiens que des variétés d'une même espèce, doit avouer que, à l'égard des caractères distinctifs, les variétés de certaines espèces peuvent différer davantage que les espèces elles-mêmes, aveu qui, en effet, non-seulement bouleverse toute l'histoire naturelle systématique, mais la détruit complétement.

On a regardé l'espèce comme un type invariable, mais il est facile de démontrer que les naturalistes mêmes qui acceptent théoriquement cette invariabilité, sont forcés de reconnaître, dans la pratique, l'existence des races et des variétés. On a regardé l'espèce comme un type originel, comme quelque chose de primitif et de fondamental, et cependant on est forcé d'admettre que, dans l'histoire de la terre, les espèces ont apparu et disparu comme les fleurs dans le cours de l'été. On a regardé l'espèce comme un ensemble d'individus qui transmettent indéfiniment leurs caractères d'une manière naturelle et régulière, et on oublie que des milliers d'espèces se sont éteintes, et qu'il y a, depuis les temps historiques, assez d'exemples d'espèces qui ont disparu de certaines localités, ou même entièrement de la surface de la terre, pour qu'on ne retrouve plus ces espèces éteintes que dans les musées. Pour vous en citer un exemple, je vous ferai remarquer que le grand pingouin (*Alca* ou *Plautus impennis*), qui, autrefois, habitait le Danemark, et qui vivait encore en Islande en 1842, a maintenant si complétement disparu qu'il n'en existe plus qu'une vingtaine de peaux plus ou moins bien conservées dans divers musées. L'espèce est donc, par le fait, soumise aux influences extérieures ; elle naît et disparaît comme les individus.

En examinant de près les définitions admises pour les termes de race et d'espèce, ainsi que les différences que l'usage a, pour ainsi dire, consacrées entre ces deux termes, on voit que ces différences se réduisent essentiellement à un fait historique. On dit races, lorsqu'on connaît ou qu'on croit reconnaître une origine commune ; on dit espèces, lorsque l'origine se perd dans la nuit des temps. On dit races, chez les animaux domestiques, comme je l'ai indiqué plus haut, lorsque, par la direction des circonstances extérieures, la surveillance et l'éducation, l'homme est arrivé à produire des variétés constantes; ou a admis des races chez l'homme même, parce qu'on a cru avoir en main les preuves que les différentes formes humaines ont apparu dans les temps historiques.

J'ai parlé de tendances. Personne n'aurait songé, en effet, à mettre en doute les différences qu'offrent les diverses espèces humaines, s'il n'avait fallu à tout prix soutenir l'unité, s'il n'avait fallu opposer à chaque fait précis et clair un mythe qui paraissait d'autant plus respectable, qu'il bravait ouvertement toute science positive. Nous n'insisterons pas davantage, pour le moment, sur ce sujet, sur lequel nous aurons à revenir d'une manière plus explicite.

Au point où nous en sommes relativement à la notion de l'espèce, nous en resterons à la proposition, que le genre humain se compose d'espèces différentes, qui sont autant, sinon plus distinctes entre elles, que la plupart des espèces de singes, et que, si les principes de la zoologie systématique ont quelque valeur, ils doivent aussi bien s'appliquer au genre humain qu'aux autres genres des singes.

On sait qu'au-dessus de l'espèce, la classification établit des groupes toujours plus larges, dont l'arrangement repose sur des caractères plus généraux. On distingue des genres, des familles, des ordres, des classes, des règnes. Ces derniers sous les noms de règne animal, de règne végétal et de règne minéral, comprennent l'ensemble des êtres qui existent sur le globe terrestre. Il nous reste à chercher quels rapports les différentes espèces humaines ont avec cette classification.

Il n'y a d'abord aucun doute qu'elles appartiennent au même genre. La somme des caractères communs au nègre et au blanc, et la somme des caractères qui, d'autre part, séparent le nègre des singes anthropomorphes, est, de l'aveu de tous les naturalistes, si grande, qu'elle réclame une

distinction de genre au moins, sinon de famille. C'est à
partir de ce point que les opinions commencent à diver-
ger. Tandis que les uns, se basant sur les caractères zoologiques, veulent faire entrer l'homme dans une famille du
type singe, d'autres prétendent constituer pour l'homme
seul un ordre, parfois même un règne entier, équivalent
au règne végétal et au règne animal. Examinons brièvement ces différentes manières de voir.

On ne peut nier l'existence d'un plan fondamental commun dans la conformation de l'homme et des singes, plan
dont les particularités sont nettement tranchées. La structure du cerveau et du squelette, la position des viscères,
tout indique un plan commun, dont les détails sont si marqués, que, de l'aveu de quelques observateurs renommés,
la distinction à établir entre l'homme et le singe constitue
une des grandes difficultés de l'anatomiste. Mais dans ce
plan fondamental, qui est peut-être aussi apparent que celui des carnivores, des ruminants, etc., surgissent les différences que nous avons examinées précédemment, et on
peut se demander si ces différences sont assez grandes
pour justifier une séparation complète, ou si, dans l'ordre
des singes même, il se rencontre des différences égales en
valeur à celles qu'on reconnaît entre l'homme et le singe.

On distingue ordinairement, chez les singes, les singes
proprement dits, et les lémuriens qui, véritables singes
par les membres et la conformation des mains, s'en distinguent par la structure du crâne, de la mâchoire et du
cerveau. Les mains atteignent, chez les lémuriens, leur développement complet aux deux membres, seulement le
doigt indicateur des mains postérieures, ainsi que le mé-
dius quelquefois, et parfois aussi l'indicateur des mains
antérieures, portent une griffe dont ils se servent pour
extraire habilement les insectes des trous et des fentes où
ils sont cachés. Cette différence dans la conformation des

extrémités impliquerait à peine une distinction importante;
en effet, même chez les singes proprement dits, on rencontre des différences bien plus grandes dans la conformation des mains, car il existe, tant chez les singes américains que chez ceux de l'ancien continent, des genres chez
lesquels le pouce de la main antérieure manque entièrement, ou est réduit à un petit tronçon informe. Mais les
différences dans la conformation du crâne, du cerveau et
des dents sont assez importantes pour légitimer peut-être
une séparation complète entre les lémuriens et les singes
proprement dits. La boîte crânienne est ronde et petite, le
museau proéminent, les orbites ouvertes en arrière; les
dents ont à peine quelque ressemblance avec celles des singes
proprement dits, et forment chez la plupart une série continue, ou du moins n'offrent jamais des lacunes aussi apparentes que celles qui existent chez les vrais singes; les
incisives supérieures sont rudimentaires, les incisives inférieures affectent la forme d'une spatule, et sont presque
horizontales, les molaires ont des dentelures aiguës; bref,
par leur mâchoire, les lémuriens appartiennent aux insectivores et non aux singes. Ils s'éloignent également de
ceux-ci, et se rapprochent des insectivores par leur conformation cérébrale, car le lobe postérieur du cerveau leur
manque, tandis qu'ils possèdent un lobe olfactif que les
singes n'ont pas, et partagent avec ces derniers la possession d'une scissure de Sylvius. On considère ordinairement les lémuriens comme un sous-ordre, en attribuant
plus d'importance à la conformation des membres, qui,
d'ailleurs, ressemblent beaucoup à ceux des singes dans
leurs traits principaux; mais, de même qu'on sépare avec
raison, malgré l'analogie de leurs membres, les insectivores des vrais carnivores, on doit aussi séparer les lémuriens des singes proprement dits et les associer aux insectivores. Tandis que beaucoup de naturalistes se contentent

de considérer les lémuriens comme une famille des primates ou quadrumanes, d'autres élargissent l'intervalle et en font un sous-ordre; on pourrait même, en s'appuyant sur la conformation du cerveau et des dents, réclamer pour eux la création d'un ordre spécial.

Nous nous trouvons dans le même cas à l'égard de l'homme. Les différences capitales entre l'homme et les singes résident dans la conformation du crâne, du cerveau et des dents, tandis que les différences dans les extrémités, quoique assez caractéristiques, n'ont peut-être qu'une importance de second ordre. La prépondérance extraordinaire du crâne cérébral sur le facial, le développement considérable des lobes cérébraux antérieurs et des circonvolutions, la continuité de la série dentaire, justifieraient déjà à eux seuls pour l'homme une position aussi élevée au-dessus des singes que ceux-ci sont élevés au-dessus des lémuriens. Mais, comme la conformation particulière du pied humain n'est pas entièrement effacée par le pied prenant du gorille, on peut admettre la séparation du genre humain, comme ordre distinct de celui des singes, au même titre qu'un ordre spécial a été institué pour le phoque, qui, quoique appartenant aux carnivores par sa dentition et sa conformation, s'en éloigne considérablement par la structure de ses extrémités.

Pour résumer brièvement notre opinion sur la classification du genre humain, nous dirons qu'il nous paraît être le représentant d'un ordre équivalent à celui des singes, et appartenant avec ce dernier à un type commun formant une série dans les mammifères.

Nous pouvons ajouter qu'aucun auteur récent n'a apprécié la haute valeur des différences zoologiques que présente le genre humain, plus que nous ne faisons ici, car la sous-classe que Owen a cherché à créer pour lui, a suivi le sort des faits matériels de conformation cérébrale sur lesquels l'auteur l'avait fondée. Dans ces derniers temps, toutefois, deux auteurs français, Isidore Geoffroy Saint-Hilaire et A. de Quatrefages, ont cherché à attribuer à l'homme un autre rang, basé non sur les particularités de son organisation, mais sur d'autres propriétés qui, en admettant qu'elles existent, n'ont aucun rapport avec la conformation du corps, du moins d'après l'opinion de ces auteurs. Je discuterai brièvement cette opinion, après vous avoir cité quelques passages des deux auteurs éminents dont nous venons de parler.

Isidore Geoffroy Saint-Hilaire dit textuellement : « Ce « sont la motilité et la sensibilité qui seules font essen- « tiellement l'animal, et tout les efforts qu'on a faits pour « lui assigner d'autres caractéres, pour en rendre la défi- « nition plus complète et plus positive, n'ont pas pu la « rendre moins philosophique et moins exacte. Ces carac- « tères, sont tirés de la conformation de l'animal quand les « autres le sont de ses facultés; ces caractères, par là « même d'un autre ordre que les premiers, ne sont ni es- « sentiels comme eux, ni même constants, ni tels, par con- « séquent, qu'il y ait lieu, à aucun point de vue, de les « placer à la suite de ces deux attributs de l'animalité : la « faculté de sentir et celle de se mouvoir automatiquement.

« Et par là est immédiatement résolue la seule objection « grave qu'on pût élever contre le règne humain. Comme « tous les maîtres de la science, laissons aux divisions « secondaires, aux subdivisions inférieures des règnes, « ces caractères tirés de la conformation que chaque être « doit porter avec lui pour qu'on puisse toujours le re- « connaître : c'est dans une région plus haute que réside « la notion vraie des grandes divisions de la nature, ou, « comme nous disons aujourd'hui, des empires et des rè- « gnes. C'est par ses facultés propres, qui ne s'éteignent « qu'où cesse l'animalité, et seulement par elles, que l'ani-

« mal diffère essentiellement du végétal, et s'élève jusqu'à
« constituer au-dessus de lui un règne distinct ; c'est de
« même par ses facultés, incomparablement plus hautes
« encore, par les facultés intellectuelles et morales ajou-
« tées à la faculté de sentir et à la faculté de se mouvoir,
« que l'homme se sépare à son tour du règne animal, et
« constitue au-dessus de lui la division suprême de la na-
« ture, le règne humain. »

Geoffroy ajoute plus loin : « La plante *vit*, l'animal *vit* et
« *sent ;* l'homme *vit, sent* et *pense.* »

Dans une autre phrase il indique l'intelligence comme
un caractère distinctif de l'homme ; dans un autre endroit,
c'est, « la vie morale à ajouter dans le règne humain à la
« vie végétative et animale,» et, dans une dernière phrase :
« il peut y avoir des degrés dans le développement des
« facultés vitales, sensitives et intellectuelles ; il n'y a pas
« de milieu entre *vivre et ne pas vivre, sentir et ne pas*
« *sentir, penser et ne pas penser.* » D'après I. Geoffroy
Saint-Hilaire, l'animal ne pense donc pas, l'homme seul
pense, et cela met fin à toute discussion, car on ne comprend pas qu'on puisse émettre une affirmation aussi
monstrueuse.

M. de Quatrefages est beaucoup plus prudent. Voici
textuellement ses paroles : « Trouverons-nous les carac-
« tères du règne humain dans les facultés de l'esprit ? —
« Certes il ne peut entrer dans ma pensée d'identifier le
« développement intellectuel de l'homme avec l'intelli-
« gence rudimentaire des animaux même les mieux doués.
« Entre eux et lui, la distance est tellement grande qu'on
« a pu croire à une disssemblance complète ; mais il n'est
« plus permis de penser ainsi. L'animal a sa part d'intel-
« ligence ; ses facultés fondamentales, pour être moins
« développées que chez nous, n'en sont pas moins les
« mêmes au fond. L'animal sent, veut, se souvient, rai-

« sonne, et l'exactitude, la sûreté de ses jugements, ont
« parfois quelque chose de merveilleux, en même temps
« que les erreurs qu'on lui voit commettre démontrent que
« ces jugements ne sont pas le résultat d'une force aveugle
« et fatale. Parmi les animaux d'ailleurs, et d'un groupe à
« l'autre, on constate des inégalités très-grandes. A ne
« prendre que les vertébrés, nous voyons que les oiseaux,
« bien supérieurs aux reptiles et aux poissons, le cèdent
« de beaucoup à certains mammifères. Trouver au-dessus
« de ces derniers un autre animal d'une intelligence très-
« supérieure n'aurait en réalité rien d'étrange. Il n'y au-
« rait là qu'une différence du moins au plus, il n'y aurait
« pas de phénomène radicalement nouveau.

« Ce que nous venons de dire de l'intelligence en gé-
« néral s'applique également à sa manifestation la plus
« haute, au langage. L'homme seul, il est vrai, possède la
« *parole*, c'est-à-dire la *voix articulée*; mais deux classes
« d'animaux ont la *voix*. Chez eux comme chez nous, il y
« a production de sons traduisant des impressions, des
« idées, et compris non-seulement par les individus de
« même espèce, mais encore par l'homme lui-même. Le
« chasseur apprend bien vite ce qu'on a appelé d'une ma-
« nière figurée le *langage* des oiseaux et des mammifères.
« Sans être bien expérimenté, il distingue sûrement les
« accents de la colère, de l'amour, du plaisir, de la douleur,
« le cri d'appel, le signal d'alarme. Ce langage est bien
« rudimentaire sans doute; on pourrait dire qu'il se com-
« pose uniquement d'interjections. Soit, mais il suffit aux
« besoins des êtres qui l'emploient et à leurs rap-
« ports réciproques. Au fond diffère-t-il des langages
« humains, soit par le mécanisme de la production,
« soit par le but, soit par les résultats? L'anatomie, la
« physiologie, l'expérience nous apprennent que non.
« Encore ici il y a donc un progrès, un perfectionnement

« immense, mais il n'y a rien d'essentiellement nouveau.

« Enfin ce que nous appelons les facultés du cœur, fa-
« cultés qui tiennent à la fois de l'instinct et de l'intelli-
« gence, se manifeste chez les animaux tout aussi bien
« que chez l'homme. — L'animal aime et hait ; on sait
« jusqu'où quelques espèces poussent le dévouement à leurs
« petits ; on sait comment entre certaines autres il existe
« une répulsion instinctive qui se traduit, à chaque occa-
« sion favorable, par des luttes acharnées et mortelles ; on
« sait comment l'éducation développe ces germes et nous
« fait découvrir dans nos animaux domestiques des diffé-
« rences individuelles vraiment comparables à celles qui
« nous frappent dans l'humanité. Tous, nous connaissons
« des chiens affectueux, caressants, aimants, peut-on dire ;
« tous, nous en avons rencontré qui étaient colères, har-
« gneux, jaloux, haineux... C'est peut-être par le *carac-*
« *tère* que l'homme et l'animal se rapprochent le plus.

« Où trouverons-nous donc ces faits jusqu'ici sans pré-
« cédents, ce *quelque chose* complétement étranger à l'ani-
« mal, appartenant exclusivement à l'homme, et motivant
« ainsi pour lui seul l'établissement d'un règne à part? Pour
« résoudre cette difficulté, faisons comme les naturalistes ;
« rendons-nous compte de tous les caractères de l'être
« qu'il s'agit de déterminer. Nous ne nous sommes encore
« occupés que des caractères organiques, physiologiques
« et intellectuels ; il nous reste à parler des caractères mo-
« raux. — Ici apparaissent tout de suite deux faits fonda-
« mentaux dont rien n'avait pu encore nous donner une
« idée. Dans toute société où il existe un langage assez
« parfait pour exprimer les idées générales et abstraites,
« nous trouvons des mots destinés à rendre les idées de
« vertu et de vice, d'homme de bien et de scélérat. — Là
« où la langue fait défaut, nous rencontrons des croyances,
« des usages prouvant clairement que, pour ne pas être

« rendues par le vocabulaire, ces idées n'en existent pas
« moins. — Chez les nations les plus sauvages, jusque
« dans les peuplades que d'un commun accord on place
« aux derniers rangs de l'humanité, des actes publics ou
« privés nous forcent à reconnaître que partout l'homme a
« su voir à côté et au-dessus du bien et du mal physiques
« quelque chose de plus élevé ; chez les nations les plus
« avancées, des institutions entières reposent sur ce fon-
« dement.

« La notion abstraite du bien et du mal se retrouve
« ainsi dans tous les groupes d'hommes. Rien ne peut faire
« supposer qu'elle existe chez les animaux. Elle constitue
« donc un premier caractère du règne humain. — Pour
« éviter le mot de *conscience* pris souvent dans un sens
« trop précis et trop restreint, j'appellerai *moralité* la fa-
« culté qui donne à l'homme cette notion, comme on a
« nommé *sensibilité* la propriété de percevoir les sensations.

« Il est d'autres notions se rattachant généralement les
« unes aux autres, et que l'on retrouve dans les sociétés
« humaines même les plus restreintes et les plus dégra-
« dées. Partout on croit à un monde autre que celui qui
« nous entoure, à certains êtres mystérieux d'une nature
« supérieure qu'on doit redouter ou vénérer, à une exis-
« tence future qui attend une partie de notre être après
« la destruction du corps. En d'autres termes, la notion de
« la divinité et celle d'une autre vie sont tout aussi géné-
« ralement répandues que celles du bien et du mal.
« Quelque vagues qu'elles soient parfois, elles n'en enfan-
« tent pas moins partout un certain nombre de faits signi-
« ficatifs. C'est à elles que se rattachent une foule de cou-
« tumes, de pratiques signalées par les voyageurs, et qui,
« chez les tribus les plus barbares, sont les équivalents
« bien modestes des grandes manifestations de même na-
« ture dues aux peuples civilisés.

« Jamais chez un animal quelconque on n'a rien con-
« staté, ni de semblable, ni même d'analogue. — Nous
« trouverons donc dans l'existence de ces notions générales
« un second caractère du règne humain, et nous désigne-
« rons par le mot de *religiosité* la faculté où l'ensemble de
« facultés auxquelles il les doit. »

Telles sont les paroles de M. de Quatrefages. Comme on
le voit, il accorde beaucoup plus de place que son défunt
collègue aux faits et à l'opinion que l'animal possède toutes
les facultés intellectuelles, quoique à un moindre degré :
qu'il pense, réfléchit, s'entend avec ses semblables et avec
d'autres ; bref, que ses facultés intellectuelles ne diffèrent
de celles de l'homme que par leur degré de développement. Mais, suivant lui, la moralité et la religiosité sont
quelque chose de tout différent, de tout nouveau, et puisqu'ils se rencontrent partout chez l'homme, ils constituent chez lui un caractère essentiel, qui le distingue de
tous les animaux. Examinons d'un peu plus près ces assertions.

Admettons pour un instant que ce que M. de Quatrefages appelle *religiosité* se trouve sans exception chez tous
les peuples ; or, cela ne prouve pas du tout que ce sentiment
corresponde chez l'homme à une nouvelle activité, ou à
une nouvelle faculté intellectuelle. Cela prouve seulement
que, devant des phénomènes dont il ne peut saisir les
causes, l'homme se fait des idées que l'animal ne se fait pas,
parce qu'en raison de ses moindres facultés intellectuelles,
l'animal ne se sent pas porté à réfléchir sur les causes de
ces phénomènes. Le crétin stupide ne fait aucune attention
au tonnerre ; le niais en a peur, comme d'un phénomène
naturel puissant dont il ne peut deviner la cause ; le païen
déduit d'un X inconnu un dieu du tonnerre ; le chrétien
convaincu fait tonner son maître suprême, et l'homme
intelligent qui connaît la physique fait lui-même tonnerre

et éclairs, lorsqu'il peut disposer des appareils nécessaires. Telle est la marche générale des idées religieuses, et je ne saurais réellement trouver aucune raison pour rattacher la religiosité au genre humain comme une faculté intellectuelle spéciale. Il fut un temps où R. Wagner avait essayé de revendiquer pour les hommes la propriété de la foi, et où il voulait même exiger des anatomistes la découverte d'un organe spécial de la foi commun au cerveau de tous les hommes.

La contradction est encore plus remarquable quand on réfléchit qu'on trouve, chez les animaux, au moins le germe de la croyance à des êtres mystérieux de nature supérieure et qu'on doit craindre. Le chien a évidemment aussi peur des fantômes qu'un Breton ou un Basque ; — tout phénomène extraordinaire, dont son odorat ne lui fournit aucune explication précise, détermine chez le chien le plus brave les manifestations de la terreur la plus insensée. J'ai connu une forêt dans laquelle, d'après les paysans des environs, apparaissait la nuit un fantôme de feu, et, pour preuve de son existence, ils racontaient que les chiens y éprouvaient la nuit une vive frayeur, et ne pouvaient y être ramenés même à coups de bâton lorsqu'ils y avaient été une fois dans l'obscurité. Ce fantôme, dont un chien, d'ailleurs brave, appartenant à mon père, n'osait pas approcher, consistait en un tronc d'arbre pourri et par suite phosphorescent et lumineux dans l'obscurité. La crainte du surnaturel, de l'inconnu, est le germe de toutes les idées religieuses, et cette crainte est développée à un haut degré chez nos animaux domestiques intelligents, chez le chien et le cheval. Le germe de ces idées, plus développé chez l'homme, a été converti en système, en foi. Si on devait regarder la foi au surnaturel comme une propriété intellectuelle fondamentale particulière à l'homme, on devrait en faire autant des mathématiques. Aucun animal ne connaît les mathématiques, la géométrie, etc., — mais il y a des animaux qui certainement savent compter, ne serait-ce que jusqu'à un petit nombre, et là se trouve le germe de ce grand et superbe édifice que l'homme a construit, et au moyen duquel il a pu mesurer la terre et les espaces célestes. Aucun animal n'a donc la foi, — mais il a la crainte de l'inconnu, et n'est-ce point sur la crainte de l'inconnu, sur la crainte de Dieu, que l'homme a basé toutes les religions ? Quant à la morale, ou la notion du bien et du mal, on ne peut pas affirmer qu'elle soit absolue chez l'homme. Cette notion se règle sur l'état actuel de la société, elle est en un mot le résultat de l'état social. Si, dans le monde civilisé, on considère comme un crime de faire périr son père vieux et infirme, un tel acte est au contraire regardé chez quelques tribus indiennes comme très-méritoire de la part d'un fils. La notion du bien et du mal est donc la résultante des besoins de la société, des rapports réciproques des individus ; et, si cela est vrai, il est certain que la notion du bien et du mal est tout autant développée dans les sociétés d'animaux, et tout aussi en rapport avec leur degré de sociabilité, que dans les sociétés humaines. Le premier degré des sociétés est la famille ; chez l'enfant, la notion du bien et du mal se résume dans l'obéissance envers ses parents, dans l'accomplissement des devoirs qui lui sont imposés, et dans les leçons, les punitions ou les caresses qui lui reviennent. Qu'on observe une famille de chats ou d'ours, la manière d'être des petits, leur éducation par les parents, n'a-t-on pas là l'image de la famille humaine, avec toutes les manifestations de la notion du bien et du mal qu'on peut désirer ? C'est, il faut l'avouer, de la morale de chat, de la morale d'ours, qui est imposée et enseignée aux jeunes animaux, mais c'est toujours pourtant une morale, et le jeune chat qui n'arrive pas à l'appel de sa mère, l'ourson de deux ans qui ne soigne pas convenablement ses frères cadets, sont grondés et souffletés tout comme le sont les enfants des hommes, lorsqu'ils méconnaissent la première notion de la morale humaine et chrétienne, l'obéissance.

A propos des sociétés animales, permettez-moi de vous citer un passage relatif aux sociétés des singes, tiré de l'excellent ouvrage du docteur A. E. Brehm, intitulé *Vie des animaux* (Illustrirtes Thierleben) :

« Le mâle le plus capable de la bande en est le conduc-
« teur. Cette dignité ne lui est pas conférée par le suffrage
« général ; elle ne lui appartient qu'après des combats et
« des luttes opiniâtres avec ses concurrents, qui sont tous
« les autres vieux mâles. Ce sont les dents les plus longues
« et les bras les plus forts qui décident. Celui qui ne veut
« pas se soumettre de bonne volonté est ramené à la rai-
« son à force de coups et de morsures. La couronne appar-
« tient au plus fort, c'est dans ses dents que gît la sagesse.
« Mais cela s'explique. Les singes les plus forts sont ordi-
« nairement les plus âgés, et il faut bon gré mal gré que
« les plus jeunes et les plus inexpérimentés se soumettent à
« eux. Le chef exige et obtient une obéissance absolue, et
« cela sous tous les rapports. La galanterie chevaleresque
« n'est point son affaire, c'est dans le combat qu'il emporte
« le prix de l'amour : le *jus primæ noctis* lui appartient
« encore aujourd'hui. Il est le père d'un peuple, et sa
« race s'augmente, ainsi que celle d'Abraham, d'Isaac et
« de Jacob, « comme le sable de la mer. » Il ne faut pas
« qu'aucun membre féminin de la troupe se permette la
« moindre amourette avec quelque blanc-bec ; ses yeux sont
« perçants et sa discipline sévère : il n'entend pas plaisante-
« rie en matière d'amour. Aussi les femelles qui voudraient
« s'oublier, ou plutôt l'oublier, sont corrigées de façon à
« leur faire renoncer à tous rapports avec d'autres héros
« de la bande, et le jeune adolescent qui, en enfreignant

« les lois du harem, a porté atteinte aux droits du fier
« sultan, en sort encore plus maltraité. »

« . . . . . Le singe chef exerce, du reste, ses fonctions
« avec beaucoup de dignité. Déjà le respect dont il jouit
« prête à sa tenue un certain aplomb et une indépendance
« qui manque chez ses subordonnés; aussi voit-on ceux-ci
« le flatter de toutes manières. Les femelles mêmes s'ef-
« forcent de lui témoigner les plus hautes faveurs. Elles
« s'empressent, par exemple, à dépouiller constamment
« son pelage des parasites incommodes qui s'y trouvent,
« et il se laisse rendre cet hommage avec la contenance
« d'un pacha se faisant chatouiller les pieds par ses esclaves
« favorites. Il s'inquiète aussi réellement de la sécurité de
« ses subordonnés et est à cet égard plus vigilant qu'eux.
« Il jette les yeux de tous côtés, ne se fie à personne, et
« découvre ainsi, presque toujours à temps, le danger qui
« menace. »

Nous ne comprenons pas que la différence entre la morale qui, dans cette société de singes, dépend uniquement de la
volonté du père de la famille, et celle d'une tribu de nègres
australiens, où de même le plus fort fait la loi, ait pu paraître assez importante pour motiver une distinction aussi
considérable que l'établissement d'un règne spécial. L'ab-
solutisme théorique ne reconnaît pas d'autre morale que
la volonté du maître. Il fait la loi, ordonne la foi, détermine la morale, — il a droit de tuer ou de punir celui qui
agit ou pense autrement que lui ; — la morale d'un des-
potisme absolu, théorique, est-elle donc autre que celle
d'une famille de singes?

La catégorie distinctive de M. de Quatrefages est donc
insoutenable. Les deux naturalistes français ont entrepris
l'impossible en voulant trouver des propriétés manquant de
toute base matérielle : là où l'organisation appartient à un
même type, là aussi les propriétés et les fonctions qui ré-

sultent de cette organisation doivent montrer la même unité fondamentale.

Avant de quitter ce sujet, je pourrai rappeler à ceux qui cherchent en vain à ériger, d'après des facultés intellectuelles quelconques, un trône spécial pour l'humanité, ces paroles de Wundt : « Les animaux sont des êtres dont les
« connaissances ne diffèrent de celles de l'homme que par
« le degré de développement qu'elles ont atteint. Il n'y a
« pas, entre l'homme et l'animal, d'abîme plus profond
« que dans le règne animal lui-même. Tous les orga-
« nismes animés forment une chaîne d'êtres homogènes,
« dépendants, ne laissant pas entre eux de lacunes. Une
« psychologie surannée avec ses forces et ses diverses fa-
« cultés intellectuelles a pu tirer des lignes de démarca-
« tion et chercher à distribuer ici ou là telle ou telle fa-
« culté; — mais, après avoir démontré que l'ensemble de
« la vie intellectuelle forme un grand tout, nous devons
« aussi convenir que tout ce qui est animé doit avoir sa
« part de ce tout. »

NEUVIÈME LEÇON

Temps primitifs du genre humain. — Restes humains associés à des espèces éteintes. — Négation de Cuvier. — Restes humains des cavernes. — Formation des cavernes. — Stalactites. — Limon ossifère. — Conservation des os. — Mode de remplissage. — Habitants éteints des cavernes. — Espèces éteintes des alluvions. — Espèces encore vivantes. — Destruction de quelques espèces pendant les temps historiques. — Recherches de Schmerling. — Caverne d'Engis. — Cavernes de Lombrive et de Lherme. — Grottes d'Arcy. — Grotte de la vallée du Neander. — Grotte d'Aurignac.

MESSIEURS,

Passons maintenant des vivants aux morts.

Il n'est peut-être pas d'étude plus intéressante que celle des temps primitifs du genre humain. Quelques restes humains, quelques instruments portant l'empreinte matérielle de l'industrie humaine, constituent les seuls renseignements que nous possédions sur cette époque primitive, bien antérieure à toutes les traditions écrites ou orales. Les moyens qu'on emploie d'ordinaire pour élucider les faits historiques font ici complétement défaut, et on peut dire avec toute raison que l'historien et l'archéologue, devenus incompétents, doivent laisser au géologue seul le soin de poursuivre, d'après les principes admis dans la science, les recherches sur ces périodes reculées. Les traces qu'ont laissées les hommes les plus anciens, les restes qui témoignent de leur existence, ne se distinguent de ceux des espèces animales éteintes que parce que des ossements et des dents sont associés à des témoignages d'une industrie primitive, qui prouvent suffisamment que, dès son origine, l'homme s'efforçait déjà d'augmenter les moyens d'action que la nature lui avait départis afin de soutenir la lutte pour l'existence. La hyène broie les os avec ses puissantes mâ-choires pour les avaler par morceaux ; l'homme les fend ou les brise avec une pierre, pour se nourrir de la moelle qu'ils renferment. L'animal se défend avec les dents, les cornes et les griffes que la nature lui a données ; l'homme cherche à se confectionner des armes et des ustensiles, au moyen d'ossements, de cornes ou de pierres, et la réflexion continuelle qu'il apporte à cette occupation et à cette in-dustrie le pousse toujours davantage dans la voie de la civilisation. L'animal se réjouit à la vue d'un feu qu'il ren-contre par hasard, et s'y chauffe ; l'homme cherche à pro-duire le feu, à le conserver et à l'utiliser. Aussi loin que nos recherches peuvent remonter dans la nuit des temps, par-tout nous trouvons, associés aux ossements humains, des produits de l'industrie de l'homme, des ustensiles de l'es-pèce la plus grossière il est vrai, faits en bois, en pierre ou en corne, en argile demi-cuite, et accompagnés de char-bons et d'autres traces, qui nous prouvent que l'homme connaissait et utilisait le feu. Mais aucune tradition, aucune légende, ne remonte suffisamment loin en arrière pour jeter quelque lumière sur ces commencements obscurs du genre humain. Dans les pays mêmes les plus anciennement civilisés, là où on a retracé en caractères hiéroglyphiques, sur des monuments et des colonnes, le récit des faits an-térieurs, caractères que des hommes instruits se sont plus tard efforcés de déchiffrer, espérant y trouver des légendes et des traditions qui fourniraient quelques renseignements sur l'histoire primitive du pays, on s'est vite aperçu que

ces anciens documents ne contiennent pas la moindre trace
du souvenir d'une époque préhistorique pendant laquelle
les métaux étaient inconnus, époque que nous retracent
aujourd'hui en caractères indélébiles les haches en silex
et les habitations lacustres. C'est donc uniquement en étudiant les causes qui ont amené l'enfouissement de ces restes,
les rapports qui existent entre eux, les couches sur lesquelles ils reposent, et celles qui les recouvrent, leur association avec d'autres restes de plantes et d'animaux renfermés avec eux dans le sein de la terre, que nous pouvons
nous procurer quelques renseignements sur les rapports de
l'homme primitif avec le monde extérieur, sur sa manière
de vivre, de se nourrir, de se vêtir, de se loger, peut-être
même sur ses mœurs et ses coutumes, ainsi que sur son
organisation sociale.

Comme on le voit, le champ est vaste, la route obscure,
et bien grande la difficulté d'arriver à des connaissances
certaines. Nous devons deviner les pièces qu'on jouait autrefois sur le théâtre, d'après les lambeaux des coulisses
qui ont échappé à l'incendie de la salle ; nous devons déchiffrer d'après les quelques restes des malheureuses vic-
times, si elles jouaient les premiers rôles, ou n'étaient que
de simples comparses. Là où nous pouvons regarder, tout
est doute et incertitude ; ce n'est qu'avec une extrême prudence qu'on peut trouver dans le labyrinthe le fil conducteur
qui aboutit à une issue. Un fait, peut-être le plus insignifiant, acquiert parfois une importance extraordinaire, parce
qu'il relie entre elles et rend concluantes des observations
jusqu'alors incohérentes et décousues. Une faute minime
d'observation peut enfanter une série d'erreurs incalcula-
bles ; toute conséquence, illogique ou non, appuyée sur des
faits, peut conduire à des conclusions absolument erronées.
Mais le pire de tous les écueils, celui sur lequel la barque
de l'observateur doit nécessairement se briser, c'est le pré-

jugé traditionnel du dogme ecclésiastique et l'exégèse biblique. Quiconque ose essayer une transaction est irrémédiablement entraîné dans un tourbillon d'absurdités dont, malgré tous ses efforts, il ne peut plus sortir. Mais plus les difficultés sont grandes, plus la satisfaction qu'éprouve l'observateur est grande aussi, lorsque, appuyé sur des faits patents, sur des bases solides, il peut élever un édifice capable de braver non-seulement les orages de la critique, mais aussi la dent venimeuse de la haine ; or, plus l'erreur est facile, plus sincère est le tribut d'admiration que nous devons au zèle incessant et à l'éclatante perspicacité de quiconque parvient à répandre quelque lumière dans ces ténèbres pré-égyptiennes.

J'ai l'intention de vous faire passer sans transition dans l'antiquité la plus reculée qui nous soit jusqu'à présent connue, et de vous entretenir dans cette leçon de l'homme fossile. Je ne veux pas parler , bien entendu , de ces images fantastiques, de ces ressemblances fortuites que présentent certaines pierres érodées, ou de squelettes d'animaux mal déterminés ; de ce cavalier pétrifié, que l'eau et la gelée ont sculpté sur un bloc de grès à Fontainebleau, et à propos duquel on a beaucoup discuté à Paris il y a quelque vingt ans ; de la fameuse salamandre d'Oeningen, que Scheuchzer prit pour un enfant de quatre ans ; je ne veux point parler ici de ces erreurs et de ces méprises, mais de restes humains réels et incontestables, associés à des débris d'espèces éteintes, à des ossements fossiles d'animaux, dans les mêmes conditions de gisement, et dont la haute antiquité est corroborée par tous les témoignages imaginables.

Un mot sur l'acception qu'on doit donner aux termes *pétrifié* ou *fossile*. Il ne s'agit pas de savoir si les ossements humains découverts à plusieurs reprises ont été plus ou moins imprégnés de solutions salines incrustantes, ou plus ou moins dépouillés de la matière organique servant à relier leurs éléments minéraux ; il s'agit, au contraire, de savoir si l'homme primitif a vu d'autres animaux que ceux qui vivent encore maintenant dans les mêmes pays que lui, et s'il chassait d'autre gibier que celui qui habite actuellement nos forêts et nos marais ; s'il habitait une surface terrestre autrement conformée qu'elle ne l'est depuis les temps historiques, et s'il a survécu à des révolutions qui ont détruit une foule d'animaux.

Cette question, il y a peu de temps encore, comportait une réponse absolument négative. Cuvier avait déclaré que la présence de restes humains, accompagnant les ossements d'animaux éteints, n'ayant nulle part été démontrée ; que les faits invoqués à cet égard reposant sur des erreurs ; et que le squelette humain pétrifié, trouvé à la Guadeloupe dans des couches calcaires, étant enfoui dans un calcaire qui se forme encore de nos jours, il n'y avait pas lieu de songer à l'existence d'hommes fossiles, c'est-à-dire contemporains d'espèces animales éteintes. Comme il arrive toujours, lorsqu'une autorité bien établie a prononcé un arrêt, les faits qui furent découverts par la suite n'obtinrent pas l'attention qu'ils méritaient, on les négligea, on les traita comme des erreurs dont on avait déjà fait justice, et qui, malgré cela, reparaissaient de temps en temps ; bref, on maintint ainsi la négative, croyant avoir écarté tout ce qui pouvait se rapporter à l'homme fossile. Mais lorsque, dans ces derniers temps, on trouva des preuves de l'industrie humaine, des haches en silex associées dans certaines couches aux ossements ordinaires d'espèces animales éteintes, comme l'éléphant et le rhinocéros, ces faits attirèrent de nouveau l'attention sur les résultats produits antérieurement par l'étude des cavernes, des grottes et des brèches osseuses. On se livra de nouveau avec ardeur à la recherche méthodique des localités

dans lesquelles on était habitué à trouver des ossements,
et, malgré le peu de temps qui s'est écoulé depuis la re-
prise de ces recherches, on a déjà obtenu des résultats frappants et convaincants. Avant d'en venir à ces découvertes
de restes humains trouvés dans les cavernes ou les brèches, permettez-moi de vous faire connaître les circonstances géologiques de ces phénomènes, et de vous signaler
les faits qui ont ici surtout de l'importance.

On a, et avec raison, fait remarquer qu'il n'existe à la
surface de la terre aucune roche solide qui n'ait été, d'une
façon ou d'autre, brisée, fendue ou crevassée ; on a même
affirmé, peut-être avec un peu d'exagération, qu'il ne
serait pas possible de trouver un bloc de pierre d'un mètre
cube qui n'offrît pas quelques fissures. La plupart du
temps ces fissures sont excessivement fines, et souvent
remplies par des infiltrations d'eau imprégnée de sels
minéraux qui s'y déposent. Dans les calcaires foncés on
observe ainsi un réseau de veines calcaires blanches, qui
dessinent d'une manière élégante la fissure primitive de la
roche. Les filons pleins de minéraux ou de métaux ne
sont que des grandes fentes de cette nature, qui se sont
remplies peu à peu par le dépôt de substances minérales.
Il n'est pas rare d'observer dans ces accumulations des
cavités intérieures, des poches qui n'ont pas été entièrement remplies par les dépôts ; des crevasses qui sont restées vides ; dans d'autres cas, on peut observer que non-
seulement les eaux d'infiltration ont apporté des dépôts
cristallins, mais aussi de l'argile, de la terre, du sable et
des cailloux, qui ont pénétré par le sommet de la crevasse.
Souvent aussi on observe des dislocations par suite desquelles les deux lèvres de la crevasse ne correspondent
plus, et, lorsque la fente ne se dirige pas perpendiculairement, elle présente alternativement des élargissements
et des parties plus étroites. Les débris des roches voisines

ont souvent, dans leur chute, comblé entièrement les crevasses, et on rencontre même des collines et des montagnes entières formées par des entassements irréguliers
d'énormes blocs éboulés les uns sur les autres, entre
lesquels sont restées des crevasses sans nombre, dont la
forme et la grandeur sont constamment modifiées par les
actions extérieures.

Si les eaux d'infiltration forment, dans la plupart des
roches, des dépôts cristallins, on ne saurait douter, d'autre
part, qu'elles enlèvent certains principes à d'autres roches ;
cette dissolution n'est nulle part plus abondante que dans
les roches sulfatées et carbonatées, et surtout dans ces
dernières, la puissance dissolvante de l'eau pure étant
encore augmentée, dans ce cas, par la présence de l'acide
carbonique qui se trouve dans toutes les eaux atmosphé-
riques. Les dépôts ont surtout lieu dans les fentes où l'eau
suintant lentement et en petite quantité, s'évapore en partie, tandis qu'au contraire, là où de plus grandes masses
d'eau coulent rapidement, elles déterminent certainement
l'agrandissement de la cavité. La formation des grandes
excavations, surtout de celles qui sont dirigées horizontalement, provient du lavage et de l'enlèvement par les eaux
des couches profondes qui soutiennent les couches supérieures ; celles-ci, manquant d'appui, s'éboulent et laissent ainsi dans l'intérieur de la montagne de grands vides,
dont le plafond seul se maintient, grâce à la forme voûtée
des couches qui le constituent.

Tous ces faits, on le voit, sont de même ordre, et l'on
ne peut établir aucune distinction précise entre les différentes fissures, qu'elles soient petites où grandes. Leur
formation n'appartient à aucune époque, à aucune localité
ou à aucune roche spéciales ; bien que certaines différences puissent favoriser plus ou moins leur production,
leur remplissage dépend des circonstances locales. Là où

il n'y a pas d'ouverture extérieure, les eaux d'infiltration pénètrent seulement par les côtés où les sources jaillissent des parois; par contre, quand il y a une ouverture, les ruisseaux, les sources et même les rivières peuvent y pénétrer et former des systèmes fluviaux souterrains, comme on en connaît beaucoup sur différents points de la terre, mais qu'on ne trouve nulle part aussi développés que sur le plateau près de Trieste en Carinthie, où il existe une série de lacs souterrains, réunis par des courants d'eau presque navigables, et habités par une faune spéciale.

Au point de vue des recherches qui nous occupent ici, on a pris l'habitude de distinguer les fentes ou crevasses proprement dites, qui s'enfoncent presque verticalement sans offrir d'élargissement considérable; les grottes, qui ne sont que des cavités peu étendues, s'ouvrant à l'extérieur par une large ouverture; et les cavernes, qui offrent ordinairement une série de cavités réunies entre elles par des passages étroits. Les grottes, ou *balmes,* nom probablement celtique qu'elles portent en Suisse et dans l'Allemagne méridionale, ainsi que dans toute la France, sont souvent le résultat de la destruction et de l'enlèvement de couches d'argiles plus molles, intercalées entre des couches calcaires plus dures, qui restent suspendues et forment le plafond de la cavité; d'autres fois, elles ne sont que le commencement de cavernes dont la continuation est interrompue par un resserrement de la fissure. Les cavernes offrent souvent des dimensions considérables : il y en a qui se prolongent à plusieurs lieues sous terre, et on a mesuré des salles qui offrent plus de cent pieds d'étendue en tout sens. Les salles ne sont pas toujours au même niveau; il faut souvent monter ou descendre avec des échelles pour passer d'une excavation à l'autre, et les passages qui les relient sont parfois si étroits qu'il faut d'abord les élargir artificiellement pour qu'un homme puisse y pénétrer.

Maintenant que nous connaissons le mode de formation des crevasses, des grottes et des cavernes, jetons un coup d'œil dans leur intérieur. Le plus grand nombre des cavernes se trouve dans les montagnes calcaires, tant celles de formation ancienne que nouvelle; le calcaire devonien et houiller de l'Irlande, de l'Angleterre, de la Belgique et de la Westphalie, le zechstein du Harz, le calcaire jurassique de la France, de l'Allemagne et de la Suisse; la craie et le calcaire nummulitique des Pyrénées, des Alpes et des Apennins, fourmillent de cavernes, dont quelques-unes jouissent d'une certaine célébrité, comme but de visite pour les touristes. Ceux-ci sont surtout frappés par les formations bizarres des dépôts cristallins calcaires, dits stalactites, dans lesquels, à la lueur vacillante des flambeaux, l'imagination s'ingénie à retrouver toutes sortes de formes fantastiques. Ces stalactites ne sont autre chose que les dépôts cristallins des eaux d'infiltration, qui abandonnent par évaporation le calcaire qu'elles tenaient en dissolution; ils se forment de la même manière que les aiguilles de glace le long des gouttières, ils ont la même structure interne, et paraissent jaunâtres ou brunâtres lorsque l'eau d'infiltration contient un peu de terre ou d'argile. On ne peut tirer de leur développement plus ou moins considérable aucune conclusion relative au temps qui a été nécessaire à leur formation. Le mode d'écoulement de l'eau, la constitution et la solubilité du calcaire, modifient considérablement la nature du dépôt, et cela souvent dans une même caverne. On ne trouve que très-rarement dans les stalactites des ossements ou des cailloux roulés; ce fait se produit seulement quand la caverne est presque entièrement remplie de dépôts calcaires, qui forment alors une croûte sur les parois et le plafond, et ne peuvent plus pendre en forme d'aiguilles libres.

L'eau chargée de calcaire, qui dégoutte de toutes les

parties du plafond ou ruisselle le long des parois, forme également, par évaporation, sur le sol de la caverne, une couche cristalline qui atteint parfois jusqu'à deux pieds d'épaisseur, et qu'on a nommée stalagmites, pour la distinguer des stalactites ; les stalagmites possèdent la même structure que les stalactites. D'ordinaire, la couche de stalagmites offre, aux endroits où l'eau tombe en plus grande abondance, des protubérances et de fortes saillies qui, en s'élevant toujours, finissent quelquefois par rejoindre les extrémités des stalactites, et forment ainsi de véritables colonnes continues.

Il y a des grottes où cette formation cristalline fait entièrement défaut, d'autres où elle a été restreinte à une époque antérieure, lorsque les eaux se trouvaient à un niveau plus élevé. Les cavernes dans lesquelles ces formations n'ont atteint qu'un développement moyen paraissent en général les plus favorables aux investigations ultérieures sur leur contenu.

Sous le plancher formé par la couche cristalline, on trouve ordinairement des dépôts de terre dite à ossements. Ces dépôts consistent, pour la plupart, en une terre grasse, rougeâtre ou jaunâtre, mélangée de sable, et offrant souvent une sorte de stratification. On trouve ordinairement dans cette argile, ou au-dessous, des cailloux qui ont parfois dû être amenés de loin, car ils appartiennent à des roches entièrement différentes de celles qui se trouvent dans le voisinage des cavernes ; cette argile est souvent presque meuble, et d'autres fois si imprégnée de calcaire, qu'elle forme un ciment très-compacte qu'on ne peut entamer qu'avec le ciseau ; on y rencontre parfois aussi des pierres à angles aigus, qui proviennent pour la plupart de fragments détachés des parois de la caverne même. La couche à ossements est souvent faible, dans d'autres cas très-importante ; on cite, par exemple, la grotte de Banwell en

Angleterre, dont la plus grande salle, haute de quinze mètres, était remplie jusqu'au plafond de cette argile à ossements.

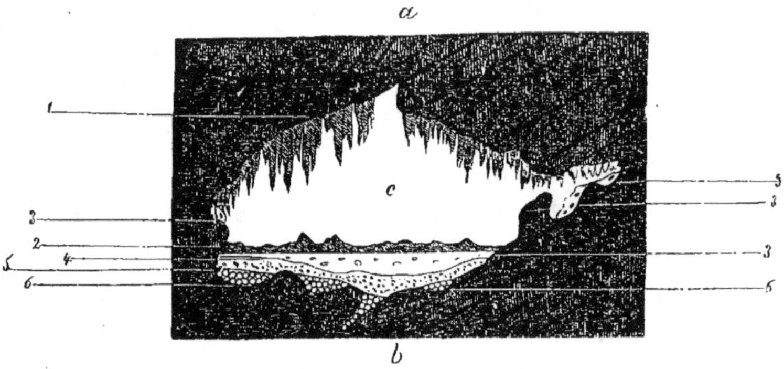

Fig. 86. — Coupe de la Caverne de Lombrive (département de l'Ariége).

a. Plafond. — *b*. Plancher. — *c*. Cavité. — 1. Stalactites. — 2 Stalagmites. — 3. Terre à ossements du sol et des anfractuosités latérales. — 4. Mince couche de lehm. — 5. Sable avec petits cailloux roulés. — 6. Gros cailloux roulés sur le sol.

On est, en effet, complétement autorisé à désigner sous le nom d'argile à ossements cette argile, le plus souvent rouge, qui se trouve sous la couche stalagmitique, et à laquelle, vu la dureté de celle-ci, on ne peut arriver qu'au moyen de la pioche, car c'est dans cette couche qu'on rencontre fréquemment une quantité énorme d'ossements. Outre ces ossements, sur lesquels nous aurons à revenir, on rencontre souvent aussi des mollusques terrestres et fluviatiles, qui appartiennent toujours aux espèces habitant encore le pays.

Les ossements gisent pêle-mêle dans cette couche, sans trace d'ordre ni de rapport réciproque; le crâne est ordinairement séparé de la mâchoire inférieure aussi bien que des autres os du squelette; on n'a jamais trouvé un squelette entier en position régulière, et la découverte, dans la caverne de Brixham, de l'ensemble des os du pied postérieur d'un ours dans leur situation relative constitue une rare exception. Cependant, les os paraissent avoir été apportés dans les cavernes plus ou moins entourés de chair, car la plupart ont conservé leurs arêtes et leurs angles aigus; d'autres, il est vrai, sont évidemment roulés et usés, d'autres encore fendus et brisés, comme s'ils avaient été, longtemps avant leur enfouissement, exposés librement sur le sol à toutes les intempéries. Dans beaucoup de cavernes, parmi divers ossements, on en a trouvé qui ont été rongés ou mordus, tandis que d'autres portent les traces évidentes d'un travail humain exécuté au moyen d'instruments tranchants.

Le degré de conservation des os ne fournit aucun renseignement sur leur antiquité relative. Là où la couche stalagmitique fait défaut, et où, en conséquence, la couche à ossements est à découvert, les os sont fréquemment si altérés qu'ils tombent en poussière au moindre attouchement; ils sont, par contre, beaucoup mieux conservés là où la couche cristalline s'est formée, et conservent encore une quantité notable de matières organiques. Toutefois, la plupart des os ont perdu une partie de ces matières, et, par suite, collent à la langue, propriété qu'on considérait autrefois, à tort il est vrai, comme un signe caractéristique de la fossilisation. Dans les crevasses remplies d'ossements, qu'on a découvertes en si grand nombre, notamment dans le voisinage de la Méditerranée, l'argile rouge ainsi que les os sont imprégnés de matières calcaires, de manière à former un véritable poudingue qu'il faut attaquer avec la poudre, et dont on ne peut extraire les os qu'avec la plus grande difficulté.

Il n'y a guère que les ossements et les autres restes analogues qui puissent fournir quelques renseignements relativement à l'époque de la formation de ces dépôts dans les fentes et les cavernes. Comme les animaux d'es-

pèces semblables ont vécu pendant une même période
géologique, qui peut, il est vrai, avoir duré pendant une incommensurable série d'années, les dépôts contenant les mêmes espèces doivent aussi appartenir à la
même époque géologique. Il est facile de démontrer que des
circonstances analogues se sont produites pendant les différentes périodes géologiques et ont amené les mêmes résultats. Lorsque l'on construisit le petit tunnel de Maure-
mont, entre Morges et Yverdun, on découvrit dans le calcaire jaune, qui appartient au système crétacé inférieur,
des crevasses remplies d'une argile à ossements d'un brun
rouge ; on en voit encore aujourd'hui des traces vers l'entrée méridionale du tunnel. Les ossements trouvés dans
cette couche appartiennent à des pachydermes de l'époque
tertiaire ; la plupart appartiennent aux espèces qui ont été
découvertes dans les gypses de Montmartre à Paris. Ces os
sont donc beaucoup plus anciens que ceux qu'on trouve
ordinairement dans les cavernes à ossements. D'autre
part, on a découvert en 1860, à Stoss, dans la vallée de
la Muotta, canton de Schwitz, sur un col connu sous le
nom de « Bärentross », passage situé à 5,042 pieds au-
dessus du niveau de la mer, une caverne dans laquelle
toute une famille d'ours, composée de six individus vieux
et jeunes, était enfouie dans une couche argileuse de deux
pieds d'épaisseur, recouverte elle-même d'une croûte de
tuf calcaire d'un demi-pouce d'épaisseur. « Les os eux-
« mêmes, » dit Rütimeyer, « sont aussi recouverts d'une
« mince croûte de tuf, et admirablement conservés. Ils
« appartiennent en partie au collége de Schwytz, en partie
« à M. le landamman Auf-der-Mauer de Brunnen. Le plus
« grand squelette gisait étendu dans la caverne, les deux
« extrémités antérieures avaient été brisées par un
« fragment de rocher tombé du plafond. Le plus grand
« crâne que j'aie vu à Brunnen mesurait 285 millimètres

« depuis le trou occipital jusqu'au bord alvéolaire des
« incisives, et 200 millimètres de largeur entre les deux
« arcades zygomatiques : il appartenait donc à un gros
« animal. Un plus gros animal encore doit se trouver
« au collége de Schwytz. La série dentaire, étant com-
« plétement conservée, a permis facilement de cons-
« tater la concordance complète avec l'ours brun.
« Il est à remarquer que la localité où se trouve cette
« caverne est désignée sur les cartes sous le nom de
« *Bärentross* (de Troos, *Alnus viridis,* qui y est très-abon-
« dant), ce qui indique que la caverne a été habitée assez
« tardivement par les ours. » Voilà donc un gisement
d'ossements remontant à une date relativement récente,
et qui est, dans tous les cas, bien moins ancien que
les gisements qu'on rencontre ordinairement dans les cavernes.

Avant de discuter l'antiquité de ces dépôts ordinaires,
permettez-moi d'ajouter quelques mots sur la manière
dont les cavernes se sont remplies. La plupart des ossements appartiennent à des carnassiers. En Europe, le seul
pays dont nous nous occupions ici, on a trouvé surtout des
os d'ours, et parfois aussi d'hyènes. Ces deux carnassiers
habitaient les cavernes, et comme le prouve celle de Stoss,
ils pouvaient parfois se trouver enfermés par la chute de
quelques blocs de rochers, et ensuite ensevelis dans l'argile. Toutefois, pareil accident n'a pu arriver qu'à quelques
individus, et plusieurs générations ont pu vivre successivement dans une caverne, dont la dernière seule a été en-
sevelie ; il est cependant un fait qui, parmi tant d'autres,
milite contre l'admission de la généralité d'un tel événe-
ment : c'est que des milliers d'individus ont été ensevelis
simultanément dans les cavernes.

Il est facile de démontrer que les animaux carnassiers
ont habité beaucoup de cavernes ; les preuves abondent à

cet égard. Ces animaux apportaient parfois des os pour la nourriture de leurs petits. Les hyènes notamment agissaient ainsi, et on trouve fréquemment dans les cavernes leurs excréments mêlés à des os brisés en petits fragments et non digérés ; les ours habitaient aussi les cavernes, dans lesquelles ils se retiraient pour leur sommeil d'hiver, mais ils n'y apportaient pas d'ossements. On rencontre fréquemment aussi de grands amas d'ossements dans les parties de certaines cavernes où on n'a pu pénétrer qu'en agrandissant les ouvertures, ou en se servant d'échelles, et où, par conséquent, aucun animal vivant n'aurait pu habiter. Le nombre des cavernes qui ont été remplies par les ossements de leurs seuls habitants est donc bien restreint, et, dans la plupart des cas, ces ossements doivent former une bien petite partie de ceux qui ont été accumulés par d'autres causes dans les cavernes.

Les animaux malades et mourants, il est vrai, se retirent dans les crevasses et dans les cavernes, pour y attendre la guérison ou la mort. On a trouvé beaucoup d'ossements, portant des traces de blessures reçues dans les combats que les animaux se livrent entre eux, ou des ossements atteints de carie et autres maladies des os. Schmerling a décrit et figuré toute une série d'os malades trouvés dans les cavernes belges. Sömmering a décrit le crâne d'une hyène dont la crête médiane avait été brisée et à moitié guérie. Voilà donc encore des animaux qui ont pu fournir un contingent relativement peu considérable, il est vrai, au contenu des cavernes.

Si ces trois suppositions étaient entièrement fondées, on devrait trouver, comme à Stoss, des squelettes entiers de carnassiers. Mais cela est très-rare ; dans les cavernes même qu'on a complétement explorées, et dont on a recueilli le contenu os par os, on a bien trouvé les ossements de plusieurs individus, mais pas un seul squelette complet.

Nous aurons à revenir sur ce point à l'occasion des ossements humains.

Il faut donc supposer que les ossements, les cailloux, les coquilles et autres débris qui remplissent certaines cavernes y ont été apportés et déposés par des courants d'eau. Quand les ossements ont été roulés et qu'ils portent des traces d'un blanchiment et d'une dessiccation antérieurs, ils ont dû être apportés tels dans la caverne. Les ossements mieux conservés proviennent probablement de fragments de cadavres dans un état de putréfaction assez avancée pour flotter sur l'eau. Les orifices des cavernes et des grottes se trouvent souvent à plusieurs centaines de pieds au-dessus de la vallée; on pourrait en conclure, dans bien des cas, qu'à l'époque du remplissage des cavernes, les eaux atteignaient à un niveau plus élevé, et que les rivières charriaient des quantités d'eau bien plus considérables. Dans certaines cavernes, les dépôts se sont formés graduellement et d'une manière continue, ce que prouve la stratification du limon et l'interposition de couches de sable et de gravier; dans d'autres, le dépôt a été plus irrégulier et paraît avoir été produit par l'action de courants latéraux, qui se ramifiaient dans la caverne. La faible grosseur des cailloux roulés prouve, du reste, que les courants ne devaient pas être très-violents. Sans doute, il a pu se produire en quelques points des courants violents et tumultueux, mais c'est là certainement l'exception et non pas la règle générale comme on l'a supposé. L'état de la caverne de Stoss prouve que chez celles où il n'y a que des dépôts de limon et point de cailloux, le remplissage s'est accompli peu à peu, et a été produit par l'action graduelle de la fonte des neiges, les eaux se chargeant d'argile avant de pénétrer dans la caverne; il en est de même pour toutes les cavernes qui sont placées dans des positions et à une hauteur telles qu'il ne peut être question de rivière, et où, cependant, il n'a pas fallu un temps très-long pour accumuler une couche de deux pieds d'épaisseur.

La comparaison des espèces animales qui, jusqu'à présent, ont été trouvées dans les cavernes, avec celles qu'on a rencontrées dans les anciennes couches d'alluvions contemporaines, soit l'ancien diluvium, permet de conclure qu'une grande quantité d'espèces, et précisément celles qui ont laissé le plus de restes, sont complétement éteintes depuis cette époque. Dans le nombre se trouve l'ours des cavernes (*Ursus spelæus*), dont le crâne se distingue de celui de toutes les autres espèces vivantes d'ours par sa grosseur considérable, par l'absence constante des petites fausses molaires, par la courbure du front et sa chute presque en escalier vers le nez, au-dessus duquel il forme un épais bourrelet sus-orbitaire, par la saillie de ses protubérances frontales et le développement de la crête sagittale et frontale. De Blainville considère que tous les ours trouvés jusqu'à présent dans les cavernes, ainsi que l'ours brun d'Europe, les ours gris et noirs de l'Amérique du Nord et de l'Europe, appartiennent à une seule et même espèce ; tous les autres naturalistes qui ont étudié cette question, et qui se sont livrés à cet égard à de nombreuses recherches, soutiennent au contraire que les différences entre l'ours des cavernes et les ours actuels sont plus grandes que celles qui existent entre les différentes espèces encore vivantes ; on en arrive donc à la conclusion que toutes les espèces d'ours vivant maintenant appartiennent à une seule espèce, ou que l'ours des cavernes constitue une espèce distincte maintenant éteinte. On trouve parfois il est vrai, assez rarement toutefois, dans les mêmes couches que l'ours des cavernes, des crânes qui paraissent former une transition entre cet ours et l'ours brun ; certains naturalistes ont déjà même voulu établir une foule d'espèces différentes et très-douteuses basées sur la découverte de ce crâne.

L'hyène des cavernes (*Hyœna spelœa*) appartient également aux espèces éteintes. Elle était plus grande et plus forte que l'hyène tachetée du Cap, qui lui ressemble, et dont on a récemment trouvé les restes dans des cavernes de la Sicile; certaines cavernes du midi de la France contiennent une espèce voisine des hyènes rayées; cette espèce est éteinte. Le lion des cavernes (*Felis spelœa*) dépassait en grandeur le lion actuel; il était plus fort que le tigre, auquel du reste il ressemble davantage qu'au lion; cette espèce, éteinte aujourd'hui, s'étendait jusque sous la latitude du Harz, tandis qu'une autre espèce de grand chat également éteinte, semblable à la panthère ou au léopard (*F. antiqua*), n'a été trouvée jusqu'à présent que dans le Jura franconien et plus au sud.

Parmi les rongeurs éteints, on remarque un castor (*Trogontherium Cuvieri*), dont le crâne est plus grand d'un cinquième que celui de l'espèce actuelle; un lièvre (*Lepus diluvianus*), qui se rencontre autour de la Méditerranée, et qui participe à la fois aux caractère du lièvre proprement dit et du lagomys maintenant relégué dans l'Asie septentrionale; un rongeur analogue à l'écureuil (*Sciurus priscus*), qui se distingue essentiellement des autres espèces d'écureuils; un campagnol (*Arvicola brecciensis*), qui remplit presque à lui seul les brèches de la Sardaigne. Parmi les insectivores qui se rapprochent le plus des rongeurs, à part la dentition, se trouve une espèce distincte de musaraigne, autrefois indigène en Sardaigne (*Sorex similis*), mais complétement éteinte aujourd'hui. Au nombre des ruminants, on remarque particulièrement les cerfs représentés par de nombreuses espèces actuellement éteintes, telles, par exemple, que le magnifique cerf des tourbières (*C. euryceros*), qui égalait le renne par sa taille, mais possédait d'immenses empaumures dont le poids et la grandeur n'étaient guère proportionnés au reste de l'animal; le daim gigantesque (*C. somnonensis*), qu'on rencontre surtout dans les alluvions du nord de la France, ainsi que quelques espèces peu connues qui ont été découvertes dans les cavernes et les couches d'alluvions de la France. Nous pouvons citer, en outre, quelques antilopes (*A. Christoli* et *dichotoma*), trouvées dans des cavernes du midi de la France, un bouquetin (*Ibex Cebennarum*), provenant des Cévennes, et enfin une ou deux espèces de bœufs (*Bos primigenius*), dont nous aurons à nous occuper lorsque nous traiterons la question des animaux domestiques.

Toutefois, ce sont surtout les espèces éteintes de pachydermes qui ont le plus attiré l'attention. On a découvert en France une espèce éteinte de cheval (*Equus fossilis*). L'hippopotame, le rhinocéros et l'éléphant habitaient aussi ce pays ; d'ailleurs, quelques espèces de ces derniers animaux se sont étendues jusque dans l'extrême nord de la Sibérie; en effet, on a récemment trouvé dans les glaces de la côte sibérienne de la mer Glaciale des cadavres admirablement conservés encore recouverts de leur chair et de leur peau. Plusieurs espèces éteintes d'hippopotames (*H. Pentlandi, major, minor*) habitaient probablement l'Angleterre et la Russie ; ces animaux trouvaient sans doute aussi facilement leur nourriture dans les marais et les rivières de l'époque diluvienne, qu'ils la trouvent aujourd'hui dans l'Afrique centrale. En Europe, on a découvert deux espèces d'éléphants, dont une (*E. meridionalis*) habitait surtout les bords de la Méditerranée, où elle accompagne toujours un rhinocéros (*R. leptorhinus*), qui est assez semblable à celui du Cap. L'autre espèce d'éléphant, le mammouth (*E. primigenius*), accompagne toujours une autre espèce de rhinocéros (*R. tichorhinus*), qui porte deux énormes cornes sur le nez, soutenu intérieurement par une cloison osseuse ; ces deux espèces étaient pourvues d'une toison chaude et touffue qui manque aux espèces actuelles ; elles se sont étendues jusqu'à l'extrême nord, mais n'ont pas dépassé les Alpes vers le sud. Il est aussi assez extraordinaire qu'un genre d'éléphant, le *mastodonte*, qui, dans les alluvions de l'Amérique du Nord, représente l'éléphant, soit aussi représenté en Europe par une espèce (*M. angustidens*), qui paraît déjà exister dans les couches anciennes de l'époque tertiaire.

Nous aurons plus tard à rechercher si ces diverses espèces, qui appartiennent toutes, à l'exception du mastodonte, à des genres encore vivants, ont disparu en même temps ou à des époques différentes.

Toutes les autres espèces, jusqu'à présent découvertes dans les cavernes et les alluvions, concordent avec les espèces vivantes aujourd'hui, à la seule exception peut-être de la taille, qui paraît, à en juger par les ossements fossiles, avoir été un peu plus considérable. On a cependant fait remarquer avec raison que ce caractère seul ne suffirait pas pour constituer des espèces distinctes, car il dépend essentiellement de l'abondance de la nourriture, de la facilité à se la procurer, et de la tranquillité dont jouissent les animaux. Un des crânes trouvés à Stoss est beaucoup plus gros que le crâne des ours bruns qu'on connaît à notre époque; c'est seulement dans les fosses aux ours de Berne, comme Rütimeyer l'a fait remarquer avec raison, qu'on a pu élever des individus atteignant à une taille semblable. M. Pictet nous semble donc complétement autorisé à récuser l'établissement d'espèces particulières fondées uniquement sur des ossements du diluvium, qui ne se distinguent que par leur grandeur. En examinant la liste des ossements trouvés jusqu'à présent, on voit que tous les mammifères de la faune européenne actuelle, à l'exception de quelques espèces peu abondantes et difficiles à distinguer, ainsi que quelques animaux domestiques évidemment importés, étaient représentés pendant la période diluvienne ;

en conséquence, lorsque les espèces éteintes étaient encore
vivantes, la faune de cette période était beaucoup plus
riche que la faune actuelle. Pictet étudie les espèces les unes
après les autres; il prouve que, jusqu'à présent, quelques
petites espèces seulement font défaut; d'ailleurs, on en a
découvert récemment quelques-unes en Italie, le porc-épic
et le mouflon, l'ancêtre du mouton domestique, par
exemple. Il est donc démontré que la plupart des espèces
actuellement vivante, existaient à l'époque diluvienne;
mais, d'autre part, ce serait peut-être aller un peu trop loin
que de vouloir conclure du même fait, qu'aucune espèce
ne s'est formée depuis l'époque diluvienne. De même que
les espèces éteintes ont disparu à différentes époques, et
le fait s'est continué jusque dans les temps historiques,
de même les espèces actuellement vivantes ont pu apparaître à des périodes différentes bien que comprises dans
cette grande époque.

On remarque, chez les espèces encore vivantes qu'on
rencontre aussi dans les cavernes et dans les couches d'alluvion de l'Europe centrale, quelques différences provenant
de ce que beaucoup de ces espèces ont changé d'habitat,
et ont complétement abandonné certaines régions qu'elles
habitaient autrefois. Ce fait n'a rien de bien extraordinaire;
il s'est reproduit d'ailleurs dans les temps historiques. Le
cerf, le castor, le bouquetin, qui étaient autrefois abondants
en Suisse, ont maintenant entièrement abandonné ce pays.
Le loup a été détruit en Angleterre, l'ours dans la plus
grande partie de l'Allemagne. Si on étudie ces migrations
des espèces, on est frappé du fait que la plupart de celles
qui habitaient autrefois l'Europe centrale se sont retirées
vers le Nord; il en résulte que, pendant la période diluvienne, il existait au cœur de l'Europe une faune dont on
ne retrouve plus les restes que dans le Nord. Au nombre
de ces animaux actuellement septentrionaux, qui habitaient

autrefois l'Europe centrale, on peut citer : le glouton, l'ours blanc, le loir, la marmotte, le lemming, le lemming à collier, les différents lagomys, le renne, l'élan, l'aurochs, le bœuf musqué, le morse. Quelques-unes de ces espèces sont près de s'éteindre, comme l'aurochs (*Bison europæus*), dont il ne reste plus qu'un unique troupeau conservé avec soin dans une forêt polonaise; d'autres flottent, pour ainsi dire, sur les limites du continent allemand, comme, par exemple, l'élan, qui ne se trouve plus maintenant que sur une partie des côtes de la Baltique, mais qu'on rencontre encore en Scandinavie et en Russie; d'autres se sont retirées jusque dans le voisinage du cercle polaire, comme le lemming, le glouton et le renne; d'autres sur les cimes glaciales des montagnes, comme le chamois, la marmotte et le bouquetin. Tandis qu'on trouve, parmi les espèces éteintes, certains types dont les représentants modifiés actuels habitent uniquement aujourd'hui les régions situées au sud de la Méditerranée, comme le lion, l'hyène, l'hippopotame, à peine trouvons-nous chez les espèces qui ont émigré, un exemple bien constaté qui nous indique un mouvement vers le sud. Les faits cités plus haut sur l'éléphant et le rhinocéros semblent même indiquer que les espèces éteintes, revêtues d'une épaisse toison, qui occupaient autrefois l'Europe centrale, ont reculé pas à pas vers le Nord, jusqu'à ce qu'enfin elles aient trouvé le terme de leur existence dans la Sibérie septentrionale.

A l'appui de cette hypothèse on peut citer le fait que le lemming à collier, qui ne se rencontre maintenant que dans l'extrême Nord, au delà de la limite des forêts, n'a été trouvé jusqu'à présent que dans les fentes et les crevasses du nord de l'Allemagne, mais jamais plus au sud.

Quant aux espèces éteintes dont les représentants modifiés habitent aujourd'hui les climats méridionaux, quelques-unes, pour résister aux grands froids, paraissent avoir été protégées par une toison laineuse très-épaisse, ce qui peut faire supposer que d'autres espèces, dont on ne connaît que les ossements, sans qu'il reste la moindre trace de leur peau ou de leur toison, ont dû être semblablement protégées contre les rigueurs du climat. On sait que le tigre de l'Asie méridionale pousse des excursions en Sibérie jusque par 50° de latitude nord, et séjourne même dans des régions où, comme la vallée de l'Amour, la température moyenne des mois les plus froids d'hiver descend jusqu'à 20° R. Nous pouvons donc attribuer au tigre des cavernes une capacité de résistance au froid au moins égale ; nous pouvons attribuer la même capacité aux hyènes de l'Afrique septentrionale qu'on rencontre parfois, d'ailleurs, jusque sur les cimes les plus élevées de l'Atlas, où règne pendant l'hiver un grand froid, accompagné de neige et de glace ; tous ces faits autorisent à conclure qu'au commencement de l'époque diluvienne le climat du centre de l'Europe était bien plus rigoureux qu'il n'est maintenant, et qu'à mesure que la chaleur a augmenté, la plupart des animaux ont émigré vers le Nord, pour trouver les conditions de température modérée à laquelle ils avaient, dès l'origine, été habitués dans le centre de l'Europe. Il se peut qu'au commencement de la période diluvienne une grande partie du centre de l'Europe présentait un aspect analogue à celui que nous offrent aujourd'hui les plaines humides et marécageuses couvertes de forêts de conifères de la Pologne, de la Lithuanie et de la Sibérie.

Nous nous sommes un peu écartés de notre sujet. En voulant esquisser la société au milieu de laquelle, autant que nous pouvons le savoir, vivait l'homme le plus ancien, en voulant indiquer dans quelles circonstances on a trouvé les restes humains dans les cavernes et les crevasses découvertes jusqu'à ce jour, j'ai été involon-

tairement entraîné à une digression sur le climat de la
période à laquelle appartiennent ces restes. Revenons donc
à notre point de départ, et examinons maintenant les cavernes et les crevasses au point de vue des restes humains
qui peuvent s'y rencontrer. L'histoire nous apprend que, de
tout temps, les cavernes ont servi, soit de lieu de refuge,
soit de demeure, à des peuplades plus ou moins civilisées.
Les anciens auteurs nous parlent des Troglodytes, ou habitants des cavernes, qu'on rencontrait çà et là en Asie
Mineure, en Grèce et en Italie. Les païens ou les chrétiens,
fuyant devant la persécution, se sont, de tout temps, réunis
dans les forêts ou les cavernes pour se livrer aux pratiques
de leur religion. César fit enfermer et exterminer par son
lieutenant Crassus, dans les cavernes de l'Aquitaine, les
Gaulois qui le combattaient, manœuvre stratégique qui a
trouvé encore son application dans notre siècle. Certaines
cavernes et certaines crevasses servaient de lieu d'exécution : on y précipitait les criminels, ou on les y exposait à
une mort terrible ; d'autres furent utilisées comme lieux
de sépulture, on se contentait parfois d'y déposer les cadavres, parfois aussi on les y enterrait. La plupart des
grottes et des cavernes servent encore aujourd'hui aux
bergers et aux habitants des forêts comme lieu de refuge
contre le mauvais temps, comme abri pour la préparation de
leurs aliments ou pour y passer la nuit pendant leur séjour
momentané dans le voisinage. Il n'y a donc pas à s'étonner
si on rencontre dans beaucoup de grottes et de cavernes
des accumulations, soit d'ossements humains, soit de restes
de l'art et de l'industrie appartenant à différentes époques
jusqu'aux temps les plus récents. C'est ainsi qu'on a trouvé
dans la caverne de Mialet, près d'Anduze dans les Cévennes, des fragments de pots, de lampes romaines, la
statuette d'un sénateur enveloppé dans sa toge, en argile
jaunâtre cuite, en un mot, des antiquités romaines, mélan-

gées à des haches en silex poli et à d'autres armes en pierre, appartenant à une civilisation plus ancienne. Dans une partie de la grotte, se trouvait une véritable sépulture creusée dans un sable argileux rempli d'ossements d'ours et d'os humains. En d'autres endroits, on a rencontré des objets d'art dans une couche d'alluvion qui reposait sur la couche à ossements et qui était évidemment plus récente que cette dernière. Dans le fond de la grotte, on avait placé les uns sur les autres, dans une crevasse, sept ou huit crânes d'ours, entourés par quelques blocs détachés du plafond de la grotte, de manière à former une sorte de monument. Il est évident qu'il faut attribuer ces objets à des visiteurs postérieurs, car l'histoire nous apprend, qu'à l'époque des dragonnades, sous Louis XIV, les protestants persécutés exerçaient leur culte dans cette caverne. Je cite cet exemple pour prouver que des dépôts postérieurs peuvent avoir été formés au-dessus de la couche à ossements, soit dans les couches supérieures de celle-ci, lorsque la couche de calcaire cristallin fait défaut, soit dans la couche même à ossements, lorsque celle-ci a été remuée et remaniée par des irruptions consécutives qui ont brisé et traversé la couche calcaire. Mais, tous ces mélanges ultérieurs sont faciles à reconnaître et à distinguer si l'on apporte à leur examen un peu de soin et d'attention. Il en est autrement lorsque les ossements humains se trouvent dans le même état et dans les mêmes conditions que les ossements d'autres animaux, lorsqu'ils sont enveloppés dans la même argile et qu'on ne remarque aucune trace de modification ou de remaniement, lorsqu'ils reposent parmi les ossements d'espèces éteintes sous une couche stalagmitique bien conservée et absolument intacte, et lorsqu'ils sont parfois réunis entre eux par un ciment calcaire, de sorte qu'un même bloc pierreux se trouve renfermer à la fois des ossements d'ours et des os humains. Dans ce cas, aucun doute n'est plus

possible, et lorsque la découverte émane d'observateurs
sérieux, qui ont apporté tous les soins voulus à la détermination exacte des faits, il est évident que l'homme qu'on
trouve enseveli avec l'ours a dû exister en même temps
que lui. Pour bien établir ces faits, je vous citerai quelques
exemples qui, en raison du nom des observateurs et des
circonstances dans lesquelles les trouvailles ont été faites,
doivent inspirer toute confiance, et qui, de plus, nous
fourniront l'occasion, par suite de la conservation d'un
crâne et d'autres restes, de pousser plus loin nos recherches
sur l'origine du genre humain et de ses différentes espèces.

Le docteur Schmerling, de Liége, a publié, en 1833, un
ouvrage classique sur les cavernes de la localité. Chacune
de ces cavernes, dont quelques-unes ont été depuis entièrement absorbées par les carrières, a été minutieusement
examinée par lui, relevée en plan et en coupe ; quelques-
unes ont été entièrement vidées, de sorte que chaque ossement a été soumis à l'examen de Schmerling lui-même.
Voici ce que dit cet auteur des ossements humains fossiles
qu'il avait en sa possession : « Comme les milliers d'os-
« sements que j'ai déterrés depuis peu de temps, ils sont
« caractérisés par le degré de décomposition, qui est iden-
« tiquement semblable à celui des os des animaux éteints ;
« tous, à peu d'exceptions près, sont brisés, quelques-uns
« sont arrondis, comme cela s'observe fréquemment chez
« les os des autres espèces. Les fractures sont obliques ou
« transversales, nulle part on n'y trouve des traces indi-
« quant qu'ils aient été rongés ; leur couleur, variant du
« blanc jaunâtre au noir, est la même que pour tous les
« autres os. Tous ces os sont plus légers que les os frais,
« à l'exception de ceux qui ont été recouverts d'une
« couche de tuf calcaire, ou dont la cavité est remplie de
« cette substance. »
La pièce la plus importante de la collection de Schmer-

ling est la calotte d'un crâne depuis les arcades sus-orbitaires jusqu'au trou occipital ; elle fut trouvée dans la caverne d'Engis, à environ un mètre et demi de profondeur,
dans une brèche osseuse qui, large d'un mètre, s'élève à
un mètre et demi au-dessus du sol, et est adhérente à la
paroi. La terre qui enveloppait ce crâne n'offrait aucune trace de modification ultérieure ; elle renfermait
des restes de petits animaux, des dents de rhinocéros, de
cheval, d'hyène, d'ours et de ruminants qui entouraient le
crâne de tous côtés. Pour arriver dans cette caverne,
Schmerling et ses compagnons durent se faire descendre
par une corde jusqu'en face de l'ouverture qui se trouvait
pratiquée dans une paroi de rochers presque verticale.
Dans une salle antérieure, large de cinq mètres, haute de
six mètres et profonde de dix-sept mètres, où existait une
petite galerie latérale, se trouvait près de l'ouverture une
couche de terre à ossements ayant deux mètres d'épaisseur
mais allant en diminuant d'épaisseur. On y trouva, outre
les ossements ordinaires, une incisive, une vertèbre dorsale et un os digital humains, ainsi que plusieurs haches
en pierre de forme triangulaire. Un peu au-dessous de
cette caverne, se trouvait une seconde ouverture conduisant de même dans une chambre ayant douze mètres de
profondeur, six mètres de hauteur et quatre mètres de largeur ; elle communiquait avec une galerie demi-circulaire
qui s'enfonçait dans la profondeur de la terre ; cette galerie
renfermait beaucoup d'ossements et se terminait par une
fente étroite dans laquelle on ne pouvait pénétrer. De
l'autre côté, une galerie montante conduisait dans une
autre petite salle remplie de terre à ossements. C'est là
que fut trouvé le crâne que désormais nous désignerons
sous le nom de crâne d'Engis. On découvrit aussi dans le
fond de la caverne le crâne d'un individu plus jeune à côté
d'une dent d'éléphant. Ce dernier crâne, qui était entier,

tomba en poussière lorsque Schmerling voulut le soulever, quelques fragments de la mâchoire ont seuls pu être conservés. Les autres ossements humains, clavicule, avant-bras, os du carpe, trouvés par Schmerling, ainsi que quelques os du pied, n'offraient d'autre intérêt particulier que celui de signaler qu'on avait affaire aux restes de trois individus. Schmerling fit explorer entièrement la caverne sans pouvoir rencontrer les pièces manquant pour compléter les squelettes. Devant l'ouverture de la caverne se trouvait un amas de terre à ossements sur laquelle avaient poussé des buissons. Cette caverne ne contenait donc certainement que des parties isolées de cadavres en décomposition, amenées probablement par l'eau avec des restes d'ours ; en effet, la difficulté des abords et l'absence d'une grande partie des os ne permettent pas de supposer que cette caverne ait pu servir de lieu de sépulture.

Dans une autre caverne, celle d'Engihoul, on a trouvé aussi, dans des circonstances analogues, les restes d'au moins trois individus, sur lesquels je n'entrerai pas ici dans de plus amples détails. On n'y a rencontré que des fragments insignifiants de crânes, mais, en revanche, plusieurs ossements des extrémités. On y a aussi trouvé un fragment du radius et du coude, soudés ensemble par du calcaire, et Schmerling fait remarquer avec raison que toutes les circonstances, entre autres la distribution bizarre des ossements humains, sont identiques à celles dans lesquelles se trouvent tous les autres débris d'animaux.

Dans le midi de la France, en avant de la chaîne des Pyrénées, et dans la même direction que cette chaîne, on remarque une série de collines calcaires, extrêmement tourmentées et crevassées. Deux cavernes de ce massif, situées dans le département de l'Ariége, les cavernes de Lombrive et de Lherme, viennent dernièrement d'acquérir une importance toute particulière, en raison de la découverte récente de crânes complets et d'instruments remarquables. Je tiens d'autant plus, messieurs, à vous parler avec quelques détails de cette découverte, que, d'une part, la brochure que messieurs Rames, Garrigou et Filhol ont publiée l'an dernier à ce sujet à Toulouse, ne paraît pas avoir attiré beaucoup l'attention, et que, d'autre part, j'ai pu moi-même étudier deux de ces crânes, grâce à l'obligeance du docteur Garrigou qui me les a apportés à Genève. Le silence de Lyell sur cette découverte est d'autant plus étonnant que ce géologue en a été certainement informé, au moins verbalement, et qu'en tous cas elle était, sous tous les rapports, plus importante que tant d'autres découvertes faites en Angleterre, sur lesquelles il s'est étendu avec une grande prolixité.

La caverne de Lombrive, disent les auteurs, forme un immense couloir qui n'a pas moins de quatre mille mètres d'étendue, creusé dans une faille primitive. Cette caverne offre une série de chambres spacieuses, présentant parfois des voûtes immenses en dôme, et ne communiquant entre elles que par des couloirs longs et étroits ; quelques embranchements latéraux viennent se rattacher à la caverne principale. Sur plusieurs points, la voûte s'abaisse peu à peu et descend presque au niveau du sol. Près de l'entrée de la caverne, le passage est tellement surbaissé qu'il aurait fallu y passer à plat ventre si on ne l'avait élargi. Depuis longtemps les touristes visitent la caverne pour voir les admirables stalactites qui s'y trouvent. Les parois et le sol de la caverne présentent partout des traces non équivoques du passage des eaux diluviennes ; la hauteur où elles sont parvenues est indiquée, sur les parois, par des stries, des sillons et des cannelures, et, sur le sol, elles ont déposé des cailloux roulés, du sable, du limon et de l'argile bleuâtre. Ces mêmes dépôts se retrouvent dans les cannelures et aussi dans de petites grottes latérales, qui sont

parfois assez élevées au-dessus du niveau du sol. C'est là
que se trouvent les ossements ; en certains endroits, ces
dépôts sont recouverts d'une couche stalagmitique, dont
la surface ressemble à celle d'une mer un peu agitée.

La caverne a deux entrées peu distantes l'une de l'autre :
elles ont servi à l'écoulement des eaux du courant diluvien, dont la direction est clairement indiquée par l'inclinaison bien marquée à partir du fond vers ces ouvertures,

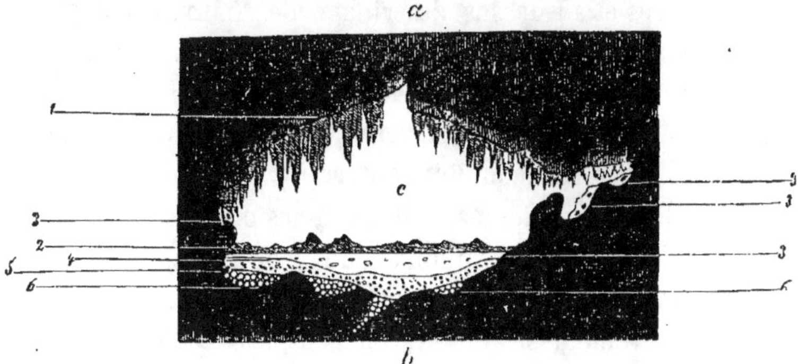

Fig. 87. — Coupe de la caverne de Lombrive.

ab. Coupe du plafond et du plancher. — *c*. Espace intérieur de la caverne. —
1. Stalactites. — 2. Couche cristalline couvrant le sol. — 3. Argile à ossements.
— 4. Argile plastique. — 5. Sable grossier avec petits cailloux roulés. — 6. Gros
cailloux roulés.

et surtout par un escarpement gigantesque, taillé à pic,
qui entraîne un brusque changement de niveau dans le sol
de la caverne et la divise en deux parties ; il serait impossible de franchir ce ressaut sans le secours de cinq longues
échelles. En amont de cet escarpement, se trouve un couloir très-étroit, qui, relativement, débitait peu d'eau, de
sorte que les parties reculées et plus larges de la caverne
étaient occupées par un vaste lac temporaire, au fond duquel se sont formés les dépôts les plus intéressants. Le
fond de la caverne est occupé par un petit étang, à droite
duquel se trouvait jadis une ouverture ; là, en effet, on voit
les cailloux roulés et les limons se rapprocher de la voûte,

et former un immense cône de déversement qui a obstrué la crevasse par laquelle pénétraient les eaux diluviennes.

La caverne est située bien au-dessus du champ d'activité des eaux actuelles, sur le flanc d'une montagne escarpée qui présente d'autres cavités du même genre aussi très-remarquables. Celles de Sabard et de Niaux, placées au même niveau, contiennent les mêmes dépôts, et étaient autrefois probablement réunies. On peut voir dans la vallée de Vicdessos, auprès et au-dessus du village de Niaux, les dépôts diluviens bien caractérisés atteindre une limite un peu supérieure au niveau du sol de toutes ces cavités, et présenter des éléments tout à fait identiques à ceux qui ont pénétré dans ces vastes couloirs souterrains.

Les dépôts que les eaux diluviennes ont laissés dans la caverne consistent en cailloux roulés, en sable, en argile, en lehm, constituant plusieurs couches bien distinctes et régulièrement stratifiées ; on peut les étudier surtout vers le fond de la caverne, où la croûte stalagmitique fait fréquemment défaut sur de grands espaces.

De gros blocs roulés, ayant parfois un mètre de diamètre et groupés sans aucun ordre, forment l'assise inférieure (6, fig. 87) ; ils reposent, tantôt sur le calcaire jurassique dénudé, tantôt sur d'anciens glacis stalagmitiques. Lorsqu'ils sont à découvert, on croirait voir le lit d'un torrent, sur lequel on ne peut circuler qu'avec peine. La deuxième couche (5, fig. 87) est constituée par de petits cailloux roulés, noyés dans un sable grossier. Ces deux groupes de cailloux représentent toutes les roches des Pyrénées et sont identiques à ceux des vallées voisines. On y trouve parfois aussi des fragments roulés de stalactites.

Une couche d'argile plastique, grise et très-fine (4), surmonte les cailloux roulés ; elle n'est, du reste, conservée que dans quelques endroits ; elle a été, ailleurs, emportée par les eaux.

Un sable fin, siliceux, calcarifère et ferrugineux, un véritable lehm (3), constitue la couche supérieure des dépôts diluviens ; il remplit aussi les cannelures et les grottes latérales, creusées dans les parois, jusqu'à près de dix mètres au-dessus du niveau du sol ; il forme encore des monticules assez importants dans les parties de la caverne où il existait des remous. C'est surtout dans ce dernier gisement, et parfois dans la croûte stalagmitique qui le recouvre, que se trouvent les ossements fossiles, humains pour la plupart, confondus avec ceux de carnassiers et d'herbivores, et surtout ceux d'ours bruns, d'aurochs, de rennes, de cerfs, de chevaux, de deux espèces indéterminées de bœufs de petite taille, et d'un chien différent du chacal et du renard. Les ossements se trouvent surtout groupés au milieu de la caverne, dans une large galerie où a dû exister un petit lac. Tous ont les mêmes caractères physiques et chimiques, ils sont légers, sonores, friables, s'attachent à la langue, ont la même couleur, et renferment la même proportion d'azote. Beaucoup d'ossements sont brisés et roulés, ce qui est surtout le cas pour un grand nombre de fragments de crânes, d'autres étaient encore enveloppés de leurs chairs, qui, en se décomposant, ont communiqué une odeur infecte à la couche qui les renferme. Dans une brèche à ciment calcaire, — formée par les ossements brisés et roulés de plusieurs centaines d'individus, — on a pu recueillir un crâne parfaitement conservé, autour duquel gisaient quelques os, qui, bien que fracturés presque tous, n'ont certainement pas été roulés. Nous croyons pouvoir attribuer ces débris au même individu ; il est probable que le cadavre, très-avarié par son transport par les eaux, a été déposé au point même où on a trouvé les ossements. Depuis, on a encore découvert un second crâne plus petit. Comme produits de l'industrie, on a trouvé des canines de chien, percées d'un trou à la racine, et qui servaient probablement d'amulettes ou de signe de distinction.

Les crânes recueillis dans cette caverne, crânes que nous aurons à décrire en détail un peu plus loin, sont au nombre des mieux conservés que l'on connaisse. Ils appartiennent à une époque où le renne, l'aurochs et l'ours ancien, semblable à l'ours brun, vivaient dans les Pyrénées, tandis que l'ours et l'hyène des cavernes avaient déjà disparu. Ces crânes sont donc, en tous cas, moins anciens que ceux des cavernes belges.

La caverne de Lherm est située dans le même département. Elle est moins profonde que la précédente, mais elle présente des ramifications se dirigeant dans tous les sens, tantôt s'élargissant, tantôt se rétrécissant. Les parois sont nues, hérissées de grosses protubérances et de circonvolutions irrégulières et anguleuses. On n'aperçoit nulle part aucune strie, aucune cannelure, aucune surface polie ou en ronde bosse, indiquant qu'un cours d'eau de quelque importance ait jadis circulé dans ce souterrain. Le sol est recouvert à peu près partout d'une couche épaisse de limon rougeâtre sans cailloux roulés ; ce limon est surmonté sur plusieurs points par un glacis stalagmitique très-dur et très-cristallin. L'entrée de la caverne, masquée par de gros blocs éboulés, se continue par une belle galerie ornée de stalactites qui se détachent facilement et dans laquelle le limon ne se trouve qu'à l'état de tas isolés sur le plancher de la caverne. La galerie se divise en deux couloirs, dont celui de droite s'enfonce dans le sol ; après quelques ressauts on pénètre dans une vaste salle, à laquelle quelques grottes latérales, qui viennent s'y rattacher, donnent une forme irrégulière. A la voûte élevée pendent quelques stalactites ; la couche épaisse de limon rouge est recouverte en cet endroit par la croûte stalagmitique ; le sol des grottes latérales situées à des niveaux différents est aussi recouvert du même limon, mais ne présente que rarement la croûte stalagmitique. Le couloir de gauche est étroit, tortueux, et conduit presque horizontalement à un escarpement en surplomb, qui domine une plus grande salle, dont la voûte est formée de gros blocs qui menacent ruine. Le sol est très-incliné; sur les points les plus élevés on remarque de grands monceaux de limon à ossements; dans les parties moins élevées, ce même limon est caché sous une couche épaisse de stalagmites, dont la surface est lisse et en pente régulière. Dans les parties les plus basses, il y a trois couches successives de limon et de stalagmites.

On a découvert dans cette argile à ossements des dents, une omoplate et des os de bras et de pied humains confondus avec une foule d'ossements de l'ours des cavernes, de l'ancien ours brun, quelques rares débris de l'hyène et du lion des cavernes, d'un chien, d'un loup et d'une espèce de cerf. On a trouvé sept crânes d'ours des cavernes, cinquante demi-mâchoires, plus de trois cents dents et tous les os du squelette, parmi lesquels ceux mêmes d'embryons. On a trouvé des dents humaines, entourées de dents d'hyène et d'ours, dans une mince couche de lehm, recouverte d'une croûte stalagmitique si cristalline qu'elle se fend sous le marteau en grandes facettes. Jamais cette croûte n'avait été brisée. Outre les ossements humains, on a découvert des traces d'industrie, un couteau triangulaire en silex, un os creux de l'ours des cavernes transformé en un instrument tranchant, trois mâchoires inférieures de l'ours des cavernes percées d'un trou rond dans la branche montante pour pouvoir les suspendre, et un andouiller de cerf un peu appointi au sommet, et grossièrement taillé à la base. Mais les armes les plus remarquables consistent en une vingtaine de demi-mâchoires inférieures de l'ours des cavernes, dont on a enlevé la branche montante, après avoir aminci la mâchoire de façon à en faire un manche commode. La canine saillante forme ainsi un crochet pouvant servir d'arme défensive, ou de houe pour remuer la terre. Si nous n'avions trouvé, disent les auteurs, qu'un seul de ces instruments, on pourrait nous objecter que cette disposition est purement accidentelle, mais lorsqu'on trouve vingt mâchoires façonnées de la même manière, peut-on dire que ce soit là un simple effet du hasard ? On peut suivre le travail par lequel l'homme primitif est arrivé à leur donner cette forme ; il est facile de compter, sur chacune de ces vingt mâchoires, les entailles et les coupures striées faites avec le tranchant d'un outil en pierre mal aiguisé.

L'absence de cailloux roulés et l'état du dépôt de lehm, qui contient beaucoup d'excréments d'hyènes, ainsi que, çà et là, du charbon et des traces de feu, semblent indiquer que la caverne de Lherm a été alternativement habitée par des animaux féroces et par l'homme, mais que, en tous cas, l'homme était contemporain des espèces éteintes des cavernes, puisqu'il s'est servi de leurs mâchoires pour en confectionner des armes et d'autres instruments. Il n'y a certainement rien à objecter contre cette conclusion.

Les résultats des recherches faites dans les grottes d'Arcy près d'Avallon (département de l'Yonne) fournissent une preuve convaincante de la contemporanéité de l'homme avec l'ours des cavernes. Ces grottes, dont la plus grande offre dans ses différentes divisions une longueur de 876 mètres, tandis que la seconde, ou grotte des Fées, celle qui renferme surtout les ossements, n'a qu'une longueur de 150 mètres, ont été étudiées par M. de Vibraye, qui y a distingué trois couches différentes de dépôts. La couche inférieure, mélangée de cailloux roulés, provenant pour la plupart du noyau granitique du Morvan, repose directement sur le calcaire jurassique, dans lequel la caverne est elle-même creusée ; elle en remplit les inéga-

lités, et forme, par conséquent, une couche d'une épaisseur très-variable.

On y trouve l'ours et l'hyène des cavernes, le rhinocéros
à narines cloisonnées, le mammouth, l'hippopotame, l'aurochs et le cheval. Dans cette couche inférieure, qui peut
avoir en moyenne 1^m,50 d'épaisseur, on a rencontré dans
un amas considérable d'ossements, provenant en grande
partie d'ours des cavernes, une mâchoire humaine et plus
tard une dent. Par son aspect extérieur, la mâchoire ressemble tout à fait aux ossements d'ours, qui, pour la plupart, sont recouverts d'une mince couche de charbon, paraissant provenir de la décomposition des parties charnues
qui enveloppaient les os lors de leur dépôt dans la caverne.
La couche médiane, d'une épaisseur moyenne de 75 centimètres, consiste presque entièrement en fragments de calcaire, semblable à celui qui forme la roche même de la
montagne. Le ciment rouge qui relie les cailloux roulés
dans la couche inférieure ne forme ici qu'un enduit autour
des cailloux. La couche médiane ne renferme pas d'ossements de l'ours ou de l'hyène des cavernes, mais beaucoup
d'os de ruminants, surtout de rennes. Enfin, la couche
supérieure, très-irrégulièrement distribuée, consiste en
une argile de couleur blanc jaunâtre, grasse et savonneuse
au toucher.

Si les mâchoires trouvées dans ces circonstances ne
peuvent fournir aucun renseignement au point de vue de
la détermination de la race, elles n'en établissent pas moins,
comme les ossements humains découverts dans les cavernes
belges, la preuve irréfragable de la contemporanéité de
l'homme et des espèces éteintes. On peut, en outre, conclure
de ces trouvailles que la couche moyenne d'Arcy, avec ses
restes de ruminants et de rennes, correspond à la couche
de Lombrive, dans laquelle on a trouvé les crânes.

Passons maintenant à l'Allemagne.

Dans une vallée latérale de la Düssel, près d'Elberfeld, nommée le Neanderthal, et formant un ravin sauvage enfoui dans le calcaire devonien, on a découvert une petite grotte ayant environ quinze pieds de long, dix de large et huit de haut, s'ouvrant sur une paroi de rochers presque verticale. à environ soixante pieds au-dessus du niveau de la Düssel. En dessous, le rocher est taillé à pic ; mais en suivant un sentier escarpé, on peut descendre du sommet du rocher jusque sur le petit plateau où s'ouvre la grotte. Le ravin du Neander est exploité comme carrière de marbre ; le côté gauche où se trouve la grotte est actuellement presque détruit, et la grotte elle-même doit disparaître prochainement devant l'exploitation.

On y a trouvé une couche horizontale de lehm, dure comme de la pierre, sans stalactites, mais contenant des fragments arrondis d'une pierre roulée brunâtre. Ce dépôt diluvien se rencontre dans toutes les cavernes et dans toutes les grottes de la vallée de la Düssel, et, dans quelques localités, comme à Sundwich et à Honnethal, il renferme des ossements d'ours. C'est dans cette argile à ossements mélangés de cailloux roulés, qu'on a découvert, en août 1856, à deux pieds de profondeur, un squelette humain, étendu horizontalement dans le sens de la longueur, la tête tournée vers l'ouverture de la grotte. Le lehm était si compacte qu'on ne prit pas garde aux ossements ; on jeta le crâne avec d'autres débris, croyant avoir affaire à des ossements de l'ours des cavernes. Heureusement, le professeur Fuhlrott de Elberfeld, à qui nous devons les détails de cette découverte, examina ces débris et reconnut des ossements humains : il sauva ainsi d'une destruction complète la calotte du crâne, la cuisse, l'humérus, un cubitus, une clavicule, la moitié gauche du bassin, un fragment de l'omoplate droite, et plusieurs morceaux des côtes. Les os s'attachent fortement à la langue ; la surface est recouverte

de petits points, qui, examinés à la loupe, constituent des
dendrites délicates élégamment ramifiées comme de la
mousse, et semblables à celles qu'on observe sur les ossements d'ours dans les cavernes voisines. Ces dendrites ne
fournissent aucune indication absolue; on a, en effet, observé déjà sur des os beaucoup plus récents, provenant de
tombeaux romains, des dépôts métalliques arborescents
analogues, ce qui prouve que les dendrites peuvent se
développer assez rapidement lorsque les circonstances sont
favorables et que les argiles voisines fournissent les sels de
fer et de manganèse nécessaires. Toutefois, elles nous fournissent au moins une indication importante, en ce que,
dans toutes les cavernes voisines, les ossements d'ours et
d'éléphants enfouis dans cette même couche sont également-
ment recouverts de ces mêmes cristallisations dendritiques.
« Cette indication, » dit Fuhlrott, « est encore confirmée
« par le fait que la région située entre la vallée de la Düssel
« et la station voisine du chemin de fer de Hochdahl, est
« recouverte d'une couche importante de lehm ayant de
« douze à quinze pieds d'épaisseur et qui se prolonge jus-
« qu'au niveau des bords du ravin du Neander ; cette
« couche est absolument identique à celle que l'on retrouve
« dans l'ensemble des grottes et des cavernes, et, par con-
« séquent, celle où l'on a trouvé les ossements humains.
« On peut se demander, il est vrai, si cette couche de lehm
« appartient à la période diluvienne. On peut citer à
« l'appui de cette assertion la dernière découverte paléon-
« tologique faite dans les environs, à savoir, les restes de
« mammouth trouvés le 27 décembre 1858, dans une car-
« rière calcaire de Dornap; ces restes occupaient une fente
« ouverte large de quatorze pouces, remplie d'une
« masse argileuse, située à environ treize pieds de pro-
« fondeur au-dessous du niveau du sol actuel. Ces restes
« de mammouth prouvent que le terrain qui les renferme

« appartient à la période du diluvium. Or, comme le cal-
« caire de Dornap (devonien) forme la continuation occi-
« dentale de la chaîne calcaire du Neanderthal, et que le
« point où a été trouvé le mammouth est à peine éloigné
« d'une lieue et demie du Neanderthal, il est plus que
« probable que les dépôts de lehm, qui ont rempli soit les
« crevasses, soit les grottes de ces deux localités, ont une
« même origine géologique et appartiennent tous deux
« à l'époque diluvienne. Si les restes de mammouth sont
« incontestablement fossiles, les os humains de Neander-
« thal, enfouis dans la même couche diluvienne, doivent
« l'être aussi, et on estt enté de revendiquer pour le genre
« humain, peut-être sous une forme primitive, une an-
« cienneté tout aussi grande que celle des pachydermes du
« monde ancien. »

Les cadavres en putréfaction ont été évidemment flottés
et charriés avec l'argile et les cailloux, lorsque les eaux
atteignaient à un niveau plus élevé ; or, comme il n'y a aucune trace d'un dépôt ultérieur, l'âge de l'argile est suffisamment constaté par les os d'ours et de mammouth trouvés dans le voisinage, et dans cette même couche. Le crâne
humain offre des caractères tout particuliers, qui le distinguent de tous les crânes connus, de sorte qu'il ne peut
y avoir de doute que l'homme auquel il appartenait a été
le contemporain de l'ours des cavernes et du mammouth.
Nous désignerons sous le nom de crâne de Neander, ce
crâne dont nous aurons plus tard à nous occuper en détail.

Jusqu'à présent, on ne connaît pas d'autres restes de
crânes trouvés dans les cavernes et suffisants pour l'étude,
auxquels on puisse attribuer une antiquité aussi reculée. Les
restes humains que Esper et Rosenmüller ont découverts
dans les cavernes de la Franconie, et Schlotheim dans les cavernes gypseuses de Köstritz en Saxe, les restes que Marcel
de Serres, de Christol et Tourtual ont déterrés dans les ca-

vernes des environs de Montpellier, paraissent les uns
perdus, les autres impropres à l'observation. Je ne trouve
sur la forme de ces crânes qu'une seule remarque citée par
Schaafhausen dans son mémoire « Sur la connaissance des
crânes des plus anciennes races » ; Linck, d'après lui, aurait trouvé, au nombre des ossements recueillis à Köstritz,
un crâne remarquable par l'aplatissement de la partie frontale. Il importe, dans ces recherches, d'observer avec soin
l'ancienneté relative des ossements humains, ancienneté
qu'on peut déduire des os d'animaux qui les accompagnent.
Déjà, en effet, nous pouvons signaler des différences importantes entre le petit nombre de crânes découverts jusqu'à présent dans les cavernes préhistoriques ; les crânes
d'Engis et de Neander appartiennent à une époque plus
ancienne, ceux de Lombrive par contre à une subdivision
plus récente de cette même période. Mais, dans tous ces
cas, les ossements ont toujours été déposés identiquement
dans les mêmes circonstances. Les cadavres ont été charriés
avec les animaux au milieu desquels ils vivaient, amenés
dans les cavernes et déposés dans l'argile.

Il y a cependant aussi des cavernes qui ont servi très-
évidemment soit de lieu de sépulture, soit, du moins,
d'habitation ; outre des restes d'armes en silex, on y trouve
du charbon et des os façonnés, mélangés à des os intacts,
débris évidents de l'alimentation des habitants ; ces divers
débris témoignent de l'antiquité relative de l'occupation de
ces cavernes. M. Lartet vient récemment de décrire un des
endroits les plus remarquables de ce genre, et je me per-
mets de vous citer quelques détails.

Dans le voisinage d'Aurillac, dans le département de la
Haute-Garonne, se trouve une chaîne de collines de calcaire nummulithique, nommée montagne de Fayoles(hêtre).
Aujourd'hui, il n'y a plus de hêtres, et, bien que ce nom
ait certainement une ancienne signification, aucune tradi-

tion n'indique que cet arbre ait jamais habité le pays. Sur un versant escarpé de cette colline, à treize ou quatorze mètres au-dessus d'un ruisseau, on voit l'ouverture d'une grotte qui a trois mètres de largeur et deux mètres et quart de profondeur. L'entrée de cette grotte était autrefois cachée par un amas de décombres couvert de buissons. Les chasseurs savaient qu'il y avait là un petit trou dans lequel se réfugiaient les lapins poursuivis par les chiens. Un ouvrier, chargé de faire des réparations à la route qui passe près de cet endroit, fourra la main dans ce trou, parvint à saisir quelque chose et ramena un os long. Supposant qu'il y avait une cavité, il se mit à creuser, et arriva, après quelques heures de travail, à une grande plaque mince de grès, placée verticalement et qui obstruait complétement, au trou de lapin près, l'ouverture d'une excavation voûtée, dans laquelle se trouvait une énorme quantité d'ossements humains. Parmi les os extraits par l'ouvrier se trouvaient deux crânes qu'on ne put retrouver plus tard. L'ouvrier ayant parlé de sa découverte, les curieux accoururent ; il en résulta quelque agitation, et, par suite, l'ordre de M. le maire d'Aurignac de rassembler ces ossements et de les enfouir dans un coin du cimetière. S'il était arrivé à un maire de village d'avoir donné un ordre de cette nature, et d'avoir ainsi commis un crime de lèse-science, on aurait pu tout au plus plaindre l'intelligence policière du malheureux ; mais que penser de ce fossoyeur, qui, il faut le dire, était un homme instruit, un docteur en médecine ! Bref, les ossements furent ensevelis après que le docteur-maire se fut convaincu qu'ils appartenaient à dix-sept individus différents. Lorsque, huit ans après, M. Lartet visita la localité, personne ne put ou ne voulut lui indiquer la place où ces ossements, si dangereux pour le repos de la police, avaient été ensevelis. Ces ossements humains, si précieux pour la science, sont donc entièrement perdus. Outre les os humains, on a trouvé dans cette grotte quelques dents de grands mammifères, parmi lesquelles M. Lartet a pu reconnaître des molaires du cheval et de l'aurochs, des canines de l'hyène et du lion des cavernes, et des dents de renard. On y a encore trouvé des petits disques ronds, percés au milieu, paraissant taillés dans des coquilles de bucardes ; on devait les porter réunis entre eux à la manière d'un collier.

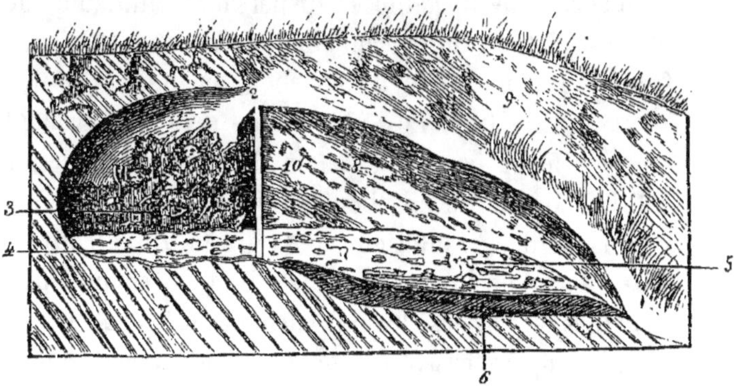

Fig. 88. — Coupe longitudinale de la grotte d'Aurignac.

I. Grotte interne. — 2. Trou de lapin. — 3. Ossements humains. — 4. Amas d'os et de provisions dans la grotte. — 5. Les mêmes en dehors. — 6. Couche de charbon. — 7. Rocher de la colline. — 8. Cailloux cachant la plaque de grès fermant la grotte. — 9. Talus de la colline avec cailloux. — 10. Plaque de grès.

Lorsque Lartet visita la grotte pendant l'automne de 1860, elle n'avait plus qu'un demi-mètre de hauteur ; sur le sol se trouvait encore une couche de débris, dans laquelle on a trouvé quelques os humains parmi des ossements d'animaux et des instruments en silex. Ces débris se continuaient hors de la grotte sépulcrale, et on ne peut savoir si la plaque de grès verticale qui servait de porte était seulement dressée contre l'ouverture ou encastrée dedans.

En tous cas, les débris étaient les mêmes en dedans et en dehors, de sorte qu'on peut supposer qu'on enlevait la

plaque chaque fois qu'on avait à ajouter un nouveau cadavre. D'après les dimensions de la grotte et le nombre
des individus enterrés, M. Lartet conclut que les cadavres
ne pouvaient y être déposés qu'à l'état desséché et rata-
tiné, comme les momies péruviennes. M. Lartet fit ensuite
explorer la grotte sous ses yeux, couche par couche et
dans tous les sens, ce qui amena les résultats suivants :

Devant la grotte, immédiatement sur le rocher, dont on
avait corrigé les inégalités en dispersant au milieu quelques
pierres plates pour former un foyer, se trouvait une
couche de cendres et de charbon, épaisse de quinze à
vingt centimètres. Les plaques de grès qui forment ce
grossier foyer portent çà et là des traces de l'action du
feu. La couche de charbon s'amincit et ne pénètre même
pas jusque dans l'intérieur de la grotte. On a trouvé dans
cette couche beaucoup de dents d'herbivores, et plusieurs
centaines d'os brisés, les uns carbonisés, les autres brûlés,
mais la plupart brisés seulement et évidemment rongés par
de grands carnassiers. Comme cette couche contient des
excréments d'hyènes, et qu'en outre toutes les vertèbres et
les autres os spongieux font défaut, M. Lartet pense que
les os longs avaient été brisés par l'homme pour en extraire
la moelle, et qu'ensuite les hyènes venaient tirer parti des
restes du repas. Cette conclusion est confirmée par le fait
qu'on a découvert dans la couche de charbon et de cendres
environ une centaine de couteaux en pierre, dont on peut
très-distinctement reconnaître les entailles et les marques
sur divers os. Les couteaux ont été probablement confectionnés sur place, car on a trouvé dans le voisinage du
foyer les noyaux de quelques blocs dont ils avaient probablement été détachés, ainsi qu'un caillou arrondi, avec
des empreintes des deux côtés, en pierre qui ne se rencontre pas dans cette région des Pyrénées ; ce caillou servait probablement à aiguiser les couteaux. On a trouvé

aussi dans le foyer deux silex arrondis à faces anguleuses, qui paraissent avoir servi comme pierres à frondes, et une foule d'instruments divers, pointes de flèches, alènes, polissoirs, etc., confectionnés en grande partie en bois de renne. Enfin, on a découvert une canine d'un jeune ours des cavernes, taillée à l'extérieur de façon bizarre, et forée d'un bout à l'autre dans le sens de la longueur ; d'autres objets en bois de renne étaient inachevés. Sur une dent molaire de mammouth on avait abattu les lamelles et même enlevé l'émail.

Dans les décombres qui encombraient l'intérieur du sépulcre, on a trouvé quelques os humains, et surtout quelques beaux couteaux en pierre, de magnifiques instruments en corne, un bois de renne entier, quelques ossements d'herbivores bien conservés, ni brisés ni rongés, mais surtout une grande quantité de dents et de mâchoires de carnivores, parmi lesquelles quelques mâchoires inférieures presque complètes. On n'a découvert nulle part de fragments de crânes de mammifères, et il est évident que ces restes de carnivores ont été introduits là dans un but déterminé, puisqu'on a trouvé parmi eux la jambe entière d'un ours des cavernes, dont les os occupaient leur position relative.

Lartet a dressé la liste suivante des animaux qu'il a pu déterminer. Il y a dix-huit à vingt renards, cinq à six ours des cavernes et autant d'hyènes, trois loups, un à deux blaireaux ; en revanche, quelques dents seulement, provenant d'individus uniques, du lion des cavernes, du chat, du putois, et de l'ours ordinaire. Parmi les herbivores, il a trouvé de douze à quinze aurochs et autant de chevaux, dix à douze rennes, qui ont donc dû former autrefois la principale alimentation de l'homme, trois ou quatre chevreuils, tandis que le mammouth, le rhinocéros, le sanglier, le cerf et le cerf gigantesque d'Irlande, n'ont laissé que les traces d'un unique individu. Il semble que l'homme ne pouvait pas facilement se rendre maître des animaux très-agiles ou des gigantesques pachydermes, car les os de rhinocéros fendus et brisés pour en extraire la moelle, appartenaient à un jeune individu.

La partie postérieure de la grotte d'Aurignac a évidemment servi de lieu de sépulture, tandis que la partie antérieure formait un foyer, peut-être recouvert d'un toit en feuillage. On ensevelissait probablement avec les morts les dents et les mâchoires des carnassiers qu'ils avaient tués, comme témoignages de leur bravoure ; peut-être plaçait-on aussi auprès d'eux quelque nourriture pour accomplir leur voyage jusque dans l'autre monde, comme cela est souvent l'usage chez les peuples sauvages. Cette grotte nous offre donc encore la preuve que l'homme a vécu avec certaines espèces éteintes, qu'il se nourrissait à leurs dépens, et que, par conséquent, le genre humain remonte à une époque dont nous aurons plus tard à approfondir l'antiquité.

Dans les cavernes à ossements du Brésil, que Lund a visitées et explorées avec tant de persistance, il a trouvé parfois des crânes humains à front excessivement fuyant avec certaines espèces éteintes d'animaux. Autant que je puis le savoir, ces crânes n'ont pas été examinés avec assez de soin, ni comparés avec ceux des espèces humaines actuellement indigènes dans l'Amérique du Sud.

Tout dernièrement, MM. Lartet et Christy d'un côté, et M. de Vibraye de l'autre, ont découvert dans plusieurs cavernes de la France, et notamment dans le Périgord, de nombreux restes de l'homme contemporain du renne, et des crânes de Lombrive. On n'a pas trouvé des crânes entiers, mais des dents et des morceaux d'os humains ont été recueillis dans des brèches osseuses où abondent des instruments en pierre et en corne, et des os concassés de mammifères. Les restes les plus curieux provenant de ces

trouvailles sont une flèche en silex engagée dans la vertèbre d'un jeune renne ; en outre, des dessins gravés sur
pierre et sur des cornes de renne, dessins qui représentent
des figures humaines, des animaux, et notamment le renne
lui-même. On y a trouvé aussi des sifflets faits avec des
phalanges de doigts de ruminants, et des pierres qui paraissent avoir servi pour se procurer du feu conjointement
avec des bâtons de bois sec.

A quoi bon continuer l'énumération de toutes les cavernes dans lesquelles, sans découvrir des ossements humains, on a cependant trouvé les témoignages si connus
de son industrie, armes grossières et haches en silex, instruments en corne, etc., le tout confondu avec des dents et
des os d'espèces éteintes, enfouis dans les mêmes conditions dans le lehm, sous des couches de stalagmites? A
d'insignifiantes différences près, les rapports demeurent
partout les mêmes, de sorte que les mêmes preuves se ré-
pètent constamment. Si ces preuves étaient contestables
pour une caverne, elles le seraient pour toutes. Mais tel
n'est pas le cas, car ces preuves sont indiscutables et
ne se vérifient pas seulement dans les cavernes connues de
l'Europe, en Italie, en France, en Allemagne, mais aussi
dans celles de tout le continent américain. C'est donc avec
une conviction profonde que nous pouvons affirmer que
les faits accumulés dans les cavernes et les grottes fournissent la preuve que l'homme a existé au commencement de l'époque diluvienne en même temps que les espèces éteintes d'animaux.

DIXIÈME LEÇON

MESSIEURS,

Dans les leçons qui précèdent, nous avons accumulé un grand nombre de preuves pour démontrer que l'homme a vécu en même temps que les espèces éteintes de l'époque dite du diluvium. Les dépôts accumulés dans les crevasses et les cavernes présentent toujours, il faut bien l'avouer, un certain caractère extraordinaire ; l'obscurité mystérieuse qui règne dans les profondeurs de ces cavités semble s'étendre et se refléter sur les dépôts qui s'y trouvent. Il ne serait, par conséquent, peut-être pas inutile d'étudier maintenant les restes humains qui ont été trouvés dans les couches mêmes d'alluvions, d'autant qu'on se trouve alors en présence de beaucoup de faits qui peuvent avoir une importance considérable pour l'appréciation de l'âge de la couche. Les preuves les plus anciennes de l'existence de l'homme viennent d'être apportées tout dernièrement par M. Desnoyers, membre de l'Académie des sciences, et bibliothécaire du Jardin des Plantes de Paris. Elles consistent en de fines stries et en entailles faites, selon toute apparence, avec des couteaux en silex, sur des os de grands animaux trouvés dans une carrière de sable au bord de l'Eure, à Saint-Prest, à peu de distance de Chartres. Dans une description du département d'Eure-et-Loir, faite en 1860, à une époque par conséquent où la discussion sur l'âge relatif des couches du diluvium n'avait pas encore commencé, et où il n'y avait aucun intérêt en jeu pour attribuer à ces couches une ancienneté plus ou moins grande, M. Laugel s'exprime ainsi à leur égard : « Les couches de sable de Saint-Prest n'ont rien à faire « avec les dépôts diluviens proprement dits, qui sont en « rapport avec l'excavation des vallées. Elles remplissent « une excavation latérale, qui a dû exister avant l'érosion « de la vallée de l'Eure. La coupe de la carrière de sable « montre, sous une couche très-puissante de lehm formant « la plate-forme, d'abord des lits de gravier, puis des « couches de sable blanc, contenant des cailloux roulés, et « enfin, au fond, un dépôt d'un sable blanc très-fin.

« Dans toute la carrière, à l'exception de cette couche « inférieure de sable blanc, on trouve de gros blocs de « silex, de grès usés, parfois de poudingues siliceux ; « quelques zones, dans les portions inférieures, renferment « aussi des parties de feldspath, mêlées de quartz trans- « parent. »

La carrière de sable de Saint-Prest renferme, dans sa partie inférieure, enfouis dans un fin sable blanc, une grande quantité d'ossements d'espèces éteintes, parmi lesquelles on a trouvé une espèce d'éléphant, de rhinocéros, d'hippopotame, de cerf gigantesque, de cheval, de bœuf, trois espèces de cerfs, et un grand rongeur, qui paraît intermédiaire entre le castor et le paca. En outre, les espèces bien distinctes des grands pachydermes : *Elephas meridio-*

nalis, *Rhinoceros leptorhinus* et *Hippopotamus major* concordent entièrement avec les espèces trouvées dans les environs d'Asti, dans la vallée de l'Arno, ainsi que dans le *crag* de Norwich ; — couches qui sont incontestablement situées au-dessous des couches diluviennes proprement dites, et qui ont, jusqu'à présent, été comptées parmi les dernières formations tertiaires.

Ces trois espèces sont, sans aucun doute, entièrement distinctes du mammouth (*Elephas primigenius*), du Rhinocéros à narines cloisonnées (*R. tichorhinus*), et de l'hippopotame diluvien ; de même que le grand cerf (*Megaceros cornutorum*) est distinct de celui des alluvions (*M. hibernicus*), et que le cheval diffère du cheval diluvien, et appartient probablement à l'espèce qui, dans la vallée de l'Arno, est connue sous le nom de *Equus plicidens*. Lyell dit pourtant, dans son ouvrage publié en 1863, que l'*Elephas meridionalis* n'a pas encore été trouvé associé à l'homme.

Si donc on peut constater que les os de ce gisement de Saint-Prest portent réellement des traces de l'industrie humaine, d'un travail qui a dû être exécuté avant leur enfouissement dans ces antiques couches de sable, l'existence du genre humain devra nécessairement remonter au-delà de l'époque diluvienne, jusqu'à la dernière période tertiaire. Ce résultat n'a rien qui doive surprendre, car il n'y a aucune raison pour que l'homme n'ait pas pu, à l'époque tertiaire, vivre comme aujourd'hui dans les pays habités par les éléphants, les rhinocéros, les bœufs, les chevaux et les singes.

Desnoyers remarqua d'abord sur quelques os, qu'il avait lui-même extraits du sable, puis plus tard sur presque tous les os conservés dans les collections, des traces d'entailles, consistant pour la plupart en raies transversales, courbes ou droites. Sur un fragment de crâne d'éléphant il a même observé un trou triangulaire avec des entailles latérales, paraissant avoir été produit par la pointe et les barbes d'une flèche en os ou en silex. Les crânes des grandes espèces de cerfs paraissent tous avoir reçu un coup violent sur la partie frontale à la naissance des cornes, dont les pivots portent toujours des entailles transversales et verticales, évidemment faites pour en détacher la peau. Les bois sont brisés en morceaux propres à faire des manches, quelques-uns sont fendus dans le sens de leur longueur, pour en extraire la moelle. On a déjà remarqué les mêmes particularités dans les débris de cuisine du Danemarck, et dans les os trouvés dans les habitations lacustres de la Suisse.

Les sommités de la science ont reconnu le bien fondé des hypothèses de Desnoyers. Il est vrai que MM. Robert et Bayle ont soutenu (évidemment dans le but de défendre les théories d'Élie de Beaumont) que les stries qu'offrent les os de la collection de l'École des Mines, avaient été faites par le préparateur en les grattant avec un ciseau pour enlever le sable adhérent. Il ne fut pas difficile à Desnoyers de prouver que cette objection n'avait pas le moindre fondement, et cela pour quatre raisons : parce que ce ne sont pas seulement les os de l'École des Mines qui présentent ces stries ; parce que les os tirés immédiatement du sable portent des stries ; parce qu'on trouve dans les stries elles-mêmes des grains de sable adhérents, ce qui indique que les entailles sont antérieures à l'enfouissement des os dans le sable ; et, enfin, parce que, du reste, le sable blanc est fin et si peu adhérent aux ossements, qu'il n'est aucunement nécessaire d'employer le ciseau, mais seulement un peu d'eau pour les nettoyer.

En 1844, on découvrit un squelette ou plutôt plusieurs ossements humains enfermés dans un bloc de pierre volcanique, trouvé dans le voisinage du Puy, sur la déclivité du

volcan éteint de Denise. Ces restes consistaient principalement en deux fragments de mâchoire supérieure, en la
partie antérieure de l'os frontal et en plusieurs autres
fragments du crâne, une vertèbre lombaire, l'extrémité
antérieure du radius et deux os du tarse. Le bloc lui-même
consiste en un tuf léger et poreux, dans lequel les os reposent, et au-dessous duquel se trouvait une pierre dure,
schisteuse, formée de couches alternantes d'une masse
lavaire argileuse. Des blocs semblables, produits des dernières éruptions de ces volcans éteints, se rencontrent
souvent dans les alluvions volcaniques, et formaient peut-
être dans l'origine des courants de boue, qui se sont plus
tard solidifiés par dessiccation. On trouve, dans les environs du Puy, des blocs de tuf analogues contenant des
ossements du mammouth et du rhinocéros à narines cloisonnées, tandis que dans d'autres tufs, qui appartiennent
évidemment à des éruptions plus anciennes du même volcan, on rencontre d'autres animaux appartenant, d'après
les naturalistes français, à une faune plus ancienne. Les
os humains de Denise appartiennent à la même époque
que ceux des cavernes belges, et sont, par conséquent,
contemporains du mammouth et de l'ours des cavernes.
Malheureusement les quelques os conservés ne suffisent
point pour permettre une détermination exacte de la race
à laquelle appartenaient ces premiers habitants de l'Auvergne. Les os du crâne ne paraissent cependant pas s'é-
carter notablement de ceux des hommes actuels, et, selon
toute apparence, car ils n'ont pas encore été examinés avec
beaucoup de soin, ils doivent se rapprocher beaucoup du
type que nous avons décrit et signalé dans la caverne de
Lombrive.

Aussitôt l'attention éveillée, et la grande valeur de la
découverte de Denise reconnue, la spéculation s'empara
du fait pour l'exploiter. Quelques personnes possèdent des

blocs fabriqués dans lesquels les os ont été fixés avec du plâtre, et un des observateurs les plus distingués du pays, M. Bravard, annonça à la société géologique de France qu'un adroit ouvrier avait été surpris au moment où il préparait un troisième bloc. On a voulu conclure de ces tentatives que le premier bloc trouvé était aussi l'œuvre d'un mystificateur, mais un examen minutieux a en démontré l'authenticité. De pareilles tentatives ne doivent point étonner. Dès qu'une découverte est faite, les collectionneurs affluent de toutes parts, les Anglais surtout poussent les prix : il y a beaucoup de carrières dont les propriétaires gagnent davantage par le commerce des fossiles que par le débit de la pierre. Plus la demande est active, plus les prix montent, plus est grande l'excitation à la fraude et au gain illicite. Les ouvriers cherchent à fabriquer les objets cherchés, ou à confectionner des choses merveilleuses pour l'invention desquelles ils lâchent la bride à leur imagination et se montrent aussi ingénieux qu'autrefois les moines du cloître de Rheinau, qui fabriquaient, au moyen des plaques trouvées à Oeningue, contenant des poissons et des salamandres, les créatures les plus extraordinaires. Un fait analogue s'est produit récemment en Suisse. Pendant la construction du chemin de fer sur les bords du lac de Neufchâtel, on découvrit, à Concise, une habitation lacustre sur pilotis, remontant à l'âge de la pierre, et dans laquelle se trouvaient entassées, en immenses quantités, des cornes de cerfs à tous les degrés de travail. Lorsque les ouvriers, qui ne faisaient d'abord aucune attention à ces objets, s'aperçurent que les archéologues se jetaient dessus comme le faucon sur sa proie, ils élevèrent les prix, et, lorsque la provision des instruments trouvés commença à diminuer, ils eurent recours aux cornes de cerfs non encore travaillées qu'ils avaient à leur disposition. Plusieurs archéologues furent ainsi trompés. M. Troyon, le conservateur du Muséum de Lausanne, acheta de bonne foi une collection de ces objets fabriqués, qui furent exposés au musée, jusqu'à ce que, grâce à la perspicacité de quelques observateurs, la fraude fut reconnue. De pareilles fraudes ne peuvent cependant pas plus porter préjudice à la réalité de la première découverte, que la fabrication de vieilles peintures, d'antiques statues ou d'anciennes mosaïques, aujourd'hui si active en Italie, ne peut détruire la valeur des véritables antiques.

Revenons à notre sujet. Les volcans de l'Auvergne et du Rhin, qui ont, dans les temps préhistoriques, vomi des torrents de lave et des pluies de cendre, sont éteints depuis l'époque de l'ours des cavernes, du mammouth et du renne. Les tufs provenant des cendres et renfermant les ossements de ces animaux sont donc contemporains des dépôts des cavernes. L'homme fossile de Denise est cependant, jusqu'à présent, le seul reste humain qu'on ait encore trouvé dans ces tufs.

Dans ces derniers temps, par contre, on a recueilli, en France et en Angleterre, dans les alluvions, sur une foule de points, une telle quantité d'instruments en pierre et d'ossements, qu'il nous faut porter nos regards de ce côté, d'autant plus que ce sont précisément ces découvertes qui ont donné la première impulsion à la nouvelle direction qu'ont prise les recherches. Il importe de remarquer, cependant, que, dans toutes ces couches d'alluvions, on n'a, jusqu'à présent, à l'exception d'une mâchoire inférieure dont on a contesté l'authenticité, trouvé encore aucun ossement humain, mais seulement des instruments en pierre et des os d'animaux ; la question de race ne peut donc pas être résolue pour le moment. Il est possible que certains tombeaux antiques, comme on en a trouvé dans le Mecklembourg et dont nous parlerons plus tard, appartiennent à cette époque ; cependant, cette contemporanéité n'est pas encore très-bien démontrée, et de nouvelles recherches pourront seules apporter quelque certitude sur ce point.

Dans le nord de la France, notamment en Picardie, le sol se compose principalement de craie blanche, dans les couches horizontales de laquelle on rencontre des couches de silex. Autrefois, alors que la pierre à fusil jouait dans la civilisation un rôle important dans la paix comme dans la guerre, importance qu'elle a conservée jusqu'à l'avènement des allumettes phosphoriques et des capsules, l'exploitation du silex était pour la Champagne une industrie considérable; elle tirait la matière première directement de son sous-sol. Nous verrons que cette fabrication d'instruments en silex remonte à l'antiquité la plus reculée.

Cette formation crayeuse fut ensuite recouverte de couches tertiaires, et se transforma ainsi en un plateau uniforme qui descend insensiblement vers la mer. Ces dépôts tertiaires étaient surtout de nature sablonneuse; il en résulta que chaque ruisseau, chaque filet d'eau, enlevait peu à peu la couche tertiaire, et transformait ses parties plus dures en cailloux roulés. C'est pour cela qu'on ne trouve les dépôts tertiaires qu'à une certaine distance des fleuves, et, en particulier, pour ce qui concerne la Somme, sur le plateau où elles sont encore recouvertes d'une vieille couche d'alluvion, formée d'une argile grasse ou de terre à briques, qui provient en grande partie du remaniement de la formation tertiaire. Cette couche, très-fertile, a environ cinq pieds de profondeur, et ne renferme pas de fossiles. C'est dans cette couche d'alluvions, de même que dans les couches tertiaires, et jusqu'à une certaine profondeur dans la craie, que les fleuves et les ruisseaux actuels ont creusé leurs lits ; la vallée dans laquelle chacun d'eux coule, vallée proportionnellement assez importante, est par conséquent toujours bordée, des deux côtés, par des séries de collines, dont les pentes inclinées vers le fleuve sont formées de craie blanche, sur laquelle on ne retrouve la couche tertiaire surmontée des alluvions fertiles qu'à une certaine distance des bords. La vallée de la Somme, à Amiens, a environ un quart de lieue de largeur ; cette largeur augmente considérablement après Abbeville jusqu'à l'embouchure du fleuve, à Saint-Valery. Dans cette vallée, ainsi que dans les vallées voisines, on rencontre des dépôts qui sont évidemment plus récents que les excavations du lit du fleuve lui-même, plus récents que les couches tertiaires, plus récents que les couches d'alluvion de la plate-forme, lesquelles ne continuent pas de se déposer pendant l'érosion des vallées. Ce sont ces dépôts situés dans l'ancienne vallée du fleuve qui doivent surtout appeler notre attention, car ce sont eux qui renferment les instruments humains.

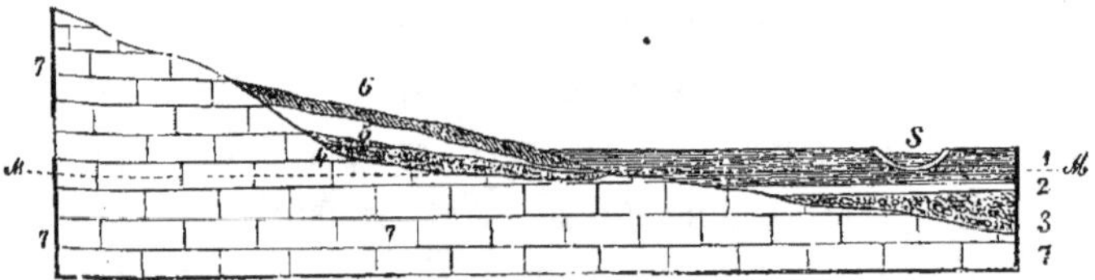

Fig. 89. — Coupe de la vallée de la Somme, près d'Abbeville, d'après Prestwich. — S. Somme. — M. Niveau de la mer. — 1. Tourbe. — 2. Argile sous-jacente. — 3. Gravier reposant immédiatement sur la craie. — 4. Diluvium gris avec os et hachettes. — 5. Lehm calcaire ou loess. — 6. Lehm brun et terre végétale. — 7. Craie.

Sur les flancs de la vallée, il y a quelques couches relativement très-faibles et peu remarquables, composées de cailloux roulés, de marne, de sable et d'argile, formant deux terrasses différentes, qu'un œil exercé peut seul bien distinguer. Sur la terrasse inférieure, épaisse de vingt à quarante pieds, et immédiatement sur le sol crayeux, se trouve une couche ayant de dix à quatorze pieds d'épaisseur formée d'un sable grossier, blanc, crayeux, et renfermant des silex, peu roulés ou usés, ayant en moyenne trois pouces de diamètre, mélangés à un grand nombre de rognons, qui ont été enlevés de la craie sans être nullement endommagés; on remarque là une sorte de stratification confuse, car on voit alterner des couches de sable plus fin et de marne sablonneuse.

Dans les couches de sable fin on rencontre des coquilles de mollusques terrestres et fluviatiles qui habitent actuellement en grande abondance la même région, à l'exception d'une espèce, la *Cyrena fluminalis*, qui ne se rencontre maintenant que dans le Nil, et dans une partie de la haute Asie, notamment au Cachemire. On trouve parfois, au milieu de ces coquilles d'eau douce, quelques mollusques marins des côtes, qui vivent encore dans le voisinage, dans la Manche; ce qui prouve que parfois la mer a fait des irruptions assez importantes dans l'intérieur du pays. On trouve, en outre, dans cette couche profonde de la terrasse inférieure, et cela presque dans le voisinage immédiat de la craie, des os fossiles associés à une quantité d'objets en silex, d'un travail très-grossier, sur lesquels nous aurons à revenir. Les os trouvés dans cette couche appartiennent pour la plupart au mammouth, au rhinocéros à narines cloisonnées, au cheval fossile, à l'aurochs, au daim gigantesque, au renne, au lion et à l'hyène des cavernes; ils sont donc contemporains de l'ours et des autres animaux éteints des cavernes.

Ces anciennes couches ont une surface presque toujours irrégulière, pourvue de saillies et de dépressions comme si elles s'étaient déposées sous l'influence d'une eau courante agitée de remous. Elles sont ordinairement recouvertes d'un gravier blanc, renfermant des petits cailloux arrondis, et aussi quelques minces couches plissées de marne, dans lesquelles on a trouvé quelques rares fragments d'ossements des animaux déjà mentionnés. Cette couche, évidemment de formation plus récente que la précédente, paraît avoir été formée aux dépens de la couche ancienne, les eaux ayant amené le sable fin à la surface. Elle a une épaisseur moyenne de six pieds, elle n'est pas stratifiée et ne renferme pas de fossiles.

Une troisième couche, formée d'argile brune, et renfermant quelques silex anguleux, recouvre la précédente, dont elle comble les inégalités ; elle a une épaisseur moyenne de six pieds ; elle passe ici et là à l'état d'un sable jaune d'ocre, et ne renferme pas non plus de fossiles. Sa surface est presque unie, recouverte d'une couche ordinaire de terre végétale, parfois assez épaisse. D'anciens tombeaux, trouvés dans cette terrasse, traversent la terre végétale, et la couche supérieure brune, quelquefois une partie de la couche blanche de sable, mais sans jamais en atteindre le fond. On reconnaît ces tombeaux au premier coup d'œil, parce qu'ils sont remplis de terre foncée et d'ossements humains.

La terrasse supérieure est composée de la même manière ; aussi est-il assez difficile de les distinguer l'une de l'autre.

Le milieu de la vallée est presque partout occupé par des tourbières, qui atteignent jusqu'à une épaisseur de trente pieds. Au-dessus d'Amiens et au-dessous d'Abbeville, jusqu'à la mer, ces tourbières sont très-développées, et s'élèvent parfois à tel point qu'elles débordent au-dessus des terrasses latérales que nous venons de décrire. On a distingué dans ces tourbières la vieille et la nouvelle tourbe. L'ancienne couche de tourbe dépasse rarement un mètre d'épaisseur. On y rencontre une foule de troncs d'arbres entremêlés pêle-mêle dans toutes les directions, des aulnes, des sapins, des chênes, des noisetiers, ainsi que des ossements d'animaux, parmi lesquels il faut mentionner le castor et l'ours ordinaire. Cette ancienne tourbe est, dans quelques endroits, immédiatement recouverte par une couche de sable de mer. Elle repose sur une couche de sable et de cailloux roulés placés immédiatement sur la craie, et est recouverte par une couche argileuse bleuâtre ou noirâtre, imperméable à l'eau.

La tourbe nouvelle, qui forme la superficie des tourbières, n'offre rien de particulier.

Si, au moyen de ces données, on cherche à retracer l'histoire de la vallée de la Somme, on arrive évidemment à la conclusion que cette vallée a été creusée après le dépôt des alluvions sur le plateau ; que, plus tard, les terrasses ont été déposées par les courants devenus successivement plus faibles ; qu'il se produisit ensuite un accroissement temporaire des eaux, qui a remanié ces terrasses et en a enlevé la plus grande partie, de sorte qu'elles ne se sont conservées que sur quelques points ; que les cailloux roulés et l'argile, qui forment le fond des tourbières, sont le résultat de ces érosions, qui se sont déposées dans les parties plus larges et plus tranquilles de la localité ; enfin que la tourbe a fini par s'établir et envahir toute la largeur de la vallée. La formation de l'ancienne tourbe, dans le voisinage de la côte, a dû parfois être interrompue par des irruptions de la mer, qui a laissé, pour traces de son passage, les bancs de sable qu'on trouve encore intercalés entre les couches de tourbe.

Les alluvions de la plate-forme correspondent à celles que les géologues de Paris ont nommées *diluvium des plateaux*. La couche inférieure des terrasses contenant des cailloux roulés, des gros blocs, des os d'éléphant et des silex, correspond au *diluvium gris* de Paris ; la couche supérieure à gravier et à petits cailloux roulés correspond au *diluvium rouge* ; la couche brune au *lehm* ou *loess*.

Vous dirai-je maintenant l'histoire touchante de M. Boucher de Perthes, un archéologue d'Abbeville, qui découvrit le premier dans ce diluvium gris des armes bizarres et complétement inconnues en silex, qui alla de porte en porte raconter sa découverte sans être écouté? comment quelques voisins, puis quelques Anglais prêtèrent l'oreille, constatèrent la découverte et donnèrent l'éveil? comment le fait fit de plus en plus sensation, et comment, enfin, Amiens, Abbeville, Saint-Acheul, Menchecourt et d'autres localités moins importantes de la vallée de la Somme devinrent de véritables buts de pèlerinage, auxquels, pendant toute l'année, se rendaient géologues et archéologues, soit pour se convaincre eux-mêmes, soit pour rassembler de nouveaux faits, soit enfin pour se faire tromper par les ouvriers, qui avaient fini par établir une fabrique complète de haches en silex? Il faut bien avouer qu'une grande partie de la défaveur qui pesa sur cette découverte doit être attribuée aux exagérations que s'était permises l'auteur, et qu'il pousse encore aujourd'hui assez loin pour voir dans ces silex, évidemment travaillés par l'homme, de grossières images de têtes d'hommes et d'animaux ; dans d'autres, par contre, seulement des armes ou des instruments pour se couper les cheveux ou les ongles. Il doit nous être permis de douter que, même dans son origine la plus grossière, l'art honorable du coiffeur, bien plus important en France qu'en Allemagne, doive remonter ainsi jusqu'aux plus anciens temps de l'humanité. Je passerai sous silence les tentatives désespérées qui ont été faites pour expliquer la formation ou la présence de ces armes en silex dans une couche aussi ancienne. Ce ne sont que de tristes preuves de cette tendance qui cherche à tout prix à sauver une position perdue, fût-ce même aux dépens du bon sens humain. Il est aujourd'hui irréfragablement démontré que ces armes en silex n'ont pu être fabriquées que par l'homme, qu'elles ne doivent l'existence à aucune cause naturelle, qu'elles se trouvent enfouies en grandes masses dans des couches qui n'ont été ni touchées ni remaniées depuis qu'elles ont été déposées, et qu'elles remontent, sans aucun doute, à la même époque que tous les animaux éteints dont nous avons parlé.

Examinons d'un peu plus près ces instruments en silex. Ils sont d'un travail extrêmement grossier, et ont été évidemment obtenus en brisant les rognons en silex que fournit la craie de la localité même. On frappait deux rognons l'un contre l'autre jusqu'à ce que l'un se fendît, et on choisissait dans les éclats ceux qui paraissaient le plus propre à la confection de l'instrument. On les façonnait ensuite en portant des petits coups de chaque côté jusqu'à ce que le bord fût devenu plus ou moins tranchant. Comme tous les rognons de silex ont une forme allongée ou arrondie, il est clair que cette forme primitive doit se retrouver à l'état plus ou moins parfait chez les fragments qui en proviennent ; le milieu du morceau est plus épais et porte le plus souvent une crête longitudinale plus ou moins apparente allant jusqu'à la pointe. Le silex a une cassure conchoïde un peu analogue à celle du verre. Souvent, lorsque le silex a été travaillé à petits coups, on remarque sur les surfaces de cassure de fines stries, simplement recourbées, semblables aux stries d'accroissement des mollusques, tandis que les grandes surfaces restent ordinairement lisses et unies. Les surfaces se rencontrent toujours sous des angles aigus. Certains de ces instruments portent encore sur quelques-unes de leur parties l'enveloppe extérieure qui entoure toujours le silex dans la craie ; la présence de cette croûte peut provenir soit de ce que l'instrument n'a pas été complétement achevé, soit de ce que les ouvriers l'ont conservée parce que la surface naturelle répondait au but qu'ils se proposaient. Les bords et les angles sont le plus souvent tout à fait aigus ; on remarque très-rarement des traces de polissage, encore cela tient-il à ce que les objets ont été roulés. Il semble

évident que ces ustensiles ont été fabriqués sur place, ou
du moins dans le voisinage, et n'ont dû être que très-peu
roulés par les eaux qui ont amené les alluvions. On peut
citer à l'appui de cette hypothèse le fait que les haches se
trouvent pour la plupart à la base du dépôt d'alluvion,
presque sur la craie; elles existent en quantités innombrables, car, depuis le peu de temps que l'attention s'est
portée sur ce sujet on a déjà retiré des carrières de
sable de la vallée de la Somme, exploitées seulement en
hiver, plusieurs milliers d'instruments en silex. Cette
abondance est précisément une preuve de plus que ces
silex sont le produit de l'industrie humaine, car ce qui
peut être l'effet du hasard pour un seul objet ne saurait
s'être répété des milliers de fois.

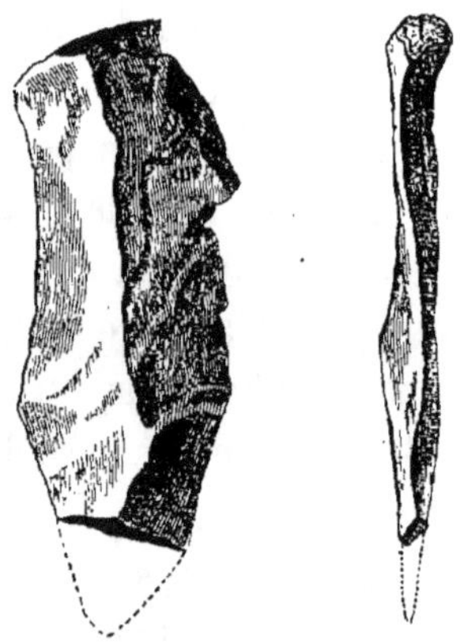

Fig. 90. — Couteau en silex du musée de Genève, envoyé
par M. Boucher de Perthes. Face et profil.

On a distingué trois formes principales parmi ces instruments en silex, distinction presque oiseuse, car les formes
dépendent avant tout de celles des rognons primitifs, et se
confondent souvent l'une avec l'autre. Les moins travaillés
sont les prétendus *couteaux,* ou mieux *éclats,* fragments
minces, souvent assez longs, aiguisés aux deux bords, por-

tant ordinairement une nervure longitudinale de chaque
côté, et se terminant plus ou moins en pointe. Les bords
sont lisses et tranchants, parfois aussi dentelés, et évidemment non travaillés à petits coups. On choisissait, parmi
les éclats provenant de la cassure des silex, ceux qui
avaient le plus de ressemblance avec une lame de couteau,
et on les utilisait pour couper la viande, enlever les
peaux, et autres opérations analogues, ainsi que cela ressort des ossements plus ou moins travaillés dont nous
avons parlé, et sur lesquels on voit distinctement les traces
des entailles faites avec ces éclats de silex.

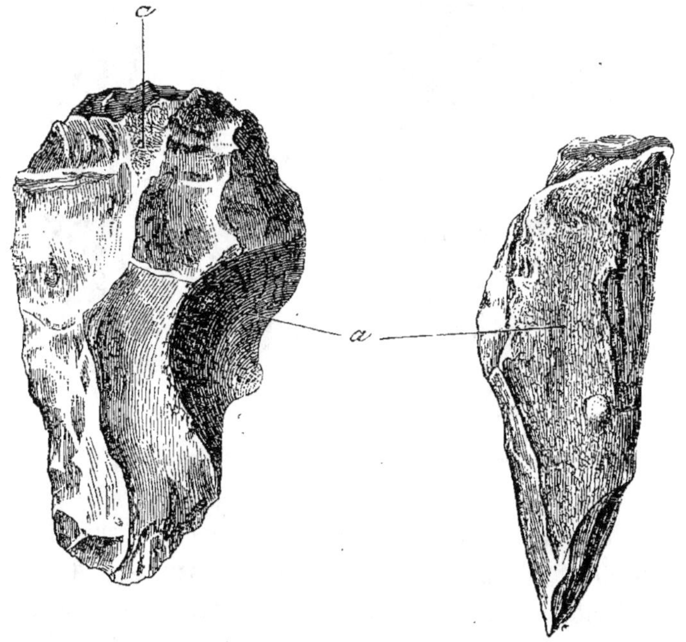

Fig. 91. — Hache en forme de lance. Face et profil. — *a*. Croûte primitive
du silex.

Deux autres formes paraissent travaillées avec plus de
soin ; l'une ressemble à un fer de lance, et l'autre se rapprocherait plutôt de la pointe d'une hallebarde. Les silex
en forme de lance sont ordinairement longs, — on en trouve

qui ont jusqu'à huit pouces de longueur ; une des extrémités est pointue, l'autre est large, épaisse et massive, de sorte
qu'on peut les tenir à la main. Les instruments ovoïdes sont
généralement façonnés à petits coups. La côte médiane qui
existe ordinairement chez les instruments longs est aplanie
avec soin ; tous les bords de l'instrument sont travaillés de
façon à devenir tranchants. On peut facilement démontrer,
en comparant ces instruments à ceux d'une époque postérieure, beaucoup plus complets sous tous les rapports, que
ces outils étaient probablement destinés à être fixés dans

Fig. 92. — Hache ovoïde, aiguisée tout autour.

une fente de bois ou de corne, et solidement assujettis au
moyen de substances filamenteuses. Les sauvages des îles
du Pacifique, qui, lorsqu'on les a découverts, ne connaissaient aucun métal, les Indiens du nord et du sud de l'Amérique, n'emmanchaient pas autrement leurs divers instruments en pierre.

Tout nous autorise à attribuer une haute antiquité aux
haches en silex trouvées dans la vallée de la Somme. Ainsi
que nous l'avons remarqué, on remarque sur beaucoup la

croûte primitive dont les rognons de silex sont revêtus dans la craie. En outre, toutes ces armes en pierre, faites avec une roche siliceuse primitivement gris foncé, ont acquis une patine qui a pénétré plus ou moins profondément à l'intérieur de la pierre, et qui correspond toujours exactement à celle qu'offrent aussi les cailloux roulés enfouis dans la même couche. Les armes en silex affectent parfois une teinte blanche, parfois une teinte jaune, parfois enfin toute une série de teintes différentes jusqu'au brun foncé; cette coloration s'établit partout, pénètre partout également dans l'intérieur, et fournit une preuve indéniable que les instruments ont séjourné dans la couche aussi longtemps que les cailloux roulés parmi lesquels ils se trouvent, car la surface de ces derniers a subi aussi la même altération et revêtu la même coloration. On remarque, enfin, en quelques endroits, des dendrites semblables à celles dont nous avons parlé à propos du crâne de Neander, mais il n'y a là aucune preuve absolue d'une haute antiquité.

On ne trouve point avec ces haches d'autres traces de l'industrie humaine, si ce n'est cependant des petits corps annulaires percés au milieu, appartenant à la craie, et connus sous le nom de *coscinopora globularis*. On avait cru d'abord que le trou dont ils sont percés provenait d'un travail artificiel, mais on s'est convaincu que la partie centrale de ces corps, évidemment enlevés à la craie par les eaux, est molle et spongieuse, de sorte qu'elle disparaît facilement par décomposition; on trouve, en effet, des corpuscules déjà pourvus de ce trou encore enfouis dans la craie. En quelques endroits, on a découvert des séries de ces objets juxtaposés, comme s'ils avaient été réunis en collier, ce qui avait fait supposer que ces corps servaient d'ornement et se portaient comme des perles. On a rencontré, dans des couches plus récentes, des haches dont le travail et le fini prouvent de grands progrès industriels; elles sont accompagnées de perles semblables, qui semblent provenir d'une fabrication artificielle.

On a longtemps cherché en vain des ossements humains, et Lyell, qui a la manie de tout expliquer, ne manqua pas de disserter longuement sur l'absence d'ossements humains dans la vallée de la Somme. Enfin, le 28 mars 1862, on découvrit à Moulin-Quignon, près d'Abbeville, une mâchoire

Fig. 93. — Mâchoire de Moulin-Quignon.

humaine quelques jours après avoir trouvé une molaire très-endommagée. M. Boucher de Perthes déterra lui-même la mâchoire avec les plus grandes précautions; elle était enfouie dans une couche inférieure fortement colorée en bleu noir par des sels de fer et de manganèse; cette couche repose immédiatement sur la craie. L'avant-dernière molaire est seule conservée, l'alvéole de la dernière, perdue pendant la vie, est fermée, les autres alvéoles ouvertes sont remplies de sable. La mâchoire est colorée en bleu noir, comme le sable environnant et les instruments qui s'y trouvent. La conformation de la mâchoire offre beaucoup de singularités. L'angle que fait la branche verticale avec la branche horizontale est très-ouvert, la branche verticale est elle-même très-large et peu élevée, la tête articulaire excessivement ronde, et le bord postérieur quelque peu recourbé en dedans, comme chez les marsupiaux. Une étude plus attentive a permis de retrouver tous ces caractères remarquables isolés dans des mâchoires d'Européens, mais jamais réunis ensemble comme dans la mâchoire fossile. Les doutes élevés, surtout par les savants anglais, sur l'authenticité de cette mâchoire, ont enfin été éclaircis par les longues recherches d'observateurs distingués, à la tête desquels il faut placer MM. de Quatrefages et Falconer, ainsi que nous le dirons ultérieurement avec plus de détails. La mâchoire de Moulin-Quignon est, en effet, le premier et jusqu'à présent le seul reste humain trouvé dans le diluvium stratifié ; cette mâchoire appartient certainement, ainsi que le prouve la réunion simultanée de tant de caractères frappants, qui n'existent ailleurs qu'à l'état isolé, à une race particulière, dont les traits ne pourront être fixés et établis que lorsque de nouvelles découvertes auront fait connaître le crâne entier.

Vous pouvez bien penser qu'on entreprit partout des recherches dans le but de trouver des haches en silex et autres objets semblables, aussitôt qu'Amiens et Abbeville eurent été, pour ainsi dire, introduits dans le domaine de la science. Sur plusieurs points de la France, on a fait des découvertes analogues, parmi lesquelles je mentionnerai principalement celles de Gosse à Paris, parce que le gisement est parfaitement constaté, et que les couches des environs de Paris ont été étudiées de la façon la plus minutieuse. Charles d'Orbigny donne la description suivante du diluvium à Joinville, à deux lieues de Paris.

Sur le calcaire d'eau douce de Saint-Ouen, qui appartient encore aux formations tertiaires, repose directement une couche de $2^m,70$ d'épaisseur de diluvium gris avec cailloux roulés de granit, et à la base de laquelle se trouvent de gros blocs erratiques ; dans ce terrain, outre des os de mammifères, des dents de mammouth et de rhinocéros à narines cloisonnées, on rencontre quelques fragments de coquilles terrestres et fluviatiles, et des coquilles fossiles des couches tertiaires sous-jacentes, notamment du calcaire grossier, fortement roulées. Sur ce diluvium gris, qui renferme çà et là des lambeaux de sable sans mélange de cailloux roulés, repose une couche épaisse de 70 centimètres d'un sable marneux blanc, dans lequel on rencontre, comme dans le *loess*, des nodosités argileuses, et qui renferme, parmi quelques fragments de mammifères et de reptiles, une énorme quantité de coquilles terrestres et fluviatiles bien conservées ; on a pu jusqu'à présent déterminer trente-trois espèces qui se rencontrent actuellement soit dans le voisinage, soit dans le midi de la France.

Ces coquilles ont été évidemment déposées dans un lac qui s'étendait fort loin sur les deux rives de la Seine. Sur cette couche à coquilles d'eau douce se trouve une autre couche de diluvium gris, épaisse d'un demi-mètre, contenant des cailloux roulés de granit et de porphyre, et ne renfermant, çà et là, que quelques fragments de coquilles d'eau douce, qui paraissent avoir été remaniées et arrachées par les eaux à la couche sous-jacente. Au-dessus, repose une couche marneuse grise avec peu de cailloux roulés, sans aucune coquille, et ayant 75 centimètres d'épaisseur ; ensuite le diluvium rouge de sable quartzeux à cailloux roulés, dont les silex de la craie ainsi que le granit porphyroïde du Morvan, ont fourni les matériaux fortement colorés par la marne rouge et ferrugineuse qui en forme le ciment. Ce diluvium rouge, qui est composé en partie des mêmes éléments que le diluvium gris, atteint une épaisseur de 70 centimètres, et se trouve directement sous le loess, qui n'a ici que 30 centimètres d'épaisseur, quoiqu'il soit beaucoup plus puissant en d'autres endroits; il est directement recouvert de terre végétale.

Au fond de ce diluvium gris, Gosse a trouvé, dans un faubourg même de Paris, à la Motte-Piquet, au milieu de nombreux os d'éléphants, de rhinocéros et de chevaux, des haches en silex en tout semblables à celles d'Amiens, ce qui établit complétement la contemporanéité des couches d'Amiens et de celles de Paris. Une de ces haches était encore agglutinée à un os au moyen de sable durci, de sorte qu'il est évident que les deux morceaux ont été ensevelis en même temps dans la couche de sable.

Depuis cette époque, on a fait, en Angleterre, une foule de découvertes. Je parlerai seulement de celles sur la position desquelles on a des renseignements assez précis pour pouvoir établir leur parallélisme avec les couches françaises analogues.

En 1801, John Frère lut, à la Société anglaise d'archéologie, un mémoire dans lequel il relatait la trouvaille faite par lui à Hoxne, près de Diss, dans le comté de Suffolk, d'un grand nombre de silex travaillés, dans une couche

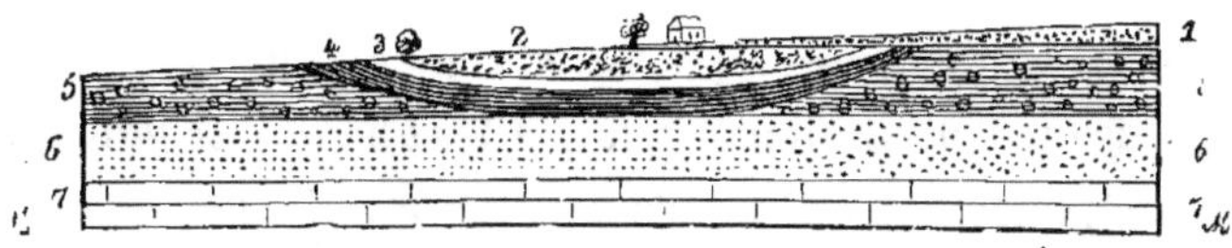

Fig. 94. — Coupe de Hoxne, d'après Prestwich.

MM. Niveau de la mer. — 1. Sable supérieur recouvrant en partie le bassin. — 2. Sable supérieur du bassin. — 3. Sable inférieur contenant les ossements et les haches. — 4. Argile tourbeuse, employée à la fabrication des briques. — 5. Boue glaciaire (Boulder clay) avec blocs erratiques. — 6. Sable et gravier inférieurs. — 7. Craie.

située à 12 pieds de profondeur qu'on exploitait comme terre à briques. Sous un pied et demi de terre végétale on rencontre une couche de 7 pieds et demi d'argile, puis 1 pied de sable fin, coquillier, et, sous celui-ci, environ 2 pieds de sable grossier contenant les silex façonnés. Frère trouva aussi, dans les couches horizontales, les mâchoires et les dents d'un gros animal qui lui était inconnu, et vit un si grand nombre de haches en pierre qu'il en compta de cinq à six sur la superficie d'un mètre carré.

Prestwich examina récemment ce gisement. Il put tirer

quelques haches de la carrière encore ouverte, mais ne trouva plus d'ossements. Parmi ceux qu'on a découverts autrefois dans cette localité, on a reconnu des ossements d'éléphant, de cheval et de cerf. Des recherches géologiques exactes ont établi que la craie, qui forme ici le terrain primitif, est directement recouverte de sable et de gravier, sur lesquels repose la formation glaciaire inférieure, qui s'étend sur presque toute l'Angleterre et l'Écosse, et qui consiste en une argile dure contenant des cailloux roulés et striés, et de grands blocs qui proviennent du Nord, et surtout de la Norwége. Un bassin semble s'être formé dans cette couche glaciaire, dont le lit inférieur, consistant en une argile plastique et tourbeuse, était imperméable à l'eau. On rencontre dans cette couche noire des fragments de chêne, d'if et de pin, au-dessus desquels se trouvent le sable et le gravier qui renferment les ossements des mammifères, les haches en pierres et une grande quantité de mollusques d'eau douce ; la petite *valvata piscinalis*, qui est extrêmement abondante, habite actuellement tous les fleuves environnants, bien que les lymnées et autres mollusques ordinaires ne fassent pas non plus défaut. Enfin, tout à fait en dessus, et empiétant en partie sur le bassin coquillier, se trouve une couche de sable et de gravier qui paraît être d'une origine toute récente.

On a fait, sur différents points de l'Angleterre, près de Bedford et de Londres, par exemple, des découvertes tout à fait analogues dans des conditions de gisement très-semblables. Je n'entrerai pas dans des détails qui ne seraient qu'une répétition, et je me bornerai à faire remarquer que tous ces gisements se trouvent invariablement sur cette couche de lehm à cailloux roulés et à blocs erratiques que les Anglais désignent sous le nom de *boulder-clay*, et qui a été charriée et produite par les glaciers. Tandis qu'en France, dans les localités où on a trouvé les haches brutes

et informes, la couche correspondant à cette formation glaciaire manque complétement, ou dont l'existence du moins
n'a pas encore été démontrée de façon précise, elle existe
partout en Angleterre, et peut nous servir, par conséquent,
à établir le parallèle avec les formations qu'on trouve en
Suisse, où les glaciers ont autrefois joué un rôle également
important. Je ferai en outre remarquer que, dans quelques
gisements anglais, on a rencontré, avec le mammouth et le
rhinocéros à narines cloisonnées, non—seulement le renne,
mais aussi le bœuf musqué, et que les restes de cet animal,
qui s'est maintenant retiré dans l'extrême nord de l'Amérique, à la limite des glacés, ont été aussi trouvés dans les
anciennes alluvions de Kreuzberg, près Berlin, ainsi qu'à
Chauny, dans la vallée de l'Oise en France. C'est là encore
une nouvelle preuve de la retraite vers le Nord de la faune
diluvienne.

Après avoir ainsi examiné les circonstances qui, tant dans
les cavernes que dans les alluvions, témoignent de la contemporanéité de l'homme avec les espèces éteintes, qu'il
nous soit permis de jeter un coup d'œil rapide sur d'autres
parties du monde dans lesquelles on a signalé des faits analogues. J'ai déjà mentionné, dans la précédente leçon, les cavernes brésiliennes, que le docteur Lund a étudiées avec tant
de fruit. Les circonstances sont ici les mêmes qu'en Europe,
les gisements sont analogues, l'argile rouge recouverte
d'une couche de stalagmites existe tout comme en Europe;
ces cavernes fourmillent d'ossements d'animaux appartenant
à des espèces, éteintes actuellement pour la plupart. Mais
toutes ces espèces éteintes gardent avec celles actuellement
vivantes dans l'Amérique du Sud, le même rapport que
celui que l'on constate entre l'ours et l'hyène des cavernes
et l'ours et l'hyène vivant aujourd'hui. Le caractère propre
de la faune qui distingue l'Amérique du Sud s'est complétement conservé. On rencontre des didelphys, des fourmi-

liers, des tatous, des lamas qui caractérisent l'ancienne faune comme ils caractérisent encore aujourd'hui le monde mammifère qui habite ce continent.

Dans la Nouvelle-Hollande, où on trouve de même des cavernes renfermant des dépôts riches en espèces éteintes de marsupiaux, dans la Nouvelle-Zélande, où on a découvert les os d'un oiseau gigantesque éteint, le moa, en si grande abondance, on rencontre également les preuves incontestables de la contemporanéité de l'homme avec des espèces animales éteintes. Il ne faut cependant pas attacher grande importance à ce fait, car les Indiens conservent encore aujourd'hui la tradition de combats avec les moas, ce qui semblerait indiquer que cet animal n'a été exterminé que dans un temps relativement récent.

On a aussi trouvé dans les alluvions de l'Amérique du Nord, les restes de l'homme associés à ceux d'espèces éteintes. Lyell s'exprime ainsi à ce sujet :

« On remarque dans le Natchez une belle série de falaises « longues de plusieurs milles, ayant une hauteur verticale de « 200 pieds, et dont le fleuve baigne la base. Les couches « inférieures dénudées consistent en gravier et en sable, et « ne renferment en fait de restes organiques qu'un peu de « bois, des coraux fossiles et autres pétrifications provenant « de formations plus anciennes ; les 60 pieds qui se trou- « vent au-dessus consistent en une argile jaune, qui forme, « là où elle a été corrodée, un talus vertical tourné vers le « fleuve. A la surface de ce talus marneux, on voit paraître « beaucoup de coquilles terrestres intactes, appartenant « aux genres Helix, Helicina, Pupa, Cyclostoma, Achatina « et Succinea. Ces coquilles, dont nous avons recueilli une « vingtaine d'espèces, sont spécifiquement identiques avec « celles qui habitent actuellement la vallée du Mississipi.

« Cette formation fluviatile est entièrement semblable à « celle qui se trouve dans la vallée du Rhin, entre Cologne

« et Bâle, et qu'on nomme ordinairement loess ou lehm.
« Dans les deux pays, les genres de coquilles sont les
« mêmes, et, de même que, dans l'ancienne alluvion du
« Rhin, le lehm fait quelquefois place à des dépôts d'eau
« douce renfermant des coquilles de Lymnées, de Pla-
« norbes et de Cyclades, j'ai observé à Washington, à
« environ 7 milles à l'est de Natchez, que le lehm américain
« fait place à un dépôt qui s'est évidemment formé dans
« un lac ou un marais. Ce dépôt consiste en argile et ren-
« ferme des coquilles de Lymnées, de Planorbes, de Palu-
« dines, de Physes et de Cyclades, spécifiquement iden-
« tiques avec celles qui habitent aujourd'hui les États-Unis.
« On a trouvé à différentes profondeurs, avec ces coquilles,
« des restes du mastodonte; et, dans l'argile plastique,
« immédiatement au-dessous du lehm et sur le sable et le
« gravier, on a trouvé un squelette entier de mégalonyx,
« accompagné d'ossements de cheval, d'ours, de cerfs,
« de bœufs et d'autres quadrupèdes, appartenant pour la
« plupart, sinon tous, à des espèces éteintes. La grande
« formation de lehm à coquilles terrestres et fluviatiles
« s'étend horizontalement sur une superficie d'environ
« 200 pieds au-dessus du niveau du Mississipi. Cependant,
« vu la nature molle et destructible de la marne sablon-
« neuse, chaque ruisseau, qui a dû primitivement couler
« sur un plateau, a creusé pour se rendre au Mississipi un
« ravin profond. Ce travail d'excavation a fait, dans ces
« dernières années, des progrès rapides, particulièrement
« dans le cours des trente dernières années. Les uns attri-
« buent cet accroissement d'activité corrodante au déboi-
« sement, cause dont l'importance a été mise en évidence
« dans ces vingt dernières années en Géorgie. D'autres
« attribuent surtout ce changement à l'action du tremble-
« ment de terre de New-Madrid en 1811-12, qui a déter-
« miné dans le pays la formation de nombreuses crevasses,

« desséché des lacs et provoqué des glissements de mon-
« tagnes.

« Je visitai, en compagnie du docteur Dickeson et du
« colonel Willes, une étroite vallée creusée dans le lehm
« coquillier, et qu'on a nommée depuis peu le ravin du
« Mammouth, à la suite de la découverte d'ossements de cet
« animal. Le colonel Willes, propriétaire dans cette région
« du Mississipi, qui connaissait bien le pays avant 1812,
« m'a assuré que ce ravin s'est formé entièrement depuis
« le tremblement de terre, quoiqu'il ait maintenant 7 milles
« de longueur, 60 pieds de profondeur dans certains en-
« droits, et qu'il présente de nombreuses ramifications.
« Lui-même avait conduit la charrue sur un point actuel-
« lement traversé par le ravin.

« L'annonce de la découverte d'ossements humains
« fossiles trouvés dans le ravin du Mammouth parmi des
« restes d'espèces éteintes, fit, en Amérique et en Europe,
« d'autant plus sensation, qu'elle semblait prouver la
« coexistence de l'homme avec le Mégalonyx et ses con-
« temporains. M. Dickeson me montra l'os en question,
« reconnu pour être un fragment du bassin humain, à
« savoir *l'os innominé*. Il était convaincu qu'il avait été
« trouvé dans le ravin indiqué au sein de l'argile plasti-
« que sous-jacente au lehm, à environ 6 milles de Nat-
« chez. J'ai examiné les falaises verticales qui bordent une
« partie de ce ruisseau, là où l'argile meuble conserve son
« horizontalité, et j'ai trouvé un grand nombre de coquilles
« terrestres à une profondeur d'environ 30 pieds du bord
« supérieur. J'ai appris que les restes fossiles du Mam-
« mouth (nom qu'on donne au Mastodonte aux États-Unis),
« ainsi que les os de quelques autres mammifères éteints,
« avaient été retirés en creusant dans la falaise au-dessous
« de la couche coquillière. Les os étaient aussi complète-
« ment noirs et absolument dans le même état que ceux

« des mammifères fossiles avec lesquels ils se trouvaient. »
Lyell n'en croyait pas moins alors pouvoir établir que
ces os provenaient de quelque antique tombeau indien. Il
fait remarquer aujourd'hui qu'il n'aurait certainement pas
songé à une semblable explication s'il se fût agi d'ossements d'un animal quelconque ; mais, comme ce cas de la
découverte d'un bassin humain était le premier qui parvînt à sa connaissance, il avait hasardé une explication
quelque peu risquée, que certes il ne voudrait plus maintenant soutenir.

Si nous jetons un regard rétrospectif sur les faits que
nous venons de signaler, nous devons admettre que bien
qu'ils soient en très-petit nombre, ils fournissent quelques
données dignes d'appeler notre attention. On est autorisé à
conclure que les habitants des cavernes dans lesquelles les
carnassiers sont prépondérants, étaient contemporains de
l'éléphant et du rhinocéros, dont les restes se rencontrent
surtout dans les alluvions stratifiées ; l'apparition des deux
séries d'animaux peut du moins s'être produite en même
temps, bien que leur disparition ait eu lieu à des périodes
différentes. Il importe de ne pas perdre de vue qu'à dater
de l'apparition de l'ours des cavernes et du mammouth,
commence une série non interrompue de phénomènes qui
se continue jusqu'aux temps récents ; il importe de rappeler
aussi qu'à différentes époques, certaines espèces ont disparu ou été détruites par l'homme, tandis que d'autres se
formaient à nouveau, bien que certainement en moins
grand nombre. Il n'y a donc rien d'étonnant à ce que
l'homme ait été le contemporain de l'ours des cavernes et
du mammouth, que certaines espèces humaines aient disparu pendant que d'autres se sont conservées, propagées
et développées. J'entrerai, dans la prochaine leçon, dans
l'examen plus détaillé des questions relatives aux rapports
de l'homme avec la nature environnante ; je m'occuperai

du développement de l'époque diluvienne considérée dans son ensemble et de la distinction qu'il convient d'établir entre ses diverses sous-époques ; mais avant de nous séparer, je désire consacrer quelques instants à l'étude du développement intellectuel des premiers hommes, et des rapports que, comme race, ils peuvent avoir avec les races actuelles.

Le développement intellectuel se réduit évidemment aux faits les plus simples, aux commencements les plus grossiers. Les cavernes belges et westphaliennes, les sépultures d'Aurignac, les alluvions, peuvent seules nous fournir quelques renseignements à cet égard. Les seuls instruments de cette époque que nous connaissions jusqu'à présent consistent en armes grossières en pierre, n'offrant aucune trace de fini ou de polissage. Il est probable que l'on n'a encore trouvé ces objets que là où on les fabriquait, ou du moins dans le voisinage des emplacements de fabrication ; toutefois, si ces hommes possédaient réellement un degré de civilisation plus avancé, il serait étonnant qu'on n'eût pas rencontré çà et là quelque fragment portant les marques d'un travail plus perfectionné. Rien de pareil n'a été observé ; — partout on trouve des haches en pierre grossièrement taillées ; nulle part des traces de ces manches en corne ou en os, qu'on rencontre si abondamment plus tard. Les mâchoires d'ours façonnées en armes, que nous avons mentionnées, n'indiquent pas la moindre trace de ce travail minutieux qu'on observe ultérieurement ; — les fragments sont simplement dégrossis, comme si on les avait taillés avec une pierre tranchante.

Quant à l'alimentation, les hommes de cette époque semblent s'être nourris exclusivement avec de la viande. On n'a rencontré nulle part aucun indice qui indiquât une nourriture végétale, indices qui deviennent si fréquents plus tard ; on ne trouve pas même de traces de poissons ou d'animaux dont on peut s'emparer au moyen d'instruments artificiels, comme les filets et les hameçons. L'homme imitait les animaux féroces, il attaquait sa proie, et il s'en emparait par la ruse, par la vitesse ou par la force, et nous avons vu qu'il lui arrivait parfois, quelque grossières que fussent ses armes en pierre, de se rendre maître d'un jeune rhinocéros. Il mettait probablement de côté la peau de ces animaux pour s'en faire des vêtements qu'il parvenait à assembler au moyen d'éclats d'os grossièrement façonnés en forme d'aiguilles, et avec des tendons minces en guise de fil. Il habitait sans doute des nids ou des huttes faites sans art, avec des branches entrelacées, et, tout au plus, un peu mieux construites que celles que préparent encore aujourd'hui les singes anthropomorphes. Cet homme primitif ne possédait pas d'animaux domestiques; c'est beaucoup plus tard seulement qu'on en trouve des traces, et le chien paraît être le premier animal que l'homme ait dompté et se soit attaché.

Tel est donc le paradis du premier homme et la vie qu'il y menait, autant du moins que nous pouvons le savoir jusqu'à présent, et d'après ce que nous enseignent des pierres et des os, les seuls témoins qui nous restent de son antique existence. Pour sortir de cette vie sauvage, à côté de laquelle la condition des prétendus sauvages de l'ancien et du nouveau monde peut être regardée comme un état de civilisation raffinée, et à laquelle le genre humain n'a pu s'arracher que par degré, il lui a fallu soutenir une lutte obstinée et incessante pour l'existence : si l'homme en est sorti victorieux, c'est que la masse de son cerveau et la somme de son intelligence sont plus grandes que celles qui échurent en partage au reste du monde animal.

D'ailleurs, cette somme d'intelligence était relativement petite. Cela ressort évidemment de la conformation des crânes de cette période qui nous sont connus et qui, pour le moment, se réduisent à deux fragments incomplets, le crâne du Neander et celui d'Engis. Examinons ces deux crânes.

Le crâne d'Engis, dont, grâce à l'obligeance du professeur Spring de Liège, le musée de Genève possède un beau moule en plâtre, est plus complet que celui de Neander. Le côté droit du crâne d'Engis, en effet, nous offre, outre le frontal et le pariétal, la plus grande partie de l'occipital, l'apophyse mastoïde avec l'orifice externe de l'oreille, tandis que la calotte supérieure du crâne de Neander existe seule. L'écaille du temporal, l'ensemble des os de la face

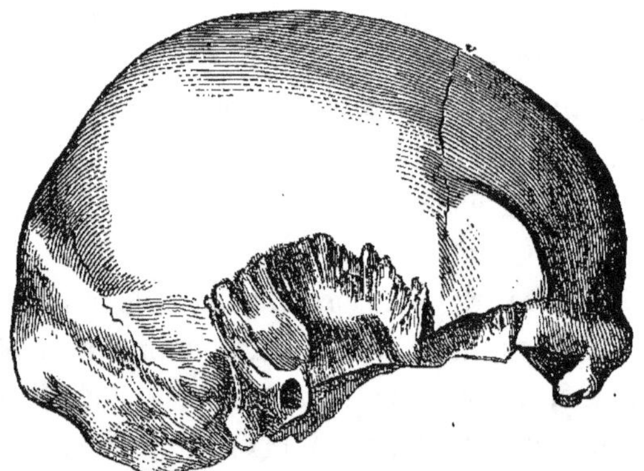

Fig. 95. — Crâne d'Engis d'après un moule ; vu de profil.

sans exception, et tous les os de la base du crâne font complétement défaut dans le crâne d'Engis. C'est là, sans doute, une grande lacune, qui rend impossible l'étude d'une foule de points très-essentiels pour la détermination exacte de la conformation du crâne. Il est, en effet, impossible de déterminer si ce crâne était prognathe ou orthognathe, bien que, selon toute apparence, il ait dû appartenir à la première catégorie. On ne peut non plus se rendre compte de la conformation de la face et encore moins de la valeur si importante des angles qui se mesurent à la base du crâne. Il faut bien entendu nous contenter de ce que nous possédons et étudier ce peu de façon à en tirer toutes les conclusions possibles.

Le crâne d'Engis est un crâne de moyenne grandeur appartenant à une personne âgée, car les sutures commencent çà et là à s'effacer, et la suture coronale surtout est,

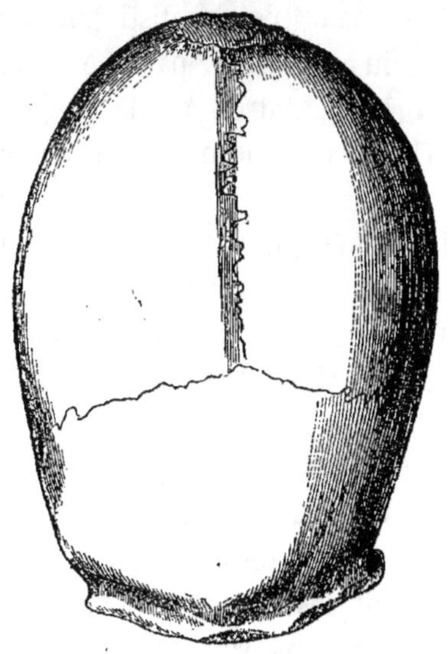

Fig. 96. — Crâne d'Engis, vu d'en haut.

sur certains points, devenue invisible. Le crâne est peut-être celui d'une femme, ce que semble indiquer la moindre épaisseur des os, si on le compare avec le crâne du Néander. Vu d'en haut, le crâne a une forme ovale allongée ; sa plus grande largeur se trouve au tiers postérieur, l'extémité pointue de l'ovale se trouve au front, lequel est un peu tronqué et arrondi. C'est décidement une tête longue, car le rapport de la longueur à la largeur est comme 100 : 70.1, rapport qui, d'après la table de Welcker, se rapproche le plus de celui des Esquimaux, et s'éloigne peu des rapports qui se rencontrent chez le nègre et le nègre australien.

Cette longueur et cette étroitesse du crâne, jointes au peu de hauteur du front et à la forme des orbites qui sont très-écartées, avaient poussé Schmerling à attribuer à ce crâne les caractères éthiopiens ; cette conclusion était d'autant plus plausible qu'à cette époque on n'avait pas encore étudié avec soin les crânes de la race australienne. Cependant, le crâne d'Engis se distingue, au premier coup d'œil, de celui du vrai nègre, par une moindre étroitesse derrière les orbites, endroit où la tête du nègre paraît comme comprimée, par une moindre profondeur des fosses temporales et par la forme de la partie postérieure du crâne qui paraît plus sphérique chez le nègre. Vues d'en haut, les têtes de nègres bien caractérisées paraissent, par suite des deux différences qu'elles présentent avec le crâne d'Engis, beaucoup plus simiennes que ce dernier. « Si on étu- « die ce crâne de face », dit le professeur Huxley, « on ob- « serve que le toit du crâne est régulièrement et élégamment « voûté dans le sens transversal, et que la plus grande lar- « geur se trouve un peu plus au-dessous des protubérances « pariétales qu'au dessus. La partie antérieure de la tête « n'est certainement pas trop étroite relativement au reste « du crâne ; on ne saurait dire non plus que le crâne soit « fuyant. Il offre, au contraire, un profil bien voûté ; « en effet, la distance de la suture nasale à la protubé- « rance occipitale par-dessus la voûte est de 13,75 pouces « anglais. L'arc transversal, d'une oreille à l'autre, par le « milieu de la suture sagittale, mesure 13 pouces. La su- « ture sagittale elle-même a 5,5 pouces de longueur.

« Les arcades sus-orbitaires sont bien développées, mais « pas démesurément, et séparées par une dépression. Leur « élévation principale est si oblique, qu'elle doit, à ce que « je crois, être attribuée à la présence de grands sinus « frontaux.

« Si on tire une ligne horizontale qui joigne la glabelle
« à la protubérance occipitale, aucune partie de la région
« occipitale ne se projette de plus d'un dixième de pouce,
« et le bord supérieur du trou auditif est presque en con-
« tact avec une ligne menée parallèlement avec elle sur la
« face externe du crâne. Une ligne transversale, menée d'un
« orifice auditif à l'autre, traverse comme d'habitude la
« partie antérieure du trou occipital. La capacité interne
« de ce crâne incomplet n'a pu être déterminée. »

J'ajouterai que si on prend comme ligne horizontale la
ligne menée de la glabelle à la protubérance occipitale, le
crâne est voûté de façon que sa plus grande hauteur tombe
derrière une verticale, menée sur l'horizontale par le trou
auditif et que la moindre courbure de l'occiput, ainsi que
la situation profonde de la protubérance, constitue aussi
un caractère important. Si ce crâne n'offre rien de précisément remarquable pour un crâne d'homme civilisé, il
est, au contraire, assez remarquable par le faible développement de ses lignes musculaires et de ses arêtes si l'on suppose qu'il appartient à un sauvage, surtout si on le compare
au crâne de Neander. Du reste, je partage absolument l'avis
de Huxley qui dit : « Je dois avouer que je ne trouve dans
« les restes du crâne d'Engis aucun caractère qui, appar-
« tînt-il à un crâne actuel, pût me fournir un guide pour
« déterminer la race à laquelle il pourrait appartenir.
« Ce crâne, par ses contours et ses mesures, se rapproche
« de différents crânes australiens que j'ai pu examiner, et il
« offre surtout cette tendance à l'aplatissement occipital
« que j'ai déjà fait remarquer sur plusieurs crânes austra-
« liens. Mais tous ne présentent pas cet aplatissement, et les
« arcades sus-orbitaires du crâne d'Engis ne ressemblent
« nullement à celles du type australien. Les mesures
« d'autre part concordent assez bien avec celles de quel-
« ques européens. » (Les tables de Welcker ne com-

portent pas un seul crâne européen qu'on puisse comparer au crâne d'Engis quant au rapport de la longueur à la largeur.) « Il n'y a certainement aucune trace de dé-« gradation dans aucune de ses parties. C'est, en somme, « un beau crâne humain moyen, qui aurait aussi bien pu « appartenir à un philosophe qu'il aurait pu, d'autre part, « loger le cerveau enfantin d'un sauvage.

Les matériaux qui sont à ma disposition ne me permettent pas d'adopter sans réserve ces réflexions de Huxley. La longueur excessive du crâne, son étroitesse et son peu de hauteur, impliquent une capacité cérébrale relativement faible. Le rapprochement des protubérances frontales fait, il est vrai, paraître le front bombé, mais, depuis les protubérances frontales jusqu'au point le plus élevé et très-reculé du vertex, la courbure est aplatie, et les lobes antérieurs du cerveau devaient certainement n'être que peu développés. Ces détails se rattachent du reste, en grande partie, au développement individuel de la masse cérébrale. Les caractères les plus importants pour l'appréciation de la race résident dans les rapports de la longueur à la largeur ; à ce point de vue, le crâne d'Engis est un des plus défavorablement, des plus animalement conformés, un des crânes les plus simiens que l'on connaisse. La liste de Welcker contient, en petit nombre du reste, quelques crânes allongés, exceptionnels, provenant de nations européennes actuelles, ayant, selon toute probabilité, appartenu à des femmes, et se rapprochant du crâne d'Engis, et même le surpassant sous ce rapport. Ce sont un crâne français, deux crânes finnois, et un crâne hollandais. Seulement ces crânes sont séparés de leurs voisins par un grand intervalle, ce qui montre qu'ils constituent des exceptions anormales dans la masse. D'ailleurs, il est un fait assez extraordinaire, c'est que les crânes hollandais les plus anciens sont plus dolichocéphales que ceux des autres nations européennes, et notamment que ceux des peuples germaniques, indice du mélange de ces races anciennes à la forme crânienne typique avec des peuples habitant actuellement les mêmes localités.

S'il faut émettre une opinion, qui ne peut à la vérité reposer sur de nombreuses observations, le crâne d'Engis paraît occuper le milieu entre l'Australien et l'Esquimau. Le crâne d'Engis se rapproche du crâne esquimau en ce qu'il a les os relativement minces, les arcades sourcilières peu développées; il s'en rapproche encore par la hauteur du profil postérieur et par les rapports des diamètres. Il se rapproche du crâne australien par la forme ovale, par la rondeur de la ligne pariétale, par le front aplati, et, surtout, par le contour supérieur. Je ne connais aucune forme actuelle de crâne qui concorde complétement avec celle du crâne d'Engis ; mais j'ai rencontré en Suisse, à Bienne, à Grangé et à Soleure, des crânes datant probablement des premiers temps du christianisme (ve et vie siècles) dont les formes se rapprochent beaucoup de celles du crâne d'Engis et qui concordent assez bien avec lui par toutes les mesures principales.

Le crâne de Neander, dont le professeur Fuhlrott a bien voulu envoyer au musée de Genève un moule intérieur et un moule extérieur, bien que différent à quelques égards, se rapproche assez, sous d'autres rapports, du crâne d'Engis. Le professeur Schaaffhausen qui, le premier, a étudié ce crâne avec soin, s'exprime en ces termes : « La « calotte crânienne a une grosseur extraordinaire; elle « affecte une forme elliptique allongée. La particularité « qui frappe le plus est le développement extraordinaire « des sinus frontaux; en conséquence, les arcades sourci- « lières, qui se réunissent vers le milieu, forment une telle « saillie, que le frontal présente au-dessus, ou plutôt der- « rière elles, une dépression considérable; on remarque

« pour la même raison un enfoncement profond à la racine
« du nez. Le front est petit et aplati, la partie moyenne
« et la partie postérieure du crâne sont cependant bien
« développées. La ligne semi-circulaire qui indique l'at-
« tache supérieure du muscle temporal n'est pas très-dé-
« veloppée, mais se prolonge jusqu'au dessus de la moitié
« de la ligne pariétale. Sur le bord orbital droit se trouve
« un sillon oblique qui dénote une lésion pendant la vie, et
« sur l'os pariétal droit une excavation de la grosseur d'un

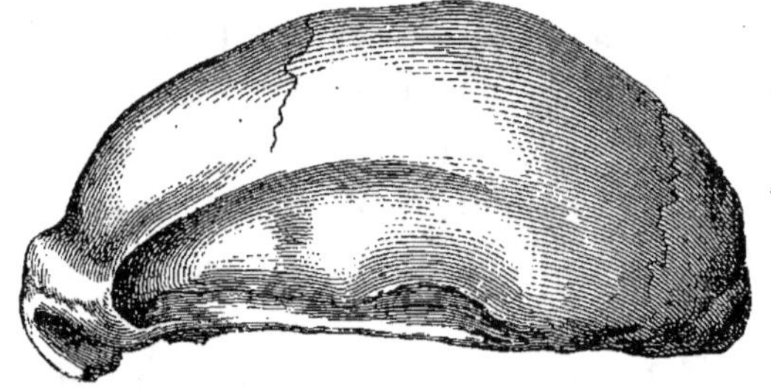

Fig. 97. — Crâne de Neander, vu de profil, d'après un moule en plâtre.

« pois. Les sutures coronale et sagittale ont presque en-
« tièrement disparu sur la face interne du crâne, mais pas
« la suture lambdoïde ; la suture frontale ne se trahit ex-
« térieurement que par une petite élévation et forme un
« léger bourrelet au point où elle se réunit à la suture
« coronale. La suture sagittale est un peu déprimée et les
« pariétaux sont enfoncés sur la pointe de l'écaille de l'oc-
« ciput. Quant au développement remarquable des sinus
« frontaux dans ce crâne singulier de Neander, il n'y a au-
« cune raison d'y voir une particularité individuelle ou pa-
« thologique ; elle constitue incontestablement un type de
« race, et concorde physiologiquement avec la grandeur
« des os du squelette, qui dépassent d'un tiers environ la
« mesure ordinaire. Cette extension des sinus frontaux,
« qui sont en rapport avec les voies respiratoires, dénote

« une force peu ordinaire et une grande puissance de
« résistance, ce qu'indique aussi d'ailleurs le développe-
« ment des lignes et des crêtes servant aux attaches muscu-
« laires. Beaucoup d'autres observations nous autorisent
« à conclure que le développement considérable des
« sinus frontaux, occasionnant ainsi une forte proéminence
« de la partie frontale inférieure, a une semblable si-

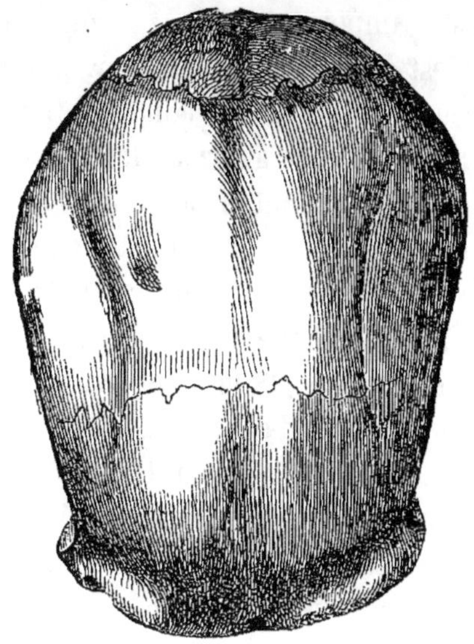

Fig. 98. — Crâne de Neander, vu d'en haut.

« gnification. C'est là, en effet, ce qui distingue le cheval sau-
« vage du cheval domestique d'après Pallas ; l'ours des ca-
« vernes de l'ours actuel, d'après Cuvier ; le porc, redevenu
« sauvage et semblable au sanglier en Amérique, du porc
« domestique, d'après Roulin ; le chamois de la chèvre, et
« enfin le boule-dogue, si remarquable par la puissance
« de sa conformation osseuse et musculaire, des autres
« chiens. La détermination de l'angle facial du crâne en
« question (détermination déjà très-difficile, d'après Owen,
« chez les grands singes, à cause de la forte saillie de leurs
« arcades sus-orbitaire) est rendue encore plus difficile par

« le manque tant du trou auditif que de l'épine nasale ; si
« on utilise la partie orbitaire supérieure, en partie con-
« servée pour placer le crâne dans une position convenable
« par rapport à l'horizontale, et si on place la ligne mon-
« tante contre la face frontale derrière le bourrelet des
« arcades sus orbitaires, l'angle facial ne donne que 56°.
« Malheureusement aucun des os de la face, dont la con-
« formation est si importante pour la forme et l'expression
« de la tête, n'est conservé. La cavité crânienne, eu égard
« à la force peu commune de la conformation corporelle,
« ne permet de conclure qu'à une faible capacité cérébrale.
« La calotte contient 31 onces de millet ; si l'on ajoute
« environ 6 onces pour la capacité de la base du crâne
« qui a disparu, on obtiendrait une capacité totale de 37
« onces. Tiedemann indique comme capacité cérébrale du
« crâne du nègre 40 onces, 38 onces, et 35 onces de millet, ou
« un peu plus de 36 onces d'eau, représentant un volume de
« 1033,24 centimètres cubes d'eau. Huschke indique pour
« un crâne de négresse un volume de 1127 centimètres
« cubes, pour celui d'un vieux nègre 1126 centimètres
« cubes. Le volume d'un crâne malais mesuré avec de
« l'eau a donné de 36 à 33 onces ; celui d'un hindou de
« petite dimension est tombé à 27 onces.

Je dois à l'obligeance du professeur Fuhlrott, de Dus-
seldorf, le moule en plâtre de la cavité interne du crâne de
Neander ; j'ai fait graver d'après ce moule deux figures réduites au tiers que l'on trouvera ci-après. Quelques circonvolutions principales de la surface cérébrale, ainsi que
le trajet des vaisseaux et les glandes de Pacchioni, sont im-
primés sur la face interne du crâne et permettent au moins
quelques comparaisons.

Si on compare le profil ci-dessous avec la figure 97,
page 395, représentant la face externe du crâne réduite aux
mêmes dimensions, ou que l'on compare le dessin du

moulé vu d'en haut avec la figure 98, on est frappé tout
d'abord de la différence produite par l'énorme épaisseur
des os du crâne. Le professeur Schaaffhausen, de Bonn,
qui a fait exécuter le moule et qui a pu le comparer avec
celui d'un nègre australien, dit à ce sujet dans les mémoires de la Société rhénane d'histoire : « Le moule in-

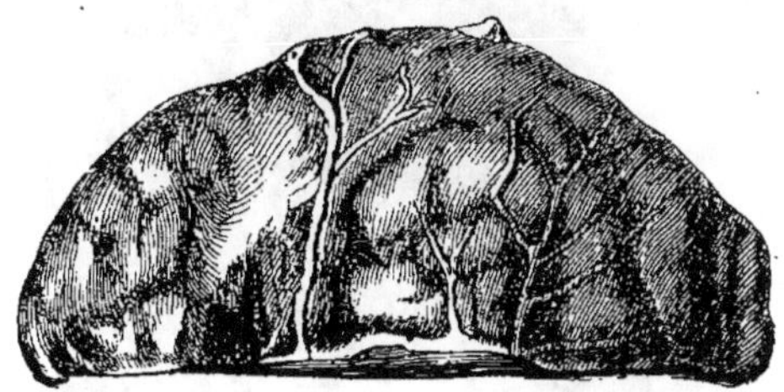

Fig. — 99. Crâne de Neander, moule cérébral vu de profil.

« terne ainsi obtenu indique, sous le rapport du faible dé-
« veloppement du cerveau, la plus grande analogie avec
« celui d'un Australien auquel il a été comparé. Les rap-
« ports de grandeur du premier sont même quelque peu
« plus favorables que ceux du dernier. La différence de la
« forme crânienne se retrouve aussi dans la forme du
« cerveau. La longueur des hémisphères cérébraux du
« crâne de Neander est de 173 millimètres, la largeur des
« lobes antérieurs est de 112 millimètres, la plus grande
« largeur du cerveau est de 136 millimètres, sa plus
« grande hauteur au-dessus d'une ligne qui réunit les
« points extrêmes des lobes antérieurs et postérieurs de
« 67 millimètres. Ces mesures sont pour le cerveau du
« nègre australien : 164, 100, 125, 77 millimètres. Lucae
« a fait remarquer que bien que le cerveau de l'Européen
« soit en moyenne d'environ 300 grammes plus pesant que
« celui de l'Australien, il ne dépasse guère celui-ci
« ni par la longueur ni par la hauteur, mais seulement
« par la largeur. Il est à remarquer que cette différence

« typique des races a existé jusque dans les temps les
« plus reculés, puisqu'il y a eu dans nos régions des
« hommes doués à peu près d'un développement intellec-
« tuel égal à celui des sauvages australiens actuels. »

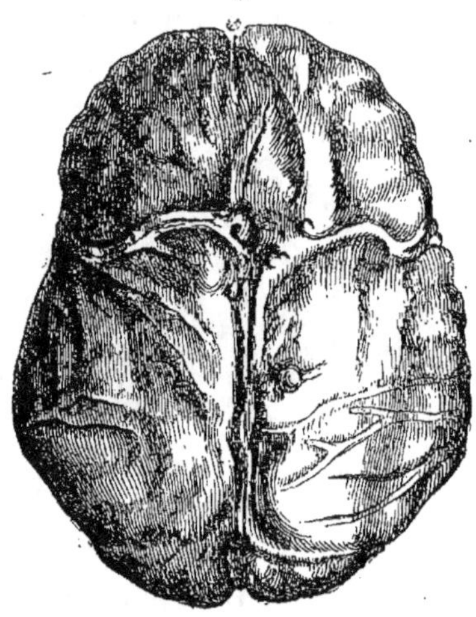

Fig. 100. — Moule interne ; vu d'en haut.

J'ai eu l'occasion de faire exécuter le moule d'une calotte crânienne conservée au musée de Berne, et figurée
(voir fig. 116) sous le nom de tête d'Apôtre trouvée en
Suisse, moule que je tiens à la disposition des observateurs.
Les hémisphères de ce moule ont 180 millimètres de
longueur ; largeur des lobes antérieurs, 110 millimètres ;
largeur maxima du cerveau, 127 millimètres ; la plus grande
hauteur, difficile à mesurer exactement à cause du développement des glandes de Pacchioni, environ 63 millimètres.
Réduisant ces chiffres de façon à prendre 100 pour la plus
grande longueur, nous obtenons les chiffres proportionnels
et comparables suivants :

MOULES.	LONGUEUR.	LARGEUR des lobes antérieurs.	LARGEUR maxima.	HAUTEUR.
Néanderthal......	100	64.7	78.6	38.9
Australien.......	100	60.9	76.2	46
Apôtre	100	61.1	70.5	35

Je ne sais si on doit considérer ces chiffres comme les mesures réelles du développement cérébral ; s'il en était ainsi, le crâne de Néander serait encore, sous ce rapport, supérieur à celui de l'Australien et à celui de l'Apôtre ; — tandis que, si l'on en juge par la conformation générale, du moins en ce qui concerne les crânes de Neander et de l'Apôtre, le contraire serait le cas.

Il semble, en effet, si l'on étudie de profil le moule du crâne de Néander, que les lobes frontaux sont extraordinairement petits et séparés des plis verticaux, par un profond sillon sur lequel la grosse artère de la dure-mère se dresse presque perpendiculairement. Les circonvolutions qui se sont imprimées dans le crâne sont relativement larges et épaisses, — semblables à celles de la Vénus hottentote, tandis que les plis qui donnent principalement la mesure de la richesse d'ensemble des circonvolutions du cerveau sont plus nombreux dans la tête de l'Apôtre et paraissent plus plissés et plus fins sur la surface des lobes frontaux, de telle sorte qu'ils ont produit sur le moule une espèce d'ondulation vague. Nous remarquons un fait analogue dans les lobes temporaux inférieurs, où on constate, aussi distinctement que chez l'orang et chez la Vénus hottentote, au moins deux étages de plis. Un fait non moins remarquable est la séparation évidente du lobe occipital qui est cependant pourvu de quelques circonvolutions grossières ; — cette séparation est si considérable qu'on pourrait presque croire que la scissure occipitale transversale a été aussi développée que chez les singes. Si l'on examine le moule d'en haut, cette séparation apparaît distinctement. Sur la pointe du lobe occipital droit, comme Schaffhausen le fait remarquer avec raison malgré l'assertion de Huxley, le sinus veineux latéral serpente en montant verticalement. L'ensemble est donc celui d'un cerveau très-inférieur, indiquant une intelligence peu développée et ayant de fortes tendances vers l'état simien.

« De quelque façon que l'on considère ce crâne, » dit
« Huxley, « son aplatissement supérieur, l'épaisseur de ses
« arcades sourciliaires, son occiput incliné, sa suture écail-
« leuse longue et droite, tout indique des caractères
« simiens qui en font le crâne de beaucoup le plus sem-
« blable au singe, qui soit actuellement connu. Toutefois,
« comme le professeur Schaffhausen évalue la capacité
« de la partie conservée à 1033,24 centimètres cubes, ce
« qui fait environ 63 pouces cubes anglais, et qu'il convient
« d'ajouter au moins 12 pouces cubes de plus pour le crâne
« entier, on obtient un total de 75 pouces cubes, ce qui,
« d'après Morton, correspond à la capacité moyenne du
« crâne des Polynésiens et des Hottentots.

« Un pareille masse cérébrale prouve déjà que les ten-
« dances simiennes qu'offre le crâne ne pénètrent pas pro-
« fondément dans l'organisation, hypothèse que confir-
« ment d'ailleurs les mesures des os du squelette fournies
« par le professeur Schaffhausen, mesures d'après lesquelles
« la grosseur et les proportions relatives des membres
« sont celles d'un Européen de moyenne taille. Les os sont
« plus durs, mais on retrouve cette dureté et ce développe-
« ment considérable des arêtes musculaires chez les sau-
« vages. Les Patagons exposés à un climat qui, selon toute
« apparence, est analogue à celui de l'Europe au temps
« où vivait l'homme de Néander, se distinguent aussi par la
« dureté remarquable des os de leurs membres.

« Les os de l'homme de Néander ne peuvent, en aucune
« façon, être considérés comme les restes d'un être inter-
« médiaire entre l'homme et le singe. Ils prouvent l'exis-
« tence d'un homme, mais on peut dire que son crâne fait
« retour en quelque sorte vers le type simien, comme un
« pigeon paon, ou un pigeon culbutant, reprend parfois le

« plumage de sa race originelle, le ramier. Si, en effet, le
« crâne de l'homme du Néander est le plus simien de tous
« ceux que nous connaissons, il n'est pourtant pas aussi
« isolé qu'on aurait pu le penser d'abord ; il forme tout
« simplement le point extrême d'une série qui conduit gra-
« duellement au crâne humain le plus élevé et le mieux
« développé. D'une part, il se rapproche beaucoup du crâne
« australien aplati dont j'ai déjà parlé, tandis que d'autres
« formes australiennes conduisent vers des crânes qui
« correspondent davantage au crâne d'Engis. D'autre part,
« il se rapproche encore davantage des crânes de certains
« peuples antiques qui habitaient le Danemark pendant
« l'âge de la pierre, et cet homme a été probablement le
« contemporain, des Danois qui ont accumulé les dé-
« bris de cuisine connus sous le nom de Kjökkenmöd-
« dinger, peut-être même est-il un peu plus ancien.

« Le contour du crâne de Neander offre une ressemblance
« frappante avec celui de quelques crânes trouvés dans les
« anciens tombeaux de Borreby, crânes que M. Busk a des-
« sinés avec beaucoup de soin. L'occiput est aussi aplati,
« les arcades sus-orbitaires aussi saillantes, le crâne aussi
« déprimé. Le crâne de Borreby plus encore que celui de
« l'Australien ressemble à celui de Neander par la fuite
« considérable de la partie antérieure de la tête. D'autre
« part, les crânes de Borreby sont quelquefois plus larges
« relativement à la longueur, puisque quelques-uns attei-
« gnent le rapport de 80 à 100 qui caractérise les têtes
« courtes. »

Je ne puis que m'associer complétement à ces remarques
et j'ai bien peu de chose à ajouter. Le crâne le moins développé de Borreby, dont je donne ici le dessin d'après
M. Busk, est très-supérieur au crâne du Neanderthal par la
courbure médiane de la tête, et s'en éloigne surtout par la
conformation de l'occiput, et par sa plus grande largeur

totale, qui est telle qu'il appartient tout à fait aux brachycéphales. Ce n'est donc que dans l'aplatissement du front
et la saillie des arcades sourcilières qu'on peut trouver une

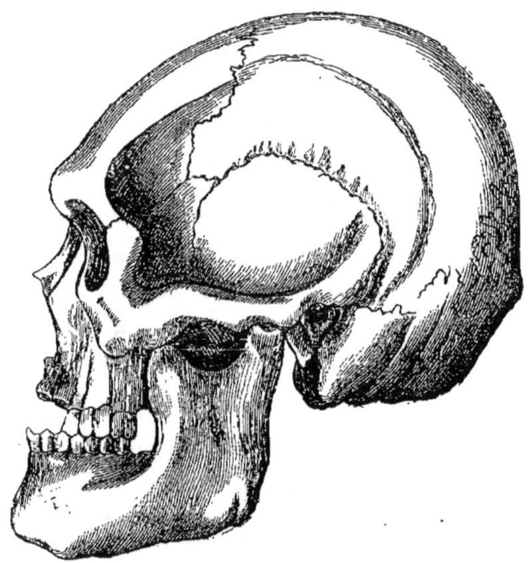

Fig. 101. — Crâne trouvé à Borreby dans un tombeau de l'âge de la pierre ?
Danemark.

analogie éloignée entre les deux types. Abstraction faite de
la grosseur, la partie antérieure de la tête de Neander est
celle d'un idiot ou d'un microcéphale et, jusqu'à l'occiput,
qui présente d'autres proportions, le profil de l'idiot qu'Owen
a figuré pour le comparer à celui du chimpanzé (fig. 49
p. 191) et celui de Neander, concordent complètement. Un
homme de race blanche dont le cerveau n'aurait qu'un poids
égal à celui de la Vénus hottentote serait certainement un
idiot, comme le dit fort bien Gratiolet ; de même, un homme
blanc ayant un crâne analogue à celui de Neander ne serait
qu'un idiot au milieu de sa race si richement douée.

Mais, à part la hauteur du crâne, le développement du
front, de la partie antérieure et des arcades sus-orbitaires,

je me vois forcé de trouver entre le crâne de Neander et celui d'Engis une analogie extraordinaire, qui frappe surtout lorsqu'on les examine d'en haut. Le crâne d'Engis est un peu plus étroit, le rapport de la longueur à la largeur étant comme 10 : 7 ; chez le crâne de Neander ce rapport est comme 100 : 82 ; mais autrement ce sont les mêmes lignes, la même forme générale. Si je considère maintenant que le crâne féminin est en moyenne plus petit que le crâne masculin, qu'il est plus étroit et plus long, que le toit a une prédominance marquée sur la base, que les os sont plus minces, et que les attaches musculaires, ainsi que les arcades sourcilières, sont toujours moins développées ; — si je considère, de plus, la contemporanéité de l'apparition dans la même région et les fluctuations que présente la race la plus rapprochée, celle des nègres australiens, quant au développement des arcades sourcilières, du front et de la hauteur du crâne, j'en arrive à la conclusion, un peu hasardée peutêtre, que les deux crânes proviennent d'une seule et même race antique, et que le crâne de Neander a dû appartenir à un homme fort et musculeux mais stupide ; celui d'Engis, par contre, à une femme intelligente.

Mais à qui ressemblait le plus cette race primitive habitant l'Europe ? Au type australien, le plus repoussant de tous ceux qu'on puisse rencontrer parmi les sauvages vivant actuellement.

O Adam ! ô Ève !

ONZIÈME LEÇON

MESSIEURS,

Il ressort des recherches auxquelles nous venons de nous livrer relativement à l'apparition du genre humain à la surface de la terre, qu'il est impossible d'évaluer ou d'exprimer, en se servant des désignations chronologiques usuelles d'années ou de siècles, la période géologique pendant laquelle ce phénomène s'est produit. En ce qui concerne l'époque géologique, il est évident qu'il s'agit de la plus récente, de la dernière, qui paraît s'être continuée sans interruption jusqu'à nos jours ; mais aucun des faits que nous avons étudiés jusqu'à présent n'a pu nous fournir le moindre indice qui nous permette de déterminer en années, en siècles ou en milliers d'années, l'époque à laquelle peuvent remonter les ossements humains les plus anciens. Nous devons nous borner à dire, en attendant, que ces ossements sont très-anciens, et remontent, en tout cas, bien au delà de ces temps qu'assignent, non-seulement à la durée du genre humain, mais à

celle de la terre elle-même, les mythes et les légendes. Plus
tard, quand nous aurons occasion de parler de restes bien
plus récents, nous verrons quels efforts on a faits pour déterminer chronologiquement l'âge de plusieurs objets, en
calculant le temps qu'il a fallu aux couches qui les recouvrent pour s'accumuler. Aujourd'hui, nous ne nous
occuperons que de l'époque géologique pendant laquelle
l'homme est apparu pour la première fois.

Il fut un temps où l'on croyait que l'histoire de la terre
se composait d'une série de quelques périodes indépendantes les unes des autres, séparées par de violentes révolutions. On supposait, pendant chaque période de tranquillité, l'apparition d'une création nouvelle qui se pro-
pageait, laissait ses restes dans les couches qui s'accumu-
laient sans cesse, jusqu'à ce que l'écorce terrestre se brisant subitement et se soulevant dans certaines directions en
vastes chaînes de montagnes, de grandes étendues de terre
étaient immergées, tandis que, d'autre part, certaines
parties émergeaient du fond de la mer. Après chacune de
ces révolutions, pendant lesquelles disparaissait tout ce
qui était vivant à la surface du globe, une nouvelle création, œuvre d'un créateur personnel, telle était l'opinion
générale, faisait surgir, d'après un plan déterminé d'a-
vance, des formes nouvelles se rapprochant toujours de
la perfection. Je dois avouer que la simplicité, la clarté,
et, si je puis m'exprimer ainsi, la précision mathématique
de cette théorie, défendue par des esprits distingués, m'a-
vaient moi-même complétement ébloui dans mes jeunes
années; à part, il est vrai, le créateur personnel, que je
n'ai jamais pu mettre d'accord avec les règles d'une saine
logique. Du reste, si ce créateur personnel, comme le dit
Rolle, est précisément la clef de voûte du système, il se
peut que mon défaut de croyance ait facilité chez moi l'é-
croulement de l'édifice tout entier.

A force de retourner ces questions, sous leurs différents aspects, et d'étudier les faits sur lesquels reposent les diverses parties de la théorie, je suis arrivé, avec la plupart des contemporains, à la conviction qu'il n'y a point eu dans l'histoire de la terre de ces périodes distinctes, mais seulement un développement graduel pendant lequel il a pu survenir, çà et là, des ébranlements locaux n'intéressant en définitive que quelques parties peu étendues de la surface terrestre, et ne s'étendant en aucune façon d'une manière assez générale sur celle-ci, pour la ravager et anéantir partout la vie. Les diverses espèces d'êtres vivants, plantes et animaux, ne se sont point brusquement éteintes, afin d'être, pour ainsi dire, allumées à nouveau après le passage de l'ouragan. Il disparaît constamment des espèces du catalogue des vivants, et il en apparaît de nouvelles ; l'aspect des restes de la création vivante contenus dans les diverses couches se modifie insensiblement, de même que cette création se modifie sous nos yeux par degrés insensibles. Au lieu de révolutions brusques, je ne vois au contraire que des intervalles longs presque infinis, pendant lesquels les actions de forces, en apparence insignifiantes, s'exerçant dans la plus petite mesure possible, vont toujours s'accumulant et finissent par se manifester subitement avec une grande puissance. Je n'ai pas l'intention d'entrer dans de plus amples détails sur ce point, cela nous conduirait trop loin, mais je devais cependant ajouter quelques mots pour écarter d'avance tout malentendu.

A la fin de l'époque tertiairē, période finale que nous ne limitons pas par un trait net et défini, mais que nous considérons comme une longue période de transition conduisant jusqu'à l'état actuel, l'Europe centrale possédait sans aucun doute un climat plus chaud que le climat dont elle jouit actuellement, climat qui, comme nous le savons, est assez exceptionnel si nous le comparons à celui du reste de la terre. Pendant l'époque tertiaire moyenne, les palmiers habitaient la Suisse, et des pins de Californie à troncs immenses habitaient l'Irlande ; à la fin de la même époque on remarque une quantité de plantes toujours vertes indiquant pour la Suisse une température au moins analogue à celle de l'Italie septentrionale jusqu'aux bords de la Méditerranée. Ni plantes ni animaux ne laissent présumer des conditions climatériques qui pussent être contraires à la vie de l'homme. De même que l'homme habite aujourd'hui les mêmes pays que les singes, les hippopotames et les rhinocéros, de même il devait pouvoir vivre à l'époque tertiaire avec les mêmes animaux et la flore correspondante ; nous n'excluons donc en aucune façon la possibilité qu'on puisse découvrir dans les couches tertiaires des ossements humains ; mais comme, jusqu'à présent, il n'existe aucun fait bien constaté de cette nature, nous pouvons affirmer, conformément aux observations, que l'homme est apparu en Europe après l'époque tertiaire et, dans l'Amérique du Nord, pendant la période quaternaire, post-pliocène ou diluvienne.

Il existe des preuves certaines qu'un refroidissement notable s'est produit dans notre hémisphère pendant cette dernière période, à tel point qu'à un certain moment toute la Suisse, la Scandinavie, la haute Écosse et une grande partie de l'Amérique septentrionale devaient être recouvertes de glaces. Or, on peut se poser cette question : l'homme a–t-il apparu en France, en Belgique et en Angleterre, avant ou après cette époque glaciaire? Cette question a d'autant plus d'intérêt que, dans le cas même où l'homme aurait apparu avant l'époque glaciaire, il lui aurait été probablement impossible de continuer à habiter les régions indiquées pendant la durée de cette période. Examinons maintenant, sans nous préoccuper de l'homme lui–même, les circonstances géologiques.

On rencontre partout, dans la Scandinavie, dans l'Amérique du Nord, en Angleterre, ainsi que dans le voisinage des Alpes, une formation qu'on désigne ordinairement sous le nom de boue glaciaire ou d'argile à blocs(*Boulder-clay* des Anglais). Parfois la marne, parfois l'argile plastique domine dans cette formation qui est utilisée dans tous les pays pour la confection des briques, et qui s'étend sur le sol par couches ayant une épaisseur variable. Elle recouvre les plateformes, elle garnit les pentes des anciennes vallées, c'est elle qui souvent retient les fleuves dans leurs lits, et les empêche de les creuser davantage ; dans le Nord, elle renferme le plus souvent de gros blocs erratiques, anguleux ; dans le voisinage des Alpes et des montagnes scandinaves, au contraire, elle contient des cailloux arrondis, striés et cannelés, nommés *cailloux roulés*. Là où elle repose sur des rochers solides, ceux-ci sont polis, lissés, cannelés et striés, comme il arrive ordinairement aux rochers sur lesquels un glacier a passé. L'unanimité la plus complète règne parmi les géologues quant à la provenance de cette formation : c'est l'argile ou boue glaciaire produite par le frottement des masses de glace contre le sol, détachant et broyant celui-ci, tandis que les cailloux libres contenus dans cette boue étaient roulés et striés par le mouvement de toute la masse. Là où on ne rencontre que ces cailloux roulés, on se trouve en présence de la base du glacier, la *moraine* dite *de fond*. Les blocs erratiques, au contraire, indiquent qu'il y a eu un mélange de moraines *terminales* et *de fond*, ou que les blocs ont été flottés par des glaçons, et déposés dans la couche par la fonte de ceux-ci.

Considérons provisoirement cette formation comme point de départ fixe. Nous remarquons tout d'abord que, jusqu'à présent, on connaît avec certitude fort peu de dépôts terrestres ou fluviatiles intercalés entre cette formation et l'époque tertiaire. L'état de certaines couches tertiaires connues en Angleterre sous le nom de *crags* paraît prouver que l'époque tertiaire ne s'est pas terminée brusquement par la période glaciaire, mais que le froid est arrivé graduellement. On a trouvé sur la côte de Norfolk, près de Cromor, certaines couches placées très-évidemment au-dessous de l'argile glaciaire, et qui cependant se distinguent par tous leurs caractères des terrains tertiaires. On y remarque une forêt submergée visible aux basses eaux; les souches brisées sont encore enracinées dans les sol primitif; l'argile dans laquelle sont enfouis les troncs des arbres est noire et chargée de matières végétales. Le pin, le sapin, l'if, l'aune, le chêne et le prunellier croissaient là dans un terrain marécageux dans lequel on a trouvé le trèfle d'eau, le nénufar blanc et rose, l'hydrocharis, et quelques autres plantes aquatiques de notre flore actuelle. On y a trouvé, en outre, les ossements de trois espèces d'éléphants, parmi lesquelles le mammouth; d'un rhinocéros et d'un hippopotame, d'un grand castor éteint, du cheval, du bœuf, du chevreuil, du castor ordinaire et du rat d'eau, du morse, du narval et d'une grande baleine, dont le cadavre paraît avoir échoué en cet endroit.

Il n'y a donc pas à séparer cette formation d'eau douce, dont les insectes et les coquilles appartiennent aux espèces actuellement vivantes, des autres formations diluviennes, d'autant qu'elle renferme avec des espèces éteintes beaucoup d'espèces vivantes, et qu'en tout cas les plantes sont les mêmes que celles qu'on trouve dans les dépôts plus récents qui recouvrent la boue glaciaire. L'extension des glaciers n'indique donc pas, comme on a si souvent été disposé à le croire, une nouvelle époque, un nouveau chapitre de l'histoire de la terre; les glaciers n'ont pas modifié l'aspect de celle-ci, non plus que la faune ni la flore des régions qu'ils ont envahies, autrement qu'en supprimant momentanément cette faune et cette flore pendant leur présence. Après la retraite des glaciers et des mers glaciales dans leurs limites septentrionales actuelles, les choses ont repris leur état antérieur, faune et flore sont revenues à leur point de départ, à l'exception toutefois des espèces éteintes qui n'ont pu revenir à la vie. Nous ne prétendons certes pas affirmer qu'après la retraite des glaciers il n'ait apparu aucune espèce nouvelle. Desor a déjà prouvé le peu de fondement de cette assertion ; car, si nous admettons l'évolution des espèces, il ne faut pas méconnaître que les mêmes procédés de transformation peuvent agir aujourd'hui comme ils ont agi autrefois.

Examinons plus en détail les différents dépôts qui se sont accumulés dans chaque pays depuis le commencement de la période glaciaire. Commençons par la Suisse, où l'on a d'abord étudié ces phénomènes dans leurs rapports avec les glaciers, ce qui a permis de remonter à l'origine de ces phénomènes, car on a pu les comparer à ceux qui se passent actuellement tous les jours dans les Alpes. La boue glaciaire consiste ordinairement en une argile plus ou moins grise ou bleue, sans traces de stratification, laquelle, sur presque tout le plateau suisse, contient des cailloux arrondis, roulés et striés. Cette formation a évidemment des rapports intimes avec les blocs erratiques à angles vifs, répandus partout sur les versants du Jura tournés vers les Alpes ; ces blocs atteignent leur plus grande hauteur à Chasseron, dans le Jura vaudois, où ils sont situés à 1,600 mètres au-dessus du niveau de la mer, ou à 1,000 mètres au-dessus du niveau du lac. On est généralement d'accord pour reconnaître que les glaciers qui ont recouvert autrefois presque toute la plaine suisse ont seuls pu transporter et déposer ces blocs ; les travaux des géologues suisses ont permis de tracer avec assez de certitude les limites de ces anciens glaciers, qui se sont étendus jusque fort loin dans le Jura. Je vous renvoie à cet égard à la belle carte d'Escher de la Linth, qui indique les limites de ces glaciers à l'époque de leur maximum d'extension.

M. Morlot, dont je ne partage pas les conclusions relativement à l'existence de deux époques glaciaires, a cependant fait remarquer avec raison la corrélation qui existe entre la boue glaciaire et les blocs erratiques. En effet, des masses aussi énormes de glace en mouvement ont dû produire à leur face inférieure une quantité considérable de limon ; ce limon prend un développement considérable dans le voisinage des Alpes, près du lac de Genève, par exemple, où il atteint une épaisseur de plus de 40 pieds. Il est évident aussi qu'à l'époque où les masses de glace atteignaient les plus hautes cimes du Jura, aucun bloc erratique n'a pu être déposé dans la plaine, et que les blocs du Jura, situés dans les parties basses, appartiennent déjà à l'époque de la retraite des glaciers ; mais la formation de la boue glaciaire a dû se continuer tant que le glacier était animé d'un mouvement. Il est tout aussi évident qu'à l'époque de ce grand développement glaciaire, un petit nombre seulement de sommets alpestres devaient s'élever au-dessus de la surface de la mer glaciaire suisse ; en conséquence, il ne tombait sur celle-ci qu'un petit nombre de blocs, trop peu abondants pour former ces séries complètes et continues qu'on appelle moraines, comme il s'en produit aujourd'hui dans les glaciers plus abaissés, qui reçoivent les éboulements d'une étendue bien plus considérable de rochers et de sommets.

On remarque, dans plusieurs parties de la Suisse occidentale, des couches importantes de cailloux roulés, de gravier et de sable, parfois cimentées entre elles par des infiltrations de calcaire, formant une sorte de béton ou de nagelfluh, et reposant sur l'argile glaciaire. Les cailloux roulés atteignent souvent une grosseur considérable ; ils sont gros comme une tête d'homme et même davantage. Ils ne portent pas traces de stries ni de cannelures ; ils sont simplement arrondis, toujours très-proprement lavés, et ont été évidemment roulés par l'eau seule. Un des plus beaux exemples de ces gisements s'observe près de Genève, où les hauteurs de Saint-Jean et de Saint-Georges, au travers desquelles le Rhône s'est frayé son chemin, se composent de dépôts de cette nature. Dans le reste de la Suisse, ces dépôts très-fréquents atteignent une très-grande épaisseur. Je reviendrai plus tard sur quelques localités particulières de l'est de la Suisse.

Il est bien évident que ces anciennes couches d'alluvions n'ont pu se former qu'après la retraite des glaciers vers les Alpes. Le mouvement de recul d'un glacier ne peut avoir pour cause que la fonte de sa masse, et le mouvement se produit seulement dans le cas où la fonte, causée par la chaleur, l'emporte sur la poussée qu'exerce la partie postérieure et plus élevée du glacier ; cette fonte produit nécessairement des quantités considérables d'eau ; on comprend donc facilement que le recul d'un glacier colossal doive engendrer de grandes masses d'eau, formant soit des courants puissants qui finissent par se frayer leur chemin, soit de grands lacs temporaires lorsqu'un bras du glacier s'engageant dans une vallée vient s'appuyer contre une paroi de rochers et forme ainsi une digue destinée à disparaître plus tard. On pourrait citer, aujourd'hui encore, beaucoup d'exemples de ce genre dans les Alpes où les glaciers qui débouchent de vallées latérales, s'ouvrant à angle droit sur la vallée principale, forment ainsi une digue derrière laquelle s'arrête l'eau de la vallée principale. Ce recul des glaciers a certainement constitué un phénomène très-complexe, puisque la conformation du sol était déjà à peu près ce qu'elle est aujourd'hui. Nous ne croyons donc pas, comme on l'a affirmé récemment encore,

que, pendant leur plus grand développement, les glaciers
aient pu creuser et excaver la molasse peu résistante des
vallées et des bassins lacustres. Les glaciers ont donc séjourné plus longtemps dans les vallées et les bassins, et
envoyaient des prolongements entre les collines de molasse,
déjà dépouillées de glace. Il faut, en outre, tenir compte
du fait que ce mouvement de recul des glaciers n'a pas dû se
produire d'une manière uniforme. Les alternances d'années
plus froides et plus chaudes et les oscillations de l'extrémité des glaciers, ainsi que les variations de hauteur qui
en résultent, sont des phénomènes ordinaires, et l'histoire
des Alpes pourrait fournir bien des exemples de prairies et
de champs qui ont été tantôt recouverts, tantôt abandonnés
par les glaciers. Il faudra donc encore bien des observations locales précises avant qu'on puisse se faire une idée
complète des conditions dans lesquelles ce mouvement de
recul s'est effectué en Suisse, bien qu'on en connaisse déjà
assez bien les caractères généraux.

Le mouvement de recul a dû certainement s'arrêter pendant un temps plus ou moins long à une certaine distance
des Alpes, et cela surtout dans les grandes vallées, ainsi que
dans les bassins lacustres, dans les profondeurs desquels la
glace a dû se conserver plus longtemps. Dans les environs im-
médiats des lacs de Genève, de Sempach, de Zurich, d'Hall-
wyl, de Greifen et de Pfäffikon ; dans les vallées de l'Aar près
de Berne, de la Reuss près de Bremgarten, de la Limmath
près de Baden, on a démontré l'existence de puissantes
moraines terminales qui confirment suffisamment cette
hypothèse de la conservation des glaciers dans les bassins
lacustres et les vallées les plus profondes.

Morlot fait remarquer avec raison que cette halte dans
le mouvement de recul des glaciers doit avoir duré assez
longtemps, car quelques-unes de ces moraines ont atteint
des proportions gigantesques. Cette halte a dû aussi être

accompagnée des phénomènes qui caractérisent le mouvement de retraite des glaciers. Des glaciers qui poussaient
leurs prolongements au travers de tout le bassin du lac
Léman jusque dans le voisinage de Genève, qui avançaient
dans la vallée de l'Aar jusqu'à Berne, dans la vallée de la
Reuss jusqu'à Mellingen, dans la vallée de la Limmath
jusqu'à Baden, qui remplissaient probablement tout le lac
de Constance, devaient nécessairement fournir des masses
d'eau bien plus considérables que les petits glaciers de
notre époque, qui ne peuvent franchir les limites étroites
des Alpes centrales. Les dépôts de boue glaciaire et de
cailloux roulés devaient, par conséquent, se prolonger bien
en avant de l'extrémité des glaciers et recevoir ultérieurement les blocs erratiques, lesquels descendaient le courant, flottés par des morceaux de glace détachés de l'extrémité du glacier. Escher a démontré l'existence de différents
dépôts de cette nature. Il a prouvé que, dans toute la région
située à l'ouest de Burgdorf, de Wangen, et de Langenthal jusqu'à l'est de Brugg et jusqu'à Eglisau, il existe un
dépôt de cette nature dans lequel s'est produit un mélange
de blocs erratiques flottés provenant de différents bassins,
tandis que là où le transport des blocs a été effectué par
le glacier solide un pareil mélange ne s'est pas produit.
On a démontré aussi dans le voisinage de ces branches de
glaciers, qui se sont perpétuées pendant la période de
recul, l'existence de bassins lacustres formés de la manière
que nous avons indiquée. Les eaux doivent à cette époque,
d'après Morlot, avoir atteint une hauteur de 150 à 180
pieds au-dessus de leur niveau actuel; mais, lorsqu'après
chaque halte le mouvement de recul a recommencé, elles
sont graduellement redescendues à leur dernier niveau, en
formant, chemin faisant, à différentes hauteurs, plusieurs
terrasses au-dessus du niveau actuel. Beaucoup de moraines prouvent que ce mouvement de recul n'a pas eu

lieu sans de nombreux points d'arrêt, auxquels correspondent peut-être les diverses terrasses d'alluvions des
vallées, et chacune de ces haltes peut avoir duré fort longtemps : on remarque, en effet, des moraines d'une grandeur
étonnante, qui ont nécessité un temps très-long pour leur
formation. Du reste, on ne peut contester en aucune façon
que, pendant toute la période de la retraite des glaciers, le
dépôt de boue glaciaire, sur toute l'étendue du terrain
qu'ils venaient d'occuper, ainsi que les accumulations
d'alluvions à cailloux roulés mélangés à de gros blocs
charriés par des glaçons flottants, n'ait dû continuer à se
produire.

Je sais bien qu'en soutenant cette hypothèse je me mets
en opposition avec beaucoup de géologues qui admettent
deux différentes époques glaciaires, entre lesquelles se sont
formées les alluvions anciennes. Morlot, Collomb, et beaucoup d'autres géologues, surtout les Anglais, défendent le
dualisme, tandis que Desor les combat toujours et rompt
de nombreuses lances pour l'unité de l'époque glaciaire.
Les deux partis sont d'accord sur les faits, mais non sur
l'explication qu'il convient de leur donner. Il est incontestable que les anciennes alluvions, partout où elles existent,
reposent sur la boue glaciaire à cailloux polis et striés, et
que, sur ces alluvions, on trouve parfois des blocs erratiques, mélangés quelquefois à de la boue glaciaire et à de
nouvelles alluvions. Toutefois, on n'a démontré nulle part
l'existence de moraines terminales dans les vallées et dans
les bassins lacustres de la plaine suisse, au-dessus des anciennes alluvions; il me paraît donc juste d'admettre que
les blocs qui reposent réellement sur les anciennes alluvions ont été amenés à la place qu'ils occupent non pas directement par les glaciers, mais par des glaces flottantes.
En effet, si les glaciers exercent sur le sol une action aussi
considérable que le prétendent certains géologues — je

crois, d'ailleurs, que les géologues anglais notamment en
ont beaucoup exagéré l'importance, — cette action doit être
d'autant plus puissante que la masse agissante est plus co-
lossale. Un glacier ayant plusieurs milliers de pieds d'é-
paisseur, comme il faut l'admettre pour expliquer la position de quelques blocs erratiques dans le Jura, devait
creuser profondément le sol, tandis que, par contre, l'extrémité d'un glacier ayant à peine cent pieds d'épaisseur, se
mouvant sur un espace restreint, pouvait glisser sur un
sol composé de matériaux arrondis, sans y pénétrer profondément. Charpentier, si je ne me trompe, cite à cet
égard un exemple tiré du Valais; l'extrémité d'un glacier
séjourna pendant plusieurs années sur de la terre végétale;
or, aussitôt après la retraite du glacier, les racines des
plantes vivaces poussèrent comme si elles n'avaient fait
que passer l'hiver et que le glacier n'eût exercé aucune
action sur le sol. Toutefois, il ne faut pas oublier qu'il ne
s'agissait ici que de l'extrémité d'un glacier relativement
très-petit et peu épais. Nous pouvons bien admettre aussi
que, pendant le mouvement de recul, il ait pu se produire en
quelques endroits non-seulement une halte, mais aussi une
poussée en avant; dans ce dernier cas, l'extrémité du glacier a dû s'avancer de nouveau sur les alluvions déjà déposées, et y apporter des blocs erratiques. Il nous est pourtant impossible de croire que les glaciers se soient étendus
une seconde fois sur la plus grande partie de la Suisse, car
alors leur puissance et leur poids auraient nécessairement
fouillé et remanié les anciennes couches d'alluvions et
de cailloux roulés, et les courants d'eau sortant de la base
des glaciers auraient certainement entraîné les graviers et
les sables sous-jacents, en laissant à nu le rocher solide.

Dans l'est de la Suisse, on observe certains phénomènes
particuliers qui sont caractérisés surtout par la présence
de forêts ensevelies dans des tourbières. On trouve, en

effet, dans le voisinage d'Utznach et de Dürnten, sur le lac de Zurich, et de Mörschwyl, sur le lac de Constance, des gisements importants de lignites schisteux qui appartiennent évidemment à l'époque dont nous parlons, et qui doivent leur origine à des tourbières qui ont été recouvertes et comprimées par de puissantes masses d'éboulis. Ces dépôts tourbeux consistent, en grande partie, en mousses, en roseaux, en joncs, sur lesquels ont poussé dans le principe des sapins, plus tard des pins et des bouleaux. Examinons la disposition générale de l'ensemble.

Le fond de la région est formé par la molasse, dont les couches sont passablement redressées. A la surface de ces couches repose un lit assez épais d'argile renfermant des cailloux roulés et des grands blocs erratiques à angles vifs, de sorte que cette couche d'argile correspond évidemment à la boue glaciaire. L'existence de ces gros blocs erratiques, inconnus autrefois, a été récemment démontrée avec la dernière évidence dans les couches argileuses inférieures par l'explorateur distingué des constructions lacustres, M. Messikomer, dont nous aurons plus tard à parler fréquemment. Au-dessus, se trouve le lignite en couches horizontales, ayant jusqu'à 12 pieds d'épaisseur, et surmonté d'un lit de débris roulés mêlés d'argile, de gros blocs arrondis, et aussi de quelques blocs à angles vifs, qui, à notre avis, ont dû être déposés là par des glaces flottantes, et non directement par les glaciers. Autrefois, quand on connaissait moins bien les gisements inférieurs, on croyait que les dépôts de tourbe étaient antérieurs à la grande extension des glaciers ; mais les recherches de Messikomer ont permis de constater que les lignites reposent sur la boue glaciaire, et ont, en conséquence, été déposés immédiatement après la retraite des glaciers, pour être ensuite recouverts par les anciennes alluvions et les blocs erratiques flottés. Si on compare les dépôts de lignites d'Angleterre décrits plus haut avec ceux situés dans l'est de la Suisse, ils paraissent tellement identiques, qu'au premier abord on croirait qu'ils doivent tous deux appartenir à la même époque et avoir été déposés en même temps soit avant, soit après, l'extension glaciaire. Mais tel n'est pas le cas ; les deux gisements, au contraire, sont séparés l'un de l'autre par toute la durée de l'époque glaciaire, d'où il résulte que l'extension des glaciers n'a été qu'un incident qui n'a amené, dans les pays où elle s'est produite, aucune modification importante. Il est vrai que, comme nous le verrons bientôt, il s'était opéré, dans le Nord surtout, des changements considérables dans le niveau de différentes parties du pays ; il est du moins probable qu'avant le commencement de l'époque glaciaire, sinon encore après, l'Angleterre et le nord de la France, le Danemark et la Norvége étaient réunis, tandis que, par contre, de vastes étendues situées plus à l'est, qui aujourd'hui sont à sec, étaient alors sous l'eau. Le refroidissement des régions du nord fit descendre vers le sud la population animale ; émigration qui, comme nous l'avons déjà fait remarquer, est facilement reconnaissable encore aujourd'hui dans la composition de la faune de la mer du Nord et de la Baltique. A mesure que le froid diminua, la faune se retira de nouveau vers le nord, comme nous l'avons démontré également. Mais ces migrations, aussi bien que les changements physiques de la surface du sol, les transports d'argile, de débris, de sable, etc., ont exigé un certain temps.

Lorsqu'on examine attentivement les immenses dépôts que les glaciers et les cours d'eau qui en proviennent ont laissés derrière eux sur le sol de la Suisse, on est forcé de convenir qu'il a fallu une bien longue série de siècles, dont l'évaluation est à peine possible, pour produire de telles accumulations ; il est même facile de corroborer cette assertion par le calcul, en s'appuyant sur quelques facteurs spéciaux pris dans les couches. Nous avons vu que les lignites de Dürnten ne forment qu'une très-mince intercalation entre les couches diluviennes. L'ensemble du sédiment atteint, dans sa partie la plus épaisse, douze pieds, dont dix de lignite et deux d'argile, celle-ci s'y trouvant intercalée par bandes. « Pour calculer le laps de temps qu'a nécessité la formation de ce gisement de lignite, dit « Heer, il faut se baser sur sa plus grande épaisseur. Le « mode et l'étendue de la compression des troncs d'arbres, « la comparaison de la quantité de carbone contenue dans « les lignites schisteux avec la quantité contenue dans « la tourbe, autorisent à conclure que ce gisement de li- « gnite a dû avoir, à l'état de tourbe, une épaisseur six fois « plus grande, et que, par conséquent, chaque couche de « lignite ayant dix pieds d'épaisseur provient de la com- « pression d'une couche de tourbe ayant soixante pieds « d'épaisseur. Admettons une augmentation moyenne d'un « pied de tourbe par siècle, nous arrivons à un total de six « mille ans.

« Un autre calcul nous conduit à peu près au même ré- « sultat. Une acre de lignite ayant dix pieds d'épaisseur « contient, d'après les recherches de M. le conseiller des « mines Stockar-Escher, environ quatre-vingt-seize mille « quintaux de carbone. Admettons qu'une acre de tourbe « produise annuellement quinze quintaux de carbone, il « aurait donc fallu six mille quatre cents ans pour en pro- « duire cette quantité. L'estimation de quinze quintaux de « production annuelle de carbone (basée sur la donnée « qu'il se produit un pied de tourbe par siècle) serait « plutôt trop élevée que trop faible, car, d'après les « intéressantes recherches de Liebig, une acre de forêt ne « produit annuellement que dix quintaux de carbone, « chiffre qui, adopté au lieu du précédent, donnerait « pour durée de la formation de la couche de lignite en

« question une période de neuf mille six cents ans. »

Il importe de faire remarquer que tous ces calculs reposent sur l'hypothèse que les conditions climatériques étaient semblables à ce qu'elles sont aujourd'hui. Comme les plantes qui produisent aujourd'hui la tourbe sont les mêmes que celles qui ont produit ces lignites schisteux, il n'y aucune raison pour admettre qu'elles se soient comportées différemment qu'elles ne le font actuellement, et, dans tous les cas, on peut affirmer avec certitude que leur formation a exigé au moins plusieurs milliers d'années.

Qu'il ait fallu six mille ou dix mille ans pour la formation de ces lignites schisteux, ce laps de temps ne constitue toujours qu'une faible fraction de celui pendant lequel la période diluvienne s'est continuée. Ces lignites reposent sur une couche épaisse de boue glaciaire, et sont eux-mêmes recouverts de puissants bancs de gravier et de sable ayant trente pieds et plus d'épaisseur, et portant à la surface des blocs erratiques flottés. Malgré l'énorme espace de temps qui sépare ces couches de lignite des temps historiques, espace de temps pendant lequel la mince couche de terre végétale ne s'est même pas complétement formée, ces gisements appartiennent cependant à l'époque géologique actuelle, au commencement de cette époque si l'on veut, mais, en tout cas, nous avons vu que les végétaux de marais et de tourbières, et les arbres étaient alors les mêmes que ceux qui se rencontrent aujourd'hui dans la localité. Hâtons-nous d'ajouter qu'on remarque quelques espèces, entre autres une espèce de noisetier, différentes des espèces vivantes, ce qui nous prouve que les différences observées dans la faune animale, se retrouvent aussi dans le monde végétal. Certaines espèces sont complétement éteintes ; d'autres se sont retirées vers le Nord ou dans les montagnes ; la plupart vivent encore dans la même région.

La faune que contiennent les gisements de lignite de l'est

de la Suisse les rendent tout particulièrement intéressants. Des petits mollusques d'eau douce appartenant à des espèces encore vivantes sont aussi nombreux que des petits coléoptères de marais, dont les élytres chatoyants, serrés les uns contre les autres, forment la surface de la couche. On y a trouvé, en outre, des charançons et des carabes appartenant à des espèces éteintes. On y a trouvé aussi des dents de cerfs et d'ours non encore déterminés, et quelques restes d'éléphants et de rhinocéros, qui ne sont ni le mammouth ni le rhinocéros à cloison osseuse, qu'on rencontre presque partout avec l'homme, mais un éléphant semblable à celui d'Asie (*Elephas antiquus*), et le rhinocéros à cloison demi-osseuse (*R. leptorhinus*), qui tous deux se rencontrent aussi avec l'homme, mais paraissent s'être éteints avant leurs congénères à longue toison. Il semble donc résulter de ces faits, que confirme la position des dépôts de lignite, que ces couches situées dans l'est de la Suisse, se sont formées immédiatement sur la boue glaciaire, après la retraite des glaciers, qu'elles ont été ensuite recouvertes par les alluvions anciennes, et qu'enfin les sédiments dans lesquels le mammouth et le rhinocéros à cloison osseuse se rencontrent sont d'une date plus récente que les dépôts de lignite.

Étudions maintenant les pays septentrionaux où les formations glaciaires ont pris une extension très-considérable.

Kjerulf a signalé avec beaucoup de raison les observations de Rink, qui a passé plusieurs années dans le Groënland et y a étudié avec beaucoup d'attention les glaces continentales.

Un pays très-étendu, au moins aussi considérable que la péninsule scandinave entière, est recouvert d'une couche de glace ayant un millier de pieds d'épaiseur; un mouvement général entraîne toute cette masse de l'intérieur vers la côte occidentale. Cette calotte de glace, chargée de blocs de pierre, glissant lentement mais incessamment vers la mer, se brise sur la côte en masses gigantesques, qui forment ces glaçons de colossales dimensions que les courants marins entraînent dans des directions déterminées jusqu'à la latitude des Açores, et qui déposent ainsi à de grandes distances au fond de la mer, à mesure qu'ils fondent en chemin, les blocs erratiques dont ils sont chargés.

Le même phénomène s'est produit autrefois en Norwége, en Suède et en Finlande. Le sol était recouvert d'une énorme couche de glace, qui emportait vers la mer le gravier, les cailloux et le limon que produisait dans sa route cette gigantesque machine à polir. Toute la masse rocheuse de la Norwége a été polie et striée, mais la mer glaciale même, qui entourait ce Groënland préhistorique, avait alors un niveau inférieur à celui de la mer actuelle, car on rencontre dans plusieurs endroits des surfaces polies portant encore des stries bien conservées, et se trouvant au-dessous du niveau actuel de la mer. Si cette circonstance seule ne suffit pas pour expliquer le refroidissement de ce pays septentrional, au point de l'assimiler au Groënland, l'élévation considérable du sol au-dessus du niveau de la mer doit aussi avoir contribué à ce refroidissement. Quand on trouve des marques de glaciers au-dessous du niveau de la mer, on peut conclure que les eaux atteignaient un niveau moins élevé, car la glace ne descend pas au-dessous de la surface de l'eau ; elle se fond à son conctact et est minée par elle, comme on le voit dans les glaciers polaires, sous lesquels on peut, à marée basse, pénétrer à une grande profondeur.

Le niveau de la mer s'éleva, la terre se réchauffa, la croûte générale de glace se fondit, les crêtes saillantes des montagnes apparurent, et séparèrent ainsi, en glaciers distincts, qui remplissaient encore les vallées, les portions de la couche primitivement continue de glace. C'est alors que commencèrent à se former des moraines, comme dans les glaciers actuels, moraines latérales et terminales, formant des amas linéaires de blocs ; les moraines extérieures s'étendant jusqu'au niveau de la mer, les moraines intérieures se trouvant à une certaine hauteur dans les circonvolutions des vallées, ou formant ceinture à leur extrémité. La mer s'éleva jusqu'à 500 pieds de hauteur environ, car on trouve à ce niveau des bancs coquilliers renfermant des coquilles appartenant à la mer du Nord. En même temps, les masses glaciaires produisirent par leur fonte de grands volumes d'eau, qui, retenus çà et là par les digues de glace barrant les vallées, formèrent de grands lacs intérieurs et y déposèrent, sous forme de marne et de sable, tous ces menus matériaux que les eaux glaciaires charrient en si grande abondance. La mer d'un côté, les eaux intérieures de l'autre, agirent sur les anciennes masses déposées par la glace générale ; les glaciers transportèrent constamment des blocs, qui furent déposés tantôt immédiatement sur les berges, tantôt tardivement après avoir été flottés plus ou moins longtemps sur des glaçons. Ainsi se prépara l'époque actuelle ; bien peu de glaciers aujourd'hui atteignent encore le bord de la mer, ils se tiennent à une hauteur considérable au-dessus de celle-ci, laissant une douce température régner dans les vallées.

Cet aperçu préhistorique n'est point un roman ; il est déduit de faits positifs et des conséquences immédiates qui en résultent. Voici du reste les faits d'après Kjerulf.

« Mais quel est l'ordre qui règne parmi ces masses gla-
« ciales entourées par la mer ? En dessous, là où elles ne
« sont plus atteintes par l'eau, du sable et des cailloux rou-
« lés. Tels sont les matériaux qui, comprimés par la glace,
« sont poussés sur le sol rocheux. Si on veut déterminer

« la direction du mouvement, ce sont ces cailloux qu'il
« faut observer. Comme ils sont, pour la plupart, brisés en
« fragments et souvent arrondis, on les nomme cailloux
« roulés, nom du reste impropre et qui devrait être rem-
« placé par celui bien plus juste de *cailloux frottés*. Ils ne
« sont pas roulés, mais se sont brisés réciproquement, et,
« enchâssés dans la glace comme le diamant dans son
« manche, ils ont produit sur les rochers sur lesquels ils
« passaient des stries et des cannelures. Sur le sable de
« frottement et sur les dépôts de cailloux reposent les dif-
« férentes espèces d'argiles, d'abord l'argile calcaire, la
« marne, et, dans les régions ouvertes aux eaux glaciaires,
« le calcaire et la marne finement broyés et provenant des
« couches siluriennes ; ensuite l'argile à coquilles partout
« où la hauteur n'était pas trop grande ni le courant d'eau
« de fonte froide et douce trop violent ; puis l'argile à
« briques sans coquilles, remontant peut-être précisément
« à l'époque où les eaux ont atteint leur niveau le plus
« élevé ; enfin du sable et du sable marneux.

« Les grands blocs reposent sur les bancs de cailloux
« frottés, d'argile et de sable ; en Scandinavie, quelques
« blocs ont été transportés par des glaçons flottants, mais
« la plupart ont été déposés par les glaciers mêmes dans la
« situation qu'ils occupent aujourd'hui.

« Nous nous trouvons donc en présence d'une longue
« période, pendant laquelle il a existé une époque glaciaire
« réelle, et une mer glaciale baignant les côtes de la Scandi-
« navie et de la Finlande, qui alors ne formaient qu'un seul
« continent couvert de glace. Mais ce n'est pas seulement
« sur ce continent de glace qu'on trouve des preuves
« de cette mer polaire. La plaine allemande du Nord,
« de la Hollande à la Russie, est couverte de blocs, de
« cailloux frottés et de débris provenant tous de la Scan-
« dinavie et de la Finlande, et dont la limite méridionale

« est formée par les soulèvements des chaînes du Weser,
« du Harz, du Erz, et du Riesen. A l'est, cette ligne des
« blocs serpente au travers des plaines russes jusqu'à
« l'Oural, en décrivant autour de la Finlande un arc de
« cercle si régulier, qu'on pourrait presque tracer cette
« ligne sur la carte avec un compas. Tel est le cercle de
« rayonnement de cette mer glaciaire, dans lequel les
« blocs ont été flottés par des glaçons, et le contour
« de la ligne des blocs prouve qu'à l'époque de la plus
« grande extension de cette mer glaciaire le continent
« finno-scandinave était une île, et qu'un large bras de
« glace reliait la mer Glaciale et la mer Blanche avec la
« Baltique. »

Dans toute l'étendue du continent nord-américain jusqu'à New-York, en Angleterre et en Écosse, en Scandinavie
et en Finlande, en Russie à l'est, jusqu'au désert de Pet-
chora, on rencontre les mêmes formations, des surfaces
polies, rayées et cannelées, puis des bancs de pierres frot-
tées, surmontées de couches d'argile et de sable marneux,
contenant des espèces de mollusques des mers du nord,
ou de celles qui n'atteignent leur développement complet
que dans les mers septentrionales et s'étiolent dans les
mers méridionales.

Sars est arrivé, par les observations les plus délicates,
à prouver la plus grande élévation de la mer Glaciale d'autrefois, et à indiquer ses différentes périodes de retraite,
tandis que, d'autre part, Loven a pu démontrer que le
Danemark et la Norwége étaient réunis, que la mer Blanche
avait dû, par contre, être reliée à la Baltique par un large
bras de mer qui entourait la Finlande, et que les lacs suédois, qui se trouvent aujourd'hui à plusieurs centaines de
pieds au-dessus du niveau de la Baltique, les lacs Wener
et Wetter, avaient dû être en communication avec cette
mer glaciaire, car les profondeurs de ces lacs sont en-

core habitées par quelques espèces de crustacés, débris de la population de l'époque glaciaire.

Dès 1846, mon ami Desor a prouvé, dans un excellent mémoire, qu'il existe la plus grande analogie entre ces phénomènes et ceux des Alpes, et que les particularités qui caractérisent ceux du Nord ne proviennent que de changements de niveau ; il a prouvé, en outre, que la mer, après s'être élevée sur les côtes scandinaves, s'est retirée ensuite graduellement jusqu'aux temps actuels ; on sait, du reste, que le mouvement ascensionnel du sol scandinave se continue encore. Dans les derniers temps, comme en Suisse, il se forma quelques ramifications de glaciers et des glaçons flottants, qui ont produit ces crêtes allongées confusément déposées, et sur lesquelles on trouve souvent des blocs à angles vifs nommés *oesars*.

Dans l'intérieur des hautes vallées, tout se passa comme dans les bassins lacustres ; les glaciers, dans leur mouvement de recul, laissèrent en travers des vallées des moraines qui avaient parfois une puissance considérable. Martins avait déjà fourni la même preuve, de sorte qu'il n'y a plus rien d'essentiellement neuf à dire sur le Nord.

Sur le continent nord-américain, les choses se sont passées de même, avec la seule différence qu'une petite partie seulement du pays s'est enfoncée au-dessous du niveau de la mer, tandis que, par contre, il s'est formé de vastes bassins d'eau douce dont la situation entre la boue glaciaire d'une part et les blocs flottés d'autre part, prouve que les lacs actuels qui existent sur les limites du Canada ne sont que les restes de ces mers intérieures d'eau douce.

Nous pouvons aussi observer en Angleterre la même série de phénomènes. Au fond, la boue glaciaire, reposant sur des formations d'eau douce ; par dessus de nouvelles formations d'eau douce, des alluvions, des cailloux roulés, et, dans les régions montagneuses, comme la haute Écosse et le pays de Galles, de nouvelles moraines qui témoignent de la présence de glaciers descendant dans les vallées. Partout donc les mêmes phénomènes dans le même ordre, avec cette seule modification que dans le Nord c'est surtout la mer, et dans le Midi surtout les eaux douces qui ont agi.

Nous pouvons donc à l'aide de tous ces phénomènes dresser le tableau suivant dans lequel nous prenons comme point de départ d'un côté la contemporanéité de la boue glaciaire dans différentes régions, de l'autre la contemporanéité de l'apparition du mammouth (*Elephas primigenius*) et du rhinocéros à narines cloisonnées (*R. tichorhinus*) qui ont habité avec l'homme quelques parties du continent européen.

Notre tableau ne comprend que les preuves les plus anciennes de l'existence de l'homme, qu'on a pu, jusqu'à présent, constater avec certitude en Belgique, dans le nord de la France ou dans le sud de l'Angleterre, et sur lesquelles je me suis étendu ici. Les phénomènes postérieurs dont j'aurai à vous entretenir dans la leçon prochaine ne sont pas à considérer pour le moment. La faune, par exemple, qui accompagne l'homme dans les habitations lacustres de la Suisse, ne permet pas de douter que l'homme se soit établi dans ces régions bien plus tard, après la disparition de l'ours des cavernes, lequel a vécu pourtant dans ces contrées, comme le prouvent les cavernes de Besançon et d'Appenzell. Il y a donc, dès les temps primitifs du genre humain, des indices d'émigrations et de dissémination des espèces humaines ; car il résulte au moins des découvertes faites, que les débris humains les plus anciens trouvés jusqu'à présent en Suisse appartiennent à une race particulière, laquelle ne peut donc pas descendre de la race beaucoup plus ancienne habitant la Belgique.

De quelque manière que nous envisagions les faits, il faut

TABLEAU SYNCHRONIQUE DES FORMATIONS DILUVIENNES JUSQU'A NOS JOURS.

SCANDINAVIE	GRANDE-BRETAGNE.	BELGIQUE, ALLEMAGNE du nord.	VALLÉES DE LA SEINE, Somme, Yonne, etc.	VOSGES.	VALLÉE DU RHIN, Allemagne du sud.	SUISSE.
Débris de cuisine. Ancienne époque du pin des tourbières.	Lehm.	Alluvions nouvelles. Lehm. Tombeaux du Mecklembourg ?	Loess de Paris, Amiens, Abbeville. etc. Caverne de Lombrive, avec homme, aurochs, renne, etc. Diluvium rouge.			Lehm et nouvelles alluvions.
Moraines supérieures des vallées. Débris roulés dans les vallées profondes. Oesars.	Sable à mollusques d'eau douce ; $E.$ $primigenius.$ $R.$ $tichorhinus.$ Haches d'Hoxne, Icklingham. Cavernes à $U.$ $spelæus$, hyènes et haches.	Cavernes de Liége à $E.$ $primigenius.$ $R.$ $tichorhinus$, $U.$ $spelaeus$, etc. Homme d'Engis, Engihoul et Neanderthal.	Diluvium gris à $E.$ $primigenius$, $R.$ $tichorhinus.$ Homme d'Amiens, Abbeville, Paris, etc. Cavernes à $U.$ $spelæus$, $H.$ $spelæa$, etc.	Moraines terminales des vallées.	Loess et lehm de la vallée du Rhin et du Neckar, avec $E.$ $primigenius$, etc. Moraines terminales de la Forêt Noire.	Diluvium stratifié à $E.$ $primigenius$, $R.$ $tichorhinus$, etc. Anciennes alluvions. Moraines de Zurich, Sempach, Berne, Genève, etc.
Plus grande élévation de la mer Glaciale. Dépôts contenant des coquilles de la mer Glaciale.	Argile avec bois (chêne, if, pin) à Hoxne. Ancienn. alluvions à cailloux. Drift. Argile avec coquilles glaciaires sur le Clyde.	Blocs flottés des plaines du nord de l'Allemagne, provenant de la Scandinavie.	Diluvium des plateformes.	Débris roulés.	Débris roulés.	Houilles schisteuses avec $E.$ $antiquus$, $R.$ $leptorhinus$ de Dürnten, Utznach, Morschwyl.
Traces de glaciers jusqu'au dessous du niveau actuel de la mer avec pierres frottées.	Boue glaciaire avec blocs. (Boulder-Clay.)			Débris roulés alpins.	Débris des hauts plateaux bavarois.	Boue glaciaire avec blocs et pierres frottées. Blocs erratiques du Jura. Plus grande extension des glaciers.
	Forêts submergées et formation d'eau saumâtre près Cromer avec $E.$ $antiquus$ et $meridionalis$, $R.$ $etruscus$, etc., avec chênes, ifs, pins, etc.					

toujours que nous en revenions à ceci : que la période diluvienne comprend un laps de temps excessivement long, pendant lequel il s'est écoulé des milliers d'années, opéré de notables élévations et des abaissements considérables des continents et des mers, et pendant lequel aussi des modifications importantes de la surface terrestre et de ses habitants, tant dans le règne végétal que dans le règne animal, se sont produites soit dans des localités restreintes, soit sur de grande étendues du globe. Il est incontestable que l'homme a paru dans notre hémisphère pendant cette longue période ; jusqu'à présent on n'a pas encore retrouvé de traces indiquant son apparition antérieure dans nos climats, mais on peut encore discuter la question de savoir si l'homme a apparu sur notre continent antérieurement ou postérieurement à la dernière extension des glaciers. Après un mûr examen, après une minutieuse appréciation des faits, nous nous sommes décidé pour la dernière alternative ; nous n'avons trouvé partout que des preuves en faveur de l'apparition de l'homme après la grande période glaciaire, après la formation des boues glaciaires en Scandinavie, en Angleterre, et en Suisse ; — nous sommes cependant tout prêt à renoncer à cette opinion, et à admettre pour l'homme une antiquité encore plus reculée, aussitôt qu'on aura trouvé des restes humains sous la boue glaciaire ou dans des couches tertiaires vierges. Cette différence d'opinion ne rend guère, chronologiquement, l'homme ni plus jeune ni plus vieux. Qu'une période glaciaire ait eu lieu depuis l'apparition de l'homme ou non, il a toujours fallu un temps extraordinairement long pour accumuler, au-dessus des silex travaillés, 30 pieds et plus de débris stratifiés, d'autant plus que cette accumulation, comme le prouvent tous les phénomènes, n'a marché que lentement et d'une manière continue.

Il faut avouer que tous les efforts qu'on a faits jusqu'à

présent pour établir un mode de mesure chronologique du
temps écoulé depuis l'apparition de l'homme sur la terre
n'ont pas été couronnés d'un grand succès ; nous les indi-
querons ici cependant, mais il importe de ne pas oublier
que ces calculs se rapportent à des restes humains qui sont
d'une date beaucoup plus récente que les haches en silex
et la mâchoire d'Amiens, ou les crânes des cavernes belges.

Un de ces calculs chronologiques s'appuie sur le Delta
du Mississipï. Le dépôt des alluvions actuelles a dû se
continuer en cet endroit depuis des temps infinis, car, dans
le voisinage de la Nouvelle-Orléans, on a poussé des sonda-
ges jusqu'à une profondeur de 600 pieds, sans en atteindre
le fond. La plaine sur laquelle la Nouvelle-Orléans est bâtie
ne s'élève que de 9 pieds au-dessus du niveau de la mer, et
on y pratique souvent des excavations qui descendent fort
au-dessous de ce niveau. On a, en faisant ces fouilles, mis au
jour différentes séries de restes de cyprès (*Taxodium dis-
tichum*). Lorsqu'on creusa les fondations de l'usine à gaz,
les terrassiers irlandais durent renoncer à leur travail, car
ils avaient non plus de la terre à fouiller, mais du bois à
couper. On les remplaça par des fendeurs de bois du Kentucky, qui se frayèrent leur chemin à coups de hache au travers
de quatre couches de bois superposées. La couche inférieure
était si vieille, qu'elle se coupait comme du fromage.

On remarque dans les talus qui bordent le fleuve de semblables dépôts de bois, tandis que de majestueux chênes vivaces (*life oak* des Américains), croissant immédiatement
sur le rivage, témoignent que la configuration du sol ne s'est
pas modifiée depuis de nombreuses années.

Dans des parties de la Louisiane où le niveau des hautes et
des basses eaux offre de plus grandes variations qu'à la Nouvelle-Orléans, MM. Dickeson et Brown ont pu distinguer
dix couches différentes de cyprès au-dessous de la surface
actuelle. Tous ces dépôts de troncs d'arbres, les chênes sur

le rivage et les différentes forêts de cyprès superposées, sont semblables à ce qu'on voit dans maint endroit autour de la Nouvelle-Orléans.

Le Dr Bennet-Dowler a fait un calcul intéressant sur l'élévation du sol de la Nouvelle-Orléans, dans lequel ces dépôts de cyprès jouent un rôle important. Il partage l'histoire de cette élévation en trois périodes :

1° La période des grandes herbes et des prairies tremblantes, comme il s'en forme dans les lagunes, dans les lacs, et sur les côtes ;

2° La période des forêts de cyprès ;

3° La période des rives actuelles avec leurs chênes vivaces.

Beaucoup d'exemples, empruntés à la vallée du Mississipi, prouvent que la série des phénomènes qui caractérisent l'émergement des terres sont les suivants : d'abord apparaissent les herbes, puis les cyprès, enfin les chênes. Si nous admettons une surélévation de cinq pouces par siècle (c'est le chiffre donné par les alluvions du Nil), nous obtenons une durée de quinze cents ans pour la période des plantes aquatiques qui précède l'apparition des premiers bois de cyprès.

Il n'est pas rare de trouver, dans les tourbières de la Louisiane, des troncs de cyprès ayant dix pieds de diamètre ; on en a retiré un ayant ce diamètre dans la couche la plus profonde qu'on ait atteinte lors du creusement des fondations de l'usine à gaz de la Nouvelle-Orléans. Si l'on admet que dix pieds de diamètre doivent représenter la croissance extrême d'une génération d'arbres, nous obtenons une période de cinq mille sept cents ans pour l'âge des plus vieux troncs, car chez ceux-ci il entre quatre-vingt-quinze à cent-vingt anneaux de croissance annuels dans un pouce de diamètre. Si on ne prend donc que le plus petit des deux chiffres, un tronc de dix pieds de diamètre doit avoir cinq mille sept cents ans. Quoiqu'il puisse y avoir eu plusieurs séries successives de générations semblables dans le bassin du Mississipi, le Dr Dowler, pour éviter tout motif de contradiction, ne suppose que deux dépôts consécutifs, y compris ceux existant actuellement, ce qui nous donne pour deux couches de cyprès un laps de temps de onze mille quatre cents ans.

Les chênes les plus anciens qu'on voit maintenant sur la rive ont au moins quinze cents ans ; on n'en compte qu'une série, ce qui fournit les chiffres suivants :

Durée des grandes herbes........	1,500	ans.
« cyprès...............	11,400	»
« chênes...............	1,500	»
Total	14,400	ans.

Chaque forêt engloutie a dû, pour vivre à la surface et pour son enfoncement graduel, exiger un temps au moins égal à celui de la durée des chênes ; cette dernière période ne s'est présentée qu'une fois. Nous restons donc certainement très en dessous des limites de la vraisemblance, en attribuant à chaque période une durée égale à la dernière, et, puisqu'on a reconnu dix périodes semblables, nous obtenons le résultat suivant :

Dernière période comme dessus............	14,400	ans.
Dix périodes semblables..................	144,000	»
Age total du Delta...............	158,400	ans.

En creusant les fondations de l'usine à gaz on a rencontré, à une profondeur de seize pieds, du bois carbonisé, et, au même endroit, un squelette humain. Le crâne se trouvait sous les racines d'un cyprès, appartenant à la quatrième couche. Il était bien conservé, les autres os se brisèrent en fragments lorsqu'on voulut les soulever. Le crâne appartenait incontestablement à une race américaine indigène.

Admettons maintenant, comme ci-dessus, que l'époque actuelle a duré quatorze mille quatre cents ans, et ajoutons-y trois groupes souterrains de durée égale, puisque nous laissons de côté le quatrième dans lequel le squelette a été trouvé, soit quarante-trois mille deux cents ans, nous obtenons pour l'âge du squelette un total de cinquante-sept mille six cents ans. Les bases de ce calcul sont si simples qu'il n'y a rien à objecter à ce résultat.

Entre 1851 et 1854, on a foré, en Égypte, deux séries de sources et de puits artésiens, l'une à la hauteur de Persépolis, où le Delta du Nil a seize milles anglais de largeur, l'autre près de Memphis, où il n'en a que cinq. Ce qu'on y a trouvé, à toute profondeur, en fait de mollusques et d'ossements, appartient aux espèces vivantes; il y avait surtout en abondance des os de bœufs, de porcs, de chiens, de chameaux et d'ânes. On y trouva fréquemment aussi des fragments de briques et de poteries, et cela jusqu'à une profondeur de soixante pieds. S'il est exact que le Nil accumule au plus cinq pouces de limon par siècle (dans le Delta, ce chiffre est encore bien moindre et ne dépasse pas deux pouces un quart), les débris trouvés à soixante pieds de profondeur dans les atterrissements du Nil sont âgés de douze mille ans; ce qui du reste doit à peine étonner, puisque le roi égyptien Menès vivait environ cinq mille ans avant Jésus-Christ, et que, depuis longtemps déjà, l'Égypte avait atteint un degré de civilisation très-avancé et possédait au moins deux villes considérables, Thèbes et This. Si donc, depuis sept ou huit mille ans, c'est-à-dire à l'époque de l'Adam biblique, des villes de cette importance florissaient déjà, il n'y a rien de surprenant à ce qu'on connût l'art de fabriquer la poterie et les briques quelques milliers d'années avant l'existence de ces villes.

Les tourbières offrent les mêmes phénomènes, surtout

en Danemark, où, comme dans le Delta du Mississipi, on trouve différentes générations de forêts superposées, dont les arbres, qui ne se rencontrent plus aujourd'hui dans le pays, ont aussi atteint un âge avancé, bien qu'à ma connaissance on n'ait encore fait aucune tentative pour calculer la durée de ces tourbières d'après les anneaux de croissance des différents arbres.

L'existence de l'homme à l'époque de l'ours des cavernes est donc établie; or, il est aussi facile de démontrer que l'homme qui vivait avec l'ours des cavernes ne peut être venu de très-loin. Sa conformation crânienne n'indique pas, comme nous l'avons déjà fait remarquer, la moindre analogie avec aucune race européenne, encore moins avec une race asiatique, car en Asie, et surtout dans l'Asie centrale, où l'on place ordinairement le berceau du genre humain, règnent surtout les têtes brachycéphales, et, s'il s'y trouve des têtes longues, celles-ci n'ont pas la moindre analogie avec les têtes longues des cavernes; on pourrait tout au plus croire que le paradis était situé en Australie, et que c'est de là qu'ont émigré les ancêtres de l'homme si voisins des singes. Mais nous n'avons pas à nous lancer dans des spéculations de cette nature.

Qu'il me soit permis, pour terminer cette leçon, de faire une remarque. Il n'existe sur la terre aucun fait qui indique en aucune façon un déluge universel, un déluge qui aurait recouvert les plus hautes montagnes et détruit tout ce qui était vivant, à l'exception d'un couple de chaque espèce renfermé dans l'arche de Noé. Partout, dans les vallées, on trouve des phénomènes dénotant soit l'action des glaciers, soit celle de hautes eaux, mais n'ayant jamais nulle part dépassé les séparations des vallées, et encore bien moins ayant atteint les sommets des hautes montagnes. Nulle part nous ne voyons de traces de catastrophes subites; partout se manifeste l'action lente des forces qui agissent encore tous les jours sous nos yeux. Partout donc nous avons occasion de faire des observations qui renvoient le déluge dans le domaine auquel il appartient, celui des mythes et des légendes. On a déjà cent fois fait remarquer que les cônes de scories et de cendres des volcans éteints de l'Auvergne et du Rhin, n'auraient, dans aucun cas, pu résister au choc d'un déluge général : on n'en répète pas moins ce même verbiage oiseux en face de ces cônes qui ont certainement une origine très-ancienne. On laisse actuellement et fort heureusement le soleil en repos ; il ne se promène plus dans le ciel, il est fixe. Faudra-t-il encore protester pendant deux cents ans, pour qu'on cesse enfin d'ouvrir les écluses du ciel et les profondeurs de l'abîme, pour noyer dans les tourbillons des flots « toute la gent pécheresse et toutes les créatures ? »

DOUZIÈME LEÇON

MESSIEURS,

Nos recherches sur l'histoire antique de l'homme nous
ramènent vers le nord de l'Europe ; tous les faits nous signalent, en effet, cette région comme ayant été le centre de la
vie humaine pendant les époques préhistoriques. Ce sont les
traditions d'une époque plus récente qui nous ont conduit
vers l'Orient, et nous ont fait chercher dans la haute Asie ou
dans l'Inde le berceau, non de l'humanité, mais seulement
des races, ou plutôt des langues des races qui habitent aujourd'hui l'Europe. Tout ce qui est antérieur à cette époque
ne laisse pas supposer les moindres rapports avec l'Orient ;
l'Europe centrale, au contraire, et la Suisse en particulier,
semble avoir eu un trafic très-actif avec les pays du nord
et du nord-ouest. La découverte des antiquités du nord a
jeté beaucoup de lumière sur les périodes les plus reculées
de l'histoire du genre humain. Ces découvertes ont été

d'autant plus fructueuses que, loin de rester le domaine
exclusif des archéologues, elles ont attiré l'attention de
quelques naturalistes distingués, qui ont su, avec une persévérance et une perspicacité rares, utiliser les faits en apparence les plus insignifiants pour éclaircir les questions
les plus difficiles et les plus obscures. Dans ce genre de
recherches, le nom de Steenstrup, qui s'est déjà fait connaître par ses découvertes dans d'autres domaines de l'histoire naturelle, s'est encore tout particulièrement distingué.
Je vais vous communiquer les résultats obtenus par lui de
concert avec Forchhammer et Worsaae ; ces résultats ont
été publiés en langue danoise, mais ils ont été résumés
dans un mémoire net et précis par M. Morlot.

Sur plusieurs points de la côte septentrionale du Danemark, surtout dans le voisinage des endroits où le ressac est
faible, immédiatement au bord de la mer, à une hauteur
de quelques pieds au-dessus du niveau actuel, on trouve
des accumulations de coquilles, ayant de trois à cinq pieds,
parfois même dix pieds d'épaisseur, jusqu'à mille pieds
de longueur, et de cent cinquante à deux cents pieds de
largeur. Çà et là, ces accumulations sont disposées circulairement autour d'un point central vide, qui paraît avoir
servi de lieu d'habitation. Parfois, mais c'est l'exception,
ces amas de coquilles sont un peu plus éloignés du rivage,
mais toujours peu élevés au-dessus du niveau de la mer ;
il serait du reste à peu près impossible qu'il en fût autrement dans un pays aussi plat. Ce ne sont point des bancs
coquilliers naturels, laissés par la mer en se retirant. On
n'y trouve que les représentants adultes de quelques espèces qui n'habitent pas ordinairement à une même profondeur ; on trouve, en outre, des os brisés, des instruments
en pierre, des poteries primitives, des charbons et des
cendres. On ne peut douter que ces accumulations soient
des *débris de cuisine* ; les habitants de la localité se nour-

rissaient principalement de coquillages et de chaire, et jetaient de côté, sur le même tas, les os rongés et les écailles vides. Les savants du nord donnèrent en conséquence à ces amas le nom de *kjökkenmöddinger* (débris de cuisine), nom généralement employé depuis. Dans quelques endroits, on trouve sur ces amas une couche mince de gravier et de cailloux roulés, que la mer y a déposée, autrement ils sont pour la plupart recouverts de terre végétale et de gazon.

L'examen attentif des restes trouvés dans les débris de cuisine a amené les résultats suivants. En fait de matières végétales, on a trouvé quelques fragments de charbon de nature non déterminée. De plus, quelques amas de cendres qui, vu leur richesse en manganèse, paraissent provenir d'une plante marine commune (*Zostera marina*); il y a quelques siècles on brûlait encore des petits monceaux de de cette plante, puis on lessivait les cendres avec de l'eau pour en extraire le sel. Ces petits tas paraissent devoir leur origine à une industrie semblable. Parmi les coquilles, et en proportion de leur abondance, on trouve l'huître (*Ostrea edulis*), la bucarde (*Cardium edule*), la moule (*Mytilus edulis*), et la littorine (*Littorina litorea*). On mange encore aujourd'hui ces mollusques qui se rencontrent dans les mêmes mers, mais un peu diminués en grosseur ; ils font cependant défaut sur quelques points correspondant à des amas considérables de débris de cuisine. Nous ne croyons pas qu'il faille attribuer cette diminution de taille et cette disparition des coquillages comestibles en quelques endroits, à la pêche seule, et encore moins à la diminution de la salure de la Baltique, que les savants du Nord invoquent pour expliquer le phénomène. Les Romains ont bien su transplanter les huîtres dans les lacs d'eau douce des environs de Naples, où elles vivent encore et se reproduisent ; en outre, les moules, de même que les littorines, vivent parfaitement dans l'eau saumâtre, ainsi que dans des bassins se remplissant périodiquement d'eau douce. Il faut donc chercher ailleurs la raison du phénomène; peut-être réside-t-elle dans cette lente transformation du fond de la mer qu'on a surtout démontrée pour les bancs d'huîtres, et qui provient principalement de la multiplication des vers tubulaires qui finissent par tellement pulluler, que les huîtres périssent et disparaissent.

Outre les nombreux individus des espèces mentionnées, on trouve aussi, dans les débris de cuisine, quoique en moins grand nombre, les espèces suivantes qui habitent encore les mers danoises : *Buccinum reticulatum et undatum, Venus pullastra*, qui ne paraissent pas avoir été fort estimées par les anciens mangeurs de mollusques.

On rencontre peu de restes de crustacés, mais, par contre, beaucoup de débris de harengs, de morues, de limandes (*pleuronectes limanda*), d'anguilles, et cela surtout dans les localités où l'anguille est encore abondante aujourd'hui. Parmi les oiseaux on remarque plusieurs espèces d'oies et de canards sauvages, surtout le cygne sauvage, le coq de bruyère, le grand plongeon (*Alca impennis*); ce dernier est éteint depuis 1842 en Islande, son dernier point de refuge. Le coq de bruyère n'habite plus le Danemark; en effet, le pin, dont les jeunes pousses au printemps constituent sa nourriture principale, a complétement disparu du pays tandis qu'il y était autrefois très-commun, ainsi que nous l'apprennent les tourbières. Le cygne ne se rencontre au Danemark qu'en hiver ; en été, il se retire plus au nord, en Islande; le grand plongeon qui s'était retiré récemment dans la même île était autrefois très-abondant dans toute la mer du nord, au Danemark, dans les îles Féroë, et même dans les Hébrides, rien n'empêche donc de supposer que, comme ce dernier, le cygne passait autrefois l'été au Danemark. On n'a point trouvé de petits oiseaux, la poule manque complétement. En fait de quadrupèdes, on rencontre en abondance des os de cerfs, de chevreuils, de sangliers, de castors, de phoques, le bœuf primitif, actuellement tout à fait éteint (*B. primigenius*), qui paraît avoir laissé pour descendance la pesante race bovine actuelle de la Frise. Quant à l'aurochs (*Bos urus* ou *Bison europœus*), espèce toute différente autrefois répandue dans toute l'Europe et qui n'est plus représentée aujourd'hui que par quelques individus habitant la Lithuanie, on en a trouvé des restes dans les tourbières, mais pas dans les débris de cuisine. Il est singulier que le renne, l'élan et le lièvre fassent complétement défaut, car ils existaient certainement en Danemark à cette époque ; on trouve par contre des os de loup, de renard, de lynx, de martre, de loutre et de chat sauvage, ainsi que de hérisson et de rat d'eau. Le chien était le seul animal domestique ; il appartenait à une petite race ; sa présence est démontrée non-seulement par ses propres os, mais aussi par la circonstance qu'on ne rencontre en fait d'ossements d'oiseaux que les os longs, qui sont précisément ceux que les chiens ont coutume de laisser de côté lorsqu'ils mangent les oiseaux.

Tous les os creux sont brisés, parfois fendus dans le sens de la longueur pour en extraire la moelle ; lorsque, chez les ruminants par exemple, les os longs sont partagés par une cloison médiane, ils sont brisés de façon à découvrir les deux moitiés du canal ; les os dépourvus de moelle sont intacts, mais ils sont tous rongés, surtout à l'endroit où ils sont recouverts de cartilages. Les marques des dents sur les os paraissent être tantôt celles des chiens, et tantôt celles de l'homme lui-même ; on mangeait du reste tous les animaux, car les os des ruminants sont tous fendus comme ceux des carnassiers et même ceux des chiens. On faisait évidemment parfois rôtir la viande ; car on trouve, en effet, dans les débris de cuisine des pierres de la grosseur du poing, disposées pour former des foyers ayant un diamètre d'environ deux pieds, dans le voisinage desquels on aperçoit des cendres et des charbons éparpillés. On trouve aussi des fragments de poteries grossières faites à la main, dont l'argile est mélangée de petits morceaux de silex provenant évidemment de cailloux granitiques fortement chauffés, puis brisés et plongés dans l'eau froide. Enfin, on rencontre dans ces débris de cuisine une grande quantité d'instruments de la nature la plus grossière, haches, massues, éclats servant de couteaux, dont les entailles et les marques se laissent facilement reconnaître sur les os. On avait cru d'abord que les hommes qui ont accumulé les débris de cuisine ne connaissaient pas le travail plus perfectionné des instruments en silex, leur finissage et leur polissage, mais on a trouvé quelques outils bien travaillés; d'ailleurs, les entailles pratiquées sur les os sont si nombreuses qu'elles ne peuvent avoir été faites qu'avec des instruments bien aiguisés ; on peut donc conclure que les hommes de cette époque employaient des silex grossièrement travaillés pour ouvrir les coquillages, pour briser les ossements, etc., prisant trop les instruments plus finis pour s'en servir à cet usage. On a trouvé aussi des os travaillés ; mais la plupart sont dans un état tel qu'il est facile de comprendre que ce sont des morceaux de rebut rejetés à la suite d'un travail infructueux.

Les tourbières du Danemark confirment les conclusions qu'on peut tirer de l'étude des amas de débris de cuisine. Outre les marais tourbeux ordinaires qui se sont formés dans les bassins aquatiques et dans les parties basses et humides des vallées, outre les quelques tourbières plus élevées qu'on rencontre çà et là sur les plaines, et qui toutes sont composées de mousses, on trouve en Danemark des petites tourbières particulières, appelées marais d'arbres (*skovmose*), qui ont rempli de profondes cavités, produites par des causes quelconques dans le terrain glaciaire sous-jacent. Des arbres ont poussé dans le principe sur les parois escarpées de ces excavations presque semblables à des entonnoirs, qui ont jusqu'à trente pieds et plus de profondeur ; peu à peu, ces arbres se sont inclinés de façon à ce que leur sommet se dirige vers le centre de la tourbière. Au milieu de l'entonnoir on remarque, au point le plus profond, une couche d'argile surmontée d'une couche de tourbe terreuse, renfermant des carapaces calcaires ou siliceuses d'infusoires et de plantes microscopiques, et, au-dessus, la tourbe ordinaire. Parfois des pins ont poussé au milieu de ces tourbières, mais ils ont médiocrement réussi et ont été remplacés plus tard par les plantes ordinaires des marais, les airelles (*Vaccinium oxycoccos* et *uliginosum*), les bruyères (*Erica tetralix* et *vulgaris*), des bouleaux, des aulnes et des noisetiers. La zône extérieure de ces « *skovmose* », dans laquelle ont poussé de beaux grands arbres, prouve qu'il est survenu un changement surprenant dans la végétation forestière du pays. Dans le fond, on rencontre des pins (*Pinus sylvestris*) d'une belle venue, dont le tronc a jusqu'à trois pieds de diamètre et qui se distinguent de nos pins ordinaires par leurs pommes un peu plus petites, et leur écorce un peu plus épaisse ; les anneaux concentriques annuels que l'on peut observer dans le tronc de ces pins indiquent un âge de plusieurs siècles. Le pin ne croît plus en Danemark, il n'y a même jamais existé pendant les temps historiques, et aucune légende, aucune tradition n'indique qu'il y ait jamais été connu des habitants du pays. Les pins étaient parfois si rapprochés les uns des autres qu'en tombant ils ont formé une sorte de plancher.

Les pins furent remplacés par des chênes ; on remarque surtout le chêne rouvre (*Quercus robur sessiliflora*), un fort bel arbre qui atteint jusqu'à quatre pieds de dia-

mètre ; ce chêne a de même aujourd'hui presque entièrement disparu du Danemark. Dans la couche supérieure
des tourbières, on rencontre un autre chêne (*Quercus
pedunculata*), avec le bouleau noueux, des noisetiers et
des aulnes. C'est aujourd'hui le hêtre qui constitue les
forêts danoises, et il fait complétement défaut à la surface
des tourbières. La présence du coq de bruyère dans les
débris de cuisine prouve que le peuple qui les a accumulés
vivait en Danemark pendant la période des pins ; depuis lors,
les pins ont fait place aux chênes, dont on rencontre les
restes dans les tourbières, et ceux-ci ont à leur tour disparu pour faire place au hêtre. Certains troncs de pins
ont été travaillés par le feu et à l'aide d'instruments
en pierre ; on a trouvé au milieu des troncs de pins, des
instruments en silex pareils à ceux des débris de cuisine,
tandis que, dans les tourbières qui correspondent à l'é-
poque du chêne, on a trouvé de beaux instruments en
bronze.

On n'a jamais rencontré d'ossements humains ni dans
les débris de cuisine ni dans les tourbières de l'époque du
pin, mais on a découvert des tombeaux formés de gros blocs
de pierres brutes, et contenant des ustensiles en pierre et en
os. Les crânes trouvés dans ces tombeaux sont remarquablement petits, très-ronds, à occiput très-court, à orbites
extraordinairement petites, les arcades sus-orbitraires sont
par contre très-saillantes, et les os du nez proéminents. Entre
ceux-ci et les arcades sus-orbitaires il y a une dépression si
profonde qu'on peut y loger le doigt.

Le front est ordinairement aplati, quelque peu fuyant,
quoique à un degré moindre que celui de Néander. Le rapport de la longueur à la largeur, d'après une moyenne calculée
par M. Busk et basée sur l'observation de 20 crânes, est comme
100 : 78. Les empreintes des muscles de la face sont fortement prononcées, les bords alvéolaires saillants, les dents

usées transversalement. Ces crânes, par leur rondeur et leur petitesse, se rapprochent de ceux des Lapons, mais ils s'en écartent par l'impression profonde de la suture nasale et la position oblique du bord dentaire antérieur.

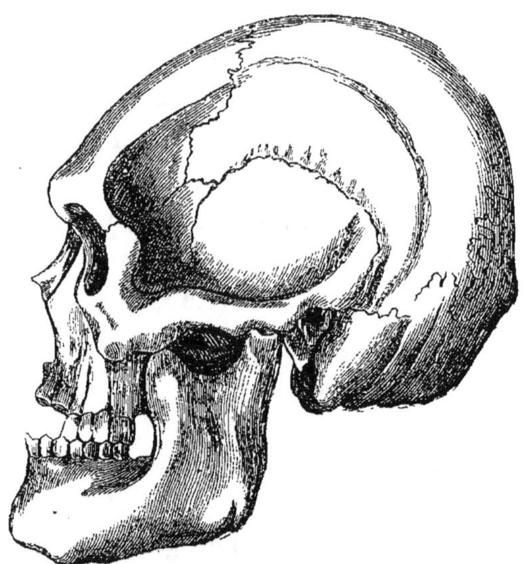

Fig. 102. — Crâne de l'époque de la pierre. Borreby, Danemark.
D'après un dessin communiqué par M. Busk.

En tout cas, ces crânes se rapprochent davantage de ceux de ces peuples de l'extrême nord, que de ceux d'aucune autre race européenne. On pourrait peut-être aussi les comparer aux crânes finnois. Les Finnois partageaient d'ailleurs avec les anciens Danois l'habitude de briser les os, d'en sucer la moelle, etc.

Comparons un crâne lapon (*fig.* 104) au crâne de Borreby (*fig.* 103) et à un crâne roman (*fig,* 128). En examinant ces trois crânes d'en haut, on remarque qu'ils forment une série dont le crâne lapon occupe le milieu. Chez tous les trois, vus d'en haut, les arcades zygomatiques sont à peine visibles, le front est donc très-large derrière les yeux, et les fosses temporales peu profondes dans leur partie

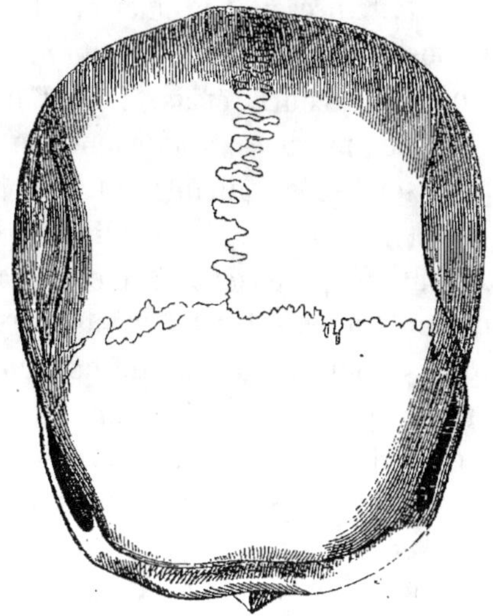

Fig. 103. — Crâne de Borreby, vu d'en haut.

supérieure, vers les pariétaux. Le crâne roman est le plus

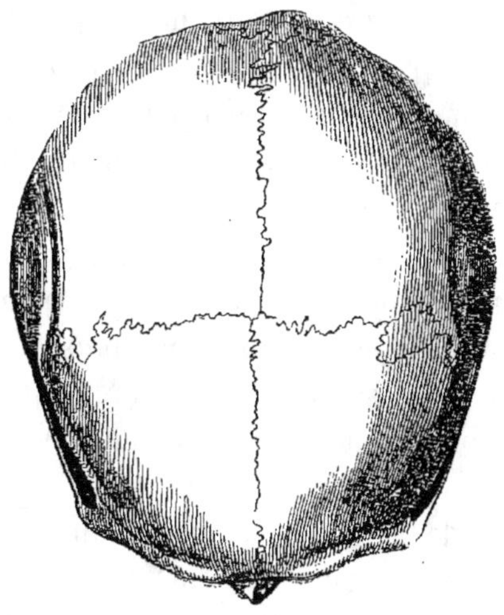

Fig. 104. — Crâne lapon, vu d'en haut, d'après Busk.

large, et n'était le faible enfoncement qu'il présente vers
les arcades zygomatiques et le rétrécissement du front,

le contour serait presque circulaire. . Le crâne lapon occupe la position moyenne ; le contour de la tête est celui d'un ovale court, épais, à bord antérieur aplati et rétréci. Les os malaires, à leur jonction avec l'arcade zygomatique, sont plus saillants, et font paraître ainsi la région frontale plus large ; tandis que chez le crâne roman, le contour postérieur forme un arc aplati un peu déprimé au milieu ; il est fortement recourbé chez le crâne lapon, et offre dans la partie médiane une ligne un peu saillante. La plus grande largeur du crâne roman se trouve très en arrière, presque au quart postérieur de la longueur du crâne, tandis que, chez le crâne lapon, elle est placée au tiers postérieur.

Le crâne de Borreby (*fig*. 103) est encore plus étroit que celui du Lapon, et, par suite de la saillie des arcades sus-orbitaires, saillie qui fait défaut dans le crâne lapon et dans le crâne roman, la partie antérieure de l'ovale de la tête est presque aussi large que la partie postérieure. Les arcades zygomatiques sont un peu plus écartées, les lignes temporales plus marquées ; le bourrelet frontal forme un anneau saillant en avant du front fuyant et étroit, que dépasse à peine la pointe du nez. — Tout indique un fort développement musculaire, qui, cependant, a peu d'influence sur la structure même du crâne. Celui-ci est décidément plus long, plus étroit, et la partie la plus large se trouve plus près du milieu, mais moins prononcée que chez le crâne lapon et le crâne roman.

Le rapport de l'indice céphalique confirme cette opinion ; il est en moyenne pour les crânes de l'âge de la pierre mesurés par Busk, = 78,2, chez les Lapons = 87,8 ; chez les Romans = 92,1.

Je dois cependant faire remarquer que les crânes de l'âge de la pierre diffèrent sensiblement suivant le sexe et les localités d'où ils proviennent. Les crânes de Borreby sont les plus larges et donnent pour chiffre moyen d'indice céphalique le chiffre de 81,3 ; les crânes provenant d'autres points sont plus étroits et donnent 75,1, tandis que ceux que l'on peut attribuer au sexe féminin donnent 79, 8 pour chiffre moyen. Considérés de profil, les crânes offrent aussi des différences.

La tête laponne se rapproche décidément davantage du crâne de Borreby (*fig.* 102, p. 445) que du crâne roman (*fig.* 127).

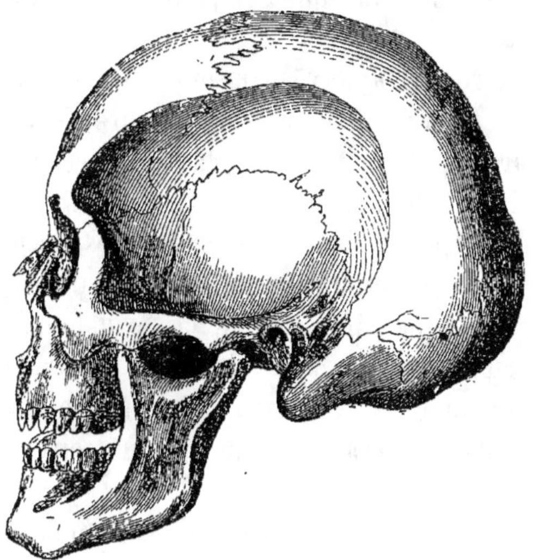

Fig. 105. — Crâne lapon, vu de profil, d'après Busk.

Dans le crâne lapon le bourrelet sus-orbitaire est à peine visible, le front plus élevé et plus droit, le point culminant du vertex plus en avant, l'occiput plus voûté et la suture lambdoïde fortement indiquée ; la racine du nez moins rentrée, la série dentaire antérieure plantée verticalement ; tandis que dans le crâne de Borreby, le bord dentaire de la mâchoire supérieure s'avance et indique une tendance prononcée vers le prognathisme, qui serait bien plus apparent si les dents ne manquaient pas. Il importe, toutefois, de ne pas oublier que le crâne de Borreby, dont je donne le dessin, est celui qui possède ces caractères au degré le plus prononcé ; je dois ajouter que j'ai trouvé, parmi la riche collection de dessins que je dois à l'obligeance de M. Busk, quelques crânes qui se rapportent presque exactement au crâne lapon. Ainsi, à part la grosseur, qui est un peu plus forte dans le crâne de l'âge de la pierre, un crâne de femme de Borreby, désigné par le n° 1, offre un profil qui concorde presque complétement avec celui d'un crâne lapon.

Le crâne roman (*fig.* 127) conserve encore, à ce point de vue, sa situation particulière. La voussure élevée du front, la courbure régulière de la tête, la chute brusque de l'occiput, la contraction de la base, la direction abrupte de la mâchoire supérieure et des apophyses mastoïdes, le font distinguer au premier coup d'œil ; vu de profil, il paraît être presque l'antipode du crâne danois. La position du trou occipital, non visible dans la figure, distingue le crâne roman, car il est situé très en arrière, ce qui n'est pas le cas dans les crânes lapons et dans ceux de l'âge de la pierre.

Les Lapons par leur conformation crânienne se rapprochent donc beaucoup plus que les Suisses romans du peuple de l'âge de la pierre. En conséquence, il faut admettre des modifications bien plus considérables chez les Romans que chez les Lapons, si on veut faire dériver ces deux types du peuple primitif qui a habité le nord de l'Europe pendant l'âge de la pierre.

Il est évident que, pendant l'âge de la pierre, nom que les archéologues ont donné à la période pendant laquelle les métaux étaient inconnus, la civilisation avait déjà atteint dans le nord un certain degré de perfection. C'est ce que prouvent les instruments en pierre, en bois et en os, en

partie très-bien travaillés, trouvés dans les tourbières et
les tombeaux. Les tombeaux paraissent avoir un caractère
uniforme ; ils sont construits avec de grands blocs bruts
formant une chambre, dans laquelle le cadavre est couché,
ou accroupi. Sur cette chambre fermée qui, à ce qu'il paraît, était placée à la surface du sol, on entassait de grandes
masses de pierres, formant ainsi ces énormes monticules,
qui, dans des plaines du Nord, attirent l'attention des voyageurs ; la plupart de ces monticules sont même surmontés
de grands arbres, des chênes ou des hêtres. Dans plusieurs
pays, en Suisse, par exemple, l'usage veut que le passant qui
rencontre un tombeau sur son chemin y jette une pierre ou
une poignée de terre. Il est possible qu'un usage analogue
ait existé autrefois chez les peuples de l'âge de pierre et ait
pu contribuer à l'importance de ces monuments tumulaires.

L'âge de la pierre a certainement duré dans le nord un
temps considérable ; il ne s'est pas terminé brusquement,
mais a dû cesser peu à peu, au fur et à mesure de l'introduction des métaux et surtout du bronze qui, dans tout
le nord et l'ouest de l'Europe, a été pendant longtemps le
seul alliage métallique connu. Le bronze se compose d'environ neuf parties de cuivre et d'une partie d'étain ; les
objets confectionnés avec cet alliage, souvent avec art, paraissent tous avoir été fondus et point forgés. Il va sans
dire que les armes et les ustensiles en bronze ont dû, dans
l'origine, être rares et d'un emploi peu général : peut-être
n'appartenaient-ils d'abord qu'à une race privilégiée, aux
chefs, auxquels ils servaient de marques distinctives ou de
signes honorifiques. Plus tard le bronze devint plus abondant, et il ne dut pas tarder à remplacer entièrement, pour
les besoins de la vie, les matériaux plus incommodes
tels que l'os et la pierre, bien que, pendant tout l'âge
du bronze, et même encore pendant celui où on commen-

çait déjà à connaître les ustensiles en fer, les instruments en pierre aient continué à être en usage.

La question de savoir si le bronze a été importé par un peuple différent de celui de l'âge de la pierre, ou inventé spontanément par ce dernier, est encore indécise. Ce sont peut-être, comme M. Nilsson essaye de le prouver, les Phéniciens qui, les premiers, ont apporté le bronze dans le nord, où ils l'échangeaient probablement contre de l'ambre. L'examen des ossements laissés dans des tombeaux pourrait aider à trancher cette question; mais, jusqu'à présent, on n'a pas encore trouvé, dans le nord, des crânes appartenant à l'âge du bronze, parce qu'on avait pris l'habitude de brûler les morts et de déposer seulement à côté de leurs cendres quelques armes et autres objets. Pendant la troisième période, celle du fer, on enterre de nouveau les cadavres; les crânes grands et pesants, de forme allongée, appartenant à cette période, sont entièrement différents de ceux de l'âge de la pierre.

Le peuple lapon de l'âge de la pierre, si nous osons le désigner ainsi, a habité non-seulement le Danemark et la Scandinavie, mais certainement aussi le nord de l'Allemagne. Des découvertes, faites notamment dans le Mecklembourg, prouvent ce fait de la manière la plus évidente, ainsi que cela résulte de la description des antiques habitants du pays par le docteur Schaaffhausen de Bonn. Je cite textuellement.

« On a trouvé à Plau dans le Mecklembourg, dans une « couche de gravier située à six pieds au-dessous de la « surface du sol, un squelette humain dans une position « accroupie, presque agenouillé, accompagné d'instru-« ments en os, d'une hache d'armes en corne de cerf, de « deux défenses de sanglier taillées, et de trois incisives « de cerf percées à la racine. On a attribué à ce tombeau « un âge très-ancien parce qu'il n'offrait aucune trace ni

« de construction en pierre ni de combustion du cadavre,
« et ne renfermait aucun objet en pierre, en argile ou en
« métal. Le docteur Lisch, frappé de la saillie extraordi-
« naire de la région sus-orbitaire, de la largeur de la racine
« du nez et de la fuite de la région frontale, remarque à ce
« sujet que la conformation de ce crâne semble dénoter une
« très-haute antiquité, et doit le faire remonter à une pé-
« riode pendant laquelle l'homme se trouvait à un état de dé-
« veloppement inférieur. Cette tombe appartient probable-
« ment à un peuple autochthone. J'ai eu la plus grande
« peine à réunir les vingt-deux fragments de ce crâne brisé,
« ainsi que ceux du squelette, que m'ont envoyés les ou-
« vriers. Si semblable que soit ce crâne par sa confor-
« mation frontale à celui du Neanderthal, le bourrelet
« sus-orbitaire est cependant plus fort chez ce dernier, et
« se confond entièrement avec le bord orbitaire supérieur,
« ce qui n'existe pas chez le premier. La forme générale
« de ces deux crânes est essentiellement différente; le crâne
« de Neander est elliptique et allongé, le crâne de Plau est
« arrondi. Le crâne de Plau est plus complet; nous pos-
« sédons une partie de la mâchoire supérieure encore garni
« de ses dents; la mâchoire inférieure est entière. Les dents
« sont droites; les os sont épais, mais très-légers, et happent
« fortement à la langue. Les attaches musculaires de l'occi-
« put, au-dessus des apophyses mastoïdes, sont fortement
« développées, les sutures du crâne nullement soudées, la
« dernière molaire supérieure de droite n'a pas encore per-
« cé; les dents sont usées; la couronne de quelques molaires
« a presque entièrement disparu; les canines inférieures
« sont plus grandes que les incisives et dépassent le niveau
« de la série dentaire; le trou incisif de la mâchoire supé-
« rieure est très-grand, et large de plus de 4 millimètres.
« La branche verticale de la mâchoire inférieure, qui se dé-
« tache bien à angle droit, est large et courte, et offre aux

« points d'insertion des mucles des rugosités bien dévelop-
« pées. Le pariétal droit présente une impression longitu-
« dinale, qui paraît provenir d'un coup. Voici les dimen-
« sions des différentes parties :

« Circonférence du crâne mesurée par les arcades sus-orbitaires
« et la ligne semi-circulaire supérieure de l'occipital........ 445 mill.
« De la racine du nez jusqu'à la ligne semi-circulaire supérieure
« en passant par-dessus le vertex............................. 320 »
« De la racine du nez au trou occipital, passant par-dessus le
« vertex.. 380 »
« Longueur du crâne, de la glabelle à l'occiput............... 168 »
« Largeur du frontal... 107 »
« Hauteur du crâne depuis une ligne joignant le bord des tempes
« jusqu'au milieu de la suture sagittale...................... 80 »
« Du trou occipital au même point............................ 122 »
« Largeur de l'occiput d'une protubérance pariétale à l'autre.. 138 »
« Largeur de la base du crâne d'une apophyse mastoïde à l'autre. 155 »
« Épaisseur de l'os frontal et des pariétaux dans leur milieu... 9 »

« La cavité crânienne remplie de grains de millet con-
« tient 36 onces et 3 1/2 drachmes, poids de pharmacie
« prussien. »

On a fait une découverte analogue à Schwaan dans le
Mecklembourg, mais le crâne est loin d'être aussi bien conservé que celui de Plau. J'aurais aussi mentionné avec
Schaaffhausen un travail du docteur Kutorga sur les pro-
vinces russes de la Baltique, si des observations plus récentes n'avaient fait élever le plus grand doute sur la valeur
des résultats obtenus par cet auteur. Les crânes en question
ont été trouvés dans le sable d'un ancien lit de rivière, dans
le gouvernement de Minsk.

Mais je dois m'étendre avec plus de détails sur une découverte, faite déjà depuis plus de dix ans dans les environs
de Liége, par le docteur Spring, un des membres les plus
distingués de l'université de cette ville. Cette découverte,
comme je l'ai indiqué ailleurs, n'a pas été reçue avec l'attention qu'elle méritait. Dans le voisinage de Chauvaux,

sur les bords de la Meuse, on a trouvé, à environ cent pieds au-dessus du niveau actuel du fleuve, une petite grotte ou crevasse ayant environ 15 pieds de profondeur, contenant deux différentes couches à ossements, séparées par un dépôt calcaire stalagmitique. La couche inférieure avait un décimètre d'épaisseur : elle contenait une grande quantité de petits os brisés, et était recouverte d'un dépôt stalagmitique de 1 à 2 centimètres d'épaisseur sur lequel reposait une masse d'os brisés enfermés dans un poudingue de grands cailloux roulés, réunis entre eux par un ciment calcaire. Les os ne semblaient pas avoir été roulés, mais ils étaient si décomposés qu'ils tombaient en poussière au moindre attouchement. Sur cette couche d'os brisés dont les cassures étaient nettes et tranchantes, s'étendait encore une couche stalagmitique d'environ 45 centimètres d'épaisseur, recouverte elle-même d'un lit d'argile d'épaisseur variable. Malgré leur excessive friabilité, un grand nombre des os de la couche supérieure renfermaient encore presque toute leur substance organique ; ils étaient d'ailleurs fortement imprégnés de carbonate de chaux.

Parmi les ossements de la couche supérieure, on a trouvé un grand nombre d'os humains pêle-mêle avec ceux des animaux. Ils étaient surtout abondants à l'entrée de la caverne : des tibias, des fémurs, des cubitus, des os courts du carpe et du tarse, des doigts, des omoplates, des côtes, des mâchoires et des os du crâne, tous brisés, enfin une grande quantité de dents détachées des mâchoires.

« Tous les os longs, dit Spring, étaient brisés, soit par
« le milieu, soit près de l'une de leurs extrémités. Les
« mâchoires inférieures étaient beaucoup plus nombreuses
« que les autres os du crâne ; je conserve un fragment de
« la brèche, ayant le volume d'un pavé ordinaire, qui
« renferme à lui seul cinq mâchoires humaines, parmi
« lesquelles se trouve celle d'un enfant de 7 à 8 ans, à

« l'âge de la seconde dentition. Je possède un grand
« nombre de fragments d'os pariétaux, temporaux et occi-
« pitaux ; toutefois, c'est sur place seulement que j'ai pu
« voir la moitié d'un crâne entier, car il a été impossible
« de l'extraire sans le briser. En raison de l'excessive
« friabilité de ces os, lorsqu'ils n'ont pas été exposés à
« l'air pendant longtemps, j'ai donc étudié les crânes et
« pris toutes mes mesures avant d'y laisser toucher. Ces
« observations, ainsi que l'examen des autres os caracté-
« ristiques, m'ont donné la certitude que j'avais affaire à
« une race humaine tout à fait différente de celles qui ha-
« bitent aujourd'hui l'Europe centrale et occidentale ;
« différente aussi des anciennes races germaniques ou
« celtiques, autant que je puis me fier au souvenir que
« j'ai conservé des crânes de cette dernière race dans les
« différentes collections de l'Europe.

« Ce crâne est fort petit, soit absolument parlant, soit
« relativement au développement des mâchoires ; le front
« est fuyant, les temporaux aplatis, les narines larges, les
« arcades alvéolaires prononcées, les dents dirigées obli-
« quement, l'angle facial ne pouvait guère excéder 70 de-
« grés. J'ose à peine faire remarquer que ces caractères
« sont bien plus conformes à ceux du nègre et des Indiens
« de l'Amérique, qu'à ceux d'aucune des races qui, dans
« les temps historiques, ont habité l'Europe. Autant qu'on
« peut en juger par la grandeur des fémurs et des tibias,
« cette race devait être de très-petite taille, qu'un calcul
« approximatif fixe à environ cinq pieds, taille qui serait
« celle des Groënlandais et des Lapons.

« Au nombre de ces os trouvés en si grand nombre, il
« n'en est pas un seul qu'on puisse attribuer à un vieillard,
« ou même à un homme fort et vigoureux d'âge moyen ;
« tous appartenaient à des femmes, à des adolescents ou
« à des enfants. »

Spring a aussi découvert dans la couche calcaire stalag-mitique un fragment d'os pariétal, portant une fracture produite par le choc d'un instrument contondant. L'instrument cause de la blessure se trouvait à côté, dans la même couche ; c'était une hachette en silex de facture grossière, n'ayant pas de trou pour l'insertion d'un manche. Spring a découvert au même endroit un second instrument semblable.

Les os d'animaux qui accompagnaient les ossements humains se trouvaient exactement dans les mêmes conditions ; les os longs étaient tous brisés, tandis que ceux qui ne renferment pas de moelle étaient intacts. On découvrit aussi un grand nombre de dents isolées de petits carnassiers, ainsi que quelques dents de sangliers ; mais pas une seule dent de cerf ou d'autre ruminant, ce qui est d'autant plus extraordinaire que les os humains et les os longs de grands ruminants étaient très-abondants.

Parmi un si grand nombre d'ossements de ruminants, il est également très-étonnant que, à l'exception d'un fragment de la mâchoire inférieure d'un mouton ou d'un chevreuil, on n'ait rencontré ni crâne, ni fragment de crâne, de corne, de bœufs ou d'aurochs ou de bois de cerf.

Les ossements appartenaient au cerf, au bœuf, au mouton, au daim, au sanglier, au chien ou au renard, à la martre et au lièvre ; quelques os de bœuf et de cerf sont si grands, surtout par leurs apophyses, qu'on peut les attribuer à l'aurochs et à l'élan, si répandus autrefois.

On a trouvé aussi des cendres, des fragments de charbon et d'argile calcinée.

Spring conclut avec raison des circonstances de cette découverte, que les ossements de Chauvaux sont les restes d'un festin de cannibales ; il fait observer à l'appui de cette assertion la similitude d'état que présentent tous les ossements, tant ceux des hommes que ceux des animaux, qui tous ont été brisés pour permettre l'extraction de la moelle ; l'absence de fragments des crânes des animaux, dont on avait seulement apporté la chair, et, enfin, le fait que tous les os humains appartiennent à de jeunes individus dont on devait, dans de pareils repas, préférer certainement la chair. En même temps, il rappelle quelques passages d'anciens auteurs et des Pères de l'Église, qui témoignent qu'en Belgique et dans les pays Gaulois, l'usage des sacrifices humains et l'antropophagie s'étaient conservés jusqu'à l'époque romaine. La description courte et incomplète du crâne ne permet aucune conclusion précise sur la race à laquelle il pouvait appartenir ; cependant, on peut au moins affirmer que cette race différait sensiblement des races contemporaines du Danemark et de l'Allemagne septentrionale.

Si les découvertes de Boucher de Perthes relatives à l'ancienneté de l'homme n'ont d'abord attiré que peu d'attention et n'ont été admises d'une manière générale qu'après un certain temps, il n'en est pas de même de la découverte que fit à Meilen, dans l'hiver de 1853-1854, M. F. Keller de Zurich, sur les bords du lac de ce nom. Les eaux étaient fort basses, et on avait profité de cette circonstance pour élever des digues sur le fond du lac mis à sec et gagner ainsi une certaine étendue de terrain. En creusant la couche argileuse dans le voisinage pour prendre les remblais nécessaires afin de remplir l'espace enclos de murs, on trouva, au-dessous d'un dépôt superficiel ayant deux pieds d'épaisseur composé d'une boue gris jaunâtre, une couche, épaisse de deux pieds à deux pieds et demi, d'une argile sablonneuse, colorée en noir par une grande quantité de matières organiques, dans laquelle étaient des pieux et qui renfermait en outre une quantité de haches en pierre, des massues, des marteaux, des instruments en silex, et autres objets en pierre. On a dé-

couvert enfin dans cette couche que Keller a nommée
« couche archéologique » (*Kulturschicht*), des outils en
os, en corne, en dents et en bois, des vases grossiers en
argile crue, une perle d'ambre jaune, une boucle en bronze,
beaucoup de noisettes cassées, des rameaux et des cônes
de sapin, enfin la partie supérieure d'un crâne humain,
ainsi que des os provenant de plusieurs squelettes. Les
pilotis étaient enfoncés dans l'ancien fond primitif du lac,
composé d'argile fine comme la couche superficielle, mais
ne renfermant aucun débris de l'industrie humaine. Keller
comprit immédiatement l'importance de sa découverte ;
il vit clairement qu'il se trouvait en présence de la station
d'un peuple préhistorique, auquel les métaux étaient presque
inconnus, et dont la civilisation était à peu près la même
que celle des peuples de l'âge de la pierre dans le nord de

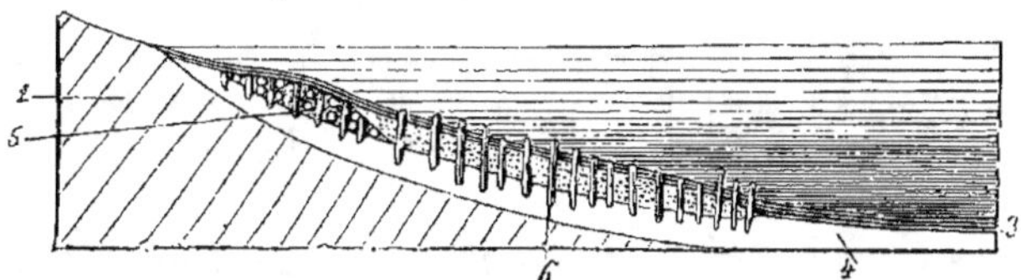

Fig. 106. — Coupe d'une construction sur pilotis dans les lacs.

1. Fond rocheux. — 2. Lac. — 3. Couche de boue récente. — 4. Couche de
blanc-fond. — 5. Station de l'époque de la pierre. — 6. Station de l'époque du
bronze.

l'Europe. Depuis cette découverte jusqu'au moment actuel,
on a beaucoup multiplié les recherches en Suisse et dans
les régions limitrophes, en France, en Italie et en Allemagne, et maintenant on peut presque dire qu'il n'y a pas
de lac ou de tourbière dans la plaine suisse s'étendant
entre les Alpes et le Jura, où on n'ait trouvé des traces de
semblables constructions sur pilotis. Le zèle avec lequel
on a poussé les recherches, le désir de dépasser ses rivaux dans l'examen de cette question a donné lieu à
maintes considérations bizarres, et tandis que les rapports

de F. Keller lui-même sont de vrais modèles de clarté et se bornent strictement à l'étude même des objets, on peut, d'autre part, regarder comme un pieux roman, le volume assez gros qu'a publié M. Troyon[1]. Cet auteur, s'ingéniant à imiter les romans historiques si recherchés dans ces derniers temps, s'efforce d'élever sur de soi-disant bases historiques, un édifice dont il emprunte les fondations à la chronique de famille de la race judaïque, rédigée par Moïse.

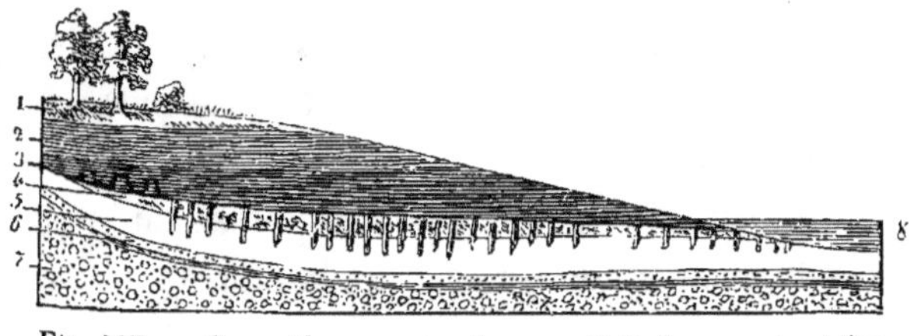

Fig. 107. — Coupe d'une construction sur pilotis dans une tourbière.

1. Terre végétale. — 2. Tourbe. — 3. Tourbe plus compacte renfermant de vieux arbres. — 4. Couche archéologique à pilotis, qui sont plantés dans le blanc-fond. — 5. 6. Couche de sable. — 7. Gravier grossier. — 8. Niveau actuel des eaux.

Revenons aux faits. — Il existe des constructions sur pilotis, qui, situées à quelque distance du bord, sont encore recouvertes d'eau, de sable, d'argile ou d'infiltrations calcaires, et qui, pour la plupart, étaient déjà depuis longtemps connues des pêcheurs, dont les filets se déchiraient souvent à ces pilotis.

Dans quelques endroits, on trouve jusqu'à trente pieds d'eau au-dessus des pilotis les plus éloignés du bord; mais, en général, le niveau de l'eau est moins élevé, et on peut remarquer, surtout dans les lacs de la Suisse occidentale, que les habitations sur pilotis dans lesquelles on ne rencontre pas de métaux, sont plus voisines du bord, et à une profondeur moindre; que, par contre, celles dans les-

1. *Habitations lacustres des temps anciens et modernes.* Lausanne, 1860.

quelles on a trouvé des métaux, et notamment du bronze, sont à une plus grande distance du bord et à une plus grande profondeur.

Les constructions sur pilotis dans les tourbières sont toujours situées là où, autrefois, il y avait un lac, qui a depuis considérablement diminué, mais dont il reste encore quelques traces au milieu de la tourbière. Il en est ainsi à Moosseedorf, à Wauwyl, à Robenhausen sur le lac de Pfaeffikon, et dans beaucoup d'autres endroits. On remarque, en général, au fond des tourbières, au-dessus du gravier et des sables d'alluvion qui, en Suisse, renferment dans quelques endroits des os d'éléphants, une couche calcaire qu'on nomme *blanc-fond*, et qui se compose en grande partie de débris pulvérisés de coquilles de mollusques appartenant aux espèces qui habitent encore la Suisse. C'est dans ce blanc-fond, qui correspond à la couche inférieure de Meilen, que sont enfoncés les pilotis, ordinairement à une grande profondeur; à Wauwyl, par exemple, on a arraché des pilotis qui avaient pénétré de dix pieds dans le sol. La tourbe repose sur le blanc-fond; son épaisseur, qui varie ordinairement de cinq à six pieds, atteint, dans quelques endroits, jusqu'à vingt pieds. Les instruments en pierre et en os se trouvent ordinairement au fond de la tourbe et reposent immédiatement sur le blanc-fond, dans lequel on n'a jamais rencontré des traces d'antiquités; ces instruments sont ordinairement mélangés avec un peu de tourbe grumeleuse. Les os brisés, les outils, les charbons, les rondins de bois, bref, tous les matériaux qui constituent la couche en question occupent la partie inférieure de la tourbe, sur une épaisseur qui peut varier de 5 pouces à 3 pieds. Lorsqu'on rencontre, comme à Moosseedorf, des restes des temps historiques, tels que des monnaies romaines, celles-ci occupent une position beaucoup plus élevée dans la tourbe, et les objets du moyen âge sont placés immédiatement sous la terre végétale. Dans les constructions sur pilotis de Wauwyl, on a trouvé cinq planchers superposés, formés de bûches horizontales disposées dans différentes directions, le plus souvent à angle droit, mais quelquefois obliquement, entre les pilotis. Le plancher inférieur repose immédiatement sur le blanc-fond.

L'épaisseur de l'ensemble de ces planchers est de trois pieds. Les sommets des pilotis enfoncés dans le sol s'élèvent d'environ un pied au-dessus des planchers. Deux systèmes différents de planchers sont souvent réunis entre eux, de telle sorte que plusieurs rondins du plancher supérieur d'un système rejoignent les rondins de l'autre système, et établissent une communication en forme de rampe, ayant environ quatre pieds de largeur. Tout le bois employé est rond sans exception. Aucune entaille n'est visible sur les pilotis ; on ne remarque non plus dans les bûches horizontales aucun aplatissement, aucune coupure, ni aucun moyen d'assemblage exigeant l'emploi d'instruments spéciaux ; point de trous ni de chevilles en bois. Les bûches horizontales sont simplement serrées les unes contre les autres ; aux points de croisement formant le cadre du plancher, on remarque des piquets verticaux entre lesquels les pièces de bois formant ce cadre ont été engagées et forcées. Parfois il semblerait que ce plancher a dû pouvoir se soulever et s'abaisser librement entre les pieux verticaux qui le maintenaient.

Les joints des pièces de bois horizontales sont remplis d'argile, et le dessous, soit l'intervalle entre deux planchers, est également rempli d'argile et de menus branchages.

Çà et là on aperçoit quelques piquets verticaux dont l'extrémité supérieure a été apointie au moyen du feu.

Sur le terrain déblayé jusqu'à présent, on aperçoit très-nettement un emplacement rectangulaire ayant quatre-

vingt-douze pieds de long et cinquante pieds de large, qui
paraît avoir été recouvert de planchers à différentes hauteurs. Autour de ce rectangle, qu'il faut peut-être considérer comme ayant servi d'habitation pour une famille, on
trouve des rangées larges de quatre à cinq pieds, souvent
plus, formées de pilotis plantés irrégulièrement près les
uns des autres, et qui ne sont pas reliés par des pièces de
bois horizontales.

Ces rangées de pilotis libres se prolongent presque partout dans la direction des côtés à chaque angle du rectangle,
ce qui semble indiquer que différents systèmes de planchers comme ceux déjà décrits ont dû exister, supposition
que la continuation des fouilles devra confirmer. Un fait
qui semble prouver en faveur de cette assertion c'est que, à
quelques centaines de pieds du rectangle décrit, il existe
des constructions analogues ; il en existe aussi au sud-est
des fouilles décrites dans la tourbière de Vauwyl.

Ces faits nous fournissent tout d'abord les éléments d'une
conclusion probable sur l'ancienneté de ces constructions
sur pilotis. Les alluvions, dans lesquelles, sur divers points
de la Suisse, on a trouvé des restes d'éléphants et de rhinocéros, se trouvent au-dessous du blanc-fond, dans lequel
sont enfoncés les pilotis. Ce blanc-fond devait donc avoir
atteint déjà une épaisseur de plusieurs pieds avant l'établissement des constructions lacustres, car partout les pilotis
pénètrent uniquement dans cette couche, et jamais dans le
gravier ; or, pour qu'ils fussent solides, il fallait bien qu'ils
pénétrassent de quelques pieds dans le sol. La formation d'un
pareil fond, consistant en une masse énorme de coquilles,
a exigé un temps relativement très-long, plusieurs siècles
sans doute, car nous savons que les mollusques d'eau
douce, si nombreux qu'ils soient, ne peuvent former, par
l'accumulation de leurs coquilles, une couche appréciable
qu'après de longues années. Les colonisations en Suisse

sont donc beaucoup plus récentes que les couches d'Amiens ou les dépôts des cavernes contemporains, dans lesquels nous avons déjà démontré l'existence de l'homme. Mais elles n'en remontent pas moins à une époque très-ancienne, sur laquelle nous ne possédons aucune tradition historique, et dont l'âge pourrait peut-être s'évaluer, si on avait des notions exactes sur la croissance de la tourbe qui a envahi et recouvert ces constructions lacustres. Mais, jusqu'à présent, nous manquons de toute donnée positive qui nous permette de mesurer la croissance de la tourbe, et tous les calculs qu'on a voulu faire à cet égard reposent sur des bases très-incertaines, d'autant plus qu'on a souvent compté à tort comme croissance le fait du gonflement des tourbières.

On a dû bientôt se convaincre que les constructions lacustres presque innombrables qu'on a successivement découvertes en Suisse offrent plusieurs caractères communs, bien que, d'autre part, elles possèdent certains caractères particuliers, dépendant surtout de la présence des métaux et de quelques autres industries. En ce qui concerne l'apparition des métaux, on ne peut méconnaître que l'est de la Suisse est surtout riche en habitations lacustres, dans lesquelles on n'a rencontré que peu ou point de métaux, tandis qu'il en existe au contraire dans la Suisse occidentale un grand nombre qui renferment, soit des objets de l'âge du bronze seul, soit des objets travaillés appartenant aux deux périodes, tandis que dans d'autres on a trouvé des objets en fer, et même quelques monnaies romaines. On ne peut cependant tracer en aucune façon une limite géographique comme le veut M. Troyon, car on trouve dans quelques colonies les preuves évidentes d'une occupation continue pendant toute la période, et d'augmentations successives. Cependant, abstraction faite des objets qu'on y découvre, on peut facilement distinguer les constructions appartenant à l'âge de la pierre de celles appartenant à l'âge du bronze, soit, comme nous l'avons déjà fait remarquer, par la profondeur à laquelle elles sont placées, soit par le travail des pilotis. Les pilotis de l'âge de la pierre sont plus épais que ceux de l'âge du bronze ; ils sont formés, pour la plupart, d'un tronc d'arbre entier ayant environ un pied de diamètre, dont l'extrémité, entaillée circulairement, a été ensuite brisée brusquement ; on rencontre rarement des troncs fendus. Les pilotis de l'âge de bronze sont beaucoup plus minces, et ont au plus quatre pouces d'épaisseur; les troncs sont souvent coupés en quatre morceaux dans le sens de la longeur et le sommet du pilotis s'élève de plusieurs pieds au-dessus du sol, tandis que le sommet de ceux de l'âge de la pierre est enfoui dans un amas de cailloux ; on remarque surtout cette différence dans les endroits où, comme au lac de Neuchâtel, la nature rocheuse du fond s'opposait à ce qu'on enfonçât suffisamment les pilotis. En outre, autant que je le sache, on n'a trouvé, jusqu'à présent, aucune construction sur pilotis appartenant à l'âge du bronze qui ait été envahie par la tourbe. On distingue trois catégories de stations : les constructions sur pilotis apppartenent uniquement à l'âge de la pierre, comme Moosseedorf, Wauwyl, Meilen, Robenhausen, Wangen et les nombreuses stations du lac de Constance; — les constructions qui, remontant à l'âge de la pierre, ont duré jusqu'à l'âge du bronze, comme Concise, Estavayer, Hageneck et quelques autres stations sur les lacs de Bienne et de Neuchâtel ; — enfin, celles où l'on rencontre des instruments en fer, comme la fameuse station dite de Steinberg sur le lac de Bienne. Il y a encore une foule de stations sur les lacs de Genève, de Neuchâtel et de Sempach, où on n'a trouvé jusqu'à présent que du bronze, et enfin une seule dans laquelle on n'a trouvé que du fer, c'est celle de la Têne, près de Marin, sur le lac de Neuchâtel.

Beaucoup de ces stations ont été évidemment détruites

par le feu, car on trouve dans plusieurs endroits des pilotis et des rondins brûlés. A Moosseedorf, Messikomer a pu démontrer par la direction des cendres et des fragments de charbon, que l'incendie a dû avoir lieu pendant un violent ouragan de Föhn. D'autres stations n'offrent, par contre, aucune trace d'incendie, et si on réfléchit à la facilité avec laquelle le feu peut se déclarer dans des huttes et des magasins entièrement composés de bois et de branches entrelacées, on comprendra que certains archéologues ont été un peu loin, lorsque, rapprochant les traces d'incendie de l'introduction des métaux, ils ont voulu expliquer chaque progrès de la civilisation par l'invasion d'un nouveau peuple, qui aurait réduit en cendres les anciennes constructions. Ainsi, d'après M. Troyon, les habitations de l'âge de la pierre auraient été incendiées par un peuple venant de l'orient qui apportait le bronze ; ce peuple aurait reconstruit les habitations, et aurait été expulsé à son tour par un nouveau peuple venant encore de l'orient, les Helvétiens, lesquels, armés de glaives en fer, auraient incendié les villages de l'âge du bronze, et seraient établis sur leurs débris calcinés. M. Troyon prétend même avoir découvert les premières bombes, des sphères creuses en argile, probablement remplies de poix, qu'on lançait du rivage sur les habitations sur pilotis. Keller regarde ces projectiles incendiaires comme de simples poids destinés à tendre les fils dans les métiers à tisser. Il ajoute : « Il est dommage qu'on n'ait pas encore
« connu les nombreuses stations dans lesquelles on a trouvé
« des ustensiles romains à l'époque où M. Troyon rédigeait
« ses *Habitations lacustres* ; il y eût vu sans doute la preuve
« d'une troisième conquête du pays par les Alemanniens,
« d'une nouvelle destruction par le feu des habitations
« lacustres, et, comme conclusion du drame, l'extinction
« de la population. »

Si on examine de plus près les stations qui, remontant à l'âge de la pierre, ont été habitées jusque pendant l'âge du bronze, on remarque que les premières constructions, situées à une moindre profondeur et plus près du rivage, forment, pour ainsi dire, un noyau, autour duquel les pilotis de l'âge du bronze s'étendent, en s'avançant vers les parties plus profondes du lac. D'après Desor, des pilotis appartenant à cette dernière époque, et ayant de quatre à six pouces de diamètre, s'avancent jusqu'à une profondeur de trente pieds au-dessous du niveau moyen des eaux; ces pilotis sont parfois enfoncés de dix pieds dans le fond du lac. Ces pieux auraient donc dû avoir quarante pieds de longueur pour atteindre la surface actuelle des eaux; mais, ainsi que le prouvent les découvertes faites à Wauvyl, les pilotis portaient des plateformes ou planchers placés au-dessus de la surface de l'eau; or, en admettant que l'élévation au-dessus de la surface n'ait été que de quatre pieds et que le pilotis ait pénétré de six pieds seulement dans le sol, il en résulterait qu'un pilotis destiné à traverser trente pieds d'eau devait avoir une longueur totale de quarante pieds, sur un diamètre de quatre pouces ; l'emploi de semblables pilotis constituerait déjà un tour de force pour un ingénieur de notre époque et bien certainement une impossibilité pour un constructeur de l'âge du bronze ! On doit donc conclure de ce fait, qu'à l'époque des constructions de l'âge de la pierre, le niveau des eaux était le même ou un peu plus élevé que maintenant, puisqu'il est survenu un retrait graduel des eaux, ce qui força les habitants à suivre ce mouvement de retraite, pour conserver leurs constructions à la profondeur voulue. Cet abaissement des eaux dut, dans les petits lacs, laisser à sec beaucoup de constructions sur pilotis, qui furent abandonnées comme ne répondant plus au but qu'on se proposait ; ces constructions furent ensuite envahies par la tourbe, qui doit avoir été assez sèche, car, comme nous l'avons déjà fait remarquer, les couches inférieures renferment beaucoup de bois, ce qui indique le produit d'une vigoureuse végétation forestière. Plus tard, les eaux montèrent de nouveau, les constructions s'enfoncèrent sous le niveau de l'eau ou furent entièrement ensevelies sous la tourbe croissante. Il doit donc y avoir eu plusieurs changements graduels dans le niveau des eaux, changements qui ont forcé les habitants des stations lacustres, soit à s'avancer vers le centre du lac lors de la baisse des eaux, soit à se fixer sur la terre ferme.

Les premières constructions de l'âge de la pierre ou *steinbergs*, comme on les nomme dans le lac de Neuchâtel, n'étaient peut-être que des îlots artificiels, comme les crannoges irlandais, dont nous trouvons en Suisse un exemple dans le petit lac d'Inkwyl près de Soleure; on utilisait peut-être ces îlots pour la pêche, pour y donner des fêtes, mais probablement pas comme habitation. D'autres stations furent certainement habitées, du moins pendant quelque temps; les constructions sur pilotis furent plus tard, comme le remarque Desor, utilisées comme magasins, dans lesquels on conservait les provisions. Desor dit à ce sujet : « Il suffit de voir les objets trouvés dans « une station quelconque pour se convaincre que ce ne « sont pas des débris qu'on a jetés à l'eau; les vases si « nombreux encore pleins de provisions, qu'on trouve « accumulés sur quelques points, ne sont point tombés « par hasard dans l'eau, et n'indiquent ni une attaque ni « une destruction; car, dans ce cas, on trouverait à côté « les cadavres des habitants. Les objets en bronze sont « presque tous neufs, les vases entiers, les différentes « provisions bien préparées, rassemblées sur divers points, « et, selon l'avis des collectionneurs exercés, on ne fait de « bonnes trouvailles que là où les pilotis sont brûlés. Ce « sont donc probablement des magasins qui ont brûlé par

« hasard, tandis que les habitations construites en bran-
« chages et en terre glaise, comme on en a trouvé une à
« Ébersberg près de Zurich, se trouvaient dans le voisi-
« nage, sur la terre ferme. »

Je dois avouer, Messieurs, que, depuis que j'ai visité les
pays septentrionaux, cette opinion me paraît beaucoup plus
probable que celle qui veut que les stations lacustres aient
été des habitations. Dans le nord, l'eau est la route du
commerce ; les populations habitant les fiords, ne trafiquent
entre eux que par la voie de mer, les magasins sont bâtis
sur pilotis, et on transporte directement les marchandises
de ces magasins sur les bateaux. Les pêcheurs, les Lapons,
qui viennent souvent de fort loin, font leur cuisine,
mangent et dorment sur les galeries en bois qui entourent
ces magasins. Il n'est pas improbable qu'un pareil état de
choses ait pu exister en Suisse à une époque reculée : la
plupart des routes longeant les lacs sont de création récente, de sorte que, jusqu'à notre siècle, leurs riverains
ne pouvaient communiquer entre eux que par bateau.

On remarque facilement les traces d'une civilisation
progressive dans l'industrie et l'ensemble des possessions
de ces habitants lacustres : ainsi, les instruments du lac de
Constance sont grossiers, informes et disgracieux, tandis
que beaucoup de pièces trouvées à Concise, peuvent se
comparer avec les outils les plus remarquables provenant
du Danemark. De même, Concise est bien plus riche en
animaux domestiques ; on remarque entre autres une race
bovine particulière, qui n'a pas encore été trouvée dans
l'est de la Suisse. Les uns étaient, à ce qu'il semble, des
paysans, — les autres appartenaient à une aristocratie industrielle, me disait un jour un archéologue suisse. Peut-être
cette différence dépend-elle uniquement des localités,
peut-être aussi faut-il y voir la preuve de différentes périodes, qui n'ont pu cependant être bien éloignées les unes

des autres, mais qui offrent aux yeux de l'observateur les progrès lents et continus d'une civilisation croissante? Il faut avouer que, malgré l'insuffisance des matériaux, cette civilisation avait atteint un degré assez élevé, et elle offre un beau témoignage de la perspicacité, de l'énergie et de la patience de ces peuples primitifs.

Ils ont su, sans le secours d'instruments en métal, travailler les pierres du pays, en les adaptant, chacune suivant sa nature, à différents usages : ainsi, la mollasse dure servait de pierre à aiguiser et de meule à repasser ; avec la serpentine ils fabriquaient des marteaux et des haches, qui n'étaient peut-être que les signes d'une dignité plus élevée ; les pierres dures qui se trouvaient parmi les cailloux roulés, telles que les différents silex, étaient fendues et aiguisées pour faire toutes sortes d'instruments tranchants. Il n'y a pas à douter que plusieurs espèces de pierres ont dû être apportées de fort loin ; les silex, par exemple, viennent, sans doute, des grands gisements de craie du nord-ouest de la France ; peut-être aussi la néphrite de l'Orient. Toutefois, il existe encore beaucoup de doute relativement à cette dernière, qui n'a du reste été trouvée en Suisse qu'assez rarement. Aucun fait ne permet encore de supposer des relations commerciales avec l'Orient ; c'est de là que nous vient aujourd'hui la néphrite, mais on ne sait nullement dans quelle partie de l'Orient on la trouve. En outre, bien que les archéologues prétendent que certaines haches sont en néphrite, il n'est pas certain qu'elles ne soient pas tout simplement en serpentine exceptionnellement dure, ou en *jade*, nom que de Saussure a donné à un feldspath très-dur. Il se pourrait bien aussi qu'on trouvât dans le nagelfluh qui, sur le versant septentrional des Alpes, renferme tant de pierres étrangères, comme le porphyre, la roche constituant la soi-disant néphrite des haches suisses, et il serait à désirer surtout qu'on étudiât, plus exactement que cela n'a été fait jusqu'ici, la provenance et le lieu d'origine des différentes roches employées par les habitants des stations lacustres. Une analyse précise de cette nature, appliquée aux blocs erratiques, nous a appris à connaître jusque dans ses moindres détails le chemin par lequel ces blocs ont été transportés par les glaciers, du sommet des Alpes jusque dans les vallées où on les trouve aujourd'hui ; un travail analogue nous fournirait d'utiles renseignements sur les communications qui s'étaient établies entre les habitants des diverses stations lacustres avec d'autres peuples.

C'est surtout aux archéologues de montrer comment ces hommes travaillaient les pierres, les fixaient à des manches en bois ou en corne, pour en faire divers instruments propres à entailler et à fendre le bois, comment ils transformaient la corne de cerf et les os en instruments de toutes sortes, pointes de flèches, aiguilles, hameçons, enfin comment ils perçaient des dents pour les enfiler en série comme des perles, et pour en faire des colliers. Pour nous, ce qui nous intéresse tout particulièrement c'est de voir que les habitants des stations lacustres se livraient non-seulement à l'élève du bétail, et avaient apprivoisé plusieurs animaux, mais qu'ils étaient aussi agriculteurs. Dans les temps primitifs, la chasse devait évidemment fournir presque exclusivement l'alimentation du peuple, mais, plus tard, l'alimentation s'est transformée, on s'est adressé de plus en plus aux végétaux qui ont fini par former la nourriture principale. Voici les remarques que le professeur Heer, un juge compétent en ces matières, fait au sujet de l'agriculture des habitants des stations lacustres. Ces remarques ont été publiées sous forme d'appendice dans le rapport de Keller : je signalerai plus tard les recherches de Rütimeyer sur les animaux domestiques. « Le froment, dit le profes-
« seur Heer, paraît avoir été assez abondant, car on en a

« rencontré à Meilen, à Moosseedorf, et à Wangen ; dans ce
« dernier endroit, on a trouvé beaucoup d'épis, ainsi que
« des grains battus accumulés en grands tas rapprochés
« les uns des autres. Les grains sont nus, sans balle ; ils
« ont la forme et la grosseur de ceux de notre froment
« actuel. On a trouvé rarement du froment amylacé ; il
« est encore dans sa balle, et en partie en épis ; on a ren-
« contré, en outre, l'orge à deux rangs, encore en épis, et
« pourvu de ses plumes barbelées. Le froment anglais
« présente une variété à épis très-serrés, dirigés moins
« obliquement, par en haut ; chaque épi renferme deux
« grains, les valves de la balle ont une carène saillante,
« mais sont plus faiblement tridentées que l'espèce que
« nous cultivons. On a trouvé un grand nombre d'épis de
« l'orge à six rangs (*Hordeum hexastichon*), qui se dis-
« tingue de l'orge commune par la disposition de ses épis
« sur six rangs, et par ses grains plus petits ; c'est une
« espèce qui est peu cultivée actuellement. Cette espèce
« d'orge est, d'après Alph. de Candolle, celle qui a été le
« plus fréquemment cultivée dans l'antiquité (Égyptiens,
« Grecs et Romains). Dans les épis de Wangen, les grains
« sont évidemment disposés sur six rangs, les épis les plus
« longs et les mieux conservés renfermaient de 10 à 11
« grains par rang. La balle est conservée en partie et chez
« quelques épis les barbes, sur lesquelles on reconnaît
« encore les tubercules aigus. Mais les grains sont plus
« petits, plus courts, plus épais et plus compactes que
« dans l'espèce que nous cultivons. Ils ont (sans la balle)
« 2 1/4 lignes de long, et 1 1/2 ligne de large, tandis que
« dans notre espèce ils atteignent pour la même largeur
« une longueur de 3 lignes.

« On en conservait probablement dans de grands vases
« d'argile, dont on retrouve encore beaucoup de fragments.
« Il est à présumer que ces stations ont été détruites par le

« feu ; en conséquence les grains ont été carbonisés, et ont
« dans cet état admirablement conservé leur forme dans
« la glaise humide, le charbon résistant à toute décompo-
« sition. Toutes les céréales de ces temps reculés qui nous
« sont parvenues sont dans cet état de carbonisation, et
« tous les grains, débarrassés du limon qui les entoure,
« ont une couleur noir brillant. Ces découvertes nous per-
« mettent d'affirmer que les espèces de céréales dont
« nous venons de parler ont été cultivées dans nos pays à
« une époque bien plus ancienne qu'on ne l'avait cru jus-
« qu'à présent. Nous avons pu, en outre, nous rendre
« compte de la préparation que subissait le froment pour
« servir à l'alimentation. Les peuples de l'âge de la pierre
« ne possédaient naturellement pas de moulins ; pour pré-
« parer les céréales ils se servaient de pierres rondes po-
« lies, entre lesquelles ils brisaient et écrasaient le grain.
« On a trouvé une grande quantité de ces pierres dans
« presque toutes les habitations lacustres. Il est probable
« que les grains étaient préalablement grillés, puis broyés,
« et introduits dans un vase, humectés, puis mangés. Les
« Espagnols, lors de la conquête des Canaries, trouvèrent
« ce mode de préparation des céréales en usage chez les
« indigènes ; ils l'ont adopté et conservé jusqu'à ce jour.
« Le grain est d'abord grillé dans des fours spéciaux, puis
« broyé et conservé dans des peaux de chèvre. Ce *gofio*,
« comme on nomme cette préparation du grain, constitue
« encore le pain de la généralité des habitants des Cana-
« ries, et doit être certainement considéré comme la
« forme la plus ancienne sous laquelle on ait employé les
« céréales. L'orge grillée constituait chez les peuples an-
« ciens un mets sacré, qui jouait un rôle important dans
« tous les sacrifices.

« La culture des céréales suppose le travail du sol, mais
« nous ne savons pas de quelle manière il était pratiqué,

« car on n'a, jusqu'à présent, trouvé dans les anciennes sta-
« tions aucun instrument d'agriculture. Il est probable qu'on
« employait comme charrue un tronc d'arbre à branche
« recourbée. Nous savons tout aussi peu de quelle ma-
« nière on cultivait et on récoltait les fourrages pour le
« bétail.

« La culture des arbres fruitiers, de même que celle
« des céréales, remonte aussi à ces temps reculés, ou du
« moins, dès cette époque, on se servait des fruits comme
« nous le faisons aujourd'hui. On a trouvé des pommes et
« des poires carbonisées ; elles sont ordinairement coupées
« en deux, rarement en quatre morceaux ; elles avaient été
« évidemment desséchées pour servir de provisions d'hi-
« ver. Les poires, qu'on n'a encore trouvées qu'à Wangen,
« appartiennent à l'espèce du poirier sauvage, qu'on a dé-
« crite sous le nom d'achras ; elles sont petites et se rétré-
« cissent graduellement vers la tige. Les pommes sont
« beaucoup plus nombreuses, non-seulement à Wangen,
« mais aussi à Robenhausen sur le lac de Pfäffikon (M. Mes-
« sikomer), et à Concise sur le lac de Neuchâtel. Toutes
« ont la même forme et la même grosseur ; elles sont sphé-
« riques, grosses comme des noix, à loges à pépins spa-
« cieuses ; la tige est assez longue et épaissie à la base. Il
« est vrai qu'on n'a pas trouvé les tiges adhérentes aux
« fruits ; seulement, comme ces tiges se trouvent aux mêmes
« endroits, elles leur appartiennent probablement. On ren-
« contre dans nos forêts plusieurs espèces de pommes
« sauvages, dont la plus petite paraît être celle des habi-
« tations lacustres. Il est difficile de décider si cet arbre a
« été autrefois l'objet d'une culture spéciale, ou si on se
« bornait à recueillir les fruits des arbres des forêts. »

Le professeur Heer se prononce pour la première hypothèse, et il invoque à l'appui le fait que, parmi les troncs
d'arbre employés comme poutres, il s'en est trouvé qui

provenaient de pommiers. Nous serions plutôt disposé à voir dans ce fait une preuve du contraire, car il semble qu'on ne devait guère abattre, pour utiliser le bois, un arbre qu'on cultivait pour ses fruits. Heer croit, en outre, que les céréales et les arbres fruitiers ont été apportés d'Asie et sont redevenus sauvages dans nos forêts.

Il me paraît que les essais de Faber sur la transformation d'un genre de graminées (*œgilops*) en froment semblent prouver que les céréales ont aussi bien pu être originaires de nos pays qu'avoir été importées d'Asie. Les importations de céréales et de fruits de l'Asie n'ont eu lieu que beaucoup plus tard, et cela pour des espèces perfectionnées, nullement pour les espèces sauvages de ces végétaux cultivés. En effet, si les céréales, les pommes et les fruits avaient été importés d'Asie, on ne conçoit pas pourquoi d'autres plantes utiles, telles que le chanvre et la vigne, qui sont certainement originaires de l'Asie Mineure, n'auraient pas aussi été introduites ; un agent d'excitation et d'ivresse comme le raisin ne devait-il pas être préféré à un fruit aussi peu savoureux que la pomme sauvage ? Heer ajoute : « On a « trouvé en abondance, dans le limon, des noyaux de la « prune sauvage, de la cerise à grappes (*P. padus*), des « graines de framboises, de mûres, des coquilles de noi- « settes, des faînes, ce qui prouve que ces fruits des forêts « servaient aussi d'article d'alimentation. Les peuples de « cette époque se nourrissaient donc de céréales, des fruits « des forêts, de la chair des poissons, de gibier et d'animaux « domestiques ; il est certain qu'ils utilisaient aussi le lait « de ces derniers. On conservait probablement dans des « pots, pendus dans la cheminée, les fromages qu'on fai- « sait avec le lait. On trouve assez souvent des vases, per- « cés jusqu'à la base de séries de trous qui les rendaient « impropres à recevoir des liquides, mais qui, par contre, « étaient très-commodes pour retenir la partie caillée du

« lait, en laissant égoutter tout le petit-lait. Dans les chalets,
« on enveloppe le caillé dans un sac de toile qu'on pend
« dans la cheminée pour le sécher et le protéger contre
« les mouches ; ces vases troués servaient probablement
« au même usage. Si semblable que paraisse au premier
« coup d'œil le pain des habitations lacustres à du pain car-
« bonisé, il pouvait s'élever de nombreux doutes sur la
« justesse de cette explication ; mais ils ont été écartés par
« l'examen, car, en brisant ces pains, on a pu constater des
« restes évidents de balle, et même des portions de grains
« de froment très-bien conservés. Il en résulte donc que
« la balle n'était pas enlevée et que les grains étaient in-
« complétement broyés. La masse pilée était probablement
« amenée à un état pâteux, et cuite entre des pierres
« chauffées. A en juger d'après la croûte, le pain était pro-
« bablement mince et de forme aplatie ; il est poreux, mais
« beaucoup moins que notre pain de froment, et rappelle
« le pain de seigle. Toutefois, on n'a pas encore rencontré
« le seigle dans les habitations lacustres, et, d'ailleurs,
« les grains qu'on trouve dans le pain sont bien des grains
« de froment ; on ne connaissait pas alors l'art de faire le-
« ver le pain. » Enfin, les habitants des stations lacustres ont
cultivé, sur une très-grande échelle, la variété de lin court,
encore très-répandu de nos jours dans le nord-ouest de la
Suisse ; ils s'en servaient pour fabriquer non-seulement des
fils et des cordes, mais encore, à l'aide de quelque métier
probablement très-simple, des tissus variés ; ils savaient
aussi faire des nattes en écorce, ainsi que des objets de
vannerie en osier. Ils ne connaissaient point le chanvre,
preuve nouvelle que les plantes cultivées n'ont pas été
importées d'Orient. Ils peuvent avoir utilisé les peaux d'a-
nimaux, cependant la préparation d'un cuir compacte paraît leur avoir été inconnue, car on n'a trouvé dans les habitations que quelques fragments de peaux très-mal

conservés. Des embarcations, confectionnées au moyen d'un seul tronc d'arbre, prouvent qu'ils savaient fort bien

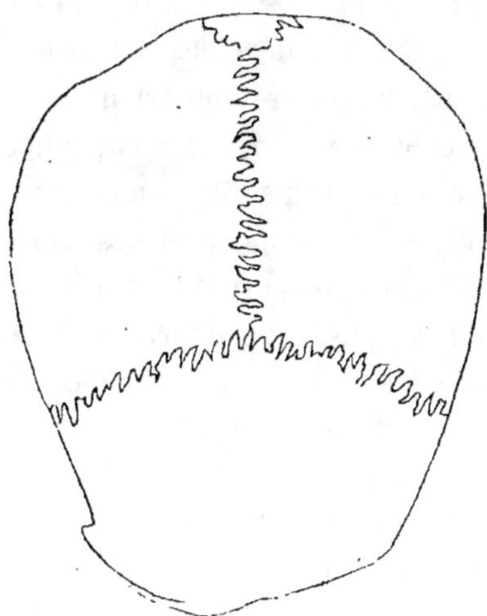

Fig. 108. — Débris de crâne de Meilen, vu d'en haut. D'après un dessin communiqué par le professeur His.

naviguer sur les fleuves et les lacs, comme, d'autre part, la position de leurs constructions lacustres fait supposer qu'ils

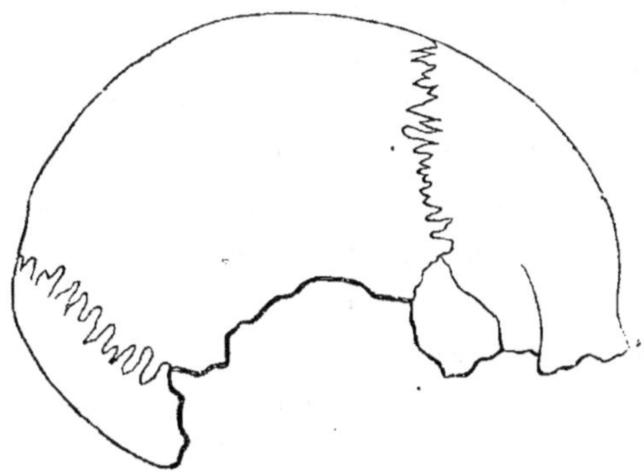

Fig. 109. — Le même crâne, vu de profil.

avaient une connaissance exacte des vents régnants et de leurs caprices.

On comprend aisément que l'introduction des métaux,

et notamment du bronze, bien qu'elle n'ait eu lieu que graduellement et que la possession des objets en métal n'ait été à l'origine qu'un privilége des riches et des puissants, ait dû déterminer un progrès important dans la civilisation. Ce que nous venons de rapporter relativement à l'âge de la pierre, prouve qu'il s'agissait d'une race humaine très-civilisable, et qui a exécuté, avec les moyens bien inférieurs qui étaient à sa disposition, tout ce qu'elle pouvait faire à force de sagacité, de patience et de persévérance.

L'analyse des restes du crâne de Meilen, le seul trouvé jusqu'à ce jour dans les habitations lacustres de l'âge de la pierre, confirme ces conclusions, autant qu'une confirmation est ici possible. Ce fragment consiste en une calotte supérieure du crâne comprenant le frontal, les pariétaux, l'écaille occipitale et des fragments des temporaux; — toute la partie inférieure du crâne et la face manquent. Les rapports de grandeur concordent avec ceux des crânes suisses actuels, c'est évidemment la même race et la même souche; ce type crânien s'est même remarquablement conservé par la suite, quoique plus tard différents autres types se soient mélangés avec lui, dans une faible proportion, depuis l'époque romaine jusqu'à nos jours.

On n'a, jusqu'à présent, trouvé nulle part, en Suisse, aucune trace d'un âge du cuivre, lequel, dans l'opinion de quelques archéologues, a dû précéder la connaissance du bronze. Le cuivre qui entre dans la composition des bronzes suisses doit certainement provenir des minerais de cuivre des Alpes, et a été recueilli sur place, car, d'après les recherches de Fellenberg, il renferme du nickel, métal qu'on rencontre toujours dans ces minerais et qui fait complétement défaut dans les bronzes du nord. Comme dans la partie orientale de l'Europe, surtout dans la région du Danube inférieur, où trouve une grande abondance d'ustensiles en cuivre, le bronze ne peut évidemment pas avoir été importé d'Orient, car certainement il ne serait venu de ce côté que du cuivre, et on n'eût pas fait venir du dehors de l'étain pour l'allier au cuivre recueilli dans les Alpes. L'alliage avec l'étain, ainsi que la découverte de fragments d'étain chimiquement purs, obtenus certainement d'oxyde d'étain trouvé dans les alluvions, signalent beaucoup plus la Belgique et la Cornouailles comme les points de provenance du bronze.

Depuis la découverte des constructions sur pilotis en Suisse, on en a rencontré aussi dans d'autres pays. Les découvertes faites en Italie, qui augmentent tous les jours grâce à l'activité de MM. Gastaldi et Strobel, offrent un intérêt tout particulier, et témoignent que dans ce pays si anciennement civilisé, il a existé aussi un âge de la pierre et un âge du bronze, dont les plus anciens auteurs de l'Italie, et notamment les Romains, n'avaient pas le moindre soupçon. Mon ami Desor fait remarquer avec raison que Pline, ce compilateur bavard et dépourvu de sens critique, qui habitait une villa sur le lac de Côme, dans le voisinage immédiat de semblables constructions lacustres, en aurait certainement parlé, si la moindre tradition, la moindre légende populaire avait attiré son attention sur ces antiquités. Mais toute trace de souvenir était déjà effacée, lorsque la civilisation étrusque, qui précéda la civilisation romaine, florissait en Italie. Je ne puis malheureusement pas m'étendre plus longuement sur ces recherches faites en Italie; je me contenterai d'ajouter qu'elles ont amené la découverte de beaucoup de restes remarquables d'antiques civilisations, soit de l'âge de la pierre et de l'âge du bronze, soit des périodes de transition, et des crânes qui mériteraient certainement une étude très-approfondie.

On a cherché à établir, par des calculs, l'âge que peuvent avoir les habitations lacustres, et notamment celles de l'âge de la pierre. Ainsi que nous l'avons déjà fait remarquer, il est impossible de rien trouver dans les traditions, les mythes ou les légendes, qui puisse nous indiquer une date historique. Il ne nous est donc possible d'arriver qu'à une détermination semblable à celle que se propose la géologie ; ne pouvant en aucune manière donner une chronologie absolue, elle se borne à déterminer l'âge relatif des différentes couches. La chronologie historique compte par jours, par mois et par années, la chronologie géologique ne peut prétendre à une pareille précision, car elle embrasse des périodes de temps, dans lesquelles de pareilles fractions sont imperceptibles. Cependant, les recherches de cette nature, lorsqu'elles reposent sur des bases qui ne sont pas trop incertaines, peuvent conduire à des résultats qu'on peut accepter dans les limites de quelques milliers d'années.

Voici un essai de ce genre tenté par Morlot. Les travaux du chemin de fer dans le voisinage de Villeneuve, au bord du lac de Genève, nécessitèrent une section transversale dans le cône de déjection d'un torrent nommé la Tinière. Ce cône avait une inclinaison d'environ 4°, et sa base décrivait un secteur de 100° d'ouverture et d'environ 900 pieds de rayon. Au commencement du siècle précédent, on endigua ce cône du côté du nord, ce qui l'éleva davantage de ce côté que de l'autre. Le ruisseau coula comme à l'ordinaire sur l'axe médian du talus ; la section faite pour le chemin de fer coupa le cône perpendiculairement à son axe sur une longueur de mille pieds, tandis que sa plus grande hauteur était de trente-deux pieds et demi au-dessus des rails. La structure du cône fut ainsi complétement mise à nu ; elle paraît tout à fait régulière ; elle consiste en gros blocs roulés ayant jusqu'à trois pieds de diamètre, placés au milieu, et des deux côtés desquels on remarque des dépôts d'alluvion toujours plus menus et plus fins. La section a mis en évidence trois différentes couches de terre végétale ancienne, situées à diverses profondeurs, et qui ont autrefois formé la couche superficielle du cône de déjection; ces couches sont régulièrement réparties entre les dépôts d'alluvion, et parallèles entre elles ainsi qu'à la surface actuelle du cône.

La couche supérieure de terre végétale a de quatre à six pouces d'épaisseur, et se trouve à quatre pieds au-dessous de la surface, — on y a trouvé quelques fragments angu-leux de briques romaines, et une monnaie romaine en bronze très-usée.

La deuxième couche a six pouces d'épaisseur, et se trouve à dix pieds au-dessous de la surface; — on y a trouvé quelques fragments de vases en argile mêlée de grains de sable, et une pincette en bronze non vernissé.

La couche inférieure, épaisse de six à sept pouces, se trouve à une profondeur de dix-neuf pieds. On y a trouvé des vases grossiers, des charbons, des os d'animaux brisés, ensemble qui indique peut-être l'âge de la pierre, mais en tout cas la période la plus récente de cet âge, car Rütimeyer, d'après l'inspection des ossements qui en proviennent, se croit autorisé à affirmer qu'ils appartiennent à une période plus récente que l'âge de la pierre. « Outre des restes humains « abondants », dit Rütimeyer, « on a trouvé des ossements « du chien et du porc, de la chèvre, de la brebis et de la « vache, tous animaux domestiques, et de races qui ne diffè- « rent point des races actuelles, mais qui s'éloignent beau- « coup de celles de l'âge de la pierre. Ce n'est pas tant l'as- « pect récent de ces os, mais plutôt la grande différence « qu'offrent le chien et le porc avec les races si constantes et « si bien déterminées des habitations lacustres, qui fournit « la preuve certaine que ces os sont postérieurs aux restes « d'une civilisation humaine primitive. » On n'a du reste trouvé dans cette couche aucun de ces instruments en pierre ou en corne qui eussent pu donner quelque renseignement à cet égard.

Morlot, concluant de la régularité de la structure du cône de déjection à la régularité de son accroissement, établit son calcul comme suit : Les Romains, dit-il, ont pénétré dans le pays après la bataille de Bibracte, cinquante-huit ans avant Jésus-Christ. — Dans l'année 563 après Jésus-Christ, Tauredunum fut détruit par un éboulement ; or, cent ans auparavant, les Burgondes, qui ne cuisaient pas de briques, avaient déjà mis fin à la domination romaine. La couche romaine est donc âgée de dix-huit siècles au plus et de treize au moins. Depuis cette époque, le torrent a accumulé environ quatre pieds (plus exactement 1^{m}, 14) de détritus ; si l'accumulation a, dès les temps les plus anciens, suivi une marche régulière, il en résulterait, pour la couche de l'âge du bronze, un âge de vingt-neuf siècles au minimum, et de quarante-deux au maximum ; et, pour celle de l'âge de la pierre, quarante-sept siècles au minimum, et soixante-dix au maximum, soit pour le cône entier environ cent siècles.

Je dois encore noter que, dans la couche de l'âge de la pierre, on a trouvé un squelette humain, dont le crâne, d'après M. Montagu, qui l'a examiné et mesuré, semble, par sa petitesse, sa rondeur et son épaisseur, appartenir au type brachycéphale mongole. Pruner-Bey donne dans un des derniers bulletins de la *Société anthropologique de Paris*, quelques détails sur ce crâne, qui, à ce qu'il paraît, s'est perdu depuis. « Ce crâne, » dit-il, « mesure cent « vingt-neuf millimètres en longueur. La partie la plus « épaisse de la boîte cérébrale mesure douze millimètres. « Le front paraît faire défaut ; car il est fuyant au-dessus « des arcs sourciliers, très-développés, comme chez les « singes. Le bord supérieur de l'orbite étant tout droit, on « peut en conclure que l'angle externe des paupières était

« relevé comme chez les Chinois. Cavités orbitaires larges ;
« frontal très-étroit, os du nez saillants ; maxillaire supé-
« rieur projeté. Angle de la mâchoire inférieure mince et
« ses apophyses rapprochées. Surface des dents molaires
« aplatie par l'usure. Grand trou occipital large et placé
« bien en avant, les condyles aplatis. Ouvertures auricu-
« laires d'un bon diamètre ; des fosses nasales fort épaisses.
« Écaille occipitale arrondie et marquée de crêtes très-sail-
« lantes pour l'attache des muscles. Fosses du cervelet
« fort larges et profondes.

« *Remarques.* — La puissance de la vue et de l'odorat
« paraît avoir été considérable chez cet individu, et si le
« cervelet est en rapport avec la motilité, il doit avoir pos-
« sédé une grande agilité... Ce type brachycéphale se ren-
« contre encore parmi les riverains du Rhône et du lac
« de Genève, tandis que M. de Baer a constaté sa pré-
« sence en masse dans la population du canton des Gri-
« sons.

« Là nous entrons dans l'ancienne Rhétie, qui nous con-
« duit par les gorges et les pentes méridionales des Alpes
« jusqu'en Étrurie. »

J'ai cité ici cette note textuellement y compris ses conclusions, parce qu'elle donne une preuve du peu de service
que de pareilles descriptions rendent à la science. En effet,
pas un seul des traits qui y sont mentionnés n'est applicable en aucune manière aux crânes romans qui nous sont
connus comme un type remarquable de brachycéphalie.
Si le chiffre donné pour la longueur du crâne n'est point
une faute d'impression, le crâne mesuré par Pruner-Bey
doit être celui d'un idiot ou d'un enfant, car tous les crânes
mesurés par von Baer ou par moi ont un diamètre
longitudinal d'au moins cent soixante-dix millimètres.
Dans tous les crânes romans que j'ai observés, — et on
peut les compter par centaines, — le front monte vertica-

lement, tandis que les arcades sus-orbitaires sont à peine développées, et le frontal très-large dans sa partie postérieure, n'offre, comme l'a remarqué von Baer, qu'un rétrécissement local derrière les yeux. L'écaille occipitale tombe également presque verticalement, les crêtes musculaires sont très-peu marquées, le trou occipital est passablement reculé, tandis que les têtes articulaires font une forte saillie. La position reculée du trou occipital est même si importante que von Baer y voit l'expression d'un rapprochement vers l'organisation animale.

On ne peut savoir, par la notice de Pruner-Bey, si le crâne en question, trouvé dans le cône de déjection de la Tinière, est réellement brachycéphale, car il ne donne pas le diamètre transversal, si essentiel à connaître. Mais tous les autres caractères sont tellement en contradiction avec ceux si connus du crâne roman, que je dois récuser les conclusions que Pruner-Bey base sur cette prétendue analogie, comme dépourvues de tout fondement.

Je dois ajouter ici que, dans un autre endroit, Pruner-Bey compare un crâne helvétique à celui de Meilen, qui, comme nous l'avons vu, n'a rien de commun avec le type roman.

Il y a, cependant, lieu de douter qu'il ait, sous ce nom de crâne helvétique, entendu celui de Tinière, car il donne pour dimensions de ce crâne helvétique, les mesures suivantes : longueur, 195 millimètres, largeur, 145 : ce qui donnerait pour indice céphalique le chiffre de 74.3, chiffre qui correspond à peu près à celui de notre crâne d'apôtre. Il est donc difficile de trouver le fil conducteur qui permette de sortir de ce labyrinthe.

Pour en revenir aux calculs faits pour apprécier l'âge du cône de déjection de la Tinière, ils peuvent donner lieu à plusieurs objections. Malgré toutes les apparences de régularité, les alluvions amenées par un torrent ne peuvent jamais être déposées d'une manière uniforme; une seule crûe des eaux produite par une forte pluie peut amener en un jour plus de matériaux que plusieurs siècles d'un cours régulier et tranquille; et ces matériaux se déposent aussi régulièrement sur les côtés selon leur poids, que ceux qui ont été amenés petit à petit.

La détermination de la couche romaine, qui constitue la base de tout le calcul, doit soulever quelques doutes, ainsi que celle de la couche de l'âge de la pierre, dont les os, comme nous l'avons vu, paraissent d'une date plus récente. Si cela était réellement le cas, et que les bases du calcul de Morlot fussent justes, cette circonstance pourrait indiquer une date encore plus ancienne pour l'âge de la pierre, de sorte que les hommes qui auraient brisé ces ossements et mangé la chair de ces animaux, auraient vécu en Suisse environ au temps de l'Adam biblique.

Gilliéron est arrivé à un résultat analogue, au moyen d'observations faites dans le voisinage de pont de la Thièle, près de Neuchâtel, où il a découvert une construction sur pilotis appartenant à l'âge de la pierre. La couche archéologique a une épaisseur d'au moins 5 pieds, elle est située au-dessous d'une couche de boue noire sur laquelle s'étend un banc d'argile compacte, épais de 5 pieds et demi, et dans lequel on rencontre beaucoup de coquilles d'eau douce. Les pilotis, visibles lors des plus basses eaux de la Thièle, se trouvent dans le voisinage du point où existait autrefois le canal de communication entre les lacs de Bienne et de Neuchâtel; ce canal était très-étroit en cet endroit, car il avait tout au plus 400 mètres de largeur. Les lacs, d'après Gilliéron, se seraient retirés lentement; l'intervalle qui les sépare et que traverse actuellement la Thièle, aurait été peu à peu envahi par des marais tourbeux. Ce mouvement de recul des lacs a dû certainement s'effectuer avec lenteur et régularité, car la boue fine déposée par le lac est partout exactement nivelée et stratifiée. En conséquence, si l'on peut trouver le moyen d'évaluer le laps de temps qu'il a fallu pour le retrait des eaux sur une partie quelconque de ce terrain, on pourra appliquer la même mesure chronologique à toute la zone dont la longueur est de 12,800 pieds, ou, d'après Gilliéron, 3 kilomètres.

La vieille abbaye de Saint-Jean, qui se trouve près du lac de Bienne, a été construite entre 1090 et 1106, de sorte que nous pouvons fixer la date de sa construction à l'an 1100. Un document, trouvé cent ans plus tard, revendique pour le cloître le droit de pêche depuis les peupliers qui se trouvaient au bord du lac, un peu plus bas que le couvent. Celui-ci était donc situé, à cette époque, à quelque distance de la rive où devait se trouver une rangée de peupliers qui n'existent plus aujourd'hui. L'abbaye est actuellement à 375 mètres de distance du rivage. Gilliéron admet qu'elle a été bâtie au bord de l'eau et que son éloignement de 375 mètres exprime la mesure des dépôts qui se sont accumulés dans cet endroit depuis sept cent cinquante ans. Pour plus de sûreté, il ne mesure pas la distance de l'abbaye jusqu'aux pilotis, mais seulement jusqu'au point où il est probable que la retraite du lac a commencé à s'effectuer avec régularité ; en estimant cette distance à 3,000 mètres, il trouve qu'il a fallu au moins six mille ans pour ramener le lac depuis ce point jusqu'à son rivage actuel.

Je dis au moins, car on comprend aisément que la supposition en vertu de laquelle le couvent a été construit au bord même du lac doit être fausse. Il est probable que les bâtiments de l'abbaye étaient situés à quelque distance du rivage, et que les peupliers, bien que plus rapprochés de l'eau, ont dû aussi être plantés à une petite distance du bord, pour fournir un abri contre l'âpre bise qui soufflait avec violence sur le lac et poussait les vagues assez loin dans les terres. Mais, si l'on raccourcit la base sur laquelle tout le calcul s'appuie en supposant que le couvent et les peupliers se trouvaient à quelque distance du rivage, on doit inversement augmenter le temps qu'il a fallu au lac pour se retirer. Si on admet que les peupliers étaient plantés au bord même du lac, et à 100 mètres du couvent, le lac ne se sera retiré que de 275 mètres en sept siècles, et huit mille ans lui auront été nécessaires pour sa retraite totale; si on admet 200 mètres de distance entre les peupliers et le couvent, — ce que rend assez probable le fait que le document sur la pêche mentionne expressément les peupliers, qui devaient donc être à une certaine distance, — on arriverait alors à une durée de treize mille ans pour la retraite totale du lac. Du reste, la plus faible de ces évaluations suffit déjà pour prouver encore une fois qu'il faut abandonner l'Adam biblique et sa chronologie.

Il fallait pourtant tenter un nouvel essai pour sauver cette chronologie et M. Troyon ne s'est nullement senti embarrassé pour le faire.

Dans le voisinage d'Yverdon, on remarque, au milieu d'un terrain marécageux, une île rocheuse d'environ 400 pieds de haut, nommée Chamblon, au pied de laquelle on a découvert une construction sur pilotis, renfermant des haches en pierre, enfouie sous 8 à 10 pieds de tourbe. Cette construction est éloignée du lac, d'après Troyon, de 5,500 pieds. Au bord du lac, sur une dune qui traverse le terrain tourbeux, se trouve Yverdon, l'antique *Eborodunum* romain.

A l'époque romaine, d'après Troyon, le lac devait baigner les murailles de cette cité, mais aujourd'hui elle en est éloignée de 2,500 pieds. Une simple comparaison suffit pour prouver que si le lac s'est retiré de 2,500 pieds en quinze cents ans, il ne lui a fallu que trois mille trois cents ans pour se retirer du point où se trouvait l'habitation lacustre de Chamblon. La chronologie biblique est sauvée!

Toutefois, même dans le canton de Vaud, on rencontre des sceptiques, et M. Jayet, qui habite et étudie depuis longtemps la localité, n'a pas eu de peine à renverser ce calcul très-orthodoxe : « La tourbe des environs de Cham-« blon », dit Jayet, « présente une particularité rare ; elle « est divisée en deux couches, séparées par une épaisse « couche de boue, évidemment déposée par le lac. Les « pilotis ont été trouvés dans la couche supérieure et sont « enfoncés dans le banc de limon. La construction sur « pilotis appartient donc à une époque antérieure à la « couche de tourbe supérieure, et postérieure à la couche « inférieure avec sa couverture de limon. Mais cette couche « inférieure de tourbe est précisément en rapport avec les « formations lacustres de la plaine.

« Pour que l'on puisse reconnaître comme exacts les « calculs de M. Troyon, il faudrait que les deux formations « qu'il compare fussent de même nature, ce qui n'est pas « le cas. Il est facile, d'ailleurs, d'expliquer la formation « des alluvions sablonneuses, situées entre Yverdon et le « lac. Ces alluvions sont produites par les sables apportés « au lac par la rivière, sables que les vagues rejettent « ensuite sur les parties basses du rivage, où ils forment « une couche mince qui atteint presque le niveau de l'eau ; « par contre, rien de plus compliqué que la plaine com-« prise entre Chamblon et le lac. Aux alluvions qui ont « élevé et comblé le fond du lac, se sont ajoutées succes-« sivement trois dunes et deux fortes couches de tourbe, « séparées l'une de l'autre par un banc de limon. On ne « saurait donc comparer une structure aussi simple que la « première à une structure aussi complexe que la seconde ; « celle-ci a dû exiger beaucoup plus de temps pour se « former, et les trente-trois siècles de M. Troyon sont bien « certainement tout à fait insuffisants pour la détermination « de l'âge de la construction lacustre. »

Mais je dois ajouter en y insistant que les calculs de MM. Troyon et Gilliéron reposent sur des bases tout à fait insuffisantes. La distance horizontale ne peut servir en aucune façon à mesurer le laps de temps qu'a nécessité la retraite d'un lac ; tout au plus pourrait-on invoquer la distance verticale. Qu'on se figure un bassin lacustre peu profond, ayant quelques kilomètres de longueur, et se desséchant graduellement ; tout autour se trouvent des constructions à fleur d'eau. Après que le niveau de l'eau aura baissé de 2 pieds, un espace de 1 kilomètre de largeur se trouvera mis à sec à une des extrémités. On élèvera une construction à ce dernier niveau de l'eau. Le lac baisse encore de 2 pieds, et, au bout d'un millier d'années, cette nouvelle construction se trouvera encore à 1 kilomètre du bord. Mais le bassin est étroit, et, par conséquent, de toutes ces constructions, les plus anciennes, plus élevées de deux pieds, et éloignées de 1 kilomètre, fourniraient seules une base exacte pour le calcul, tandis que toutes les autres donneraient un résultat faux, puisqu'elles seraient à 800, 600, peut-être seulement 100 mètres de distance horizontale des nouvelles constructions. Gilliéron aurait obtenu des résultats tout autres, s'il eût appliqué son calcul au lac voisin de Neuchâtel, et Troyon aurait immédiatement obtenu, en appliquant les siens à une seconde construction lacustre, située au même niveau au côté sud de Chamblon au lieu du côté nord, des résultats qui certainement, à la grande douleur du calculateur, l'auraient rejeté bien loin en arrière de l'Adam biblique.

La seule base certaine pour un semblable calcul ne pourrait être fournie que par l'accroissement vertical de la tourbe dans les régions où les habitations lacustres ont été enfouies dans cette substance. Malheureusement, jusqu'à présent, il nous manque encore le point de départ essentiel, et, malgré toutes mes recherches auprès des observateurs compétents, je n'ai encore pu recueillir aucun fait certain relatif à la croissance de la tourbe.

Je ne puis laisser ce sujet sans donner, en manière de conclusion, un aperçu des suppositions embrouillées auxquelles l'homme est nécessairement conduit lorsqu'il veut faire entrer de force, dans les limites étroites de la chronique de la famille juive, les faits que lui fournit la nature. Je prends les *Habitations lacustres* de Troyon et je résume. Après le déluge, les peuples d'Asie se sont mis en marche pour peupler toute la terre ; ils avaient probablement appris, dans les hautes plaines desséchées de l'Asie, l'art de construire sur l'eau. Ces premiers colonisateurs, ces *squatters* post-diluviens du sang de Japhet, ont suivi naturellement les fleuves et les côtes. Ils poussaient devant eux de grands troupeaux d'animaux domestiques. Ceux qui suivaient les côtes furent souvent arrêtés par les embouchures des fleuves ; ceux qui remontaient les vallées l'étaient de leur côté par des marais ou des rochers. Il fallait reconnaître le pays, se protéger, ainsi que les animaux domestiques, contre les bêtes féroces [1]. On construisit des radeaux pour se mettre à l'abri de leurs attaques [2]. Dès qu'un radeau fut construit à grand'peine, on ne l'abandonna plus, car il était le refuge des vieillards et des enfants et un asile où l'on se retirait la nuit. On a donc des radeaux qu'on amarre pendant les moments de repos. « De là à la navigation, » dit Troyon, « il y a loin sans « doute ; toutefois l'antique tradition du déluge avait con-

---

1. Pourquoi les animaux sauvages, qui sortaient aussi de l'arche de Noé, s'étaient-ils propagés plus promptement que l'homme privilégié, de façon à le recevoir et le menacer dans toutes ses stations de repos, pendant ses pérégrinations ? J'ai peine à le comprendre. C. V.

2. Comment un radeau pouvait-il abriter contre l'ours blanc, et les phoques qui sont aussi des carnassiers, nageant admirablement, pouvant grimper dans les bateaux, et qui se trouvaient aussi dans l'arche de Noé ? C. V.

« servé le souvenir de l'arche de Noé flottant sur les eaux,
« et cette tradition, à elle seule, renfermait des données
« plus que suffisantes pour l'assemblage de pièces de bois
« reliées en radeau. Qu'une famille renonçât à cette vie
« d'exploration, le radeau, n'étant plus un moyen de
« poursuivre la marche, prenait le caractère d'une de-
« meure fixe ; on a dû l'utiliser sur les bassins dépourvus
« de blancs-fonds ou d'assez peu d'étendue pour n'être
« pas trop rudement agités par les tempêtes ; mais là où
« les vagues s'élevaient avec impétuosité, on était conduit
« tout naturellement à transformer le radeau en esplanade
« soutenue sur des pilotis au-dessus de la surface des
« eaux, pour que le roulis n'atteignît pas les cabanes
« construites sur cet échafaudage. *Telle a dû être l'origine*
« *des habitations lacustres.* »

Ainsi, ces *squatters* voyageaient lentement de l'est à
l'ouest, d'Asie en Europe, suivant les côtes et remontant
les vallées. Troyon remarque qu'il est difficile de dire si
les premiers habitants qui ont pénétré en Suisse y sont
venus en remontant le Rhône ou en traversant le Rhin.
Nous craignons beaucoup que cette question reste encore
longtemps sans trouver sa solution ; mais nous voudrions
bien savoir comment on a pu remonter sur des radeaux
inertes un fleuve, dont, entre Seyssel et Genève, un bateau
à vapeur ne pourrait surmonter le courant ; mais la foi,
pouvant remuer les montagnes, peut bien aussi faire remonter le Rhône à des radeaux.

Ici se présente une deuxième question, un peu difficile
pour les croyants, c'est celle de la connaissance des métaux. Les hommes de l'âge de la pierre en Europe ne connaissaient aucun métal. Or Tubalcaïn, le Vulcain biblique,
était déjà, avant le déluge de Moïse, mentionné comme
maître en fait de bronze et de fer, comme l'inventeur du
traitement des métaux, car, selon la sage remarque de

Troyon, l'homme avait eu à conquérir par le travail tout ce qui était nécessaire à son bien-être, et n'avait point commencé par être forgeron. «Mais», continue cet auteur, «pour « se rendre compte de la manière dont un peuple peut « perdre la connaissance des métaux, il suffit de se repré- « senter les premières migrations vers l'Occident. En ad- « mettant que ces familles possédassent des instruments « en métal au moment de leur départ de l'Asie, la vie « nomade ne leur permettait pas d'exploiter des mines, « d'établir des fonderies et des forges, et bien moins « d'avoir l'organisation sociale nécessaire à des profes- « sions diverses, se facilitant mutuellement les moyens « d'existence. A mesure que ces familles avançaient « vers des régions inexplorées, après avoir franchi mille « obstacles, les voies parcourues se refermaient derrière « elles, et il n'était plus possible d'entretenir des rap- « ports avec les centres de la civilisation orientale. »

Ces pauvres gens oublièrent ainsi complètement les métaux, et durent alors se contenter de la pierre. Plus tard, arrivèrent, comme nous l'avons vu, toujours d'Asie, les hommes armés de bronze, qui frappèrent de mort leurs infortunés prédécesseurs privés de métaux, les châtiant ainsi cruellement de leur manque de mémoire ; ils brûlèrent leurs huttes, et s'établirent à leur place, tout en adorant la lune. On a, en effet, découvert, dans les stations de l'âge du bronze, des morceaux de pierre ou d'argile, en forme de demi-lune, qu'on a voulu rattacher à un culte de l'astre de la nuit. Ces objets n'étaient peut-être que des espèces de coussins, analogues à ceux qu'encore actuellement plusieurs peuples se placent sous la nuque pour dormir, et qui consistent également en morceaux de bois ou de pierre taillés en formes de demi-lune.

Vint ensuite le tour des hommes du bronze. Tubalcaïn était maître en bronze et en fer, car le mot hébreu « bar-

sel » qui se trouve dans la Genèse, signifie positivement fer, et aucun autre métal. Le frère de Noé, Tubalcaïn et toute sa famille, connaissaient donc le bronze et le fer. Les hommes de l'âge de la pierre ayant, dans leurs pérégrinations, perdu le souvenir de ces deux métaux, durent se tirer péniblement d'affaire avec la pierre et la corne. Ils gardèrent la hache en néphrite, jetèrent les couteaux en bronze et les haches en fer et en oublièrent l'emploi. Les hommes de l'âge du bronze conservèrent leurs couteaux en bronze, et, rejetant leurs instruments en fer bien meilleurs, les oublièrent dans leurs voyages.

Pour leur malheur, après avoir longtemps vécu avec leur bronze sur les lieux de sépulture de leurs oublieux frères de l'âge de la pierre, la vengeance éclate, car les Helvètes à grosse tête, venant encore d'Asie, armés d'un glaive en fer, se précipitent sur eux, et les pillent, les tuent et les brûlent à leur tour.

O sainte simplicité !

TREIZIÈME LEÇON

Caractères distinctifs des crânes des cavernes et de ceux de l'âge de la pierre en Danemark. — Courbure du front. — Tête d'apôtre de Suisse et son ancienneté. — Mâchoire de Moulin-Quignon, près d'Abbeville. — Crânes de Lombrive. — Leurs rapports avec les Basques actuels. — Crânes danois. — Leurs rapports avec les Lapons actuels. — Crâne de Meilen. — Rapports avec les crânes suisses actuels. — Têtes courtes romanes. — Rapports avec celles des Étrusques. — Les animaux domestiques les plus anciens. — Le chien. — Les porcs : sanglier et porc des tourbières. — Espèces bovines ; bœuf primitif, bison, bœuf à front long, à cornes courbes, à front bosselé. — Mouton. — Chèvre. — Cheval. — Culture des plantes.

MESSIEURS,

Nous avons, dans une précédente leçon, examiné les circonstances dans lesquelles l'homme primitif vivait en Europe. Les faits que nous avons passés en revue nous ont conduit à la conclusion qu'il habitait cette partie du globe en même temps que les espèces animales éteintes de la période diluvienne, c'est-à-dire à une époque très-reculée et remontant bien au-delà de tout souvenir historique ; l'étude des crânes appartenant à cette époque, en ce qui concerne du moins les plus anciens, tels que les restes d'Engis et du Neanderthal, nous a aussi amené à conclure que ces types ne se trouvent plus parmi les races européennes actuelles. La comparaison rapide des crânes plus récents du midi de la France, et des monticules tumulaires de l'âge de la pierre au Danemark, nous a prouvé aussi que d'autres races ont dû habiter ces contrées, races dont la conformation crânienne est si extraordinairement différente de celle des premières, qu'il n'est pas possible d'admettre qu'elles en descendent en ligne directe. Il nous reste aujourd'hui à poursuivre ces observations, et à essayer de prouver, par l'étude approfondie des animaux domestiques et de leur développement, les rapports des différents phénomènes.

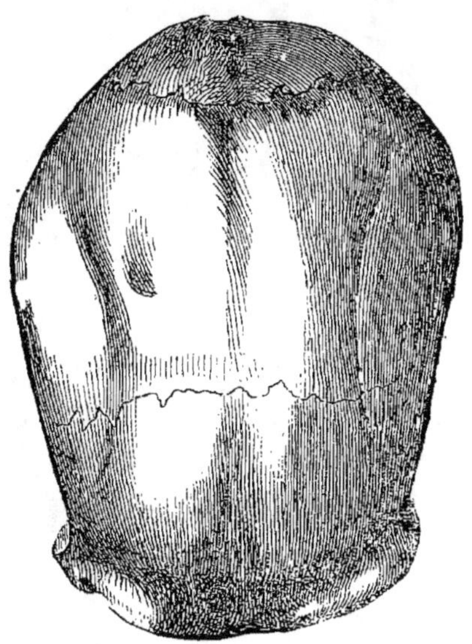

Fig. 110. — Crâne de Neander, vu d'en haut.

Comme je l'ai déjà fait remarquer, le caractère distinctif des deux crânes des cavernes que nous possédons consiste surtout dans la longueur extraordinaire du crâne entier, dans sa largeur relativement faible, qui tombe en arrière du centre du crâne, derrière la région des protubérances pariétales, et dans la position particulière de l'occiput, qui semble s'effacer en arrière; chez un de ces crânes, vu d'en haut, la suture lambdoïde constitue une ligne presque droite, au lieu d'offrir la forme ordinaire d'un triangle à pointe tournée en avant. L'étude approfondie de ces deux crânes m'a conduit à admettre qu'ils doivent appartenir à la même race, bien qu'au premier coup d'œil ils présentent de notables différences dans le développement des arcades sus-orbitaires et dans la courbure de la voûte du crâne.

La saillie des arcades sus-orbitaires dépend, dans le cas qui nous occupe, du développement des sinus frontaux ; ce développement est à son tour en rapport avec ce-

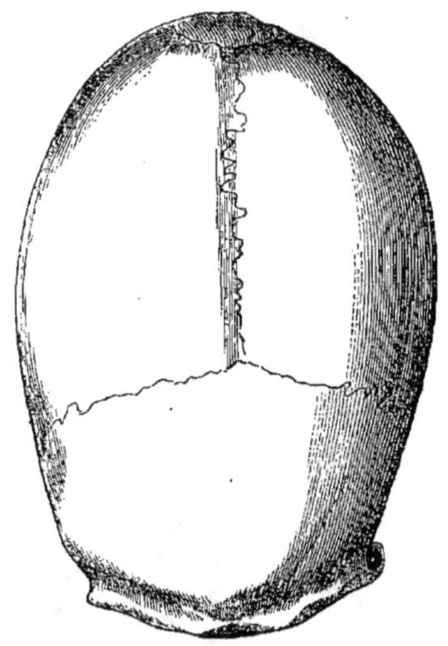

Fig. 111. — Crâne d'Engis, vu d'en haut.

lui des crêtes et des attaches des muscles, lesquelles indiquent la puissance musculaire et sont par conséquent l'attribut du sexe masculin. Le professeur Schaafhausen cite toute une série d'exemples qui prouvent que ce rapport existe chez les animaux comme chez l'homme ; il n'y a, d'ailleurs, qu'à étudier les races humaines actuelles pour se convaincre que les bords orbitaires, lisses et à niveau du front, se rencontrent principalement chez les femmes, et que, par contre, les arcades sus-orbitaires saillantes, souvent séparées du front par une profonde rainure, se trouvent principalement chez les hommes forts. On peut faire des observations analogues sur les crânes anciens chez lesquels le développement des protubérances sourcilières offre des différences considérables, alors que tous les autres caractères sont identiques. Le professeur His, de Bâle, m'a communiqué une observation intéressante au

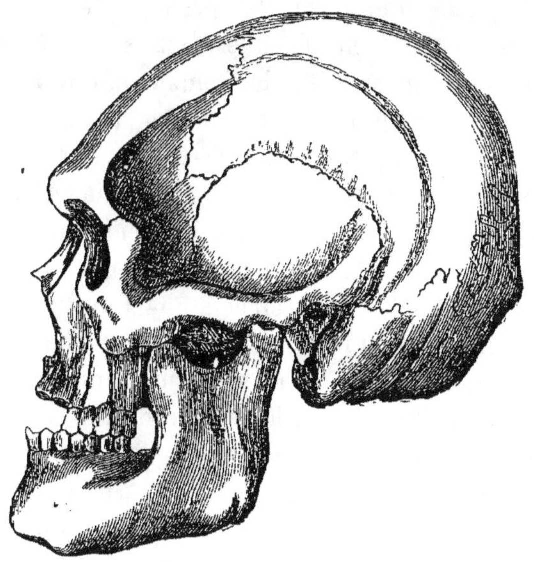

Fig. 112. — Crâne de Borreby, Danemark (âge de la pierre), vu de profil.
D'après un dessin communiqué par M. Busk.

sujet de deux anciens crânes trouvés dans un tombeau dans le canton de Vaud.

Les ossements et les autres accessoires qui accompagnaient ces crânes permettent de conclure que l'un appartenait à un homme et l'autre à une femme; les arcades susorbitaires du crâne masculin sont fortement développées, le crâne féminin, au contraire, a le front lisse, sans bourrelet saillant. Je dois à l'obligeance de M. Busk, de

Londres, les mesures de vingt crânes danois de l'âge de la pierre, tirées d'une riche collection de dessins faits avec la plus parfaite exactitude. J'ai commencé par éliminer de cette série de mesures tous les crânes dont la dimension longitudinale est la plus faible, en vertu du principe généralement admis que les crânes féminins sont plus petits que les crânes masculins. Or, en comparant les dessins, je trouvai que les crânes qui, d'après ce principe, devaient appartenir à des femmes ont tous le front lisse, tandis que ceux qui devaient appartenir à des hommes ont les arcades sus-orbitaires très-proéminentes. Cette proéminence est si prononcée chez quelques-uns de ces derniers qu'on pourrait les comparer au crâne du Neanderthal, tandis qu'un autre, indiqué par Busk lui-même comme le crâne d'une jeune femme, n'offre pas la moindre trace de bourrelet et dépasse même le crâne d'Engis au point de vue de la conformation du front et de l'aplatissement des arcades sourcilières. On sait que chez les singes remarquables par la proéminence des arcades sus-orbitaires, ce développement extraordinaire ne se produit qu'à un certain âge ; il en est de même chez l'homme, quoiqu'à un moindre degré. Le crâne féminin conservant toujours certains caractères enfantins, au point qu'on peut à peine distinguer les crânes des jeunes adolescents de ceux des femmes adultes, il en résulte que le développement des arcades sus-orbitaires ne constitue point un caractère de race, mais ne doit, au contraire, être regardé que comme une particularité individuelle et surtout sexuelle. Il convient cependant de limiter cette affirmation, car je ne veux pas dire par là qu'on doive trouver chez toutes les races des saillies sus-orbitaires aussi prononcées que celles que nous observons sur le crâne de Neander. Je veux dire simplement que si cette tendance vers la saillie prononcée des arcades sus-orbitaires existe chez une race, cette tendance se manifeste

seulement chez les hommes, et peut-être exceptionnellement chez quelques femmes hommasses à forte musculature, mais non pas chez toutes les femmes en général. Cette
tendance n'est donc, chez chaque race, qu'une particularité
propre au sexe masculin, et le développement est plus ou
moins considérable suivant les individus.

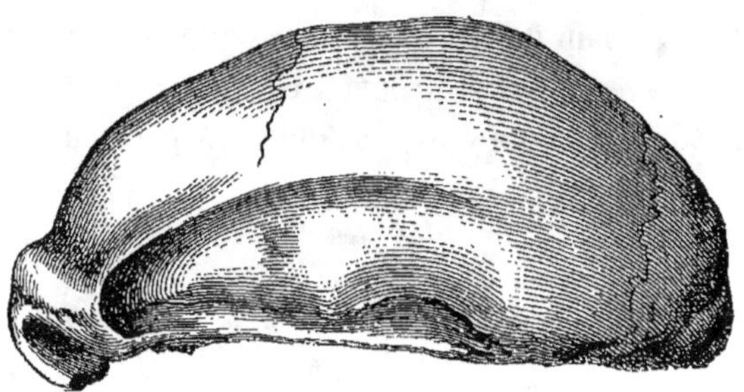

Fig. 113. — Crâne du Neanderthal.

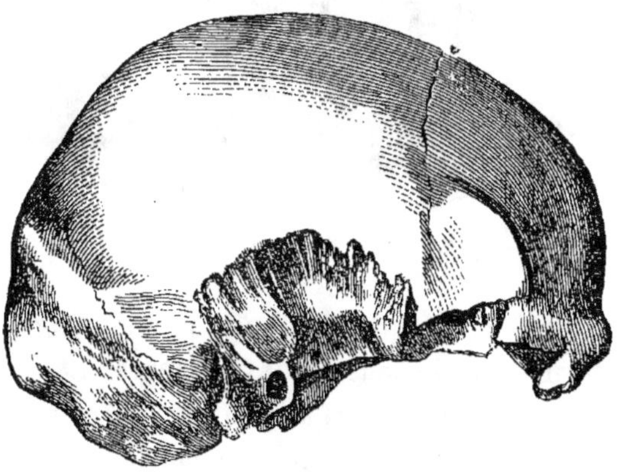

Fig. 114. — Crâne d'Eugis.

Une deuxième différence importante entre le crâne d'Engis et celui du Neanderthal consiste dans la courbure du
front et de la calotte crânienne. Le crâne du Neanderthal
est si aplati, qu'il pourrait appartenir à un idiot; celui

d'Engis, au contraire, offre un front petit et peu spacieux,
il est vrai, mais qui pourrait pourtant, d'après l'expression
du professseur Huxley, avoir appartenu à un naturaliste.
Si on compare entre elles les lignes générales que présentent
les contours des deux crânes, on trouve cependant entre les
deux une concordance assez remarquable. Cette ligne
s'élève régulièrement et graduellement depuis le point le
plus saillant du front jusqu'au sommet du vertex, point
peu élevé et qui se trouve très en arrière, à peu près au-
dessus des apophyses mastoïdes. A partir de ce point, la

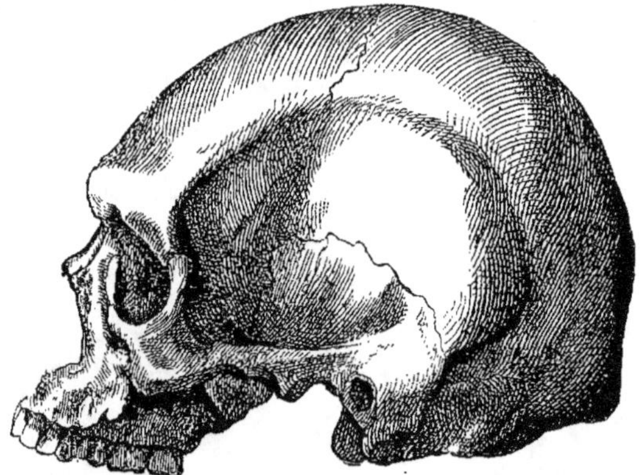

Fig. 115. — Profil d'un nègre australien. D'après Lucae.

ligne redescend en arrière suivant une direction oblique
semblable à celle de la partie antérieure. La conformation
est donc semblable dans les deux crânes, mais la hauteur
de la voûte est plus considérable dans le crâne d'Engis. On
remarque les mêmes particularités, lorsqu'on compare des
grandes séries de crânes des deux sexes et de la même
race.

Le professeur Huxley a déjà fait remarquer, avec raison,
que la courbure du front et du crâne varie chez les Australiens dans des limites assez considérables; il me paraît

probable que, chez les races inférieures, où le crâne allongé
et aplati des adultes succède au crâne plus arrondi et plus
voûté de l'enfant, la courbure du crâne est plus haute et
plus prononcée chez la femme que chez l'homme, bien
qu'en somme le crâne de la femme soit plus étroit. Les
figures que M. Busk m'a communiquées, et dont il a été
question plus haut, confirment cette hypothèse; tous les
crânes d'homme considérés au point de vue de la courbure
du front et de celle du crâne, sont très-inférieurs aux

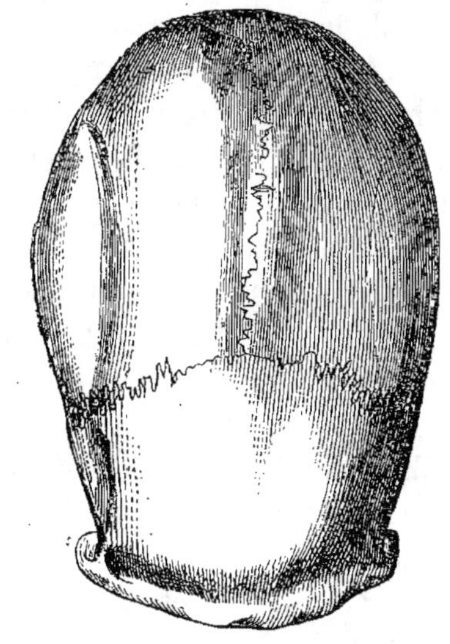

Fig. 116. — Crâne du musée de Berne, vu d'en haut.

crânes des femmes, bien que tous proviennent de la même
localité et appartiennent certainement à une même race
qui vivait pendant l'âge de la pierre.

On a affirmé que, parmi les formes crâniennes européennes actuelles, il n'en est aucune qui approche des
crânes des cavernes; il n'y a en effet que les crânes des
anciens Hollandais qui puissent leur être comparés en ce
qu'ils sont relativement les plus longs de toutes les races

européennes. Aussi fus-je très-étonné de trouver dans le musée anatomique de Berne, une calotte crânienne qui, d'après le catalogue, a été trouvée près de Bienne, et que le professeur Valentin a mise obligeamment à ma disposition; cette calotte examinée avec attention présente une ressemblance étonnante avec le crâne du Neanderthal. On remarque le même bourrelet saillant des arcades sourcilières, la même profonde rainure du front, la même courbe ascendante et aplatie du crâne, la même position reculée du sommet du vertex et la même chute brusque de la courbe occipitale jusque vers la nuque que dans le crâne du Néanderthal. La longueur est presque la même, la largeur encore moindre, de sorte que cette calotte crânienne a appartenu à la tête la plus étroite que je connaisse. Vue d'en haut, la forme est la même, bien qu'à tous égards le crâne du musée de Berne ait les os plus petits et plus minces; le bourrelet frontal antérieur est droit et coupé carrément; l'occiput saillant, de sorte que l'ensemble forme une figure pentagonale très-allongée, arrondie en arrière.

J'avais évidemment devant moi une calotte de crâne qui appartient entièrement au même type de race, et qui, sous le rapport de la forme et de la grandeur, se place exactement entre les crânes d'Engis et du Neanderthal, et forme une transition entre les deux.

Vous pouvez juger de mon étonnement, Messieurs. Il va sans dire que j'ai fait toutes les démarches possibles pour obtenir quelques renseignements sur la découverte de ce crâne, qui, du reste, se trouvait au Musée depuis plus de trente ans. Mes recherches ont été vaines, et la provenance du crâne du musée de Berne reste une énigme indéchiffrable. Une vieille étiquette, probablement de la main d'Albrecht Meckel, signale cependant, non sans raison, la ressemblance de ce crâne avec un dessin de Blumenbach, représentant le crâne d'un Hollandais natif de Leyde.

En comparant les dessins faits par le professeur His d'après un grand nombre de crânes provenant d'anciennes sépultures et des habitations lacustres de la Suisse, j'ai été frappé de la ressemblance de quelques crânes dolichocéphales avec le crâne du musée de Berne.

Un de ces crânes, d'origine inconnue, se trouve à Bâle ; un autre a été déterré, il y a environ vingt ans, par Hugi, à Hohberg, à environ une lieue de Soleure ; un troisième

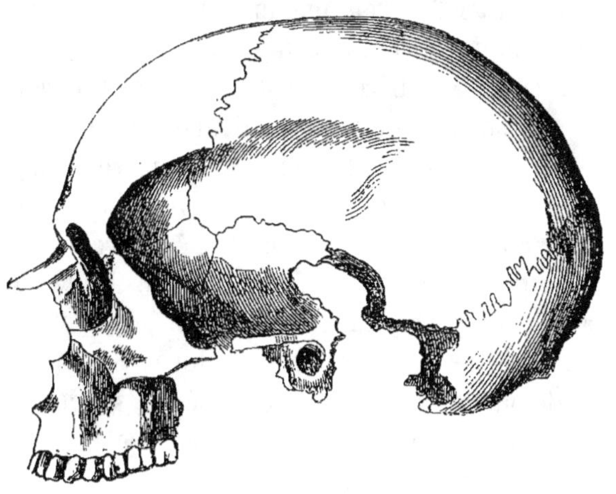

Fig. 117. — Crâne dolichocéphale de Hohberg, près de Soleure, d'après un dessin communiqué par le professeur His.

appartient à la collection du colonel Schwab et provient d'une habitation sur pilotis du lac de Bienne.

C'étaient là autant de points de départ pour des recherches ultérieures. Un voyage à Bienne et Soleure me procura des renseignements plus précis, et, en même temps, l'occasion d'examiner environ deux douzaines d'anciens crânes, exhumés à Grange par le docteur Schild et donnés au musée de Soleure ; le professeur Lang, directeur de cet établissement, les a mis obligeamment à ma disposition.

Parmi ces crânes de Grange se trouvaient, à côté de crânes suisses larges, ne s'éloignant pas du type actuel, deux de ces crânes étroits que je recherchais.

La question archéologique fut bientôt résolue par l'intervention de M. Amiet, le savant secrétaire d'État de Soleure. Les tombeaux ouverts à Hohberg par Hugi renfermaient de grandes boucles d'oreilles et des bracelets en bronze, des colliers de perles d'ambre et de perles de verre bleu opaque, des épées en fer; dans l'un, on a trouvé un anneau d'argent portant une inscription, que le professeur Mommsen, de Zurich, une des autorités les plus compétentes en ces matières, croit être le mot *Renatus*. Ces tombeaux, d'après Amiet, appartiennent incontestablement, par leur contenu, à la fin de la période romaine, c'est-à-dire à la fin du ive ou au commencement du ve siècle, époque à laquelle le christianisme a été introduit en Suisse.

On a trouvé un anneau semblable dans les tombeaux de Grange : ils appartiennent donc à la même époque.

Le crâne de la collection du colonel Schwab provient d'une habitation lacustre du lac de Bienne, située dans le voisinage du lit de la Scheuss ; cette station n'a fourni jusqu'à présent que des antiquités romaines.

Tous les crânes étroits de cette nature trouvés en Suisse, qui me sont connus jusqu'à présent et dont la provenance est exactement déterminée, appartiennent donc à la même époque, celle de la chute de l'empire romain et de l'introduction du christianisme dans le pays. Ils se trouvent mélangés en petit nombre parmi d'autres crânes qui, comme le montrent des recherches comparatives, ont conservé le même type non modifié jusqu'à ce jour. On peut donc supposer que ces crânes étroits, qui, entre tous, présentent le type le plus simien, doivent avoir appartenu à des immigrants qui n'ont pénétré en Suisse qu'en petit nombre, et dont le type ne s'est pas propagé, mais a bientôt disparu.

Or, on ne constate à cette époque aucune autre immigration que celle des missionnaires chrétiens, qui, d'après
la tradition, arrivèrent en grande partie d'Irlande. Il n'est
point, d'ailleurs, invraisemblable que la religion nouvelle,
devant laquelle la civilisation romaine si.hautement développée fit place à la barbarie, ait été importée par des
hommes dans les crânes desquels l'anatomiste remarque
les caractères simiens, tandis que le phrénologiste voit dans
la position si considérablement reculée du vertex le développement de l'organe de la crainte de Dieu. Je nomme
donc ces crânes étroits et d'apparence simienne trouvés en
Suisse, *crânes d'apôtres,* et je me figure que les têtes vivantes devaient offrir quelque ressemblance avec le type
que les artistes byzantins donnent à l'apôtre Pierre.

La mâchoire d'Abbeville, dont nous avons précédemment
mentionné les caractères particuliers, ne peut en aucune
façon servir à la détermination des caractères de la race.
L'angle très ouvert que forment entre elles les deux branches
indique certainement le prognathisme ; il est, d'ailleurs,
très-probable que les crânes d'Engis et du Neanderthal ont
dû aussi appartenir à une race prognathe ; mais on ne peut
pas tirer de conclusion plus précise. Les têtes d'apôtres, si
semblables aux crânes des cavernes, trahissent aussi, par la
position de leurs dents, une tendance à l'obliquité, mais sans
qu'on puisse pourtant les envisager comme réellement prognathes. J'ai sous les yeux trois têtes de cette race provenant de trois localités différentes ; les os de la face sont assez
bien conservés pour que le profil soit parfaitement distinct.
La voussure du crâne est, chez ces têtes de Bienne, de
Hohberg et de Grange, considérablement plus grande, le
front plus avancé et plus plein que chez les anciens crânes
des cavernes. L'insertion du nez offre un caractère tout
particulier, car, même chez les crânes qui n'offrent point de
bourrelet frontal, on trouve un profond enfoncement dans

lequel est inséré presque horizontalement un nez fortement
échancré en dessus. Les dents antérieures sont d'ailleurs
plantées obliquement, mais pas d'une manière assez prononcée pour qu'on puisse les regarder comme s'éloignant
beaucoup de nos crânes européens ordinaires.

Si nous comparons ces crânes à ceux trouvés dans la
caverne de Lombrive, nous remarquons de grandes différences. Les deux crânes que le docteur Garrigou m'a con-
fiés sont bien conservés ; ils sont en partie recouverts
de tuf et leurs cavités sont remplies de cette même
substance. Les os du crâne même sont extrêmement

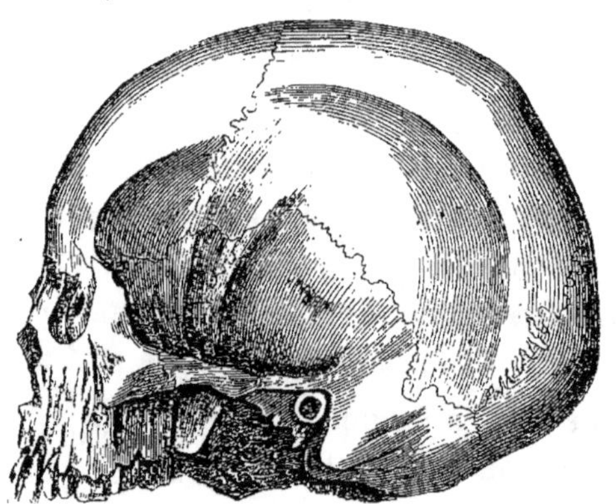

Fig. 118. — Crâne de la caverne de Lombrive, vu de profil.

légers, poreux et happent à la langue. Un des crânes, plus
petit, appartient à un enfant d'environ neuf ans, qui est sur
le point de renouveler sa canine et sa première molaire.
Le plus grand crâne a des formes si délicates et des os si
minces qu'il a dû appartenir à une femme. L'état des
dents indique que ces hommes anciens avaient, aussi bien
que la génération actuelle, à souffrir des maux de dents,
car deux molaires sont rongées et une troisième entièrement perdue ; il résulte de cette perte que l'alvéole correspondante s'est fermée et que la surface du palais est devenue

oblique. L'usure des dents est tout à fait analogue à celle qu'on a observée chez les momies et chez d'autres peuples anciens ; cette usure est relativement très-forte pour l'âge de trente ans, âge que paraissent indiquer tous les autres caractères, et si régulière que toutes les dents offrent des surfaces planes, polies et un peu inclinées en dedans.

A mon avis, cette usure devait surtout provenir de l'usage de ce pain grossier, renfermant une grande quantité d'éléments pierreux, qui était en usage chez tous les peuples anciens. Le pumpernickel de Westphalie et le pain plat

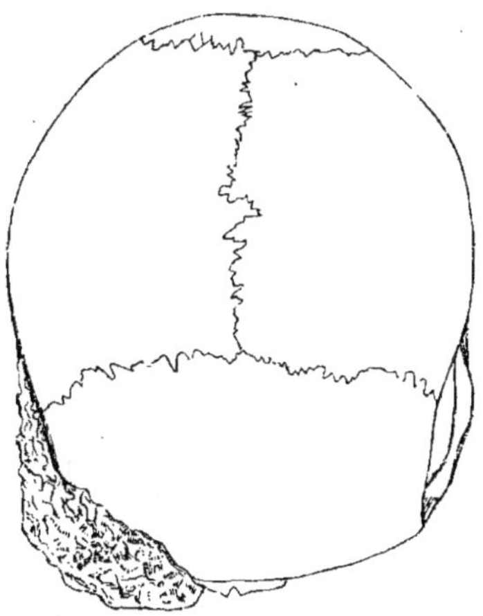

Fig. 119. — Crâne de la caverne de Lombrive, vu d'en haut.

(*fladbroed*) des Norvégiens, paraissent être les descendants directs de cet effrayant produit du monde primitif, dont on trouve encore des restes dans les stations lacustres de la Suisse.

La forme des crânes de Lombrive est en somme assez remarquable. Le front est élevé, et se continue presque directement avec le nez sans courbure appréciable des arcades sus-orbitaires. Le sommet du vertex se trouve audessus du trou auditif ; mais la courbure est si graduelle,

qu'il est difficile d'en préciser la position. L'occiput se dé-
robe assez brusquement à partir d'un point culminant au-
dessus des protubérances pariétales, point qui est notamment très-prononcé chez l'enfant. L'occiput lui-même est
saillant. Les fosses temporales ne sont profondes que dans
leur partie antérieure; par contre, elles sont aplaties en arrière, presque saillantes, et la ligne temporale très-étendue.
La partie faciale est petite, les dents antérieures à peine inclinées en dehors, — si peu, que certainement leur position
est plus oblique dans la plupart des crânes germaniques
féminins.

Vu d'en haut (fig. 119), le crâne paraît court; il affecte
la forme d'un œuf, la ligne frontale est presque droite, les
arcades zygomatiques saillantes, le diamètre transversal
assez fort, tombant à peu près au milieu de la longueur de
la tête, en avant des protubérances pariétales. Dans le
crâne adulte, le rapport de la longueur à la largeur est
comme 100 : 77,7; dans le crâne d'enfant ce rapport est
comme 100 : 82,6, rapport qui ne doit pas étonner, les
crânes d'enfants étant plus arrondis que les crânes d'a-
dultes. Cet indice céphalique offre les mêmes rapports, d'a-
près le tableau de Welcker, que celui des Juifs et des Bohémiens.

Vu par devant, le crâne offre des orbites très-profondes
et dont le toit est voûté en dessus et en arrière de leur bord
aminci, de façon que le bord orbitaire supérieur forme une
arête presque tranchante. Les orbites sont en même temps
plus larges que hautes et presque rectangulaires, les fos-
settes de la joue profondes, les fosses nasales étroites
et hautes, le front élevé au milieu, mais tombant latéralement, de sorte que le sommet du crâne forme un toit
arrondi. Vu d'arrière, le contour paraît nettement pentago-
nal, car les apophyses mastoïdes forment les angles inférieurs, les protubérances pariétales les angles supérieurs,

et la suture sagittale constitue une crête presque tranchante.

Faute d'une plus grande collection, il ne m'est pas possible de déterminer la race dont ces crânes se rapprochent le plus, mais, en tous cas, ils sont tels qu'on peut les comparer à tous les autres types des peuples caucasiques. D'après une lettre que j'ai reçue de M. Broca à ce sujet, ces crânes ressembleraient, pour la plupart, à ceux des Basques actuels, qui habitent encore les contrées où se trouvent les cavernes. Ces Basques sont précisément un de ces singuliers *peuples-îles*, si on peut s'exprimer ainsi, qu'on rencontre à la surface du globe, et qui sont, sous tous les rapports, entièrement différents des peuples qui les entourent. Ils ont une langue dont on n'a encore trouvé d'analogue qu'en Amérique. Les Basques constituent une énigme inexplicable; en tous cas, on ne peut les faire dériver d'Asie.

Depuis lors, M. Broca a pu étudier une soixantaine de vrais crânes basques, déterrés sous sa surveillance dans le cimetière d'un village espagnol. Il s'est livré à ce sujet à un travail sur lequel je m'étendrai avec quelques détails comme un modèle de recherches.

Peu satisfait de la division actuelle des crânes en dolichocéphales, mésaticéphales et brachycéphales, Broca y ajoute deux catégories que nous pouvons nommer *sous-dolichocéphales* et *sous-brachycéphales*. D'après cette subdivision, les dolichocéphales auraient un indice céphalique de 75 au plus; — les sous-dolichocéphales viendraient entre 75 et 77,77; c'est-à-dire entre 6/8 et 7/9; — les mésaticéphales iraient de 77,77 à 80, soit de 7/9 à 8/10; — les sous-brachycéphales seraient compris entre 80 et 83; et, enfin, toutes les mesures dépassant 83 constitueraient les vrais brachycéphales.

Sur les soixante têtes basques observées, il a trouvé neuf têtes dolichocéphales pures, vingt sous-dolichocéphales, dix-neuf têtes mésaticéphales, douze sous-brachy-céphales et point de têtes brachycéphales vraies, de sorte que la moyenne tombe dans les têtes sous-dolichocéphales, et que les Basques possèdent une tête plus longue que les Parisiens actuels, tandis qu'en même temps le contenu du crâne est plus grand que chez le Parisien, fait qui ne peut être attribué seulement au développement de l'intelligence, mais qui doit provenir de la différence de race.

Chacun est naturellement libre de placer comme cela lui convient les limites entre les différentes proportions que peut offrir l'indice céphalique, mais il est pourtant regrettable qu'on ne soit pas encore parvenu à s'entendre pour attribuer une signification générale aux différentes expressions employées qui, sans cela, n'auront jamais aucun sens. En effet, dans les conditions actuelles, chaque fois qu'on emploie les expressions de têtes longues, courtes ou moyennes, il faut se demander dans quel sens et d'après quel auteur l'expression doit être comprise.

M. Broca a essayé une réforme à cet égard ; par des mensurations dont il établit très-exactement les points de départ, il arrive, avec Gratiolet, à la conclusion qu'on doit distinguer deux types de dolichocéphalie : les *dolichocéphales frontaux*, auxquels appartiennent les races germaniques, et les *dolichocéphales occipitaux*, qui comprennent les nègres africains et océaniens. En d'autres termes, chez les uns, c'est la région antérieure et notamment le front ; chez les autres, la région postérieure, sur laquelle porte l'allongement, qui occasionne ainsi la prédominance du diamètre longitudinal total.

Pour donner une signification précise à ces rapports, Broca réunit les deux orifices auditifs par une ligne qui passe sur la pointe postérieure du frontal, ou, en d'autres termes, il trace sur le crâne le contour diagonal de Virchow (voir p. 75, fig. 18-9), qui a tout à fait la même direction.

Cette ligne représente une section séparant le crâne antérieur du crâne postérieur, que l'on peut ainsi comparer l'un à l'autre. Or, Broca a trouvé que, bien que le crâne basque soit plus long, plus large et plus haut que celui du Parisien, le crâne antérieur, limité comme nous venons de le dire, est moins développé chez les Basques que chez les Parisiens, au point que son contour est plus petit absolument de 6 millimètres. Des mesures ultérieures ont conduit Broca à la conclusion que la dolichocéphalie des Basques dépend essentiellement du développement excessif des lobes postérieurs du cerveau.

Après avoir démontré que les Basques offrent le caractère de la dolichocéphalie occipitale, M. Broca avait, en outre, à démontrer qu'il existe une différence complète entre leur dolichocéphalie et celle des dolichocéphales indo-européens. N'ayant trouvé dans les races européennes aucun point de comparaison, et se rappelant que ce genre de dolichocéphalie appartient essentiellement aux races africaines, il étudia les formes comparatives du crâne chez les Basques, les Parisiens et les nègres. Voici les conclusions que M. Broca a tirées de ses recherches et des mensurations qu'il a faites à ce sujet. Les Basques se rapprochent des dolichocéphales africains; ils ressemblent beaucoup aux nègres par la conformation de leur crâne cérébral qui, sous ce rapport, s'éloigne peu de celui des races africaines orthognathes. Il faut cependant se hâter d'ajouter que les Basques se distinguent de toutes les races africaines, même les plus blanches et les plus orthognathes, par la petitesse de la mâchoire supérieure, par le faible développement des protubérances cérébelleuses et l'atrophie relative de la protubérance occipitale. Du reste, ces caractères distinguent aussi les Basques des autres races européennes.

M. Broca conclut de ces recherches que, si on veut chercher l'origine des Basques en dehors du pays qu'ils habitent, on ne trouvera leurs ancêtres ni parmi les Celtes, ni parmi les autres populations indo-européennes, mais qu'il faut plutôt pousser les recherches du côté de l'Afrique septentrionale. Il est probable qu'autrefois l'Europe et le nord de l'Afrique ont été réunis ; il n'y aurait rien d'étonnant du reste à ce qu'on pût trouver une parenté plus ou moins étroite entre les habitants primitifs des deux pays, car on sait qu'en tout cas, depuis les temps les plus reculés, il y a eu d'incessantes pérégrinations d'un côté du détroit de Gibraltar vers l'autre. En ce qui concerne cette dernière hypothèse, je dois ajouter qu'une foule de faits rendent très-probable l'ancienne réunion des colonnes d'Hercule ; on peut citer, entre autres preuves, l'existence de singes sauvages sur le rocher de Gibraltar, singes appartenant à la même espèce que ceux qui habitent avec les pirates du Riff la côte africaine opposée.

D'autre part, si l'analogie avec les races américaines venait à se confirmer, elle fournirait un trait de lumière remarquable sur l'origine de la race basque, qui a conservé, depuis des milliers d'années, dans ce coin du globe, ses particularités corporelles caractéristiques, son langage entièrement étranger à la souche des langues indo-germaniques, ses mœurs et ses habitudes. On pourrait presque se demander si, au lieu de cette émigration préhistorique si souvent rêvée d'Asie et d'Europe en Amérique, il n'y a pas eu, au contraire, une émigration de ce pays lointain vers la baie de Biscaye, peut-être au moyen de cette bande de terre qui réunissait autrefois la Floride à notre continent et qui est maintenant enfoncée au-dessous du niveau de la mer, mais qui, d'après toutes les probabilités, existait à l'époque miocène ou tertiaire moyenne.

Quoi qu'il en soit, le crâne de Lombrive appartient à une race entièrement différente de la race des cavernes belges et rhénanes. Tous les caractères sont tellement opposés, qu'on ne peut songer à la moindre filiation ou à aucune parenté, même la plus éloignée, entre les crânes de Lombrive et celui d'Engis ; et, tout en reconnaissant qu'il s'est écoulé un intervalle considérable entre l'époque où l'homme d'Engis et celui de Neander luttaient avec l'ours des cavernes, et celle où l'homme de Lombrive chassait le renne, on peut à peine admettre, d'autre part, que, dans les conditions où ces hommes différents paraissent avoir vécu, ce laps de temps ait suffi pour produire des différences aussi marquées.

Si nous étudions maintenant les crânes de l'époque de la pierre au Danemark, crânes qui paraissent dater d'une

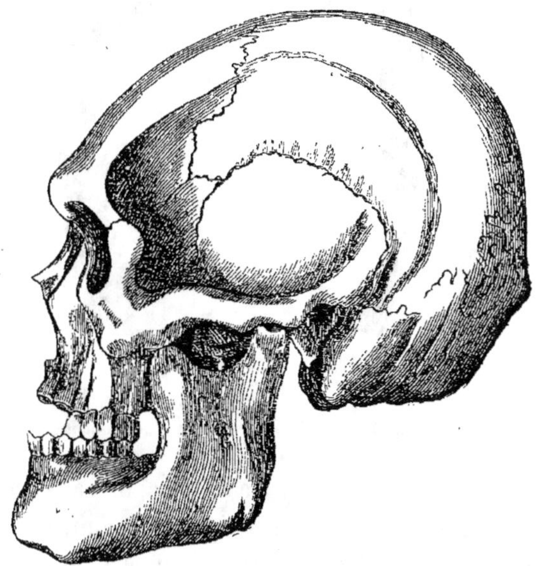

Fig. 120. — Crâne de Borreby, vu de profil.

troisième époque plus récente, nous constatons de nouveau des différences saisissantes dans les caractères généraux. Comme je l'ai déjà dit plus haut, j'ai eu à ma disposition le relevé complet des mensurations de vingt crânes, relevé que je dois à l'obligeance de M. Busk, de Londres. La moitié environ de ces crânes provient d'un même endroit, Borreby, les autres ont été trouvés dans six endroits différents. Sept crânes de Borreby ont été admirablement dessinés et de la façon la plus complète, non-seulement de profil, mais sous toutes les faces ; avec de pareils documents j'étais aussi bien pourvu que possible en l'absence des originaux. Les têtes ne sont pas très-petites, car leur longueur varie de 6,85 à 7,8 pouces anglais, soit de 171 à 195 millimètres ; en général, ces crânes dépassent en lon-

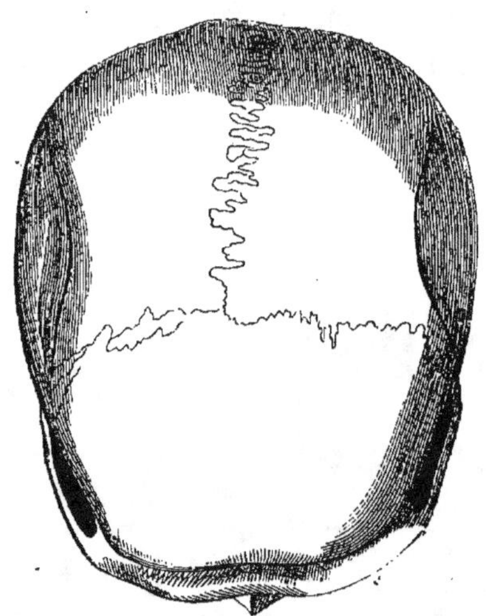

Fig. 121. — Crâne de Borreby, vu d'en haut.

gueur et en largeur les crânes des Lapons auxquels on les a comparés. Si on met de côté les têtes qui, par leur diamètre longitudinal, semblent avoir appartenu à des femmes ou à des enfants, — elles sont au nombre de six, — on obtient une série de quatorze crânes adultes, dont la longueur varie entre 7,2 et 7,8 pouces anglais, soit de 180 à 195 millimètres ; la variation n'est donc que de 6/10 de pouce anglais, soit 15 millimètres. Il y a certainement là une concordance assez remarquable qui existe aussi dans la forme ; ce qui permet de conclure à une uniformité assez frappante chez cette ancienne race.

Quant au rapport de la longueur à la largeur, il oscille entre des limites assez écartées ; ainsi, la longueur étant prise = 100, la largeur varie de 71,8 à 85,7 soit presque de 14 0/0. Si on écarte les crânes des femmes et des enfants, dont les uns, ceux des femmes, occupent le milieu de la série, tandis que ceux des enfants ont la forme la plus arrondie et en occupent l'extrémité, on arrive à ce résultat étonnant que sept crânes de Borreby, très-semblables entre eux, offrent les têtes les plus larges, dont l'indice varie de 80,2 à 82,6 ; tandis que les crânes trouvés dans les autres localités possèdent un indice bien inférieur, et appartiennent même à un type bien caractérisé de têtes étroites. La détermination archéologique est-elle en défaut, ou existait-il une différence géographique de race ? C'est ce qu'on ne peut décider d'après les faits connus. Il serait peut-être possible qu'il ait existé autrefois, sur certains points du Danemark, un mélange de têtes étroites et de têtes courtes, comme à Meudon, où on a trouvé dans un vieux tombeau, sous un dolmen, les deux types bien caractérisés l'un auprès de l'autre.

Quoi qu'il en soit, les crânes de Borreby, que nous considérons ici comme le type spécial de l'âge de la pierre en Danemark, paraissent décidément brachycéphales ; leur indice céphalique est en moyenne 81,3, et tombe par conséquent, d'après la table de Welcker, entre celui des Germains, des Russes et des Turcs. Le crâne est en général bien arrondi, le front un peu aplati sans être mal développé ; cependant, on remarque, même sous ce rapport, d'importantes différences. Les bourrelets sus-orbitaires sont fortement développés chez les hommes ; le sillon qui les sépare du nez est profond, ainsi que la gouttière supérieure, tandis que, chez les femmes, au contraire, le front assez élevé ne présente aucune dépression visible au-dessus du nez, d'ailleurs peu saillant. La plus grande hauteur du crâne se trouve presque au-dessus des orifices auditifs, et, vu de profil, le crâne paraît si régulièrement courbé dans sa partie postérieure, qu'il pourrait être compris tout entier dans un cercle. Chez quelques crânes seulement on peut observer une tendance vers le prognathisme; par contre, chez le plus grand nombre, les dents antérieures sont plantées verticalement dans leurs alvéoles. Vus d'en haut, les crânes paraissent largement elliptiques, avec le bord antérieur aussi arrondi que le bord postérieur. La plus grande largeur se trouve au tiers postérieur du crâne, à peu près dans la région des protubérances pariétales. Les arcades zygomatiques sont courtes, mais fortement saillantes à l'extérieur. Vu par devant, le front paraît assez bas, mais régulièrement arqué; enfin, vus par derrière, les angles du pentagone sont tellement arrondis et effacés, que le contour du crâne forme un cercle presque complet.

Il est inutile d'entrer dans de plus amples détails pour prouver que ces crânes offrent des caractères tout particuliers, et qu'ils ne coïncident en aucune façon ni avec ceux de Lombrive ni avec ceux d'Engis et de Neanderthal, mais qu'ils appartiennent à une race toute particulière qui a habité le Danemark aux temps les plus reculés.

Le crâne de Meilen, près de Zurich (fig. 122), est le seul reste humain de l'époque de la pierre trouvé en Suisse, qui offre quelque valeur relativement à la détermination de la race. Mais il est malheureusement si incomplet que, bien que pouvant fournir quelques renseignements à peu près suffisants sous certains rapports, ils ne le sont point pour préciser la forme du crâne.

Voici ce que dit le professeur His de Bâle, sur ce débris de crâne : « Le front paraît médiocrement élevé, bien

« arqué, les arcades sus-orbitaires sont fortement déve-
« loppées, par contre la ligne semi-circulaire qui circons-

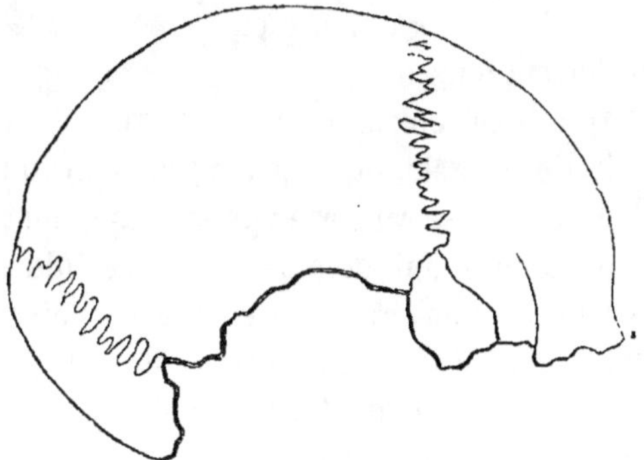

Fig. 122. — Crâne de Meilen, vu de profil. D'après un dessin communiqué
par le professeur His.

« crit les fosses temporales est, à l'exception de son
« origine, faiblement marquée. L'occiput est globuleux, un

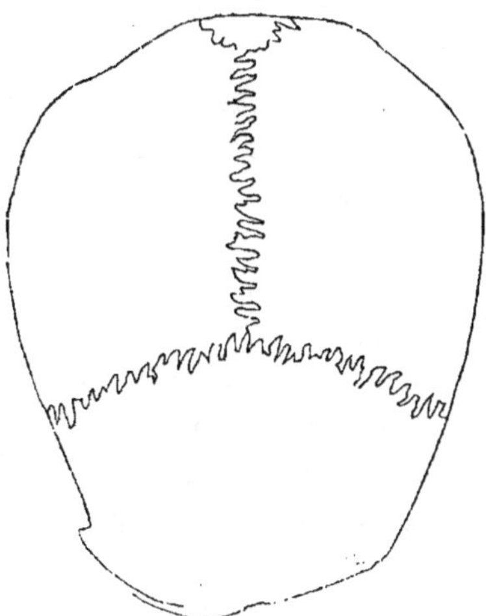

Fig. 123. — Le même, vu d'en haut.

« peu asymétrique, plus saillant à gauche qu'à droite.
« L'épine et la crête occipitales ne sont que faiblement in-

« diquées, et la ligne semi-circulaire est à peine recon-
« naissable dans sa portion supérieure, tandis qu'elle
« forme en dessous une légère ligne osseuse. En somme,
« rien, dans tous ces caractères, n'indique un individu
« fortement musclé.

« Après une comparaison exacte avec les crânes de notre
« collection de Bâle, on ne peut méconnaître que le fragment
« dont il s'agit se rapporte aux formes qui paraissent en-
« core aujourd'hui dominer dans la Suisse allemande.
« Notre collection ne possède encore que huit crânes suisses
« normaux, qui proviennent des cantons de Bâle, de Berne,
« de Schaffhouse et de Zurich, et le crâne grison qui, sous
« tous les rapports, s'en écarte entièrement. Ces huit
« crânes se font remarquer par la largeur relativement
« grande de la région pariétale comparativement à leur
« longueur qui est médiocre ; ils paraissent en général
« beaucoup plus élevés que le crâne des habitations lacus-
« tres, cependant il s'en trouve deux, notamment celui
« d'une femme de Zurich et un autre d'une femme de Schaf-
« fhouse, qui ne le cèdent en aucune manière à celui-là,
« sous le rapport de la hauteur, qui est très-faible. »

His fait observer avec raison que, comme les crânes
suisses, celui de Meilen n'affecte en aucune façon un type
décidé de dolichocéphalie ou de brachycéphalie, bien que
paraissant, par sa largeur occipitale, se rapprocher plutôt
des brachycéphales.

En effet, l'indice céphalique du crâne de Meilen est 83, 2,
chiffre qui rapprocherait les crânes suisses de ceux des Lapons, dont l'indice est, d'après la table de Welcker, de 84,
et que, jusqu'à présent, on a toujours comptés parmi les
brachycéphales.

On sait actuellement que le crâne de Meilen est un crâne
d'enfant. Voici ce que dit le professeur His à ce sujet :
« Un fragment de la suture sagittale, effacée en apparence,

« m'avait laissé dans le doute ; mais en humectant le
« crâne, j'ai pu reconnaître que la soudure n'est pas
« réelle. En même temps, j'ai reçu d'Altorf un crâne d'en-
« fant très-complet, appartenant incontestablement à
« notre type helvétique (ou, comme on le nomme, le type
« de Sion) ; ce crâne par ses formes et ses dimensions
« reproduit exactement le crâne de Meilen, et correspond
« également tout à fait au crâne d'enfant, appartenant à
« M. Desor, trouvé dans une station de l'âge du bronze,
« celle d'Auvernier. On ne trouve donc, dans les habitations

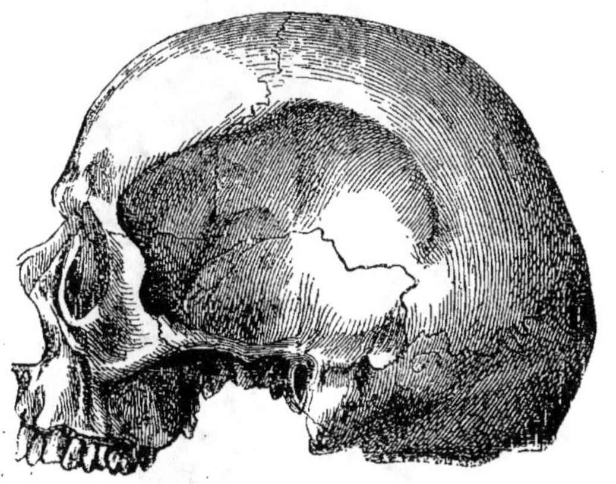

Fig. 124. — Profil d'un crâne helvétique trouvé dans un tombeau romain, près
de Genève.

« lacustres de l'âge de la pierre, de l'âge du bronze et de
« l'âge du fer, qu'un seul type, le type helvétique, dont
« les rejetons ont persisté jusqu'à nos jours, ce qui rend
« plus que douteuse la succession de plusieurs peuples
« supposée par Troyon. Celui-ci possède un crâne d'en-
« fant trouvé à Plan-d'Essert, et un fragment également
« ancien trouvé dans le Valais, qui n'appartiennent point
« au type helvétique, mais au type carré, connu sous le
« nom de type de Dissentis, type qui, selon Troyon, doit
« remonter également à l'époque du bronze. »

L'opinion que j'ai émise, c'est-à-dire que les mêmes races possédant les mêmes formes principales de structure crânienne ont habité sans interruption le pays où on les rencontre encore aujourd'hui, trouve donc sa complète confirmation dans les assertions d'un juge compétent. L'existence de races brachycéphales dans quelques tombeaux du Valais et du canton de Vaud ne doit pas surprendre, dès qu'on admet que le type roman actuel est indigène depuis l'âge de la pierre dans l'est de la Suissse, comme le type

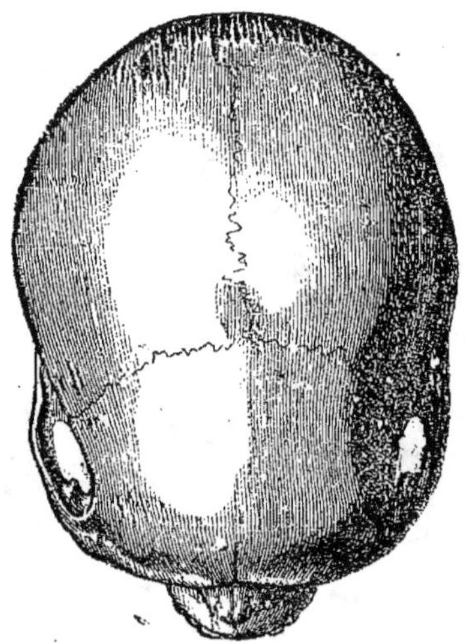

Fig. 125. — Le même, vu d'en haut.

helvétique l'est dans la partie centrale et occidentale, et qu'il a tendu la main à ce dernier dans le Valais et sur les bords du lac de Genève, par-dessus le Saint-Gothard. Pruner-Bey veut avoir reconnu sur les bords vaudois du lac de Genève le type brachycéphalique, qui, d'après lui, caractérise le crâne trouvé dans le cône de déjection de la Tinière ; si cette manière de voir de Pruner-Bey est fondée, ce qui du reste ne peut ressortir de la description, qu'il fait de ce crâne, nous y trouvons encore une nouvelle preuve de la persistance extraordinaire des formes crâniennes, même dans des localités restreintes.

Le type de têtes relativement grandes et larges chez des hommes à arcades sus-orbitaires fortement saillantes, à front carré, à protubérances pariétales larges et proéminentes et à occiput souvent bombé, se trouve dans tous les temps développé en grande quantité chez les Suisses. Des crânes provenant d'habitations lacustres, qui n'ont fourni que des objets en bronze, et dont un jeune spécimen

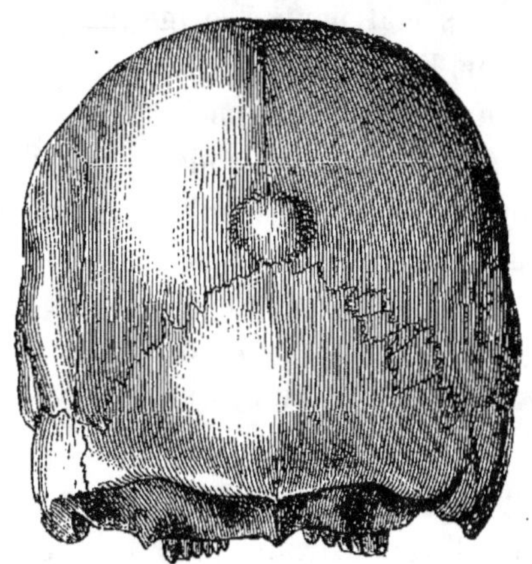

Fig. 126. —Crâne helvétique, trouvé à Genève, vu par derrière.
Os wormiens bien distincts.

très-remarquable, provenant de Corcelettes, se trouve dans la possession de mon ami Desor, à Neufchâtel, portent aussi bien ce caractère que d'autres crânes d'une origine plus récente trouvés dans des tombeaux.

Le crâne trouvé à Genève dans un tombeau romain, crâne que j'ai déjà représenté dans les figures 15 et 17 de cet ouvrage, et que j'avais d'abord regardé comme un ancien crâne romain, appartient, ainsi que j'ai pu m'en convaincre par de nombreuses comparaisons, incontestablement au même type, et n'est en conséquence qu'un crâne helvétique de l'époque romaine. Parmi treize crânes trouvés à Grange, dont j'ai écarté quatre crânes de femmes et d'enfants, et deux crânes appartenant évidemment au type étroit, j'ai trouvé, comme indice céphalique moyen des sept autres, le chiffre de 83,8 ; ils appartiennent donc aussi au même type. Des recherches ultérieures auront à nous apprendre si ces crânes suisses ont réellement une tendance à la persistance de la suture frontale dans un âge avancé. Plusieurs crânes de Grange, malheureusement en trop mauvais état pour être mesurés, offrent cette particularité, que l'on remarque aussi dans un crâne qui m'a été communiqué par le colonel Schwab, et qui a été trouvé dans du sable à une profondeur de dix-huit pieds, dans une section faite pour les travaux du chemin de fer dans le voisinage de Bienne ; peut-être avait-il roulé de plus haut. Je dois ajouter que, d'après Gastaldi, cette persistance de la suture frontale existe aussi dans le crâne ancien qui a été trouvé près de Modène, dans la « *marnière* » (terre de cimetière). Il semble aussi que ces crânes helvétiques offrent une grande tendance vers la division de la suture lambdoïde. Le crâne trouvé près de Genève offre à la pointe de cette suture un de ces fragments isolés d'os qu'on regardait autrefois comme propres aux crânes péruviens, et que, pour cette raison, on avait désignés sous le nom d'os des Incas (*Os Incae*), et qui sont généralement appelés os wormiens ; j'ai vu des os pareils dans quelques autres crânes anciens de Bienne et de Grange, ainsi que dans les ailes latérales de la suture.

Le professeur His, en constatant comme un fait très-essentiel et très-intéressant que le type de la forme du crâne n'a pas éprouvé de changements considérables depuis l'âge de la pierre, ne fait que confirmer une observation que nous avons faite déjà sur d'autres crânes anciens. Les crânes des cavernes belges et rhénanes trouvent leurs

analogues dans les crânes étroits et allongés des Hollandais
qui habitent encore les plaines du voisinage. Les crânes de
Lombrive se rapprochent de ceux des Basques actuels ; les
crânes du Danemark de l'âge de la pierre ressemblent à
ceux des Lapons et des Finnois, qui ont été évidemment
repoussés vers le nord. Les crânes de l'âge de la pierre,
en Suisse, offrent le type qui a existé autrefois et qui existe
encore dans ce pays. En un mot, nous voyons que dans
les temps préhistoriques il y avait partout des races différentes, aussi éloignées les unes des autres par leurs formes
que le sont aujourd'hui le nègre et l'Européen ; mais nulle
part nous ne voyons les preuves d'émigrations ou de rayon-
nements sur la terre habitable autour d'un centre général.
S'il est permis de supposer que les brachycéphales viennent
d'Asie, semblable supposition devient impossible pour les
têtes étroites, qui correspondent à l'époque la plus ancienne, mais dont on ne trouve point d'exemple en Asie.
Les témoignages que nous invoquons ici, et qui remontent
bien au delà de toute tradition, ne reconnaissent, pour
ainsi dire, l'homme que comme un produit originel du sol,
sur lequel il s'est trouvé directement, et s'est conservé
avec une remarquable ténacité jusqu'à ce jour. On peut
donc constater dans ces anciennes races une constance de
forme étonnante, dont le type fondamental n'est pas encore parvenu à s'effacer, malgré tous les mélanges divers
que les émigrations ont pu amener postérieurement.

Cette constance de forme s'étend même jusqu'à des différences insignifiantes. Ainsi, lorsque von Baer remarque,
dans son Traité sur les crânes romans, que la race alémanienne a en général la tête plus courte et plus large que
la race franque ou la race hessoise, il est parfaitement
dans le vrai ; mais il faut ajouter qu'il existe dans la race
alémanienne des différences importantes, de telle sorte que
les crânes souabes, par exemple, sont beaucoup plus courts

et plus ronds que les crânes suisses voisins : ces derniers se distinguent si complétement par leur forme anguleuse et leur plus grande longueur, qu'on peut très-facilement reconnaître les deux races dans les crânes de l'ossuaire du champ de bataille de Dornach.

On se tromperait cependant beaucoup, si on supposait qu'outre les types crâniens déjà mentionnés en Suisse, il n'y en ait pas d'autres peut-être aussi anciens que celui de Meilen, peut-être aussi plus récents, mais qui doivent également être attribués à des émigrations préhistoriques.

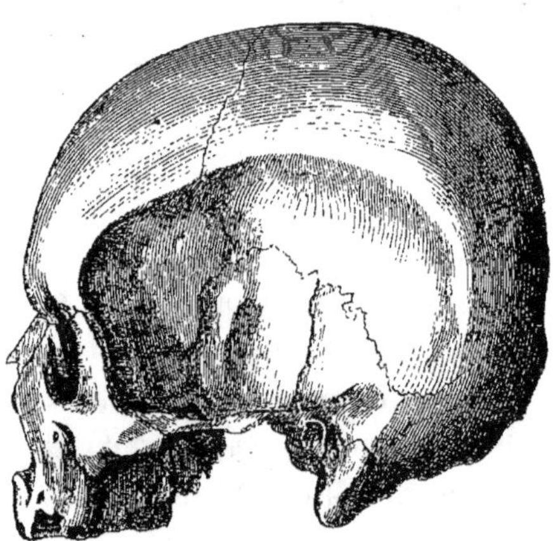

Fig. 127. — Tête romane des Grisons, vue de profil.

Baer a fait remarquer la forme si extraordinairement brachycéphalique qui se rencontre dans les Grisons. La figure 127 dessinée d'après le crâne d'un vieillard provenant d'un cimetière genevois, et qui se trouve en la possession d'un de mes collègues, le professeur Claparède, représente un crâne affectant cette forme. La plus grande largeur de ce crâne qui se trouve presque immédiatement au-dessus des orifices auditifs est presque égale à la longueur, dont elle ne diffère que de quelques millimètres. Du point le

plus élevé du vertex, l'occiput descend presque verticalement jusqu'à l'épine occipitale. La ligne des vertèbres
crâniennes est relativement très-courte, le trou occipital
est repoussé fort en arrière, vu le raccourcissement de la
nuque, de sorte que le crâne ne peut pas se balancer sur
les têtes articulaires. Vu d'en haut, le crâne offre la forme
d'un ovale très-élargi, et dont la partie amincie est en
avant, dirigée vers le front. Von Baer pense que ces crânes,

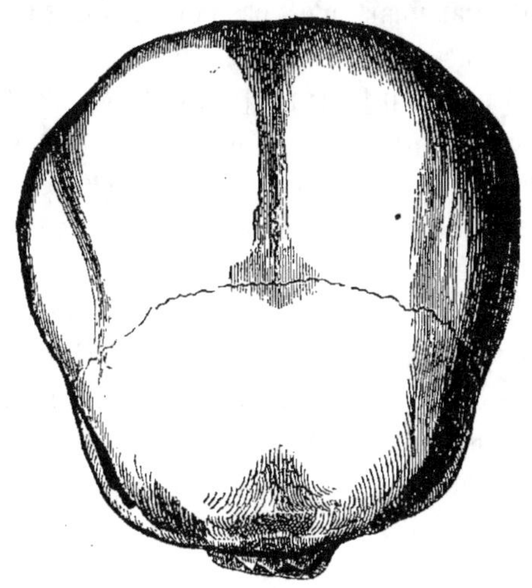

Fig. 128. — La même, vue d'en haut.

si remarquablement courts, qu'on trouve dans toute leur
pureté, surtout dans les hautes montagnes des Grisons,
pourraient peut-être tirer leur origine des anciens
Étrusques. La différence est cependant aussi grande que
celle du jour et de la nuit, car les quelques crânes étrusques
reconnus comme authentiques et conservés en Italie appartiennent de la manière la plus décidée au type de tête
étroite ; nous avons, d'ailleurs, trop peu de renseignements
relatifs aux mélanges des divers types chez les Étrusques,
pour pouvoir porter un jugement sur ce fait. On a trouvé

dans les Grisons, associés à ce crâne, le mouton et le porc des tourbières, qui déjà, pendant l'âge de la pierre, étaient réduits à l'état domestique ; il semble résulter de là que le type crânien roman a été alors, dans cette partie des Alpes, le contemporain des peuples bien différents qui ont élevé les constructions sur pilotis tant dans les plaines marécageuses qu'au bord des lacs. Ceci doit d'autant moins surprendre que la distance entre le crâne du Neanderthal et ceux du Danemark n'est pas non plus très-grande.

Si les races humaines que nous avons examinées jusqu'à présent nous ont fourni la preuve qu'elles ont persisté, sans interruption, jusqu'à nos jours sur le sol qu'elles habitaient dès les temps les plus anciens auxquels nous puissions remonter ; si aucun indice ne nous indique qu'elles aient dû abandonner un habitat antérieur pour venir trouver en Europe le terme de leurs pérégrinations aventureuses, nous devons nous attendre à trouver des données analogues dans l'étude des animaux domestiques. Nous devons donc, puisque les animaux domestiques dépendent beaucoup plus de l'homme que celui-ci ne dépend d'eux, supposer que ces animaux sont originaires du pays même que l'homme a habité avec eux, et que les premiers animaux domestiques que l'homme a soumis à sa domination descendent des souches sauvages qui existaient dans le pays. Il est donc indispensable de suivre les traces des différents animaux domestiques au moins aussi loin qu'il le faut pour élucider cette question. Je ne puis faire mieux que de vous communiquer les résultats des recherches remarquables de Rütimeyer de Bâle sur ce sujet.

Le plus ancien animal domestique connu jusqu'à présent est, sans aucun doute, le *chien ;* on a trouvé, en effet, des restes de cet animal tant dans les débris de cuisine du Danemark que dans les habitations lacustres de l'âge de la pierre. Ce chien ancien appartient, d'après Rütimeyer, à

une race constante jusqu'en ses moindres détails, de taille
moyenne, d'une conformation légère et élégante, à boîte
crânienne spacieuse et arrondie, à orbites grandes, à museau court, peu pointu, à mâchoire médiocre, dont les
dents forment une série régulière. Ce chien, qu'on peut
nommer le chien des tourbières (*Canis palustris*), ressemble complétement, par la grandeur, l'étroitesse des
membres et la faiblesse des attaches musculaires, à l'épagneul et au chien d'arrêt, et paraît, par la voussure et la
largeur du crâne, avoir fourni le modèle de l'épagneul, et
par ses contours extérieurs et la longueur du crâne, celui
du chien d'arrêt. Ce chien de l'âge de la pierre est entièrement distinct, comme espèce, du loup et du chacal,
qu'on a tous deux voulu considérer comme les ancêtres du
chien actuel, et, comme il a apparu aussi bien en Danemark qu'en Suisse, il n'y a aucun doute que cette espèce,
propre à l'Europe, fut soumise par l'homme et utilisée par
lui dans l'origine pour la chasse, et plus tard pour la garde
de la maison et du bétail. Rütimeyer cite, à l'appui de cette
opinion, la circonstance qu'on ne rencontre que rarement
des os de chien brisés pour en extraire la moelle (comme
cela se remarque pour tous les autres ossements d'animaux
servant de nourriture) ; il ajoute que la plupart des crânes
de chiens sont bien conservés et appartiennent à de vieux
animaux, d'où il conclut avec justesse que le chien a pu
servir de nourriture dans les cas de pressant besoin, mais
pas habituellement, et qu'on lui laissait atteindre un âge
avancé avant de le tuer pour s'en nourrir. Plus tard, à
l'époque des métaux, on voit apparaître, soit en Danemark,
soit en Suisse, des races de chiens plus grandes et plus
fortes, se rapprochant, par leurs mâchoires, beaucoup plus
du dogue ou du chien-loup que le chien des tourbières, et
qui pourraient bien avoir été introduites du dehors. La
constance des caractères du chien des tourbières, la con-

cordance complète des restes qu'on a trouvés dans différents endroits, la distinction spécifique évidente d'avec le loup, le chacal et le renard, prouvent clairement la justesse d'une assertion, fondée d'ailleurs sur d'autres motifs, d'après laquelle les nombreuses races actuelles de chiens ne seraient point le résultat des modifications d'une seule espèce, mais bien celui de mélanges multiples d'espèces voisines entre elles.

Rütimeyer distingue deux races caractéristiques parmi les porcs de l'âge de la pierre : le vrai *sanglier* (*Sus scrofa*), dont le cercle de dispersion a été successivement en diminuant en raison du progrès de l'agriculture, mais qui s'étendait pendant l'âge de la pierre sur toute la surface de l'Europe ; et une autre espèce plus petite, plus chétive, se distinguant par quelques autres caractères, le *porc des marais* (*Sus palustris*), qui doit être considérée comme une espèce bien caractérisée. Cette espèce sauvage occupait une aire géographique beaucoup plus circonscrite que le sanglier, car, tandis qu'on ne l'a rencontrée jusqu'à présent qu'en Suisse, le sanglier se rencontre très-abondamment aussi dans les débris de cuisine du Danemark. Par contre, les débris de cuisine danois n'offrent aucune trace de la domestication du sanglier, pas plus que de tout autre animal, le chien excepté. De même, dans les stations suisses les plus anciennes, comme Wangen et Moosseedorf, on n'a, jusqu'à présent, trouvé aucun os de porc portant la moindre trace de domestication. Plus tard, on voit apparaître des traces de domestication, mais on constate partout que c'est le porc des tourbières qui a été apprivoisé le premier. Dans l'origine, les os du porc des tourbières domestiqué se rencontrent en petite quantité relativement à ceux du sanglier, mais le rapport ne tarde pas à se renverser et prouve clairement que, vu la grande fécondité qu'il partage avec toutes les autres espèces porcines, le porc des tourbières est bientôt devenu le principal objet de l'élève des habitants lacustres. Rütimeyer en conclut que le porc des tourbières a disparu, comme animal sauvage, avant les temps historiques ; il ajoute qu'il se rapproche tellement par ses caractères de plusieurs porcs de l'époque tertiaire moyenne, qu'on peut parfaitement admettre qu'il descend de ces derniers. Les porcs des cavernes et des alluvions se rapprochent davantage des sangliers ; ce type, mieux armé, plus récent, aurait évidemment supplanté l'espèce plus faible, si l'homme n'avait pris celle-ci sous sa protection comme animal domestique, et ne l'avait ainsi perpétuée jusqu'à nos jours. On trouve encore, en effet, dans les Grisons, l'Uri et le Valais, une petite race de porc à dos rond, à jambes courtes, à petites oreilles droites, à museau court et épais, dont la robe affecte une couleur uniforme noirâtre ou brun rouge foncé, garnie de soies longues et roides, et qui, par la conformation des os et des dents, coïncide avec le porc des tourbières. Il est donc très-probable que cette espèce, éteinte à l'état sauvage, s'est perpétuée dans cette race, à laquelle la domestication a donné un front plus droit, un occiput plus court et des arcades zygomatiques moins arquées. Le porc indien ou siamois, animal domestique très-répandu, qui du reste n'existe plus en Asie à l'état sauvage, se rapproche beaucoup du porc domestique des tourbières. Le petit nombre des matériaux de comparaison dont Rütimeyer pouvait disposer (un dessin de crâne d'après Daubenton) ne lui a pas permis d'établir complétement cette analogie. La plupart de nos races européennes de porcs domestiques à grandes oreilles descendent du sanglier sauvage ; il ne saurait y avoir de doute à cet égard. On ne le trouve la plupart du temps qu'à l'état sauvage pendant l'âge de la pierre ; à Concise seulement, sur le lac de Neufchâtel, où, comme nous l'avons vu, la civilisation de l'âge de la pierre a atteint son plus haut degré de perfection, on a observé des restes témoignant de la domestication du sanglier. « Je dois avouer, dit Rütimeyer, « que les rares traces de sangliers domestiques, au milieu « des restes bien plus nombreux du porc des tourbières « déjà domestiqué dès l'âge de la pierre, me paraissent « bien plus dénoter l'importation d'une nouvelle race de « porc domestique à Concise, que l'apprivoisement de « quelques sangliers de la contrée par les habitants la- « custres, d'autant plus que la vache paraît être représen- « tée à Concise par le *trochoceros,* qui fait entièrement « défaut en dehors du lac de Neufchâtel. »

Quoi qu'il en soit, la domestication du sanglier ordi- naire qui habite l'Europe et les bords de la Méditerranée ne s'est pas effectuée dans l'intérieur de l'Asie, où vivent d'autres espèces sauvages, mais en Europe même. La pré- sence de la race bovine dont nous venons de parler semble même indiquer que cette domestication a commencé dans la région méditerranéenne. En tous cas, il se produit pour le porc le même phénomène que pour le chien, c'est-à-dire que les races actuelles proviennent de différentes races primitives qui se sont croisées entre elles, et qui, plus tard, ont pris encore de nouveaux caractères par suite des croisements avec des races étrangères.

Les *races bovines* sont représentées par deux bœufs sauvages de dimensions gigantesques: le bœuf primitif (*Bos primigenius*) et l'aurochs (*Bison europœus*). On ren- contre ces deux races sauvages dans les habitations lacustres de la période de la pierre, tandis que, jusqu'à présent, on n'a recueilli dans les débris de cuisine du Danemark, ainsi que dans les gisements d'Amiens et d'Aurignac, en France, où on a trouvé des restes humains, que la première de ces espèces. Le bœuf primitif a été, sans aucun doute, le con- temporain du mammouth et du rhinocéros à narines cloison- nées, car on a trouvé des dents de cette espèce dans les li-

gnites schisteux de Dürnten, parmi celles d'une autre
espèce d'éléphant et de rhinocéros (*R. leptorhinus*). C'est
probablement cette espèce qui a été ensuite domestiquée en
Suisse pendant l'âge de la pierre. Dans le principe, les
ossements appartenant à l'espèce bovine sont beaucoup
moins nombreux que ceux des animaux sauvages, du cerf
notamment ; plus tard, ils deviennent de plus en plus
abondants, ce qui prouve que les habitants ont de plus
en plus remplacé la chasse par l'agriculture. Les recherches de Rütimeyer paraissent établir que la race bovine de la Frise descend du bœuf primitif ; au point de
vue de la taille, cette race peut se comparer à l'antique
bœuf gigantesque. Il semble presque que l'élevage du bœuf
primitif, que, d'après les *Niebelungen*, on chassait à une
époque bien plus récente dans les forêts de Worms, n'ait
été pratiqué qu'à titre d'essai pendant l'âge de la pierre,
pour être plus tard abandonné en faveur d'autres espèces.
Dans le nord de l'Europe, au contraire, cet élevage s'est
continué jusqu'à nos jours et a produit cette race puissante
des Pays-Bas qui, encore aujourd'hui, l'emporte par sa
grosseur sur toutes les autres.

Le bison ou aurochs a été évidemment beaucoup moins
répandu que le bœuf primitif; on n'a pas encore rencontré
ses restes avec ceux du mammouth et du rhinocéros;
ce n'est que dans la tourbe qu'on les trouve à côté de ceux
du cerf gigantesque d'Irlande. Le bison n'a jamais été domestiqué; il habitait cependant l'Europe centrale dans
les temps historiques, car le poëme des *Niebelungen* le cite à
côté du bœuf primitif au nombre des animaux chassés par
Siegfried. On connaît encore actuellement dans la forêt
de Bialowice un troupeau de huit cents bisons, qui a réussi
à se maintenir jusqu'à présent.

« Sous le nom de *Bos longifrons*, dit Rütimeyer, Owen
« a décrit les restes d'une petite espèce bovine qui a été

« trouvée, en grande abondance, dans les terrains plio-
« cènes récents de l'Angleterre, avec l'éléphant et le rhino-
« céros ; dans les tourbières d'Irlande, avec le cerf géant
« (*Megaceros hibernicus*), et, dans des formations encore
« plus récentes, avec le cerf et des antiquités romaines.
« Owen croit voir dans cette espèce la souche des petites
« races à courtes cornes ou sans cornes, qu'on retrouve
« encore dans les hautes régions de l'Écosse et du pays de
« Galles sous les noms de *Kyloes* et de *Runts*, et qui, d'a-
« près cet auteur, ont dû former les troupeaux des habi-
« tants de la Bretagne avant l'invasion romaine. » Précédemment, Owen avait donné à cette espèce le nom bien
préférable de *B. brachyceros*, tandis que Rütimeyer l'avait
désignée sous le nom de *bœuf des tourbières*. Cette petite
espèce à membres grêles qui existait autrefois en Angleterre et en Scandinavie et qui se distinguait par ses cornes
courtes, mais relativement épaisses, a, pendant toute la
période de la pierre, été seule élevée par les anciens habitants de Wangen et de Moosseedorf, et, plus tard, avec le
bœuf primitif et quelques autres races. C'est d'elle que descend, sans aucun doute, la petite race uniforme actuelle de
Schwytz, dite *race brune*, dont l'élevage a atteint, surtout
dans le canton de Schwytz, son plus haut développement,
au point de vue surtout des facultés laitières ; peut-être
faut-il voir aussi dans cette espèce la souche des races qui
sont aujourd'hui communes dans le nord de l'Afrique et notamment à Alger.

On a trouvé à Concise, comme nous l'avons dit plus
haut, et à Chevraux, dans le lac de Neufchâtel, les restes
d'un bœuf à front plat, presque carré, à cornes recourbées
presque en demi-cercle. Ce bœuf, dont la taille est inférieure d'un tiers environ à celle de la souche sauvage, qui
égalait presque celle du bœuf primitif, concorde complètement avec une grande espèce des alluvions italiennes d'Arezzo

et de Sienne, connue sous le nom de *Bos trochoceros*. Il semble résulter de ce fait que cette espèce a été introduite à l'état domestique et qu'elle provenait des colonies très-avancées de l'Italie. On cessa, sans doute, de l'élever par la suite, car elle n'a pas laissé de descendance parmi les races qui existent actuellement en Suisse. Il serait intéressant de rechercher si, dans les races italiennes actuelles, il en est qu'on peut faire remonter à cette souche; on trouverait là, en effet, une indication importante sur les relations des dernières populations de l'âge de la pierre avec l'Italie.

Outre les trois races, ou plutôt les trois espèces dont nous venons de parler (car, lorsqu'on en trouva les restes dans le diluvium, on les accepta pour des espèces bien établies, — mais, depuis qu'on a reconnu leur état domestique, on ne les considère plus que comme des races), dont deux descendent d'une souche établie primitivement de ce côté des Alpes, tandis que la troisième vient d'Italie, on a découvert, en Suisse, une quatrième espèce, qu'on rencontre à l'état sauvage dans les tourbières du midi de la Suède et de l'Angleterre avec les restes du bœuf primitif et de l'aurochs; elle a été désignée sous le nom de *Bos frontosus*. Cette espèce se distingue par un front convexe entre les cornes, concave entre les yeux, par un bourrelet frontal épais et fortement recourbé sur l'occiput, par des pivots osseux allongés et directement recourbés en dehors. Elle est plus petite que le bœuf primitif, plus grande que le bœuf des tourbières; elle fait entièrement défaut dans les constructions sur pilotis, ainsi que dans les tourbières, mais elle est actuellement représentée en Suisse par la race dite *tachetée* (races du Simmenthal et du Saanenthal) qui fut introduite pendant les temps historiques, et qui venait probablement du Nord.

Les faits relatifs aux diverses races bovines confirment donc d'une façon évidente les données que nous ont déjà fournies le chien et le porc. Les espèces sauvages du pays, susceptibles de domestication, ont été élevées dans l'origine ; par leur mélange entre elles, ainsi que par des mélanges ultérieurs avec des espèces importées du dehors, ces espèces ont donné naissance à la plupart des races actuelles, chez lesquelles on peut encore reconnaître nettement les caractères primitifs.

« Pendant l'âge de la pierre, dit Rütimeyer, on rencontre « déjà en beaucoup d'endroits une espèce de *mouton* qui, « par ses faibles dimensions, ses extrémités grêles et encore « plus par ses cornes courtes, droites, bicarénées « comme celles de la chèvre, était fort différente des races « ovines les plus généralement répandues à notre époque. « On a trouvé à Wauwyl seulement des traces de races à « cornes grandes et recourbées. La rareté des pivots ne « permet d'arriver à aucune conclusion satisfaisante sur le « remplacement de ces animaux à petites cornes par les « races à grandes cornes maintenant dominantes, et pourtant « l'étude des ossements trouvés à Chavannes, à Echallens, « etc., prouve qu'au moyen âge les animaux à « grandes cornes étaient déjà probablement très-répandus. » On peut nommer cette petite espèce particulière, à laine de qualité inférieure, le *mouton des tourbières*.

Il n'existe aujourd'hui aucune souche sauvage à laquelle on puisse rapporter ce mouton des tourbières à cornes de chèvre, tandis que l'on peut faire remonter au Mouflon méditerranéen et à l'Argali asiatique le type à cornes recourbées, auquel appartiennent toutes les races actuellement cultivées. On a trouvé, d'autre part, dans les cavernes du midi de la France, surtout dans celle de Lunel-Viel, des restes d'un mouton qui paraît ressembler à celui des tourbières de l'âge de la pierre, de sorte que cette espèce remonte certainement aux temps les plus anciens du genre humain, puisqu'on a rencontré des restes de ce dernier dans les cavernes en question. D'autre part, on élève encore actuellement dans les îles du nord de l'Angleterre, les Shetlands et les Orcades, ainsi que sur les hautes montagnes du pays de Galles, et enfin dans les Grisons, au-dessus de Dissentis, une race de moutons dont le crâne se rapproche beaucoup de celui du mouton des tourbières, tant par la forme et la grandeur que par la conformation des pivots. Il n'y a donc pas de doute que le mouton sauvage des tourbières n'ait été indigène dans l'Europe centrale et d'abord soumis à l'homme, mais que, plus tard, l'espèce à cornes courbes, importée du dehors, a fini par remplacer l'espèce des tourbières, plus petite et d'un produit moindre, tant en laine qu'en viande.

La *chèv. e* existait presque partout dans les habitations de l'âge de la pierre; elle était, d'après Rütimeyer, plus nombreuse que le mouton dans les établissements les plus anciens; ce rapport s'est interverti plus tard. La chèvre de l'âge de la pierre appartient à la même espèce que celle qui existe aujourd'hui en Suisse; on peut en conclure qu'elle a habité le pays à l'état sauvage.

« Les ossements du *cheval*, » dit Rütimeyer, «sont, dans
« les habitations de l'âge de la pierre, bien plus rares que
« les restes humains, et, comme on ne peut supposer que
« le cheval ait été enseveli avec l'homme en dehors des
« constructions sur pilotis, il en résulte que le cheval a
« réellement manqué aux habitants des plus anciennes
« stations lacustres, et a dû même être rare chez ceux
« des époques plus récentes de la même période : si rare
« qu'il me semble présumable que les quelques restes
« de cheval trouvés à Robenhausen, à Wauwyl, etc.,
« doivent avoir été amenés du dehors dans les construc-
« tions sur pilotis à titre d'aliment, tant le genre de vie et
« les mœurs des populations lacustres semblent peu compa-
« tibles avec l'élève du cheval.

« Il est superflu d'ajouter que ces restes du cheval cor-
« respondent à notre cheval actuel, et se distinguent
« très-nettement des espèces fossiles. »

La culture des plantes confirme tout ce que l'homme et
les animaux domestiques nous ont appris. Pommes et
poires, prunes et noisettes, framboises et myrtilles, vesces,
cerfeuil, servaient déjà à l'alimentation des hommes et
étaient cultivés en partie par eux. Mais ils cultivaient surtout le froment, l'orge et le lin, dont la graine semble avoir
servi à l'alimentation, pendant qu'on employait les fibres
pour fabriquer des tissus. Les grains des froments cultivés
étaient plus petits et les épis plus serrés que dans les
formes actuelles. Dans les anciennes stations l'orge était
à six rangs, et à deux rangs dans les plus récentes. Par
contre, le seigle, l'avoine et le chanvre, dont les botanistes
ont cherché la patrie en Orient, d'où les croyants font également dériver les habitants lacustres, font complétement
défaut. « On peut donc admettre, » dit le docteur Christ,
« que les habitants lacustres, vrais autochthones de la
« Suisse, n'ont jamais été en contact avec l'Orient, région
« du seigle et de l'avoine, tandis que le froment et l'orge
« leur sont peut-être arrivés du Midi. En tous cas, dans
« nos pays du Nord, le froment a été la première céréale
« cultivée par l'homme. »

L'importation de ces deux céréales ne nous paraît rien
moins que prouvée. De toutes les céréales, c'est l'orge qui
remonte le plus vers le nord, elle pouvait donc bien exister à l'état sauvage en Suisse, si inhospitalier que pût être
le pays à cette époque, et cela est d'autant plus probable
que le froment n'est qu'un état supérieur de développement d'une plante sauvage, améliorée par la culture,
comme paraît le prouver du reste la petitesse des grains des
anciens épis.

Les nombreuses recherches que je viens de résumer

dans la présente leçon prouvent évidemment que l'homme, avec tous ses ustensiles, ses animaux domestiques et ses plantes utiles, s'est développé sur le sol où nous trouvons les traces les plus anciennes de son existence ; il s'y procurait des moyens de subsistance, et se mit plus tard en contact et en rapports d'échange avec d'autres races qui s'étaient développées de même dans d'autres localités.

Les faits actuellement connus nous permettent de conclure à une différence originelle, ainsi qu'à la naissance sur le sol des espèces humaines, des animaux domestiques et des plantes utiles. Ce qui va au delà appartient au domaine de l'hypothèse ou de la légende.

QUATORZIÈME LEÇON

Hérédité des caractères. — Races naturelles et artificielles. — Opinion de Nathusius. — Réfutation. — Distinction des races et des espèces. — Transformation des variétés en races et en espèces réelles. — Influence du temps. — Animaux sans race. — Métis et mulets. — Leur capacité reproductrice. — Chien et loup. — Bouc et brebis. — Léporide. — Élevage industriel de ce dernier. — Conclusions tirées des faits précédents.

Messieurs,

Dès qu'on aborde la question de l'origine des groupes, des races ou des espèces, dont se compose l'ensemble de la création animale, l'homme compris, la première idée qui se présente à l'esprit est celle de la continuité naturelle de la reproduction. L'existence de toute la création animale avec toutes ses formes variées repose uniquement sur la propagation normale, puisque l'existence de chaque individu trouve dans la mort sa limite naturelle. Une seule exception, qui n'a de valeur du reste que dans le domaine de l'extrême orthodoxie chrétienne, ne peut subsister devant le tribunal de la critique scientifique. Il est donc nécessaire d'approfondir avec le plus grand soin les questions qui peuvent être soulevées à ce sujet, car les opinions sur l'origine des espèces humaines ou animales, sur leurs rapports de parenté ou de dérivation, sur les variations possibles qu'elles ont pu subir dans le cours des temps, dépendent des solutions que ces questions peuvent recevoir.

Dans la génération des animaux supérieurs, les deux sexes, mâle et femelle, exercent une action égale, et les propriétés que possèdent les deux ascendants se transmettent à peu près également aux descendants; cela ne fait aucun doute. Comme nous l'avons vu plus haut, la famille est la base des groupes divers qu'on observe dans le monde animal : or, de même que tout individu peut posséder certaines particularités propres, fréquemment insignifiantes, qui lui impriment cependant vis-à-vis des autres un cachet d'individualité, de même on remarque chez certaines familles des caractères spéciaux qui indiquent à l'observateur attentif la série et la filiation des générations qui lui ont donné naissance. On a voulu affirmer que, chez les animaux domestiques seuls, il est possible d'établir une distinction entre les individus; que, chez les autres, il n'existe aucune de ces particularités qui permettent de distinguer un individu de l'autre ; quelques auteurs récents se basent même sur cette hypothèse et y trouvent un des motifs principaux à invoquer à l'appui de la situation exceptionnelle de l'homme dans la création. Le premier empailleur venu pourrait démontrer le mal fondé de cette assertion, et prouver que, dans un troupeau de loups, par exemple, il n'existe pas moins de différences individuelles que dans un troupeau de moutons provenant de croisements consanguins. S'il était vrai que tous les individus fussent identiques, les collectionneurs n'auraient pas besoin de faire un choix parmi les spécimens placés à leur disposition. L'individu et l'individualité existent aussi bien dans l'ensemble du règne animal que chez les animaux domestiques et chez l'homme ; et si, dans la vie ordinaire, nous ne faisons pas cette distinction, c'est parce que nous n'observons pas des différences que ni le besoin ni l'utilité ne nous poussent à étudier.

L'hérédité des divers traits qui caractérisent non-seulement l'espèce, mais aussi la famille et l'individu, est donc un fait qui doit avoir une influence générale sur la conformation du règne animal ; d'ailleurs, l'hérédité des particularités propres qui caractérisent l'individu est devenue le levier puissant au moyen duquel on a obtenu des résultats si remarquables et si importants dans l'élevage de nos animaux domestiques.

Virchow a, dans un mémoire récent, posé et discuté la question de savoir si l'hérédité se rapporte toujours à la même somme de caractères ? Il est aisé de concevoir que cela n'est pas et ne peut pas être, par la simple raison qu'il deviendrait impossible de modifier le type établi d'une famille. C'est précisément sur le fait que l'hérédité peut embrasser un cercle indéfini de caractères, sur l'étendue duquel l'expérience peut seule nous renseigner, que repose la possibilité d'une modification. Il est souvent impossible de déterminer par avance si tel ou tel animal reproducteur, auquel on attribue des propriétés excellentes, ne transmet pas à sa descendance un germe de maladie qui ne se manifeste que plus tard ; tandis que tel animal, peu noble en apparence, donne des produits qui, sous tous les rapports, répondent entièrement au but que se propose l'éleveur.

J'ai déjà expliqué que le mot *race,* dans le sens où on l'emploie, ne peut être distingué du terme *espèce,* car la constance dans l'hérédité des caractères, la résistance aux influences extérieures, et l'adaptation aux conditions du milieu sont tout aussi grandes chez certaines races que chez de prétendues espèces, races dont l'origine remonte à une antiquité tout aussi reculée que celle qu'on peut attribuer à certaines formes regardées comme espèces. En somme, le terme *race* implique une arrière-pensée théologique ; on l'a imaginé et employé pour désigner les animaux domestiques, comme équivalent du terme *espèce,* afin d'indiquer que les races doivent, en partie du moins, leur origine à l'action humaine, tandis qu'on prétend attribuer la formation des espèces à l'intervention immédiate de la puissance créatrice divine.

« Si nous comparons, » dit Nathusius, « les formes ac-
« tuelles des animaux domestiques proprement dits, nous
« y reconnaissons des races qui sont assez fortement éta-
« blies, et dans lesquelles nous trouvons un grand nombre
« d'individus qui forment, par leurs ressemblances et
« quelques caractères communs, des groupes définis,
« dont l'origine se rattache à des localités déterminées
« plus ou moins circonscrites. On trouve ces races sur
« certains points, et elles sont toujours restées ce qu'elles
« étaient, autant que l'observation peut les suivre dans les
« temps historiques. Ce sont les races *naturelles géogra-*
« *phiques.* Nous leur opposerons les *races artificielles,* ou
« races cultivées. Sous cette dénomination, nous enten-
« dons les races qu'une agriculture perfectionnée a fa-
« çonnées dans un but déterminé. Elles proviennent, soit
« de races naturelles, par sélection, en appareillant les
« individus pourvus de particularités remarquables, et en
« choisissant strictement pour les élever les produits pré-
« sentant au plus haut degré les particularités héritées;
« soit du mélange de différentes races naturelles, par croi-
« sements, chez lesquelles cependant la valeur de l'indi-
« vidu l'emporte toujours sur celle de la race. La prove-
« nance des races artificielles a une importance moindre,
« elles n'ont pas de patrie naturelle; elles sont, au contraire,
« intimement liées à l'état de l'agriculture. Avec cette
« notion de races artificielles concorde la notion du *pur*
« *sang,* si nous admettons ce mot tel que l'emploient les
« hommes compétents, la définition de ce terme basée sur
« la notion d'unité de race étant entièrement fausse.

« Les races naturelles peuvent se déterminer par des

« caractères zoologiques, mais il ne faut pas oublier que
« nous n'avons pas affaire à des espèces, mais à des va-
« riétés, et, par conséquent, à des formes de passage aux-
« quelles des diagnoses trop précises ne peuvent convenir.
« Ces formes de passage, en effet, existent toujours, car
« la variabilité est le corollaire de la notion de race[1].

« La supposition que tous les animaux domestiques en
« général, et surtout les races naturelles, proviennent de
« telle ou telle espèce primitive sauvage, n'est pas démon-
« trée et ne le sera jamais ; on considère, cependant, cette
« supposition comme tellement bien fondée, qu'on ren-
« contre rarement de faibles indications tendant à montrer
« qu'il puisse en être autrement. En tant que l'observa-
« tion est la seule base sur laquelle on doive établir des
« conclusions, toute autre hypothèse sur l'origine des
« animaux domestiques aurait la même valeur.

« Deux suppositions si contraires ne peuvent être déci-
« dées ni par l'observation ni par l'expérience ; la justesse
« de l'une ou de l'autre se trouve en dehors des limites
« des recherches systématiques, la vérité a ses racines
« dans un autre domaine inaccessible aux moyens phy-
« siques de la science.

« D'après une supposition contraire, il y aurait des
« animaux domestiques *créés*. L'état de domestication peut
« être une qualité spécifique primitive, et ne pas provenir
« de l'éducation, de même que la vie des animaux dans
« l'eau, sur les montagnes, dans les forêts et dans les
« steppes, est une qualité spécifique et non acquise. Dans
« l'hypothèse que l'homme n'est pas un animal arrivé gra-
« duellement à un développement supérieur, mais une

1. Tout autant que de la notion d'espèce ; car les variétés, ou formes
en dehors de l'ordinaire, qui ne se propagent pas d'une manière continue, se rencontrent aussi bien chez les espèces (renard. sajous. lion.
panthère. etc.) que chez les races.

« créature animée par un souffle divin, il n'y aurait rien
« d'étrange dans la supposition qu'il y ait eu des animaux,
« qui, lors de leur création, auraient non-seulement reçu
« la faculté de se laisser apprivoiser, mais auraient été
« créés dans des rapports plus voisins que les autres avec
« l'homme, ou, en un mot, auraient été créés, non en vue
« de devenir domestiques, mais comme animaux domes-
« tiques.

« Il y a une école qui rejette le terme *créer*, qui ne re-
« connaît aucune création, mais un soi-disant développe-
« ment d'un limon primitif; sur ce point, nous acceptons
« non-seulement le reproche d'étroitesse, mais encore
« nous le sollicitons. Notre point de vue, qui croit avoir
« une base plus solide, en admettant que les connaissances
« acquises par l'expérience rencontrent certaines bornes,
« nous donne aussi la possibilité d'admettre une qualité
« spéciale pour la différentiation des races humaines à la-
« quelle ni la notion d'espèce ni celle de variété ne se-
« raient applicables, dans le sens que nous leur attribuons
« dans la création organique en général. Lorsqu'on parle
« de races humaines ou de races domestiques, on peut
« baser cette notion de race sur un principe particulier de
« différence, qui appartient exclusivement à ces formes de
« création. La dépendance des animaux domestiques vis-
« à-vis de l'homme nous autorise à penser qu'un sem-
« blable principe de distinction peut être applicable aux
« deux. Si nous revendiquons pour la notion de race ap-
« plicable à l'homme et aux animaux domestiques, les
« qualités seules que l'observation nous révèle, en lui re-
« fusant celles que nous observons dans les espèces et les
« variétés, nous résolvons une foule de problèmes qui,
« jusqu'à présent, dans la discussion sur l'unité du genre
« humain et la provenance des animaux domestiques,
« n'avaient pu encore trouver de solution. Il ne s'agit

« donc pas, dans ce que nous appelons race, de production
« de métis entre des espèces, de recherches expérimentales
« sur l'incapacité des mulets de se propager d'une manière
« régulière et continue, il ne s'agit plus ni de la variabilité
« des espèces, ni de la stabilité des variétés.

« Sans vouloir aller au fond de la question soulevée ici,
« je rappelle encore une fois que les animaux qui ont
« vécu à l'état domestique depuis les temps historiques,
« ne sont pas compris dans le cercle de nos considérations.
« Il est permis de supposer que quelques animaux domes-
« tiques, quoiqu'on ne puisse prouver qu'ils aient été ré-
« duits à la domesticité, proviennent d'espèces sauvages ;
« ainsi le porc n'appartient pas aux animaux domestiques
« primitifs. La question si connexe du retour à l'état sauvage
« d'animaux primitivement domestiques, dont le porc en
« particulier nous fournit tant d'exemples, ne doit point
« nous détourner du sujet qui nous occupe.

« Quant à l'origine des races primitives, quant à l'unité ou
« à la pluralité de chaque espèce animale, ce sont des ques-
« tions qui dépassent les limites de ces considérations. »

On peut voir, par cette longue citation empruntée à Nathusius, combien le moindre écart de la voie directe de
l'observation peut entraîner de conséquences inexactes. Il
faut absolument faire à l'homme une position exceptionnelle, qui corresponde entièrement à la pieuse notion d'un
être spécial, créé par l'intervention immédiate de l'action
divine. Ensuite, on s'aperçoit que les animaux domestiques, et surtout les races naturelles, se trouvent avoir
des rapports évidents et incontestables avec les races et les
souches humaines, rapports qui sont presque identiques
au point de vue de la reproduction et de la propagation ; il
faut donc attribuer aux animaux domestiques la même position exceptionnelle qu'à l'homme : l'intelligence humaine
n'a joué aucun rôle dans la domestication des animaux ; ils

ont été créés et apprivoisés pour l'homme. Mais ici se présente le fait contradictoire que l'homme a, dans les temps historiques, apprivoisé des espèces sauvages et les a transformées en animaux domestiques. Je ne rappellerai que le dindon, qui existe encore à l'état sauvage dans l'Amérique du Nord, et dont la domestication ne remonte pas à plus de deux cents ans. Pour les dindons, comme pour tous les animaux nouvellement réduits à l'état domestique, et pour ceux sur lesquels s'exercent les efforts de nos sociétés d'acclimatation, la loi d'exception est sans valeur ; elle n'en aurait que pour les animaux réduits en domesticité dès les temps préhistoriques et sur lesquels nous ne savons rien de certain. Mais ici encore se présente cette circonstance fatale que le porc à grandes oreilles descend incontestablement du sanglier sauvage ; le porc n'a donc aucun droit à la situation exceptionnelle invoquée. N'en est-il pas de même pour le bœuf de la Frise, pour le bœuf à cornes recourbées, pour le mouton à grandes cornes, qui descendent incontestablement les uns du bœuf primitif, et du bœuf à cornes recourbées des alluvions italiennes, l'autre du mouflon, ainsi que nous l'avons vu dans la précédente leçon ? Combien d'animaux domestiques restet-il donc, en faveur desquels on puisse invoquer une égalité de situation avec l'homme ? Probablement les espèces seules dont nous n'avons pas encore retrouvé les débris fossiles dans les couches d'alluvion ou dans les couches tertiaires anciennes ! Chaque jour amène une nouvelle découverte, chaque jour nous apprend que tel animal domestique provient d'une espèce encore sauvage, ou trouvée à l'état fossile ; faut-il donc imaginer, en faveur des quelques animaux domestiques, sur l'origine desquels nous n'avons pas encore des renseignements suffisants, une situation spéciale en dehors de l'ensemble du règne animal, pour justifier une légende sans fondement sur l'origine du genre humain.

Nathusius nous dit, il est vrai : « que ni l'expérience, ni
« l'observation, ne peuvent démontrer qu'un animal do-
« mestique descend ou non d'un type sauvage, et que les
« moyens nécessaires pour arriver à la vérité sont en de-
« hors des possibilités matérielles de la science. » Il est
douteux que ce principe soit jamais reconnu par les observateurs, car, si l'on admet qu'il faille s'adresser à la foi plutôt
qu'à l'observation pour résoudre la question des animaux
domestiques et pour déterminer s'ils descendent ou non des
espèces sauvages, si on doit invoquer la légende biblique en
matière d'histoire naturelle, c'en est fait de toute science
d'observation, et la destruction tant désirée de la science est
un fait accompli.

Revenons à notre point de départ. Les observations sur
l'hérédité des caractères, recueillies jusqu'à présent, ne
sont pas encore assez complètes pour que les éleveurs
soient entièrement d'accord sur toutes les propositions généralement admises ; mais on peut cependant en tirer
quelques conclusions assez précises. D'après Nathusius, la
transmission héréditaire des qualités des divers reproducteurs est indépendante de l'origine de ceux-ci et est basée :
« généralement sur la qualité des propriétés, individuel-
« lement sur la masse de ces propriétés, par l'action réci-
« proque des organes vitaux et l'énergie de leurs fonc-
« tions, car on voit même certains organes maladifs et
« leurs fonctions physiologiquement anormales, qui exis-
« tent chez un des ascendants, se transmettre par hérédité
« (engraissement, difformité des membres dans le bas-
« set, etc.) ».

Cette proposition une fois établie, il n'y a pas de doute
que l'hérédité peut engendrer des propriétés individuelles,
des formes aussi éloignées de la forme originelle que
d'autres formes primitives que nous reconnaissons comme
des espèces bien définies. C'est, en effet, ce qui arrive ; si on

trouvait aujourd'hui le chien basset à l'état fossile, c'est-à-dire dans des conditions qui ne permettraient aucune preuve de l'existence d'une difformité héréditaire des jambes, il n'est pas un naturaliste qui ne le considérât comme une espèce particulière. Le bœuf primitif, le bœuf des tourbières, les races à cornes courbes et à bourrelet frontal, ont été considérées comme des espèces distinctes par des naturalistes tels que Cuvier, Owen, Nilsson et d'autres, parce qu'on n'avait trouvé leurs restes que dans les alluvions de divers pays. On a regardé ces races comme des espèces jusqu'à ce qu'on ait démontré leur continuation dans les diverses races domestiques actuelles. Tous les zoologistes qui ignoraient encore les rapports de ces dernières avec les espèces éteintes affirmaient avec assurance qu'elles appartenaient toutes à une seule et même espèce, le bœuf domestique (*Bos taurus*); ils ont fait preuve de beaucoup de sagacité pour démontrer que ces races pouvaient provenir d'une seule souche spécifique primitive, puis qu'elles devaient en provenir, enfin, qu'elles en provenaient certainement. On basait cette preuve sur le fait que les races artificielles, dont on peut suivre historiquement la propagation et qui sont essentiellement le produit de l'hérédité forcée, ne diffèrent pas moins les unes des autres par leurs caractères que les anciennes races naturelles, dont l'origine se perd dans la nuit des temps. On avait à cet égard parfaitement raison, on avait seulement oublié d'en tirer les véritables conséquences, ce que nous permet maintenant de faire une connaissance plus étendue et plus exacte des faits, à savoir : que la somme des caractères distinctifs qui nous paraît suffisante pour l'établissement d'une espèce a pu se produire dans les temps historiques par hérédité individuelle, et que, par conséquent, il est aussi bien dans les moyens de l'homme que dans ceux de la nature de créer, aux dépens d'espèces déjà existantes, de nouvelles variétés, de nouvelles races ou même des espèces réelles.

De même que la création des races artificielles par l'homme repose sur la valeur utile de l'animal, et qu'il ne peut perpétuer ces races qu'à la condition de choisir avec soin pour la reproduction les individus possédant au plus haut degré les qualités utiles et recherchées ; de même aussi, dans les races naturelles, qui résultent de la propagation héréditaire de quelques caractères saillants et particuliers, ceux-ci ne se conservent et ne se développent que lorsqu'ils sont conformes aux exigences qu'impose à l'animal la lutte constante pour l'existence. Les races naturelles et artificielles marchent donc ici parallèlement, et la seule différence qui existe entre elles est que l'homme ne peut employer d'influences extranaturelles, et ne peut mettre en jeu qu'un certain choix d'influences naturelles qui agissent partout. Examinons comment l'homme s'y prend pour produire une nouvelle race. Il trouve un individu qui lui paraît posséder des propriétés utiles bien prononcées ; il appareille cet individu avec un animal de l'autre sexe, présentant le plus possible les mêmes particularités. Il donne ensuite au produit de cette union la nourriture et les soins convenables, et les plus propres à renforcer chez lui les particularités utiles désirées. Pour continuer, l'éleveur choisit toujours les individus qui présentent les caractères utiles au plus haut degré de développement, et les appareille entre eux, ou avec la souche mère, ou les produits des dernières générations avec ceux des premières, jusqu'à ce que le but soit atteint. En est-il autrement dans la nature ? Il est vrai que le même point de départ peut se présenter, peut-être cent fois, peut-être mille fois, sans qu'il en résulte une race nouvelle, parce que le choix ultérieur des reproducteurs, que l'homme peut aisément assurer, peut à peine se produire à l'état libre. Mais ce sont précisément ces propriétés qui, donnant à l'individu un avantage sur ses semblables dans la lutte pour l'existence, lui assurent une certaine prépondérance dans la reproduction, prépondérance dont les conséquences, quoique plus lentes, ont le même résultat que la sélection des individus dans la création des races artificielles. Pour ne parler que des mammifères, chacun sait que chez toutes les espèces il y a concurrence et lutte acharnée entre les mâles pour la possession des femelles, qui appartiennent toujours au vainqueur. C'est certainement sur cette circonstance fort simple que repose la durée des espèces avec le plus haut degré de perfection dont elles sont capables. Or, comme chaque individu favorisé dans la lutte pour l'existence est par cela même appelé à une plus longue vie et à une propagation plus étendue des particularités qui le distinguent, il en résulte que, peu à peu, sa descendance devient prépondérante, supplante les individus moins favorisés, et finit ainsi par devenir l'unique représentant de la race. Les effets que l'homme peut obtenir en peu de temps par son intelligence en utilisant les influences favorables et en écartant les influences nuisibles, la nature peut aussi les obtenir, la longueur du temps remplaçant dans ce cas l'intelligence humaine. Dans les transformations chimiques qui se font dans l'écorce solide de la terre, la longueur du temps est un des éléments essentiels pour la manifestation des phénomènes qui résultent d'une quantité d'actions infiniment petites ; de même, le temps est l'agent actif de la conformation extérieure du monde organique, agissant par les modifications les plus insignifiantes en apparence, il finit par amener un type fixe mais différent.

La formation et la fixation d'une race naturelle ou d'une espèce exigent donc un temps très-long ; cette circonstance nous ramène précisément à discuter un fait qui n'a pas une importance moindre dans les races artificielles. Les éleveurs se demandent encore si l'âge, la constance et la pureté de sang des races employées à l'élevage, sont les éléments essentiels de l'hérédité, ou si, sous ce rapport, c'est l'individualité qui l'emporte. Nous savons que des conformations exceptionnelles, telles que des membres supplémentaires, des arrêts de développement et autres particularités semblables, se propagent et se conservent avec opiniâtreté ; il semble en résulter que l'individualité doit, sans aucun doute, occuper le premier rang. Mais la durée du temps pendant lequel une race s'est propagée n'en a pas moins une grande importance, parce que la probabilité de la transmission héréditaire est d'autant plus grande que son sang est plus pur et que la race est plus ancienne. Cela résulte aussi de l'influence des ancêtres, qui se manifeste souvent d'une manière frappante. Lorsqu'on dit que l'influence des ancêtres sur leurs petits-enfants n'est qu'indirecte, en tant que les propriétés des ancêtres se transmettent aux enfants, c'est trop restreindre la valeur du fait, car nombre de cas nous montrent des individus pourvus de particularités que présentaient leurs grands parents, mais pas leurs parents directs. Un de mes amis possède une chienne du Saint-Gothard qui, à l'exception d'une tache blanche étroite sur la poitrine, est entièrement noire. Deux mâles de la même portée sont tachés de brun clair ; quant aux parents, la mère était noire, le père jaune brun. La chienne fut couverte par un chien de même race entièrement noir ; la portée fut de cinq petits ; trois étaient noirs avec la tache pectorale blanche, les deux autres avaient les taches jaunes du grand-père. La particularité du grand-père, dont n'avait pas hérité son enfant direct, a reparu dans ses petits-enfants. Si des observations de ce genre sont exactes, et je puis garantir celle-là, car je possède un des petits-enfants et je connais

la mère et les autres rejetons, il est évident que, même
chez les races les plus pures, il se produit parfois un retour
vers les ancêtres, dont on pourrait croire les particularités
perdues ; d'autre part, les caractères des races naturelles
et des espèces se perpétuent avec opiniâtreté dans les croisements, et reparaissent de nouveau après quelques générations. Tous les éleveurs de chiens savent que le sang des
Terre-Neuve, qui provient sans doute d'une espèce sauvage indigène du pays, laquelle n'était pas encore domestiquée au commencement du xviie siècle, est réellement
indestructible, de sorte qu'on peut encore, à la dixième
génération, reconnaître ses caractères dans le mélange.
Darwin a observé que, chez les chevaux domestiques, on
voit souvent apparaître, peut-être comme réminiscence de
leur origine, des anneaux colorés aux jambes et des raies
obscures sur les épaules, anneaux et raies dont on cher-
cherait en vain les traces chez la génération précédente.
Desor m'a fait aussi remarquer que, chez les jeunes chats
noirs, dont la souche remonte à un grand nombre de générations, le premier pelage est alternativement rayé,
plus foncé et plus clair, comme celui du chat sauvage,
mais avec une nuance plus foncée, et que le pelage prend
sa couleur noire uniforme et sans stries au bout d'une
année seulement.

Ainsi, tous les faits concordent pour démontrer qu'à côté
de l'influence individuelle dans l'hérédité, la longueur du
temps constitue un facteur, au moyen duquel s'établit un
certain type qui correspond le mieux aux conditions extérieures et aux exigences de la lutte constante pour l'existence ; ce type devient d'autant plus fixe, que les conditions
qui ont déterminé sa formation restent plus longtemps les
mêmes. Mais plus ce type se fixe , plus il se circonscrit et
se distingue nettement de tous les autres qui lui sont semblables ou alliés, plus il s'en sépare, et plus il se montre

hostile envers eux : l'intervalle qui sépare ce type nouveau des types analogues, insignifiant dans le principe, s'agrandit graduellement, et finit par devenir infranchissable.

Si la distinction des races naturelles et des races artificielles de pur sang d'origine ancienne est importante, Nathusius a fait encore un grand pas en avant, en distinguant des animaux *sans race*. Ceux-ci proviennent, d'après lui, « soit de la transplantation de races naturelles de leur « lieu d'origine dans d'autres régions, qui ne leur offrent « pas les mêmes conditions de développement, et où leur « type de race se modifie dans une certaine mesure, sans « cependant prendre une forme typique nouvelle et déter- « minée ; soit des croisements de différentes races natu- « relles, croisements effectués au hasard, sans plan arrêté « pour la formation d'un nouveau type ; soit enfin du « manque des soins nécessaires pour conserver les carac- « tères particuliers des races artificielles que la faim et les « privations ramènent peu à peu vers leur forme primitive.

Il n'y a pas à douter, cependant, qu'on ne puisse faire sortir du chaos de ces animaux *sans race*, de nouvelles espèces et des races bien caractérisées, soit par les influences naturelles, soit par l'éducation artificielle. Chez les animaux *sans race* de la première catégorie, produite par la transplantation d'une race dans d'autres régions, il faut appliquer le procédé que nous avons indiqué plus haut, procédé au moyen duquel on cherche à établir un type fixe, plus approprié aux circonstances extérieures de la localité. Chez les animaux redevenus sauvages, provenant de races artificielles tendant, faute des soins nécessaires, à revenir vers la forme primitive de la souche, le défaut de race cessera avec la cause du mouvement rétrograde, qui n'a fait que rétablir la forme originelle en enlevant seulement les modifications apportées à celle-ci par les soins et le travail de l'homme. Des trois catégories établies par Nathusius, il y en a donc deux qui n'ont qu'une valeur secondaire, la troisième, au contraire, le défaut de race causé par les croisements de races diverses, a une importance beaucoup plus grande.

Examinons, au point de vue des croisements, la formation des métis et des hybrides, et, en vue de ces recherches, revenons à la notion de variété et d'espèce.

Le naturaliste qui s'est livré à des recherches critiques sur l'espèce, admet facilement que la notion d'espèce ne peut point partout consister en une somme déterminée de caractères distinctifs ; il sait, au contraire, que, dans chaque groupe, la somme des caractères ainsi que leur nature, change considérablement. Nous avons des genres dans lesquels chaque espèce offre des caractères nettement tranchés ; d'autres (et ce sont précisément les genres les plus riches en espèces), où les espèces se confondant les unes avec les autres, ne peuvent être distinguées qu'avec la plus grande difficulté, et semblent se grouper autour de certains centres formant, en quelque sorte, dans le genre même, des espèces principales autour desquelles les autres se réunissent. Ces groupes d'espèces voisines entre elles proviennent du développement plus marqué d'un caractère quelconque qui est commun à toutes, tandis que le développement d'un autre caractère, chez quelques autres espèces, tend à constituer un autre groupe. La somme des caractères, ainsi que leur qualité, a donc dans chaque type sa loi propre, et ne peut point s'exprimer par une formule générale. Nous avons déjà vu que la somme, aussi bien que la qualité des caractères distinctifs, peut être tout aussi grande souvent même plus grande chez certaines races, que chez beaucoup d'espèces. Les caractères seuls ne peuvent donc servir à la fixation des espèces, qu'à condition d'admettre que les notions de *race* et d'*espèce* sont identiques, et ne doivent point être séparées.

Mais dira-t-on : les espèces existent depuis des temps infinis, ce qui n'est pas le propre des races ; — les espèces se sont toujours propagées de la même manière, les races se sont formées sous nos yeux ; les espèces sont des types impérissables, les races disparaissent comme elles sont venues. Il est facile de démontrer que ces distinctions auxquelles on attache tant d'importance, disparaissent et tombent en poussière devant les recherches récentes ; que les races principales de nos animaux domestiques remontent, quant à leur origine, à une époque tout aussi reculée que celle des espèces sauvages qui nous entourent ; qu'elles se sont propagées d'une manière aussi constante que ces dernières ; qu'enfin, de tout temps, certaines espèces sauvages ont disparu aussi bien que des races domestiques. Il en résulte donc que, de ce chef encore, toute distinction disparaît, et que les races et les espèces se comportent de la même façon.

Il ne nous reste plus que les faits relatifs à la reproduction. Les races, dit-on, peuvent se reproduire entre elles, et les produits de leurs croisements sont indéfiniment féconds entre eux. Les espèces, au contraire, peuvent parfois se reproduire entre elles, mais les jeunes, résultant de ces unions, sont stériles dès la deuxième génération, sinon dès la première.

Quand on tient cette proposition pour fondée, on croit devoir en tirer la conséquence que toutes les races émanent d'une seule souche, tandis que les espèces doivent provenir d'autant de souches différentes.

Recherchons d'abord ce qu'il en est pour les espèces, et bornons-nous aux mammifères, comme étant les animaux les plus rapprochés de l'homme.

Il n'est pas douteux que, même à l'état sauvage, les animaux appartenant à des espèces voisines s'accouplent ou cherchent à s'accoupler entre eux ; c'est surtout chez les mâles qui sont écartés par leurs rivaux plus vigoureux des femelles de leur espèce, et chez les animaux domestiques élevés dès leur jeunesse avec d'autres espèces, que se manifestent de pareils instincts. Ces faits sont analogues à ceux des femelles qui, privées de leur propre progéniture, adoptent les jeunes d'une espèce toute différente de la leur. On a eu occasion d'observer des rapports de cette nature, entre le chien et le porc, entre le cerf et la vache; mais, à un degré de parenté aussi éloigné l'union reste toujours stérile; dans quelques cas, l'accouplement est impossible, faute de conformité des organes; dans d'autres cas, il a réellement lieu, mais il demeure sans résultat.

L'observation nous permet donc de formuler la loi que l'accouplement entre formes très-différentes est pour la plupart du temps impossible, et en tout cas stérile.

Les espèces voisines peuvent s'accoupler entre elles et produire des métis. Ces accouplements se produisent ordinairement à la suite de l'intervention de l'homme, qui doit souvent avoir recours à maints artifices, surtout pour tromper les mâles et vaincre la répugnance qu'ils éprouvent, en général, pour les femelles d'espèces étrangères à la leur. On a cependant été trop loin en voulant généraliser ces difficultés, en affirmant, par exemple, que toutes les espèces, et rien que les espèces, manifestent cette aversion réciproque, au contraire de ce qui se passe chez les races. Il est vrai qu'il faut souvent exciter l'étalon par l'approche d'une jument, quand on veut lui faire saillir une ânesse, mais il faut souvent aussi avoir recours à une manœuvre analogue pour déterminer un étalon de sang à couvrir une jument de basse extraction, car il refuse, dans ce cas, jusqu'à ce qu'on lui amène une de ses juments favorites, à laquelle on substitue celle qui doit être couverte. Si donc, dans les cas ordinaires, l'intervention de l'homme est nécessaire pour produire le métissage sur une certaine échelle, on connaît cependant beaucoup de cas où, à l'état sauvage ou demi-sauvage, il y a eu production de métis sans aucune intervention de l'homme. Le chien et la louve, le renard et la chienne, le chien et le chacal, le bouquetin et la chèvre en sont des exemples connus et authentiques. Les métis présentent, en général, un mélange assez égal des caractères des parents, tant au physique qu'au moral. Il leur reste cependant une certaine individualité, lorsque le mélange ne porte pas régulièrement sur les divers organes. La description des chiens-loups que fait Buffon, prouve combien cette différence peut aller loin chez les jeunes d'une même portée, sans que cependant le mélange cesse d'être reconnaissable.

Si la production de jeunes métis possédant des caractères mixtes et à peu près également éloignés des deux parents, peut avoir lieu avec ou sans l'intervention de l'homme, la question de savoir s'il peut se produire de cette manière des espèces intermédiaires, n'est pas encore résolue. Il faut que les jeunes soient non-seulement féconds entre eux, mais que leurs produits le soient également, afin que la nouvelle espèce mixte qui vient d'être ainsi formée puisse se perpétuer. Dans le cas contraire, celui où les métis ne sont pas capables de se reproduire, la durée de la nouvelle espèce est bornée naturellement à celle de la vie des individus. Si les métis, stériles entre eux, étaient cependant féconds avec les espèces-souches dont ils descendent, les caractères mixtes de l'espèce nouvelle disparaîtraient après quelques générations, et elle ne tarderait pas à retomber dans le type de l'espèce parente avec laquelle elle se serait de nouveau croisée. Supposons, par exemple, qu'un chien-loup, moitié chien, moitié loup, soit croisé avec un chien. Les métis qui en proviendront seront un quart loup et trois quarts chien; et si ces trois quarts chien sont plus tard croisés encore avec le chien, la dose de sang loup sera si faible, qu'elle deviendra aussi inappréciable que pourrait l'être aux réactifs chimiques les plus sensibles une substance soumise aux dilutions homéopathiques extrêmes. Il pourra se rencontrer, çà et là, dans la suite des générations, quelques réminiscences du croisement primitif, un descendant qui présentera quelque caractère du loup, de même qu'on rencontre chez quelques chevaux des anneaux foncés aux jambes comme chez le zèbre, mais, en règle générale, la race mixte disparaîtra et se confondra avec une des espèces-souches qui a servi à la former.

L'expérience nous apprend que la fécondité des métis entre eux est variable au plus haut degré ; chaque espèce, en effet, a sa loi propre et il existe même à cet égard, chez les espèces, des différences suivant les sexes. Le bouc s'accouple facilement avec la brebis, et il résulte de cette union des produits qui, d'après Buffon, sont tout à fait féconds. Le bélier, au contraire, ne s'accouple que difficilement avec la chèvre, et, d'après le même naturaliste, ces accouplements n'ont pas donné de produit. La probabilité de la production de jeunes féconds entre eux ne dépend point, ainsi que Broca l'a fort justement fait observer, de la ressemblance extérieure des caractères. Le lévrier et le caniche sont, tant sous le rapport des formes extérieures que sous celui de la conformation du squelette, bien plus dissemblables que le cheval et l'âne (bien que l'on considère le lévrier et le caniche comme des races d'une seule et même espèce, et le cheval et l'âne comme des espèces distinctes), et pourtant les premiers produisent des petits féconds entre eux alors que les seconds n'en produisent pas. L'observation seule peut expliquer ces faits compliqués, et, malheureusement, il faut l'avouer, les observations n'ont porté jusqu'à présent que sur un trop petit nombre d'espèces et de faits.

Il y a des cas où la vie sexuelle des métis est extraordinairement amoindrie, car les métis peuvent s'accoupler entre eux, mais leur union reste stérile. Les mules peuvent parfois produire des jeunes, mais seulement avec l'étalon, et encore ces produits sont ordinairement stériles, et n'offrent que peu de vitalité. Cet exemple, le plus ancien et le plus généralement connu, reste encore jusqu'à présent le seul, et constitue une exception complète. Aussi loin que nous pouvons remonter dans l'histoire, dès la plus haute antiquité, l'élevage des mulets était connu et pratiqué en Orient[1]; c'est pourtant ce seul exemple de fécondité des métis qui est constamment cité par ceux qui affirment que « tous les métis sont toujours stériles, soit « dès la première génération, soit dans la suivante. »

Broca rapporte un exemple de la production de métis entre le bison américain et la vache européenne. Le bison s'accouple volontiers avec la vache, le taureau, par contre, montre de l'aversion pour la vache bisonne. Les métis issus de ce croisement, que les Américains nomment buffles demi-sang (ils ont donné au bison le nom de buffles), ont le corps de la vache, le dos incliné sans bosse, la couleur, la tête et la crinière du bison. Ces métis paraissent être peu féconds entre eux, mais si on croise un de ces demi-sang avec une des espèces-souches, on obtient un métis quart de sang, qui constitue une espèce mixte fixe, très-féconde, et qui peut se reproduire indéfiniment avec tous ses caractères. C'est, jusqu'à présent, le seul exemple connu d'une production de métis demi-féconds, qui entre eux donnent des produits stériles, mais qui donnent des produits féconds par croisement avec une des souches de leurs ascendants.

---

1. Ce qui n'a pas empêché le gouvernement de l'ex-roi Othon de Grèce de faire venir à grands frais du Portugal des mulets étalons destinés à améliorer la race muletière de la Grèce.

Les cas où les métis sont féconds entre eux et produisent une espèce mixte constante sont fréquents, et, aussi loin que les observations ont pu être suivies, il ne paraît pas qu'on ait remarqué chez les descendants aucune diminution de la faculté reproductrice. Comme les cas de ce genre ont été contestés avec un acharnement plus motivé par un esprit de chicane que basé sur des recherches véritables, j'emprunterai quelques exemples à Broca. « *Re-* « *cherches de Buffon.* Une jeune louve, âgée de trois « jours à peine, trouvée par un paysan dans la forêt, « et achetée par le marquis de Spontin Beaufort, fut « nourrie avec du lait, jusqu'à ce qu'elle pût manger « de la viande. On l'apprivoisa si bien qu'on pouvait « la mener à la chasse. Mais, à l'âge d'un an elle de- « vint sanguinaire ; elle étranglait les chats et les poules, « attaquait les moutons et les chiens, et dut être tenue à « l'attache. Un jour, elle mordit si dangereusement le co- « cher, que ce malheureux dut garder le lit pendant six « semaines.

« *Première génération.* Le 28 mars 1773, elle fut cou- « verte pour la première fois par un chien braque, et suc- « cessivement à plusieurs reprises dans la quinzaine sui- « vante. Le 6 juin, soixante-dix jours après le premier ac- « couplement, elle mit bas quatre petits, trois mâles et une « femelle.

« *Deuxième génération.* Il resta un mâle qui fut élevé « avec sa sœur.

« Le 30 décembre 1775, à l'âge de deux ans et demi, il « y eut accouplement entre les deux, et soixante-trois « jours après, le 3 mars 1776, la femelle mit bas quatre « petits, deux mâles et deux femelles.

« *Troisième génération.* Une paire de la deuxième géné- « ration fut envoyée par le marquis de Spontin à Buffon, « qui les garda d'abord à Paris, puis ensuite à la cam-

sent
loin
pas
inu-
enre
r un
éri-
Re-
rois
rêt,
fut
iger
vait
de-
les,
ie à
co-
six

ou-
suc-
sui-
ac-
une

evé

i, il
ois
itre

né-
on,
m-

« pagne. On les éleva ensemble en les surveillant attenti-
« vement, pour éviter tout mélange avec d'autres chiens.
« Ils s'accouplèrent le 31 décembre 1778, à l'âge de deux
« ans et dix mois, et le 4 mars 1779, après soixante-trois
« jours, la femelle mit bas sept petits. Le gardien ayant
« pris dans ses mains les petits pour les examiner, la mère
« furieuse se jeta sur eux et dévora tous ceux qui avaient
« été touchés ; il ne resta qu'une femelle.

« *Quatrième génération.* Cette femelle a été élevée avec
« son père dans un grand caveau, où aucun autre animal
« ne pouvait pénétrer. Au commencement de 1781, à l'âge
« de deux ans, elle fut couverte par son père, et mit bas,
« au printemps, quatre petits, mais elle en dévora deux.
« Il ne resta qu'une paire sur le sort de laquelle rien n'a
« été rapporté ; il est probable que la révolution française
« a interrompu le cours de ces recherches. »

Les métis de bouc et de brebis, qu'on nomme chabins,
sont élevés en grand nombre au Chili, car leur toison à
longs poils, demi-laineuse, connue sous le nom de pellion,
est très-recherchée pour la fabrication des tapis, des cou-
vertures et des chabraques. Les chabins de la première génération ont la forme de la mère, et la toison du père. Les
poils ont presque la dureté et la roideur de ceux du bouc,
et sont peu estimés. Aussi on n'élève pas ces métis, quoiqu'ils soient absolument féconds entre eux ; on se contente
d'en garder quelques-uns pour la reproduction. Les chabins qui donnent la toison la plus estimée sont de demi-
sang, et s'obtiennent en croisant les chabins mâles avec
des brebis. Ces chabins demi-sang sont indéfiniment féconds entre eux, mais, après trois ou quatre générations,
leur descendance directe subit une modification qui diminue leur valeur commerciale ; leur poil s'épaissit, se dur-
cit, et se rapproche de celui de la chèvre, ce qui est d'autant plus extraordinaire, que ces chabins demi-sang sont

chèvres pour un quart et boucs pour les trois quarts, et sont par conséquent trois fois plus près du bouc que de la chèvre. Ce qui est encore plus remarquable, c'est que, pour rendre aux générations suivantes la finesse et la mollesse du poil, il faut recroiser les femelles avec des mâles de premier sang, soit des chabins mâles.

On obtient ainsi un métis qui a trois huitièmes de sang de chèvre et cinq huitièmes de sang de bouc, qui est, par conséquent, plus éloigné du bouc que sa mère, et qui cependant possède une toison plus moelleuse, dont la qualité se conserve pendant plusieurs générations. Les chabins se comportent donc précisément comme nos races domestiques croisées, qui perdent aussi, après un certain nombre de générations, quelques-unes de leurs propriétés utiles, qu'on peut leur restituer par un nouveau croisement dans la race. La fécondité des chabins n'est aucunement limitée, puisque le croisement qui leur restitue leur valeur n'a pas lieu avec une des espèces-souches, mais simplement avec des métis.

Le renard et la chienne, le chacal et la chienne, le bouquetin et la chèvre, le chameau et le dromadaire, le lama et l'alpaca, la vigogne et l'alpaca, produisent de même entre eux des métis féconds, qui se propagent indéfiniment et dont quelques-uns, comme par exemple ceux du chameau et du dromadaire, sont plus estimés que les espèces dont ils descendent. Nous n'entrerons pas dans de plus amples détails sur ces exemples, mais nous nous étendrons un peu plus sur un fait intéressant de même nature qui vient d'acquérir récemment en France une valeur industrielle ; nous voulons parler de l'élevage régulier, et sur une grande échelle, de métis du lièvre et du lapin.

M. Roux, d'Angoulême, s'étant procuré des jeunes lièvres de trois à quatre semaines, les enferma avec des jeunes lapines du même âge, et réussit ainsi à les élever. Les lapines qui n'avaient jamais vu de lapin mâle, crurent que les lièvres étaient leurs mâles naturels; ceux-ci ayant la même opinion à l'égard de leurs compagnes, s'habituèrent à leur captivité, bien que n'étant jamais aussi confiants que les lapins. Pour éviter des luttes acharnées entre les mâles, on doit les séparer à l'âge de puberté, et les enfermer chacun avec une femelle. Le croisement se fait ainsi sans difficulté, surtout la nuit, car le lièvre n'approche jamais de sa femelle quand il se sait observé. La hase sauvage ne porte que quatre petits ; la lapine de huit à douze; la lapine fécondée par le lièvre de cinq à huit. La fécondité dans ce dernier cas se trouve donc entre les deux.

Les lièvres demi-sang provenant de ce premier croisement ressemblent beaucoup plus au lapin qu'au lièvre, Leur pelage offre à peine une légère coloration rougeâtre, et le gris domine. Les oreilles sont un peu plus longues que chez le lapin, ainsi que les pattes postérieures; l'expression de la physionomie est moins farouche et moins sauvage que chez le lièvre. Ils sont aussi grands que leurs parents, et, sans un examen attentif, on les confondrait facilement avec des lapins. M. Roux n'a trouvé aucun avantage à propager cette race, quoique les individus soient tout à fait féconds entre eux, et reproduisent des jeunes qui leur ressemblent complétement. Si on croise ces mâles demi-sang avec une lapine, on obtient des individus presque entièrement semblables au lapin. M. Roux n'a point non plus trouvé d'avantage pratique à propager cette race.

Il en est tout autrement lorsqu'on opère un semblable croisement de retour vers le lièvre. Les léporides de second sang, issus du père lièvre et d'une femelle de demi-sang, sont plus beaux, plus forts et plus grands que les animaux d'espèce pure. Ces nouveaux hybrides, qui sont lièvres pour les trois quarts, et lapins pour un quart seulement, tiennent cependant autant de leur aïeule lapine que de leurs trois aïeuls lièvre, de telle sorte que si l'on ignorait leur généalogie, on serait tenté de les prendre pour des métis demi-sang. Les caractères du lapin s'impriment plus fortement sur le léporide que ceux du lièvre, ce qui provient probablement de l'influence prépondérante de la femelle qui est lapine. Car, dans un élevage de métis fait en Italie, entre lapin et hase, dont les résultats ultérieurs n'ont pas été bien constatés, les jeunes ressemblaient davantage au lièvre.

Les léporides quarterons sont féconds entre eux, mais à un faible degré, car leurs portées varient de deux à cinq petits, à peu près comme chez les lièvres sauvages. Pour obtenir une race plus productive, M. Roux les a croisés de nouveau avec des femelles demi-sang.

Ce nouveau produit que nous pouvons désigner comme trois huitièmes de lapin, est aussi beau et beaucoup plus prolifique que les quarterons ; ses portées sont de cinq à huit petits, qui s'élèvent plus facilement que les lapins, grandissent rapidement, et sont capables de se reproduire à l'âge de quatre mois. La femelle porte trente jours, comme la hase et la lapine ; elle allaite environ trois semaines, et reçoit de nouveau le mâle dix-sept jours après avoir mis bas ; elle peut donc, sans difficulté, donner six portées par an. C'est cette race de trois huitièmes que M. Roux élève de préférence, c'est celle qui coûte le moins à élever et qui produit le plus de chair pour une quantité donnée d'aliments. Le poids moyen des lapins domestiques âgés d'un an est d'environ six livres, celui du lièvre sauvage de huit livres ; un léporide trois-huitièmes pèse de huit à dix livres, plusieurs atteignent de douze à quatorze livres, et l'un d'eux s'est même élevé jusqu'à seize livres. Plus âgés, les léporides acquièrent une très-belle fourrure, dont le poil gris-roux a la consistance de celui du lièvre, et peut valoir jusqu'à un franc. Lorsque les lapins se vendent un franc au maximum sur le marché d'Angoulême, le prix ordinaire du léporide est de deux francs. La chair du léporide est blanche, comme celle du lapin sauvage, mais elle a un goût excellent, un peu analogue à celui du dindon.

Les léporides trois-huitièmes ont la tête plus grosse que les lapins, la physionomie éveillée, plus craintive, l'œil plus ouvert, et, à ce qu'il semble, plus rapproché des narines ; les pattes postérieures sont plus longues, presque autant que chez le lièvre ; les membres antérieurs sont plus longs, soit absolument, soit par rapport à la longueur des membres postérieurs. Les oreilles sont aussi longues que celles du lièvre, et il y a ceci de remarquable que, chez tous les jeunes et chez beaucoup d'adultes, l'une d'elles est dressée et l'autre pendante, ce qui donne à ces animaux un aspect tout particulier. Chez les adultes, la seconde oreille se redresse plus ou moins, mais rarement de façon complète.

L'élevage de cette nouvelle race de léporides marche depuis 1850, et on est arrivé, en supposant cinq portées par an, à la soixantième génération, sans que les hybrides produits aient présenté la moindre trace de modification dans leurs formes extérieures, ni souffert la moindre diminution de leurs facultés reproductrices.

Voilà donc la preuve que les hybrides de deux espèces bien reconnues comme distinctes peuvent se reproduire entre eux, et que leurs descendants demeurent indéfiniment féconds, et continuent à se propager avec tous leurs caractères. Le léporide trois-huitièmes, dont je viens de vous citer l'histoire, est devenu une espèce tout à fait constante, qui offre des caractères déterminés qu'elle reproduit indéfiniment, elle possède donc tous les caractères d'une véritable espèce zoologique.

Nous reconnaissons volontiers que c'est une espèce artificielle, que le mélange qui l'a produite n'aurait probablement pas eu lieu à l'état sauvage, car on sait que les lapins et les lièvres sauvages vivent en ennemis, et que les premiers, quoique en apparence plus petits et plus faibles, supplantent les seconds ; ce qui les fait considérer par les vrais chasseurs, en Allemagne, comme une espèce détestable qu'on détruit et qu'on mange à peine, tandis qu'en France le lapin sauvage est recherché comme une friandise. Nous reconnaissons aussi que, peut-être, étant en liberté, et placé au milieu de lièvres et de lapins, le léporide perdrait sa position intermédiaire, et se fondrait par croisement de retour, dans l'une ou l'autre de ces espèces.

Mais qu'importe tout cela ? Il n'en est pas moins vrai qu'une nouvelle espèce a été créée par le croisement de deux autres espèces, que nous connaissons toutes deux à l'état sauvage, dont une seulement a été domestiquée, et l'autre, le lièvre, n'a jamais pu l'être.

On a dit que les races se distinguent des espèces, précisément parce que les races peuvent se reproduire entre elles, et que les hybrides résultant de ces unions sont indéfiniment féconds; mais si on examine la question de plus près, on ne tarde pas à reconnaître qu'aucune assertion n'est moins fondée que celle-là, car les preuves qu'on peut apporter aujourd'hui en faveur de la fécondité des hybrides de plusieurs espèces, peuvent aussi être invoquées pour ceux des anciennes races naturelles.

Il y a des cas où l'accouplement entre de telles races est complétement impossible, et où, par conséquent, il ne peut être question d'aucune propagation ultérieure. Il est impossible que le loup s'accouple avec la fennek du Sahara, ou le dogue avec le petit chien africain sans poils, ou avec le bichon bolonais ; il y a là impossibilité physique.

De plus, les éleveurs savent fort bien que certaines races ne s'accouplent entre elles que très-difficilement, que la fécondité des métis qui résultent de ces unions cesse bientôt, et que la race se perd, tandis que d'autres races se croisent facilement et donnent des produits féconds. « Il y a des propriétés, dit Nathusius, qui ne « peuvent s'accorder, c'est pourquoi tout mélange n'en- « traîne pas la fusion des propriétés. » Il y a donc des croisements qui ne sont pas constants, ou, en d'autres termes, il y a des races qui ne se reproduisent que difficilement entre elles, et d'autres chez lesquelles la fécondité dans la suite des générations est limitée.

On a invoqué comme un argument décisif l'aversion que les espèces sauvages voisines éprouvent les unes pour les autres. Nous avons vu que cette aversion est souvent surmontée, surtout par les mâles, mais nous savons aussi, d'autre part, qu'elle augmente toujours davantage à mesure que les races se différencient. Rengger dit expressément que les chats introduits au Paraguay et qui y sont devenus indigènes après s'y être considérablement modifiés, bien que leur importation soit un fait historique, font preuve d'une antipathie très-décidé pour le chat d'Europe nouvellement importé, et ne s'accouplent avec lui que très-difficilement. Qui se ressemble s'assemble, est un ancien proverbe qui trouve son application dans tout le règne animal.

Il me paraît très-probable que nos races bovines de Schwytz et de Saanen, par exemple, laissées en liberté complète, ne se mélangeraient en aucune façon, mais que chacune des deux races se maintiendrait exclusivement dans les limites de son pâturage, sans empiéter sur celui de l'autre. Il se pourrait peut-être que la race plus grande de Saanen supplantât la race plus faible de Schwytz, mais il y a une trop grande dissemblance entre les deux races pour qu'un mélange volontaire puisse avoir lieu.

Pour résumer en quelques mots les connaissances acquises sur la question, nous pouvons conclure que, sous le rapport de la génération et de la propagation, il n'existe pas la moindre différence entre les races et les espèces, et qu'on peut citer des races aussi bien que des espèces qui ne peuvent se reproduire entre elles ; d'autres qui ne se reproduisent que difficilement, ou d'un seul côté seulement ; d'autres, enfin, qui produisent facilement des métis féconds, et par conséquent des races ou espèces nouvelles.

L'expérience nous permet d'ajouter que les races et les espèces ont des rapports mutuels d'autant plus difficiles, et se mélangent d'autant moins facilement, que leurs caractères sont plus fortement marqués, et, pour ainsi dire, incrustés par le temps écoulé depuis l'origine du type.

Le chaos des animaux sans race, chez lesquels cette incrustation n'a pas encore eu lieu, n'existe pas seulement chez les races, mais aussi chez les espèces sauvages, et ce sera un des prochains services que la zoologie pourra rendre à la science, que d'introduire cette notion dans la classification des espèces animales sauvages. Quand je considère le nombre infini des variétés et des espèces du genre sajou, genre de singes de l'Amérique méridionale ; quand je vois chaque nouvel observateur comprendre et grouper à sa manière les innombrables formes si voisines les unes des autres que comporte ce genre, je ressens la conviction involontaire que nous avons affaire à une agglomération sans race, qui oscille autour de quelques formes principales, comme la foule des chiens demi-sauvages et sans race qui pullule en Orient oscille entre les types des races ou des espèces pures auxquels appartenaient leurs ancêtres.

Cependant, si l'on considère, dans l'ensemble de leur manière d'être, les espèces et les races, on constate entre elles une différence assez importante pour empêcher, du moins jusqu'à présent, l'établissement d'une loi qui leur soit applicable d'une manière générale. De même que certaines espèces restent les mêmes sous toutes les zones, et n'ont pas subi de modification dans le cours de milliers d'années, de même nous en trouvons d'autres qui, transportées dans un autre climat, y ont éprouvé des modifications passablement importantes, et y ont subi une transformation essentielle. Les unes paraissent, pour ainsi dire, formées d'une matière inflexible, les autres d'une substance plus malléable et plus plastique. Nous voyons encore des espèces qui, aussi loin que nous pouvons remonter dans leur histoire, ne se mélangent jamais malgré leur similitude, et conservent leurs particularités, sans donner naissance à aucune race mixte. D'autres espèces, par contre, qui autrefois étaient connues comme espèces bien distinctes et bien caractérisées, se rapprochent, se confondent, produisent des métis féconds, forment de nouvelles espèces mixtes, des mélanges sans race, et, pour ainsi dire, des souches communes d'où peuvent sortir de nouvelles races et de nouvelles espèces. Enfin, il peut y avoir d'autres espèces qui, issues d'une même souche générale, s'éloignent toujours davantage les unes des autres, leurs caractères s'accusant toujours plus nettement dans différentes directions, jusqu'à ce qu'enfin elles forment des types qui, originairement frères, vivent entre eux en hostilité complète.

J'espère vous prouver, dans la prochaine leçon, que les choses se sont passées de la même manière dans le genre humain, et entre les différentes espèces qu'il comporte.

QUINZIÈME LEÇON

MESSIEURS,

Dès l'antiquité la plus reculée, aussi loin, en un mot, que nous pouvons remonter en arrière, la tradition nous apprend que les hommes qui ont quitté leur patrie pour aller à la recherche de pays nouveaux, ont toujours rencontré dans les régions qui leur étaient inconnues jusqu'alors des habitants humains, qui leur semblaient aussi étrangers que les animaux et les plantes. Quelques petites îles seules qui, soit par la nature de leur sol, soit par leur situation éloignée au milieu des mers, soit par l'inhospitalité de leur climat, s'opposent à l'établissement de l'homme constituent une exception facile à comprendre.

Les navigateurs ou les conquérants qui les premiers ont

pénétré dans les grandes îles et dans les différentes régions continentales, depuis les plus chaudes jusqu'aux plus froides, y ont toujours trouvé des habitants. Les récits religieux mêmes, qui souvent retracent si bizarrement l'origine du genre humain, laquelle est toujours celle d'une race qui se regarde comme privilégiée, ces récits, dis-je, laissent entrevoir dans les accessoires que, lors de la création du père du genre humain, la terre était déjà peuplée ailleurs. Ce sentiment se retrouve même dans la légende biblique. Après le meurtre d'Abel, toute la descendance d'Adam se composait de Caïn le meurtrier, car Seth et les autres enfants d'Adam et d'Ève dont la Genèse fait mention, n'étaient pas encore nés à cette époque. Caïn n'emmène pas moins sa femme avec lui dans sa fuite, et fonde une ville, après qu'il eut été marqué au front d'un signe pour que personne ne le tuât. Ce signe ne pouvait pourtant être destiné qu'aux hommes, car le loup mange aussi les moutons marqués.

Où Caïn a-t-il pris sa femme et la population nécessaire pour fonder sa ville au temps d'Adam ? C'est là un problème dont on ne trouvera jamais la solution si on ne veut pas admettre que l'histoire d'Adam n'est qu'une légende, destinée à faire ressortir l'excellence toute spéciale de la race juive.

Je cite cet exemple pour démontrer que le récit le plus antique qui puisse nous servir de point de départ implique déjà une diffusion primitive de l'homme, et une différence originelle des hommes dispersés à la surface terrestre. Qu'on se perde encore dans des spéculations théoriques sur l'origine du genre humain et la différence de ses espèces, qu'on apporte autant de preuves et de conclusions qu'on le voudra à l'appui de l'unité de l'espèce humaine, il n'en est pas moins certain qu'il n'est aucun fait historique, ni même, comme nous l'avons vu, aucune donnée géologique, qui puisse confirmer cette unité rêvée. Aussi loin que nous pouvons remonter en arrière, partout nous trouvons des espèces humaines différentes, dispersées dans les diverses régions de la surface terrestre.

La distribution géographique des espèces humaines correspond plus ou moins à celle des animaux, quoique dans des limites moins restreintes qu'Agassiz ne le prétendait. Chaque race ou espèce correspond à certaines conditions générales de pays, de climat, de la population animale et végétale environnante, et les lois de la distribution indiquent, en règle générale, les mêmes nuances que celles qu'on observe dans le reste du monde organique. De même que certains animaux ont une aire d'habitation très-restreinte, dont ils ne sortent pas, de même on trouve des espèces humaines qui sont circonscrites dans un petit espace au-delà duquel on n'en trouve pas de traces. De même encore que certaines espèces animales s'étendent sur d'immenses espaces, et peuvent supporter sans grande modification les chaleurs tropicales et les froids intenses du nord, de même il y a des espèces humaines qui possèdent la même faculté de dispersion et la même facilité d'adaptation aux conditions extérieures. Baudin a démontré que, de toutes les races humaines connues, il n'y en a qu'une, la race juive, qui puisse s'acclimater dans les deux hémisphères avec la même facilité, dans les régions chaudes et tempérées, et y subsister sans l'aide de la race indigène ; toutes les autres races européennes étudiées jusqu'à présent, transplantées des climats tempérés dans des climats plus chauds, doivent nécessairement disparaître avec le temps, lorsqu'une immigration constante de la mère patrie ne les renouvelle pas, car le nombre des décès dépasse toujours celui des naissances. Il en résulte nécessairement, qu'à l'exception du petit nombre des races privilégiées qui peuvent s'étendre presque sur toute la terre,

les autres races humaines sont circonscrites dans des limites plus ou moins étroites, dont elles ne peuvent s'é-
carter sans s'exposer à une destruction graduelle. Or, les
lois qui régissent aujourd'hui le monde physique exerçaient
autrefois déjà une action incontestable. Les mêmes conditions de milieu existaient alors, car, autant que les faits
que nous connaissons sur l'existence de l'homme peuvent
nous l'apprendre, nous ne voyons point qu'elles aient été
modifiées de manière à entraîner un changement dans les
lois de la distribution, nous devons donc admettre l'action
de ces mêmes lois, aussi bien dans les temps passés qu'actuellement.

Après avoir constaté la différence originelle des races,
nous pouvons encore faire remarquer leur constance
dans le temps. Nous avons déjà démontré qu'on peut
suivre les traces des diverses races au travers des temps
historiques jusqu'à l'âge de la pierre, jusqu'aux cavernes
et aux alluvions anciennes. Les monuments égyptiens
prouvent que, déjà sous la douzième dynastie, environ
2,300 ans avant Jésus-Christ, le nègre fut introduit en
Égypte, et que des expéditions pour l'enlèvement des
nègres, qui ont encore lieu de temps en temps, se sont répétées depuis cette époque sous les différentes dynasties,
comme le prouvent notamment le cortége triomphal de
Totmès IV, environ 1,700 ans avant Jésus-Christ, et celui
de Ramsès III, 1,300 ans avant Jésus-Christ. On y voit de
longues colonnes de nègres prisonniers, dont la couleur et
les traits du visage sont rendus dans tous leurs détails avec
une frappante vérité; on voit les scribes égyptiens qui enre-
gistrent les esclaves, les femmes et les enfants, et on n'a
pas oublié de placer sur la tête de ces derniers les houppes
que forme le duvet spécial aux négrillons; on remarque
même beaucoup de têtes qui reproduisent les particularités
caractéristiques de quelques races nègres habitant le midi

de l'Égypte, dont l'artiste indique expressément l'origine méridionale par la présence de la tige de lotus. Outre les Nègres, les Nubiens, les Berbères, et même les anciens Égyptiens, sont représentés avec les particularités caractéristiques qu'ils ont conservées sans modification jusqu'à nos jours. « Les paysans de la « vallée du Nil, » dit Broca, « qu'on désigne aujourd'hui sous le nom de fellahs, ont « conservé complétement le type des anciens Égyptiens, ce « qui est d'autant plus remarquable, que, depuis la con- « quête arabe, ils se sont beaucoup croisés avec la race « conquérante. L'identité des fellahs actuels avec les Égyp- « tiens du temps des Pharaons a été établie par Morton sur « la comparaison des crânes, et M. Jomard la confirme « comme suit : En regardant les habitants d'Esné, d'Om- « bos, d'Edfu ou du pays de Selsele, on croirait que les « figures des monuments de *Latopolis*, d'*Ombos*, ou d'*Apol- « linopolis magna*, se sont détachées de leurs parois pour « descendre dans la plaine. »

On peut constater la même constance de caractères chez les autres races avec lesquelles les Égyptiens se sont trouvés en contact. Les Juifs sont tout aussi reconnaissables que les Scythes ou les Tartares, auxquels Ramsès III fit la guerre.

Nous remarquons aussi sur les monuments assyriens et indiens, les caractères des races qui habitent encore le pays, de sorte que, sous ce rapport, la constance des caractères chez les races humaines devient évidente.

L'exemple de l'Égypte nous enseigne aussi que de faibles modifications de climat, de même que des mélanges restreints, n'exercent qu'une influence insignifiante sur les caractères des races. Depuis plus de quatre mille ans, nègres, Berbères et Égyptiens ont habité ensemble sans in- terruption la vallée du Nil et s'y sont reproduits sans que leurs caractères aient subi le moindre changement. Plus tard, les Grecs, les Perses, les Arabes et les Turcs ont envahi le pays sans que le fond de la population en ait été modifié. Les conquérants, dont la masse ne constitue jamais qu'une faible proportion de la population indigène, se trouvent vis-à-vis de celle-ci dans un rapport semblable à celui de ces croisements limités, dont les produits hybrides retournent bientôt à la race souche par croisements de retour avec elle, et finissent par disparaître en laissant seulement de faibles traces.

Si la constance des races naturelles du genre humain est incontestable, nous ne devons pas d'autre part oublier que la plupart d'entre elles ne manquent pas d'une certaine flexibilité, et que, transplantées dans d'autres milieux, elles peuvent subir quelques modifications nécessaires pour s'adapter à de nouvelles conditions d'existence. Ce point est celui sur lequel s'appuient surtout les défenseurs de l'unité du genre humain; il convient donc de l'examiner d'un peu plus près.

Il importe de ne pas oublier d'abord que beaucoup de races, même celles qui continuent à habiter la même localité, sont susceptibles de certaines modifications, conséquence du progrès et de la civilisation. Il faut surtout tenir compte de la hauteur du crâne et du développement du front, car l'accroissement de ces parties entraîne celui de la cavité crânienne, et, par suite, celui de la masse cérébrale. Nous avons déjà fait remarquer que, chez les races susceptibles de civilisation, les sutures antérieures du crâne restent ouvertes plus longtemps et s'effacent plus tard que les sutures postérieures, tandis que, chez les races peu civilisables, la soudure des sutures a lieu précisément en sens inverse. Nous avons vu que, d'après les recherches de M. Broca, les crânes parisiens ont acquis, dans le cours des siècles, une capacité supérieure. Nous avons aussi démontré que les crânes des cavernes et de l'âge de la pierre sont tout parti-

culièrement remarquables au point de vue du faible développement de la partie frontale. On ne peut donc pas considérer la hauteur du crâne et celle du front, comme un caractère fixe chez une race quelconque, car ces parties peuvent
se modifier avec le temps, et amener en conséquence la
modification des lignes du profil de la face. Le mode d'alimentation peut aussi exercer une influence considérable
sur plusieurs parties du corps en rendant les hommes plus
grands, plus forts et généralement plus beaux. Les soins
continuels que l'homme civilisé prend de lui-même, peuvent
déterminer les mêmes différences que celles qui distinguent
les races artificielles créées par lui des races naturelles dont
elles descendent. Il n'y a aucun doute que les classes riches
et aisées de la population sont plus belles, plus fortes, et
mieux conformées que les classes inférieures, dont les
membres sont obligés de lutter par un travail pénible
contre la faim et les privations.

De même, les classes de la société qui, pendant une série
de générations, se sont livrées de préférence à des travaux
intellectuels, occupent aussi, sous le rapport du développement du crâne, un rang plus élevé que celles qui vivent
dans l'ignorance, et que leur activité intellectuelle restreinte condamne à des occupations d'ordre inférieur.

La culture, l'aisance, les soins et des occupations particulières peuvent donc faire sortir une race artificielle d'une
race naturelle ; de même, la cessation de ces influences favorables peut aussi faire rétrograder la race artificielle, et
la ramener au point où en est restée la race naturelle primitive. La faim et la misère peuvent causer des troubles
plus grands encore, développer, par exemple, des caractères maladifs qui se transmettent de génération en génération, jusqu'à ce que l'action prolongée de ces influences maladives mette un terme à l'existence de toute
une malheureuse population. Je transcris ici textuelle-

ment un des exemples les plus frappants de cette nature,
décrit par un anonyme dans le *Magasin de l'Université de
Dublin*.

« A la suite des guerres de 1649 et de 1689 entre l'An-
« gleterre et l'Irlande, beaucoup d'Irlandais durent quitter
« les comtés d'Armagh et de Down pour se réfugier dans
« une région montagneuse qui s'étend à l'est de la baron-
« nie de Flews jusqu'à la mer. Sur un autre point du
« royaume, la même race fut repoussée dans les comtés
« de Leitrim, de Sligo et de Mayo.

« Depuis cette époque, ces populations ont eu à subir
« presque constamment les effets désastreux de la faim et
« de l'ignorance, ces deux agents de dégradation. Les des-
« cendants de ces exilés se distinguent aisément de leurs
« frères du comté de Meath, et des autres districts où ils
« n'ont pas été placés dans les mêmes conditions de dé-
« gradation physique. Leur bouche reste entr'ouverte et
« les lèvres sont épaisses, les dents sont proéminentes, les
« gencives saillantes, les mâchoires avancées, le nez dépri-
« mé. Tous leurs traits portent l'empreinte de la barbarie.
« Dans le Sligo et la partie septentrionale du Mayo, toute
« l'organisation physique de ces populations démontre
« l'influence de deux siècles de dégradation et de misère
« qui se traduit encore, non-seulement par l'altération des
« traits du visage, mais aussi par celle de la charpente
« même du corps. La taille s'est réduite à cinq pieds deux
« pouces, le ventre s'est ballonné, les jambes sont deve-
« nues cagneuses, les traits sont ceux d'un avorton ; voilà
« où en est ce fantôme d'un peuple autrefois bien con-
« formé. Dans les autres parties de l'île, là où la popula-
« tion n'a jamais subi l'influence de ces causes de dé-
« chéance, la même race fournit des exemples parfaits de
« beauté et de vigueur physique et morale. » De Quatrefages ajoute à cette description effrayante :

« Quiconque est quelque peu au courant des caractères
« qui distinguent les races humaines, reconnaît dans cette
« description, à la couleur près, les traits attribués aux
« populations nègres les plus inférieures, aux tribus aus-
« traliennes les plus dégradées. Ces deux groupes si diffé-
« rents, dont l'un rappelle les peuplades les plus infé-
« rieures de l'Australie, dont l'autre supporte la compa-
« raison avec tous les blancs, appartiennent-ils donc
« réellement à la même race? Nous répondrons que non.
« L'Irlandais du comté de Meath représente seul l'ancienne
« souche; pour lui, le milieu est resté le même et il n'a
« pas changé. Celui de Flews, soumis à des conditions
« tout autres, s'est modifié; il a formé une race dérivée
« de la première et en harmonie avec le déplorable milieu
« qui lui a donné naissance. Il y a maintenant, dans ces
« deux contrées voisines, deux races au lieu d'une seule. »

Examinons la chose de plus près. Avant tout, nous devons bien penser qu'une peinture aussi sombre de l'état
de l'Irlande a dû être inspirée par l'exagération de l'esprit
de parti, qui a présenté comme type de la race entière
quelque mendiant déguenillé et dégénéré. Mais, en admettant même que les choses soient comme le veut la description, celle-ci est si incomplète et présente tant de lacunes,
qu'il est incroyable qu'un observateur aussi prudent que
M. de Quatrefages, ait voulu y voir la description d'un
sauvage australien. Personne n'a encore étudié les crânes
de ces Irlandais dégénérés pour nous prouver sous quels
rapports ils s'éloignent des autres crânes irlandais, ou se
rapprochent des crânes si caractéristiques des sauvages
australiens. La description convient aussi bien, même
mieux, à ces demi-crétins qu'on rencontre par centaines
dans les régions montagneuses pauvres, ainsi que dans
certains pays de collines, sans qu'on ait jamais songé à les
regarder comme une race à part.

Ces dents proéminentes, ce ventre pendant et ces jambes courbes, ce nez épaté, ces lèvres épaisses, décèlent et accompagnent partout les scrofules, cette maladie si répandue, conséquence des habitations malsaines, d'une mauvaise nourriture, du manque de soins, et d'autres causes semblables. On ne peut nier que, chez ces pauvres créatures, il n'y ait eu un mouvement rétrograde ; il est constant que le manque de soins et de nourriture ont transformé le noble cheval en un petit mustang à gros ventre et au poil hérissé. Seulement, de même qu'on peut, par des soins attentifs, transformer le mustang en un noble cheval andalous, de même aussi l'Irlandais scrofuleux de Sligo, transplanté en Amérique, redevient, au bout de quelques générations, et sous l'influence d'une bonne nourriture, semblable à l'Irlandais de Meath. Rien dans l'ensemble de la description ne prouve qu'aucun des traits caractéristiques du crâne celte ou irlandais se soit modifié. Il n'y a donc là que des changements de la nature de ceux qu'éprouvent les races artificielles.

Nous sommes, cependant, fort éloignés de vouloir nier certaines modifications de races que peuvent déterminer soit la faim et les privations, soit la transplantation dans un autre climat. Nous affirmons seulement que, chez la plupart des espèces humaines, ces changements ne sont que très-insignifiants, qu'ils sont en rapport avec la flexibilité des races, flexibilité qui, dans la plupart de celles-ci, est si faible, que, lorsqu'on les transplante dans un autre climat, elles périssent plutôt que de céder aux influences extérieures.

En effet, la première action du changement de climat, et celle qui s'exerce le plus généralement, consiste en un affaiblissement de la faculté génératrice, dans les deux sexes. Il en résulte une diminution du nombre des naissances, ce qui, même en supposant que le nombre des décès reste le même, entraîne nécessairement l'anéantissement de la race. Les mamelouks, en Égypte, n'ont jamais pu se perpétuer que par l'achat et l'importation de nouveaux esclaves ; leurs enfants succombaient et, malgré tous les soins, aucune famille ne pouvait dépasser la deuxième génération.

Malgré tous les avantages que le gouvernement anglais accorde dans l'Inde aux soldats anglais mariés, c'est tout au plus si les régiments de l'Inde peuvent recruter, avec les enfants des soldats, leurs tambours et leurs fifres. Les Hollandais, établis à Java, deviennent pour la plupart stériles avec les femmes de leur propre race, et, lorsqu'ils ont des enfants, la famille s'éteint régulièrement avec les petits-enfants. Comme les facultés reproductrices sont le dernier épanouissement de l'organisme, et ne se déploient que lorsque toutes les autres conditions de l'existence sont satisfaites, c'est aussi la première fonction qui est atteinte par les influences défavorables, pour s'atrophier bientôt entièrement. Nous le voyons chez l'homme comme chez les animaux, dont la plupart deviennent stériles en captivité, et ne se reproduisent plus, malgré une santé florissante en apparence. Beaucoup de cas de stérilité de métis et d'hybrides, observés dans les jardins zoologiques et les ménageries, n'ont d'autre cause que cet affaiblissement de la fonction génératrice, affaiblissement que l'on remarque même chez les animaux indigènes, gardés en captivité, lorsque d'ailleurs ils se reproduisent parfaitement bien en liberté.

Étudions les modifications qu'ont pu subir certaines races, chez lesquelles la transplantation n'a amené aucun affaiblissement dans les fonctions génératrices, et qui se trouvent ainsi dans les meilleures conditions pour former une race modifiée. On nous cite d'abord le nègre, qui a été importé en grandes quantités en Amérique, où il

s'est abondamment multiplié. Les États à esclaves du Nord,
comme la Virginie et le Kentucky, se sont même adonnés
à l'élève des esclaves, comme ailleurs on se livre à l'élève
du bétail ; — c'était là un riche champ de recherches.
Quelques auteurs ont affirmé que, dans la suite des générations, les nègres importés en Amérique se sont rapprochés de plus en plus des blancs. « Les enfants nègres de
« pure race, nés aux Antille », dit Reiset, « ont tous les ca-
« ractères du nègre, mais affaiblis. Les cheveux et la cou-
« leur restent, mais le visage perd son apparence de mu-
« seau, et, sous tous les autres rapports, le nègre créole
« se rapproche du blanc. »

« Les nègres des États-Unis », dit Reclus, « n'ont plus le
« même type que ceux d'Afrique ; leur peau est rarement
« d'un noir intense, quoique presque tous leurs aïeux
« soient originaires de la Guinée. Ils n'ont pas les pommettes
« aussi saillantes, les lèvres aussi épaisses, le nez aussi
« plat, la chevelure aussi touffue, la physionomie aussi
« bestiale, l'angle facial aussi aigu que leurs frères de
« l'ancien monde. Ils ont, dans le cours de cent cin-
« quante ans, franchi, au point de vue de l'aspect ex-
« térieur, un bon quart de la distance qui les séparait du
« blanc. »

Si je compare toutes ces observations, auxquelles il faut
joindre la coloration de la peau en gris plombé, je dois me
demander quels caractères représentent les trois autres
quarts que le nègre a encore à franchir, et si les changements insignifiants, que nous venons d'énumérer, dénotent
réellement un rapprochement vers la race blanche, ou
correspondent seulement aux modifications que le nègre
subit déjà dans son pays, en Afrique, sous l'influence d'une
civilisation plus avancée. Il y a des nègres gris-plombés
en Afrique, des nègres ayant les lèvres moins épaisses, le
nez plus haut, les cheveux moins laineux, la physionomie

moins bestiale, les pommettes moins saillantes, l'angle facial moins aigu que le nègre de Guinée, qui offre précisément le type nègre le plus repoussant. Quoique nous ne voulions point affirmer que tous les peuples de l'Afrique centrale descendent d'une même souche, nous connaissons du moins, par les descriptions des voyageurs, assez de populations nègres, pour pouvoir hardiment affirmer que toutes les légères modifications ci-dessus rapportées sont, sous tous les rapports, aussi fortes en Afrique, parmi les nègres mêmes, qui n'ont aucun contact avec les blancs, aucun penchant vers eux, et qui n'ont pas été transportés dans un autre pays au travers de l'Océan.

Il n'est pas besoin de chercher longtemps la preuve de cette assertion ; l'article de Pruner-Bey sur le nègre, que nous avons cité dans une leçon précédente, la confirme complétement, car cet auteur n'a examiné que des nègres africains et en Afrique. Mais, en admettant même que ces modifications n'aient eu lieu qu'en Amérique, aucune de ces assertions, auxquelles on paraît vouloir attacher tant d'importance, ne concerne un seul des traits importants de l'organisation, le crâne et le squelette, qui ne sont pas même mentionnés ? A-t-on seulement comparé un seul crâne d'esclave de race pure, descendant de nègres transportés en Amérique non pas depuis cent cinquante ans, mais depuis trois générations au moins, avec un crâne de nègre indigène ? Comment s'accordent ces observations avec les mensurations d'Aitken Meigs, qui dénotent chez le crâne de l'esclave américain une capacité moindre que celle du crâne du nègre indigène ? Nous pouvons même aller plus loin : de tous les observateurs qu'on nous cite, Lyell, Reiset, Reclus, un seul a-t-il été à même de comparer une série suffisante de têtes de nègres directement importés d'Afrique, avec une série égale de nègres créoles, puisque, comme on le sait, il n'y a eu, depuis 1808, aucune importation de nègres en Amérique, et que les observations citées sont postérieures de quarante ans à cette époque ? Enfin, quelles garanties avaient ces observateurs de la pureté de l'origine de ces nègres si peu modifiés ? On connaît la bestialité des propriétaires d'esclaves qui, se réservant non-seulement le *jus primæ noctis*, mais encore celui du premier enfant, rejettent ensuite, avec une cruauté atroce et au mépris de tout sentiment d'humanité, les métis ainsi produits dans la race maternelle noire en les condamnant à l'esclavage.

On nous cite aussi les Américains anglo-saxons ou Yankees comme exemple d'un peuple dont les caractères se sont modifiés. « Dès après la seconde génération, l'Anglo-« Saxon Américain offre certains traits du type indien, » dit Pruner-Bey, cité par Quatrefages : « plus tard, le sys-« tème glandulaire se réduit au minimum de son dévelop-« pement normal ; la peau devient sèche comme du cuir ; « la chaleur du teint et la rougeur des joues disparaissent « pour faire place chez l'homme à une teinte limoneuse, « et chez la femme à une pâleur fade. La tête se rapetisse, « elle s'arrondit ou devient pointue, elle se couvre d'une « chevelure roide, et foncée en couleur. Le cou s'allonge; « on observe un grand développement des os zygoma-« tiques et des masseters. Les fosses temporales se creusent, « les mâchoires deviennent massives. Les yeux s'enfoncent « dans des cavités très-profondes et assez rapprochées « l'une de l'autre ; l'iris est foncé, le regard perçant et « sauvage. Le corps des os longs s'allonge principalement « aux membres supérieurs, si bien que la France et l'An-« gleterre fabriquent pour l'Amérique des gants à part, « dont les doigts sont exceptionnellement allongés. Les « cavités de ces os sont très-rétrécies, les ongles prennent « facilement une forme allongée et pointue. Le bassin de « la femme se rapproche de celui de l'homme. L'Amé-« rique, » continue de Quatrefages, « a modifié le type

« anglo-saxon, et a enfanté une nouvelle race blanche
« dérivée de la race anglaise, qu'on peut appeler la race
« yankee. »

Nous n'avons rien à objecter, nous croyons aussi que le
climat de l'Amérique dessèche la peau et s'oppose au développement de la graisse, actions auxquelles paraissent se réduire
la plupart des différences invoquées. Quant au rapetissement
de la tête, nous lui opposons les mesures précises de Morton
qui contredisent cette assertion de la manière la plus nette, et
prouvent que le crâne des Yankees n'est nullement plus
petit que celui des Anglais. Les différences mentionnées se
résument donc en un minimum reposant sur une base
bien incertaine, car la race anglo-saxonne est elle-même
une race mixte composée d'éléments celtes, saxons, nor-
mands et danois, sans type déterminé, un chaos sans race,
un pêle-mêle des plus bigarrés, et les descendants de cette
foule sans race se sont tellement croisés en Amérique avec
des Français, des Allemands, des Hollandais et des Irlandais, qu'il en est résulté encore un nouveau chaos que les
immigrations constantes continueront à entretenir. Nous
croyons, sans doute, qu'une nouvelle forme ou espèce,
finira par sortir de ce chaos, mais les faits indiqués jusqu'à présent ne sont point assez importants, et les caractères qu'on attribue aux Américains n'offrent ni la constance ni la netteté nécessaires pour en constituer une. De
plus, nous devons faire remarquer que les familles d'origine allemande qui se sont établies aussi anciennement que
les Anglo-Saxons en Pennsylvanie ont conservé le type de
leur race, laquelle, provenant directement de la race
saxonne pure, n'offre point cette transformation en type
Yankee, mais a conservé ses caractères primitifs. La race
dite anglo-saxonne n'en est donc pas une, car aucun type
arrêté n'a pu encore sortir de ces mélanges multiples de
peuples ; elle a éprouvé quelques modifications insigni-

fiantes en pays étrangers, tandis que, par contre, la race
saxo-germanique bien fixée, qui s'est maintenue avec tant
de ténacité dans son antique domaine, l'Allemagne, ne
s'est même pas modifiée en Amérique. Nous voyons donc
encore se manifester ici cette même différence dans la manière de se comporter, que nous avons déjà démontrée
d'autre part, entre les races anciennement fixées et celles
de formation récente.

On a aussi cité les Juifs, comme une preuve de la variabilité d'une race, même quand elle s'est conservée avec
autant de pureté que chez ce peuple. En effet, on trouve
partout dans le Nord, en Russie, en Pologne, en Allemagne
et en Bohême, une race juive, à cheveux souvent rouges,
à barbe courte, à nez court retroussé, à petits yeux gris,
rusés, à conformation trapue, à visage rond, à pommettes
écartées, et qui ressemble à plusieurs races slaves, surtout
celles qui habitent le nord. En Orient, et sur les bords de
la Méditerranée, nous trouvons une souche sémitique qui,
partie de ce point, s'est répandue jusqu'en Portugal et en
Hollande. Elle est caractérisée par une barbe et des cheveux longs et noirs, de grands yeux noirs à expression
mélancolique, fendus en amande, un visage allongé, un
nez relevé, bref, le type que nous retrouvons notamment
dans les portraits de Rembrandt. Enfin, il existe en Abyssinie, sur la mer Rouge, une nation juive qui méprise le
commerce, s'occupe d'agriculture et d'industrie, et, à ce
qu'il paraît, ne se distingue en rien des autres peuples du
pays. Ces Juifs prétendent descendre de la mystique reine
de Saba, qui, après sa visite au roi Salomon, aurait em-
brassé la religion juive avec toute sa cour.

On est donc, en quelque sorte, autorisé à penser que les
Juifs fournissent la preuve de l'influence du climat sur les
races, puisqu'on observe chez eux, dans le Nord, un rapprochement vers le type slave, vers le type oriental sur

les bords de la Méditerranée, et vers le type abyssinien dans le Sud. Mais malheureusement ici les preuves sont difficiles à fournir. Les Juifs ont depuis très-longtemps fondé des établissements sur les bords de la mer Rouge, et, avant la naissance de Mahomet, ils régnaient sur plusieurs petits districts, où, contrairement à leurs habitudes d'autrefois, ils se livraient activement au prosélytisme.

Les recherches les plus exactes faites par des savants juifs en Abyssinie, entre autres par le docteur Ascher, ont constaté la conversion, mais pas la moindre communauté d'origine. Presque tous les savants juifs sont d'accord pour penser que les deux types qu'on peut reconnaître chez les Israélites, remontent à une haute antiquité ; quelques-uns font même remonter un de ces types à cette agglomération de peuples, qui, d'après les récits bibliques, est sortie d'Égypte avec les Juifs, et accomplit avec ceux-ci le dangereux voyage à travers la mer Rouge. On doit s'étonner que Jéhova ait ainsi pris sous sa protection spéciale toute cette *canaille*, car tel est le sens que donnent encore aujourd'hui les Israélites au mot hébreu employé dans le texte.

Les différences que l'on remarque chez les Juifs, proviennent donc beaucoup plus de particularités de races primitives, que de modifications causées par le changement de localité. Cette opinion me paraît d'autant plus fondée que les Juifs de souche orientale, qui, depuis plusieurs siècles, se sont établis en Hollande à la suite de leur expulsion du Portugal, ont conservé intacts leurs caractères particuliers, tandis que, d'autre part, nous voyons en Orient les deux types Juifs continuer à vivre ensemble à côté l'un de l'autre, et cela depuis des siècles, sous le même climat, dans les mêmes conditions de milieu sans éprouver de modifications.

A l'occasion de ces changements, nous ne devons point

négliger un point qui nous paraît avoir de l'importance. « Il n'a pas fallu deux siècles, huit générations, pour trans- « former sur place le Celte irlandais en une sorte d'Austra- « lien, » dit M. de Quatrefages, « deux siècles et demi, dix « à douze générations au plus, ont suffi pour substituer le « Yankee à l'Anglo-saxon. Qu'on juge d'après cela des ef- « fets qu'ont pu, *qu'ont dû* produire sur l'homme des sé- « ries de siècles, des centaines de générations, alors que « les populations entièrement ou à demi-sauvages subis- « saient, à peu près sans défense aucune, toutes les in- « fluences exercées par des terres nouvelles, et luttaient à « la fois contre la nature animale et végétale, contre les « forces physico-chimiques qui avaient jusqu'alors régné « sans partage. Combien la lutte pour l'existence devait être « ici plus rude et plus meurtrière qu'elle ne l'est de nos « jours pour ces voyageurs, pour ces pionniers dont nous « admirons pourtant le courage. Combien les traces de cette « lutte devaient être plus profondes et plus durables ! »

Il nous semble qu'il y a ici une confusion entre choses qui méritent d'être distinguées. La lutte pour l'existence dans un pays neuf peut, sans doute, être meurtrière, dans ce cas.le nombre des décès l'emportant sur celui des nais- sances, il ne peut être alors question d'une modification de la race, elle doit s'éteindre : ou la lutte n'est pas meurtrière, et, le chiffre des naissances dépassant celui des décès, la race se plie aux nouvelles conditions dans lesquelles elle se trouve. Ces effets doivent se produire dans un nombre restreint de générations, après lesquelles il s'établit un état correspondant aux conditions vitales modifiées. Ceux de nos animaux domestiques qu'on a transportés dans d'autres climats nous fournissent la preuve évidente de ce fait. Porcs, moutons, chats et chiens, ont éprouvé, dans un nombre restreint de générations, les modifications qui leur sont propres, comme, par exemple, l'oie égyptienne transplantée

en Europe. Aussitôt ces modifications accomplies, et cela
très-rapidement et en très-peu de génératious, la race s'est
accommodée aux conditions nouvelles, adaptée au climat,
et il ne survient pas d'autres modifications. Il est, en effet,
facile de comprendre qu'il doit en être ainsi. Car, si certains
changements sont indispensables pour qu'une race puisse
vivre sous un nouveau climat, il faut que ces changements
se produisent assez rapidement pour que la race ait le temps
d'échapper à la destruction qui la menace.

Faut-il en conclure qu'une race qui a subi des changements pendant un petit nombre de générations doive, pour
cette raison, être astreinte dans la suite, à une série correspondante de modifications? Faut-il, par exemple, poser une
règle de trois et dire : puisque la race a éprouvé en trois
générations x modifications, elle en éprouvera $10\,x$ au
bout de trente générations, comme paraît l'entendre M. de
Quatrefages? Il nous semble qu'en raisonnant ainsi on introduit une erreur dans la science, et on fait concevoir des
espérances qui ne peuvent en aucune façon se réaliser.

Nous pouvons donc nous résumer ainsi : tous les exemples qu'on a invoqués jusqu'à présent pour prouver les
changements qu'aurait causés chez les races humaines de
souche pure la seule action des circonstances extérieures
modifiées, émigration dans d'autres pays, etc., sont peu
importants de leur nature ; ces changements ne portent
d'ailleurs en aucune manière sur les caractères essentiels
de ces races. Il en résulte donc que ces modifications, que
nous ne contestons du reste pas complétement, ne peuvent
en aucune façon expliquer les différences qui existent entre les races humaines.

Pour étudier ces modifications avec fruit, il nous faut
prendre pour point de départ la différence primitive fondamentale qui sépare les diverses races. Une question se
pose tout d'abord : quels sont les résultats produits par les

croisements ? La réponse semble bien simple et on a affirmé que, comme les animaux domestiques, toutes les races humaines sont fécondes entre elles, et que leurs produits le sont également et indéfiniment. Toutefois, des observations plus précises ont prouvé qu'il en est pour les hommes comme pour les autres espèces d'animaux, et notamment pour les animaux domestiques, c'est-à-dire qu'il y a des unions qui demeurent stériles ; d'autres où les métis qui en proviennent peuvent à peine se reproduire entre eux, mais sont féconds avec l'une ou l'autre des races mères ; d'autres, enfin, où les métis sont indéfiniment féconds entre eux.

Les différentes races blanches qui se sont croisées entre elles en Europe et en Asie sont indéfiniment fécondes ; on ne saurait conserver aucun doute à cet égard. Il faut se livrer aux observations les plus minutieuses pour distinguer les souches primitives dont le mélange a concouru à constituer les peuples actuellement civilisés, mais l'étude superficielle des caractères suffit à prouver que les populations européennes sont toutes plus ou moins le résultat d'un mélange. Ces populations augmentent partout ; or, comme on ne trouve nulle part des races pures et sans mélange, il est évident que l'on peut affirmer la fécondité indéfinie des produits issus de ces mélanges.

Il n'en est pas de même des unions entre des races qui s'éloignent davantage les unes des autres. Ainsi, l'union du blanc avec la négresse est féconde, et les mulâtres qui en proviennent sont également féconds, soit entre eux, soit avec chacune des races auxquelles appartiennent les parents. Il est vrai que les préjugés de race rendent fort rares les unions de mulâtres entre eux. La mulâtresse aime mieux être la concubine d'un blanc que la femme légitime d'un noir, elle regarde comme le plus grand des honneurs d'avoir un enfant d'un blanc. D'autre part, le mulâtre fait tous ses efforts pour s'unir à une blanche; mais, repoussé par le préjugé, il est ordinairement refoulé vers la race noire. Il arrive donc que lorsqu'on parle de mulâtres, il s'agit ordinairement de métis de premier sang; car, par la suite, ils ne tardent pas, par des croisements rétrogrades, à retourner vers l'une des deux races mères. Si on voulait être aussi précis que beaucoup d'auteurs l'ont été pour les animaux domestiques, on pourrait affirmer qu'il n'existe aucune preuve de la fécondité indéfinie des mulâtres entre eux, on pourrait même soutenir l'opinion qu'ils sont nécessairement stériles, ou que leur descendance doit bientôt perdre sa fécondité, puisqu'on n'a pu nulle part trouver une longue série de générations de mulâtres. En effet, il est impossible, dans les pays habités par les mulâtres, de trouver sur les registres un seul exemple où un enfant soit désigné comme l'arrière-petit-fils d'un mulâtre pur, tandis qu'au contraire les métis provenant de croisements de retour à tous les degrés existent en foule; on a même imaginé dans ces pays transatlantiques, des désignations nombreuses, correspondant à chaque degré de ces croisements avec l'une ou l'autre des races mères.

Les unions entre nègres et blanches paraissent moins fréquemment fécondes; on a attribué ce fait à des motifs anatomiques qui paraissent d'ailleurs justifiés. On ne peut douter cependant qu'elles ne soient parfois fécondes, mais les cas sont si rares, qu'on ne connaît encore aucun fait qui puisse nous renseigner sur la fécondité réciproque des métis provenant de ces croisements.

Les caractères des ascendants apparaissent chez le mulâtre et les métis humains dans les mêmes conditions que chez les autres animaux. Les mulâtres ressemblent davantage tantôt au parent blanc, tantôt au parent noir. Le mathématicien Lislet Geoffroy, dont nous avons déjà cité le nom, bien que fils d'un Français et d'une négresse, avait le

corps constitué absolument comme celui du nègre. M. de
Quatrefages cite le cas d'un domestique nègre qui, ayant
épousé une femme blanche et ayant dû s'absenter pendant
quelque temps, trouva à son retour un enfant si semblable
à un enfant blanc, qu'il ne voulait pas le reconnaître. La
nourrice tranquillisa le père en déshabillant l'enfant et en lui
montrant plusieurs taches noires qui occupaient différents
points de son corps. Un certain docteur Parsons, informé
du cas, se fit montrer l'enfant et confirma le fait. Il paraît
probable que ni le père ni le docteur n'avaient jamais vu
d'enfant nègre, et ne savaient par conséquent pas que la
coloration obscure n'apparaît que peu à peu, et quelque
temps après la naissance.

Quelques auteurs américains prétendent avoir reconnu
une différence dans la fécondité des mulâtres, selon la race
à laquelle appartiennent les pères de race blanche. Nott a
commencé par affirmer que, dans la Caroline du Sud, les
mulâtres n'ont qu'une longévité restreinte, qu'ils sont moins
propres à des travaux pénibles que les blancs et les nègres ;
que les mulâtresses sont très-délicates et sujettes à beaucoup de maladies chroniques ; qu'elles sont mauvaises nour-
rices et avortent facilement ; que leurs enfants meurent pour
la plupart jeunes, et que les mulâtres sont beaucoup moins
féconds entre eux qu'avec les souches dont ils sont issus.
Plus tard, Nott reconnut que ces conclusions, justes pour
la Caroline du Sud, ne l'étaient pas pour la Louisiane et les
rives du Mississipi, d'où il conclut que les races européennes latines produisent, avec la race nègre, des mulâtres plus vivaces que les Anglo-Saxons. Ce même fait
paraît s'être produit à la Jamaïque, colonisée par les Anglais, où les mulâtres réussissent mal, tandis que dans les
îles colonisées par les Français, les Espagnols et les Portugais, les mulâtres jouissent au contraire de la même vitalité qu'à la Louisiane. On a voulu expliquer ces différences

par diverses influences locales, mais il serait pourtant étrange que les Anglo-Saxons fussent précisément tombés sur les régions où les mulâtres sont faibles, tandis que les peuples latins auraient, au contraire, occupé celles où les mulâtres réussissent.

Il se peut que, dans l'union de quelques races, la fécondité soit augmentée par certains croisements comme nous l'avons vu pour le léporide, à propos du léporide demi-sang et du 3/8 de sang. Hombron, cité par M. de Quatrefages, dit à ce sujet : « Pendant les quatre années que j'ai passées « au Brésil, au Chili et au Pérou, je me suis amusé à ob- « server le singulier mélange des nègres avec les abori- « gènes ; j'ai même tenu note exacte du nombre des en- « fants qui résultaient, dans un grand nombre de ménages, « de l'alliance d'un blanc avec une négresse, d'un blanc avec « une Américaine, d'un nègre avec une Chilienne ou avec « une Péruvienne, d'un Américain avec sa compatriote, et « enfin d'une négresse avec un nègre. Je puis affirmer que « les unions des blancs avec les Américains présentent la « moyenne la plus élevée ; viennent ensuite le nègre avec « la négresse, et enfin le nègre avec l'Américaine. Dans nos « colonies, les négresses unies aux blancs ont une fécondité « médiocre, les mulâtresses unies aux blancs sont extrême- « ment fécondes, ainsi que les mulâtres unies aux mulâ- « tresses. L'infériorité des Américains unis entre eux, sous « le rapport de la reproduction, dépend probablement de « leur peu d'ardeur mutuelle. » Ce dernier motif, pour le dire en passant, revient à dire que les Arabes boivent peu, parce qu'ils n'ont pas soif.

Les unions des races latines avec les Indiens paraissent être extraordinairement fécondes, car les États de l'Amérique du Sud, qui ont été presque exclusivement peuplés d'Espagnols et de Portugais, sont actuellement en grande partie occupés par une race mixte, issue de ce mélange. On peut certainement ranger la plus grande partie de cette population mixte au nombre des agglomérations sans race. Il n'en est pas encore sorti un type fixe, probablement parce que, dans ce mélange général, il y a constamment des croisements de retour avec les races souches et leurs descendants directs. Mais il n'y aurait rien d'étonnant à ce qu'il sortît de là, peu à peu, une forme nouvelle, dont les caractères se fixeront, et qui deviendra une nouvelle espèce, comme nous l'avons vu dans le cas du léporide. Un fait qui prouve que cette race mixte provenant du mélange des Indiens et des blancs ne manque pas de capacités intellectuelles, et que, sous certains rapports, elle est même supérieure soit aux indigènes primitifs, soit aux créoles, est la guerre du Mexique, où, sous la conduite d'un métis (Juarez), la république a héroïquement résisté à une armée bien aguerrie.

Nous avons bien peu de renseignements sur les mélanges des nations européennes avec les populations indigènes du Sud de l'Asie, et surtout avec les Malais. Malgré les unions nombreuses des Hollandais avec les femmes de Java, unions qui sont ordinairement fécondes, et dont on désigne les produits sous le nom de *Lipplapps*, on ne remarque, cependant, pas plus à Java que dans les Indes occidentales, l'existence d'une race mixte. On croit, dans ces pays, que les métis purs deviennent stériles à la troisième génération. Là aussi les croisements de retour empêchent des observations exactes; mais ces croisements ont lieu de préférence avec la race blanche, car ni les Hollandais, ni les races latines, ne possèdent cet absurde orgueil de caste qui caractérise à un si haut degré les Anglo-Saxons.

L'histoire de l'île de Pitcairn prouve la fécondité des Polynésiennes avec les Européens. Cette île, en effet, renferme actuellement une population de deux cents âmes, formant une race mixte, issue du croisement de quelques matelots anglais et de femmes de Tahiti, race qui se distingue par ses belles formes corporelles, sa force musculaire, sa vitalité et son intelligence. Par contre, dans les îles de la Polynésie, où règnent les rapports les plus actifs entre les équipages des vaisseaux et les femmes indigènes, il ne s'est produit aucune race mixte appréciable, les indigènes, au contraire, diminuent rapidement et marchent vers une extinction complète.

Les unions entre les blancs et les Australiennes paraissent être, de toutes, les plus stériles. D'après Broca, on ne connaît jusqu'à présent qu'un seul métis, qui a été cité par plusieurs voyageurs. Tandis qu'en Amérique les différents termes exprimant les divers degrés de mélange des métis produits par les races vivant dans le pays, forment un vocabulaire important; tandis qu'en Australie et dans la Nouvelle-Galles du Sud, les Anglais possèdent une multitude d'expressions pour qualifier les différentes sortes de colons blancs, il n'en existe encore aucune pour désigner le mélange du sang européen avec le sang australien, ni aucune qualification légale ou administrative pour le produit issu d'un tel mélange. « On peut donc, dit Broca, accepter « comme un fait parfaitement démontré, que les métis pro- « duits par l'union des femmes indigènes sont excessive- « ment rares en Australie. Ce fait est tellement en contra- « diction avec les opinions généralement admises sur le croi- « sement des races humaines, qu'il convient de rechercher « s'il ne faut pas l'attribuer à des causes autres que les causes « physiologiques. » Broca prouve que les rapports entre les Européens et les Australiennes, bien loin d'être rares, sont au contraire extraordinairement fréquents à cause de la rareté des femmes blanches dans la colonie; il prouve, en outre, que les métis ne sont pas massacrés comme on l'a prétendu; que la plupart du temps, dans d'autres endroits, des unions, même restreintes, ont donné lieu à une production de métis, et enfin que, malgré la fréquence des rapports de cette nature en Australie, les métis se rencontrent si rarement, qu'on ne peut se procurer aucun renseignement, ni sur leur conformation corporelle, ni sur leurs facultés intellectuelles, ni même sur leur fécondité. Si ces faits sont exacts, il ne faut pas s'étonner que ce degré de stérilité se rencontre précisément chez les peuples les plus éloignés les uns des autres par leur constitution. En effet, les objections que M. de Quatrefages cherche à élever contre ces faits sont si faibles, qu'elles n'exigent pas de réfutation. S'il est vrai que les Australiens tuent les métis qui retournent avec leurs mères dans les tribus sauvages, on ne peut, d'autre part, admettre que les pères européens, qui se sont trouvés dans le cas d'avoir des enfants avec des Australiennes, aient été tous assez barbares pour livrer leur progéniture à une mort certaine ; — à peine pourrait-on attribuer un pareil mépris de tout sentiment humain aux voleurs et aux bandits qui ont composé la première population de l'Australie.

Après avoir examiné les faits principaux relatifs aux modifications causées, tant par les influences extérieures, par les changements d'habitat, que par les croisements, jetons un coup d'œil rapide sur la surface terrestre, ainsi que dans ses couches superficielles, et résumons de la manière suivante l'ensemble des faits observés.

1. Les diverses races ou espèces, — nous pouvons employer indifféremment l'un ou l'autre de ces deux mots, car, en tant qu'il s'agit de races naturelles, ils ont absolument la même signification, — lesquelles constituent le genre humain présentent des différences qui, autant que nous pouvons en juger par les faits connus jusqu'à présent, sont originelles et se sont perpétuées sans modifications dans les mêmes régions.

2. Les modifications que ces espèces originelles ont pu

subir par suite des changements qui se sont produits dans les influences extérieures, sont si insignifiantes, qu'elles ne peuvent en aucune manière être comparées à ces différences originelles.

3. Dans les agglomérations sans race, résultant d'une transplantation dans un autre climat, il peut se former par sélection une race ou espèce humaine nouvelle, dont les caractères, tout en pouvant se fixer au bout de quelques générations, exigent un temps très-long pour acquérir la constance qui caractérise les races humaines primitives.

4. Les différentes espèces humaines offrent divers degrés de fécondité dans leurs croisements réciproques; la plupart sont indéfiniment fécondes entre elles, ainsi que les métis qu'elles produisent; chez certaines, au contraire, la production des métis est limitée au point qu'aucune race mixte n'en peut résulter.

5. Les races mixtes acquièrent peu à peu, par une sélection continue, la même constance de caractères qui distingue les races primitives, de façon qu'il résulte du mélange une espèce nouvelle.

6. Les croisements hétérogènes produisent des agglomérations *sans race*, — des peuples n'offrant pas de caractères déterminés, — formant pour ainsi dire un cercle de dispersion autour de l'espèce originelle, et qui se mélangent de toutes manières à leur point de contact, et se confondent les unes avec les autres.

Les conclusions que nous venons d'indiquer sont le résultat non-seulement des observations faites sur l'homme, mais aussi de celles faites sur les animaux domestiques et sauvages; ces conclusions concordent absolument avec tous les faits, ce qui leur donne d'autant plus de poids. Nous ne sommes pas assez aveugles pour prétendre affirmer que les espèces humaines primitives n'ont subi aucune modification par suite de changements de milieux; mais,

d'autre part, nous nous déclarons incapables de suivre dans
son vol hardi la fantaisie qui veut grossir ces modifications
et les élever au rang de caractères primitifs. Nous ne nions
ni les croisements ni les races mixtes qui en sont provenues,
mais nous ne pouvons admettre que l'existence des races
mixtes ait pu, en aucune façon, effacer entièrement les différences originelles, et fournir une preuve en faveur de l'unité
primitive, que contredisent tous les faits connus. Nous nions
d'autant moins la disparition totale d'espèces humaines
bien caractérisées, que nous ne contestons pas la naissance de races et d'espèces nouvelles, conséquences du
croisement d'espèces existantes, favorisées peut-être par
l'influence de circonstances extérieures modifiées. Nous
nous trouvons ainsi en parfait accord avec tous les faits
que nous avons observés dans le reste du monde animal.
Nous n'avons nullement besoin d'invoquer une influence
extra-naturelle, l'action directe d'une force problématique
en dehors de la nature, et, pas plus que Laplace pour la
construction de la mécanique céleste, nous n'avons besoin de nous réfugier dans l'hypothèse d'une intervention
directe de la divinité, hypothèse à laquelle un croyant,
nouveau défenseur de l'unité du genre humain, s'est vu
forcé de recourir devant le poids des faits : « Mon opinion
« est que, pendant une période, probablement de plusieurs
« siècles, après que Dieu eût multiplié les langues, séparé
« les hommes en diverses races, parlant chacune une
« langue spéciale, et distribué ces différents peuples à la
« surface de la terre, il leur donna, dans la suite des gé-
« nérations, par un acte spécial de sa toute-puissance, des
« caractères extérieurs propres à chaque race, à mesure
« qu'il la constituait en nation : que, à mesure qu'il con-
« duisait sous sa direction spéciale chaque race vers une
« localité déterminée, il lui conférait, par un acte de sa
« haute prévoyance, le tempérament et les aptitudes né-

« cessaires pour habiter les pôles, les zones tempérées ou
« tropicales ; qu'à mesure qu'il constituait ces nations, il
« leur enseignait, ou au moins leur facilitait, les moyens de
« satisfaire à leurs besoins par des industries appropriées
« à la localité, et qu'enfin il leur donna à cultiver les
« plantes utiles adaptées au climat et qui n'existaient pas
« à l'état sauvage. »

Voilà comment le docteur Sagot explique la variété des
caractères qui existent dans le genre humain et les fait
concorder avec l'unité biblique. Mais si réellement Dieu a
nourri les animaux renfermés dans l'arche de Noé avec des
aliments célestes, toutes les difficultés qui s'opposent à ce
mythe tombent d'elles-mêmes. Lorsque l'on peut écarter
par l'action directe de la divinité toutes les circonstances
naturelles qui s'opposent à l'explication d'un mythe, il n'est
plus besoin de continuer les recherches dans l'histoire naturelle. Nous n'en sommes cependant pas encore là dans
le monde civilisé, bien que beaucoup de gens tournent ar-
demment leurs regards dans cette direction.

SEIZIÈME LEÇON

Origine de la nature organique. — Différences du règne organique et ses divisions. — Unité de forme élémentaire. — Origine de la cellule organique. — Sa multiplicité. — Théorie de Darwin. — Changement de mes opinions à ce sujet. — Création des espèces. — Variabilité des types. — Conséquences de la théorie. — Adaptation et fixation des types. — Conceptions pratiques de la notion d'espèce. — Différences dans l'adaptation. — Lenteur de la transformation. — Types de transition actuels et antérieurs. — Sajous. — Ours. — Le singe tertiaire de la Grèce. — Opinions exclusives de Cuvier et d'Agassiz. — Rareté des formes de transition. — Motifs. — Leur représentation graduelle par les changements géologiques. — Progrès et recul. — Racines du plan de conformation du règne animal. — Pas de forme primitive unique. — Dérivation du type humain du type simien. — Dérivation des trois singes anthropomorphes de trois différentes familles de singes. — Les diverses races humaines primitives peuvent se déduire des différentes familles de singes. — Anathème des moralistes.

MESSIEURS,

Le besoin qu'épouve l'homme de connaître l'origine des phénomènes, de remonter aux causes de l'existence, donne constamment lieu à de nouveaux essais pour parcourir la voie difficile qui conduit dans cette direction. La foi a beau jeu sous ce rapport; elle invoque l'autorité de quelque ancienne tradition, et impose un système quelconque, garanti par une lettre de change tirée sur un autre monde inconnu, et tout est dit. La science doit parcourir un chemin bien plus ardu; d'autant qu'elle doit tenir de plus près aux principes, ne jamais s'éloigner des faits,

ni s'écarter de la ligne que lui tracent l'observation et
l'expérience. Plus elle remonte vers le passé, plus elle doit
être prudente dans les conclusions à tirer des faits observés, et plus elle doit franchement reconnaître les lacunes
qu'elle rencontre partout et toujours ; — non point par le
motif qu'aucun esprit créé ne peut pénétrer les secrets de
la nature, mais uniquement parce que la masse des faits
et des observations est trop considérable pour que le travail d'un seul y puisse suffire.

L'origine de la nature organique, des animaux et des
plantes, a de tout temps attiré l'attention des profanes
aussi bien que des savants. L'observation nous apprend
que chaque être organisé est engendré par des parents qui
sont eux-mêmes le produit d'autres parents ; — nulle part
on n'a observé d'interruption dans cette série continue, et,
malgré toutes les affirmations contraires, la formation
d'êtres organiques aux dépens d'une matière primitive est
encore aujourd'hui en dehors du domaine de l'observation
et de l'expérience. Autant j'eusse accepté volontiers la
preuve de cette formation primordiale, autant il me ré-
pugne, et même il me paraît illogique, qu'on doive admettre dans la nature une force spéciale que nous ne pouvons observer nulle part. Il est évidemment très-naturel
de chercher, dans cette production primitive, le point de
départ de la création organique, qui s'est ensuite développée dans diverses directions sous l'influence de différentes causes ; cependant, je dois ajouter que je n'accepterai
cette hypothèse qu'autant que j'en aurai sous les yeux la
démonstration évidente, la preuve complète. Cette preuve
fournie, je l'accepterai ; jusque-là je n'hésiterai pas à
reconnaître les lacunes qui existent encore dans nos connaissances, tout en conservant l'espoir qu'elles pourront
un jour être comblées.

Si l'on considère la création organique dans son ensemble, on y remarque une variété extraordinaire. Les grands règnes de la nature, le règne végétal et le règne animal, paraissent très-nettement définis et il semble qu'il n'y a entre eux aucune transition.

Dans ces règnes mêmes, on rencontre certaines divisions qui diffèrent si considérablement au point de vue de la conformation et du plan général, qu'aucun intermédiaire ne paraît possible. Mais, à mesure que ces différences diminuent, les analogies commencent à se montrer ; or, il convient d'étudier ces analogies avec plus de soin encore que les différences. Cependant, on ne tarde pas à reconnaître que certains groupes sont étroitement liés entre eux , que certaines analogies de conformation se manifestent pendant le développement de l'individu, et que les divers groupes voisins entre eux procèdent, pour ainsi dire, d'une base fondamentale commune, sur laquelle apparaissent peu à peu les différences.

Ce n'a pas été un des moindres triomphes de la science microscopique, que la démonstration faite par Schwann, que tous les tissus des plantes et des animaux proviennent d'un élément unique, la cellule, et c'est encore aujourd'hui une des plus belles conquêtes de la science que d'avoir confirmé cette proposition. Il n'y a plus de doute que chaque organisme végétal ou animal se développe d'une cellule unique, d'un œuf. Certains organismes, tant végétaux qu'animaux, ne consistent qu'en une seule cellule, renfermant en elle toutes les conditions de la vie et de la propagation. Tous les autres organismes si compliqués ne sont autre chose que des agglomérations de cellules, formées et groupées de différentes manières, et qui se sont développées de la cellule primitive unique, l'œuf.

Si l'unité fondamentale du plan de conformation du règne végétal et du règne animal est donc hors de doute ; s'il est évident qu'il y a même une foule d'organismes primitifs qui occupent une position intermédiaire entre le monde végétal et le monde animal, et forment, pour ainsi dire, un trait d'union reliant les deux règnes ; il ne faut point, d'autre part, oublier que la cellule n'est qu'une notion abstraite, et qu'il existe des différences chez les diverses cellules des divers organismes, de même que dans celles des organes, — différences essentielles et primordiales, et qui, dès le principe, doivent imprimer une direction spéciale à l'organisme auquel elles doivent donner naissance. Lorsqu'on affirme que tous les organismes se développent d'une seule cellule, et que, par conséquent, la cellule est la forme primitive et fondamentale de l'organisme, cela est complétement exact, — mais il serait faux de vouloir faire remonter l'ensemble des organismes à une seule cellule, dont tous seraient sortis. Non-seulement les organismes qui occupent une place intermédiaire entre les végétaux et les animaux, consistent en cellules de diverses sortes, non-seulement ces cellules se développent de différentes manières, de sorte que nous pouvons distinguer une série d'espèces de ces organismes, mais encore les cellules de l'œuf dont se forment les organismes compliqués, offrent, dès le principe, des différences fondamentales qui se laissent reconnaître aussi bien par leur conformation immédiate que par leur développement ultérieur. En conséquence, lorsqu'on a cherché à faire remonter tout le règne organique à une forme fondamentale unique, et, pour ainsi dire, à une première cellule d'où seraient sortis tous les organismes pour s'épanouir ensuite dans diverses directions, on était autant dans l'erreur que ces philosophes de la nature qui voulaient que toute la création soit sortie d'une matière primitive plastique.

Si nous admettons, comme conséquence d'une action simultanée de différentes circonstances que nous ne connaissons pas, la possibilité de la formation d'une cellule organique aux dépens des éléments chimiques, il est évident que la plus légère modification dans l'action de ces circonstances a dû déterminer immédiatement une modification dans l'objet produit, c'est-à-dire dans la cellule. Mais, comme nous ne pouvons admettre que, sur toute la surface de la terre, les mêmes causes aient agi ou agissent encore exactement dans les mêmes conditions et avec la même énergie pour la création de la cellule primitive; si nous considérons, en outre, que la création organique a dû s'étendre sur toute la terre, car les faits prouvent qu'elle s'est développée sur plusieurs points à la fois, il en résulte la conclusion nécessaire que les cellules primitives, d'où sont sortis les organismes, devaient posséder des formes, une structure interne et des aptitudes de développement différentes, d'où, dans la création primitive, une différence fondamentale inhérente à ces conditions diverses.

Si je vous ai, en peu de mots, signalé cette hypothèse, c'est pour vous prouver que la supposition d'une évolution graduelle du type que nous trouvons aujourd'hui développé tant dans les organismes vivants qu'éteints, ne nous conduit point, comme on l'a si souvent affirmé, à l'unité primitive de l'ensemble du monde organique, mais nous oblige, au contraire à reconnaître que, dans l'unité abstraite, nommée cellule, il doit nécessairement exister une différence primitive, de même qu'il doit en exister une en fait chez les organismes intermédiaires entre les végétaux et les animaux. A l'appui de cette supposition relative à l'origine du monde organique, on peut citer le fait que, s'il est difficile de comprendre comment une quantité si considérable de types organiques divers ont pu sortir d'une base commune, on ne peut contester qu'une différence intime dans la constitution de cette base peut rendre très-concevable la variété des formes de ses produits.

Darwin a récemment soutenu, en l'appuyant de raison—

nements très-ingénieux, la doctrine du développement graduel des types ayant pour point de départ des formes primitives communes. Cette théorie avait été autrefois proposée par Lamarck, naturaliste français, et par les philosophes allemands de la nature, qui s'appuyaient sur des bases un peu différentes. Telle qu'on la concevait autrefois, cette doctrine m'a toujours eu pour adversaire acharné. Je dois reconnaître, au contraire, que, telle qu'on la conçoit aujourd'hui, elle me paraît, beaucoup mieux que toute autre hypothèse, expliquer la parenté de divers types animaux, et, qu'en tous cas, elle aura fait faire un pas important vers la connaissance de la vérité.

Lorsque je combattais la doctrine de la transformation graduelle, j'étais encore aveuglé par les opinions traditionnelles qui s'imposent involontairement à quiconque s'occupe de sciences. Les contrastes que présentent en apparence les espèces, la netteté avec laquelle le système répartit et groupe des subdivisions entièrement distinctes entre elles, doivent nécessairement faire sur les jeunes gens la même impression que la brusquerie des contrastes qu'ils croient apercevoir dans la vie et dans les caractères. Et de même que, dans le cours de la vie, on finit par se convaincre qu'il n'y a pas d'hommes absolument mauvais, ni absolument bons, que la vie et la société se meuvent dans une moyenne, à une égale distance des deux extrêmes, de même, en pénétrant plus intimement dans l'étude des formes animales et de leur développement de l'œuf, on trouve aussi que les contrastes s'adoucissent, et qu'il existe nombre de formes qui peuvent fort bien dériver les unes des autres. Is. Geoffroy Saint-Hilaire a démontré avec un grand talent combien les vues de Buffon sur la fixation et les limites de l'espèce ont graduellement subi de nombreuses modifications ; comment, dans le principe, il débuta par poser une définition rigoureuse, inflexible, qui finit peu à peu par s'élargir pour se prêter aux faits qu'il constatait dans le cours de sa vie, et comment il fut assez intelligent pour ne pas s'obstiner à défendre quand même une théorie une fois énoncée. S'il est permis de comparer le petit au grand, je dois aussi élever quelques prétentions au bénéfice de cette instruction continue de soi-même, qui entraîne des changements motivés dans une ancienne manière de voir.

Darwin cherche à démontrer que chaque animal, chaque plante, se trouve dans un état perpétuel de lutte pour l'existence ; que chaque organisme doit combattre sans cesse pour conserver la place qu'il occupe, pour se nourrir et se reproduire, et qu'il doit lutter, non-seulement avec les agents physiques qui l'entourent, mais avec tout le règne organique, dans lequel chaque individu élève les mêmes prétentions à une place, à la nourriture et à la reproduction. Chaque germe, chaque œuf, est appelé à la vie, mais tous ne se développent pas effectivement. La plupart succombent dans la lutte, les uns plus tôt, les autres plus tard ; — seul, l'individu qui, soit par lui-même, soit par l'association dont il fait partie, est assez fort pour sortir victorieux du combat, réussit à vivre et à jouir de l'existence.

Alors se présente la question de savoir si réellement l'individu peut se transformer pour s'accommoder, ainsi que sa descendance, aux conditions d'existence, et si cette transformation, résultat d'une amélioration et d'une éducation continues, peut aller véritablement assez loin pour déterminer des changements de forme qui nous obligent à regarder l'être ainsi transformé comme un type nouveau.

C'est sur ce point que les divergences entre les différents observateurs sont les plus grandes.

L'opinion reçue, jusqu'à présent, on peut le dire, de la manière la plus générale, est que les espèces sont des types normaux fixes, susceptibles de n'éprouver de modifications que dans des limites fort restreintes ; on regarde l'espèce comme l'expression d'une idée définie, réalisée par diverses modifications de matériaux invariables, au moyen desquels l'édifice du monde organique est élevé d'après un plan supérieur de création. Les êtres ainsi liés les uns aux autres par la descendance, doivent même, d'après quelques-uns, former dans leur ensemble une unité intérieure, et remplir un but déterminé dans la création.

On a même affirmé nettement que les espèces peuvent disparaître mais non pas se modifier, et que, de temps en temps, après une destruction générale de tout le monde organique, une nouvelle création plus complète et plus perfectionnée est appelée à la vie par un FIAT créateur.

Ainsi que je l'ai déjà fait remarquer plus haut, jamais ce créateur, qui change de temps en temps l'ameublement de la terre, qui en crée un nouveau, après avoir détruit l'ancien, n'a pu m'entrer dans l'esprit. Je dis : non ! cela ne peut être ainsi ! — Mais ne sachant rien de mieux à mettre à la place, je devais faire, comme le conseiller ecclésiastique Künöl à Giessen, qui, après avoir discouru pendant quinze jours sur la résurrection du Christ, et épuisé toutes les hypothèses que la théologie a émises sur ce sujet, terminait ainsi : « car franchement, messieurs, nous devons avouer que nous n'en savons rien. »

Le point de départ de Darwin est, au contraire, la variabilité des espèces. Il s'appuie essentiellement sur les animaux domestiques, sans négliger dans ses considérations les animaux et les plantes à l'état sauvage. Dans la lutte pour l'existence, dit-il, tout animal doit tendre vers la perfection relative qui lui permet de soutenir la lutte. L'hérédité des caractères qu'on ne peut nier, et même celle des particularités individuelles qui est tout aussi bien établie, fait que toute particularité constituant un avantage dans la lutte pour l'existence, chez un individu donné, se transmet à ses descendants et se développe toujours davantage chez eux. C'est ainsi que la sélection naturelle fait naître les espèces en choisissant pour ainsi dire naturellement les individus favorisés par un caractère particulier, lequel se perpétuant dans les descendants, finit par s'imprimer fortement et par constituer un type spécial et fixe. De cette manière, la transmission héréditaire continue et non interrompue, tend à former des variétés, des races et des espèces nouvelles, et, ce procédé de transformation se continuant pendant de longs âges, les produits de la sélection naturelle finissent par s'être assez éloignés les uns des autres pour représenter des genres, des familles, des ordres, des classes ou des règnes.

Il ne faut pas s'étonner que cette hypothèse, que je viens de vous esquisser à grands traits d'après l'ouvrage de Darwin, ait soulevé la plus vive opposition. On a été jusqu'à accabler de reproches et d'injures un naturaliste dont la vie et les travaux ont toujours mérité l'approbation unanime, — procédé qu'ont dû blâmer même les naturalistes qui ne partageaient pas les opinions de Darwin. Actuellement, ses adversaires ont changé de tactique ; — ils contredisent peu, car il y a peu de faits à contredire, — mais ils qualifient la théorie de Darwin de rêve ingénieux, d'hypothèse spirituelle, de feu d'artifice éblouissant, et croient ainsi en avoir fini avec une théorie sur les conséquences de laquelle on ne peut pas avoir un instant de doute. Ces conséquences sont terribles pour un certain parti. Il n'est pas douteux, en effet, que la théorie de Darwin congédie sans autre forme de procès le créateur personnel, avec son intervention alternative dans les transformations de la création, et dans l'apparition des espèces ; elle ne laisse pas la moindre place à l'action d'un créateur semblable. Dès que le point de départ est acquis, le premier organisme donné, la création tout entière se développe d'une manière continue par sélection naturelle, d'après les simples lois de la transmission héréditaire, et cela pendant toutes les périodes géologiques qui se sont succédé sur notre planète ; — aucune espèce nouvelle ne prend naissance par le fait d'une intervention créatrice, aucune ne disparaît par un ordre divin de destruction ; — le cours naturel des choses, la marche du développement de l'ensemble des êtres et de la terre, suffit pour expliquer la production de l'ensemble des phénomènes. L'homme non plus n'est donc pas une créature séparée, créée d'une manière spéciale et différente de celle des autres animaux, pourvue d'une âme toute particulière et animée d'un souffle divin ; l'homme n'est plus que le produit du plus haut développement de la série animale, progressivement perfectionnée par la sélection naturelle, et il émane du groupe des mammifères les plus rapprochés de lui par leur organisation, les singes.

Darwin n'a point mentionné toutes ces conséquences dans son ouvrage, de sorte que, au premier moment, la richesse des matériaux accumulés, qui supposait de longues études préliminaires, et le développement rigoureux, dans tout l'ouvrage, de la pensée déterminante, valurent à l'auteur les applaudissements d'un pays qui, comme l'Angleterre, est encore si fortement attaché aux traditions bibliques. Mais dès qu'on eut compris la conclusion nécessaire de la théorie, l'orage éclata de toutes parts, et n'est pas encore calmé. Suivons tranquillement, au milieu de tout ce tumulte, le chemin sur lequel l'observation nous conduit.

S'il est établi que certaines espèces peuvent s'appareiller entre elles avec fruit, et donner naissance à des métis également féconds entre eux ; que, d'autre part, il soit reconnu que les espèces peuvent subir les modifications qu'exige leur adaptation aux circonstances extérieures, mais dont les limites ne sont pas encore déterminées, il résulte qu'il y a deux voies ouvertes à la naissance incontestable d'espèces nouvelles. D'autre part, sans doute, la fixité que prennent les caractères dans un milieu qui ne change pas, introduit un élément conservateur dans les variations, qui, autrement, seraient indéfinies dans chaque type. Darwin a peut-être trop peu insisté sur cet élément conservateur, car il fallait avant tout qu'il expliquât la variabilité, que, jusqu'alors, on avait toujours niée. Il importe, cependant, de tenir d'autant plus de compte de cet élément que, dans le peu de temps d'observation dont l'homme peut disposer, il a une grande importance.

Nous avons vu que la notion d'espèce n'est nulle part fixée et ne peut l'être, et que chaque observateur la comprend à sa manière dans la pratique. Celui qui étudie au Muséum de Paris la collection des mollusques, peut trouver souvent, autour d'une espèce, 20 ou 30 formes indiquées comme variétés ou comme races qui sont, au contraire, au *British Muscum* de Londres, cataloguées comme autant d'espèces tout à fait indépendantes. Chacun de ces grands établissements scientifiques a de bonnes raisons pour défendre son opinion. L'un signale les formes de transition qui conduisent de l'une à l'autre, le second appuie sur les caractères distinctifs qu'on remarque entre elles. Ce n'est pas seulement dans ce domaine que cette discussion peut avoir lieu, et, pour nous rapprocher de l'homme, voyons un peu les singes. A côté d'espèces bien caractérisées, sur lesquels tout le monde est d'accord, il s'en trouve d'autres comme, par exemple, le capucin, le sajou brun, le saïmiri, le singe hurleur et même l'orang, qui ont été répartis par différents auteurs, en une douzaine d'espèces ; de sorte qu'on peut affirmer que les appréciations sur l'établissement des espèces chez le groupe des singes sont aussi différentes entre elles qu'elles le sont chez l'homme. Ici donc, le principe de la variabilité doit jouer un grand rôle, et il doit exister une série de formes ayant entre elles une très-grande analogie. Tous les naturalistes avouent, du reste, que les espèces ne possèdent qu'une aire géographique déterminée qui peut être plus ou moins grande et dans laquelle elles se développent dans toute leur perfection ; mais que, sur la limite de cette aire, les espèces s'étiolent, c'est-à-dire tendent vers des formes différentes appropriées au nouveau milieu ambiant. Cette variabilité peut aller plus loin, et dépasser les limites qu'on est habitué à tracer autour des espèces, et on se trouve en présence, comme nous l'avons démontré pour les animaux domestiques, de races qui ne sont autre chose que des espèces.

Le même exemple nous a fait comprendre clairement que, dans un milieu extérieur non modifié, il peut se former aussi de nouvelles espèces provenant du mélange réciproque d'espèces voisines les unes des autres. Dans le principe ces mélanges produisent des individus sans race, dont les caractères n'ont aucune fixité, mais chez lesquels certains caractères deviennent peu à peu constants, et finissent par constituer une race fixe, une véritable espèce type.

Il est évident que, tant que le milieu ambiant reste le même, les espèces fixes ne subissent presque aucune modification, mais tendent, au contraire, à se renforcer comme espèces par l'affermissement de leurs caractères.

Il est donc facile de comprendre pourquoi les anciennes espèces, qui remontent à l'époque des alluvions, ou celles qui vivaient en Égypte il y a plus de cinq mille ans, et que nous trouvons à l'état de momies dans les tombeaux, n'ont pas varié depuis ce temps et nous offrent encore aujourd'hui le même type qu'alors. Il y a dans le monde actuel des espèces répandues sur la plus grande partie des régions habitables, et que de très-légères modifications ont suffi pour adapter aux divers climats qu'elles habitent ;

de même, il y a aussi des types qui, malgré les différentes modifications géologiques, se sont conservés
presque sans altération jusqu'à nous. On a fait remarquer
sous ce rapport le genre *Lingula,* qui s'est conservé intact
depuis les couches siluriennes les plus anciennes jusqu'aux
temps modernes, et qui est représenté par quelques espèces très-voisines dans presque toutes les couches qui se
sont succédé. Ce fait dénote une constance remarquable,
mais je n'y vois point, comme on l'a soutenu, une preuve
contre la théorie de Darwin. On commet toujours la faute
d'appliquer les faits observés sur une espèce au règne animal entier, et d'imposer à celui-ci, pour ainsi dire, une ca-
misole de force que la nature, dans sa diversité, ne saurait
reconnaître. Si la variabilité et l'adaptation aux circonstances
extérieures sont une possibilité, elles ne sont pas une
nécessité absolue pour tous les types, pas plus que ne l'est
pour chaque type la mesure des modifications nécessaires
pour son adaptation. Nous savons que quelques espèces ne
peuvent s'acclimater, tandis que d'autres le peuvent facilement ; que les unes ne supportent pas sans périr le moindre
changement dans les circonstances extérieures, tandis que
d'autres résistent à des modifications considérables. Il y a
eu nécessairement dans l'histoire de la terre des différences
analogues, car certaines espèces et certains types n'ont
duré que pendant de courtes périodes et ont disparu ;
d'autres, cédant aux moindres influences extérieures, ont
subi des modifications relativement importantes ; d'autres,
enfin, n'ont eu besoin que de très-légers changements
dans leur manière d'être pour continuer à vivre malgrés
d'importantes modifications extérieures.

Si les variations, que nous constatons aujourd'hui dans
la création actuelle, ne paraissent que faibles et insignifiantes, n'oublions pas que l'histoire de la terre s'étend sur
une série de siècles d'une longueur dont nous ne pouvons

nous faire une idée, et que cette éternité (car on peut bien
la nommer ainsi) comporte une série infinie de modifications constantes qui ne se sont produites que très-lentement, mais dont la somme doit dépasser tout ce que nous
pouvons saisir dans le peu de temps qui nous est donné,
pour faire nos observations. Les soulèvements et les
affaissements du sol, qui ont été constatés nombre de fois,
les changements de rapports entre la terre et la mer, les
gradations de climat, bref, toutes les transformations de la
surface terrestre que la géologie nous enseigne, ne se sont
jamais accomplies par des révolutions brusques, mais se
sont opérées, au contraire, avec une extrême lenteur et
d'une manière absolument insensible. Les changements
dans le monde animal ont marché du même pas, et, tandis
que beaucoup d'espèces inflexibles ont péri, d'autres se
sont transformées, et il en est résulté une série de modifications dont les termes sont assez éloignés du point de
départ pour donner naissance à des familles, à des ordres
ou à des classes.

On sait depuis longtemps que la création actuelle n'offre
nulle part un tout idéal, dont les membres soient en relation harmonique entre eux ; on sait qu'on ne peut comprendre l'enchaînement des divers types de l'animalité que
lorsqu'on prend aussi en considération les espèces éteintes.
Des formes qui, dans le monde actuel, paraissent très-sé-
parées, se relient par des formes de transition trouvées
parmi les animaux éteints, et chaque nouvelle découverte
vient ajouter à la série des formes un nouveau chaînon intermédiaire. Il est difficile, dans la création actuelle, d'indiquer avec précision le point où finissent les poissons et où
commencent les amphibies ; les genres *Lépidosiren* et *Pro-
toptère* offrent, en effet, la transition la plus évidente
entre ces deux groupes, car, suivant que les naturalistes
attachent plus d'importance à tel ou tel caractère, les

uns les rangent parmi les poissons, les autres parmi les amphibies; il en est de même pour une foule de formes de transition qu'on trouve à l'état fossile. La limite entre les amphibies et les reptiles, qui, dans la création actuelle, est tout à fait tranchée, disparaît dès qu'on considère la famille bizarre des *Labyrinthodontes*, qui se rapproche autant des uns que des autres ; les vides existant entre les sirènes et les pachydermes, entre ceux-ci et les ruminants, sont complétement comblés par le *Dinotherium* et les *Dichobunes*. Le reptile ailé de Solenhofen est encore la preuve que la nature a su franchir sans brusquerie l'abîme profond qui semble exister entre les reptiles et les oiseaux. L'existence de ces formes de transition est incontestable ; et ce n'est pas le simple fait du remplissage d'une lacune idéale qui constitue leur importance, mais bien celui de leur existence comme formes réelles intermédiaires, qui, par suite de leur développement graduel et de leur transformation, ont toujours tendu vers des formes supérieures, — tendance qui, chez elles, n'a réussi que jusqu'à un certain point, mais qui a pu se réaliser par des formes plus complètes.

Mais, dit-on, ces formes intermédiaires se placent, il est vrai, dans les lacunes qui existent entre les plus grandes divisions ; mais, par contre, les formes de transition reliant les subdivisions les plus petites, et celles qui nous indiqueraient le mieux le mode de transformation, font entièrement défaut. On devrait pouvoir suivre pas à pas ces transitions tant dans les espèces vivantes que fossiles. Pour ce qui concerne les espèces vivantes, cela n'est pas difficile. Qu'on rapproche les crânes des différentes espèces de sajous, on y trouvera, comme pour les chiens et les races bovines, une série complète de formes dans lesquelles les transitions sont aussi graduées que dans la série des crânes d'orangs de divers âges, reliant entre elles

les deux formes extrêmes, la tête arrondie du jeune orang
d'une part, avec la tête allongée et crêtée de l'animal âgé.
Quant aux crânes fossiles, je rappellerai l'ours. L'ours des
cavernes, avec ses arcades orbitaires saillantes formant
bourrelet, et la chute brusque que forme son front, est
certainement, comme M. A. Wagner l'a démontré, une espèce aussi distincte que peut l'être notre ours brun ; mais
ne doit-on pas regarder comme formes intermédiaires,
l'*Ursus arctoideus*, qui, tout en ayant la même grosseur
que l'ours des cavernes, a des os plus grêles que ce dernier, et est dépourvu de son palier frontal, et l'*Ursus leo-
diensis*, qui est plus petit que l'ours des cavernes, et qui
n'a pas non plus de palier frontal ; l'*Ursus priscus*, plus
petit que l'ours des cavernes, ressemblant à l'ours brun,
mais encore plus petit que lui ; enfin, l'ours brun trouvé
en Suisse dans les cavernes, dont le crâne gigantesque riva-
lise presque avec celui de l'ours des cavernes ? Toutes ces
formes intermédiaires sont excessivement rares ; on ne
connaît que quelques spécimens de chacune d'elles, tandis
qu'on peut se procurer par centaines les crânes de l'ours
des cavernes et de l'ours brun, celui qui vit encore actuellement. L'énorme et terrible ours des cavernes corres-
pondait aussi bien aux conditions dans lesquelles il vivait,
que l'ours brun de nos jours aux conditions actuelles ;
le premier, après avoir longtemps conservé sa forme
primitive, est devenu l'ours actuel dans un espace de
temps peut-être relativement très-court, — et, par conséquent, les formes de transition variables et indécises,
qui se sont successivement formées dans l'intervalle,
ont dû nécessairement être très-rares, comparativement
aux deux formes extrêmes que nous reconnaissons comme
espèces indépendantes.

Je m'empresse d'en arriver à un autre exemple, qui
nous touche de plus près.

Cuvier n'avait jamais eu l'occasion de voir un singe fossile, — de son temps on n'en avait pas encore trouvé le moindre fragment. Il contesta même, en se basant sur des motifs théoriques, la possibilité de l'existence des singes fossiles. « Aujourd'hui, » dit Albert Gaudry, « on en con—
« naît, outre les singes trouvés en Grèce, dix autres espèces,
« deux dans l'Amérique du sud, deux en Asie, cinq en
« Europe (où actuellement il ne se trouve aucun singe)
« Toutes ces espèces n'ont pu être déterminées que sur des
« restes fort incomplets, car les ossements sont rares. En
« Grèce, par contre, les singes fossiles sont nombreux. Les
« fouilles dont l'Académie des Sciences m'a chargé m'ont
« fourni vingt crânes de ces animaux, plusieurs mâchoires
« et des os de différentes parties du corps, qui m'ont per-
« mis de faire et de figurer la restauration du squelette en-
« tier de ce singe fossile.» Après avoir mentionné l'opinion
du premier auteur de cette découverte, A. Wagner, ainsi
que les opinions de Lartet et de Beyrich, sur ce singe fossile,
après avoir rappelé que Wagner le considère comme un intermédiaire entre les semnopithèques et les gibbons, tandis
que d'autres le regardent comme un semnopithèque, Gaudry ajoute : « Ces découvertes eurent un curieux résultat ;
« elles prouvèrent que les membres de ce singe sont très-
« différents de ceux des semnopithèques ; ils sont moins
« grêles et plus égaux en avant et en arrière. Autant le
« *mésopithèque* ressemble par sa tête aux semnopithèques,
« autant il ressemble aux macaques par ses membres.

« Voilà donc un type transitionnel reliant deux genres
« distincts dans la nature actuelle. Quand nous avons eu
« sous les yeux, non pas seulement un morceau de mâ-
« choire (comme c'est le cas pour un grand nombre de
« mammifères fossiles inscrits dans les catalogues), mais
« des crânes parfaitement entiers, nous avons dû croire
« que le singe grec était un semnopithèque. C'était une

« erreur. Si, au contraire, nous eussions trouvé, non point
« un os isolé des membres, mais les membres entiers,
« nous aurions attribué ces pièces à un macaque ; nous au-
« rions également commis une faute. »

Je répète, avec Gaudry : N'y a-t-il pas là une forme de
transition très-nette entre deux genres bien séparés, la tête
d'un semnopithèque, le corps du macaque ? Nous ne savons
pas si cette espèce, qui fut abondante en Grèce pendant
l'époque tertiaire, s'est formée par un mélange de deux
éléments, ou peut-être, par sélection, les membres du
semnopithèque s'étant développés à la manière de ceux
des macaques, en raison des formations rocheuses du
pays, — personne ne peut savoir si la chose est arrivée
ainsi ou autrement ; — mais il ne peut y avoir de doute
que ce soit bien une forme intermédiaire, faite comme si
elle provenait d'un métissage, ayant tous les droits à l'existence et possédant toutes les qualités nécessaires à la vie,
comme le prouve son abondance dans un pays qui ne possède actuellement aucun singe, et où, par conséquent, des
changements ultérieurs dans le milieu ambiant ont rendu
impossible l'existence de ces animaux.

Il existe donc des formes intermédiaires. L'exemple
du singe de la Grèce nous prouve que la connaissance
de l'organisme complet est nécessaire pour démontrer
leur existence, qu'il ne suffit pas de connaître la dentition ou le crâne pour saisir ces formes de transition,
et que, par conséquent, notre connaissance des formes fossiles est, sous beaucoup de rapports, trop incomplète pour
démontrer leur existence.

On dit, il est vrai, qu'on ne doit pas faire entrer l'inconnu dans le cercle des conclusions scientifiques. Je suis
tout à fait de cet avis. Je n'affirme point que, parce qu'on
a trouvé une forme intermédiaire entre le semnopithèque
et le macaque, on doive en trouver une entre le semnopi-

thèque de l'ancien monde et le sajou du nouveau monde, mais je prétends qu'on ne doit point, en se basant sur quelques faits très-incomplets, tirer une ligne où nos connaissances doivent s'arrêter tout à coup, en disant : Jusquelà et pas plus loin ! Il y a à peine trente ans que Cuvier disait : Il n'y a pas de singes fossiles, et il ne peut y en avoir. Il n'y a pas d'homme fossile, et il ne peut y en avoir ! Et, aujourd'hui, nous parlons de singes fossiles comme d'anciennes connaissances, nous poursuivons l'homme, non-seulement dans les couches d'alluvions, mais même jusque dans les dépôts tertiaires récents, pendant que quelques obstinés affirment encore que la décision de Cuvier est un trait de génie, et ne peut être attaquée. Il y a vingt ans à peine que j'apprenais auprès d'Agassiz : couches de transition, formations paléozoïques, règne des poissons ; cette période ne renferme pas de reptiles, et ne peut en renfermer, parce que cela serait contraire au plan de la création ; — formations secondaires (trias, Jura, craie), règne des reptiles. Pour la même raison, il n'y a pas de mammifères, et il ne peut y en avoir ; — couches tertiaires, règne des mammifères ; il n'y a pas d'homme, et il ne peut y en avoir ; — création actuelle, règne de l'homme. Où est donc aujourd'hui ce plan de la création, avec ses exclusions ? Reptiles dans les couches devoniennes, dans les couches carbonifères ; où êtes-vous, règne des poissons ? Mammifères dans le jurassique, dans le calcaire de Purbeck, jusque dans la craie inférieure, que devenez-vous, règne des reptiles ? Enfin l'homme, dans les couches tertiaires supérieures, dans les alluvions anciennes, au revoir, règne des mammifères !

La preuve de l'existence d'une seule forme de transition bien constatée comporte la possibilité de toutes les autres, mais pas la nécessité absolue de leur existence en fait.

Je dois encore, Messieurs, appeler votre attention sur un

second point qui ressort clairement de cet exemple. Les formes de transition entre les deux espèces d'ours à caractères fixes, l'ours des cavernes et l'ours brun, sont aussi rares que ces dernières sont abondantes. Une partie de ces formes paraît être aussi, quant au temps, intermédiaire entre les deux formes extrêmes, puisque l'ours brun colossal trouvé dans les cavernes des Alpes suisses est plus récent que l'ours des cavernes proprement dit, et qu'une assertion de Wagner au sujet de l'*Ursus priscus*, dont on a trouvé la tête encore pourvue de la mâchoire inférieure fait présumer qu'elle a été déposée dans une eau plus tranquille que les crânes des ours des cavernes, qu'on n'a jamais trouvés aussi complets. Cette circonstance à part, on doit insister tout particulièrement sur la rareté de ces formes de transition. Il est certain que si les changements du milieu ambiant se sont produits dans un temps relativement court, il faut que l'empreinte du type se soit modifiée dans ce même laps de temps. Nous avons déjà mentionné cette circonstance à propos de l'introduction des animaux domestiques dans l'Amérique du Sud. Les modifications qu'ont subies les chats au Paraguay, les porcs et les moutons au Chili et au Brésil, par suite de leur brusque transplantation dans ces pays, se sont produites rapidement, et dans le cours de quelques générations : le type s'est rapidement modifié pour s'adapter au climat et il est devenu depuis complétement stable. Malheureusement tous les renseignements que nous possédons à ce sujet se portent sur la conformation extérieure, et, malgré le grand intérêt qu'offrent ces questions, aucun observateur n'a encore comparé les crânes d'animaux domestiques nés dans le pays et provenant de races d'origine européenne, avec ceux des races-souches élevées en Europe. Admettons, toutefois, que des différences frappantes existent ; que, par exemple, le crâne du porc soit plus court et plus élevé, que

cet animal ait le museau plus épais, les canines plus recourbées, au point que le porc de l'Amérique méridionale
forme actuellement une nouvelle espèce, facile à distinguer
au point de vue anatomique. Or, ce point admis croit-on
que nous pourrions retrouver aujourd'hui les formes de
transition qui ont amené ce résultat? Ni maintenant, ni jamais! Les millions de bœufs, de chevaux, de porcs, qui
peuplent actuellement, tant à l'état sauvage que demi-sauvage, les vastes plaines de l'Amérique du Sud, proviennent
de quelques couples importés d'Europe depuis la découverte de l'Amérique. Les générations suivantes, très-peu
nombreuses, ont dû, dans ce pays étranger, et dans des
conditions défavorables, lutter pour l'existence, jusqu'à ce
que les modifications nécessaires pour leur adaptation au
climat fussent complètes. C'est seulement quand ils ont été
habitués aux circonstances extérieures et mis, pour ainsi
dire, en harmonie avec elles, que ces animaux ont pu se
multiplier rapidement, et que le type nouveau, comprenant à peine quelques individus, s'est multiplié au point de
se compter aujourd'hui par millions. Mais où trouverons-
nous les formes de transition dans ces quelques individus
composant plusieurs générations? Qui pourra retrouver
leurs restes? Les deux formes extrêmes, la race-souche,
ainsi que la nouvelle race qui en est dérivée, se trouvent
seules aujourd'hui en présence, sans intermédiaire; personne ne peut nous montrer les transitions, qui ont cependant existé, puisque la transformation a eu lieu dans des
temps historiquement récents.

Peut-il en être autrement pour les animaux sauvages?
Admettons que la transformation de l'ours ait eu lieu pendant la période glaciaire, qui, comme nous l'avons vu, n'a
été qu'un incident insignifiant de l'époque diluvienne. La
plupart des ours des cavernes ont certainement dû périr à
mesure que l'envahissement graduel des glaces leur enle-

vait peu à peu les moyens de subsistance, tout en leur fermant le chemin de l'émigration vers d'autres régions. Ces événements s'accomplissent lentement si nous en jugeons par nos notions ordinaires du temps, qui nous permettent tout au plus de calculer par milliers d'années, mais, très-rapidement si l'on compte par l'éternité pendant laquelle les époques géologiques se sont déroulées. Or, quelques animaux survivent; les générations subséquentes s'adaptent aux nouvelles circonstances, leur férocité diminue, leur nourriture se modifie et s'amoindrit, et, avec elle, la taille et la force. Enfin la transformation s'est achevée : l'ours des cavernes est devenu l'ours brun, qui maintenant, approprié aux nouvelles conditions d'existence, se multiplie et s'étend. Mais les formes de transition, les témoins de la lutte désespérée pour l'existence, pendant la modification des conditions extérieures, alors que l'espèce a pu à peine échapper à une destruction complète, ne doivent-ils pas être infiniment moins nombreux que les espèces types qui marquent les deux termes de la lutte?

C'est ainsi que les choses doivent se passer lorsque les milieux se modifient dans un espace de temps relativement court. Les formes de transition réduites à un petit nombre d'individus disparaissent au milieu de la foule des individus types appropriés aux conditions extérieures, et il n'y a qu'un heureux hasard qui puisse, par-ci par-là, en faire trouver un spécimen.

Il en est autrement lors des modifications très-lentes qui accompagnent les métamorphoses géologiques. Les adaptations qu'exigent ces variations infinitésimales ne deviennent apparentes que par leur accumulation pendant des milliers d'années, et les modifications étant aussi insignifiantes que la cause qui les produit, il en résulte une telle quantité de formes graduelles de transition qu'il en faudrait une série infinie pour relier le point de départ avec celui d'arrivée.

Nous pouvons, d'ailleurs, observer ce fait dans la nature. Ne voyons-nous pas des espèces passer d'un groupe de couches à un autre, parcourant ainsi une longue série de degrés du développement géologique, pour arriver peu à peu à revêtir une forme très-peu différente de la forme originelle; les différences ne sont pas suffisantes pour qu'on les distingue sous tous les rapports, mais elles le sont assez pour qu'on croie devoir ajouter au nom spécifique la particule *sub*, lorsqu'elle provient d'un autre groupe de couches (*terebratula triquetra* et *subtriquetra*)? N'avons-nous pas vu les changements apportés à la faune côtière par l'élévation graduelle de la Suède et de la Norwége? Il n'est pas permis d'oublier que Loven a démontré que, par suite de la séparation des lacs Wener et Wetter de la mer avec laquelle ils communiquaient autrefois, la plupart des espèces de cette mer glaciale ont été détruites, mais que quelques crustacés se sont conservés dans ces lacs dont l'eau est peu à peu devenue douce, et se sont si bien adaptés à ce milieu ainsi modifié que, bien qu'on puisse encore reconnaître leur souche, ils n'en présentent pas moins quelques particularités de formes qui témoignent d'une modification partielle. Ne trouvons-nous pas dans cet exemple le même enseignement que celui que nous fournissent toutes nos recherches sur les fossiles, c'est-à-dire que, nulle part, il n'existe de séparation complète entre deux groupes de couches, mais que toujours certaines espèces plus ou moins nombreuses, plus ou moins modifiées, passent d'une couche à l'autre?

Nous avons vu, Messieurs, que des espèces fixes peuvent se modifier lorsqu'on les transplante dans un pays nouveau, lorsqu'on les place dans de nouvelles conditions extérieures d'existence et que ces variations du milieu constituent un levier puissant pour la production de ces types flottants, que nous avons déjà distingués sous le nom d'animaux sans race. Nous avons vu, en outre, que les types fixes s'accouplent entre eux d'autant plus difficilement que leur type est plus fortement caractérisé. N'est-il pas évident que la formation de nouvelles races mixtes doit précisément avoir lieu aux époques où, par suite des modifications du milieu, la ténacité du type est rompue, et où se forment ces animaux sans race d'où sortent de nouveau les divers types provenant soit de mélange, soit d'adaptation au milieu modifié, types qui, se renforçant par la suite, donnent naissance à leur tour à des types fixes?

Il me semble qu'on peut expliquer de cette manière aussi bien le renouvellement de la création à différentes époques, que la disparition correspondante de la plupart des espèces, et que la fixité des types pendant le cours des longues périodes d'années qui se sont écoulées entre les époques de renouvellement; enfin, la formation des types complets qui, sortis des masses *sans race*, se fixent de façon stable à l'origine de la période de renouvellement.

Il peut y avoir progrès sous plusieurs rapports, dans d'autres cas, arrêt ou même recul. Le type des Ammonites, par exemple, nous paraît un type très-complet, plus que ne l'est celui des Nautiles, et pourtant le premier a disparu avec la fin de la période crétacée. L'ours des cavernes était plus carnassier que son descendant l'ours brun ; il est difficile d'appeler cela un progrès.

Nous connaissons, dans le développement des animaux, la métamorphose rétrograde en conséquence de laquelle, par exemple, le jeune individu se trouve avoir une conformation plus complète que celle qu'il aura plus tard à l'âge adulte. Pourquoi un pareil fait ne pourrait-il pas se présenter aussi dans les modifications nécessaires à l'adaptation d'un type à de nouvelles conditions de milieu qui ne lui permettent pas de continuer à vivre dans son ancien état de perfection ? Pourquoi, par exemple, des types ne seraient-ils pas conduits, par la nécessité de s'adapter aux influences modifiées, à transformer peu à peu leurs organes des sens et du mouvement et à se fixer dans ce nouvel état. Ces organes, en effet, ne peuvent plus leur être utiles à l'ancienne manière, lorsque, par exemple, placés dans d'autres conditions, ils pouvaient se mouvoir librement dans les eaux, ce qui nécessitait une certaine perfection dans le développement des organes des sens et du mouvement? Des changements de cette nature, qui, au point de vue anatomique, ne peuvent être considérés cependant que comme un mouvement rétrograde, peuvent, dans des circonstances données, constituer un avantage dans la lutte pour l'existence ; c'est le cas de la transformation des pieds natatoires de certaines larves de crustacés parasites, en griffes et en crochets au moyen desquels ils s'attachent à leur proie à l'état adulte.

En observant ces différents faits, nous ne devons toutefois pas oublier que les modifications produites par l'adaptation aux conditions extérieures, ou par mélanges de race, restent cependant comprises dans certaines limites qui ne peuvent être dépassées. Ainsi, nous voyons que l'abîme qui sépare les poissons des reptiles est complétement comblé, que celui qui existe entre les reptiles et les oiseaux commence à l'être, et que, sur plusieurs points, on a découvert des formes de transition entre les reptiles et les mammifères. On remarque, en outre, chez tous les vertébrés, une unité de conformation, une concordance de plan fondamental que l'on peut observer tant dans le développement des formes que dans celui des phases que les jeunes animaux supérieurs ont à traverser pendant leur évolution dans l'œuf, et ensuite au dehors jusqu'à leur épanouissement complet. Mais aucune forme de transition ne peut nous ramener en arrière des vertébrés aux invertébrés ; je ne puis, je l'avoue, me figurer en vertu de quelle adaptation ou de quel mélange il aurait pu se produire des formes intermédiaires reliant, par exemple, les mollusques ou les articulés aux vertébrés. On sait que le vertébré le plus inférieur qui nous soit connu, l'*Amphioxus lanceolatus*, est, par la conformation de tous ses organes, tellement au-dessous des mollusques et des articulés supérieurs, que la transformation de chacun de ces types plus parfaits en un *Amphioxus* comporterait une série infinie de rétrogradations. Et ces rétrogradations auraient néanmoins constitué le point de départ d'un plan de conformation capable du plus haut développement !

En d'autres termes, je vois le type vertébré, qui, dans son plus haut degré de perfection, a abouti à l'homme, commencer par un animal dont les organes se trouvent être à un degré de développement inférieur à celui de la plupart des vers, et, à plus forte raison, de la plupart des mollusques et des articulés qui, dans leur plus grand développement, ont atteint ce que leur plan de conformation leur permettait d'atteindre. Je me trouverais donc en face d'un problème insoluble, s'il ne m'était permis de reprendre les premières conclusions qui m'avaient conduit à admettre une différence originelle des germes primitifs d'où le règne animal est sorti.

Si nous recherchons les racines profondes des différents types de conformation du règne animal, nous remarquons que les articulés descendent par une série de degrés insensibles jusqu'aux vers, et que ceux-ci se relient si étroitement aux infusoires, que plusieurs observateurs ont voulu supprimer cette dernière classe pour la rattacher aux vers. D'autre part, les racines des mollusques descendent jusqu'aux cœlentérés et aux rayonnés, car on rencontre des formes qu'on a déjà voulu attribuer à chacune de ces deux classes, de sorte que, ici encore, il paraît y avoir une différence originelle.

On ne peut nier, je pense, ces différences fondamentales dans le plan de structure des animaux, ni les rattacher tous les uns aux autres. Je ne puis donc admettre pour point de départ de leur développement une seule forme primitive ; mais j'admets volontiers que l'on peut suivre en arrière chacun de ces plans dans sa simplification croissante jusqu'à la forme idéale primitive de la conformation organique, la cellule. Il est donc très-probable, comme je l'ai déjà fait remarquer, que la cellule primitive a été diversement constituée dès l'origine, et que cette diversité originelle s'est toujours accentuée davantage à mesure du développement des différents types principaux que nous sommes forcés de reconnaître dans le règne animal. Je suis fort éloigné de vouloir regarder une substance primitive ou une cellule unique comme le type fondamental et l'origine de l'ensemble de la création organique ; et, ce qui me confirme dans cette opinion, c'est que, dans la création actuelle, je trouve des plantes et des animaux unicellulaires absolument différents les uns des autres au point de vue de la composition, du mode de vie, de la reproduction, de l'apparence extérieure. En présence de ce fait, je ne vois pas pourquoi les premiers organismes unicellulaires, qu'a pu engendrer la substance primitive, auraient dû avoir tous la même forme, la même constitution, ou la même faculté de reproduction.

Cela suffit pour démontrer comment une différence originelle peut exister à côté de modifications et d'adaptations qui sont incontestables, et comment toutes deux se complètent réciproquement pour nous expliquer les phénomènes que nous offre l'ensemble du règne organique.

Revenons-en, après cette longue digression, à notre sujet, et examinons de plus près l'origine de l'homme et sa dérivation possible du singe.

La série des leçons que je termine aujourd'hui avait

pour but de démontrer de quelle manière il faut dorénavant diriger les études sur l'homme pour arriver à des résultats précis. Je me suis efforcé de vous montrer quels sont les points sur lesquels l'organisation humaine diffère de celle des singes, quels sont ceux sur lesquels elle lui ressemble. J'ai cherché à vous exposer le plan fondamental qui préside à la conformation des divers organes du corps, plan qui est évidemment le même pour l'homme et pour les singes. Mais, en vous exposant l'identité du plan, je vous ai signalé en même temps les différences dans l'exécution, comme le ferait un architecte qui, tout en démontrant l'unité de plan existant entre diverses constructions gothiques, insisterait aussi sur les différences apportées dans l'exécution du plan dans chacune de ces constructions. Je vous ai donc prouvé que les différences qui existent entre les diverses races humaines sont plus grandes que les différences qui existent entre les diverses espèces de singes ; en conséquence, nous devons reconnaître un droit spécifique pour les races humaines, ainsi que pour nos races d'animaux domestiques qui remontent à un passé très-reculé. Je vous ai signalé l'antiquité du genre humain sur le globe, et la différence originelle des espèces qui peuplaient la terre au commencement de l'âge de la pierre. Nous avons ensuite jeté un coup d'œil sur la production des nouvelles races et des nouvelles espèces, et nous nous sommes convaincus que les transformations, les adaptations, la sélection naturelle, sont autant de faits naturels bien constatés qui expliquent les différentes formes que présente le monde organique. Nous pouvons maintenant aborder la question définitive : Peut-on admettre scientifiquement la dérivation du type de l'homme de celui du singe ?

J'ai déjà mis à votre disposition tous les matériaux connus jusqu'à présent, pouvant contribuer à la construction du pont qui doit franchir l'abîme séparant l'homme du singe. Je vous ai signalé sur quels points les trois singes anthropomorphes, d'une part, confirment l'analogie, et sur quels autres, les races humaines, et surtout la race nègre, se rapprochent de ces mêmes singes, sans cependant arriver à les atteindre complétement. Je vous ai montré, en outre, que les plus anciens crânes connus provenant des cavernes présentent un rapprochement décidé vers le type simien par leur forme allongée et leur aplatissement. Je vous ai parlé des microcéphales, ces idiots de naissance, non pas comme d'une espèce particulière, ainsi qu'on l'a prétendu en dénaturant mes paroles, mais comme d'un arrêt de développement marquant une des phases par les quelles, dans le cours de son évolution, l'embryon humain doit nécessairement passer, et qui, par un mélange de caractères humains et simiens, marque encore dans son anomalie une conformation intermédiaire qui, à une époque antérieure, était normale.

A cette occasion, je vous rappellerai ce que j'ai dit du microcéphale, ainsi que la proposition de M. Gaudry dont je vous ai parlé plus haut. De même que cet auteur remarque que le crâne du singe trouvé en Grèce serait complétement celui d'un semnopithèque, et aurait été regardé comme tel, si on n'en avait en même temps trouvé les membres qui affectent le type du macaque; de même j'ai fait observer que le crâne d'un microcéphale dépourvu de sa série dentaire, trouvé à l'état fossile, devrait nécessairement être regardé comme le crâne d'un singe, aussi longtemps que la découverte des membres ne serait pas venue indiquer le type humain. Le microcéphale, il est vrai, simple forme pathologique d'arrêt de développement, est incapable de se perpétuer, mais il est tout aussi vrai qu'il ne constitue pas la seule forme possible qu'on puisse imaginer entre le singe et l'homme. Toutefois, l'arrêt que subit le cerveau au milieu de son développement nous indique le point d'où part ce développement, et ce point est incontestablement le singe. L'être anormal, le monstre par arrêt de développement de la création actuelle, remplit donc la lacune que n'occupe aucun type normal, mais qui a été sans doute occupée par des espèces éteintes, ainsi que de nouvelles découvertes peuvent le démontrer.

On nous objecte, il est vrai, qu'on n'a pas encore trouvé ces formes de transition, ce que nous admettons volontiers; mais, cela ne veut pas dire qu'on n'en trouvera jamais. L'histoire même de ces dernières années, est, sous ce rapport, très-encourageante, par les nombreuses découvertes qu'elle nous a apportées, surtout en ce qui concerne les singes et l'homme.

Il y a vingt ans, on ne connaissait aucun singe fossile; aujourd'hui, on en connaît une douzaine; qui peut affirmer que, dans quelques années, on n'en connaîtra pas une cinquantaine? Il y a un an, on ne connaissait aucune forme intermédiaire entre le semnopithèque et le macaque; aujourd'hui, on en a un squelette entier : qui peut dire que d'ici à dix, vingt ou cinquante ans, on ne connaîtra pas une série de formes de transition entre les singes et l'homme?

Tout en admettant la dérivation réelle des espèces humaines de celles des singes ; tout en affirmant que les grandes différences qui les séparent aujourd'hui, et qui iront toujours en augmentant par la civilisation et le développement progressif des formes humaines, sont le résultat de la sélection naturelle et de nombreux mélanges, nous devons repousser absolument une conséquence qu'on voudra nous imposer et qui consiste à vouloir nous ramener à l'unité originelle du genre humain, à un Adam commun qui aurait été une forme intermédiaire entre le singe et l'homme.

« Les transformations de la science, dit R. Wagner, ont
« un côté remarquable qui touche au comique, lorsqu'on

« jette un coup d'œil rétrospectif sur la lutte acharnée qui
« a éclaté ces derniers temps entre les monogénistes et
« les polygénistes, comme on a désigné les partisans de
« l'unité ou de la pluralité des races humaines. Avant
« l'apparition du livre de Darwin, on était allé si loin, que
« les défenseurs de la possibilité ou de la probabilité de
« la provenance d'un seul couple de toutes les formes
« humaines répandues sur la terre étaient assez générale-
« ment considérés comme des perruques arriérées et en
« dehors de tout progrès scientifique, tandis que main-
« tenant, après le succès qu'ont eu les travaux de Darwin,
« rien n'est plus certain que cette conséquence qui en
« découle, que les singes et l'homme ont en commun,
« pour ancêtre unique, une forme intermédiaire entre
« les deux. »

On n'a jamais tiré de conséquence plus inexacte, et
quand M. Wagner conseille de laisser reposer une question qui ne peut scientifiquement être résolue, c'était à lui
à ne pas la soulever, car je ne sache pas qu'aucun *Darwi-
niste* (puisqu'on les nomme ainsi) ait encore touché à cette
question, et encore moins énoncé la conséquence que je
viens d'indiquer ; cela par la simple raison qu'elle est en
contradiction aussi bien avec les faits qu'avec leurs conséquences. Il est facile de prouver notre assertion tant pour
les singes que pour l'homme.

Le type simien ne se résume point en un seul, mais en
trois singes anthropomorphes, appartenant au moins à
deux genres différents. Peut-être conviendra-t-il plus
tard de partager en différentes espèces les variétés encore
mal connues de deux d'entre elles, l'orang et le gorille.
Peut-être ne doit-on voir là que des variétés, ayant chacune son domaine circonscrit, comme certaines races
humaines. Quoi qu'il en soit, il n'est pas moins certain
que chacun de ces trois singes anthropomorphes a des ca-

ractères particuliers qui le rapprochent de l'homme : le chimpanzé, la forme du crâne et la conformation dentaire ; l'orang, la structure du cerveau, et le gorille célle des extrémités. Aucune de ces trois formes n'est, sous tous les rapports, absolument plus rapprochée de l'homme que les autres ; chacune d'elles paraît de divers côtés tendre vers la forme humaine sans l'atteindre entièrement.

Je dis « de divers côtés. » En effet, les trois singes anthropomorphes ne sont point l'expression supérieure et perfectionnée d'une seule et même forme fondamentale dont ils seraient des ramifications ; ils constituent les sommités de trois familles très-différentes que nous ne pouvons envisager comme plus ou moins supérieures ou inférieures les unes aux autres, mais comme parallèles entre elles.

M. Gratiolet a étudié cette proposition jusque dans ses moindres détails, en ce qui concerne la structure cérébrale. Sans entrer dans les détails, pour lesquels je vous renvoie à l'ouvrage même de M. Gratiolet, voici les conclusions qu'il a tirées de ses observations :

« Si nous rapprochons, dit Gratiolet, le cerveau de
« l'orang de ceux que nous avons étudiés jusqu'ici, la
« grandeur du lobe antérieur, la petitesse relative du lobe
« occipital, le développement du pli supérieur de passage,
« nous obligent de placer l'orang à la tête des gibbons et
« des semnopithèques, ce dont on peut se convaincre facile-
« ment en comparant avec soin les différents profils de cer-
« veaux, que j'ai dessinés avec la plus grande exactitude.
« Ces analogies sont d'autant plus curieuses qu'elles con-
« duisent au même résultat que la discussion des carac-
« tères extérieurs. L'orang, considéré comme le premier
« des gibbons, a un cerveau de gibbon, mais plus riche,
« plus développé, en un mot plus voisin d'une perfection
« réelle. »

Le même auteur dit à propos du chimpanzé : « Si nous

« rapprochons les caractères de son cerveau de ceux que
« présentent les vrais macaques et surtout le magot,
« il nous est impossible de nier les singulières analogies
« que cette comparaison fait apparaître. L'examen attentif
« du crâne et de la face confirme ces analogies par des
« analogies nouvelles.

« Si donc, mettant de côté toute idée préconçue, nous
« nous laissons diriger par les faits, nous sommes irrésis-
« tiblement conduits à énoncer la proposition suivante :
« *Le cerveau du chimpanzé est un cerveau de macaque*
« *perfectionné*. En d'autres termes, le *chimpanzé* est aux
« macaques et aux cynocéphales ce que *l'orang* est aux
« *gibbons* et aux *semnopithèques*.

Enfin Gratiolet dit au sujet du gorille : « Le gorille est
« un cynocéphale, comme le chimpanzé est un macaque
« et l'orang-outang un gibbon. L'absence de queue, l'exis-
« tence d'un sternum large, cette particularité de marcher
« non sur la face palmaire des doigts de la main, mais sur
« la face dorsale de la deuxième phalange, sont des signes
« communs d'élévation ; mais quelque importants que
« soient ces caractères, ils ne me paraissent point autori-
« ser le rapprochement de ces trois genres. Chefs de trois
« séries différentes, en recevant, si je puis m'exprimer
« ainsi, des insignes semblables de leur dignité, ils con-
« servent cependant les caractères respectifs du groupe
« auquel ils appartiennent. »

Ces faits, qui ne peuvent être contredits, prouvent précisément ce que nous affirmions, c'est-à-dire que différentes séries parallèles de singes ont à leur sommet des
formes ayant un développement plus élevé, des types supérieurs gravitant vers le type humain. Prolongeons par la
pensée le développement des trois types anthropomorphes
jusqu'au type humain qu'ils n'atteignent pas et n'attein-
dront jamais, nous aurons ainsi, provenant de ces trois

séries parallèles de singes, trois races humaines primitives, deux dolichocéphales issues du chimpanzé et du gorille, et une brachycéphale issue de l'orang ; — celle émanant du gorille serait probablement remarquable par le développement des dents et de la cage thoracique ; celle issue de l'orang, par la longüeur du bras et la couleur blond-rougeâtre de ses poils ; celle enfin provenant du chimpanzé, par sa couleur noire, ses os plus faibles et sa mâchoire moins massive.

Si l'on a égard au développement des singes par séries parallèles couronnées chacune par une forme supérieure, rien ne justifie l'admission d'une seule forme intermédiaire entre l'homme et les singes, puisque nous pouvons reconnaître trois différentes voies par lesquelles des formes de transition ont pu amener l'état de la création actuelle.

« **MM.** Shröder van der Kolk et Vrolik sont, sous ce rapport, tout à fait d'accord avec nous, quoique d'ailleurs adversaires de la théorie de Darwin. « Nous ne connais-« sons aucune espèce de singes, » disent-ils, « constituant « une forme de transition entre les singes et l'homme. Si « on veut absolument faire dériver l'homme du singe, il « faut chercher la tête chez ces petits singes qui se grou-« pent autour des sajous et des ouistitis, le main chez le « chimpanzé, le squelette chez le siamang, le cerveau chez « l'orang (j'ajouterai le pied chez le gorille). Il est évident « que, abstraction faite de la différence des dents, l'aspect « général du crâne d'un sajou, d'un ouistiti et de quelques « autres espèces voisines ressemble en miniature beau-« coup plus au crâne humain que celui d'un gorille, d'un « orang ou d'un chimpanzé adultes. Le poignet du chim-« panzé (et du gorille) a le même nombre d'os que celui « de l'homme, tandis que l'orang se distingue par l'os « intermédiaire singulier qui se retrouve chez tous les « autres singes ; le squelette du siamang ressemble par

« son sternum, la forme de sa cage thoracique, par ses
« côtes et le bassin, beaucoup plus à l'homme que le go-
« rille, l'orang ou le chimpanzé ; et nos recherches nous
« ont prouvé que le cerveau de l'orang est beaucoup plus
« voisin de celui de l'homme que ne l'est celui du chim-
« panzé. Il faudrait donc chercher les caractères humains
« dans cinq singes différents, dont un en Amérique, deux
« en Afrique, un à Bornéo, un à Sumatra ; les ancêtres de
« l'homme seraient donc tellement dispersés qu'il est
« difficile de croire à une semblable origine. »

C'est précisément cette multiplicité des caractères qui
nous confirme dans notre opinion. Si les macaques au
Sénégal, les mandrills en Gambie et les gibbons de Bornéo
ont pu donner naissance à des formes anthropomorphes,
on ne voit point pourquoi la possibilité d'une évolution
analogue serait refusée aux singes américains. Si, sur
différents points du globe, diverses souches ont pu produire des singes anthropomorphes, nous ne voyons pas
pourquoi ces différentes séries n'auraient pas pu poursuivre leur évolution progressive vers le type humain ;
bref, nous ne voyons pas pourquoi les singes américains
n'auraient pas pu former des espèces d'hommes américains ; les singes africains, le nègre ; les singes asiatiques,
le négrito.

Si nous considérons les espèces humaines et leur histoire primitive aussi loin que nous pouvons remonter en
arrière, nous arrivons au même résultat. Nous avons démontré la multiplicité des espèces humaines, non-seulement
dans les temps historiques, mais aussi dans les temps préhistoriques ; nous avons vu qu'il n'y a pas d'espèces actuellement vivantes qui soient plus différentes entre elles
que ne l'étaient, par exemple, l'homme des cavernes belges
ou rhénanes et celui de l'âge de la pierre au Danemark. La
même diversité que nous avons remarquée dans les formes

primitives de l'homme en Europe, par conséquent dans un espace limité, se retrouve aussi dans les autres parties du globe, chez les races primitives qu'on y a découvertes. Tous les faits connus jusqu'à présent relatifs à l'antiquité en Asie, en Afrique et en Amérique, n'autorisent aucune autre conclusion.

Mais si cette diversité des races est un fait aussi bien établi que la constance des caractères, malgré même les nombreux mélanges qu'ont dû subir les races primitives naturelles, si cette constance est une preuve de plus de l'antiquité des divers types, de leur contemporanéité avec les anciennes alluvions, peut-être avec des gisements encore plus anciens, — l'ensemble de ces faits, bien loin de nous indiquer une souche commune, une forme unique intermédiaire entre le singe et l'homme, nous indique, au contraire, de nombreuses séries parallèles, qui, plus ou moins circonscrites, dérivent de nombreuses séries parallèles de singes.

Il est inutile de faire remarquer que les singes fossiles de l'époque tertiaire, dont peut descendre l'homme, étaient beaucoup plus répandus qu'actuellement, et suivaient dans leur distribution les mêmes lois qu'aujourd'hui.

Les singes trouvés en Europe s'étendent au Nord jusqu'en Angleterre, et appartiennent tous au groupe des singes à nez étroit (catharrhins); ceux trouvés en Amérique, dans les cavernes, appartiennent tous au groupe des singes à nez plats (platyrrhins). La distinction que nous faisons aujourd'hui entre les deux faunes de l'Ancien et du Nouveau Monde existait déjà alors. Aucune voie ne conduisait de l'Amérique du Sud en Europe ou en Afrique.

Si les singes ont pu se développer au point de devenir des hommes, ils avaient, dans l'ancien monde, tout l'intervalle compris entre l'équateur et l'Angleterre, et pouvaient donc former des races autochthones sur les divers points où nous avons trouvé déjà les plus anciennes espèces humaines. Cette voie nous conduit donc également à la diversité primitive des espèces, à leur dérivation, non pas d'une seule souche, mais de plusieurs des ramifications différentes de cet arbre si riche en branches et en rameaux que nous désignons par l'expression d'ordre des Primates ou des singes.

Mais remarquons, Messieurs, la concordance dans la manière d'être des différents types actuels. Le type singe offre de nombreuses directions; il se partage d'abord en deux branches principales, singes de l'ancien et du nouveau continent, — lesquelles se divisent en nouvelles ramifications qui paraissent s'éloigner toujours davantage les unes des autres. Toutefois, avec le perfectionnement des formes, les sommets des rameaux tendent à se rapprocher de nouveau, et on voit, par exemple, sortir des trois familles si fondamentalement différentes des gibbons, des mandrills et des macaques, les trois singes anthropomorphes, qui sont plus rapprochés entre eux par une foule de caractères généraux que les groupes dont ils forment les sommités.

Ne voyons-nous pas quelque chose d'analogue dans l'histoire du genre humain? Plus nous remontons dans le passé, plus les divers types sont opposés entre eux, plus les contrastes sont frappants, — les têtes dolichocéphales et les têtes brachycéphales les plus absolues se trouvent en présence sans intermédiaires. Nos ancêtres sauvages sont opposés souche contre souche, race contre race, espèce contre espèce; ce qui n'appartient pas à la même famille, à la même souche, n'a pas droit au nom d'homme; la création ne s'applique qu'à l'ancêtre traditionnel de la souche du peuple choisi point aux peuples environnants. Par le travail incessant de son cerveau, l'homme s'élève peu à peu et sort de son état de barbarie; dans les autres souches, races ou espèces, il finit par reconnaître des frères, il se mélange et se croise avec eux. Les innombrables races mixtes remplissent peu à peu les intervalles qui existaient auparavant entre les types primitivement si opposés entre eux, et, malgré la constance des caractères, malgré la résistance que les races primitives opposent au changement, elles finissent par être lentement ramenées à l'unité par la voie de la fusion.

Voici, Messieurs, ma tâche achevée, et le but que je me suis proposé, atteint, autant que cela dépendait de mes forces. Mais pour terminer, un mot à nos adversaires et à nos amis.

Les lamentations sur l'anéantissement de toute foi, de toute moralité et de toute morale, sur les dangers que court la société, qui, il y a quelques années, m'avaient forcé de prendre la plume, ont recommencé, cette fois en langue française et dans les cantons de la Suisse française. Les chaires des églises orthodoxes, des oratoires piétistes, les tribunes des missions intérieures, les fauteuils des présidences consistoriales, retentissent de nouveau de ces attentats inouïs contre les bases de l'existence humaine, attaquées par le matéralisme et le *Darwinisme*. On s'étonne que des gens professant de pareilles idées puissent être bons citoyens, honnêtes gens, tendres époux et bons pères de famille. Il y a même des pasteurs qui, après avoir cherché sciemment à tromper l'État sur l'impôt qui lui est dû, viennent audacieusement prêcher en chaire que si les matérialistes et les Darwinistes ne commettent pas tous les crimes, c'est uniquement par hypocrisie et non par conviction.

Laissons-les se livrer aux explosions de leur fureur aveugle ! Ils ont besoin de la crainte du châtiment, de l'espoir d'une récompense dans un autre monde, pour se maintenir dans la bonne voie. Nous, nous espérons que la conscience doit suffire pour être homme parmi les hommes, que, dans toutes nos actions, le sentiment du droit égal de tous doit être notre règle de conduite, sans autre espoir que celui de l'approbation de nos semblables, sans autre crainte que celle de perdre notre dignité humaine, que nous devons d'autant plus estimer qu'elle a dû être conquise, avec infiniment de peine, par les efforts soutenus de nos ancêtres.

A nos amis, pour finir, un mot de reconnaissance pour leur appui. Ils reconnaîtront, sans doute, avec un de leurs camarades, qu'il vaut mieux être un singe perfectionné qu'un Adam dégénéré.

FIN.

TABLE

—

QUATRIÈME LEÇON.

CINQUIÈME LEÇON.

SIXIÈME LEÇON.

SEPTIÈME LEÇON.

HUITIÈME LEÇON.

703. — ABBEVILLE. TYP. ET STÉR. GUSTAVE RETAUX.